国家科学技术学术著作出版基金资助出版

生物标本的采集、制作、保存与管理

COLLECTION, MANUFACTURE, PRESERVATION AND MANAGEMENT OF BIOLOGICAL SPECIMENS

伍玉明 等 编著

科学技术部“国家科技基础条件平台工作项目——自然科技资源收集整理保存技术规程研究制定”（2003DEA3N030）和“国家科技支撑计划项目——全国物种资源预测预警关键技术与示范”（2008BAC39B06）项目资助

科学出版社

北京

内 容 简 介

本书旨在规范生物标本工作中使用的重要技术和方法：采集、制作、保存、维护和管理。全书分为四部分：第一部分包含了生物标本的类型、作用以及标本采集过程中的若干问题；第二部分和第三部分分别对动物标本和植物（包括菌物、藻类）标本的采集要求、采集工具、采集方法和标本的野外处理等作了比较详细的描述，并对液浸标本、干制标本、玻片标本、骨骼标本、剥制标本等不同类型生物标本的制作方法、操作步骤及其保存与维护进行了系统论述；第四部分主要涉及生物标本的包装、运输、储存和管理，以有代表性的生物标本为例，对标本包装与运输的程序和要求予以详细说明；标本的储存和管理部分详细介绍了标本的消毒、入库、管理、标本馆的建筑特点和工艺要求等。

本书可供与生命科学相关的科研院所、海关、检验检疫、环境保护、卫生等机构所附设的标本馆（室）、博物馆、动物园的生物标本采集、制作、管理等人员使用，同时也供大专院校生物学科师生、从事保护生物学研究的科技人员等参考。由于书中对很多生物类群的生物学特性略予记述，也适合于广大生物爱好者使用。

图书在版编目(CIP)数据

生物标本的采集、制作、保存与管理/伍玉明等编著. —北京：科学出版社，2010.5

ISBN 978-7-03-027038-2

Ⅰ.①生… Ⅱ.①伍… Ⅲ.①生物-标本制作 Ⅳ.①Q-34

中国版本图书馆 CIP 数据核字（2010）第 045806 号

责任编辑：霍春雁 陈珊珊/责任校对：陈玉凤

责任印制：赵 博/封面设计：耕者设计工作室

科学出版社出版

北京东黄城根北街 16 号

邮政编码：100717

http://www.sciencep.com

北京凌奇印刷有限责任公司印刷

科学出版社发行 各地新华书店经销

*

2010 年 5 月第 一 版 开本：787×1092 1/16

2018 年 1 月第二次印刷 印张：27

字数：624 000

定价：150.00 元

（如有印装质量问题，我社负责调换）

《生物标本的采集、制作、保存与管理》编委会

序

由伍玉明等编著的《生物标本的采集、制作、保存与管理》一书，是关于生物标本馆建设和运行方法及相关技术方面的专著。生物标本馆是系统生物学（systematic biology）或现代生物分类学的重要支撑系统之一；是人类可持续发展所依赖的生物资源及其信息存取系统的组成部分。该系统除标本馆外，还包括真细菌、古细菌、菌物（真菌、假菌和黏菌）、藻类等活体生物物种保藏中心、植物园以及动物园等。

迄今为止，人类的生存都是以自然资源为基础的。自然资源包括可再生资源和不可再生资源两大类。人类的可持续发展只能以可再生资源为基础，生物资源正是重要的可再生资源之一。自然界的生物多样性既是人类生存的必要环境，也为人类生存提供了一座可再生资源的宝库。

所谓生物多样性，是指在多样性的生态系统中生长着含有多样性基因的多样性物种，每一个物种都是一个独特的基因库。正是在不断变异和遗传的漫长演化过程中，一些新的物种不断产生，一些老的或已濒危的物种不断灭绝。因此，生物多样性是以不断变化着的物种多样性存在于自然界的。

系统生物学家，或现代生物分类学家的任务之一，就在于不断地从自然界发现尚未被人类所认识和命名的新物种。通过表型与基因型相结合的途径，认识、描述并给新物种命名，从而为人类所掌握；按照它们彼此之间亲缘关系的远近，将它们系统地储存于生物资源及其信息存取系统之中，以便为人类在可持续发展过程中对所需要的生物资源进行研发，提供用于有用物质筛选的、丰富而多样的物种和基因。人类有了能被自己所掌握的生物资源及其信息存取系统中的多样性的物种，也就获得了基因多样性；没有物种多样性，何谈基因多样性？基因本身在生物体之外是没有存在价值的。

受“国家科技基础条件平台工作项目”重点支持，从国家层面对生物标本资源进行整体规划和设计；通过整合、共享、完善和提高，利用信息化、网络化等现代技术，对生物资源进行重组与优化；建立实物数据库，实现标本资源的信息标准化、规范化和现代化，以达到资源的创新和共享。正值此际，《生物标本的采集、制作、保存与管理》一书问世，实乃可喜可庆！

参与撰写该书的作者多达39位；他们都是长期从事野外考察及标本收集与制作的专家、学者和高级技术人员，或是专职于标本保存与管理方面的科技人员。在该书编著过程中，我曾有幸参加成果审定，作者还征询国内62位资深教授和专家的意见。经前后数次修改和补充，历时四载，终于完稿成书。可以说，该著作是我国相关专家、学者数十年丰富经验的总结，是科技工作者智慧和辛勤劳动的结晶。

该书的特点之一在于它的全面性和系统性。动物方面，涵盖了从无脊椎动物到脊椎动物的各大门类；植物方面，包含维管束植物中的被子植物、裸子植物、蕨类植物以及非维管束的苔藓植物；菌藻生物方面，包括菌物中的真菌（担子菌、子囊菌、无性型真菌以及地衣）和藻类。该书涉及上述类群的标本采集、制作、保存与管理。其内容之广泛和系统在国内同类著作中绝无仅有。

特点之二在于它的知识性和科学性。例如，关于标本采集时应记述的物种生活习性、栖息环境、行为特性等；同时，还提示了采集标本的适宜季节等。即使非专业人员也可从中受益。

特点之三在于每一章节的撰写均出自有关专家、学者之手，字斟句酌，用词得当，所用术语准确；在参考文献引用方面，有弃粗取精、吸取精华、力求增强科学性之长。

特点之四在于务实求新，与时俱进。近年来，供展览用大中型动物标本的制作技术已有了新发展，作者亦将相关制作技术系统整理成文而尽录书中；在生物标本采集方面，除描述常规方法外，还吸收了国际上的先进经验，补充了森林冠层的采集技术与方法，有助于今后收集到更多不同群落的生物标本，以提高科研水平。

最后，我想强调的是，在国家科学技术学术著作出版基金委员会的经费资助和科学出版社的鼎力支持下，《生物标本的采集、制作、保存与管理》一书才得以与广大读者见面。值此书付梓之际，谨致以衷心祝贺！并希望它能在“生物标本资源共享平台建设”中发挥积极作用。

中国科学院院士

2009 年 7 月 12 日于北京

前　　言

生物标本资源是人类认识和了解自然历史的见证，是世界自然历史发展的档案，是人类研究和掌握生命现象的科学凭证。对生物标本的研究，使人类能够探索、理解和掌握自然界生物的发生、发展规律，并与人类的生存及可持续发展密切相关。

动物、植物、菌物等标本的收集和保存是生物学家记录、描述和发现物种多样性的重要物质基础，也是开展生物系统学、生态学、保护生物学、地理学、资源学等研究必不可少的实物资料，是任何文字记录和图形记录都难以取代的。所以，生物标本可以看作是人类自然科学遗产的永久性记录。

随着人类社会经济的空前发展，经典生物学科与新科学技术的结合越来越紧密，生物标本自身的价值也进一步得到了体现。一个有着完整记录并且保存完好的生物标本，其科学价值是永存的。长期以来，由于缺少规范的生物标本采集、制作、保存和管理的技术和方法，导致很多生物标本丧失了其自身重要的科学价值。因此，编撰一本有关生物标本采集、制作、保存与管理的技术指南就显得十分必要，这一工作的开展将进一步提升生物标本资源的质量，使生物标本管理工作得到进一步规范，有利于提高生物标本资源保存和管理的整体水平，为我国自然科技资源的共享创造更加良好的条件。

本书是在“国家科技基础条件平台工作项目——自然科技资源收集整理保存技术规程研究制定”项目和“国家科技支撑计划项目——全国物种资源预测预警关键技术与示范”项目的资助下完成的，主要内容包括生物标本采集、制作步骤、操作方法和用药比例，保存、制作生物标本使用的工具、材料、容器和药品，以及标本摆放、保存环境、日常维护和管理等一系列技术和方法。

本书编写过程中，我们尽可能收集了国内外各方面的相关资料，借鉴其中有益的经验；同时，也有不少内容是编者多年来在实际工作中的经验积累和总结。

本书编写过程中，还得到了同仁的大力支持和帮助，曾分别联系过在不同科研单位、院校、博物馆等工作的60多位本领域专家、学者，他们对于本书的编写提出了许多很好的建议和非常宝贵的意见，从而进一步充实了本书的内容；还曾得到宋大祥院士、魏江春院士、王文采院士等的鼓励和支持，他们不仅亲自参加项目的评审，还不辞辛劳地对相关内容亲自执笔修改，直至定稿；冯祚建研究员在百忙中审阅了全部文稿并提出修改意见；项目负责人刘旭研究员和卢新雄研究员自始至终给予指导和关照。正是有了这些专家、学者的帮助、支持，才使本书得以付梓。编者对上述专家、学者及标本馆同事所给予的热情支持和帮助表示衷心谢意。

倘若本书能对生物标本收集、整理、保存等工作的规范化起到一定的推动作用，能对我国生物标本科技信息含量与保存质量等方面的提高起到促进作用，我们将倍感欣慰。

鉴于编者水平有限，不足之处在所难免，敬请读者不吝赐教。

编　者

2009年4月于北京

目　　录

第四篇 生物标本的包装、运输、储存和管理

第一篇　概　　述

第1章　生物标本的类型与科学意义

生物标本是指保持生物实体原样或经特殊加工处理后，用于学习、研究、展示等的动物、植物及微生物的完整个体或实体的某一部分。

着重科学研究的生物标本采集和制作始于欧洲。19世纪以前，欧洲的大批博物学家、探险家、旅行家等，在进行环球航行或到世界各地的远征考察的同时，就开始大量收集不同地区的生物标本用于各自的科学研究或收藏，掀起了生物标本采集的热潮。在这个过程中，生物分类学也随之蓬勃发展。

生物标本有多种类型。按照生物类群的不同，生物标本可分为动物标本、植物标本、菌物标本、藻类标本等；按照标本的用途，又大致可分为研究用标本和展示用标本；按照制作工艺的不同，可分为干制标本、浸制标本、剥制标本、蜡叶标本、玻片标本等；按照保存内容的不同，可将生物标本分为整体标本、皮张标本、骨骼标本、子实标本、组织器官标本等；按照科学意义的不同，又可分为模式标本、珍稀濒危生物标本、特有生物标本、普通研究用标本等。

生物标本的意义主要体现在其对科学研究、科普教育及国家经济建设的作用，概述如下：

第一，生物标本是生物物种鉴定的主要依据。自然界的生物种类繁多，形态千差万别，为使各种生物的名称与其所指物种间具有固定的、可以核查的依据，故在确定一个生物物种时，除了需要文字描述和图示以外，尚需将当时确立该物种时所用的标本长期妥善保存，以作为今后考证该物种最有效、最直接的凭证，即实物资料，这样的标本亦被称为模式标本。

第二，生物标本是研究物种分布、系统发育等的实物证据资料。单个的生物标本资料往往难以全面显示进化信息，而大批标本的积累，使生物学家能够在有限的时间和空间内，获得被研究物种的更多相关信息，能够将采自不同时间和地域的标本进行形态学或分子系统学的对比研究，最终能够探讨有关物种系统发育的科学问题。

第三，对生物标本的系统研究，可以提供更多有关资源变化特别是珍稀濒危生物资源的历史和现状的资料，从而为物种多样性保护、制定濒危物种保护政策等提供科学依据。

第四，生物标本在经济建设中发挥着无可替代的作用。例如，农业生产中养殖和种植品种的种质资源标本和野生物种种质资源标本，往往可以为作物品种鉴定和育种提供可靠的实物依据；各类药用动植物标本为我国传统医药事业的发展保存了大量的实物资料，为鉴别天然药材、研究开发新品种等提供了依据；保存的大量各类作物害虫和天敌动物标本以及养殖对象的病虫标本，在进出口检验检疫、生物病虫害防治等方面具有非常广泛的应用价值。随着我国经济建设的飞速发展，各行各业要求生物学家提供越来越多的生物资源信息，生物标本将为医药卫生、农学、资源管理、环境科学、生物技术等相关应用学科的发展作出更多的贡献。

第五，生物标本对普及生物多样性知识也具有重要的作用。我国野生生物物种资源丰富，标本展示与教育有助于提高国民对生物多样性和生物资源的保护意识。

总之，生物标本是人类自然遗产中最宝贵的永久纪录，在科学研究、科学知识普及和人类日常生产生活中具有不可替代的作用。

我国地域辽阔，跨越热带、亚热带、温带、寒温带、寒带等气候带，地形复杂，生物物种资源极为丰富，是世界上为数不多的生物物种多样性最为丰富的国家之一。20世纪20年代后期至30年代前期、50年代、70年代后半期和80年代，曾出现了数次生物资源调查高峰，使我国生物标本收藏从无到有，并且数量上有了极大增加。尽管与西方不少国家相比，我国现代生物学的研究历史不算太长，但在大量生物学家的不懈努力下，我国的生物标本已经有了可观的积累，而且区域特色明显。

当前，随着全球人口的迅猛增加和生产技术现代化的高速发展，我们对自然资源利用过度，环境恶化，资源匮乏，生物生存面临危机，甚至引起了大量生物物种的灭绝。将生物物种以标本的形式保存下来，对于我们和子孙后代研究生物发展进化的历程也有重要意义。

第2章　生物标本采集过程中的若干问题

2.1 生物标本采集前的相关必要准备

2.1.1　采集目的的确定

1. 综合生物区系调查（或生物资源的本底调查）

区系调查（或本底调查）主要是为了掌握某一区域内生物物种资源的原始资料，包括对物种组成（或物种多样性）和成分特点的分析，从而对该地区进行专门的调查并对被获准采集的物种进行标本采集，如横断山区生物资源调查、海南岛生物资源考察等，都属于区系调查。原则上讲，这类调查要尽可能全面地对目标区域内生存的所有生物物种进行采集。但要采集国家级或省级重点保护的野生生物物种时，必须办理相关手续（详见本章2.1.3节）。

区系调查通常要以年为周期，必要时应连续数年或更长的周期对区域内的不同生境进行。

2. 针对单一或某类生物资源开展的专题调查

专题调查通常有具体的对象或特定的研究类群、特定的物种等，如海南岛鱼类资源调查、虎凤蝶野外分布现状的调查、青海湖地区雁鸭类保护生物学调查、塔里木盆地野兔调查等的专题调查。

2.1.2　采集对象的确定

根据实际工作的需要，确定拟采集的类群或物种，如在进出口贸易商品中发现了某种昆虫或害鼠等，需在海关和贸易部门的配合下采集标本，以供物种鉴定。

2.1.3　与标本采集相关的必要准备

标本采集之前的准备工作至关重要，必须做好细致和周密的计划。充分的准备能确保顺利完成调查并保证标本采集的质量。为此，应充分考虑以下几个方面的问题。

(1) 需要了解前人的相关工作，包括在该区域做过的相关调查的内容、方法、路线、结果等，也应了解有哪些尚需进一步解决的问题。

(2) 在查阅有关文献资料的同时，还要查看调查地区及其附近已采集到的标本，并熟悉相关物种的形态和生态特征。依据文献和标本资料，编写调查地区初步的物种名录，以供参考。

(3) 搜集拟调查区域的地形、地貌、植被、气候、动植物等有关文献资料；同时，还需要了解拟调查区域的野外工作、交通等条件，了解民族、民风、民俗等社会概况，以便策划工作内容、路线、时间及应带的装备、仪器、设备等，还应注意与当地居民的沟通。

(4) 办理采集许可。所有采集工作都需在《中华人民共和国野生动物保护法》《中华人民共和国野生植物保护条例》、《中华人民共和国自然保护区管理条例》等国家和地方相关法律法规的准许范围内进行，根据需要办理各项必要的行政审批手续，如根据需要办理进入自然保护区或采集标本许可证等手续、单位介绍信、持枪证等，以保证采集和调查工作的合法性。如果需采集保护物种或在自然保护区内进行采集时，还需提前向当地的省（自治区、直辖市）级甚至国家级有关主管部门提出采集申请，申请内容包括采集目的、拟采集的物种及其数量、参加调查人员及野外工作时间等，只有在得到有关主管部门的批准许可后，采集工作方可进行。

(5) 制订工作计划。拟定采集方案，包括需携带的采集工具、调查路线、日程安排、经费预算、人员分工等。

(6) 野外采集活动可能遇到危险或事故，应根据标本采集工作的危险程度办理人身保险等事宜。

(7) 准备各种采集工具和设备。根据拟采集物种或类群及其习性、拟采集地区的环境特点和采集目的的不同而进行准备。一般而言，准备的工具和设备主要有标本采集工具和设备、标本制备工具和设备、标本临时储存和包装工具及设备等；此外，还有制备标本的各种药品、量具、针具等。如果条件允许应备有全球卫星定位系统（GPS），用来记录采集点的经度、纬度、海拔等数据。总之，在出发前必须根据工作需要将各种仪器设备和其他所需物品准备齐全，尽可能减少调查中可能遇到的困难。

(8) 野外生活所需装备的准备。装备包括车辆、帐篷、睡袋、炊具、食品等。野外调查时所需服装以质地结实、轻软、透汗、防雨、具保护色（如迷彩服）为宜，冬季要带御寒服装，鞋以防滑鞋为佳。其他，如绑腿（防蚂蟥）、长筒布袜（防疫袜）等，特别需要时，亦需准备。

(9) 其他准备。如果野外采集远离城镇，需要准备必要的常用药品或一些特殊地区所需的特殊药品（如治疗蛇伤、抗高原反应等药品）；同时，也需根据拟采集地区传染性疾病发生及与传染性疾病、寄生虫或其宿主经常接触的特点，必要时在出发前需进行预防免疫接种，并准备相应的治疗药品。此外，对急救、自救知识的了解也是不可缺少的。

2.1.4 生物标本采集须知

野外采集时应遵循以下原则：

(1) 对保护物种的采集，必须在获取有关主管部门合法手续后，严格按批准数额采集。

(2) 标本采集人员要具备必要的标本鉴定知识，对大部分采集到的标本具有现场鉴定能力。

(3) 要有保护野生生物的意识，对所需标本进行适度采集，尽量做到不破坏栖息地或将栖息地破坏的程度减到最小。

(4) 要预先了解采集对象和采集工具的使用方法，采集时尽量不破坏标本的形态特征。

(5) 准备好各种采集工具和野外活体标本存放器具。

(6) 每一位野外工作者都必须具有安全保护和防护意识，确保人身安全。掌握一些急救和自救的基本知识，以便在遇到危险时第一时间得到必要的救治。采集前准备好各项安全、急救措施（如在深水及急流附近或者在船上采集时，应该穿着救生衣；在密林中采集时要绑裹腿部，以防止被蛇、蚂蟥等咬伤）。

(7) 进入陌生区域工作应注意对定向地标物（如河流流向、山脉走向等）的观察，迷路时要保持冷静，回忆走过的道路，找到可以定向的标志，以便引导标本采集人员找到返回的路径。一定要避免迷路时因方向感的错觉而往返奔波，造成过度疲劳失去返回驻地的精力和体力。

(8) 野外工作时应尽可能结伴而行，尤其在偏僻地区工作更应如此。在深山密林中工作时，科研人员应尽可能携带手机和 GPS，以便发生意外时能及时与外界取得联系，得到及时救助。

(9) 如果不能确定采集地区的水质，不要随意饮用自然水（如在调查区的江河、溪流中直接取水饮用），避免中毒或因饮水不洁而引起疾病。

(10) 如需在野外宿营，对宿营地的选择应考虑避风、干燥、距水源近、能收集到燃料等条件。宿营地点不应选择在土坡或悬崖下，以免坍塌造成人员伤亡；也不能在易遭水冲的峡谷或盆地底部，以免突发洪水、泥石流等的侵袭。点燃篝火时必须有人看管，以免引起火灾。

2.2 生物标本的野外采集记录

2.2.1 必要的野外采集记录

野外采集记录通常包括文字记录、摄影、录音、录像等。野外调查开始前应根据需要做好必要的准备，对专职人员进行必要的培训。

采集前后应及时完成采集地的各项必要信息的记录；记录字迹要准确、清晰、规范。野外采集记录可依据采集种类的不同而异。在野外采集过程中，详细的相关记录将成为后续研究工作极为珍贵的第一手资料，为日后撰写研究论著提供基本资料，事关后续研究工作的成败和水平，因此，应给予足够的重视。然而，往往由于野外调查任务的繁重以及时间急迫，加之野外工作条件的艰辛和野外天气变化无常等，野外采集记录往往过于简单，甚至出现错误。所以，野外工作者要具备必要的毅力和耐心，尽可能详细、认真地做好各项观察记录，并及时做好记录信息的整理。

2.2.2 野外记录用的器具

1. 野外记录笔

应选择硬度较大、防水性或防腐蚀性强的记录笔（如铅笔、碳素水笔、粗细不同的记号笔等），不应使用圆珠笔。如果使用墨水笔，则应选择黑色且化学性质稳定的墨水，使墨迹能在水、福尔马林、酒精等液体中长久不褪色、不脱色。

2. 野外记录本

野外记录本应满足如下条件：①便于携带；②具有连续的页码；③长期存放不脱

线、脱页、变碎、变色等；④能防水，防福尔马林，防酒精等的腐蚀。

3. 野外记录纸

野外记录纸应满足如下条件：①长期存放不变碎、变色；②长期存放字迹不变色，不褪色；③书写流利，墨迹不渗漏；④吸水性好；⑤在湿润状态下也能很清晰、流利地书写；⑥张力好，不易被钢笔、铅笔划破；⑦防虫蛀；⑧防水，防福尔马林，防酒精等的腐蚀。

4. 野外标签

（1）标本标签：书写或打印在标签上的号码、文字等能长期保存，不褪色，不变色，字迹清晰。

（2）液浸标本标签：书写或打印在标签上的号码、文字等能在水、福尔马林、酒精等液体中长期保存，不褪色，不变色，字迹清晰。

2.2.3 野外记录注意事项

（1）应使用准确的科学语言和国家规范字体。

（2）不使用除记录者本人以外的其他人都不明白的符号。

（3）填写需要记录的基本数据项，忌用“同上”之类的省略写法，以免丢失数据。

（4）正楷书写，字迹清晰；修改错误时不能将错误部分全部涂黑，应只在错误部分划一横线。

（5）地名使用国家规定的地名。如果地名有新旧、俗名时，应先写国家最新公布的地名，后在括号内书写旧地名、俗名等。

（6）按记录本页码顺序依次记录，不能缺页；有加页时，应标明“XX 页的附页”；加页较多时，按顺序用阿拉伯数字标明“XX 页的第 1 附页”、“XX 页的第 X 附页”等。

（7）在山区或阴雨天使用 GPS 时，由于接收卫星信号比较困难，其数据的可靠性不足（尤其是海拔），应用海拔表校对后再记录在记录本上。

2.2.4 野外记录的保存方法

野外记录是标本最原始的记录信息，每次记录完成后应妥善保存。

保存方法：每次记录完成后，记录本、记录笔及其他与记录有关的纸张、工具等应放入专门的塑料袋中，然后再放入随身携带的专门存放记录本的包、袋或考察箱内。

2.3 生物标本制作过程中污染物的处理

在标本制作过程中会产生某些污染物，污染物包括浸泡标本用过的福尔马林、酒精废液，粘有砒霜等化学药品的制作材料等。应按国家处理医学、化学污染物的有关规定，集中处理、销毁污染物，不得随便丢弃和抛洒，以免对环境造成污染，甚至对人、畜、野生动物等的生命构成威胁。

第二篇　动物标本的野外采集、制作和保存

第3章 动物标本的采集与处理

3.1 哺乳动物标本的采集与处理

3.1.1 哺乳动物标本的主要类型

毛皮标本：姿态标本（主要为教学、展示用）、假剥制标本（主要为研究用）、大中型哺乳类的皮张（平铺而未填充）等。

浸制标本：整体浸制标本、特殊器官浸制标本（如消化器官、生殖器官等）。

骨骼标本：头骨标本、全骨架标本、阴茎骨标本等。

组织标本：肌肉组织标本、肝脏组织标本等。

其他类型标本：有蹄类动物角标本、粪粒（块）标本、足迹拓型标本等。

3.1.2 野外标本采集和处理所需用具和设备（本部分内容适合于兽类和鸟类）

1. 常用标本采集工具

1）枪械的类型、使用和维护

在野外鸟兽标本的采集过程中，猎枪是常被使用且方便的标本采集工具，几乎可以不受环境限制，随时可以猎获标本。但使用枪猎采集最大的缺点是易损坏标本，有时所猎杀到的标本几乎无法使用。此外，使用猎枪也有一定的危险性。相关工作人员应对猎枪的使用及相关安全知识有比较详细的了解和掌握。

猎枪的类型

通常有三种类型：单筒式、双筒式和三筒式。

根据猎枪枪管粗细的不同，分为12号、16号、20号等；号码越大，口径越小。

根据所使用子弹的不同，还可分为使用猎枪子弹和使用步枪子弹两种类型；使用步枪子弹的枪管较细，内壁有膛线（来复线），可起到稳定弹丸在空中飞行方向的作用。

单筒式

（1）气枪　气枪的构造简单，枪身轻巧。枪弹靠压缩气体推动，每次只装一粒特制弹丸，威力小，射击距离通常为10米左右（高压气枪射程稍远）。常用来猎杀小型鸟、兽等。

（2）单管猎枪　使用时，向右搬动机柄，枪管即与机身折弯，露出枪膛，把子弹填进枪膛，再将枪管还原。射击时，把机柄后面的保险机打开（向前推），瞄准猎物，扣动扳机射击。每次仅能装射一发子弹。射击后，复搬动机柄，枪管折离，取出空弹壳（新式猎枪枪管折离枪身时，空弹壳可自行从枪膛中跳出）。单管猎枪构造较简单，使用、携带较为便利，威力也较大，射程通常在50米左右。

（3）连发式猎枪　分三连发和五连发两种。连发式猎枪一次可装入3～5发子弹（枪仓内2～4发，弹膛内1发）。射击时，由于产生后坐力和内部的机件作用，可自动退出空弹壳并使新弹自动上膛。

由于射击迅速，很多时候比较方便采集。但在野外进行广泛采集时，因猎物大小时有变动，使用弹丸大小需随时变换，更换子弹时，往往会失去射击良机，有时也不太适用。

双筒式

分横双管和纵双管猎枪两种。双筒猎枪与单筒猎枪操作基本相同，差别在于双筒猎枪为双枪管和前、后两个扳机，每次可装入两发子弹。一般一个枪膛装大号铅弹，另一个枪膛装小号铅弹，以便在遇到大小不同的猎物时可迅速选择射击。

双筒猎枪使用最广泛，是采集鸟类和兽类标本最适用的猎枪。

三筒式

三筒式猎枪有三个枪管，但扳机仍为两个。一般是两个打散弹的枪管，一个专门打79型步枪子弹的枪管。两个扳机中前面扳机可射出右枪管子弹和下面细枪管的步枪子弹，只要推动机柄后面的分保险即可发射。

使用方法与单、双管猎枪相同。步枪子弹可射击距离较远的大型鸟兽，野外遇凶猛野兽时也可作防身之用。用途较其他猎枪广泛。

猎枪的维护

日常维护对于猎枪使用年限、射击效果等有着决定性的作用。每次使用前后都应仔细检查，发现污迹（特别是枪膛内）或损坏，应及时擦洗干净和进行妥当处理。以免使用时出现故障，甚至枪管爆炸，造成人身伤亡。

(1) 外部检查：检查金属部分是否有锈痕、擦伤、碰伤等，木质部分有无裂痕、撞痕，枪筒、托板、枪机、扳机护圈和枪托各部分的结合是否牢固，各固定螺丝有无松动等。

(2) 枪膛检查：拆下枪筒，将枪口朝向明处仔细查看，枪口部、枪膛内壁有无损伤、锈痕、油垢和杂物等，枪筒是否膨胀或弯曲。

(3) 机件检查：机柄是否灵活；扳机、撞针、撞针弹簧的性能等是否正常；保险机是否过松，能否保险；装、退子弹性能如何；各部件涂抹润滑油并检查润滑程度等。

(4) 猎枪的擦拭：擦拭猎枪是维护枪支的重要环节，必须定期擦拭猎枪。日常储放时，至少每10天擦拭一次。行猎后无论射击与否，回来一定要擦拭干净。

(5) 擦拭工具及用品。

通条（擦枪杆）　比枪管稍长，用于擦枪管。分连接式杆和单杆，多为木制，但最好选用硬钢丝材质的。为便于携带，一般用分为三段的连接式通条。

刷子　用于擦枪管。铜刷和钢刷适于刷无膛线的粗管，鬃刷适于刷有膛线的细枪管；另需备牙刷型小刷，刷各部机件及其表面花纹等。

枪油　一种为普通擦枪油，较浓稠，似机械油；一种为冬季擦枪油，较稀薄，通常在寒冷地区使用。最好备有两种，按需要选用涂抹枪油是为了防锈和保护机件。

碱水　用于去油垢和锈迹。

布　白布数小块。

(6) 擦拭方法：先用布把枪表面灰尘擦净，然后将枪分卸为枪筒、枪机和枪托三部分，分别擦拭。

枪筒部 用布条（或蘸碱水的布条）穿在通条头上擦拭枪管内部。擦数下后，如发现有药烟及杂物附在枪筒内壁，可用铜刷（有膛线用鬃刷）接在通条上，擦拭枪管内部，然后用布条擦，直到枪管内光亮如镜，再用清洁布条蘸少许枪油在枪管内往返擦拭一次，使枪管内均匀地涂抹上薄薄一层油。注意不要多涂油，以免有碍下次射击。

枪机等部 用布擦净油垢，凹凸处的油污可用小鬃刷清理，或用布缠上小竹片挖剔。擦净后，涂上一层油，运动的机件可多涂些油。枪机内部滴进两三滴油即可。

托板及枪体外部 托板上部金属部分用布擦净后涂上一层油，再将各部分合为一整体。枪表面金属部分用浸过油的布稍擦一遍；在多雨雾的潮湿季节和地区，需多涂些油。木质部分则用清洁布拭去尘土即可。

子弹

野外采集时，应尽量携带规格齐全的子弹。为猎得质量较好的标本，应尽量使用与猎物大小相对应号码（或略小）的子弹。一般常用的子弹应携带充足。

常用的弹丸（铅砂）为铅质，较软，不易损坏枪管，射程也较远。

表 1 是以部分鸟类和兽类为例列出的各种铅砂号码适于猎杀的动物对照表，可供野外动物标本采集时参考。由表 1 可知，号码越大，弹丸越小。还有比 12 号更小的砂粒，称为尘砂。另有一种独弹，形状奇异，表面铸有斜线纹，射出后有利于保持弹道稳定，具有膛线枪类的子弹运行效果。

表 1 猎枪铅砂号码、直径与适于猎取物对照表

铅砂号码	弹丸直径/mm	适合猎取的种类	
		鸟类	兽类
00A	15		熊、虎、豹
00B	10		野猪、马鹿
BB	7		狼、猞猁、獐、麂
6/0～3/0	5.5～4.75	鹤、大天鹅、鹈鹕	狐、貉、猴
2/0～0	4.5～4.25	小天鹅、秃鹫、豆雁、大鸨	青鼬、旱獭、灵猫
1	4.00	雁、鸬鹚	獾、豪猪、水獭
2	3.75	鹫、鸢	獾、紫貂
3	3.50	黄鸭、环颈雉	豪猪、野兔、豹猫
4	3.25	野鸭、鹰、灰鹭	黄鼬、鼢鼠
5	3.00	乌鸦、雉、海鸥	松鼠、鼯鼠
6	2.75	石鸡、竹鸡、隼	黄鼬、鼬獾
7	2.50	斑鸠、鸽、白胸翡翠	鼠兔、竹鼠、黄鼠
8	2.25	椋鸟、八哥、啄木鸟	黄鼠
9	2.00	鸫、鹂、画眉、伯劳、小翠鸟	花鼠
10	1.75	蜡嘴、鸦雀、百灵、山雀	菊头蝠、山蝠
11	1.50	麻雀、鹀	菊头蝠、山蝠
12	1.25	柳莺、太阳鸟、啄花鸟	姬鼠、巢鼠

子弹袋

野外标本采集时需要专用的子弹袋携带猎枪子弹。

子弹的准备

可根据需要在专门的商店直接购买所需规格的子弹。直接购买的子弹外壳多为纸质，供一次性使用。野外使用完后，需将弹壳捡回驻地，集中处理，以免污染环境。

持枪注意事项

猎枪是危险性很高的动物标本采集工具，使用前需经特别的培训；使用时，要严格操作、严格管理。

（1）普通猎枪（除连发式外），不论单筒、双筒，还是三筒，都由枪身和枪管构成。可以拆卸成两段，装入枪套携带。携枪乘坐车辆时，应将枪支放稳，以免碰撞受损。

（2）在崎岖山间小路行走时，应将枪拿牢或斜背在身上，以防碰撞山崖、树木等；携带两支枪时，应一臂背一支，防止两枪互撞。任何时候枪支都不能放在火炉旁熏烤，以防木质部被烤裂，或子弹爆炸而发生危险。

（3）射击时，如出现卡子弹或枪管不能折回枪身时，要小心检查事故原因，之后妥善地加以排除，绝不能乱敲乱撞。

（4）为猎得质量较好的标本，采集者与猎物距离应保持在 20～30 米，使用与猎物大小相对应号码（或略小）的子弹。

（5）无论枪筒中有无实弹，任何情况下绝对不允许枪口对人，以免走火伤人，甚至造成误杀的严重后果。每次结束采集，必须及时检查枪膛内是否有子弹。两人同行时必须互相检查，以防发生意外。

（6）枪支长期存放时，各部件都应拆卸，仔细擦拭，多涂油；枪簧应处于放松状态，以免弹性消失，射击失灵；枪管口和各部结合处缝隙要用凡士林油封闭，避免由于和空气接触而生锈；需要有专人专库严格保管。

（7）拆卸枪支应在熟练人员指导下进行。螺丝刀的大小要适于不同螺丝，否则螺丝易卷口损坏。

（8）平时猎枪宜存放在木制或铁制枪柜中，枪柜应尽量密封，以免枪支生锈或沾染尘土。

（9）我国对枪支的管理十分严格，而枪支又是采集鸟兽（特别是大型鸟兽）标本的重要工具，因此使用前一定要从公安部门取得合法手续。

2）其他常用采集工具及其使用

夹猎工具：适用于采集陆栖小型哺乳动物（如食虫类、中小型啮齿类等），也可用于中小型鸟类标本的采集。依采集对象体形、大小的不同，选用不同型号、不同大小的铗猎工具。

（1）钢丝夹　可依需要制造成各种型号的钢丝夹，用于捕捉各类小型哺乳类或鸟类（图 1）。布放钢丝夹较方便，树上、房顶或地面均可放置。布夹时需要放置诱饵。

（2）板夹　板夹多用于捕捉各种鼠类。板夹的底板由铁片或木板制成，上面安装一弓形或方形铁丝弓，铁丝弓两侧与弹簧连接，固定在底板上，底板上方边缘中央有一铁丝钩针，能使夹子呈待捕状态（图 2）。猎物取食时，触动钩针，铁丝弓迅速闭合而将猎物夹获。

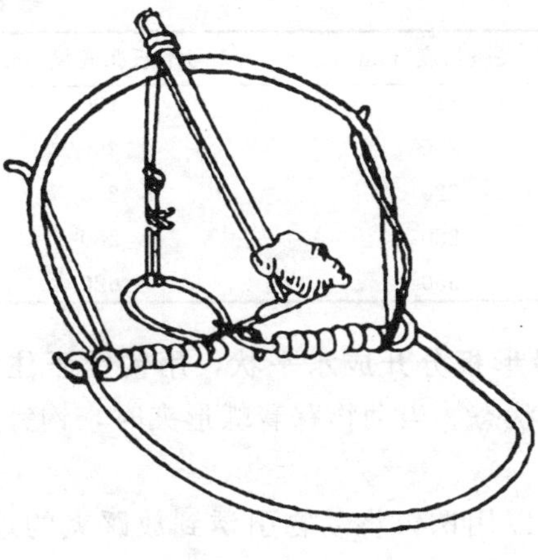

图 1　钢丝夹（唐子英等，1985）

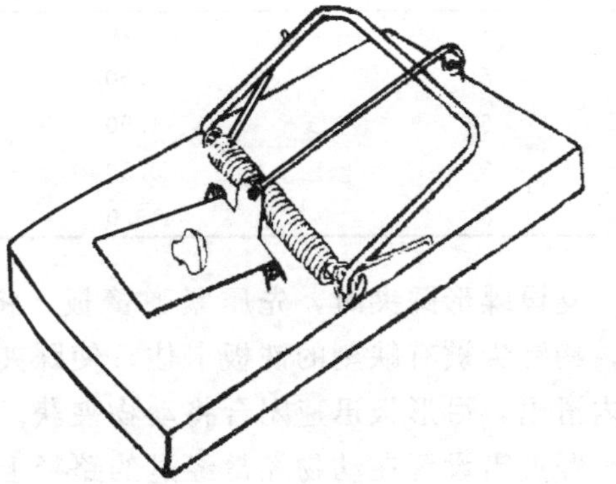

图 2　板夹（李振营，1989）

（3）踩（踏）夹　用于食肉类、有蹄类和其他体形较大的啮齿类等动物的采集。依采集对象体形、大小的不同，选用不同大小型号及力度的踩（踏）夹（图 3）。常用踩夹的规格见表 2，通常较大型踩（踏）夹甚至可捕获鹿类、野猪等较大型的动物。

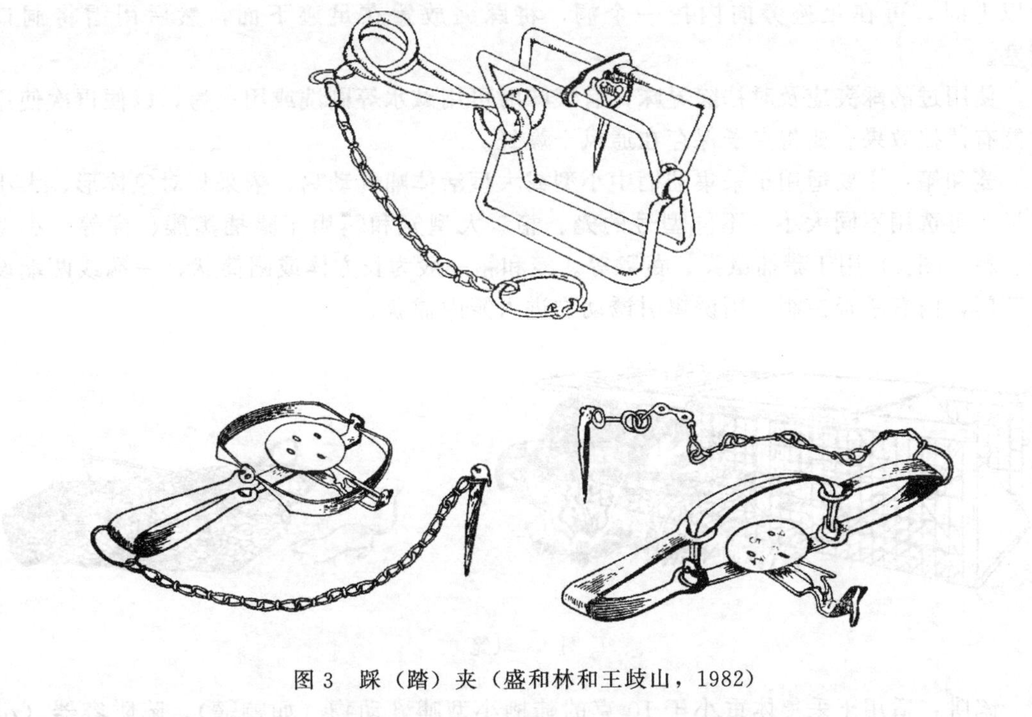

图 3　踩（踏）夹（盛和林和王岐山，1982）

表 2　常用踩夹的规格(李振营,1989)

编号	重量/kg	夹座长度/mm	弓形板张宽度/mm
1	0.23	105	115
2	0.54	125	135
3	0.65	150	165

续表

编号	重量/kg	夹座长度/mm	弓形板张宽度/mm
4	1.10	190	190
5	1.50	200	200
6	1.90	220	200
7	3.50	280	280
8	15.0	650	620

支设蝶形踩夹时，先压紧弹簧板，将两个弓形板分开成水平状，用钩针压住弓形板，钩针尖被有缺刻的铁板卡住，使踩夹成待捕状态。当动物踩着蝶形夹时，钩针从缺刻内滑出，弓形板迅速闭合将动物夹获。

踩夹需设置在动物经常经过的路径上，也可以用诱饵将动物引诱到放踩夹的地点，如将食饵吊在树上，树下放置踩夹；或将诱饵放在狭窄的通道中间，路口放置踩夹等。还可以将踩夹放在洞口、巢穴、食物残渣或粪便旁。

放置踩夹时通常可以在地上挖坑，在坑内放置夹子，夹子上先盖一张纸，纸上覆土、枯草、树叶等，加以隐蔽和伪装。在有薄雪的条件下，可先将雪清除再放置夹子，加盖一张纸和雪以恢复原样，如果原来有足迹，应做伪装足迹。当积雪在 15 厘米以上时，可在足迹旁向内挖一个洞，将踩夹放置在足迹下面，然后用雪将洞口堵塞。

使用过的踩夹应及时祛除异味，有气味时可用碱水等刷洗或用火烤，以便再次使用时能有捕捉效果。要将夹子保存在通风干燥处。

笼和箱：主要适用于采集陆栖中小型或大型活体哺乳动物，依采集对象体形、大小差异，可选用不同大小、不同型号的笼、箱。大型笼和箱用于猎捕黑熊、虎等。小型笼、箱（图 4）用于猎捕鼠类、黄鼬等。笼和箱一般为长方体或圆筒状，一端或两端设置落门，内有踏板控制，用诱饵引诱动物进入笼内捕获。

图 4　鼠笼

陷阱：适用于采集体重小于 10 克的陆栖小型哺乳动物（如鼩鼱）。陷阱容器（小桶、采集桶等）的直径应为 15～25 厘米、深 30～40 厘米；大型哺乳动物（如鹿、熊、豺、狼、虎、豹等）亦可用陷阱法捕捉。依采集对象体形、大小的不同，在其经常经过的通道上挖掘大小、深浅不一的陷阱。陷阱内可放入小桶或处理成垂直的阱壁，使落至阱内的猎物不致逃脱。陷阱表面需做好伪装。

沟筒法：可认为是陷阱法的一种变形。通常选择灌丛或草地的边缘挖一长沟，上窄下宽（上 20 厘米，下 25～30 厘米），深 20 厘米，长 10～15 米，两端安置容器（桶）。如生境适宜，沟道可适当延长，弯弯曲曲；弯角处可再安置容器。

扣套：用于食肉类、有蹄类、兔形类、体形较大的啮齿类等的采集。大型套可用钢丝、绳索、藤条等材料制作扣套，小型套可用铁丝、棉、棕、麻绳等制作扣套。依采集对象体形、大小的不同，材料的一端做成大小合适、可活动的圈环，另一端固定在牢固的物体上（如树干、岩石等）。扣套可分为简单套、复套、连环套、拦河套、洞口套和吊套等。

（1）简单套（图 5a）　将单一套子安置在固定的地方，如挂在灌木丛上、固定在木桩上等，这种套子最常用，可用于野兔、狐狸、狍、野猪、熊等动物的采集。设套的关键是寻找和判断动物经常经过的路径，在确定动物必经的路线后，选择有隐蔽物的地点设置简单套，没有合适的隐蔽物时，需要适当地隐蔽和伪装。下套时，不要破坏周围环境，尤其不要踏乱动物走过的足迹。几种常用简单套的规格见表 3。

表 3　几种常用简单套的规格(李振营,1989)

捕捉种类	铁丝直径/mm	铁丝长度/m	套的直径/cm	距地高度/cm
松鼠	0.3～0.5	0.4～0.5	8～10	5～10
野兔	0.6～1.1	0.8～1.0	13～14	10～13
狼	2.0～3.0	1.5～2.0	25～30	35～40
狍	2.5～3.5	1.5～2.0	30～40	40～50

（2）复套（图 5b）　将两个简单套套在一起形成复套。复套能将动物牢固地套住，不致其扭断套子而逃走。

（3）连环套（图 5c）　将两个至几十个不等的简单套连在一起，放置在一个地方猎捕动物，连环套有单排套、套子台、套子框、套子弧等多种形式。

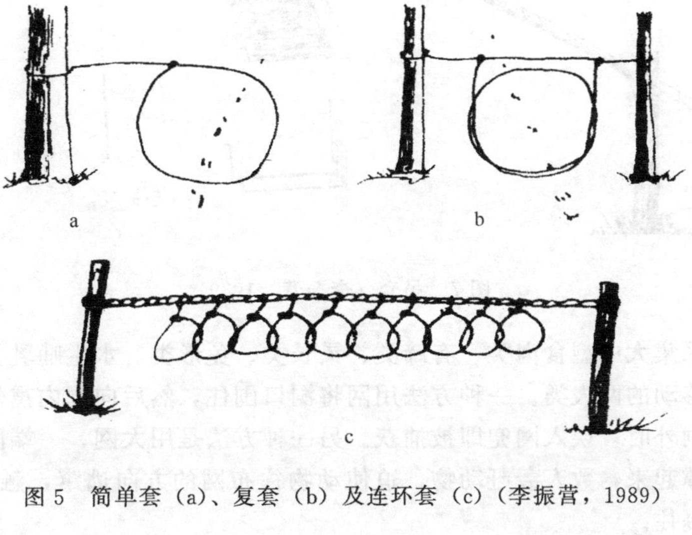

图 5　简单套（a）、复套（b）及连环套（c）（李振营，1989）

（4）洞口套（图 6a） 将套子支设在洞口猎捕动物。可将套子用烟熏黑等方法使套子色彩与洞的颜色接近，以减少动物的警觉，如猎捕旱獭常用这种办法。将套子放在洞内 40 厘米处，套的直径为 18 厘米左右，根据洞道直径大小进行适当调整，用固定钎将套子插在洞道上，将套与洞道四壁相接，套的末端用木桩固定在洞口外。设好套后将洞周围恢复成原样，当旱獭出入时即可被套住。

（5）拦河套（图 6b） 利用河上的倒木，将套子支设在倒木上，用钩机或别棍支设套子末端的悬挂重物，当动物沿倒木过河时，触动套子上的钩机即被套住。

a b

图 6 洞口套（a）和拦河套（b）（李振营，1989）

（6）吊套（图 7） 套子与杠杆末端相连，并由吊钩与地上的固定桩相挂，猎捕到动物时，借助动物挣扎的力量使吊钩脱离固定桩，杠杆将动物悬吊起来。吊套有多种形式，如翻身套是将套子设在地面上，用别棍固定并加以伪装，当动物踩到下套地点时触动别棍，脚会被套住并被倒挂起来。

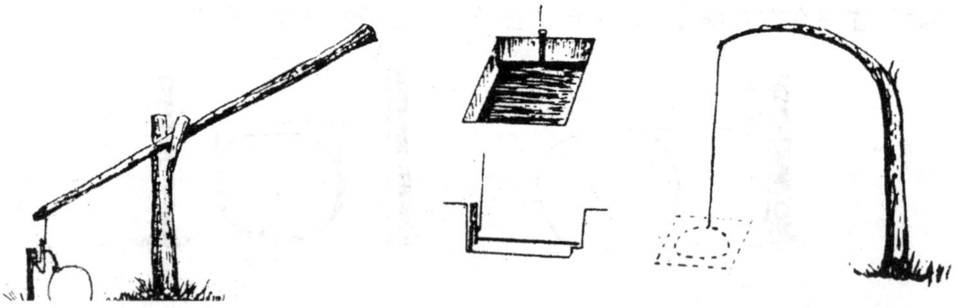

图 7 吊套（李振营，1989）

网：用于采集大中型食肉类、有蹄类、灵长类、兔形类、水生哺乳类等动物。网分为固定的和可移动的两大类。一种方法用网将洞口围住，然后向洞内熏烟，当洞内的动物受烟熏窜出洞外时，误入网兜即被捕获。另一种方法是用大网，一端固定在地上，一端用活动竹竿撑起来，数人轰赶动物，迫使动物往布网的方向逃窜，触网后竿即倒下，动物被网紧紧裹住。

2. 用于较特殊类群的采集工具

1）飞行哺乳类（如翼手类）的采集工具

迷网：即捕鸟网，是目前较常用的捕捉飞行哺乳类和鸟类的采集工具。

手持兜网：类似于昆虫网，但网兜要足够深，可有效捕捉栖息在院墙、岩壁、树叶、树洞等处的蝙蝠。

竖琴网：用于捕捉进出很大洞穴的蝙蝠。

手捕：用于捕捉栖息于洞内的蝙蝠。采集时需戴手套，必要时使用长镊子。

2）地下掘土生活哺乳类（鼹鼠、鼢鼠）的采集工具

鼹鼠夹：用于采集营地下掘土生活的鼹形类小型哺乳动物（图 8）。

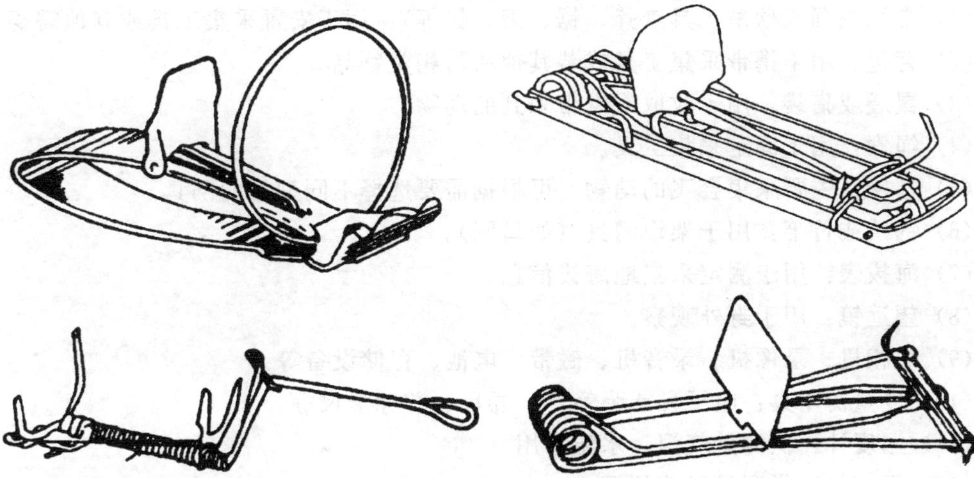

图 8　鼹鼠夹（邓址，1989）

鼹鼠扣：用钢丝做成，安放在鼹鼠经过的通道中，采集营地下掘土生活的鼹形类小型哺乳动物。

3）水生哺乳类的采集工具

专业电鱼器（高压脉冲式）和手持兜网：用于采集适于水中生活的小型哺乳动物，如蹼足鼩、其他水鼩等。

鼠笼：放置在水鼩鼱活动的溪流岸边或岩石上采集。

渔用网具：用于在江河湖海中捕捉大型水生哺乳类。

商用捕鲸船和设备：用于采集大型鲸类标本。

目前，世界上绝大多数国家都严格禁止捕捉水生哺乳动物。现在，如需要，常利用由于误捕或自然死亡而获得水生哺乳动物标本。

3. 饵料

并不是所有类型的采集工具（如陷阱、迷网、踩夹、扣套等）都需要饵料，但饵料可增加捕获的成功率。应考虑采集对象的不同，选择适口饵料。

1）采集小型哺乳动物的饵料

一般为种子（如花生、葵花籽、玉米粒、麦粒等）或水果，可拌以花生酱、果酱

等。在热带采集时，蚂蚁会很快搬走饵料。因此，每次检查采集工具时都要注意添加新的饵料。

2）采集食肉类动物的饵料

可用鲜肉（兽、禽、鱼等的肉）、活动物或气味（尿、腺体分泌物、鱼油、腐鸡蛋等），甚至腐肉作为诱饵。气味对哺乳动物采集有正面的效果，但也存在负面的刺激。因此，采集工具在使用前需要清洗。

3）采集有蹄类动物的饵料

谷物或盐粒。

4. 其他辅助工具

（1）常用挖掘或砍凿工具（斧、锯、刀、铲等）：用于安置采集工具或其他需要。

（2）背包：用于携带采集工具或装其他所需相关物品。

（3）鼠袋或猎袋：用于收取或携带采到的动物。

（4）绳索：用于固定采集工具。

（5）鸟网：主要采集会飞的动物，可根据需要选择不同型号的网具。

（6）钓竿或竹竿：用于架设网具（如鸟网）。

（7）海拔表：用于测定采集地海拔信息。

（8）望远镜：用于野外观察。

（9）照相机、录像机、录音机、磁带、电池、存储设备等。

（10）度量衡用具：电子秤或弹簧秤、卷尺、游标卡尺等。

（11）温度计：供测量气温、水温等用。

（12）风速仪：供测量风速使用。

（13）湿度计：供测量当地湿度信息。

（14）注射器：用于制作标本和固定组织标本。

（15）风镜、墨镜：防风沙、强光等。

（16）照明设备：自备灯具、火柴、打火机、手电筒等。

（17）地形图：一般为考察区域的 1/200 000 比例图，最理想的为考察区域的 1/50 000比例图。

（18）笔记本电脑、GPS、通讯工具等。

（19）标签、脚环、环志工具等：用于对动物进行必要的标记。

（20）标本箱：装运标本。

（21）不同型号的塑料封口袋。

（22）一般文具和采集信息记录用具：笔记本、纸张、信封、笔（铅笔、记号笔、碳素笔）等，用于采集过程中记录各种与采集有关的资料、信息、心得等。

（23）剥制标本用具：解剖盘、解剖刀、各种解剖剪（尖头、弯头等）、骨剪、各种镊子（大号、中号、小号和尖头、弯头等）、石膏粉、肥皂、脱脂棉、纱布、针线等。

5. GPS 的使用

GPS 即全球卫星定位系统，是一种通过卫星无线电定位、导航的设备，在野外实际工作中可用来确定采集地点、面积、路线、海拔、导航等。

定位：GPS 有两种定位方法，即自动定位和手动定位。自动定位可分为 24 小时连续定位和每隔一段时间（如 10 分钟）自动开机定位；手动定位是允许使用者自定义定位点的名称，这种标记便于采集地位置的精确定位。

海拔：GPS 可以根据卫星信息算出 GPS 当时所在位置的海拔，但在山地密林中卫星信号不好时，GPS 不能对海拔进行精确定位，误差可达 20 米或更大。

3.1.3 化学药品

1. 固定液与保存液

固定液：用以固定组织标本，如生殖腺等。

保存液：乙醇（酒精）、福尔马林等，适用于固定和保存标本、组织样品等。

2. 杀虫与防虫剂

几乎所有哺乳动物都携带有外寄生虫，它们或多或少地传播着各种疾病，有些甚至是烈性传染病（如鼠疫、出血热等）。因此，在处理标本前，需用杀虫剂尽可能地杀灭或清除外寄生虫。杀虫剂的种类很多，应选择高效低毒的产品。

砒霜明矾粉、砒霜肥皂膏：用于剥制标本的防虫处理，同时还有防止标本脱毛的作用，特别对在阴雨天制作的、不能短时间内晒干的标本。因为对人体有害，一些发达国家多已不用此类防虫剂（如美国已于 1993 年禁止使用）。

樟脑：常被用作野外采集标本临时储运和标本库标本储藏时的防虫剂与驱虫剂。

溴氰菊酯：具有安全系数高、广谱杀虫的特点，通过接触和内吸的方式杀灭动物体的寄生虫，适用于标本的防虫消毒。

敌敌畏：用于标本的杀虫处理，对人体有很强的毒性，但杀虫效果很好，需慎用！

3.1.4 采集地的确定

在拟定的工作区域内，为能采集到较多的标本，同时收集到充分的相关数据，需根据不同植被类型、海拔、采集目的等，确定一系列具体的采集地点，每一采集地点的海拔变化应在 200 米，或面积在 1 平方千米左右。

3.1.5 采集样线的设置

在设计的采集地点，首先应根据地形、海拔、栖息地状况等设计一条采集线路，隔一定距离再设计其他一些采集线路。在设计采集样线时，要考虑到采集对象体形的大小。一般来说，体形小的动物其活动范围亦小。因此，对于中小型哺乳类，其采集线路间距通常应为 200 米左右。

3.1.6 采集数据的记录

除记录采集地名称、经纬度、海拔、生境描述、采集时间、天气状况、采集人等外，还需记录每一条采集线路起点和终点的经纬度、海拔、植被类型及受干扰程度、采集工具类型及数量、每一标本的采集工具类型、特殊或罕见物种标本采集点的微生境描述等。

3.1.7 小型哺乳类（食虫类、啮齿类）的采集

1. 采集工具的安置

视采集目的、采集对象、生境条件等的不同而有很大变化。通常在每条采集线路上，每隔一定距离（10～15米）设置一个放夹点；在1～3平方米内，放置1～3个采集工具（如放置同类型或不同类型的鼠夹、鼠笼等）。采集工具可考虑在倒木、树根、乱石下、过道、洞穴附近等处安放；如在林区采集，还需将一些采集工具安放在树上，以采集一些树栖种类。如果采集地为初次调查区域，其夹/日数至少为500个，需放置2～3天，每天检查1～2次；在较为湿热的地区，每天至少检查2次，以免被捕到的标本腐烂或被虫子吃掉。

2. 捕获物的处理

如用鼠夹采集，捕到的动物通常已死亡，可直接将捕获物放入采集袋（布袋）中。如果用鼠笼采集，则将鼠笼出口端放入布袋，打开门，摇动鼠笼，使捕获物落入袋中；如果捕获的动物已死亡，则可直接装入采集袋。

抓到活体动物时，可以戴上手套，抓住动物的颈部，对动物进行初步识别。此时有两种处理方式：如果发现该动物是普通物种且已采集一定的数量，则可就地放生；如为罕见种或已采集到的标本数量尚未达到需求，则可捏住捕获物的胸部，使其窒息死亡，然后再装入采集袋。

采集到的每一标本需用卫生纸包裹，并在外层记录海拔与采集工具类型等基本信息，必要时在笔记本上记录经纬度、微生境及其他相关信息。

3.1.8 中型哺乳类（包括部分小型食肉类、有蹄类、大型啮齿类、兔形类等）的采集

1. 采集工具的安置

将采集工具安置在动物必经的通道、洞口、水源或动物可能到达的其他地点，或沿一定路线随机安置。因采集对象的体形和家域可能较大，采集工具安放点间的距离应为50米以上。

2. 捕获物的处理

在处理中型哺乳类标本时，需佩戴手套。一只手抓紧捕获物颈根部，以限制其头部的活动；另一只手抓住臀部。手臂应保持在动物的背部，以免被猎物抓伤或咬伤。然后用药物或窒息法将猎物处死。

3.1.9 大型哺乳类（食肉类、有蹄类等）的采集

1. 采集工具的安置

采集地应远离村庄，采集工具应放置在猎物经常活动又少为人畜活动干扰的地方。常用的采集工具或方式包括扣套、踏夹、陷阱等。采用踏夹或陷阱时，需要对采集工具

加以伪装：在踏夹或陷阱上薄薄地盖上一层枯枝落叶，或在陷阱上覆盖一层浮土。

2. 捕获物的处理

因这类动物体形和力气都比较大，有些也比较凶猛，处理时需特别小心。通常需要将猎物先麻醉再处理。

3.1.10　飞行性哺乳类（翼手类）的采集

1. 采集工具的安置

1）迷网和竖琴网的安置

（1）选择合适的地点，用两根竹竿（或钓鱼竿）将迷网支起，固定好。翼手类大多夜间或晨昏时活动，因此一般每天清晨检查一次网；然后将网折起，傍晚再将网打开。

（2）在蝙蝠栖息的岩洞洞口安置竖琴网，或在洞口用两根竹竿（或钓鱼竿）支架迷网。白天可以通过入洞轰赶使洞内蝙蝠外飞时触网；或傍晚待蝙蝠自行出洞时触网。

2）兜网的使用

从蝙蝠的后面沿着其飞行路线和方向挥动兜网直接捕捉蝙蝠，挥网时注意动作不要太过猛烈。

2. 捕获物的处理

发现蝙蝠缠在迷网上后，首先查看蝙蝠撞网的方向，从撞网的反方向抓住猎物的头部，先将尾、后足解开，再将双翼解开，最后解开头部，放入采集袋中。现场作初步鉴定，如相同种类的标本已获得的数量较大，可将多余的个体释放。

3.1.11　大型水生哺乳类标本的野外采集

目前，我国大型水生哺乳动物全部受到相关法律法规的保护，严禁随意捕捉，一般通过误捕或自然死亡获得大型水生哺乳动物标本。

3.1.12　其他类型哺乳类采集工具的使用或采集方法

1. 电鱼机的使用

在山间溪流较为平缓的河段或洄水河湾，可用电鱼机将水鼩等猎物赶出水面，迅速用手持鱼兜网捕捉，装入布袋中。

猎物的处理方法同小型哺乳类。

2. 鼹鼠夹（扣）的使用

沿鼹鼠或鼢鼠活动的通道安放鼹鼠夹（扣）（图9），需对鼹鼠夹（扣）进行伪装。注意不要过多损坏其通道。

猎物处理方法同小型哺乳类。

3. 手捕

对于栖息在洞穴、芭蕉叶背后等处的翼手类，可戴上手套直接捕捉；对营地下生活的鼹鼠，可先将其拱起的一段通道（约20厘米）压实，在不远处守候，待此处再被拱

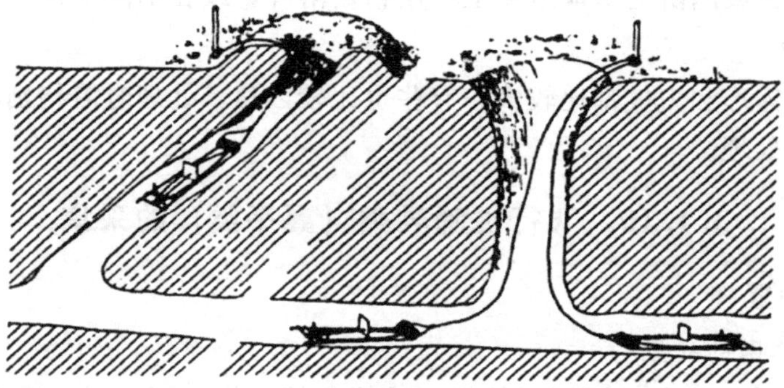

图 9 鼹鼠夹的安放

起时，可立即趋前捕捉；对营地下生活的鼹鼠，可先将其通道挖开一段（约 50 厘米），一旦猎物出现，立即将锹横着插入通道，堵住其退路，将其捕捉。

3.1.13 采集注意事项

1. 安全防护

（1）野外标本采集过程中，难免会遇到意外，特别是很多哺乳类动物是人类疾病的病源，许多哺乳动物的寄生虫会把疾病传染给人类。因此，野外工作者必须具有安全防护意识，首先要确保自身安全。

（2）在深山密林或人迹罕至的地方工作，野外工作人员应尽可能携带无线通讯设备（如手机、对讲机等）、GPS 等，以便需要时能及时与外界联系，及时得到救助。

（3）掌握一些急救和自救的基本知识，以便在遇到不测时第一时间得到必要的救治。

（4）安放踩夹或陷阱后，应适时告知周边村民，避免发生误伤事件。

2. 资料、数据的完整性与系统性

任何标本只有在赋予相关信息后才更能显现其价值，特别是与标本采集相关的信息，与标本有关的资料和数据越丰富、越完整，标本提供的信息就会越丰富，价值也就越高。哺乳类标本采集记录数据参见表 4。此外，为了能获得系统数据，需要设置一系列梯度变化的采集点。

3. 标本的完整性与系统性

因鉴定、研究的需要，哺乳类每号标本通常包括完整的皮张和头骨两部分；部分标本还应包括骨骼、阴茎骨、内脏器官等。目前，组织样品也常作为标本的一部分加以保存。此外，为了将来可能开展的研究，对一些中小型动物，应把一定数量的采集于不同地点及不同物种的兽类标本制成酒精浸制标本（最好是未受损标本）。

野外采集中，由于所使用的采集工具不同（如鼠夹、枪支等），常会造成部分标本头骨破碎。因此，条件允许时，需考虑采集到具有统计学意义的完整标本的数量；发现有特殊价值的标本（如分类疑难种、有特别动物地理学意义的物种等），采集时也应考虑到标本的数量，以便为将来进行系统分析和深入研究提供足够的样本。

表 4　哺乳类标本采集记录表

A. 采集地

<table>
<tr><td colspan="3">采集地：　　省　　　县　　　乡　　　村　　　寨(自然村)　　具体地点：</td></tr>
<tr><td colspan="3">海拔(GPS)：　　　(m)　海拔(海拔表)：　　　　(m)　卫星数：　　　误 差：　　　(m)</td></tr>
<tr><td colspan="3">纬度(N)：　　度　　　分　　　秒　　　经度(E)：　　度　　　分　　　秒</td></tr>
<tr><td>采集时间：　年　　月　　日</td><td>标本采集数：</td><td>标本采集序列号：</td></tr>
<tr><td>采集工具的类型及数量</td><td colspan="2"></td></tr>
<tr><td colspan="3">备注：</td></tr>
</table>

B. 采集地环境描述

<table>
<tr><td colspan="5">主要植被类型：</td><td colspan="3">性质：原生　　次生　　干扰</td></tr>
<tr><td colspan="2">干扰类型：</td><td>火灾</td><td>洪水</td><td>农田</td><td>砍伐</td><td>间伐林</td><td>其他</td></tr>
<tr><td colspan="2">林冠郁蔽度：　　　%</td><td colspan="3">亚层盖度：　　　%</td><td colspan="3">下层盖度：　　　%</td></tr>
<tr><td colspan="2">微生境：</td><td colspan="6">土壤情况：干湿度(1 2 3 4 5 6) 坚实度(1 2 3 4 5)</td></tr>
<tr><td colspan="2">流域性质：永久　　季节</td><td>湖泊</td><td>池塘</td><td>沼泽</td><td>溪流</td><td>泉水</td><td>水稻田</td></tr>
<tr><td colspan="4">坡向：北　东北　东　东南　南　西南　西　西北　平</td><td colspan="4">坡度：0°～10°　10°～30°　30°～60°　>60°</td></tr>
<tr><td colspan="8">补充数据：1. 笔记本　2. 地图　3. 录像　4. 照片　5. 消息来源　6. 其他
※ 照片编号：　　　　幻灯片编号：</td></tr>
<tr><td colspan="8">气温(摄氏度)/湿度(%)：　　　/　　　(　　时)　　　/　　　(　　时)</td></tr>
<tr><td colspan="4">天气情况：晴　多云　阴　雨　雪　霜　其他</td><td colspan="4">风力：　无风　　微风　　大风</td></tr>
<tr><td colspan="8">备注：</td></tr>
</table>

C. 采集标本信息

<table>
<tr><td colspan="3">采集线路号：
网号：</td><td colspan="7">起始：　度　分　秒(N)　度　分　秒(E)　海拔
终止：　度　分　秒(N)　度　分　秒(E)　海拔</td></tr>
<tr><td colspan="2">坡向：</td><td colspan="2">坡度：</td><td colspan="3">植被类型/生境：</td><td colspan="3">森林覆盖度：　%</td></tr>
<tr><td colspan="3">采集人：</td><td colspan="4">起始时间：</td><td colspan="3">终止时间：</td></tr>
<tr><td colspan="2">采集工具类型与数量</td><td colspan="6"></td><td colspan="2" rowspan="2">标本采集序列号：</td></tr>
<tr><td colspan="2">采集物种与数量</td><td colspan="6"></td></tr>
<tr><td colspan="3">采集号：</td><td colspan="3">物种名：</td><td colspan="4">采集工具：</td></tr>
<tr><td colspan="6">标本制作：皮张　头骨　骨骼　躯干骨　浸制　组织　其他</td><td colspan="2">性别：雄　雌　未知</td><td colspan="2">判别依据：外形 解剖</td></tr>
<tr><td>体重</td><td>头体长</td><td>尾长</td><td>后足长</td><td>耳长</td><td>前臂长</td><td colspan="4">耳屏长</td></tr>
<tr><td>肩高</td><td>臀高</td><td>胸围</td><td>腰围</td><td>胫长</td><td>距长</td><td colspan="4">其他</td></tr>
<tr><td>子宫斑</td><td>左：</td><td>右：</td><td>胚胎</td><td>左：</td><td>右：</td><td>睾丸</td><td>长：</td><td></td><td>宽：</td></tr>
<tr><td colspan="10">备注：</td></tr>
</table>

注：1. 有选择项时，直接在相应项目上画"○"；

2. 采集地具体地点指采集点的地名，如XX山、XX山梁、XX箐等。

4. 相关手续的申报和审批

我国对野生动物的管理越来越严格规范。在对保护动物进行采集时，需要按相关法律法规申报审批；获取有关主管部门的合法手续后，需严格按所批准的数额采集。

对非保护动物，每一采集点可采集5～10号标本。野外采集过程中，建议多采用鼠笼、网具等进行活捕，以便控制采集数量，多余的活体可放归自然。

5. 动物的权利

野外标本采集时应充分尊重动物的权利，尽量避免对猎物造成不必要的伤害；处理动物标本时，尽量减少猎物的痛苦。

3.2　鸟类标本的采集及处理

3.2.1　野外标本采集和处理所需用具和装备

本部分可参考本章3.1.2节"野外标本采集和处理所需用具和设备"部分相关内容。此外，尚有一些特别针对鸟类采集的方法需要加以补充介绍。

1. 网具

通常可以用网捕到比较完整的鸟类标本，但大型鸟类（如猛禽、鹤、天鹅、鸨等）

以及在森林高层树冠上生活的鸟类用网不易捕获。用网捕时，关键要按时查网，及时取下挂在网上的猎物，以防止猛禽、小型食肉兽类、蚂蚁、苍蝇等损伤挂在网上的鸟类，还可以保护网具，放飞那些不需要的猎物。常用的捕鸟网具有多种类型。

1）张网

张网为一种长方形平面网，网眼大小、网线的粗细等因捕捉对象不同而有差异。捕捉小型鸟类的网眼直径多为 1.8 厘米，网长 3～5 米，网宽 1.5 米。网的上下边及中间贯以较长的绳索。张网的原理是利用网四周及网体中几条绷紧的纲绳使网间宽松的网片形成网兜，鸟撞网后会坠落到网兜中而被捕获。张网使用方法比较简单。布网时，只需将网张开，两端系在网杆（或竹竿、木杆）上；网下部要松一些，形成网兜，避免鸟撞网后被弹回飞走（图 10）。

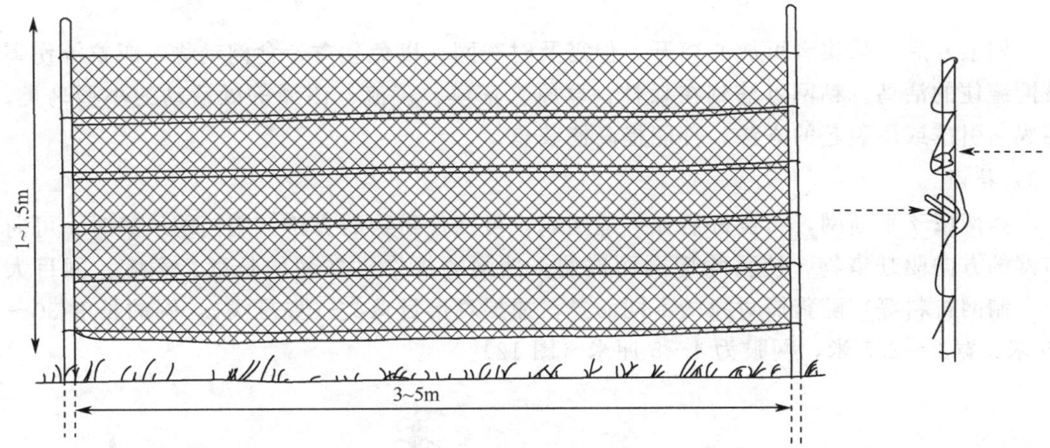

图 10　张网（唐子英等，1985）

布网时要选择适宜地形，一般要将网布在林地边缘或林间空地上，飞出林地的鸟很容易撞网；拦小河或横跨山溪布网，可捕到常在水边活动的鸟类，如河乌、鱼狗、翠鸟、翡翠、燕尾等。布网方向应尽量与风向垂直，以免网体被风吹而绷得太紧，降低捕捉效率。

冬季在草原、荒漠或农田布网时，可在网下撒些诱饵以引诱鸟类，用一根长绳（长 50 米或更长）系在网的上端，在较远处控制网。待鸟进入网区时，拉动长绳，使网倒下而捕捉到鸟。

猎捕水禽时，网的下边应稍没入水中。网架好后，轰赶水禽向网方向运动。水禽距网较远时，要慢些驱赶；距网近时，要快速驱赶，使猎物受惊起飞而触网被捕。

2）粘网

粘网又称挂网（图 11），为一种小型平面网，用来捕捉小型鸟类。网宽 2.5～3 米，长 8～10 米，网眼为 1.5 厘米×1.5 厘米，由暗色的丝线或尼龙绳织成。布网时，将网的两端用竹竿撑起，下边距地 1 米左右。因网眼细小，小型鸟类飞过时会不慎触网被捕。

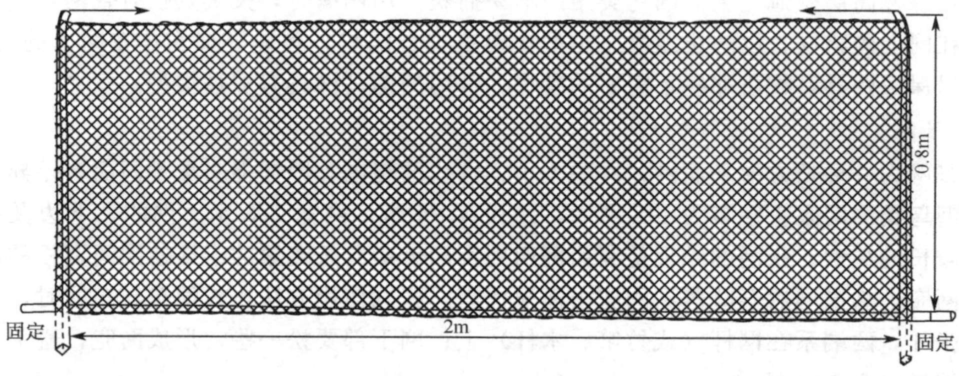

图 11　粘网（唐子英等，1985）

网架好后，采集者可放心离开，但需及时查网，以免猛禽、食肉动物、蚂蚁等伤害被网缠住的活鸟。粘网可捕到在森林、草原、荒漠、溪流、沼泽等处活动的小型鸟类。用媒鸟引诱或用轰赶的方法，都能提高捕获量。

3）挡网

挡网属于平面网，布设好后如一道围墙，可挡住猎物的去路。用挡网采集时，可向布网的方向驱赶猎物，使猎物撞网而被捕。挡网的规格（如网的长度、宽度、网目大小、制网材料等）随猎捕对象的不同而异，捕捉鸡形目鸟类（如雉类），网的长度 30～35 米，宽 2～2.5 米，网眼为 4～5 厘米（图 12）。

图 12　挡网（李振营，1989）

布设挡网时，应根据地形，将挡网架设在猎物经常活动的地方。网的上部挂在支网杆上，稍向猎物进入的方向倾斜；网杆不要埋得太结实。网的下边要拖在地上一段，以防猎物从网下钻逃。在有灌木的地方布网时，可将挡网直接挂在灌木丛上。

布好网后，留两人隐藏在网的两端，阻止猎物从网的两端逃走。猎物触网后，网杆会自动倒下，网落下后将猎物罩在网内。此时，守候人员应迅速趋前捕捉。

4）铺网

铺网是一种平面网。网宽 2～3 米，长 5～7 米，网眼为 3.5 厘米×3.5 厘米。网的四边穿有网纲，网纲上拴有铅坠，铅坠长 4 厘米，直径 1 厘米（图 13）。

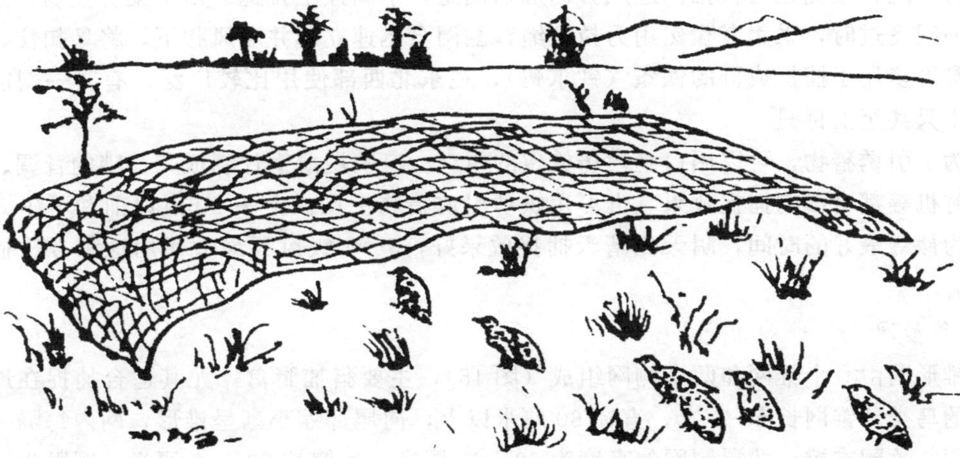

图 13　铺网（李振营，1989）

野鸟有从坡下向坡上走的习性，故通常选择坡地上方布网，地面生长有 30～40 厘米荒草或灌木的地方最适合布铺网。布网时，把网铺在荒草上，有铅坠的三个边紧贴地面，网口一边朝向坡下。降雪后用这种方法捕鸟最为有效。采集者可用一号大白布袋罩住身体，布袋前上方留两个圆孔，可借此观察前方野鸟的活动；两手用木杆支起布袋两角，边摆动两角边向着坡上网口的方向驱赶野鸟。这种方法效果很好。

5）翻网

翻网为捕捉小型鸟类最有效的工具之一（图 14）。翻网网片用土黄色丝线织成，宽 2.5 米，长 20 米，网眼为 17 厘米×17 厘米。网的两个长边各穿一条纲绳，短边穿一根竹竿。近端的网竿称首竿，长 2.7 米，较粗；远端的网竿称梢竿，长 2.7 米，较细。有绷绳两条，各长 8 米；腰绳一条，长 6 米；拉绳一条，长 40 米。

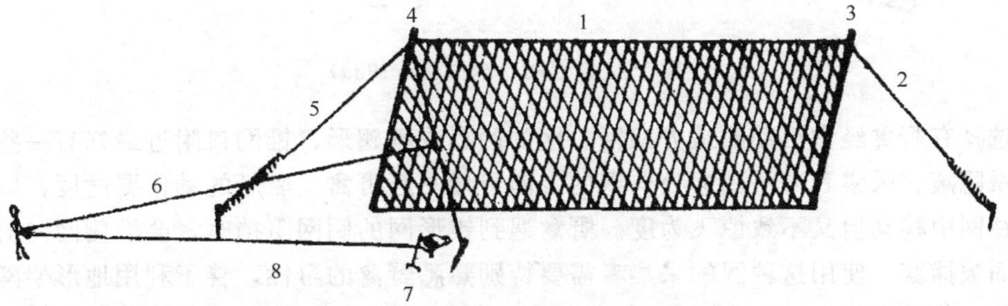

图 14　翻网（李振营，1989）

1. 翻网；2、5. 绷绳；3. 梢竿；4. 首竿；6. 拉绳；7. 鸟靶和繇子；8. 腰绳

布网时，把网张开平铺在地面上，网的长边与风向垂直。用绳子将迎风一端的竹竿联结固定在木桩上；另一端系上绷绳，斜拉向迎风的方向。将绷绳固定在地面预先钉好的木橛上，绷绳与木橛之间连接一个弹簧，翻网时速度会更快，捕获效率更高。首竿顶端拴有腰绳，腰绳也要斜拉向迎风方向加以固定，中间拴上拉绳，由采集者控制。当鸟迎风贴网飞过时，采集者猛然用力拉拉绳，翻网会迅速立起并顺风扣下，将鸟扣住。

翻网多用于捕捉成群的铁雀（铁爪鹀），在东北西部使用比较广泛，有时一网能捕到几十只甚至上百只。

为了引诱猎物，可以用口哨模仿铁雀的叫声。口哨用薄钢片制成，口哨的音调、吹哨的时机等都会影响捕捉效果。也可用媒鸟引诱猎物上网。上午 10 点以前和下午 3 点以后为捕鸟最好的时间，阴天比晴天捕捉效果好，3～4 级风天最适于用这种方法捕捉铁雀。

6）锥形网

锥形网由一个锥网和两个侧网组成（图 15），主要猎捕野禽，尤其适合捕捉在地面活动的鸟类。锥网长 5～6 米，直径 60 厘米以上，向尾部缩小渐呈锥形，网内每隔一定距离用一竹圈支撑；两翼侧网的高度为 50～60 厘米，每侧长 20～40 厘米，网眼为 4 厘米×4 厘米。

图 15　锥形网（李振营，1989）

选择有野禽经常活动的地方架网。网的两翼成雁翅形，锥网口附近最好有一些小灌木丛做隐蔽。采集者可从稍远处向网的方向慢慢驱赶野禽。驱赶的动作要适度，以能使野禽往网中移动但又不致惊飞为度。野禽遇到锥形网的侧网阻挡时，会沿侧网向前进入锥网而被捕获。使用这种网的采集者需要特别熟悉野禽的习性，善于利用地形架网，技术熟练，收效会很大。

7）夹网

可用铁丝或竹篾弯成弧形，其上用丝线编织成网即成夹网（图 16）。使用时，用别棍将夹网支起，以玉米、花生、昆虫等为诱饵，放在鸟类经常活动的地方；有时还要用松土掩盖隐蔽，仅露出食饵。有鸟啄食时，夹网闭合，扣住啄食的鸟类。

8）包裹网

将一张（10～15）米×（10～15）米、网眼为2～5 厘米的网片四角，各通过一个木衣夹挂于中小型猛禽（如隼类）经常出没的林间通道上。网片两边可放活诱饵（如小鸡），猎物俯冲捕捉诱饵时，会触网。网片被猎物冲撞后会从悬挂处脱落，从而将猎物包裹。

使用此法捕捉猎物时，要注意监视，一旦猎物触网，应及时前往抓捕；否则，容易使猎物逃脱，或受伤，或被其他猛兽、猛禽叼走。

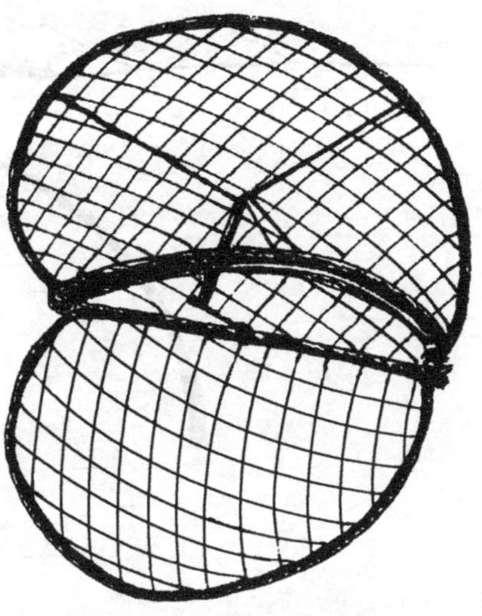

图 16　夹网（李振营，1989）

2. 套猎工具

可用马尾、尼龙绳、铁丝、油丝绳等材料制成套猎工具，用于捕猎野禽。

1）翻套

翻套也称为翻车，适于捕捉大中型鸟类。制作时，先将竹板或弹性很强的木棍弯成弓形，上面拴两根粗弦。再用一段竹筒套在粗弦上，竹筒上钻三个小孔。中间一个小孔插竹签，并绕在粗弦上，两端小孔中插入有杈的小树枝。然后，在近弓背处拴一个与弦平行的绳子，上挂有棍，用来别住竹签，竹签顶端安置食饵，树枝上放置大小适当的翻套（图 17）。

将安置好的翻套放在鸟类经常活动的地方，并加以掩盖和伪装，仅留食饵暴露在外。鸟类啄食食饵时，会触动别棍，树枝和竹签因粗弦的弹力弹回，可将猎物的脖子套上。该方法简便易行，比较实用。

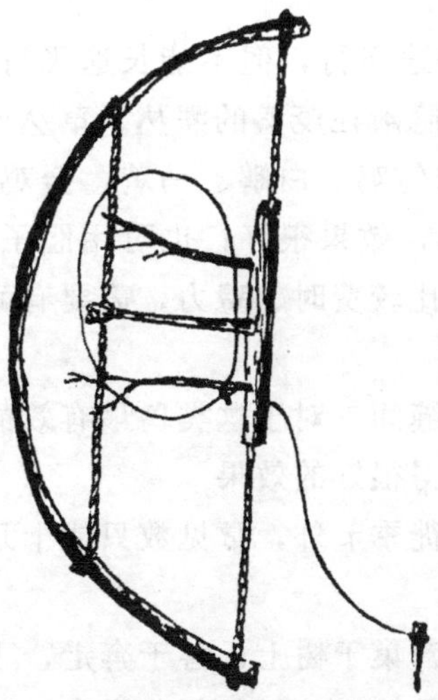

图 17　翻套（翻车）（李振营，1989）

2）捕鸭套

用线绳、竹竿等制成，包括地桩、挑杆、绳套和舌子（图 18）。

地桩用细竹棍制作，长度以插入浅水后顶端露出水面 15 厘米左右为宜，顶端需削一镶舌子的缺口。舌子为一长 28 厘米的竹片，顶端劈开一小裂口。

挑杆为长 1.5 米的细竹竿。取一段长 80 厘米的细绳，一头系在挑杆顶端，在距顶端 8 厘米处，系在舌子的末端，并沿舌子拉到顶端，夹在舌子的裂口中；绳的末端结成套子，套在舌子上近挑杆的一端，舌子的下面形成一个活套，将舌子近挑杆一端镶在地桩上即成。

这种捕鸭套应支设在有水草的浅水处或稀疏的芦苇丛

图 18　捕鸭套（李振营，1989）

中，能看到野鸭游动的地方最好。设置时需隐蔽，挑杆不能挑得过松或过紧，以能套到野鸭不能低头为宜。当野鸭游进活套时，舌子从地桩上脱出，挑杆将绳套拉紧，野鸭即被套住。捕鸭套能捕捉到活的野鸭。

3. 夹猎工具

本部分参考本章 3.1.2 节中夹猎工具部分。

3.2.2　标本采集

1. 陆禽的采集

陆禽指地栖性鸟类，如鸡形目、沙鸡目、鸽形目等种类。

鸡形目鸟类属于草原和森林草原类型，能在短距离内快速飞行，但不能长途飞行，善于在地面奔走；大部分时间在地面觅食。鸡形目鸟类多喜隐蔽在茂盛的灌丛、草丛或树上，通常很难被发现。对于那些夜间栖于树上的鸡类，如勺鸡、白鹇、马鸡、金鸡、孔雀等，可通过观察它们的夜宿地，夜间用手电筒照射猎杀，效果很好；也可用囮子、定点投食、回放它们的鸣叫声等诱捕或诱杀，尽管这些方法比较费时、费力，需要有耐心，但效果很好。

鸽形目鸟类属于森林草原类型，常筑巢于树上或悬崖岩缝间。对于这类鸟最有效的采集方法是用枪猎猎捕，其他方法，如网捕、诱捕等难以获得很好的效果。

沙鸡类属草原和荒漠类型，常集大群长距离迁徙。除迁徙季节外，常见数只或十几只结群在草原或荒漠上觅食，可用枪猎捕杀。

我国雉类大都喜陆栖，部分为树栖，个别种类（角雉）营巢于树上；善于奔走，飞翔距离短；陆地觅食，主要以坚硬的植物种子、地下根、茎及植物的绿色部分为食，兼食昆虫和其他小动物。可依据它们形态和生态特点，采取相应的采集方法，可收到良好的效果。以下以雉类的采集为例，对捕猎陆禽的各种方法进行较为详尽的介绍。

1）寻找和猎捕

寻找

雉类是属于草原和森林草原类型的鸟类，应在适宜其栖息的环境中巡行观察。注意观察有无足迹、粪便、鸣叫声、体羽等。例如，雉类换羽期间受寄生物侵扰时，最喜欢在温暖向阳、比较开阔的沙砾地进行沙浴，沙浴时不仅会留下足迹，还会遗落下羽毛。故在附近寻找，常可发现猎物。深冬有积雪时，雉类难以觅得食物，为了得到食物，常会大范围地活动觅食，故在雪地上留下大量足迹，利用这一特点，易于发现它们。

猎捕

(1) 巡行枪猎法：采集者在雉类经常活动的地方持枪寻找，发现猎物后进行适时猎杀。单纯采用此法效果常不佳，可辅助以鸣笛、媒鸟等加以引诱。雉笛能引诱雉类，尤其在雉类发情期效果最佳，若能仿效真切，非发情期也能有很好的引诱效果。经常使用的雉笛多由采集者自己制作，做法比较简单：取一杏核，将杏核两面各磨出一个圆孔，孔径约 0.3 厘米，掏出杏仁，使用时，放入口中吹气，便可发出类似雉类的叫声。雉笛的制造和使用需要熟练过程，还需反复模仿练习，才能收到好的效果；否则，适得其反。

春天鸣笛引诱时，多模仿雌鸟鸣声，可同时引来雌、雄鸟类。秋天晴朗天气，榛鸡很容易被鸣笛引诱，未受惊吓时，还会很快回应音调悦耳的高声哨音；之后，雄鸟从一处飞往另一处，飞翔时，由于双翅迅速飞动而发出特殊的声音，听得非常清楚。如受到惊吓，它们会沿地面向笛鸣的方向奔去，常不对笛鸣应答，会蹲在一地四下张望，仔细聆听。用鸣笛引诱榛鸡时，采集者应躲在树丛里或树干后面，或隐藏在树下，小心引诱；若被发现，榛鸡会发出啾啾鸣叫声，并且飞走，失去猎捕的机会。雉类听觉非常敏锐，虽仅一两声笛鸣，亦能很快从远处闻声寻来。采集者鸣笛前，需先将自己伪装隐蔽好，隐蔽处前面需有开阔地带，以便观察和猎杀猎物。飞奔而来的猎物遇丛生杂草而无法穿行时，会飞起，采集者应做好准备，适时射击，以免错失良机。

扇动雉类的羽毛模仿雉类飞翔时发出的声音称为羽音引诱。羽音引诱和雉笛引诱相似，也能收到满意效果。

媒鸟引诱需和雉笛引诱结合使用，可收到理想的效果。媒鸟可用雉类生态标本充当，但所用标本必须逼真，才能取得比较好的效果。

(2) 猎犬寻找枪猎法：利用猎犬配合枪猎雉类可得到比较满意的采集效果。经过训练的猎犬能在灌草丛中穿行，以其敏锐的嗅觉发现雉类。在未惊飞前，训练有素的猎犬会以特有的姿势站立，以示雉类所在位置，待采集者做好准备后，才发出叫声冲向猎物，采集者待猎物惊飞时即可开枪。猎犬还可帮助采集者找到并衔回被击伤或击毙的猎物。

(3) 囮子引诱套猎法：活捕雉类雏鸟加以饲养驯化，雏鸟长大后可作为囮子带到有雉类活动的地方，以引诱野生雉类。用囮子引诱时，先将囮子拴在雉类经常出没的地方，在其周围设置套子。囮子多用雄雉，雄雉离开笼子后常发出叫声，或扇动双翅发出砰砰声。因雄雉好斗，在附近活动的雄雉听到鸣叫必前来与其争斗，此时遇到诱物附近的套子即被套住。

此外，还可以用铺网、夹子、夹套等猎捕，效果亦比较理想。

2）射击和追踪

（1）射击：猎捕雉类时，多在其飞行中枪猎。采集者应具备熟练的射击技术。射击飞行中的雉类并不很难，猎物被惊飞后，先会从灌丛或草丛中垂直向上飞，继而由垂直方向改为水平方向飞行，在空中转向时的速度很慢，类似停顿一下，这是最好的射击时刻。有时被惊飞的猎物会从采集者头上飞过，或向采集者飞来，发现有人后会即刻转向其他方向。此时，若仰射向头顶飞来的猎物，通常难以命中，可在猎物发现猎手后开始转向的时刻射击。

射击时的技巧可参考猎人的经验："横打嘴、顺打腿、斜打翅。"这里既反映了射击时对提前量的要求，又形象生动地反映了射击技巧。

射击雉类所用霰弹的大小关系到杀伤效果。一般 3 号或 4 号霰弹即有足够的杀伤力。春、夏季，野鸡羽毛层较薄，霰弹可小些；秋、冬季，野鸡羽毛丰厚，霰弹可以大些。

（2）追踪：雉类生命力较强，即使被射成重伤，虽丧失飞行能力，落地后仍能快速逃离。如果无猎犬协助采集，采集者需掌握追踪技术，以免得而复失。

猎物被击伤后，如在平原杂草丛生处，需观察草木的摇动，借此判定受伤猎物所在位置；若在灌丛中或杂草稠密的地方，如已看清被击中猎物坠落的地点，应根据着落点，采用封闭圈式搜索，封闭圈由大逐渐缩小，搜寻猎物；遇被击伤的猎物直线逃走或再度起飞，只能再行射击。

2. 游禽的采集

游禽种类很多，雁、鸭、潜鸟、鸊鷉、鸥类等都属游禽，种类不同，采集方法各异。

对鸊鷉、鸬鹚、潜鸟等潜水鸟类，它们从水面起飞时，必逆风而起，缓缓飞离水面。采集者可乘小船顺风而行，待猎物逆风飞进有效射程，即可射击。

捕猎野鸭的方法较多，捕猎时间亦不相同。春天，可在野鸭经常栖息地方利用放置假鸭、囮子或诱鸟笛进行捕猎。

对雁和天鹅类，它们起飞时，有在水面或陆地上助跑的过程，在起飞或低空飞翔时射击较易被击中。

鸥形目鸟类大多有这样的习性，即同类中有被击落的个体时，附近的鸥类会纷纷前来"营救"，此刻，聚集在一起的个体很多，并长时间不散，也不太怕人；如必需，可相继猎杀数只。

此外，可利用渔民捕鱼时，特别是大拖网捕鱼时，有受伤而浮出水面的个体，或有些小鱼从网中逃出时漂浮在水面而招来大量鸥类及其他游禽。此时是捕猎的有利时机。还可以利用鸟类的不同习性，如河乌、溪鸲、燕尾等常顺着河川直上直下飞行，或栖于急流中突岩或悬岩上，栖息场所较固定，又不太怕人，不难采集。

野鸭多为候鸟，结群迁徙，春季在北方繁殖，冬季在长江流域或更南的地区越冬。春季，自南方越冬地迁回北方繁殖区，沿途只作短暂的停留。秋季，常结群南迁，沿途停留觅食、休息；白天在水域中活动，晨昏在田间或草地觅食，是捕猎野鸭的最好时机。

捕猎野鸭的方法颇多。多在野鸭飞行中射击捕猎，很少有静止中射击的机会。猎鸭方法依据环境不同可分为取食地捕猎法、飞行路途上捕猎法、水面游泳时捕猎法等；依据猎捕形式又可分为伏猎法、伪装潜近猎法、网猎法、套猎法、鸣笛和媒鸟引诱捕猎法、猎犬寻找枪猎法等。

1）*伏猎法*

秋季野鸭结群南迁时，在野鸭经常活动的地方，采集者可预先埋伏在隐蔽处；缺少隐蔽条件时，可设置狩猎小屋。狩猎小屋搭建在水边，用枝条或茅草制成，顶上不必完全盖住，采集者可从小屋上面和围屋的枝条缝隙间进行射击。狩猎小屋需预先建好，使野鸭熟悉。同时，可采用引诱方法，即将一只雌性活野鸭的腿用布包好，拴在没入水中的木桩上，诱鸭与小屋之间的距离应在猎枪射程之内。所拴的雌诱鸭叫声富有引诱性，如无活雌鸭，可用剥制的雌鸭的生态标本或橡胶制成的假雌鸭代替，并辅以鸣笛引诱。

伏猎飞行路经的野鸭，应掌握它们的飞行规律，预先埋伏在飞行路线附近；采集者应穿迷彩服，将自己隐蔽。通常野鸭飞行的高度较低，飞经头顶时，常在射程之内。若无隐蔽条件，可仰卧地上，当野鸭将要飞到头顶时，突然坐起射击。

2）*伪装潜近猎捕法*

野鸭或雁在迁徙期间的活动、觅食等都有一定地点和时间，迁徙中的野鸭也常会在一个较固定的范围内停留数天，这时可用伪装潜近猎捕法采集。猎捕陆地或岸边活动的鸭群时，可用树枝枯草作盾牌，挡在身体的前面掩护前进，直接潜近猎捕。有条件时，可乘马车迂回靠近，到达适当地点时，采集者悄悄下车，马车继续前进，鸭群会躲避马车而向采集者靠近，可乘机进行猎捕。

在有河湾的地方常流行一种从独木舟上放诱鸭的狩猎法：在独木舟上搭上一个茅棚，用弯木棍支持的树枝将茅棚加以遮盖，木棍的一头钉在船舷上。待独木舟靠近猎物时，开枪射杀。

射击野鸭多用 1 号或 2 号霰弹，距离近时，4 号或 5 号霰弹亦能致死。

3. 涉禽的采集

涉禽包括鹳形目、鹤形目和鸻形目的种类，涉禽的嘴、脚和颈均比其他生态类群的鸟类长得多，适于在浅水和岸边捕食。鹳形目和鹤形目是大型涉禽，其外形和觅食场所相似。但鹳形目后趾发达，能栖树握枝，在树上、草丛、岩缝、屋顶以树枝和草茎编巢；鹤类后趾退化，不栖树握枝，以枯枝及草茎筑巢于浅水地带草丛中。鸻类和鹬类是小型地栖性涉禽。大多数涉禽在北半球繁殖，秋季南迁至温暖水域越冬，迁徙时多结成大群，很多种类有集群营巢的习性。

涉禽的捕猎方法与游禽捕猎方法相似，凡适用于捕猎游禽的方法都适用于捕猎涉禽，相关内容可参见前面有关部分，这里不再赘述。

4. 猛禽的采集

猛禽是凶悍的肉食性鸟类，包括隼形目和鸮形目两大类。

1）*隼形目*

隼形目鸟类为昼行性猛禽，翅长而尖，飞行迅捷，大多数种类善于在高空翱翔，巡察地面猎物并俯冲抓捕。有的捕食鼠类、野兔或小鸟，有的捕食昆虫，有的捕食鱼类，也有的食用动物尸肉。它们多栖息于高山、平原、海岸和草原地带。

大多数隼形目鸟类为候鸟，每年春、秋两季往返于繁殖地和越冬地之间，主要在白昼迁飞。迁徙时，常结群飞行，且保持静寂，不鸣叫。

常用的猎捕隼形目鸟类的方法是枪猎，用隼形目鸟类喜欢捕猎的食物，如雉类或野兔等作为诱饵，更易用枪猎捕。也可用夹子或在隼形目鸟类迁徙经过的地方张网捕猎。

2）鸮形目

多数鸮形目鸟类为夜行性，白天匿伏于树洞、岩穴或稠密的簇叶间；有些种类，如雕鸮、纵纹腹小鸮等虽大都在夜间活动，但白天也能见到；还有些种类，如斑头鸺鹠，经常在白天出没于村镇附近、菜地、果园。由于鸮形目鸟类羽毛松软，飞行时发出的声音很小，轻盈敏捷。因为鸮形目鸟类很少在白天活动，通常较难用枪猎捕，可在其常活动的地方张网捕捉。

5. 攀禽和鸣禽的采集

1）猎捕

用猎枪猎杀猎物是最常用的采集鸟类标本的方法，该方法既简便又有效。猎杀猎物时，采集者最好着迷彩服，利用树林、草丛、土坡、建筑物等隐蔽接近猎物射击。

击中飞行中的鸟类有一定难度，因为不同鸟类飞行速度、飞行路线都会不同，与采集者的距离有远有近，如雨燕类、家燕类等飞行速度较快。射击时准星应追随猎物移动，当猎物飞至采集者上空约 40 米处时，可迅速将准星瞄至猎物前方 1～1.5 米处（提前量）射击。不同鸟类需要不同的提前量，采集者可依据经验，不断摸索规律。

2）网捕

用张网、挂网、挡网等网具捕获攀禽和鸣禽也是常用的采集方法。严格按照介绍的相关方法捕捉的鸟类通常都比较完整，适于制作剥制标本。网捕的不足之处是难以捕获在森林高层树冠上生活的鸟类（如啄木鸟、杜鹃、鸠鸽类）。

3）诱捕

（1）定点投食：定点投食既可以用来帮助需要帮助的鸟类顺利越冬，又可以在珍稀濒危鸟类的研究中，提高所需标本的采集效果。例如，在布设的张网、粘网等网底地面撒些诱饵，可引诱多种鸟类前来取食，以达到提高捕获量的目的。

（2）鸣声回放：鸟类常借鸣叫来传递信息，可以通过模仿或播放录制好的鸣叫诱捕同种鸟类。这种诱捕方法既可在猎杀时使用，也可在网捕时使用。

6. 鸟类标本采集注意事项

（1）拾取猎物时不要揪拉其羽毛，以免因羽毛脱落而影响制作标本的效果，甚至成为废品。正确的方法是提着猎物的脚或手握整个身体。例如，猎物，特别是猛禽之类，受伤尚未死亡，应设法擒住它的双脚和嘴，防止被嘴啄伤或被爪抓伤。

（2）用枪猎捕杀的标本常会因猎物流血和排出粪便污染羽毛。对被污染的部位可用脱脂棉蘸清洁水擦洗；同时，用棉球塞入猎物嘴，以免胃容物或血水从口中流出再污染鸟体。对伤口部位应及时擦去血渍，并用棉球塞住伤口。将标本清洗擦干后，需用纸包裹，以免损伤羽体。最后，将处理好后的标本收入采集袋。

（3）所捕获的鸟类标本在野外应随时注意保管，以防被其他动物盗走。

7. 鸟巢（包括鸟卵）的采集

采集鸟巢是研究鸟类生态学尤其是繁殖生态学、鸟类动物地理学等不可或缺的重要资料。所以，野外采集鸟巢是一项很重要的工作。

难于采集的鸟巢

有些陆禽（如大多数雉类）在地面筑巢，有些陆禽（如马鸡、锦鸡、雉、雁、鸭和猛禽等鸟类）在陡峭岩隙或在悬崖峭壁下筑巢。这些鸟类的巢结构比较简单，无固定形态，仅显示在地面扒出的浅窝，无特殊巢材或仅有少许树根、茅草、羽毛等铺垫。另一些在岩洞、树洞、墙缝等营巢的鸟类（如麻雀、犀鸟、地鸦、戴胜、啄木鸟等），它们的巢形随所依附物的差异而有所不同。家燕、毛脚燕、金丝燕、雨燕等鸟类营巢于屋檐、岩缝、岩壁等，它们的巢被黏土或自身的唾液紧紧黏附在附着物上。营巢于树上的一些鸟类，如喜鹊、灰喜鹊、鹰、鹳、朱鹮、鸦类等，由于它们的巢是多年使用的，而且每年都在加固、加大，常形成巨型巢。

上述类型的巢通常难于采集或不宜采集。对上述各种类型的巢，可作有关巢形、巢材等的详细记录，还可采集一些巢材或拍摄照片记录保存。

可采集的鸟巢

每年春夏之交很多鸟类进入繁殖期，是采集鸟巢的大好时机。野外寻找鸟巢往往是一项比较困难的工作，可根据鸟类的生活习性寻觅它们的栖息地，尤其是繁殖区。

大多数鸟类在繁殖季节都有占区和保护巢区的行为，若同种雄鸟侵入巢区（或领地），会招致已占区的雄鸟甚至是雌、雄鸟的联合驱赶，直至入侵者被驱赶出巢区。另一些鸟类会发出占区鸣叫，这种鸣叫意味着该处已是它们的巢区，警告同种鸟不要侵入其领地。还有一些鸟类，如黄鹂、凤头麦鸡、云雀、黑卷尾、燕鸥等，当有入侵者接近它们的巢区时，它们会在入侵者的上空来回飞翔，甚至悬停空中鸣叫不停，或攻击入侵者，直至入侵者离开为止。可依据掌握的不同鸟类的习性，追踪寻觅它们的巢。

建在比较开阔的草原、戈壁、沼泽、河滩等处的鸟巢，巢的颜色通常与环境相似，很难被发现。寻找这里的鸟巢，可借助望远镜远距离监视跟踪，也可横排搜索或借助拉绳方法搜索。

在水域环境中寻觅鸟巢，应特别注意对水草茂盛以及聚集成堆的草丛进行搜寻。

繁殖季节跟踪嘴里衔有巢材或食物的鸟，是一种比较常用的寻觅鸟巢的方法。对在悬崖峭壁上营巢的猛禽，在树上筑巢的鸠鸽类、鸦类、喜鹊，在树洞营巢的啄木鸟、犀鸟，在地洞中筑巢的拟地鸦、雪雀等，通过追踪衔有巢材或食物的鸟的方法一般可以比较容易地发现它们的巢。大多数雉类栖息于森林、草原或草原的灌丛、草丛中，营巢于地面稠密的灌丛或草丛，非常隐蔽，难以发现，如角雉属种类多在茂密树叶遮蔽下的树上筑巢，很难发现。最好用跟踪方法，如在下午 4～5 点，若发现有雌鸟单独觅食（觅食后它将回巢孵育），即可跟踪雌鸟，就可能找到它们的巢。

集群营巢的鸟类，如鹭类、鸬鹚、海雀、遗鸥等，它们的巢比较容易被发现。

鸟巢标本采集的注意事项

（1）巢的形状、大小、构造及营巢位置随鸟的种类不同而有差异；即使是同一种鸟，往往会因栖息环境的不同巢位也会有所变化。采集鸟巢时需要确定所属鸟类的种名，将鸟和巢一起采集，无名鸟巢的科学价值不大。

（2）发现鸟巢后，如未见到亲鸟，应先躲在隐蔽处静心观察，待亲鸟回巢时，就可以确定鸟的种类。

（3）采集鸟巢的同时应将鸟卵一并采集，但应特别注意的是要在产满一窝卵，即产完最后一枚卵后，才可将巢和卵一起采集。一个完整的鸟巢标本应包括鸟卵和鸟巢两部分，这样的鸟巢标本才更有研究价值；而只有在繁殖季节才有可能采集到完整的鸟巢标本。

（4）如在采集鸟巢过程中亲鸟受惊逃离，既不要翻动巢也不要动巢内的卵。因为，一旦翻动巢卵，有些鸟类会弃巢，不再归来。

（5）对在野外无法确定种类的鸟类，需将亲鸟猎获后和巢一起带回鉴定。

（6）鸟类营巢环境和条件比较复杂，通常需要在采集鸟巢前对巢址环境作较详细的记录。

（7）野外采集过程中获得的鸟卵标本需先分别用棉花包裹，放在木盒、塑料盒或硬纸盒内保存，以免碰坏或压碎；带回驻地后应尽快进行处理。

8. 鸟类组织样品的采集

样品采集主要取决于研究工作的需求。例如，进行分子生物学研究时需要从鸟体胸部采集少量肌肉样品；研究某种鸟类遗传多样性时，需要尽可能多地收集该种不同地理种群的组织样品。

采集 DNA 样品的方法通常有以下三种。

伤害性取样：用枪或网捕到标本后，如为活体，需马上处死，尽快从新鲜材料上提取肌肉、肝脏、心脏、肺等器官的组织样品。

非伤害性的取样：从网捕的活鸟身上采集羽鞘（最好是新长出带有血液的羽）。

非损伤性的取样：不直接接触研究对象，通过收集研究对象脱落的羽毛、粪便、卵壳等获得所需样品。

1）血液样品的采集

鸟类血液样品一般需从活鸟身上提取。用注射器从翅膀根部静脉血管中抽血，将抽取的血样放入加有 SDS-EDTA 抗凝剂的离心管中；或用注射器针头刺破静脉血管，直接用带有抗凝剂的毛细管取血，立即冷冻保存。野外工作中，最好将获得的样品放入液氮罐中保存，回实验室后对样品整理编号，放入低温冰箱里保存，以供研究使用。

2）其他组织样品采集

采集其他组织样品时，需先用酒精对解剖器具消毒。将获得的肌肉组织剪成碎块，放进事先准备好的装有无水乙醇的试管内，试管的大小根据研究工作的需要而定，一般用 2 毫升或 5 毫升的试管。内脏器官样品的提取方法与肌肉组织一样，把肝脏、肺、肾脏等器官放入装有无水乙醇的试管内。野外取样后可在常温下保存，带回实验室后，整理编号，再放进低温冰箱保存。

3）粪便样品的采集

粪便是分子生物学分析常用的样品，粪便中的 DNA 易受水解、氧化和酶解等的影响。由于粪便中的 DNA 拷贝数很有限，因此，保存粪便样品时应尽可能减少 DNA 的降解和污染。

粪便样品有以下几种保存方法。

干燥保存法：每次采集粪便样品时需更换一次性手套，将收集的粪便样品倒入干净的解剖器中自然晾干，晾干后的粪便样品需装入塑料袋内保存，以待日后研究之用。

硅胶保存法：保存有粪便样品的塑料袋中加入硅胶（4 克或 8 克硅胶/1 克样品，用滤纸将样品和硅胶分开），常温保存。

低温保存法：将装有粪便样品的塑料袋直接放入装有干冰的密封箱内或放入液氮罐中保存。该方法比常温保存的效果更好。

DETS 缓冲液保存法：将粪便样品直接放入盛有 DETS 缓冲液（20％二甲基亚矾＋0.2 摩尔/升 Na_2 EDTA＋10 毫摩尔/升 Tris，pH7.5，用氯化钠调至饱和）的塑料瓶中常温保存。

酒精保存法：将粪便样品直接放入盛有 75％、90％或无水酒精的塑料瓶中常温保存。

4）羽毛样品的采集

采集鸟类脱落的羽毛或从鸟体上拔取刚长出的新鲜羽毛，将获得的羽毛放入盛有无水乙醇的塑料瓶中常温保存。

9. 样品的记录

采集样品之后，对样品均以序号进行标注，标明采集号、种名、雌雄、成幼体、采集地点、经纬度、海拔高度、生境、采集日期、采集人、采集部位等，记录信息越详细越好。

3.2.3　野外采集记录

野外采集过程中，详细记录观察到的与研究对象有关的内容，对今后的研究工作具有重要意义，也是极为珍贵的第一手科研资料，对此应给予足够的重视。然而，由于野外考察任务繁重、时间紧迫以及突发情况（如遇刮风下雨等），常会使野外采集记录过于简单，甚至出现误记。应尽量克服困难，可利用晚上补充记录或将现场记录资料加以整理。

每号标本的采集记录、标签记录要和标本的解剖制作同时进行，不要在解剖数个标本之后再来填写标签，以免造成混淆。

做好野外采集详细记录需要经过相应的培训，并不断积累野外采集工作经验。野外采集记录可分为文字记录、录音、录像和摄影。

1. 野外采集记录内容

1）野外采集本记录内容（表5）

表5　鸟类采集记录本样式

采集号：			年　月　日
中文名：			地方名(俗名)：
采集地点：　省	市(县)	乡(镇)	村
经度：	纬度：		海拔：
体重：	体长：		虹膜：　色
嘴峰颜色：		跗蹠颜色：	
翼长：		尾长：	
性别：		数量：　(结群、单个)	
生活环境：			
食物：			
巢：　筑在　上		高　宽　深	
所用材料：			
卵：　X	共		枚
采集人		采集方式	
学名：			
附记：			

采集号：每开展一项调查，都需对采到的标本从1号开始编号，在编号前可以冠以调查项目简称。例如，秦岭地区鸟类调查，可编号为秦1、秦2……或雉类专题调查，编号为雉1、雉2……

日期：野外采集日期，包括年、月、日。

中文名：野外鸟类识别通常并非易事，需要有丰富的相关知识和实际经验，甚至一些有长期野外工作经验的专家，也很难对所有采得的标本进行准确鉴定。因此，野外所用的中文名通常仅作为日后进一步精确鉴定的参考。

地方名（或称别名、俗名）：许多鸟类在当地都有俗名，同一种鸟在不同地方会有不同的俗名。这些俗名常是当地居民根据该鸟的外形特征、习性、鸣声、食性、行为等给出的地方名。准确地掌握研究对象的俗名，就有可能从当地群众中了解到研究对象的活动规律；同时，还可能获得研究对象行为、食性、鸣声等方面的信息。这些资料对采集工作会有重要作用。

地点：包括省（自治区、直辖市）、市、县、乡、村，甚至包括更具体的微生境地名，越具体越好，而且一定要书写清晰。

经纬度：记录获得标本地点的经纬度。

海拔：采得标本地点的海拔，如有可能还应记录获得标本的垂直分布范围。

体长（或称全长）：采得的新鲜标本应及时记录其体长，标本新鲜时所测的数据比较准确，以毫米或厘米为单位。

体重：要在剥制采得标本前加以测量，以克或千克为单位。

翼长：从翼角至最长飞羽先端的直线距离。

尾长：从尾羽基部至最长尾羽末端的直线距离。

虹膜：虹膜颜色千变万化，依种而异。鸟类虹膜易变色，在野外尤其是在炎热的夏季，极易腐烂或被蚂蚁损害；因此，应及时记录获得的新鲜标本虹膜的颜色。虹膜颜色信息对以后的分类鉴定会很有帮助。

嘴峰：嘴的颜色是鸟类分类的重要依据之一。嘴的颜色易变，新鲜标本和陈旧标本的颜色有时区别很大，故应及时记录嘴的颜色，要注意嘴基部和先端的颜色。

跗蹠：跗蹠的颜色易于狐变，应及时记录跗蹠的颜色。

性别：尽可能记录标本的性别。对某些鸟类来说，通常仅靠外形、羽色等难于辨别标本的性别，需解剖鉴定。

2）工作记录本记录内容

工作记录本中记录采集本以外的相关内容，如更为具体的时间、地点、环境、种群状况、采集方法及过程、人文环境、经济价值等。

2. 野外标签

野外标签（图 19）是野外采集标本时的重要科学资料的实录，是极为宝贵的资料，应给予足够的重视。

注：野外标签内容还可以包括种名。

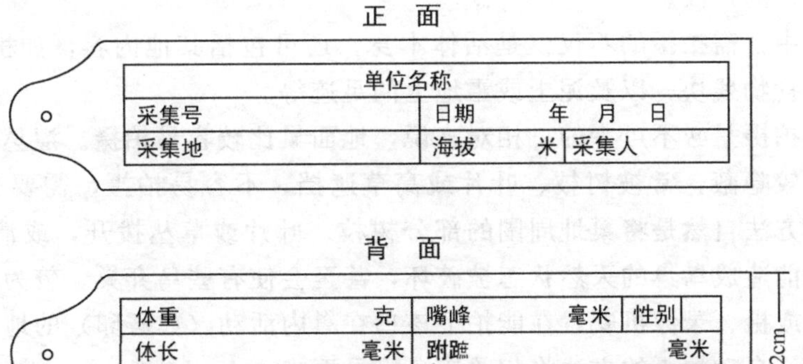

图 19　野外标签（郑作新等，1959）

1）剥制标本的野外标签

正面：①单位名称；②采集号；③采集地；④采集日期；⑤海拔；⑥采集人。

背面：①性别；②体重；③体长；④嘴峰；⑤翼长；⑥尾长；⑦跗蹠长。

2）骨骼标本野外标签

正面：①单位名称；②采集号；③采集日期；④采集地；⑤采集人；⑥性别。

背面：①头骨；②颈椎；③胸骨；④腰带；⑤尾综骨；⑥尾椎；⑦肱骨；⑧桡骨；⑨尺骨；⑩掌骨；⑪胫跗骨；⑫跗蹠骨。

3）鸟巢标本野外标签

正面：①单位名称；②采集号；③采集日期；④采集地；⑤海拔；⑥采集人。

背面：①巢址（地面、树上……）；②离地面 XX 米；③巢高 XX 毫米；④巢外径 XX 毫米；⑤巢内径 XX 毫米；⑥巢深 XX 毫米。

4）鸟卵标本的野外标签

正面：①单位名称；②采集号；③采集日期；④采集地；⑤海拔；⑥采集人。

背面：①窝卵数；②颜色；③斑点；④量度（长 XX 毫米×宽 XX 毫米）；⑤卵重 XX 克。

5）组织样品标签

①采集日期；②采集地；③采集号；④类型（包括血、皮、羽毛、肌肉、内脏等，同时应注明采集样品的部位）；⑤中文名；⑥学名。

3. 野外摄影、录像记录

照相、摄影或录像是非常重要的野外工作之一，它能把自然环境、鸟类生活习性和繁殖习性等，以图片或影像的方式生动地记录下来，还可以将与野外工作有关的其他重要内容进行影像记录。

要将野外考察地的主要生态环境用照相或摄录的方式记录下来。野外考察地的生境往往不是单一的，常有多种类型的生境。此外，还可以适当拍摄和录制与工作人员有关的野外考察工作的片段。

野外工作中，需拍摄的不仅仅是活体本身，还可包括其他内容，如植被、巢、卵、猛禽吐出来的食物残块，以及泥土或雪地上的足迹等。

对鸟巢的拍摄是必不可少的。相对来说，地面巢比较容易拍摄。灌丛、草丛、树上营造的鸟巢比较隐蔽，常被树枝、叶片或高草遮挡，不容易拍摄，需要采取适当的措施。最简便的方法自然是将巢址周围的部分树枝、叶片或草丛拨开，或清除部分枝叶。但这样又有可能造成鸟巢的天然状态被破坏，甚至会使有些鸟弃巢。较为稳妥的方法是预先将照相机或摄、录像机安置在能拍下该鸟在巢内活动（如孵卵）的地方，应将设备很好地伪装，用自动拍摄的方法将相关信息摄录下来。

在自然界拍摄鸟类的活动（如求偶、炫耀、交配、亲子关系等行为）是非常困难的。这里除了需采取各种隐蔽措施之外，机遇也非常重要。拍摄器材和技术水平的不断提高，为拍摄记录鸟类的活动创造了条件。例如，用长焦望远镜或单筒望远镜连接数码相机进行拍摄的方法就常被使用。

在野外，对所拍摄的每张照片和每段录像均需记录下拍摄和摄录的时间、地点、海拔、经纬度、气候、内容、拍摄或录像者的姓名，甚至拍摄的距离、光圈、速度等，以便为将来室内信息的整理、研究论文乃至专著的撰写等，提供可靠而真实的科学资料。没有野外记录的影像资料往往会影响其科研价值。

如果用数码照相机拍摄，存储一般有JPEG和TIFF两种格式。JPEG格式是将图像压缩，使其占用内存空间小。拍摄的数码相片如被用于日后制版印刷，最好以TIFF格式储存（非压缩储存格式）。应将数码相片及时从存储卡上复制到移动存储设备中（如数码伴侣等），或下载到计算机上，再转存到备份硬盘或刻录到光盘里作备份。

4. 鸣声录制

在野外录音时，难以接近观察对象，因此需要采取一些特殊的方法。为了尽可能地减少环境噪声的干扰，在野外录取鸟类鸣声时常使用指向性传声器，或抛物面形集音罩。借助这些器材，在几十米之外就可以录到清晰的鸟鸣声。另外，常用的一种方法是在掌握鸟类活动规律后，在其巢区或活动地区预先布下传声器（有线或无线话筒均可），当鸟类来到时便可以在远处录音。

录制鸟类鸣声时应将确定的鸟种名称、时间、地点、性别、行为等及时记录下来。

5. 野外记录的保存方法

野外文字记录、鸣声、影像资料等是最原始的记录，有极为重要的科学价值，应妥善保存。

（1）野外文字记录应注意防水，每次记录完成后，记录本、记录笔以及其他与记录有关的纸张、工具等应放入专门的塑料袋中，然后再放入随身携带的书包内，并应确认记录本不会从包中掉出或丢失。

（2）录像带、录音带、胶卷等应放置在远离热源、避光、防潮的地方。

3.2.4　野外标本处理

1. 标本的测量及记录

鸟体需度量的内容较多，应视需要加以测定。野外制作标本时，因时间所限，来不及测定过多项目时，应先将体重、体长等测定。因为剥制后，肌肉全部取出，日后无法补称重量；身体长度经剥制后也不能保持原有的自然长度。有些鸟类（如毛脚沙鸡、雨燕等）跗蹠全部被羽，制成标本后关节硬化，测量时难以找到跗蹠的起止点，最好也先行测定。

除此以外，在制作标本前，还应记录其性别、成鸟或幼鸟、产地、采集日期、采集者、种名以及虹膜、喙、脚和其他裸露部分的颜色等。

1）鸟体需测量的主要内容和方法

在鸟类学研究中需量度的性状主要包括如下各项（图20），这些性状需要在剥制标本前进行度量。

体重：整个鸟体的重量，以克或千克为单位。

体长：自喙端至尾端的长度。

喙峰长：自喙基生羽处至上喙先端的直线距离。

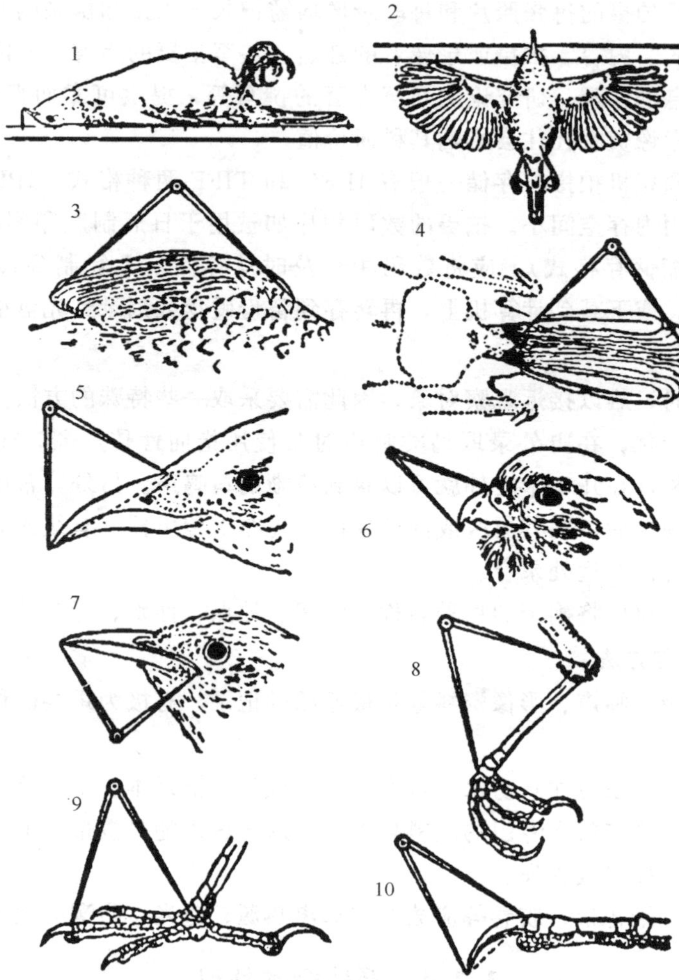

图 20　鸟体的测量方法（郑作新等，1959）

1. 体长；2. 翼展度；3. 翼长；4. 尾长；5. 嘴峰长；6. 嘴峰长（蜡膜除外）；
7. 嘴裂长；8. 跗蹠长；9. 趾长；10. 爪长

翼长：自翼角（腕关节）至最长飞羽尖端的直线距离。

翼展度：两翼展开最大的距离。

尾长：自尾羽基部至最长尾羽尖端的直线距离。

跗蹠长：自胫骨与跗蹠关节后面的中点至跗蹠与中趾关节前面最下方整片鳞片下缘的直线距离。

除此以外，还有嘴裂、趾、爪等长度可根据需要加以测定。

2）巢的测量和记录

需对鸟巢进行记录的信息主要包括以下内容（图 21）。

巢址：对巢址所处的自然环境作详尽记录，如海拔、坡向、坡度、植被类型、植被郁密度、水的深度、气象条件等，还要记录发现的时间、地点，以及巢的位置、高度、巢口方向等。

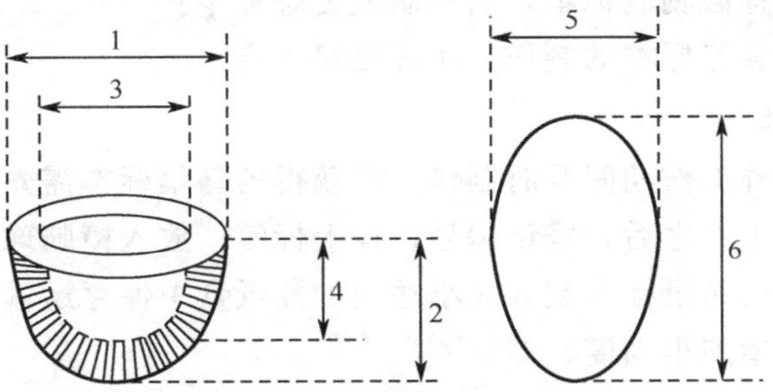

图 21　鸟巢和卵的量度

1. 巢外径；2. 巢高；3. 巢内径；4. 巢深；5. 卵宽径；6. 卵长径

巢材：巢的材料和结构。

巢型：对巢的类型作详尽记录，如杯形巢、球形巢、卵形巢或悬挂巢等。

出入口位置：在树洞、岩洞或巢口周围密闭的鸟巢的出入口。

出入口直径：出入口两点之间的相对距离。有时出入口不为圆形，如为椭圆或长形，需测量出入口最长径和最宽径。

巢的外饰物：巢外壁的饰物。多数情况下，巢的外饰物材料与巢壁不同。

巢外壁：外壁结构和巢材。

巢内壁：内壁结构和巢材。

铺垫物（巢的衬垫）：通常铺以柔软羽毛、兽毛、棉、植物纤维等。

巢的外径（巢的外径）：巢壁外径最大的直线距离（巢的最宽处）。

巢的内径（巢的内径）：巢内壁最宽处的距离。

巢高：巢外壁底部至巢上缘最高处的垂直距离。

巢深（窝深）：巢内底部表面至巢上缘最高处的垂直距离。

巢距地面高度：从地面至巢基部的垂直距离，但对树洞巢而言，则是指从地面至巢口下缘的距离；对水面营巢的鸟类，需测量巢距水面的高度。

3）卵的测量和记录（图 21）

采得的鸟卵应及时处理。首先应及时测量鸟卵的重量。另外，未经取出卵内蛋清和蛋黄的卵是异常脆弱的，稍有振动极易破裂。取出蛋清和蛋黄的卵，重量很轻，不易摔破。

鸟卵在制作标本前，应逐个称重、测量、记录卵的形状、颜色（包括斑点、斑纹大小、形态和底色）等。

卵重：整个卵的重量，以克为单位。

卵的宽径：卵最宽处两点的直线距离，以毫米为单位。

卵的长径：卵钝端到尖端的直线距离，以毫米为单位。

2. 标本的处理

1）鸟类标本的处理

野外采集到鸟类标本后，为了携带方便和节省野外工作时间，一般都把采集到的标本制成研究标本，也称假剥制标本，而不制成姿态标本。

鸟类剥制标本和骨骼标本的制作方法详见第 4 章。

2） 鸟巢标本的处理

鸟巢标本应在野外工作期间及时制作。对获得的鸟巢标本需先用常用市售杀虫剂除虫，并放在通风处晾干；之后，登记编号，拴上标签，放入樟脑球（或粉）。

将经过上述处理的鸟巢标本装入大小适当的硬纸盒中保存运输。对粗糙又易破损的鸟巢可洒些胶水，以增加牢固度。

标签需写明编号、采集地点、海拔、鸟的种类、采集时间、采集人等。

3） 鸟卵标本的处理

鸟卵标本和鸟巢标本一样，应在野外工作期间及时制作。先将采集到的鸟卵放入水中检查。已孵过的鸟卵漂浮于水面，将其取出并擦干后，用记号笔在卵壳上注明鸟名、采集时间、地点和标本号，待墨迹干后即浸泡于盛有 10%福尔马林或 70%酒精的标本瓶内保存起来，以供日后研究时用。

未孵或刚孵过不久的鸟卵放入水中即下沉，取出擦干后，不可久置，应及时制成鸟卵标本，以免内含物（蛋清和蛋黄）风干。带有内含物的鸟卵不便长期保存。

鸟卵标本的制作比较复杂。制作时，要先将鸟卵放入清水中浸泡 3～4 小时，使清水从卵的气孔中渗入壳内，稀释蛋清。

一般有以下几种方法清除卵的内含物。

（1） 清水挤卵法：在卵钝端侧面钻一小孔，将装满水的注射器（5 毫升或 20 毫升，视卵的大小而定）针头插入小孔，将水缓慢注入卵壳内。此时，蛋清和蛋黄会慢慢被水挤出，直至被清除干净为止。此方法的缺点是在注水时卵壳可能被挤破。

（2） 空气压卵法：在卵的钝端侧面钻一小孔，先插入一根细铁丝在卵壳内转动几次，把蛋清和蛋黄搅碎。然后，将吸满空气的注射器针头从小孔中插入卵壳内，轻轻推动注射器，用注入的空气将卵壳内的蛋清和蛋黄缓缓挤压出卵壳。操作时应格外小心，注入空气时切勿太快，以免压力过大而将卵壳压破。

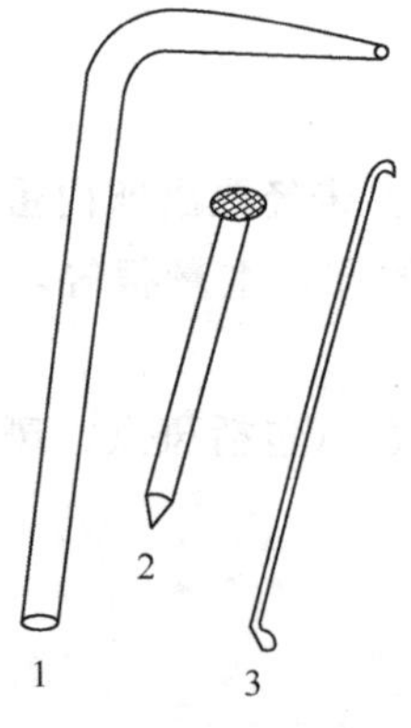

图 22 制作鸟卵标本的工具
（盛和林和王岐山，1982）
1. 玻璃管吹卵器；2. 铁钉制的钻孔器；3. 掏取胚胎的小钩

卵壳内的蛋清和蛋黄被清除干净后，要将卵放入清水中清洗外壳，洗净后取出，用棉花擦干。注意，清洗时应尽量不用抹布擦拭或用毛刷刷洗，因为有些种类（如鹌鹑）卵壳的颜色和斑纹会被擦洗掉。

（3） 吹卵器处理法：用细玻璃管制成“L”形的吹卵器（图 22），将吹卵器短段端部烧成直径 1 毫米的开口。制作鸟卵标本时，将在卵上钻的小孔朝下，吹卵器的小口对准卵上小孔的一侧，用嘴从吹卵器的大口吹气，将卵的内容物慢慢吹出。这种方法的优点是卵壳不易被挤破。

对于已有小胚胎的卵，可在卵壳上钻一较大的孔，用镊子和小钩把胚胎肢解，分块轻轻钩出；或者放入清水中浸泡 1～2 天，等胚胎腐烂后用小钩钩出。经过这样处理的鸟卵比直接在酒精中保存带胚胎的卵要好，可以更好地保持卵壳表面的颜色。

把制作好的鸟卵标本放在器皿内干燥，然后再裹以棉花收藏。水渍未干时不能包裹储存，因为卵壳内所残余的水中含有残留的蛋白质，与包裹的棉花粘连风干后很不容易剥离，有时会因此而造成鸟卵标本小孔周围蛋壳破碎。

用笔在制作好的鸟卵标本侧面（有小孔的另一面）注明采集日期、采集地点、采集人、海拔、鸟名、标本号等信息。最后，将其放入大小合适的硬纸盒内保存。注意应使卵的有钻孔面向下摆放，放置前盒内应用棉花衬垫，以免摇摆破碎。

3. 标本采集和制作过程中的几点注意事项

（1）鸟类标本采集和制作过程中，因枪伤或剥制标本时鸟体中常会流出血、粪便等，污染了鸟体羽毛。遇到这种情况，可用脱脂棉蘸清水擦去血渍或粪便，之后，将标本自然晾干（切不可在烈日下暴晒）。

（2）新采得的标本常可看见鸟体表面有寄生的羽虱或其他体外寄生虫。可喷杀虫剂清除体外寄生虫。鸟巢的寄生虫也可喷敌敌畏加以清除。

（3）所采得新鲜鸟卵常被粪便和血液污染，清除这些污染比较简单，可将沾有污物的鸟卵放在清水中清洗，然后自然风干即可。

（4）在野外制作标本时，应将沾有砒霜等剧毒药品及溴氰菊酯、六六六等药品的废弃物用塑料袋封装好，送往国家指定的有毒有害物质处理站处理，或就地挖深坑掩埋，切不可随便丢弃，以免发生危险。

3.3 爬行动物标本的野外采集及处理

3.3.1 标本采集准备

1. 采集工具

采集工具的选择应当根据采集目的、采集方法、采集物种的生物学特性等来确定。

1）长镊子

长镊子适宜捕捉头体长不超过 30 厘米的蜥蜴类。可选医用不锈钢镊，长度为 30～40 厘米，镊子的两只镊脚部位应用胶皮套套上，目的是在捕捉蜥蜴时不伤害蜥蜴的身体。

2）钓竿

钓竿适宜捕捉头体长为 5～50 厘米的蜥蜴类。可选用各种碳铝合金材料或质量较好的竹竿或木杆，要求具有良好的韧性和刚性。钓竿手握部位的直径大小应以手握舒适、方便用力为准；竿的另一端是活套的固定部位，较细。竿的长度应可调节，变化范围一般为 50～180 厘米。钓竿的手握部位最粗，向尖部逐渐变细，活套固定部位最细。做活套用的材料宜选择直径为 2～3 毫米的棉线或麻线，使用前先用石蜡或烛蜡给棉线打蜡，然后将打蜡后的线的一端固定在钓竿细部的活套固定部位，线的另一端做成活套。活套的制作方法见图 23。

使用钓竿可以套蜥蜴类的颈部，其好处：①可以在较远处捕捉蜥蜴，而不易被蜥蜴

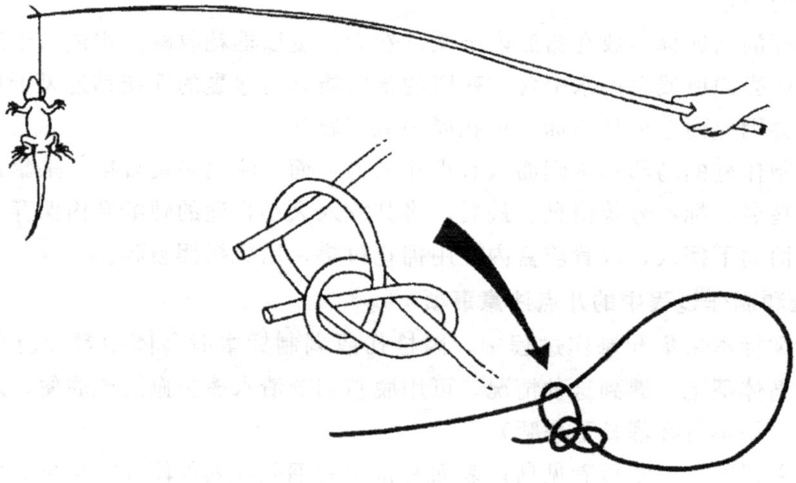

图 23　钓竿及活套的制作（赵尔宓和鹰岩，1993）

发现；②基本不伤害蜥蜴。

3）陷阱盒（箱）

陷阱盒的大小应根据要采集标本的大小确定，一般应比要采集动物的体形大 10～20 厘米。陷阱盒的形状可以是方形、圆形等。陷阱盒的一端是可开闭的，其他方位都是封闭的。放置陷阱盒时使开口端向上，并与地面相平，盒盖虚掩，当动物行动到盒盖上方时，盒盖反转，使动物掉进陷阱盒中。由于盒盖反转盖上盒口，掉入的动物无法跳出，达到采集的目的。陷阱盒只适用于采集蜥蜴类。

注：①放置陷阱盒时应同时在放置陷阱盒区域四周设置显眼的警告标示；②采集完成后应全部收回放置的陷阱盒；③每天应定时检查放置的陷阱盒内是否有动物，如果有，则应及时取出；④如遇非采集动物，应及时取出，检查是否有伤，状态良好的应就地放生，有伤的应采取相应的救治措施；⑤制作材料应符合环保标准，不污染环境。

4）蛇叉

蛇叉是由木制或金属材料制成的专门用来捕捉蛇类的工具。制作蛇叉的材料应具有很好的刚性和韧性。蛇叉一端呈“T”形，由手持棒和叉蛇棒构成。手持棒较长，长度为100～150 厘米，粗细以手握舒适、方便用力为宜；叉蛇棒较短，长度为 10～16 厘米，叉蛇棒呈 180 度的平角。手持棒的一端与叉蛇棒垂直，并牢固固定在叉蛇棒的中央。使用时将蛇叉的叉头压住蛇，尽量压在蛇的颈部，如果没有压在颈部，应使用蛇套来套牢蛇的颈部，或使用蛇钳钳住蛇的颈部。

5）蛇套

蛇套是专门用于捕捉蛇类的工具。取长方形的木条（或金属条），一端固定有能活动的皮带。木条或金属条的长度为 100～150 厘米，宽度为 3～5 厘米，厚度为 2～3 厘米；皮带的宽度应与木条或金属条的宽度一致，为 3～5 厘米，长度比木条或金属条长 10 厘米左右。用皮带扣或铆钉将皮带的一端牢牢固定在木条或金属条的一端，然后皮带穿过皮带扣，沿木条或金属条向上做成活套。使用时一手握住木条或金属条未固定皮带的一端，一手握住皮带未固定在木条或金属条的一端，套住蛇的颈部，握皮带的手往上拉，就能套牢蛇（图 24）。

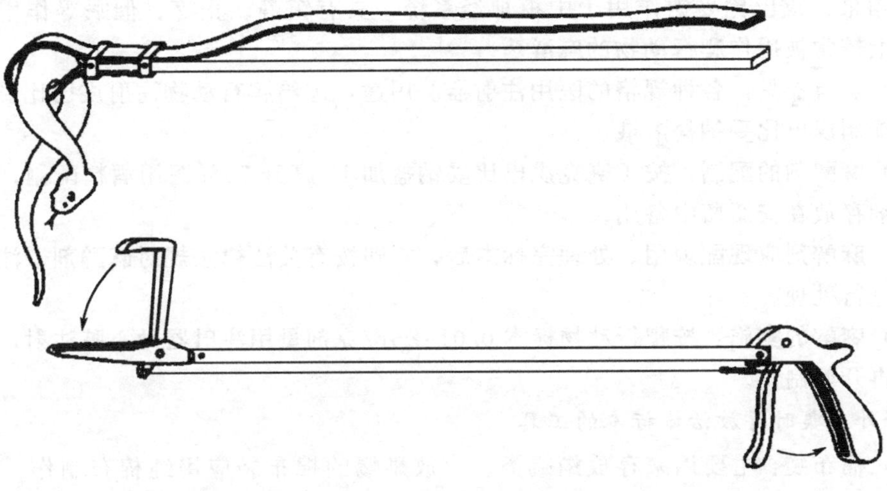

图 24　蛇套和蛇钳的构造（Conant，1975）

6）蛇钳

蛇钳是专门用来捕捉蛇类的金属制的工具，由三部分构成：钳部、手部和竿部。钳部由上、下支构成，上、下支的前端分别向下、上弯曲；钳的上支固定，下支活动，下支通过位于竿下方的金属丝与手部的扳机相连。竿部是一根金属棒，棒的直径一般为 3～4 厘米，长度为 100～150 厘米。手部由手柄和扳机构成。扳机控制钳的开闭，当抠紧扳机时钳闭合，松开扳机时钳张开（图 24）。捕捉蛇类时应钳住蛇的颈部。

7）蛇钩

蛇钩是用来捕捉蛇类的工具，由钩和竿两部分组成。钩为金属制成，呈“L”形；竿为木质或金属，长度为 100～150 厘米，直径为 2～4 厘米。钩和竿用铆钉牢固连接。制作蛇钩的材料应具有很好的刚性和韧性。蛇钩有两个用途：压住蛇的躯体（最好是压住蛇的颈部）和将蛇钩住（图 25）。

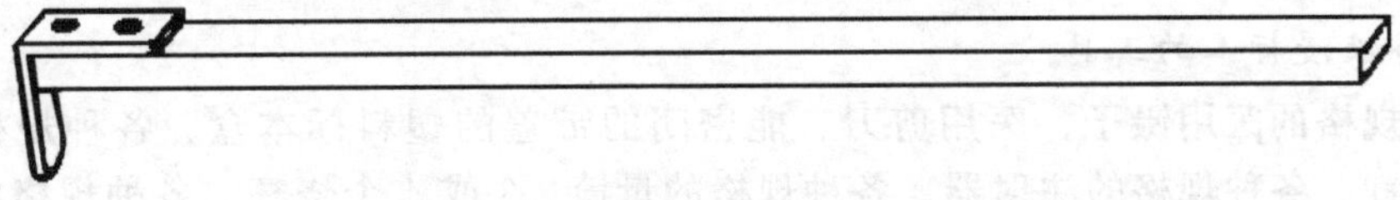

图 25　蛇钩的构造（Conant，1975）

8）手套

徒手采集时使用。所用材料应具有一定的厚度和韧性，应不易被动物咬穿。

2. 处理采集标本所需的工具

1）活体标本的麻醉

（1）麻醉药品：麻醉爬行动物的药物宜选用医用戊巴比妥钠盐（pentobarbital sodium）溶液。戊巴比妥钠作用于中枢神经系统，具有镇静、止疼、催眠等作用，目前在国际上较常被用作爬行动物的麻醉药。

（2）麻醉器具：各种规格的医用注射器。用途：①给爬行动物注射戊巴比妥钠盐溶液；②配制戊巴比妥钠盐溶液。

（3）麻醉剂的配制：按1毫克戊巴比妥钠盐加10毫升70%医用酒精配制，配好后的麻醉剂存放在安瓿瓶中备用。

注：麻醉剂应现配现用。处理完标本后，立即按有关法律法规对麻醉剂、注射器和安瓿瓶进行处理。

（4）麻醉的实施：按爬行动物标本0.01毫升/克剂量用注射器做心脏注射，待动物麻醉后再开始制作。

2）野外采集时存放活体标本的工具

（1）棉布袋：主要用来存放蜥蜴类。存放蜥蜴的棉布袋应用纯棉布制作，袋口边应扎成双实线，卷边后再扎成双实线。存放蜥蜴后，棉布袋的口应打结，防止蜥蜴逃逸。

（2）尼龙箱：存放爬行动物的尼龙箱为双层结构，可以用来存放蜥蜴类、小型无毒蛇、小型龟鳖类等。箱的结构如下：内外层之间上、下两端及四周用金属丝固定成型，在金属丝内、外层分别用尼龙扎牢，构成一圆形或方形的箱，留一端做开口；开口处用拉链或皮带闭合。尼龙材料应具有很好的透气性和韧性，尼龙箱应具有防止蜥蜴或蛇类逃逸的性能。

（3）木制或金属制铁丝网箱：主要用来存放蛇类和鳄类，临时存放龟鳖类等。网箱为木制或金属制，网眼大小以存放的蛇、鳄等不能逃逸、蛇的毒牙不能伸出为准。网箱本身应坚固、结实，能防止鳄、蛇等逃逸。

（4）带盖塑料桶：主要用来存放龟鳖类。塑料桶盖应戳一些小洞，存放龟鳖类时，桶内应有少许清水，水的高度以刚好达到龟鳖类的背甲（背壳）为宜。

3）室内存放活体标本的工具

尼龙箱、木制或金属制铁丝网箱、塑料桶、水族箱等，都可作为室内存放爬行动物活体标本的工具。

4）制备液浸标本的工具

各种规格的医用镊子、医用剪刀、能密闭的带盖的塑料标本盒、各种规格的大头钉、昆虫针、各种规格的注射器、各种规格的量筒、3或4个烧杯、各种规格的医用解剖盘、各种规格的带密封盖的塑料标本盒。

5）制备液浸标本的材料

医用纱布、医用棉、吸水纸、棉线、标签。

6）制备液浸标本的药品

福尔马林（formalin，化学纯）、无水乙醇（ethanol，化学纯）、清水、麻醉剂等。

3. 运输活体标本的包装器具

运送活体爬行动物的器具应具备以下条件：

(1) 所用材料应无毒，具有良好的抗压性。

(2) 通风透气，有让动物较自如活动的足够空间。

(3) 内壁光滑，能避免动物碰伤。

(4) 能防止动物逃逸。

(5) 能方便地添加水和食物。

(6) 能方便地清洁箱内卫生。

3.3.2 标本采集

1. 野外采集的原则

(1) 不破坏爬行动物的栖息地或将栖息地破坏程度减少到最低限度。

(2) 适度采集，不能过量采集。

(3) 采集时尽量不损坏动物的形态特征。

(4) 尽量不影响动物各项正常的生理功能。

(5) 采集前应完成采集地的各项记录。

(6) 采集前准备好各项安全、急救措施。

(7) 准备好采集工具和野外活体标本存放器具。

2. 标本采集

1) 蜥蜴标本的采集

头体长不超过 40 厘米的蜥蜴类应使用钓竿或长镊子采集，超过 40 厘米的蜥蜴类应使用陷阱法或使用蛇叉和蛇套采集。

(1) 长镊子法：发现蜥蜴时，迅速用镊子夹住蜥蜴颈部，将其放入布袋或尼龙箱中，袋口打结或将尼龙箱开口处拉链闭严，防止蜥蜴逃逸。

(2) 钓竿法：发现蜥蜴时，将竿伸出接近蜥蜴，活套套在蜥蜴颈部后，迅速提起，使活套套紧蜥蜴颈部，收回钓竿，用手捏住蜥蜴的颈部，解开活套，将蜥蜴放进布袋或尼龙箱。

注：做活套的方法参见赵尔宓和鹰岩合著的 *Herpetology of China* (1993) 第 453～456 页。

2) 蛇类标本的采集

当发现蛇类时，用蛇叉迅速压住蛇的颈部，如压的部位在颈部以下，应用蛇钳或蛇套尽快钳住或套住蛇的颈部并钳紧或套紧。然后将蛇的尾部先放入木制或金属网箱或尼龙箱中，在迅速松开蛇钳或蛇套的同时，用力往箱中扔蛇，使蛇的躯体和头完全进入箱中，关闭箱口。

3) 龟鳖类标本的采集

龟鳖类的采集方法与捕鱼的方法相似，可以用钓鱼竿或渔网捕捉。钓到或网到龟鳖类时，一手抓住背甲（背壳）的颈盾，另一手抓住背甲的臀盾，头朝外，先将龟鳖类尾部放入有少许清水的桶内，然后将躯体和头放入，盖上有孔的盖。

3. 标本采集过程中的注意事项

（1）在没有用各种工具（蛇叉、蛇钩、蛇钳、蛇套等）控制住蛇的颈部时，不能用手捕捉蛇，以免被蛇咬伤。

（2）徒手捉蜥蜴、蛇等爬行动物时，应捉住其颈部，并使其头向上，朝外（头一定不能对着人）。

（3）捕捉龟鳖类时，应一只手抓着背甲（背壳）的颈盾，另一只手抓着背甲的臀板和上臀板，也应使其头向上，朝外。

（4）徒手捕捉爬行类动物时，应戴上手套。特别在捕蛇时，只有用各种工具控制了蛇的行动后，才能用戴手套的手抓住蛇的颈部。

注：捕捉蜥蜴时是否戴手套不同专家有不同的观点。Simmons（1993）认为中国的蜥蜴类没有毒，捕捉时可不戴手套，戴手套会影响捕捉效率和可能给某些蜥蜴类的皮肤带来伤害。根据我们的经验，中国的蜥蜴类虽然没有毒，但有可能带有对人产生危害的病毒、其他致病微生物等，所以捕捉蜥蜴时还是以戴手套为宜。

3.3.3 标本采集的野外记录

1. 野外记录的内容

野外记录包括以下内容：采集地所属行政区域、采集地、采集点、采集日期、当日的天气、采集开始和结束时间、地形地貌、经纬度、海拔、栖息地描述、人文特点、植被状况、记录人、观察人、采集人、采集队名、采集范围、物种拉丁名、物种中文名、物种俗名、标本的性别、发育状态、繁殖状况、年龄、采集的个体数、每个标本的野外采集号、标本色彩描述、标本照片编号、备注等。

2. 野外记录时应注意的事项

（1）按采集进程进行记录。

（2）记录时宜按内容分别记录。

（3）先观察后记录，记录采集开始时间，描述采集地、采集点、栖息地的地形、地貌、生态环境、植被特点等，待描述完毕后开始采集。

（4）采集过程中，采到标本应随时记录。

（5）回到驻地后，应及时整理当天的所有记录，发现有遗漏时，应作补充记录，补充记录作为备注或附页。

（6）整理当天的标本时，应将野外标本采集号同时记录在野外记录本和野外标签上。

（7）记录标本野外采集号时，同一采集点的标本应集中记录在同一采集点的页码或段落内，如果页码不够，以附页的形式插在该采集点的页码中。

（8）完成某采集地的采集工作后，应及时作工作总结，总结内容包括：绘制采集地各采集点的位置草图、采集地的气候、生态、地理特征、人文特点、采集的标本总数、物种数统计、记录页统计（如从 X 页到 XX 页，共 XX 页；附页从 X 附页到 XX 附页，共 XX 附页）。

3.3.4　标本的野外处理

1. 野外标本处理前的准备工作

(1) 标本处理前准备好各种标本制备工具、材料和药品（见 3.3.1 节中制备液浸标本的工具、材料和药品）。

(2) 配制好麻醉剂（见 3.3.1 节中麻醉剂的配制）、固定液和清水。

(3) 准备好记录本、标签、测量工具等。

(4) 清点标本，并按物种、采集点、采集地等将标本分开。

2. 固定液的配制

1) 福尔马林固定液的配制

预固定液：将福尔马林原液（36%，化学纯）按 1 毫升原液加 10 毫升清水配制成 10%的预固定液。

固定液：将福尔马林原液（36%，化学纯）按 1 毫升原液加 12 毫升清水配制成 8%的固定液。

保存液：将福尔马林原液（36%，化学纯）按 1 毫升原液加 14 毫升清水配制成 6%的保存液。

2) 酒精固定液的配制

用 70%医用酒精作为标本的酒精固定液。

3. 制作标本的预处理

1) 野外标本制作的一般流程（图 26）

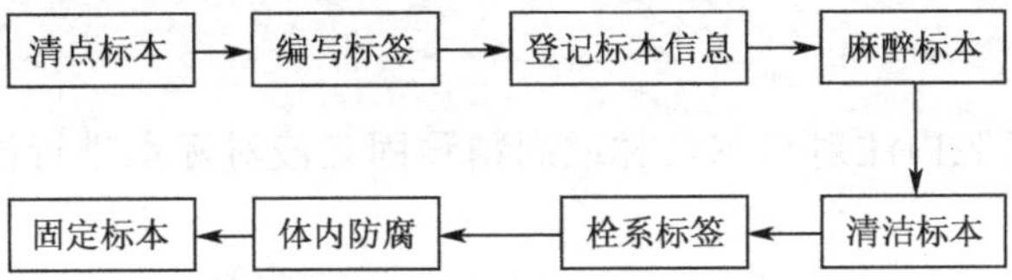

图 26　野外标本制作的一般流程

2) 标本制作

野外条件下由于工作条件和时间的限制，一般仅将标本固定，即仅制作液浸标本，待回到标本馆后，再根据需要制作其他类型的标本。

清点标本：按物种、采集点、采集地、采集日期、标本数进行清点。

编写野外采集标签：野外采集标签包括采集号、采集地点（如果有 GPS，应记录采集点的经纬度）、采集日期、采集人。采集号应是唯一的。

在野外记录本上登记该标本的信息：包括野外采集标签、物种名、物种鉴定人（如果鉴定人是采集人本人可以不写）、生境、发育状态、性别、采集时间。

麻醉标本：按前文所述的方法进行麻醉。

标本清洁：活体标本麻醉后处于深度昏迷状态时，如果标本体表不干净或口腔内有异物，应用清水清洁或清除异物。

系标签：将野外标签牢固地系在已清洁的标本上。

注：龟鳖目、鳄形目、有鳞目蜥蜴亚目等的野外标签应系在后肢膝关节处（图27），有鳞目蛇亚目的野外标签应系在颈部。

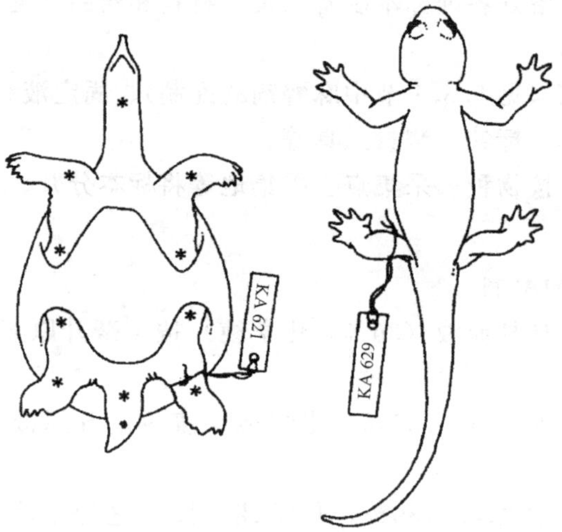

图 27　龟鳖与蜥蜴野外标签的拴系位置（赵尔宓和鹰岩，1993）

准备标本制作盒：先用清水清洗标本制作盒，清洗后在盒的底部平铺上一层具有良好吸水性、张力和拉力的吸水纸，再倒入清水将纸打湿，倒掉清水，用医用注射器向纸上均匀地喷洒福尔马林，这样就完成了标本制作盒的准备。

4. 制作标本

1）防腐处理

先直接向标本腹腔内注射福尔马林或酒精预固定液对标本进行体内防腐处理。

2）调整姿态

为便于对标本进行量度和观察，应调整好标本的姿态。不同类群标本的姿态整理方法或对姿态整理的要求略有不同。

龟鳖目

(1) 头、颈和尾部保持自然静止时的舒张状态。

(2) 口张开，张开的角度以能观察到口腔内的舌、咽为准，口内塞入被防腐液（6%福尔马林或 70%酒精）浸透的医用棉团。

(3) 肩关节与躯体呈 80 度至 90 度角，上臂向外平伸；肘关节与肱（上臂）呈 80 度至 90 度角，小臂向前弯曲。

(4) 后肢髋关节与躯体呈 80 度至 90 度角，股（大腿）向外平伸；膝关节与股呈 80 度至 90 度角，胫（小腿）向后弯曲。

(5) 腕关节与小臂呈平角，掌面向下前伸，与颈和头部平行；踵关节与胫（小腿）呈平角，跗面向上后伸，与尾部平行。

(6) 指张开，前伸，张开的角度以蹼（如果有）能自然平展为准；趾张开，后伸，张开的角度以蹼能自然平展为准。

鳄形目

(1) 头、颈、躯干和尾部保持自然静止时的舒张状态，从吻端沿脊中线到尾端呈直线，姿态自然。

(2) 口张开，张开的角度以能观察到口腔内的舌、齿和咽为准；如果是液浸标本，口内应塞入被防腐液（6%福尔马林或 70%酒精）浸透的医用棉团。

(3) 前肢肩关节与躯体呈 80 度至 90 度角，上臂向外平伸；肘关节与肱呈 80 度至 90 度角，小臂向前弯曲。

(4) 后肢髋关节与躯体呈 80 度至 90 度角，股向外平伸；膝关节与股呈 80 度至 90 度角，胫向后弯曲。

(5) 腕关节与小臂呈平角，掌面向下前伸，与颈部、头部平行；踵关节与胫呈平角，跗面向上后伸，与尾部平行。

(6) 指张开，前伸；趾张开，后伸。

有鳞目蜥蜴亚目

(1) 头、颈、躯干和尾部保持自然静止时的舒张状态，从吻端沿脊中线到尾末端呈直线，姿态自然。

(2) 口张开，张开的角度以能观察到口腔内的舌、齿、咽为准；如果是液浸标本，口内应塞入被防腐液（6%福尔马林或 70%酒精）浸透的医用棉团。

(3) 前肢肩关节与躯体呈 80 度至 90 度角，上臂向外平伸；肘关节与肱呈 80 度至 90度角，小臂向前弯曲。

(4) 后肢髋关节与躯体呈 80 度至 90 度角，股向外平伸；膝关节与股呈 80 度至 90 度角，胫向后弯曲。

(5) 腕关节与小臂呈平角，掌面向下前伸，与颈部、头部平行；踵关节与胫呈平角，跗面向上后伸，与尾部平行。

(6) 指张开，前伸；趾张开，后伸。

有鳞目蛇亚目

(1) 头、颈、躯干和尾部保持自然静止时的舒张状态，从头部到尾部围绕一圆心盘成环状，头部上翘或从头部至尾部按一定长度折转。

(2) 口张开，张开的角度以能观察到口腔内的舌、齿和咽为准；如果是液浸标本，口内应塞入被防腐液（6%福尔马林或 70%酒精）浸透的医用棉团。

3) 标本预固定

(1) 标本姿态调整好后，用注射器在标本上均匀地喷洒福尔马林预固定液。

(2) 用吸水纸覆盖在标本体背上，要求完全覆盖住头、躯体、四肢和尾部。

(3) 用注射器在吸水纸上均匀地喷洒福尔马林预固定液，直到将吸水纸完全湿透。

(4) 盖上标本盒盖，密闭放置 24～48 小时。

4) 标本固定

(1) 24 小时后将预固定标本盒打开，揭开覆盖在标本上的吸水纸。

(2) 将标本放入清水中清洗 1～5 分钟，将清洗后的标本放入存有福尔马林固定液的容器中。

(3) 盖上容器盖，密闭 48 小时或更长时间。

(4) 48 小时后取出标本，将标本放入存有福尔马林固定液的标本瓶中，密闭保存。

注：标本固定后，如果要用酒精保存，应按下列步骤进行：

(1) 预固定的标本密闭放置 24～48 小时后，从福尔马林固定液的容器取出。

(2) 用流动的清水将标本清洗 30～60 分钟，如果没有流水，应每 10 分钟换一次清水。

(3) 将清洗后的标本放入存有 70％医用酒精的容器中，密闭浸泡 24 小时。

(4) 24 小时后将已完全浸泡的标本转入存有 70％医用酒精固定液的容器中密闭，浸泡 48 小时。

(5) 48 小时后将标本转入存有 70％医用酒精的标本瓶中，密闭保存。

3.3.5 标本的附属物野外处理步骤

爬行动物的附属物主要有卵、呕吐物（食物残渣）等。当发现有爬行动物附属物时，首先应拍照并作记录，然后进行采集和处理。

1. 呕吐物（食物残渣）的处理

(1) 在野外用塑料袋收集呕吐物。

(2) 记录发现呕吐物的地点、生境、海拔、时间、日期、采集人、何种爬行动物的呕吐物（食物残渣）、呕吐物的成分、呕吐物重量、是否捕捉到该动物（如捕捉到标本，编写野外标签时应将呕吐物的野外编码与该标本的野外标签上的编码一致，并注明 XX 标本的呕吐物）。

(3) 将塑料袋中的呕吐物（食物残渣）放入存有福尔马林固定液的标本瓶中，密闭保存（如果保存有该呕吐物所属的爬行动物标本，呕吐物标本瓶的标签编码应与对应的爬行动物标本的编码一致，在编码的最后正楷书写“呕吐物”，并用括号括上）。

2. 爬行动物卵的处理

(1) 发现爬行动物卵时，首先拍照和记录，记录内容包括采集地点、生境、海拔、时间、日期、采集人、何种爬行动物的卵、数量、卵的色斑、是否捕捉到该动物等（如捕捉到标本，编写野外标签时应将卵的野外编码与对应的标本的野外标签上的编码一致）。

(2) 在野外用广口瓶收集暂存卵。

(3) 将采集瓶中的卵放入存有福尔马林固定液的标本瓶中，密闭保存。

(4) 如果保存有该卵所属的爬行动物标本，卵标本瓶的标签编码应与对应的爬行动物标本的编码一致，在编码的最后正楷书写“卵”和窝卵数，并用括号括上。

3.3.6 购置标本处理

1. 购置新鲜标本的处理

1）处理野外购置标本的按 3.3.4 节“标本的野外处理”，3.3.5 节“标本的附属物野外处理”步骤进行。

2）标本的信息记录（时间、地点、测量数据）

记录购置时间、日期、地点（集市）、购置方式、购置人，还应尽量向卖标本人询问有关标本采集点的相关信息，包括采集点、海拔、生境、采集日期、采集时间、采集人等，并记录。

2. 购置的标本成品

1）标本的检视

购置标本成品时应首先检视标本的质量，在检视过程中应随时记录。

检视内容包括以下几个方面。

（1）标本的完好程度：包括各项分类特征，四肢、头、颈、躯体、尾部等是否完整。

（2）标本是否有损坏：鳞片、甲、壳、皮、爪、蹼、感官（眼、鼻、口、外耳道）等是否有损，以及损坏的程度。

（3）是否有腐烂：腐烂程度、腐烂部位、腐烂组织等。

（4）与标本成品相关的信息的完整程度：标本成品制作的日期、制作的方法、制作人、制作地点（单位）、新鲜标本的来源（采集人、采集地、采集时间）、标本成品的质量、物种名、购置人、保存地（单位）。

（5）检视人应对标本的科学价值提出评估意见，并在评估报告上注明检视人姓名、检视日期、检视地点（单位）等。

2）标本的信息（时间、地点、测量数据等）记录

根据标本来源不同标本信息记录分别按 3.3.3 节中“野外记录的内容”、3.3.6 节中“标本的信息记录”及“标本的检视”等条款进行。

3.4　两栖动物标本的野外采集及处理

在从水生到陆生的演化过程中，无尾目是两栖纲动物中较成功的一支，其种类约为两栖纲物种总数的 88%。无尾目的有机结构、生理机能与环境条件是相互联系和相互制约的。在长期历史发展过程中，无尾目动物形成了多种多样的繁殖方式和生活方式，尤其特殊的是绝大多数种类有幼体——蝌蚪阶段，需要经过变态过程。因此，无尾目的生活史分为三个不同的阶段：卵、蝌蚪和成体；各阶段分别生活在迥异的环境中。本节针对大多数两栖动物的三个不同生活史阶段，分别描述成体、蝌蚪和卵的不同的采集方法。

3.4.1　标本采集准备

1. 采集工具

制作采集用具的材料应符合国家标准，不污染环境，对人体无害；采集过程中采集用具要能准确、牢固、快速地捕捉标本，又不会对动物造成伤害。

1）抄网

抄网由网和杆构成。制作网的材料一般为尼龙细绳或麻质螺纹布；网目为 0.2～

0.5厘米；网口呈环形或矩形，半径为5～20厘米；网深20～50厘米。杆的材料可以是碳素钢、木杆、铁丝或竹竿，长度一般为0.5～2米，或可伸缩；杆的粗细以手握舒适为宜。网和杆之间的联结应牢固。

2）漏斗（陷阱）网（箱）

漏斗网也称陷阱网（箱）。陷阱网（箱）的大小应比要采集的动物个体略大一些，网目小于0.5厘米，一般采用尼龙细绳或金属丝作编织材料。目前，常用的陷阱网（箱）呈漏斗状，称为漏斗网。漏斗网为双层网结构，形似漏斗，外网和内网之间有一闭合的空间。外网构成一较大的空间，内网的外开口很大，逐渐缩小，内开口的直径基本上只有外口直径的1/8～1/5。这种网在一定程度上能避免较大的鱼或其他水生动物被网住。

3）钓竿

可选用各种碳铝合金杆或质量较好的竹竿或木杆作为钓竿，所选材料要求具有良好的韧性和刚性。钓竿通常为鞭竿形，手握部位较粗，直径以手握舒适、方便用力为宜；向另一端渐细，顶端固定钓线。钓竿的长度应可以调整，变化范围一般为50～180厘米。钓线材料宜选择直径为2～3毫米的棉线、麻线或尼龙线；如为棉线或麻线，使用前先用石蜡或烛蜡打蜡。将钓线一端固定在钓竿细部的活套固定部位，另一端游离。

4）布袋

用纯棉布制成20厘米×40厘米的长方形布袋，开口端要能穿系带子，便于放入标本后拉紧封口。布袋用来装采到的成蛙、蝾螈等，随身携带极为方便。每人每天外出采集时至少随身携带3个或4个布袋。

标本放入袋后，可再放些苔藓、石松等植物，系紧开口后一同用水浸湿。野外采集期间如天气比较炎热，可经常水浸布袋，使袋内保持一定湿度。这样处理的标本，经多天都不致死亡。

5）采集桶

可准备多种规格无毒带盖的塑料桶。准备的最大规格采集桶应以一人能提动为宜，盖的密封性要好。

6）采集瓶

可准备多种规格广口密封塑料瓶。瓶壁应透明，以便随时观察保存在里面的标本。

7）其他采集工具

电筒、雨靴、雨衣、布袜、手套等。

2. GPS

用来记录采集点的经纬度、海拔等数据。测量精度应在10～50米。在平原或开阔地带使用时，开机5分钟后（收到4颗及以上卫星数据5分钟之后）显示的数据比较可靠，但记录时，需对数据进行校正后方能记录在记录本上。在山区或阴雨天使用时，接收卫星信号比较困难，其数据的可靠性不足（尤其是海拔），可用海拔表校对数据。

3. 野外标签

1）野外标签的质量要求

（1）长期存放在水、福尔马林、酒精等液体中不变碎、变色。

(2) 书写或打印在标签上的号码、文字等能在水、福尔马林、酒精等液体中长期保存，不褪色变色，字迹清晰。

(3) 能长期固定在标本上，不脱落。

(4) 制作标签的材料应无毒、结实、防化学腐蚀（一般采用防化学纸或白色布条）。

(5) 标签的大小一般为（5～6）厘米（长）×（1～1.5）厘米（宽）。

2) 野外标签的内容和格式

(1) 采集人。

(2) 采集日期。

(3) 野外采集号（应当具唯一性）。

(4) 经纬度和海拔。

(5) 采集地名（省、县、乡、村等，地名应以国家公布的最新版本的地名为准）。

4. 采集前的其他准备

(1) 文献资料的收集：包括采集地区的地形、地貌、水文、气候、地图等；已有的相关研究资料，尤其是当地已有的两栖动物研究资料等。有时采集地区可能缺乏一些相关资料，可对相邻地区的资料进行收集整理。文献收集是了解采集地区基本情况的重要工作。

(2) 了解要采集物种的生物学特性。重点了解物种的形态特征、繁殖状况（包括繁殖季节、繁殖条件等）、活动规律等。确定要采集的蝌蚪的生态表型：静水型还是流水型，生活在临时性水塘还是永久性水塘中，激流中还是缓流中等；蝌蚪的形体具有什么特点，包括体色、口部形态、腹部吸盘的有无等。了解要采集卵的形态、发育变态的时间等。这些工作对确定采集方法和安排采集日期十分重要。

(3) 很多两栖类属于濒危动物，受到保护。开始工作前，应依据相关的法律法规办理好各项必需的法律手续。

(4) 采集前，需对采集区域进行踏查，其目的是了解当地的自然概况、适于采集的地点、路线等，根据踏查情况确定采集点和采集路线。根据采集点的微生境状况和拟采集对象的生物学特性确定采集方法。

(5) 根据采集对象的生物学特性和采集地的自然状况及采集方法等，准备必要的工具和设备，如需要准备标本采集工具和设备、标本制备工具和设备、标本临时储存和包装工具及设备等；此外，还有制备标本的各种药品、量具、针具等。

(6) 正式开展工作前，应先积极主动地与地方主管部门联系，求得支持和必要的帮助。

(7) 野外采集活动可能遇到各种意想不到的情况，必要的自我保护是必需的，应结合实际，办理或准备各项野外意外伤害（包括传染病免疫）的急救、保险等。

3.4.2　标本采集方法

1. 成体的采集方法

两栖动物变态后即成成体。根据成体生境的不同，可将其分为水栖（静水和流溪）、陆栖和树栖三大类。采集前，应详细了解成体的生活习性和活动规律，观察成体的分布地域等。在同一水体或陆地上，常常有两种或两种以上的两栖动物同域分布。因此，应尽量做好充分的准备，做到有备无患。

1）水栖两栖动物的采集方法

静水生境物种的采集方法

抄网法

（1）如果成体浮于水面或沉入水中，可将抄网慢慢伸至距成体不远的水体下方，然后迅速提网，将成体网住并拖离水面，反折网口，使被网住的成体无法逃逸。

（2）捕捉的同时，要注意成体可能逃逸的方向。如果首次捕捉不成功，应静等一会，观察其是否还在附近，如果在水底，用抄网轻轻从其后上方接近，到一定距离时迅速下扣捕捉。网住成体后，将抄网拖移到岸上，打开网口，用手捉捕成体。

（3）将捉到的成体放入采集袋或采集桶内保存。

（4）清洁抄网和手，准备下一次操作。

钓竿法

捕捉两栖动物成体时，钓竿法不是很有效，但在水生植物繁茂的区域，可使用该方法。具体操作如下：①观察成体在水体中的分布状态，确定分布比较集中的区域。②将钓竿的钓线垂直放在距水面1厘米左右，轻轻晃动钓线。③有成体咬钓线时，迅速将钓竿提起，将钓到的成体甩到陆地上，用手捉捕。④将捉到的成体放入采集袋或采集桶内。⑤完成操作后，清洗钓线和手。

漏斗（陷阱）法

该方法适宜于捕捉水中行动诡异的成体。优点是可以节省人力，缺点是容易造成动物死亡且效率低，对动物生境有一定的破坏，还可能对其他水生生物造成影响。具体操作步骤如下：①将陷阱网水平沉放于水中，水面要淹没陷阱开口，开口方向与水面平行。可根据成体在水中活动的位置确定开口距水面的距离，一般而言，开口应低于成体的平均活动位置。②为了固定陷阱在水中的位置，可将陷阱网系在金属杆或木杆上，然后插入水中；或用一重物系在网底，将网沉入水中，使陷阱网固定。③定时观察陷阱网内是否诱捕到了成体；如果有，用小抄网取出。

溪流生境物种的采集方法

生活在溪流生境的种类常在水底石下或岸边的水生植物丛中活动。根据不同类群活动能力的差异以及是否集群等，应采用不同的采集方法。

抄网法

溪流生境抄网采集有别于静水生境，且在流溪生境中抄网法不如在静水生境中有效。采用该方法时一般要求水中植物较少，成体通常不在水中石下或石缝间活动，能直接观察到成体在水中活动。

（1）观察到在水中活动的成体后，用抄网慢慢接近成体，距离较近时，迅速网住成体并将其拖离水面。

（2）如果成体出现在石下或水生植物稍多的区域，先将抄网放在下游距发现成体的石块、植物等物体3～5厘米处，然后用手翻开石块或抖动植物，成体游出时用网迅速捕捉。

漏斗（陷阱）法

（1）在流动水体中，陷阱的开口方向与水流方向相对。为了将陷阱网固定在水中，可将陷阱网系在金属杆或木杆上插入水中；或用一重物系在网上，沉入水中，可起到固定的作用。

（2）定时观察陷阱内是否有动物成体，如果有，则用抄网将其取出。如果发现其他动物，应取出，检查是否受伤。没有受伤的，应就地放生；受伤的，则应采取救治措施后放生。

注：放置陷阱网时应同时在附近设置醒目标志，采集结束时应收回放置的全部陷阱网；每天定时检查放置的陷阱网是否有动物，如果有，应及时取出；如果发现非目标物种，亦应及时取出，检查是否有伤，状态良好并无伤的应就地放生；有伤的，应采取救治措施后放生。

手捕捉法

（1）注意观察动物所在的位置。

（2）慢慢靠近动物。

（3）迅速出手捉住动物（此过程不能用力过猛，以免伤及动物）。

（4）捉住动物后，简单清洁，放入采集袋（盒或箱）内。

（5）清洁手。

2）陆栖物种的采集方法

采集陆地生活的两栖动物成体时，通常用手直接捕捉。具体捉捕过程如下：①观察动物所在的位置及可能逃逸的方向。②逆其可能逃逸的方向，慢慢接近动物，迅速、准确出手捕捉（捕捉时不要用力过猛，以免伤及动物）。③捕捉完成后，应立即清洗手和标本。

3）树栖物种的采集方法

树栖种类多生活在静水塘边的灌丛或植物叶片上，有保护色，通常不易被发现。繁殖季节，它们通常选择在静水塘边的草丛、灌丛、竹子和其他植物叶片上产卵，活动频繁，鸣声大，是最容易发现和采集的季节。当在静水塘边或树上发现要采集的动物时，可用网或手捕捉，捕捉完成后，应立即清洗标本和手。

手捕捉法

该方法适用于多种生境，具体操作过程见 3.4.2 节中“手捕捉法”。

水网捕捉法

主要用于捕捉在静水塘边繁殖的动物。

（1）观察成体在水边停留的位置及周围环境，用抄网慢慢接近动物，接近时迅速出网捕捉。

（2）如果成体在水底石下或水生植物比较密集的区域，先将抄网放在下游距发现成体的石块或植物 3～5 厘米处，然后用手翻开石块或抖动植物，当成体游出时用网迅速捕捉。

4）注意事项

（1）野外保存活体动物标本，尤其是保存皮肤分泌物多且具毒性的两栖动物时，应将不同物种分别保存，放在同一采集袋或采集桶内，可能会造成某些种类死亡。

（2）采集袋内应放置保持水分的物质，如水草、湿纱布、湿的吸水纸等，使袋内保持一定的湿度（不可将采集袋完全打湿）。

（3）采集桶内如果盛放清水，水的高度不能淹没两栖动物成体，而且要定时换清水，特别是保存小鲵科动物时，桶内必须放置清水；采集桶内也可放置水草、湿纱布、湿的吸水纸等，以保持桶内湿润。

（4）每个采集袋或采集桶内放置的两栖动物成体不能过多；如果成体个体较大，以放置 2 或 3 个个体为宜。

（5）每个采集袋或采集桶内的个体必须是同一采集点和同一采集时间获得的个体。

（6）采集袋或采集桶内装有标本时，必须贴上标签，标签的内容包括：物种名、数量、采集人、采集时间、采集地点、采集袋或采集桶编号等。

（7）随时注意观察标本袋和桶内保存的动物，发现有死亡的动物，立即取出。

2. 蝌蚪的采集方法

1）抄网法

抄网法是采集蝌蚪最常用、最方便、最有效的方法。针对生境的不同，采集方法也有一些差异。

静水生境抄网法

在静水环境中，蝌蚪常聚集在一起活动。开始采集前，应仔细观察蝌蚪的分布，鉴定所属种类。同一水体中可能有两种或两种以上的蝌蚪，因此，应尽量捕捉或观察水中或附近活动的不同物种的成体，借此可判断可能存在哪些物种的蝌蚪。采集过程和方法如下。

水体表层和中层活动的蝌蚪的采集方法

（1）在蝌蚪集中的水域，将抄网慢慢移至蝌蚪群的下方，迅速将抄网捞出水面，网住蝌蚪。

（2）将网住的蝌蚪放入事先备好的装有清水的塑料桶或盆中，检查抄网，确定抄网内没有剩余的蝌蚪。

（3）清除桶内或盆内的杂物，仔细观察蝌蚪的形态、色泽等，并作记录。

（4）同一水体中可能采到多种蝌蚪，能区别的，可以分别装瓶；不能区别的，暂时放在一瓶内，日后处理。

（5）清洗抄网，准备下一次采集。

水底活动蝌蚪的采集方法

（1）将抄网深入水底（注意不能刮动基质，以免把水搅浑），向蝌蚪群集群的方向轻轻移动，至接近蝌蚪群时迅速将抄网抄起，提至水面。

（2）将抄住的蝌蚪放入事先备好的装有清水的塑料桶或盆中，仔细察看抄网，确定抄网内没有剩余蝌蚪。

(3) 清除桶内或盆内的杂物；仔细观察蝌蚪的形态、色泽等并作记录。

(4) 同一水体中可能采到多种蝌蚪，能区别的，分别装瓶；不能区别的，暂放在一瓶内，日后处理。

(5) 清洗抄网，准备下一次采集。

注：①操作时，抄网只能向一个方向运行，不能来回搅动。②每次操作完成后，都应清洁抄网。③在同一水体同一次捕捞的蝌蚪需仔细辨别种类，尽可能将不同种的蝌蚪分装。

溪流生境抄网法

生活在溪流中的蝌蚪通常不喜集群，常在水底石下或近岸水草丛中分散活动。因此，溪流中采集蝌蚪的方法与静水中有所不同。流溪中使用抄网常不如在静水中有效，但仍为主要采集工具。具体采集方法如下：

(1) 观察蝌蚪在水中的位置及周围环境，用抄网慢慢接近蝌蚪，距离较近时迅速出网，并将网拖离水面。

(2) 如果蝌蚪出现在石下或水生植物较密集的区域，将抄网放在溪流下游距蝌蚪活动的石块或植物 3～5 厘米处，用手翻开石块或抖动植物，有蝌蚪游出时，迅速出网捕捉。

注：①采集过程中如翻动了石块，采集完成后应将石块尽可能恢复原状。②每次操作完成后，应清洁抄网。③野外采集中临时保存蝌蚪的方法见静水生境抄网法的 (3)、(4) 和 (5) 项。

2) 陷阱（漏斗）法

该方法适宜捕捉水中行动隐秘的蝌蚪，优点是可以节省人力，缺点是容易造成动物死亡，捕捉效率低，对动物生境有一定破坏，可能对其他水生生物造成影响。

(1) 将陷阱网水平沉入水中，网口距水面的距离应根据蝌蚪在水体中活动的位置而定，一般而言，应低于蝌蚪的平均活动位置。

(2) 如在流动水域，网口方向要与水流方向相反。

(3) 在静水水域，网口方向与水面平行。

(4) 为固定陷阱在水中的位置，可将陷阱网系在金属杆或木杆上，然后插入水中，或用一重物系在网上将网沉入水中。

(5) 定时观察陷阱网内是否有蝌蚪，如有，用小抄网取出，然后按静水生境抄网法的 (3)、(4) 和 (5) 项进行处理。

注意事项同溪流生境抄网法。

3) 野外采集蝌蚪标本的处理

(1) 将蝌蚪放在装有清水的标本桶或盆内静置，待杂物与蝌蚪分离。

(2) 除去杂物，或用小网将蝌蚪转到另一装有清水的桶或盆中。

(3) 上述过程可以重复进行，直到清除干净杂物为止。

(4) 在进行上述操作时，如果发现有不同形态或不同种的蝌蚪，应将它们分开保存。

注：上述操作过程中，动作要轻，尽量不伤害蝌蚪；蝌蚪离水时间不应超过30秒，移动蝌蚪时要用小网。

3. 卵的采集

产在水中和水外的卵的采集方法有所不同。

1）*产在水内的卵的采集方法*

通常采用抄网法，这也是目前采集两栖动物卵最常用、最方便、最有效的方法。根据所用网目的大小，可以收集卵团、卵带或单个粒卵；针对不同生境，采集方法也有差异。

静水生境

两栖动物产在静水环境中的卵有的浮在水面，有的沉在水中或水底，有的粘连在水生植物或石块表面。

（1）捞取卵时，动作应尽量柔和，卵浮至水面时，可用水瓢或小抄网直接将卵团和水一起移入采集桶或采集盒中（此过程中不能使卵完全离开水体，也不能用网在水中来回运动，以免将水搅浑）。

（2）将水瓢或网内的卵放入采集桶（盒）后，及时清洁网具，以备下一次使用。

（3）采集要适量，不得过量采集孤立水体中的卵。

（4）如果卵团或卵带的某一部分或某端与植物或石块粘连，应先将粘连部位分离（可以用手），然后捞取，分离过程中，应尽量保持原状态，尽量不要将植物或石块一并带入。

流溪生境

固着在石块或植物上的卵的采集

（1）首先查看水流方向，判断卵在与固着物分离后可能漂流的方向。

（2）将抄网放在卵可能漂流方向的下方3～5厘米处。

（3）将卵与粘连的固着物分离，使卵分离后能随水流入抄网。

（4）用水瓢或小抄网将卵团移入装有清水的采集桶或采集盒中（捞取时，不能将卵完全离开水体）。

（5）清洁抄网，准备下一次操作。

固着在水中石块下的卵的采集

（1）翻开石块，分离与卵粘连的固着物。

（2）尽快用抄网将卵收集，收集过程中，动作应准确、轻柔。

（3）收集完成后，应将石块尽量恢复采集前的状态。

（4）用水瓢或小抄网直接将卵团移入装有清水的采集桶或采集盒中，桶或盒内的水面高度以能完全淹没卵为宜（收集过程中，不能将卵完全离开水体）。

（5）清洁网具，准备下一次采集。

2）*产在水外的卵的采集方法*

某些种类（如树蛙科和雨蛙科的部分种类）在近水植物上产卵，产卵过程中雌或雄体会不停地用后肢搅动树叶包起卵团。这类卵比较适宜徒手采集，具体采集步骤如下：

①观察卵团在植物上的位置和状态，加以记录。②用剪刀将包裹卵团的树叶与一段植物茎一起剪下，装入采集桶，采集桶内保持湿润。③采集过程中不得剥离包裹在卵团上的植物，不能损坏卵团形态和结构，不得翻转卵团。

3）野外采集到的卵的处理

（1）如果放入采集桶内的卵带有泥沙、植物碎屑等，应静置至卵与泥沙、植物碎屑等自然分离。

（2）用抄网轻轻网住卵，倒掉桶内的泥沙或植物碎屑，然后沿桶壁加入清水至卵被淹没。

（3）如果仍有泥沙或植物碎屑，重复（2）项至泥沙和植物碎屑被完全清除为止。

4）注意事项

采集和处理标本过程中，首先，动作要轻，不能将卵翻转，不能破坏卵的结构、形态和卵与卵之间的粘连状态；其次，要注意卵泡形态，不要在水中清洗卵。

3.4.3 标本的采集记录

1. 采集前的记录

（1）采集点的环境：植被状态、水体状态、经纬度、天气、水温、气温、海拔、pH 等。

（2）物种情况：物种名称、个体发育状态（如卵、蝌蚪、变态、次成体、成体等）、分布状态（如陆栖、水栖、树栖等）、成体体色与环境色一致性等。

（3）繁殖状态：如雄蛙何时鸣叫、声调等，是否有抱对的成体，卵和蝌蚪的大小、发育期等，成体的大致性比、分布状态、水体中活动的位置、数量等，蝌蚪的生活习性、发育期、形态、颜色、行为等，分散或群集活动，栖息在水的表层、中层、底层，或吸附在石头上等。

（4）水体状态：流水或静水；如为静水，记录是湖泊（面积）还是水塘（面积），临时性还是永久性水体；如为流水，记录是河流（宽度）还是溪流（宽度）、流速（激流、中速或缓流）等。无论流水还是静水，都应记录水深，大于 1.5 米记为深，小于 1.5 米大于 0.5 米记为中等深度，小于 0.5 米记为浅。还需记录水体的基底状态（如淤泥、石块、沙土等）和混浊度（透明、半透明或不透明）等。

（5）植被状态：是否有植物；如有，为挺水植物还是沉水植物，或二者都有；卵是否产在植物丛中、固着在植物上等。

（6）行为观察：爬行、跳跃、静止等时的姿态，摄食方法，抱对姿势和产卵动作等。

2. 采集后的记录

（1）采集时的天气、日期、时间（开始时间和结束时间）、植被状况等。

（2）记录人、观察人、采集人、采集队名（如果有）、采集地、采集点、采集范围、经纬度、海拔、栖息地、采集桶或采集袋编号等。

（3）物种拉丁名、中文名和俗名（野外无法鉴定时，可以后鉴定补充），标本的野外采集号，采集的成体、蝌蚪或卵的数量。

(4) 简要描述采集方法及过程、标本的色彩、标本照片编号、备注等。

(5) 水体的特征，如静水（临时性或永久性水体）或流水（缓流或激流）、水深、水体面积、有无水生植物、流速、水温、pH 等。

(6) 成体的生境（如流水、静水等），在水体中的分布状态（如水面、水下、水中石下）、集群还是不成群分布、繁殖状态（有无抱对、产卵、求偶等）。

(7) 蝌蚪的生态学特征：栖息环境，在水中的分布状态（如水面、水下、水中石下、成群还是不成群分布）、发育期（Gosner，1960）等。

(8) 卵的特征描述：卵在水体中活动的位置（如水面、水下、水中石下等）、在水外的位置（树叶、竹叶、草丛、泥窝内等）、形状（卵团、卵带、单粒、片状）、发育时期（有尾类以 Harrison，1969 为标准；无尾类以 Gosner，1960 为标准）等，有条件时还可以对卵径、窝卵数等进行测量。

(9) 野外临时标本处理方法和临时标本保存方法。

注：蝌蚪标本号的编排不是按个体编号，而是按采集点的一次性采集编号，或按瓶编号。

3. 标本记录

野外采集或标本处理结束时，应在每个存有标本的采集桶或采集袋上贴上记录标签，标签内容包括：采集人、采集日期和时间、采集地点（地名、经纬度等）、种名、桶号（如果有多个采集桶）、标本数等；同时，在记录本上记录相同内容。

3.4.4 标本制作

1. 成体标本的制作

制作标本前应将活体标本在清水中放置一段时间，尽量使其将胃和肠的内容物排泄干净。每隔 4～8 小时换水一次，换水的时间间隔视水的清洁程度而定。如需做食性分析，最好在采集的当天制作标本。

标本制作的质量标准应达到以下要求：①标本姿态应尽量保持与生活时的状态相似，不能扭曲或破损。②标本清洁，色泽正常。③便于进行相关量度和观察。

1) 标本制作前的准备

制作标本前应首先整理好记录，编制好野外标本采集号和标签，准备好标本制作的工具、药品及清水，清洁成体。

标本制作工具

标本盒：各种规格带密封盖的长方形或方形塑料盒，容积应大于 30 厘米（长）×20 厘米（宽）×8 厘米（高），所用材料应无毒并防化学腐蚀。

容器：广口标本瓶或标本盒。

量筒：各种规格带刻度的医用量筒。

烧杯：各种规格医用烧杯。

玻棒：医用玻棒，长度至少达到 25 厘米。

其他工具：吸水纸、医用纱布、标签、棉线等。

制作标本的药品

福尔马林、酒精（乙醇）、清水或蒸馏水。

配制固定液和预固定液的福尔马林、酒精原液为：化学纯（36%）福尔马林及化学纯（95%以上）和分析纯（95%以上）酒精。

预固定液、固定液的配制和保存方法

预固定液的配制方法

酒精预固定液：在清水或蒸馏水中加入酒精原液，配制成 70%～80%的酒精预固定液。在温度较低的地区或季节，一般配制成 70%～75%的酒精预固定液；温度较高的地区或季节，配制成 75%～80%的预固定液。

福尔马林预固定液：在清水或蒸馏水中加入福尔马林原液，配制成 6%～10%的福尔马林预固定液。

固定液的配制方法

酒精固定液：配制方法和配制浓度见"酒精预固定液"的配制。

福尔马林固定液：除了按"福尔马林预固定液"配制方法配制外，在配制完成后，应加入碳酸钙，使之达到饱和状态（有碳酸钙沉淀出现时，即达到饱和状态）。

固定液和预固定液的保存方法

将配制好的固定液和预固定液分别装入密闭和防化学腐蚀的容器内备用，在容器外显著位置贴上标签，标签应粘贴牢固。标签上应标明物品名称、浓度、配制日期、配制人等。

麻醉液的配制方法

麻醉药品：偕三氯叔丁醇（chloretone）。

麻醉剂的配制：①底液的配制：8 毫升偕三氯叔丁醇溶于 35 毫升 95%的乙醇中，配制成 43 毫升偕三氯叔丁醇饱和液，存放在安瓿瓶中密闭保存备用；配制好底液后贴上标签，标签内容包括麻醉液名称、浓度、配制时间、配制人、管理人等。②麻醉液的配制：使用时按 1 升清水加 2～3 毫升底液的比例配制。

注：麻醉液应尽量现用现配，使用期最好不超过 6 个月。标本制备完后，应立即按国家有关法律法规和医药卫生部门有关麻醉剂处理方法，对麻醉液和所使用的注射器、安瓿瓶等进行处理。麻醉药品和麻醉液必须专人管理。

2）成体标本制作过程

标本清洁

将待制标本成体放在清水中，用手或毛刷清洁体表。

标本麻醉

（1）将清洁后的成体放入装有麻醉液的瓶内，盖好盖子密封，3～5 分钟观察一次。需处理的标本数量较多时，一次不要放入过多标本，应分批麻醉，成体和亚成体要分开麻醉，不同大小的成体也要分开麻醉。

（2）5～10 分钟后，成体四肢舒展，说明已麻醉致死，麻醉过程完成。

（3）用长镊子将成体从麻醉液中取出，清水洗涤标本体表分泌的大量黏液，转入标本盒中。此时，可取组织材料保存于酒精或液氮中，或直接转入下一步固定程序处理。

注：标本麻醉的时间不宜过长，麻醉好后应及时取出；否则，标本会变硬，很难整姿成生活姿态。如果已僵硬，则需用大头针固定成生活姿态。

标本姿态的调整

标本盒的制作

（1）用吸水纸平铺在标本盒底。

（2）用少许清水沿标本盒壁缓慢倒入标本盒内，将吸水纸打湿后再沿标本盒一角将盒内多余的清水倒出，此时吸水纸会平整地紧贴在标本盒底。

（3）放入标本前，将预固定液均匀撒在吸水纸上，这样就完成了标本盒的制作。

标本姿态的调整方法

无尾类成体可按如下方式调整标本姿态。

（1）将标本口张开，张开的角度以能观察到口腔内的舌、齿、咽等为准，把浸透防腐液（6%福尔马林或 70%酒精）的医用棉团塞入口内。

（2）标本上臂与躯体中轴呈 60 度至 120 度角，上臂向外平伸；前臂与肱（上臂）呈 60 度至 90 度角，小臂向体侧弯曲；掌面向下前伸，指自然分开，尽量将指蹼（如果有）展开。

（3）股（大腿）与躯体中轴呈 60 度至 90 度角，股向外平伸；胫（小腿）与股呈 80 度至 90 度角，胫向后弯曲；跗足部与胫呈 80 度至 90 度角，跗足部后伸；趾张开，自然后伸，尽量将趾蹼（如果有）展开。

（4）系上标签。标签内容包括物种名、采集时间、采集人、采集地、标本号、性别、海拔等。

（5）将预固定液均匀撒在整理后的标本上。

（6）将一或两层吸水纸盖在标本上，用预固定液均匀撒在吸水纸上，直到吸水纸湿透为止，以免标本过干而损坏，尤其是指趾部分，过干后会影响标本鉴定。

有尾类的姿态调整与无尾类相似，不同之处是尾部应沿脊椎线后伸，使吻端、躯体和尾尖在同一直线上。

标本固定

（1）将预固定液沿标本盒壁倒入标本盒中至标本被淹没为止，盖上盒盖密封。

（2）12 小时后更换一次预固定液。

（3）24 小时后更换为固定液。

（4）48 小时后标本固定完成，倒掉固定液，用医用纱布将标本包裹好，纱布内垫上一层较厚的浸透固定液的棉花，这样既可保持标本有一定的湿度，还可避免搬动或运输过程中摩擦损伤标本。

（5）将标本包裹好后，放入塑料袋或铁箱内，贴上标签。

（6）标签内容包括：物种名、数量、标本号、采集时间、固定时间、固定液名（福尔马林或酒精）、采集人、固定人、采集地、标本包裹号或标本瓶（盒）号等。

制作标本中的注意事项

（1）制作前应清洁标本。

（2）将不同形态、性别的标本分开。

（3）制作过程中不能损坏标本的形态结构。

（4）制作的标本姿态应尽量自然，并便于研究时观察和测量。

（5）制作标签时应仔细核对各项记录。

2. 蝌蚪标本的制作

1）标本制作前的准备

制作标本前应首先整理好记录，编制好野外标本采集号，准备好标本制作工具和各种药品及清水，清洁蝌蚪。

2）制作蝌蚪标本的工具

广口瓶：防化学腐蚀、无毒的各种规格带密封盖的塑料瓶，瓶口径应大于 5 厘米，瓶径大于 10 厘米，高度大于 10 厘米。

麻醉瓶或盒：广口瓶或标本盒。

量筒：各种规格有刻度的医用量筒。

烧杯：各种规格医用烧杯。

玻棒：医用玻棒，长度至少达到 25 厘米。

其他工具：吸水纸、医用纱布、标签、棉线等。

3）制作标本的药品

同 3.4.4 中“制作标本的药品”。

4）麻醉液的选择与配制

如果要取蝌蚪的组织材料或需对蝌蚪拍照，通常选择酒精作为麻醉液。

配制时，将几滴酒精滴入放有蝌蚪的广口瓶中，短时间即可将蝌蚪麻醉。

5）标本制作过程

标本清洁

同 3.4.4 中标本清洁。

标本麻醉（适用于需拍照和取组织材料的样品处理）

（1）将清洁后的蝌蚪放入麻醉液中，3～5 分钟观察一次，待蝌蚪处于深度麻痹状态时麻醉过程完成。

（2）用抄网将蝌蚪从麻醉液中取出，转入标本盒中。

（3）麻醉完成后，按国家有关规定处理麻醉液。

标本固定和姿态调整

（1）立即将标本保存在 10％的福尔马林混合稀释液中。

（2）当标本处于深度麻痹状态时，使尾部在瓶内平直伸展。

（3）用长镊子调整已固定的标本，使标本的头体向下，尾向上，以免因头重尾轻而被压弯变形，影响量度的准确性。

(4) 24 小时后要将液体换成新鲜的 10%中性福尔马林，以储藏蝌蚪标本。

(5) 倒掉固定液，用浸透固定液的医用纱布将标本包裹，并系上标签。

(6) 标签内容包括：物种名、数量、采集时间、固定液名（福尔马林或酒精）、采集人、采集地、标本号。

(7) 将标本放入标本盒或标本瓶中，倒入固定液，密封标本盒或标本瓶，贴上标签，标签内容应与系在标本包裹上的标签一致。

注：同一采集地采集的同一物种蝌蚪为一号标本，这样，蝌蚪的一个采集号可能包括一个或多个个体。标本号是以瓶为单位的，一瓶标本应有一个唯一的标本号。

6) 标本制作中的注意事项

(1) 蝌蚪在生活状态下保存很短时间也会造成损坏，口部的角质部会脱落，故制作标本时必须立即将标本保存在 10%的福尔马林混合稀释液中。

(2) 同一水域内可能采到不同种类的蝌蚪，制作前应检视蝌蚪种类、形态等，将不同种类和形态的蝌蚪分别装瓶，暂不能区别的可放在一瓶内，等日后处理。

(3) 制作过程不能损坏蝌蚪的形态结构。

(4) 蝌蚪皮肤薄，容易压坏或摩擦损坏，同一个瓶内不宜放入太多个体。

(5) 即使蝌蚪的腿已发育，也不要把标签系在标本腿上。

3. 卵标本制作

1) 标本制作前的准备

制作卵标本之前，应首先整理好记录，编制好野外标本采集号，准备好标本制作工具和各种药品及清水，清洁待制的卵标本（清洁方法见 3.4.4 节中“标本清洁”）。

制作标本的工具

广口瓶：多种规格带密封盖、防化学腐蚀、无毒的广口塑料瓶，口径不得小于 5 厘米，瓶径不得小于 10 厘米，高度不得低于 10 厘米。

量筒：多种规格有刻度的医用量筒。

烧杯：多种规格医用烧杯。

玻棒：医用玻棒，长度至少达到 25 厘米。

制作标本的药品

野外制作卵标本的药品主要是福尔马林；另外，需准备清水或蒸馏水。

配制固定液的福尔马林原液为 36%的化学纯福尔马林。

2) 标本制作过程中的注意事项

(1) 制作过程中，不得翻转卵标本。

(2) 不得破坏标本状态（如卵块或卵带的外形）和结构（卵粒之间的粘连状态）。

(3) 不得破坏标本组织（包括胶质膜、动物极、植物极及细胞膜等）。

(4) 不得使卵长时间离水，以免卵变干、变形。

3) 清洁标本

制作标本前，首先应查看采集到的卵标本的状态，如果粘连有泥沙或其他杂物，应按 3.4.4 节中“标本清洁”的要求清洁标本。

4）标本形态调整

清洁标本后，应尽量复原标本生活时的自然形态。整姿时，可用玻棒轻拨卵（卵块或卵带），使之能展现所需特征。

5）标本预固定

（1）调整好标本的形态后，将卵放入标本盒中；然后，将玻棒斜靠在标本盒内壁上，沿玻棒缓慢倒入预固定液，至预固定液完全淹没标本。

（2）盖好密封盖，贴上标签。标签内容如下：① 预固定液名称（酒精或福尔马林）、浓度等；② 预固定起始日期、时间和更换预固定液的日期、时间等；③ 预固定的物种名、标本编号、采集号等；④ 操作人姓名。

（3）预固定 24 小时后，更换预固定液，并在标签上标明更换日期、时间及更换人姓名。

（4）48 小时后，检视标本固定情况，标本形态不再发生变化并且卵粒（或卵块、卵带）之间的相对位置和形态稳定后，预固定完成，转入固定程序。

6）标本固定

（1）将预固定液倒出，加入固定液，固定 12 小时。

（2）将标本转入预先装有固定液的标本盒或广口标本瓶内密封。

（3）贴上标签，标签内容包括：固定日期、物种名、固定液名称和浓度、操作人姓名、标本编号或采集号等。

7）制作标本过程中的注意事项

（1）卵宜单装，不要与蝌蚪或成体混放在同一瓶内，以免被挤压损坏。

（2）将一个成体产的卵全数放入一个瓶内，以便日后计算窝卵数。

（3）卵不能离开水或液体，不能随意翻转卵标本。

（4）注明在该产卵地内或附近曾采到哪些种类的蝌蚪或成蛙，以便确定卵所属的物种。

（5）条件许可时，可培养少许卵，孵化后，可准确确定其物种名。

（6）废液（用过的预固定液、固定液等）应按国家有关化学液体处理方法进行处理，以免污染环境。

（7）及时记录和贴附标签，尤其要附好标本号或采集号。

（8）标本号或采集号必须是唯一的。

（9）所有的记录应使用规范的科学用语和国家公布的简体字。

3.4.5　野外标本的保存

（1）经常检查处理好的标本，发现问题及时处理补救。

（2）及时更换固定液，保持良好的固定效果。

（3）用防腐蚀、密封好的材料包装标本盒或标本瓶，以免气味和液体泄漏。

（4）密封好的标本盒或标本瓶还需贴上标签，标签内容包括：物种名、采集日期和时间、固定液名称及浓度、采集人、标本制作人和标本保存人姓名、标本固定和保存日期、采集地（省、县、乡、村等）及经纬度、采集号和标本盒或瓶号等。

（5）野外保存和运输标本过程中，剧烈的摇摆震动会损坏制作好的标本，造成包装物的破损，应做好标本的防震包装。

（6）做好标本的密封包装后，在包装物外贴好标签，标签内容包括：物种名及标本号或标本盒号；如需承运，还需注明起运地、运达地、起运日期、接收人（单位）等。

3.5 鱼类标本的野外采集及处理

3.5.1 标本采集前的准备

1. 采集前的准备

1）确定采集目的和区域

应首先明确野外采集、考察目的和任务，确定采集区域。

2）相关信息的掌握

（1）应预先尽可能全面地了解野外调查采集地区曾进行过的相关工作。有条件的，可查看以往考察地区或相邻区域采集的标本，熟悉调查区域内有可能分布的鱼类的形态、生态等方面的信息。根据已掌握的文献和标本资料，编写调查区域鱼类名录，以供野外工作时参考。

（2）了解拟采集区域的自然环境：野外工作开始前，应尽可能收集与采集标本地区有关的环境资料，如地形地貌、水系、水文、气候、地图、交通状况等研究资料。

（3）了解与调查区域有关的相关法律法规、禁渔期、禁捕区、保护区等信息。

3）采集方法和采集工具的准备

结合对拟调查区域已有或可能有的鱼类生物学特性的了解，提前准备必要的采集工具、仪器设备等，提出可能采取的调查采集方法预案等。

4）办理采集许可手续

采集开始前应根据需要申请办理必要的相关手续，如法律手续、行政审批手续等，特别是采集各类保护动物时，必须预先得到有关部门的批准。目前，审理有关采集程序的行政部门为中华人民共和国农业部或各地渔政管理部门。

5）办理野外意外伤害保险

野外采集活动可能遇到危险或事故，建议根据拟开展的工作的危险程度办理必要的保险和准备必要的急救药品等。

6）制订工作计划

出发前应制订合理的野外调查采集计划，包括任务分配、行程日期、行程路线、经费预算、野外考察用品清单等，并进行相应的必要的准备。

7）其他

如果参加野外采集考察的人员隶属多个单位，出发前应对有关采集标本的分配、归属、研究成果署名等问题进行协商，并签订相关协议。

在开始标本采集之前，可先与地方相关行政管理部门取得联系，以求得地方主管部门对工作的配合和支持。

2. 常用标本采集工具及相关用品

1）网具

手撒网

在一般的渔具商店即可买到。手撒网网目有多种规格，一般 5.0～7.0 毫米大小的网目比较适合鱼类标本的采集。

手抄网

手抄网（图 28）的结构主要包括两部分：竿和网。竿通常为金属杆、竹竿或木杆，多可伸缩。竿的一端手持，另一端固定一个三角形、长方形、正方形或圆形的网袋；网口一般小于 50 厘米，网眼较小。

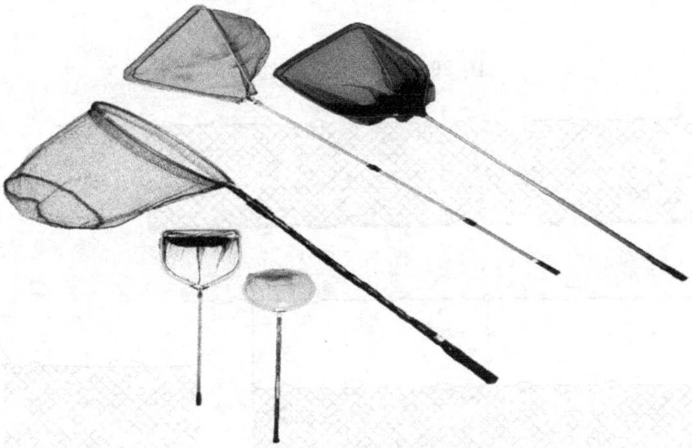

图 28　手抄网

定置诱捕器具

各种规格的诱捕器具（图 29），根据网目的大小采集不同规格的鱼类。

刺网

刺网（图 30）有定置刺网、流刺网、围刺网和拖刺网；按网的结构特点又可分为单层刺网和多层刺网（双层或三层）。

标本采集过程中常用的多为定置刺网。定置刺网又分为浮刺网和底刺网两种。无论哪一种定置刺网，使用时，都需要利用桩、锚、石块、木板、可漂浮的塑料瓶等，将网的一头或两头加以固定。

小型围网

小型围网（图 31）适合在水体较浅、水流较平缓的水域使用。考虑到野外携带方便，2～5 米长、1 米深的网大小较适宜。围网也可以用来封锁一部分溪流。在一些大型围网的中间设置一些网眼袋，能更有效地提高捕捞效率。

注：野外采集时，网经常会破损，需携带补网用具，包括针和线，或携带必要的备用网具。

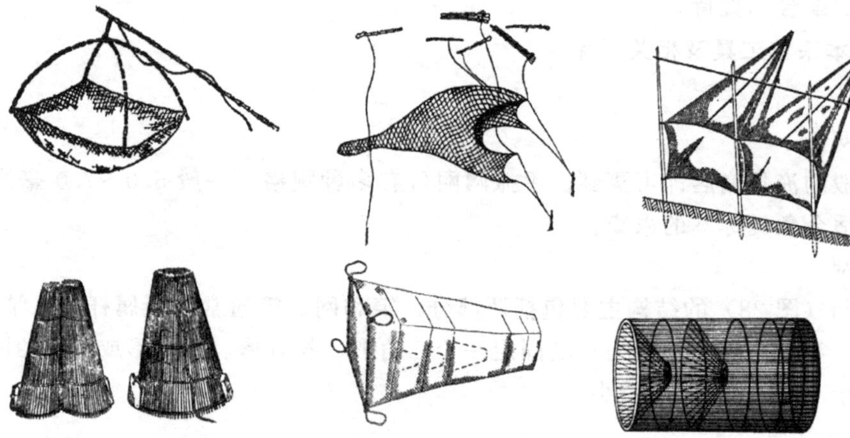

图 29　各种定置诱捕器具

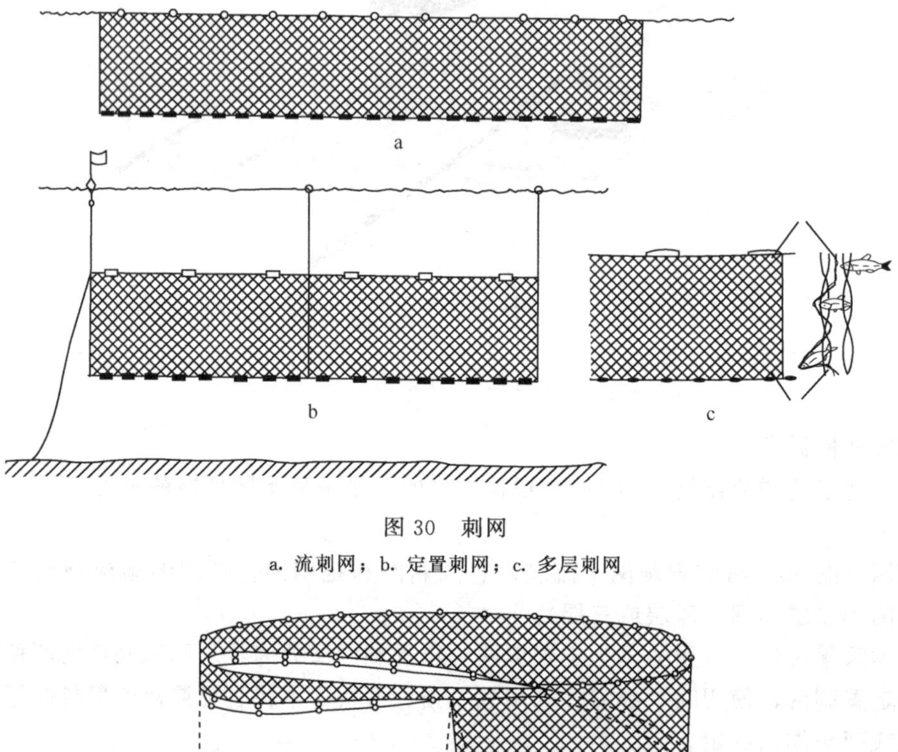

图 30　刺网

a. 流刺网；b. 定置刺网；c. 多层刺网

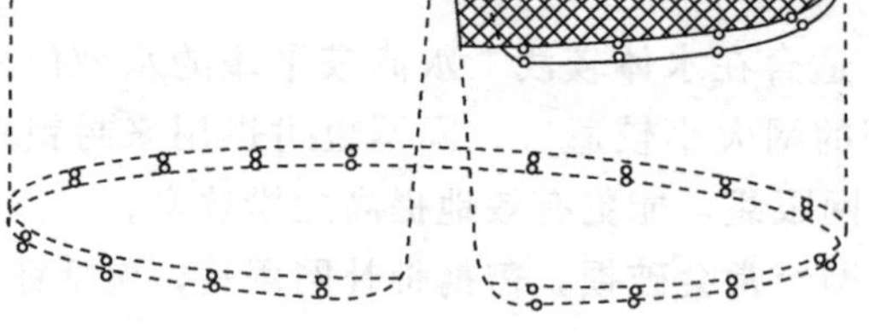

图 31　围网

2）其他工具或用品

（1）小型便携式电捕鱼设备。

（2）救生衣、防水衣裤、长筒雨靴、充气小艇、对讲通讯设备、照明设备、一次性橡皮手套、塑料水桶、标本桶、标本箱、小型水族箱等。

3）特殊环境（洞穴）标本采集用具

因洞穴鱼类采集的危险性，除需要常规鱼类标本采集工具外，还需要准备以下装备：①附带长亮救生衣灯的救生衣。②头盔灯（由电池灯或乙炔灯与头盔联合成套）。③强光灯、高效手电等。④绳索（必要时需准备特殊静力绳）。⑤必要的攀爬工具（坐具、胸具、下降器、上升器、足绳、压紧器等）。

3. 标本制备工具、材料和药品

1）制备标本的工具和材料

各种规格的注射器和针头、各种规格的量杯、电子秤、卷尺、卡尺、解剖器械（解剖盘、解剖剪、解剖针、解剖刀刀柄和刀片、镊子、断骨钳等）、滴管、载（盖）玻片、防水标签、鳞片袋、各种规格的带密封盖的塑料标本盒、塑料标本瓶、塑料桶、塑料袋、医用纱布、医用棉、吸水纸、棉线、标签等。

2）制备液浸标本的药品

（1）固定和防腐剂：福尔马林和酒精（乙醇）。

（2）麻醉剂：乙醚（$C_2H_5OC_2H_5$）、氯仿（$CHCl_3$）等（用于将活体标本麻醉，使鱼陷入昏迷状态，再在福尔马林中固定）。

3）分子生物学样品的采集工具

2毫升离心管、解剖器械、漂白剂、蒸馏水、标签枪、打火机、乳胶手套等。

4. 标本运输所需的包装材料或器具

1）保存和运输福尔马林或酒精液浸标本的材料

纱布、医用棉、多种规格的具有良好韧性和密闭性的塑料袋、不同规格的密封性好的塑料标本盒或塑料桶、多种规格的具有良好密封性和抗压性的塑料标本瓶等。

2）运输活体标本的器具

（1）活鱼运输专用车。

（2）充氧设备。

5. 相关仪器设备

照相设备（摄像机、照相机、胶片或存储卡、三脚架、水下照相设备等）、手持GPS（经纬度、海拔等的测定）、水质分析仪（测定水温、溶解氧、pH等）。

6. 其他物品

身份证明文件（如介绍信、身份证等）、地图、标本鉴定所需工具书、必要的生活用品（如太阳镜、防晒霜、雨具、换洗衣服、简单的医疗用品和药品、饮水、备用食品）等。

3.5.2　标 本 采 集

1. 野外标本采集的基本原则

1）采集对象的保护

在鱼类标本采集时，要以不破坏鱼类的栖息地或将栖息地破坏程度减至最低限度为原则，尤其是进行珍稀濒危鱼类标本采集时，由于其资源量本来就十分有限，应尽量避免过度捕捞；对于捕到的多余标本或不想做标本用的幼体，应及时放生。

2）采集对象的选择

应根据研究工作的特点进行标本采集。就区系调查而言，一般要尽可能采集大小适中的成年个体。采集的标本个体过大，不便处理和保存；个体过小，特征不明显，不便于鉴定研究。采集时，还应考虑标本的性别。

通常具有保藏与研究价值的标本，都需要将鱼体完整地保存。所采集或选择的标本要尽可能新鲜，外观上，尽量挑选鳞片完整、鳍条或须等外部结构齐全且无任何破损的个体。

对体形超大的标本不能采用液浸方法保存时，可用剥制方法将其剥皮制作干制标本，以保存其外形。

3）采集标本的数量

通常受标本馆馆藏空间所限，对普通标本一般每个采集点采集数量不超过 10 尾/种；遇野外鉴定有困难的疑难种，或其他需做特别目的研究的种，可按需要采集更多的标本（如 20～30 尾）。

4）标本附属物的采集

通常标本采集只需要采集鱼体本身；而对一些生物学特性比较特殊的物种，可视情况进行相关采集。如对有特殊筑巢习性的物种（如刺鱼），可连巢一起采集；对有特殊产卵习性的物种（如松江鲈、鳑鲏、　亚科中的一些鱼类），可将产有卵的物体（如贝类、砖瓦石片等）一并采集；对卵型较大（如海鲇类）、卵形特殊的种类（如很多软骨鱼类），可将成熟卵一起收集。

5）特殊目的的标本采集

采集用于分子生物学研究的材料时，对于能确定物种的活体，通常只需现场采集部分组织或器官；采集时，尽量采取对鱼无致死性伤害的方法。取鳍条的，应剪去右侧一半腹鳍；取血液样本的，应采用尾部采血技术（林浩然和刘晓春，2006）；取肌肉组织的，应从鱼体右侧的背部提取。取得的组织样本应在酒精中保存。取样结束后，应立即将鱼放归原水体。对于暂不能确定种类的，应将全鱼保存。

6）采集标本的时间

进行区系调查时，建议四季变化较明显的地区，要分别安排在春季和秋季进行两次采集；在仅有雨季和旱季的地区，分别在雨季和旱季安排采集。上述采集季节通常为鱼类的繁殖期和肥育后期，这两个时期一般也是一年当中水量相对比较小，鱼类比较活跃的时期，便于鱼类标本采集。

对洞穴鱼类应尽量避免过量采集，尽量避开繁殖期采集。

7）其他研究领域标本采集的要求

鱼类学的其他许多研究领域（如生长发育的研究、食性的研究、繁殖生物学的研究、种群生态学研究等），也需要采集并保藏标本，应根据研究工作的特点和需要安排标本采集。

8）对采集者能力的要求

（1）具备必要的标本鉴定知识，对大部分采集到的鱼类具有现场鉴定的能力，否则将很难开展工作。

（2）熟悉鱼类的生活习性，掌握必要的采集方法和技术（如手撒网、垂钓等），结合不同鱼类的生活习性，选择适宜的环境，采用有效的采集手段，进行有的放矢的采集。

（3）在开展特殊环境（如洞穴、高原等）鱼类调查采集时，应进行相关的适应性（对高原环境）、专业性（对洞穴环境）训练，至少要了解相关知识，以免发生不必要的危险。

2. 常用标本采集方法

1）手撒网

手撒网是一种比较有效的鱼类标本采集工具，适用于在大部分淡水或沿海平缓浅湾处操作。手撒网的使用需掌握一定的技巧，可在有经验的人指导下学习使用。

2）手抄网

手抄网适合在一些水体较浅、水流较平缓的水域采集小型鱼类，常用来捕捉活动于杂草、近岸或水下石缝、洞穴水体等的小型鱼类或仔幼鱼。

3）刺网

刺网适用于多种类型的水体，是使用非常广泛的采集工具，根据网目的大小可采集不同规格的鱼类。虽然刺网使用比较广泛，但容易造成鱼体鳞片脱落，头部、鳃部、鳍等部位损伤，从网上摘取标本时应十分小心，尽量获得完整的标本。

4）诱捕器具

通常使用的固定式诱捕器有地笼、迷魂阵等。地笼诱捕（图 32）和迷魂阵诱捕（图 33）获得的鱼类一般比较完整，适于作为标本材料。

地笼的种类多种多样。以往比较常用的地笼多用苇箧或竹箧编织而成，现在常见的地笼先用铁丝编织成骨架，外围以塑料网，也见有用透明塑料制成的圆桶状的地笼。

地笼常被用于水流比较平缓的水体。通常放置的时间比较长，可傍晚放，翌日早上取，也可结合采集时间灵活掌握放置时间。使用时，可在地笼内加一些饵料（如专用鱼饵、残羹剩饭等），以引诱鱼类进入。

迷魂阵的形式也有很多种。常依水域大小的不同和地形条件的差异，结合水流、风向、鱼的溯流性等特点，用苇箧或竹箧做支架，外围密网，做成不同形式的迷魂阵，布设在鱼活动的通道上，捕获标本。

5）小型围网

小型围网适合于在水体较浅、水流较平缓的水域采集。采集时，通常需要两个或两

图 32　地笼诱捕

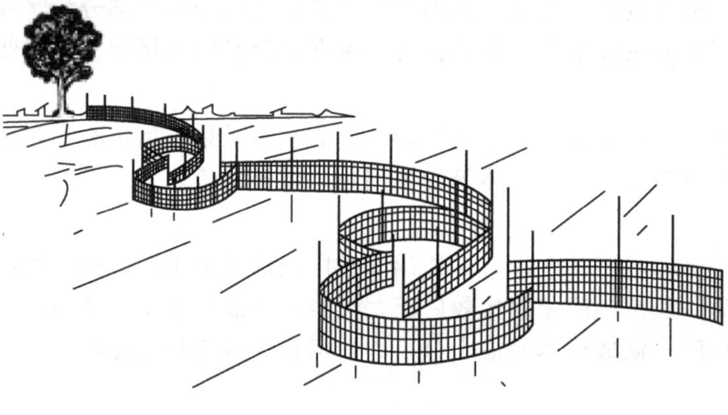

图 33　迷魂阵

个以上的人员共同作业。选择适宜的水体布好围网后，拖拉两端的纲绳至岸边集中，然后将网拖向岸边，如区域内有鱼，即可捕获。在溪流中采集时，可用围网封锁（图 34）一段溪流，通过在上游踩踏溅水、搬动石块、晃动杂草等方式，向下游网内赶鱼，然后拖网，以提高捕获效果。

6）电捕鱼

水中放入电极，通上电流，产生一定的电场后，在正极、负极之间活动的鱼会出现昏迷麻痹。此时，直接用手抄网就能捕捉到鱼。电捕鱼多适合在淡水或稍有咸味的水中使用。含矿物元素较少的水具有较弱的传导性，而海水具有较强的传导性，使用专用电鱼设备采集时，一定要按设备使用说明书安全有效地使用电鱼设备。

电捕鱼时，一定要充分注意人员的安全防护，防水靴、橡胶手套和带有木柄的手抄

图 34　围网封锁

网都是必备的工具；也要考虑对资源的保护，不要过度采集。

7）诱饵线

可以将诱饵线（图 35）长时间设置在各种深度的水体中。诱饵线一端需要系一重物或锚沉于水底，另一端系在船上或固定在岸边。采集人可根据需要，在线的不同位置放置不同规格的渔钩和不同类型的鱼饵。在海上作业时，鱼饵线能够快速游动数千米。

图 35　诱饵线

8）垂钓

垂钓也是鱼类标本采集中比较常用的方法。用于垂钓的工具主要包括渔竿、渔线、渔钩、钓饵等。垂钓采集通常比较耗费时间，也需要掌握一定的经验和技巧，需要一定的训练。

9）光诱

光诱捕鱼是利用某些鱼类趋光性而采用的一种捕鱼方式。可采用人工光源（电光、化学光、柴火光、煤油气灯等），将分散活动的鱼诱集到预定区域，然后加以捕捞。海水、淡水中都可尝试用光诱的方法进行标本采集。

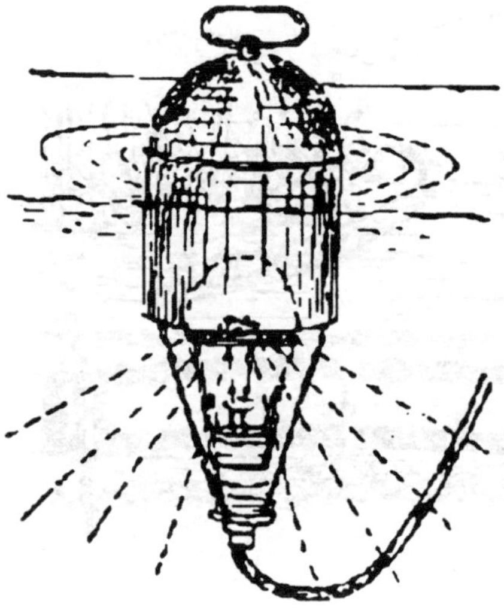

图 36　诱鱼灯

可将诱鱼灯（图 36）放在水面附近，如诱鱼灯具防水性，还可将其置于水下。分散的鱼会逐渐向光源聚集。此时，可使用手抄网或围网将受灯光吸引的鱼捞出水面。

选择诱鱼灯时应注意满足以下条件：①诱鱼灯光照范围尽可能大，以尽可能提高诱鱼效果；②诱鱼灯电能消耗应尽可能小，发光效率高，发出的光线柔和、稳定；③光诱的灯具应操作调节灵便，防水性能好，便于携带等。

10）购买标本

（1）渔市场购买：在很多地区，渔市场往往是比较理想的标本收集地，当地人经常会把渔获物不分种类不分规格直接拿到市场出售，给标本采集提供了比较好的选择机会，野外采集时可以到当地渔市场上选购有价值的标本。但由于现代交通运输的便利，到市场购买鱼类标本时，应注意不要把由他处贩运来的鱼当成本地鱼。

（2）水产码头购买：各地特别是沿海或内陆大型水库湖泊等处的水产品码头，往往是渔获物的重要集散地，可以获得比较理想的收获。

收集标本时要尽可能选择完整无缺（鳞片、鳍等完全）的个体。但遇到较特殊的鱼，尽管有时体形会不太理想，甚至损坏，也要收集。收集标本时，还应注意了解所收鱼类的来源，记录当地名称，了解产量情况等；注意在那些不适合市场销售的小杂鱼中选取标本，有时会有意外收获。

11）其他采集方法

（1）随船出海采集：在较大的江河、湖泊或海边收集标本时，当地渔民经常使用渔船，用大型围网、拉网、拖网等到远离码头的区域捕鱼，必要时，可随渔船外出采集，或随专用科学考察船，根据采集目的，使用不同的网具（如流刺网、底拖网、专业钓具等）直接参加采集。

（2）雇请当地渔民协助采集：当地渔民往往对当地鱼类比较了解，通常可以联系当地渔民协助采集。特别在对特殊环境（如洞穴）进行鱼类资源调查采集时，由于环境比较复杂，为安全起见，也需要雇请当地人协助采集。但同时也要特别注意雇佣人员的人身安全。

（3）利用自然条件进行采集：沿海地区采集时，可根据潮水涨落的特点，落潮时可在潮间带采集到一些小型鱼类。

3. 标本采集中的注意事项

1）常规采集注意事项

（1）采集鱼类标本离不开水环境，野外采集有一定的危险性。野外工作时，至少要两个人同行，以便在发生危险时可以相互帮助，或及时采取必要的措施。

(2) 在水体较大的区域，或急流环境，或随船外出采集时，需穿戴救生衣。

(3) 在陌生环境下采集时，不能随意饮用自然水，避免因饮用不洁水而引起疾病，甚至中毒。

(4) 有些鱼类带有毒性（如血液毒、生殖腺毒、毒刺等），野外工作人员应对有毒鱼类有必要的了解，避免中毒；或中毒后，具备相关的急救知识。

(5) 采集过程中，应穿下水裤或胶鞋，以防伤脚或被有害动物袭击受伤。

(6) 了解工作地区的风土人情，尊重当地风俗习惯，避免民族矛盾。

2) 洞穴环境采集注意事项

近年来，随着研究工作的深入，洞穴鱼类的调查越来越多。由于洞穴里黑暗和复杂的环境，进行洞穴鱼类采集时，具有较高的危险性，需要提出一些特别的注意事项。

(1) 进行洞穴鱼类调查前，应向当地有关部门通报调查活动的时间、地点等；调查活动结束时，通报调查活动已完成。以备在洞穴调查过程中如有意外，外界可及时组织救援。切忌在不通知或不联系任何人的情况下，独自进入洞穴。

(2) 由于调查者对洞穴环境陌生，聘请熟悉情况的当地人作为向导或协助采集是十分必要的，一个好的向导不但熟悉水情，通常也熟悉鱼情，往往会有事半功倍的效果。

(3) 进入洞穴的人数可结合洞穴的大小和要做的工作确定，通常小一些的洞，进洞工作的人不宜过多，以免因缺氧而发生危险；较大的洞，人员应多些，以便携带必要的设备和器具，相互协助，开展工作。

(4) 洞穴内调查采集时，由于洞内通信不便，一般通讯器材（包括对讲机）不能满足需要，应在洞口安排人员值守，约定好出洞时间，以应对突发事件。

(5) 我国南方有鱼生活的洞穴，雨季时水位变化会较大，下雨时洞内水位会快速上涨，雨停后水位又会迅速下降；有时洞口所在地没雨，水位稳定，但遇上游临时降雨，水位会在不知不觉中迅速上涨。所以，雨季进行洞穴鱼类采集要格外小心，随时注意天气变化，以免发生危险。最好选择少雨季节进行洞穴调查采集，此期洞内水位相对稳定，水质清澈，便于观察和采集。

(6) 考虑到洞穴调查采集的特殊性和危险性，通常应将洞内工作的时间安排在白天；进入洞穴工作的时间不宜过长，一般安排在几小时之内；除非必要，最好不要安排连续数日在洞内工作。

(7) 很多洞穴管道系统十分复杂，为避免在洞穴中迷路，探洞过程中应做好标记，返回时可循标记出洞；必要时，还可以进行简单的测量、描记和绘图；也可拉线绳进行标记。为保护环境，切忌在洞穴岩壁上用油漆涂料标记。

(8) 一旦在洞中迷路，首先需要稳定情绪，节约随身携带的饮用水和食物；另外，需将人员召集在一起，从迷路点开始做充分的标记，探索可能出洞的路径，无论成功与否，约定时间返回此点，或一起出洞，或等待救援，切忌分头探路。如照明工具损坏，应在原地等待救援。

(9) 保护洞穴环境

洞穴环境通常十分脆弱，需要加以严格保护。采集过程中不要随意采取洞内钟乳石或其他自然形成的物质；严禁使用毒、炸等方法进行采集。

采集结束后，要将所有器具收好，切忌将粘网、诱笼等网具遗留在洞内，以免对洞穴生物包括鱼类造成持久性伤害；废物、垃圾等均需带出洞外。

（10）洞穴环境十分特殊，生活在里面的生物数量通常都比较有限，尽可能避免不必要的过度采集。

3.5.3 野外采集记录

1. 采集记录

选择好采集地点后，首先应在野外工作记录本上记录采集日期、采集地点（如县、乡、村等）、水系、河湖溪流等名称、经纬度、海拔、水质（如水温、pH 等）、采集工具等，然后再开始采集。

2. 影像记录

野外采到标本后，由于标本固定防腐处理后，体色往往会褪去。因此，在进行固定防腐处理前，应对标本拍照（用数码相机或传统相机）。

对活体标本，可放在水族箱内拍照。拍照时，要考虑拍照对象的生活环境布景，或用与标本颜色色差较大的衬板布景。如果标本已经死亡，可将标本放在衬板上进行拍照，衬板颜色应与标本颜色反差较大。

衬板多用塑料或橡胶制成，色彩单一，反光性不强。拍照时，采用侧面照，将标本的头指向左侧，腹部向下。尽可能选择形态正常完整、大小适中、色彩真实的标本用于拍照；鳍尽量舒展；标本下方摆放刻度尺，以显示标本的大小。

拍照时，尽量采用自然光，不用闪光等补光；特别在拍摄水族箱中活标本时，闪光灯会影响拍摄效果。

水族箱内拍摄活体标本时，最好注入纯净水，以提高照片质量。

此外，也应根据需要对采集对象的生态环境（如山溪、湖泊、急流、浅滩、洞穴等）进行拍照记录。

3. 野外标签

野外标签有多种形式。

（1）单一序号标签　可用竹牌、布条或定制的带有序号的塑料标签，每个标签有统一的单次野外调查唯一的序号，该序号应与记录本上记录相关信息页的序号一致。

（2）专用防水纸　可用铅笔、防水笔或记号笔记录采集信息。该信息应与记录本上的信息一致。

将标签与相对应的标本一起存放。野外原始标签尽量能与标本一起长期保留，在以后的标本整理鉴定过程中可供参考。

4. 野外记录的内容和方法

1）野外记录的内容

（1）详细、准确的野外记录对日后的研究工作十分重要。记录内容通常包括采集时间（年、月、日、时等）、天气状况、调查水体名称及所属水系、详细的采集地信息

(省、市、县、乡、村以及更具体的小地名)、自然地理特征（水文、地形地貌、海拔、经纬度、植被状况等)、栖息地描述（平原河流、山溪、水库、坑塘、地下水、急流、缓流、河流底质、透明度等）等。

(2) 采集队名（如果有)、记录人、观察人、采集人等。

(3) 采集的物种信息：拉丁学名、中文名、地方名（俗名)、采集的个体数、性别、发育状态、繁殖状况、年龄、每个标本的野外采集号、标本色彩描述、标本照片编号、备注等。

(4) 洞穴鱼类采集需要额外记录的信息包括洞外气温、洞外水温、洞内（采集点）气温、洞内（采集点）水温、洞内环境描述（能见度、高度、水体流态、水深、流速等)；如条件允许，加测水体的 pH、溶氧、盐度等指标。

2）野外记录过程

(1) 选择好采集地点后，应先将相关信息加以记录；必要时，在采集进行期间可随时进行补充记录。

(2) 采集结束回到驻地后，应及时整理当天的相关记录，发现遗漏及时补充。

(3) 野外标本采集号、野外记录本相关页、野外标签序号三者应一致，同一采集点的采集和标本信息应在野外记录本上集中记录。

(4) 当完成某一采集地的采集工作后，应及时对采集记录进行整理和总结，总结内容可以包括：绘制采集地各采集点的位置草图、采集地的生态环境特点（水文、气象、地形地貌、人文特点等)、统计本次采集的标本总数、物种数、记录页统计（从 X 页到 XX 页，共 XX 页；附页从 X 页到 XX 页，共 XX 附页）等。

3.5.4　野外标本的处理

1. 野外标本处理前的准备

标本处理前准备好制备标本所需的各类相关工具、材料和药品（见 3.5.1 节中标本制备工具、材料和药品)。

2. 固定（防腐）液的配制

1）福尔马林固定（防腐）液的配制

(1) 固定液：将福尔马林原液（36%化学纯）按 1 毫升原液加 9 毫升清水配制成 10%的固定液。

(2) 保存液：将福尔马林原液（36%化学纯）按 1 毫升原液加 19 毫升清水配制成 5%的保存液（应根据当地温度适当上调保存液的浓度，通常不超过 8%)。

2）酒精固定和防腐液

酒精固定液浓度应在 95%以上，酒精防腐保存液的浓度应在 70%（考虑到保存标本容器的密封性一般不够好，或在从容器中取标本时酒精会有不同程度的挥发，通常防腐保存标本的酒精浓度可以略高于 70%，如在 80%左右)。

3. 标本制作步骤

采集到的绝大部分鱼类离水后会很快死亡，温度比较高时，还会很快变质甚至腐烂；死亡时间过长，标本会变僵硬，不便于形态的整理。故需要对标本及时进行固定和防腐处理。通常将同一时间、同一地点采集的标本放在一起处理，一并包装保存。

用浸制的方式固定保存标本是目前鱼类标本制作最常用、最经济简便的方式。

1）标本的选择

考虑到野外标本采集、整理、包装、保存、运输等的条件以及室内保存时保存空间的限制，对采集到的大中型鱼类，通常会选择达到性成熟的中小个体作为标本；对小型鱼类，选择性成熟以上的个体作为标本。尽量选择体形正常、形态完整、体色真实的个体。

2）标本清洗

将选择的标本用清水清洗干净。清洗时，要从鱼的头部向尾部方向清洗。有些种类鳞片较宜脱落，清洗时要格外小心，尽量避免鳞片脱落。繁殖季节采集时，有些鱼类尤其是雄鱼，体表（特别在吻部）生长有细小的颗粒状的珠星，清洗时不能用力擦拭，以免洗掉珠星。

注：若鱼体表面黏液较多，可将标本放在解剖盘中，用软刷蘸洗涤液小心刷洗，把鱼体表面附着的黏液祛除干净后，再用清水清洗。

3）标本形态整理

整形

清洗完后应对标本进行必要的整形，将扭曲变形的部位尽量调整到自然状态。

展姿

（1）活体标本的处理：对大部分鱼类来说，如采集到的是活体，清洗干净后可直接放入配置好的固定液中，这样固定好的标本鳍会自然伸展，标本形态比较好看。切忌将很多活体放在少量水中暂养保存，这样很容易造成暂养的标本因缺氧死亡。缺氧死亡的标本，嘴和鳃部会张的很大，失去标本的正常形态，这样的标本很难通过整形恢复常态。

也可用纱布或药棉蘸乙醚对活体进行麻醉；或将活标本放入装有清水的标本桶或盆里，向水中慢慢滴入氯仿，直到标本完全被麻醉。此时的鱼体、鳍条等自然舒展，体形接近于生活时的状态。

（2）对已死亡的标本可用下面的方法处理：将标本平放在密度较大的泡沫塑料板上，头向左，腹部向下。用细长针（常用一号昆虫针）将背鳍、尾鳍、臀鳍及左侧的腹鳍按自然状态展开，固定在泡沫塑料板上。然后，用注射器或吸管将福尔马林原液（或10%福尔马林液）滴在鱼鳍基部，5～10 分钟后，除去固定用的针。

对个体较小的标本，可用手轻轻将鱼鳍展开，用注射器或吸管将福尔马林原液（或10%福尔马林液）滴或涂抹在鱼鳍上，保持 1～2 分钟。背鳍、尾鳍、臀鳍及左侧的腹鳍应分别进行操作。

4）体内防腐处理

对个体较大、肌肉肥厚的标本，应用注射器向标本腹腔或肌肉中注入 10%福尔马林液，注射剂量约为 10 毫升/千克体重；必要时，还需向鱼鳃处喷少量 10%的福尔马林液。特别注意，天气炎热时要及时对标本进行防腐处理，否则，会因鱼体较大、肌肉肥厚等，在固定液未完全渗透鱼体时，标本内部组织已开始腐烂；向体内或肌肉中注射福尔马林时，应慢慢拔出针头，以免因压力的突然变化使注入的福尔马林液喷出。

5）标本固定

用于固定处理标本的容器应有足够的空间，以使标本可以在其中平直摆放，固定液能完全浸没标本。标本应在10%的福尔马林液中浸泡固定24小时以上，直至鱼体完全变硬。福尔马林极易挥发，浸泡标本时最好用密封盖容器或质量较好的塑料袋，以减少福尔马林挥发对人体的侵害。

标本固定好后，更换为5%～8%福尔马林保存液保存。

6）野外采集标签的编写

野外采集标签的内容应包括采集地点、经纬度、采集日期、采集人等。采集标签应与标本一起保存，以免标本和标签混淆。

7）野外采集号的编写

每次野外采集应编排统一的采集号，每一采集号应是唯一的。需要在野外对标本进行编号的，一般可采取如下方法：

（1）用标签枪将已做好编号的专用标签从标本下颌或尾柄处穿入鱼体。该方法的优点是可以在标本上长期保存标签，缺点是对鱼体有一定程度的损坏。

（2）裁取适宜大小的纸片，标号后塞入鱼体右侧鳃盖中。这样处理的优点是对标本没有损害，缺点是标签容易丢失。

（3）用针和尼龙线将标签穿系在鱼的尾柄处。

8）标本信息的记录

处理完标本后，及时将相关信息整理记录在野外记录本上。记录的内容至少应与野外采集标签上的内容一致；此外，还可包括物种名、俗名、生境、发育状态、性别、采集时间等。

9）野外处理标本的其他方法

低浓度固定液保存

一些深海鱼类（肉质软）、幼鱼、卵等应保存在4%的福尔马林液或70%的酒精中。酒精浓度过高会造成标本脱水干瘪，福尔马林浓度过高会造成标本褶皱变硬。

异丙醇固定保存

体形较长的鱼类（如鳗鲡目、合鳃目等类群的鱼类），福尔马林或酒精固定浸泡后，标本僵硬，很难再改变身体的姿态，检视或测量标本时有一定困难。对这些鱼类可用异丙醇（$CH_3CHOHCH_3$）作固定防腐液，异丙醇保存的标本身体比较柔软。

酒精固定保存

依目前的技术，很难从福尔马林固定保存的标本中提取理想的适用于分子生物学分析的DNA样品。因此，目前很多野外采集都改用酒精固定保存标本。

整体标本的固定保存

（1）将完整的新鲜标本洗净后，平放在解剖盘或标本瓶内，用95%以上浓度的酒精浸泡30分钟至1小时。个体较大的标本需向腹腔内注射高浓度（95%以上浓度）的酒精，以免内脏腐烂。

（2）倒掉酒精，更换新的浓度95%以上的酒精，继续浸泡1小时。

（3）倒掉酒精，再次更换新的浓度95%以上的酒精，继续浸泡2小时。

（4）2小时后，将标本移到70%～75%的酒精中长期保存。

组织或器官样品的制备

（1）用酒精对解剖器具消毒。

（2）准备好装有浓度95%以上医用或分析纯酒精的样品管（如密封的小玻璃瓶或指形管），酒精量应不少于样本体积的2倍。

（3）将标本清洗干净。

（4）如果标本个体较小，可取全鱼；或根据需要，选取不同组织或器官（如血液、鳍条、肌肉等）。如果保存肌肉或鳍条，应从鱼体右侧取样。

（5）将样品放入样品管中，同时放入标签，样品管外写上采集号和样品名称。

（6）样品管与盖子的交合处用胶带密封，尽可能避光冷藏。

超低温保存

用液态氮或干冰超低温保存标本或标本的组织块（超低温保存的材料又称冷冻遗传物质）。

（1）将标本清洗干净。

（2）较小个体可直接放入液氮罐内保存。

（3）较大个体可根据要求，取不同组织或器官放入液氮罐或干冰中保存。

（4）运输装有标本的液氮罐时，应用吸水性能好的材料将罐包裹，以吸收溢出的液态氮。

（5）回实验室后，尽快将保存在干冰或液态氮中的样品取出，移至超低温（－70～－150摄氏度）冰箱中保存。

10）野外处理好的标本的临时保存和运输

野外工作往往需要比较长的时间，其间需要对不同采集点采集的标本临时妥善保存。较简单的野外临时包装标本的方法，是准备多种规格的质量较好的有封口的塑料袋，可根据标本的大小和数量，直接装入相应规格的塑料袋临时保存。也可以事先准备好适宜大小的纱布，需要时，将固定好的标本用纱布包裹。将塑料袋或纱布包裹的标本放入较大的标本桶内集中保存和运输。

用塑料袋或纱布包装标本时，由于固定处理过的标本身体变硬，鳍条脆弱易断，要将标本头向外尾向内排列码放包裹，避免鳍条损伤。

标本的临时保存和运输无论用何种处理方法，均需将写有相关信息的标签与标本一起包裹保存。

3.5.5 其他标本的野外处理

1. 鱼巢的处理

（1）野外发现有特殊筑巢习性的鱼类时，应首先对巢和鱼进行拍照记录。

(2) 记录筑巢环境(如河流或湖泊、流水或静水、水草或岩石上等)、巢材、海拔等。

(3) 将鱼和巢一起采集,放入装有固定液的塑料袋或标本瓶中一起密闭保存。

(4) 记录采集时间、日期、采集人、物种名等。

2. 年龄鉴定所需样品的处理

1) 鳞片样品的处理

(1) 将标本用清水清洗干净。

(2) 取背鳍(双背鳍的取第一背鳍)起点处下方侧线上方的一排鳞片。取鳞时,用镊子夹住鳞片向后轻扯,即可取下完整鳞片,一般取 10 片左右。可逆光用肉眼初选,若鳞片中央成网状,疑为次生鳞,应弃除。

(3) 将所取鳞片用纱布或纸沾去水分后放入鳞片袋(用薄纸做的纸夹或信封)里,袋外标注采集地、采集时间、采集号、鱼名、鱼体长度和重量等。

(4) 在野外或在室内将鳞片用清水洗净后,放入盛有 10%过氧化氢的培养皿中浸泡,同时用刷子轻轻刷洗,将鳞片表面的黏液和皮膜洗去,然后再用清水漂洗干净。

(5) 用吸水纸将处理好的鳞片表面水分吸净,将鳞片夹在两张玻片之间进行年龄鉴定观察;较大的鱼鳞,处理好后可在显微镜下直接进行年龄鉴定观察。

2) 其他年龄鉴定材料(通常在室内处理)

(1) 鳃盖骨:可从新鲜鱼体上直接摘取鳃盖骨,取下后,去除皮膜,用清水冲洗干净,放入 10%双氧水中浸泡,用刷子将鳃盖骨表面处理干净,晾干后即可进行观察;或将新鲜标本放入沸水中,煮至可将鳃盖骨分离为止,取下鳃盖骨,用清水洗净即可用于观察。

(2) 支鳍骨:取支鳍骨最膨大处锯开,取一小段,磨片至 0.5~1.0 毫米厚度,即可用于观察。

(3) 胸鳍骨:取胸鳍最后一不分支鳍条(鲤科鱼类)或第一鳍条,在基部切断,磨片至 0.3~0.5 毫米厚度,即可用于观察。

(4) 脊椎骨:软骨鱼类较多以脊椎骨为年龄鉴定材料。有些种类在椎体凹面直接或稍加染色即可观察到同心圆状轮纹。对于不能直接观察的脊椎骨,需要沿脊索作纵切片,染色或在软 X 射线(soft X-ray)下观察。

(5) 耳石:一般采用耳石中最大的一对——矢耳石为年龄鉴定材料。矢耳石可以比较容易地自鱼头部后方取出。一些鱼类的耳石可以直接或稍加打磨后观察到清晰的轮纹,或浸在二甲苯中直接观察。对于不易直接观察的,首先要选取一侧耳石沿短轴以手动式小型研磨机或砂纸打磨的方法磨至耳石中心部位;然后将耳石剖面与载玻片粘在一起,继续从另一端研磨耳石至中心部位;直接在耳石上滴以二甲苯,或以透明包埋剂包埋后,对耳石切片进行观察和测定。对于一些较小的耳石,可以首先将整个耳石包埋后再做切片。

3.5.6 标本采集制作过程中废弃物的处理

(1) 标本制作过程中会产生某些污染物,如福尔马林或酒精废弃液、包装瓶、福尔马林或酒精浸泡过的吸水纸、其他有毒有害化学药品等。处理污染物应严格按国家有关规定销毁处理。

(2) 废弃的捕捞标本的工具(如各种网具、钓具等)一定不能遗弃在野外,特别不能遗弃在自然水体中，以免对鱼类造成持续性永久伤害，应带回驻地集中销毁。

（3）养成良好的工作习惯，随时将在野外工作或生活的各种垃圾进行收集，并带回驻地集中处理。

3.6 昆虫标本的采集与处理

昆虫是节肢动物门中的主要类群，也是目前已知的整个生物界中种类最多的一个纲——昆虫纲，甚至有报道认为，昆虫纲中的物种占了地球上已知生物总种数的80%或以上。不少昆虫纲的动物对人类是有益的，如传粉昆虫、工业昆虫、医用昆虫等，它们可直接为人类造福；有些可以是害虫的天敌，为人类消灭有害生物。但也有不少昆虫可以造成农、林灾害，直接或间接威胁人畜健康。昆虫与人类的关系十分密切，因此，有必要对它们的种类组成、分布范围，以及它们的生活习性、发生规律等，进行全面而系统的调查研究。为达到上述目的，首先要将有害的和有益的昆虫采集起来，对它们进行系统的分类和鉴定。

3.6.1 标本采集所需的准备

1. 采集工具、容器及材料

（1）捕虫网：它是采集昆虫最常用的工具，分为捕网、扫网和水网三种类型。捕网专门用来采集飞翔的昆虫，扫网用于在草地、灌丛中扫捕隐藏在枝叶间的昆虫，水网专门用来采集水生昆虫。

（2）马氏网。

（3）小滤网。

（4）纱网或纱笼。

（5）采集伞：震击法采集时用于承接跌落昆虫的伞形工具。

（6）灯伞。

（7）幕布：灯诱时使用。

（8）诱虫灯：灯头、灯泡、黑光灯等。

（9）毒管和毒瓶：可根据需要选择瓶子的样式和规格，内装毒药剂，用于迅速杀死捕获的昆虫。

（10）吸虫器（吸虫管和吸瓶）：利用空气负压力，将小型动物吸入瓶子的采集装置。

（11）黄盘。

（12）烤虫漏斗：烘烤法所使用的采集装置。

（13）幼虫采集盒：用于装活体幼虫，盒盖上有通气的纱窗或气孔。

（14）挖掘工具（铁钯、铁铲、铁锥、刮刀、凿子等）。

（15）常用小型采集和解剖器具：放大镜、解剖针、注射器、剪刀、毒虫夹、解剖剪、标本钳、毛笔、各种规格和型号的镊子、刀、锯、斧子（用于砍树枝）等。

（16）电器设备及相关器具：发电机、电线、电笔、电线插板、绝缘胶布、灯口转接器、烘干灯（红外线灯泡）等。

（17）手电筒及电池，或头灯。

（18）海拔表或 GPS。

（19）照相机和望远镜。

（20）棉花和纱布。

（21）三角袋。

（22）采集袋。

（23）昆虫针（多种型号）。

（24）展翅板和展翅压条。

（25）泡沫塑料（绷板）。

（26）三级台（或五级台）。

（27）须眉画笔（小毛笔）。

（28）标签纸（或采集记录卡）。

（29）标本盒。

（30）离心管、指形管和广口瓶。

（31）滴管（分别用于酒精、乙酸乙酯、石炭酸等）。

（32）橡皮塞（与标本瓶匹配）。

（33）封口袋：采集寄主植物和寄生昆虫时用。

（34）小纸盒。

（35）透明胶带、医用胶带、封口膜、橡皮筋、塑料袋（无毒食品袋）等。

（36）钉书钉和钉书器。

（37）针线包、绳子（尼龙绳、塑料绳等）。

（38）小工具盒（饭盒）。

（39）塑料垫板（白色或黄色）。

（40）托盘（白色）。

（41）背包或工具包。

（42）常用标记或记录信息用具：中性油笔、签字笔或钢笔、笔记本（以便于携带为宜）、铅笔、橡皮等。

2. 野外采集的常用药品（配比及配制方式）

（1）酒精（75%、95%和 100%）。

（2）乙酸乙酯。

（3）石炭酸（40%）。

（4）幼虫浸渍液（甘油、冰醋酸、酒精等按一定比例配成）。

（5）固定液（甲醇：冰醋酸=3：1）。

（6）此外，还包括福尔马林、阿拉伯树胶粉、水合三氯乙醛、氯化钠（NaCl）饱和溶液、氯仿等。

采集人应根据需要自行准备。

3. 常用采集工具的类型、型号与制作方法

1）捕虫网

捕虫网的基本结构

捕虫网是采集昆虫最常用的工具，主要由网圈、网袋和网柄组成。

网圈：有可折叠和不可折叠两种，可由粗铅丝或铁丝弯成，形状有圆形（图 37a）或三角形，目前常用的多为可折叠网圈（分二折叠、三折叠和四折叠），因其携带方便，在野外工作中被广泛使用。

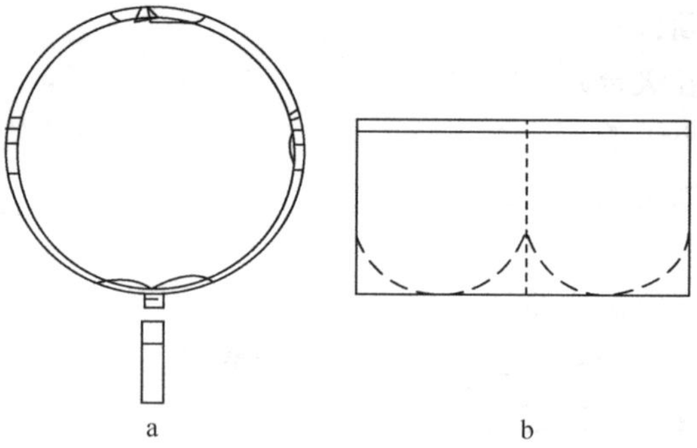

图 37　捕虫网

a. 网圈和网柄；b. 网袋（二片袋）的结构

网圈的制作方法：用一根长 62.5 厘米和一根长 61.3 厘米的粗铁丝，在每根铁丝的一端弯成一小圆圈，使两个小圆圈接连在一起。另一端弯成直角形小钩，用来钩在网柄上。两根铁丝都以 52 厘米的长度部分（自小圆圈量起）弯成半月形，圆圈形的网圈直径多为 38 厘米，然后装上网袋。

网袋：用于套在网圈上，在其可套部位即网袋的上方边缘，应有 7 厘米宽的可穿网圈的空间（图 37b）。袋的长度以能易于捉取网中的昆虫为宜，袋身折于网圈上后使昆虫不易从网袋逃脱，一般应为网圈直径的 2～2.5 倍。袋的质地要轻，对不同的采集目标应选用不同目数的网纱；尽可能用半透明的材料，以便于观察到落入网中的标本。

网柄：用于固定网圈。直径多为 1.5～2 厘米，长度可按不同采集环境或目的选择，通常扫网网柄比捕网网柄短。网柄前端挖好凹槽，钻两个小孔，再安装一活动铁箍，用以固定网圈。普通网柄材料多为白蜡杆、木棍、竹竿等。目前，多采用由若干节组成的抽拉式网柄，网柄材料多为钓鱼竿或多节铝棍。

网的基本类型

捕网：专门用来采集飞翔的昆虫，由网柄、网框和网袋三部分组合而成。

可以自己制作捕网。网柄用长 0.7～1 米，直径为 1.5～2 厘米的木棍或竹竿制成。网框直径约 30 厘米，由粗铅丝弯成，两端折成直角，固定在网柄上。网袋最好用珠罗纱或尼龙纱制作，以便能减少空气阻力，加快挥网速度。网袋的长度应是网框直径的两倍，其底部要作成圆形，直径应不小于 7 厘米。

扫网：结构与捕网相似，但网柄较短，网袋质地为结实的白布或亚麻布，网底开

口；网目小于 0.1 毫米，网的质地相对较硬。这样，个体小至 1～2 毫米的昆虫也不会漏网。网袋边缘的材料常用白布或亚麻布。用于在草地、灌丛等处扫捕隐藏在枝叶间的昆虫。用时将网底扎住，也可在网底开口处缝上松紧带，套上一个透明的塑料瓶，这样可以及时看清扫入网中的昆虫的种类和数目。

刮网：专门用于采集附着在树皮上的昆虫。网前缘反弧形，且比较结实，能够将树皮上的昆虫刮下来（图 38a）。

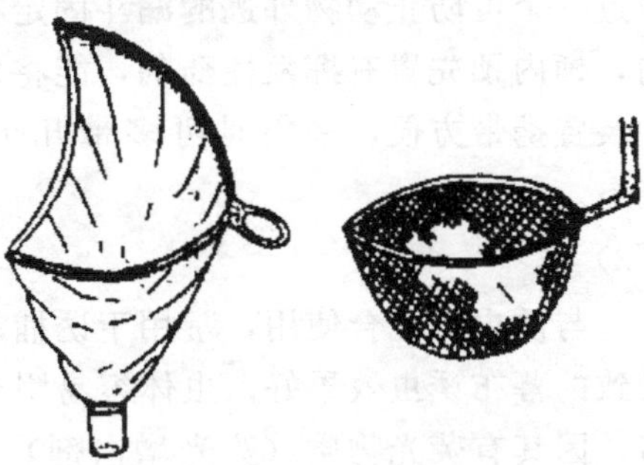

图 38 刮网和水网

a. 刮网；b. 水网

水网：专门用来采集水生昆虫，形式和质地多种多样。网口可采用圆形，适合常规捕捞；也可为直边，以适应贴河床或水底采集。主要根据水域的深浅、河溪的宽窄、水草的疏密以及所要采集的昆虫种类，来选择网的形式和质地。网袋常用铜纱、尼龙纱、马尾毛、棕榈纤维或亚麻布制成（图 38b）。

2）诱虫灯

诱虫灯是利用昆虫的趋光性设计的诱捕工具（图 39）。诱虫灯种类较多，通常选用 200 瓦黑光灯，也可采用 200 瓦高压自镇流汞灯、紫外灯，或气灯、马灯、普通 8～12 瓦荧光灯等。这些灯因波长、光谱不同，诱集到的昆虫种类也有所区别，其中以黑光灯诱虫效果最好。野外采集期间要注意保护诱虫灯，除装在包装盒内外，还要用幕布或其他布料包裹；同时，要注意不能挤压。要选择能防雨水的灯泡，以免晚间灯诱时下雨造成灯泡损坏，也可在灯泡上方放置灯伞或雨伞。

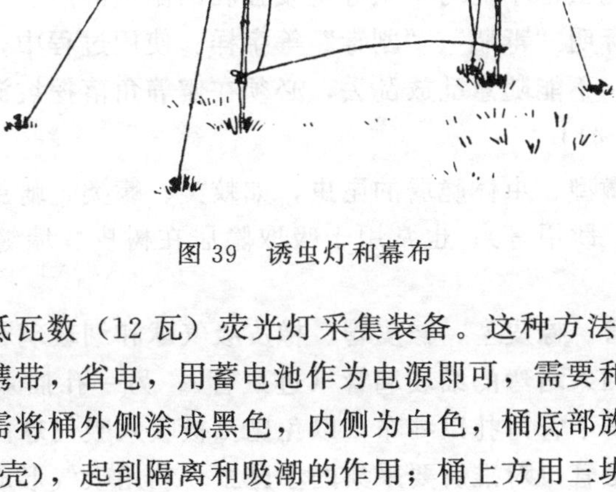

图 39 诱虫灯和幕布

荧光灯法：普通低瓦数（12 瓦）荧光灯采集装备。这种方法在欧洲使用的比较普遍，荧光灯轻便，易携带，省电，用蓄电池作为电源即可，需要和一个圆形的塑料桶配合使用。制作时，先需将桶外侧涂成黑色，内侧为白色，桶底部放置凹凸不平的纸质物（常用超市装鸡蛋的纸壳），起到隔离和吸潮的作用；桶上方用三块透明的塑料板将灯管通过一个可防止动物外逃的漏斗固定在桶的正上方，后接通电源。诱来的动物会落到桶内，桶内预先置有挥发性药剂，能将落入的动物迅速杀死，待第二天再整理收集。因这种装置携带方便，采集时可多带几个，晚间放在不同地点，但白天要及时给蓄电池充电。

3）幕布

与诱虫灯配合使用，常用于诱捕趋光性昆虫。幕布应为白色，质地较粗糙的比质地细致的幕布诱虫效果好，虫体容易附着在幕布上。也可用经过漂白的“的确良”等化纤布，因其有荧光物质（荧光增白剂）可增加诱集效果。幕布一侧要预先留有穿绳的缝隙，并应将绳子穿入备用。幕布长、宽一般应在 2 米左右，可以适当加长，以减少被践踏后伤亡昆虫的数量（因为诱虫灯挂在幕布前方，灯下会有很多昆虫不停在幕布上，不易发现，也不易采集）。

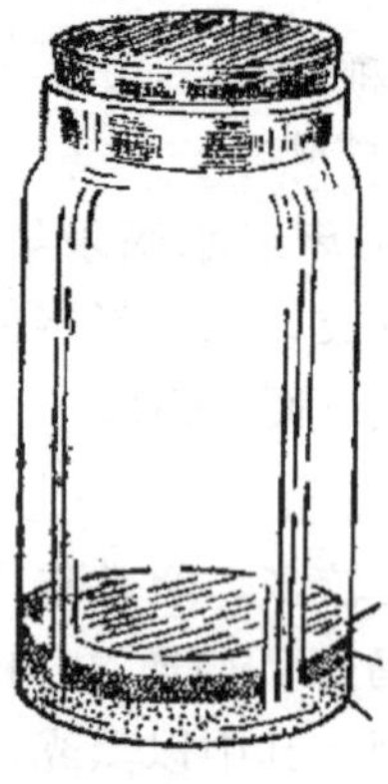

图 40　毒瓶

4）毒管和毒瓶（图 40）

毒管和毒瓶用来迅速杀死昆虫。以往使用较多的毒瓶是在瓶内底部放置用纱布包起来的氰化钾或氰化钠，氰化钾上面再依次放置锯末或药棉和滤纸，表面用石膏封固。这样的毒瓶杀虫效果最好。但这些药品是剧毒物质，在制作与使用过程中应特别小心，不能用鼻子直接闻；此外，因这种毒瓶剧毒，稍有不慎会引起人畜中毒，甚至造成死亡；杀死后的标本一般肢体都很僵硬，不便于进一步处理。现在毒瓶多采用乙酸乙酯装瓶，在管和瓶底部装入一团棉花，上塞带孔（或边缘带孔）的泡沫塑料，从孔中滴入 2 或 3 滴乙酸乙酯。这种毒瓶不仅避免了剧毒物质对使用者的威胁，从中获得的标本肢体也较柔韧，便于保存和制作。但乙酸乙酯容易挥发，在采集过程中需要及时补充。

采集到的不同类群的动物标本必须分别装入不同的毒瓶。鳞翅目昆虫体表的鳞片极易脱落，不能将其和鞘翅目、膜翅目、同翅目等昆虫放在同一个毒瓶里，因后三目昆虫死亡较慢，在瓶中乱爬，会损坏鳞翅目昆虫体表鳞片和虫体，还会造成其他昆虫被污染。其他身体柔弱的昆虫也不能与甲虫等坚硬强壮的昆虫混放。

装好的毒瓶必须标明“毒瓶”、“剧毒”等字样。使用过程中，如果装有氰化物的剧毒毒瓶破损或欲废弃，不能随意乱放乱丢，必须在僻静角落挖坑深埋水解处理。

5）吸虫管和瓶（图 41）

用于捕捉小型、微型、虫体脆弱的昆虫，如蚊类、蠓类、蚜虫、蓟马、小型寄生蜂和小甲虫（如隐翅虫、跳甲等）；也常用于吸取隐居在树皮、墙缝、石块中的小型节肢动物。

吸虫管由厚玻璃管、橡皮塞、橡皮管、橡皮吸气球和细玻璃管等组成。橡皮塞上有两个孔，其中一个孔插入略弯的细玻璃管（进虫管）；另一孔插入吸气管，并与橡皮管和吸气球连接。吸气管下管口扎以纱布，以免昆虫被吸入吸气球内。网扫通常会采集到这些小型昆虫，将进虫管口对准所要采集的小昆虫，利用吸气形成的气流，将小虫吸到

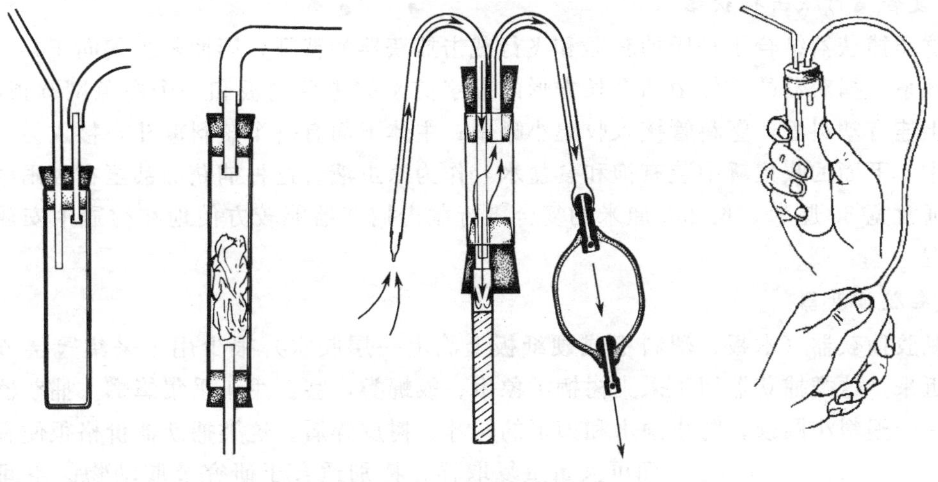

图 41　吸虫管

厚玻璃管内，然后将所采到的小虫放入毒瓶杀死。瓶子中有一定数量的个体时，应当更换瓶子（将瓶盖拧下换一个没有吸管的盖子即可）。此前，应吸少量乙酸乙酯毒杀昆虫或用酒精浸泡。

在吸取隐居在树皮、墙缝、石块中的小型节肢动物时，可将吸管口对准或罩住要采集的动物，按动吸气球将动物吸入管内。吸管中还可以放入沾有乙醚等麻醉药剂的小棉球，将移动迅速或善跳的种类熏杀后，再移入其他容器或纸袋中保存。

6）马氏网或马氏捕获器

利用大多数节肢动物能在障碍物上飞行或爬行的特点制成的网，结构上似一顶帐篷，靠绳子和木钉固定（图 42），有不同的设计形式，被大量用于野外林地、灌木和草地节肢动物的采集，主要针对那些遇到障碍向上飞行的节肢动物使用，很少用于捕捉森林冠层节肢动物；在森林冠层使用时，网内还要求有一个刚性的骨架。马氏网的主体为黑色垂直网面，顶部呈屋脊状，白色。一端做得稍高，这样可以使拦截的昆虫向上爬至“屋顶”后掉入预先安装好的收集器中。收集器上接有一个可装卸的容器，内装保存或毒杀药剂。

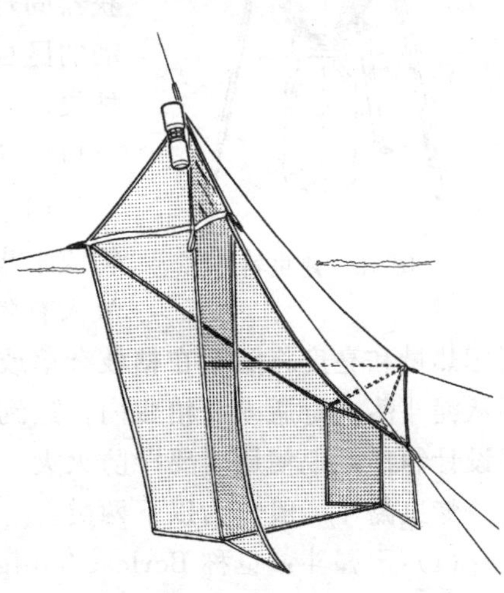

图 42　马氏网

7）飞行截击捕获器

这类捕获器由垂直挡板和收集盘组成，收集盘内盛有水或杀虫液。这类捕获器应用于采集冠层节肢动物。它们对于收集鞘翅目昆虫特别有效，因为这类昆虫在飞行中遇到障碍后，往下掉落。还可在这种捕获器挡板上涂有触杀式农药，以便对采集小型和飞行缓慢的节肢动物更为有效。

8）复合飞行截击捕获器

这类捕获器结合了马氏捕获器和飞行截击捕获器的特征，因而较少偏向于某一节肢动物区系。捕获器的主体由两个长方形的十字交叉的黑色网板和一个白色网圆顶组成，圆顶上连有塑料管，塑料管接入收集小罐中；主体下面有一个塑料漏斗，接入另一个收集罐中。下面的收集罐中装有饱和食盐水，作为杀虫液。这种捕获器甚至在大雨中也有效。通常宽 80 厘米，长 250 厘米的复合飞行截击捕获器能较方便地在树冠中安放和调整位置。

9）黏胶捕获器

黏胶捕获器（木板、塑料板或硬纸板上涂上一层胶水）很少用于采集冠层节肢动物。近来，这类捕获器用于采集树栖类象甲、蚊蝇类，甚至用于采集蟑螂。捕获器上方增加一个塑料小圆顶，防止雨水和掉下的树叶、树皮碎屑。这类捕获器价格很便宜，因而可大量重复取样，特别适合于研究节肢动物的空间分布和分层现象。但是采集到的标本很难从黏胶板上取下，特别是对于易脆的昆虫，增加了鉴定难度。传统方法是采用汽油、酒精等溶剂洗去标本上的黏胶，现在常用橘油代替汽油或酒精。如果黏胶捕获器用不同颜色的面板加上化学诱芯，就变成了黏胶诱捕器。

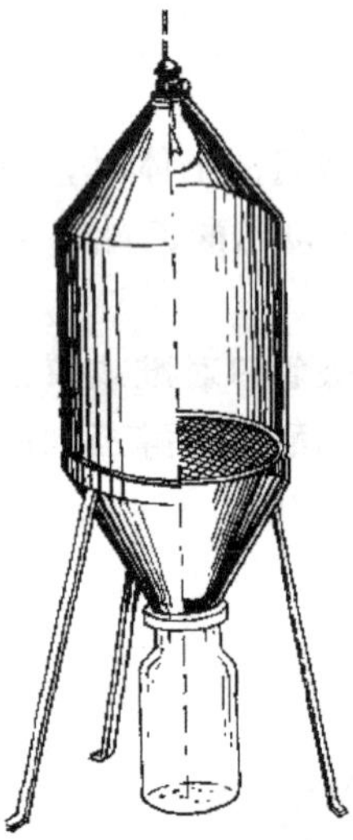

图 43　烤虫器

10）避光捕获器

避光埔获器常由连有一个收集罐的黑色漏斗组成，捕获器固定于树干上。这类捕获器针对于在树干上取食、活动的昆虫，也可用于研究那些从上往下或从下往上迁移的种类。

11）烤虫漏斗

用于收集隐藏在枯枝落叶和烂草等腐烂物中的节肢动物或采集土壤昆虫（图 43）。使用时，将野外采来的腐烂物放入有隔筛的铁皮圆筒中，用电灯或其他热源增高温度，利用热量和亮度将隐藏在枯枝杂草或腐烂物质中的节肢动物驱赶到圆筒下方的漏斗中，再从漏斗落入毒瓶或酒精瓶内，达到采集的目的。烤虫器的形式很多，可根据其原理自行设计制作，但使用时要严防火灾。

烤虫漏斗一般分为以下两类。

（1）干漏斗：也称 Berlese-Tullgren 装置。由四部分构成：最上方为白炽灯泡和灯罩，中间为一漏斗，漏斗中有一层铁丝网，漏斗下为接受落下的土壤昆虫的毒瓶或盛有酒精的器皿。

（2）湿漏斗：也称 Baermann 装置。与干漏斗的最大区别是，中间的漏斗下接橡皮管，橡皮管用节流夹可以关闭，漏斗中放置铁筛子。

12）采虫筛

用于收集隐藏在土壤中的昆虫，筛的形式和质地多种多样，可自己动手制作。一般用铁丝编制成不同大小眼孔的圆框，几个圆框按一定距离套叠在一起，大眼孔框在上方，小眼孔框在下方，将套框装在一个上下开口的布口袋中，下口扎上一个收集节肢动物的毒瓶或酒精管，便制成了采虫筛（图 44）。使用时，将野外收集的土壤从袋口装入上层铁丝框中，提起口袋用力抖动，袋内动物便被筛出，并按体形大小分别留在不同层次的铁筛上或落入下面的毒瓶中。

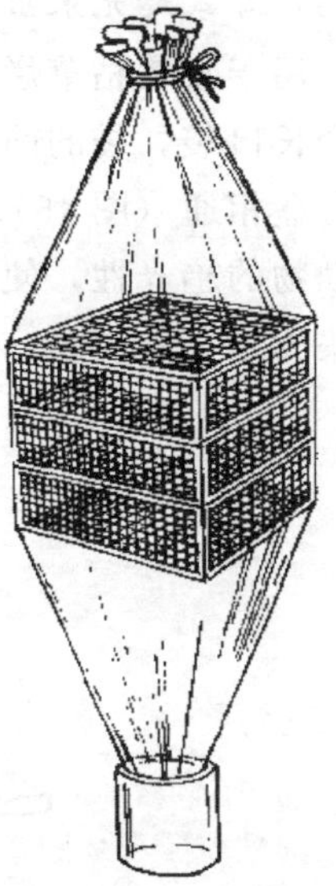

图 44　采虫筛

13）采集伞

专门用来采集不善飞翔和跳跃但有假死性的节肢动物。采集伞的形态与普通雨伞相似，可自由闭合开张（图 45a）。伞布颜色要浅，使落在伞中的动物易被发现。采集伞伞柄的近前端有一个可弯曲的枢纽，采集时将伞张开，倒悬在树枝或灌木丛下，然后用木棍敲击树枝或灌木，有假死性或不善飞翔、跳跃的节肢动物便会跌落到伞中。在野外采集时也可用两根竹片或木棍等交叉作架，套在白布的四角上，制成简易的采集伞（图 45b）。

14）真空吸虫器

真空吸虫器的一种是具有长、大软管的便携式吸虫器。这种吸虫装置已普遍用于大田作物、草地、森林灌层的节肢动物采集。真空吸虫器是否便携主要依赖于动力电机或内燃机是否轻便。后者能提供更强大的动力，还能更自由地移动，但不够轻巧。改装一些价格便宜的商用动力喷雾器可以制作这种吸虫器。它的缺点：价格过高，重量过大，有废气产生，枯枝落叶残片可能阻塞管道，还有可能损坏取样时获得的节肢动物标本。

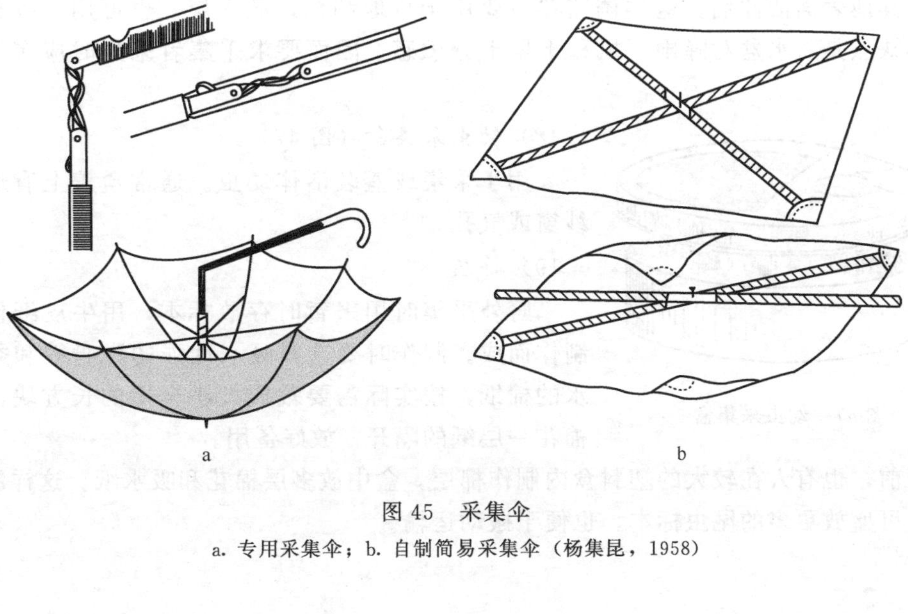

图 45　采集伞

a. 专用采集伞；b. 自制简易采集伞（杨集昆，1958）

15）卧式趋光采虫器

用于收集枯草烂叶中的节肢动物。采虫器用粗铁丝作支架，四周用黑布作罩，形成一个长口袋，袋的前端连一方盒，盒正面安装玻璃，盒的下方连一收集瓶，收集瓶上口与方盒相通（图 46）。使用时，将野外收集的含虫的枯草烂叶，从袋后端装入袋中，利用动物的趋光性，使其向透光的方盒集中，最后落入下面的收集器内。这种采虫器适于收集无翅节肢动物。

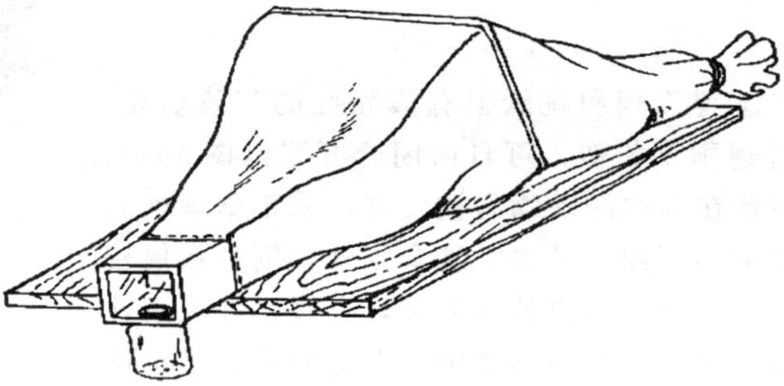

图 46 卧式趋光采虫器

16）诱芯诱捕器

这个类型的诱捕器主要是捕获某些特殊种类的节肢动物，相关装置主要在骨架与诱芯种类上有变化，前者可从小塑料瓶直至大桶，后者可从昆虫食物到性信息素或类信息素。液体类诱芯常用红酒制作，除此之外还有啤酒、发酵的水果、鱼、虾、奶酪、肉类和粪便等。

17）水盆诱捕器

水盆诱捕器通常由薄卡片、塑料或铝盆组成。盆内漆成黄色并装满水和少量洗衣粉，或其他表面活性剂。这类诱捕器主要用于草地和林地灌木层，也可用于森林树冠层。其缺点是，水盆对降雨、风和干旱十分敏感，因而要求采集者采集时应多注意诱捕器。

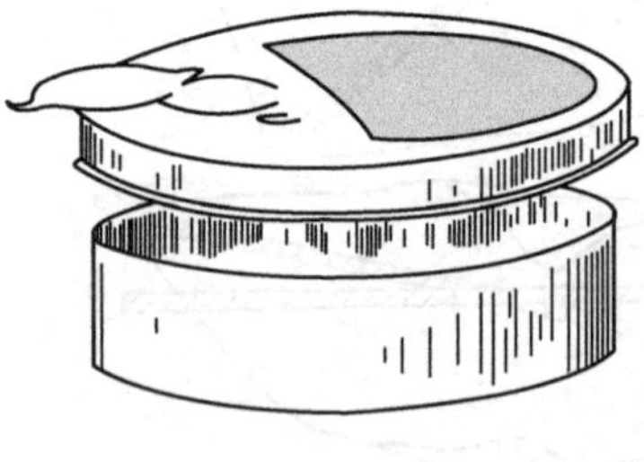

图 47 幼虫采集盒

18）幼虫采集盒（图 47）

用于采集或盛装活体幼虫。通常盒盖上有通气的纱窗或气孔。

19）棉层

野外采集时用来暂时存放标本，用牛皮纸包棉花制作而成。制作时要选择吸水性强的脱脂棉和柔软吸水的棉纸，按实际需要裁成大小合适的长方块，一层棉花一层纸的隔开，放好备用。

目前，也有人在较大的塑料盒内制作棉层，盒中放多层棉花和吸水纸。这样制成的塑料盒可盛放更多的昆虫标本，也便于搬动运输。

20）三角袋

用于临时存放途中采集的鳞翅目、蜻蜓目等昆虫。通常用光度大、韧性强的油光纸折叠成直角三角形的袋。油光纸表面比较光滑，将标本放入其中鳞片不易磨损。制作时先将油光纸裁成长方形（纸面大小视所装标本大小而定），长宽比例为 3∶2。将长方形纸横向摆放，右下角向左上角方向折叠（不沿对角线），使左侧和上方均留有相同宽度的边；将两边向内折，包住主体部分；再将剩余两小角折到斜边下方（图 48）。

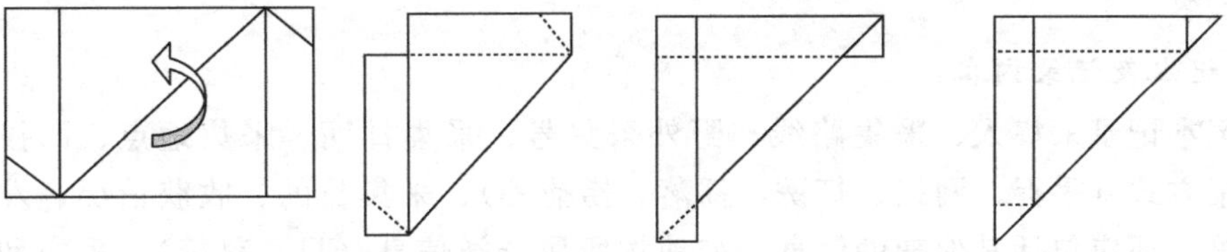

a　b　c　d

图 48　三角袋折叠方法

附三角袋专用采集盒的制作：专用采集盒以与三角袋形相同的三角形为宜，盒壁的一面需装有一对搭钩，可以挂在腰间皮带上，要易开启。

21）采集袋

用于装各种小型采集用具、昆虫标本等。采集袋一般有两种：一种为肩背式，分多层，可装多种采集用具（图 49a）；一种为腰围式，通常只用来装指形管，但适于爬山上树（图 49b）。野外工作时可同时准备两种采集袋。

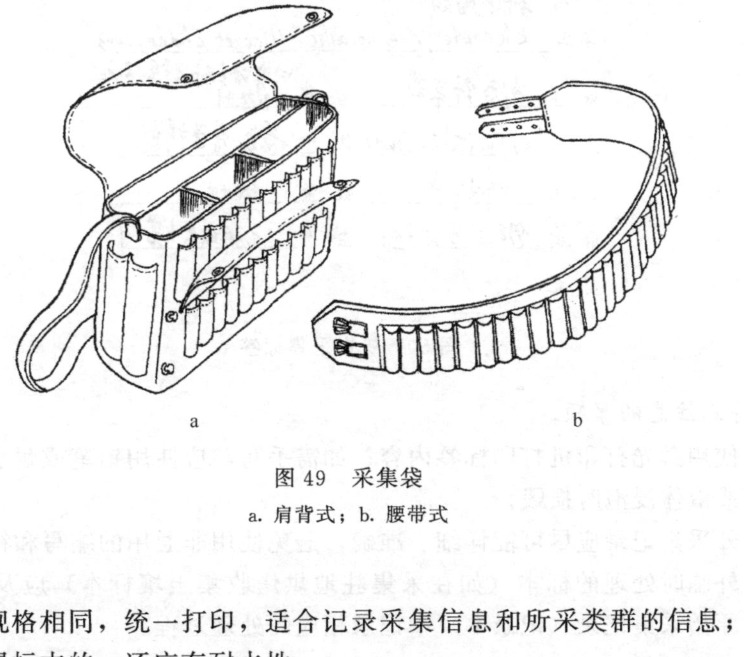

a　b

图 49　采集袋

a. 肩背式；b. 腰带式

22）标签纸

标签纸应规格相同，统一打印，适合记录采集信息和所采类群的信息；用于酒精、福尔马林等液浸标本的，还应有耐水性。

23）笔记本

用于采集记录。

4. 野外采集的信息记录

1）标签

标签是标本采集时相关信息的原始依据，需认真、翔实记录，并随标本一起存放、运输。野外采集现场和标本初步整理时应对标本加注临时标签，标本制作成成品后可换为正式标签。

2）笔记本及记录内容

笔记本记录采集人、采集路线、野外采集号、采集日期、采集地点、海拔、经纬度、采集方式（手捉、网扫、灯诱、摇落、捞捕等）、采集目的、收获情况、发现的相关问题等，还应包括其他辅助信息，如动物所属分类信息（目、科等）、采集和标本生存环境描述（森林、草原、沙地、田野、果园、高山、小山、谷底、河岸、溪流、湖泊、池塘、室内等）、寄主信息、栖息位置（花、叶、树枝、水面、水底、石头、地面、草丛等）、物种数量（多、寡等）、采集到的标本数量、备注信息（如气象信息）。采集完成后，要记载总的采集路线。这些记录为原始记录，也是标签的补充，作为以后研究者考证相关标本来源的依据。

另外，不同动物类群可能包含一些特殊的信息需要记录，可制作好格式卡片，以方便在采集时现场填写（图 50）。

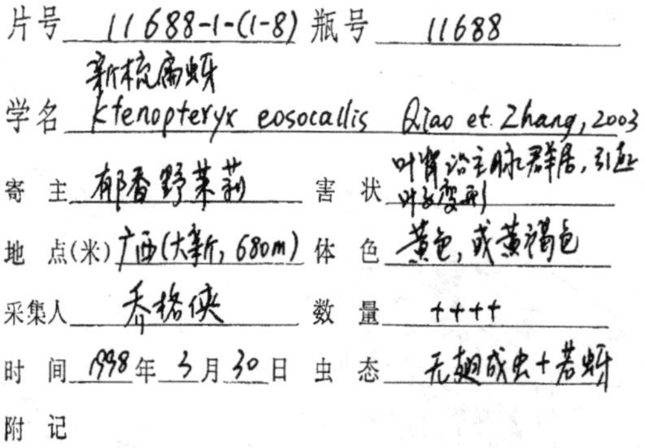
片号 11688-1-(1-8) 瓶号 11688

学名 新棕扁蚜 Ktenopteryx eosocallis Qiao et Zhang, 2003

寄　主 郁香野茉莉　害　状 叶背沿主脉群居，引起叶片变形

地　点(米) 广西(大新, 680m)　体　色 黄色，或黄褐色

采集人 乔格侠　数　量 ++++

时　间 1998年3月30日　虫　态 无翅成虫+若蚜

附　记

图 50　蚜虫采集标签

3）需要特别注意的事项

（1）应使用激光打印机打印标签内容；如需手写，应使用铅笔或耐水记号笔，以免文字在受潮或液体浸泡时损毁。

（2）野外采集记录应尽可能详细、准确，避免使用非通用的缩写和符号。

（3）野外临时处理的标本（如在采集驻地烘烤收集土壤标本）应及时补充相应标签，并应在原始采集记录（记录本）中记录相应的处理过程。

3.6.2 标本采集

1. 标本采集时间、地点和方法的选择

时间：昆虫的发生期与自然界植物的生长季节大致相符。我国地域广大，南北方气候条件差异较大，因此，在采集昆虫标本时应充分考虑到季节与昆虫活动的一致性。

我国华南地区四季差异远不如北方，一年四季都可见到昆虫活动；东北和西北地区就不同了。一般来说，昆虫采集和诱集的最佳季节是春末夏初至秋初，这段时间是大多数昆虫的发生活动期，最适合采集。另外，昆虫的个体发育中有不同的虫态和世代，因此，无论日间采集还是夜晚灯诱，最好能在大多数昆虫的成虫羽化期进行。采集之前应先做好预查，根据预查结果确定野外采集的时间。

地点：应根据采集目的而定，按照昆虫的生态环境进行采集。昆虫普查或区系调查往往是针对一个地区或某种生态环境下生活的所有昆虫。这时，需要准备各种采集方法和工具。组织者要对考察区域有清楚的了解，有目的地布置好采集地点和采集对象，力争全面，避免少数类群采集较好，多数类群采集很少甚至采不到。按照科研的需要进行单一类群的采集时，情况相反，通常需要采集的范围比较广，甚至涉及全国乃至国外。这种情况下，需按采集对象准备采集方法和相应工具；而对地点的选择则需要深思熟虑，交通是否便利、以往采集背景等都需预先考虑。对于寄生性昆虫，还要考虑寄主分布情况。

白天野外采集时需携带采集包、捕虫网、毒瓶和各种小型相关工具；夜晚采集时，则需准备灯诱的各种工具。每天要记载相应的采集信息。

2. 常用的标本采集方法

1）网捕法

网捕的地点通常要选择植被复杂多样的地方，兼顾具有各种特性的生态地理环境。

捕网：专门用于采集空中飞行的昆虫。采集时下网动作要敏捷轻快，网口应迎头对着飞翔或停落在某处的昆虫，兜后迅速将网反折，将网底叠于网口之上，这样入网的节肢动物不易逃脱；之后，将网平放在地面上取虫。对于膜翅目昆虫，取时左手将毒瓶盖打开，然后缓慢拉动网袋，寻找昆虫，右手持瓶，从网口将瓶伸向昆虫（注意动作幅度不要太大，伸入时要注意网口不能开的太大，以免昆虫飞出），瓶口对准昆虫时，左手用瓶盖向瓶内下盖昆虫（此时网袋也挤在盖子下面），待昆虫不动时，将盖子拿开，从网袋中拿出瓶子盖住；或者右手持瓶扣住虫体，左手绷紧虫子所在处网袋，两手在网袋内外轻轻移动（左手要小心，以免被膜翅目昆虫蜇伤），待移出网袋时迅速盖上瓶盖。采集到的蝴蝶标本会在网袋中继续翻腾，应待其双翅背折时，用左手轻捏压胸部，使其丧失飞翔能力后打开网袋，用镊子轻夹腹部或胸部将其取出。取出后一般可直接置于三角袋中；或置于毒瓶内片刻，杀死后再存放在三角袋中。

扫网：用于捕捉隐藏在杂草及灌木丛中的昆虫。野外采集时，可以在行走中完成这一工作。采集时双手持网，网框的一条边与地面平行，使其尽量贴紧草面或树冠外层，网框平面与网运动方向及地面呈 45 度角，双臂呈弧状挥动网杆，来回划扫（图 51）。扫动要稳健，不宜过快。原地重复划扫两或三次后再向前移动一或两步。一般划扫 20

图 51　扫网
（杨集昆，1958）

～50 次清网。清网时，可先将网底放入毒瓶熏杀，然后倒出网内扫入物、挑选、清理。清理完毕后，再开始新一轮划扫。野外工作时此种方法较费时间，且标本容易变质或变脆。对于网内划扫到的小个体昆虫，应先用手轻弹或挥动网袋，尽量使扫入物落至网底。找一块有阴影的地方坐下，把网袋底部暴露在阳光下，置网口于阴影中，此时网口最好朝迎风方向，有风吹入网内；然后，用吸虫管伸入网内收集。此时，不应将网口向上张开观察和收集标本，这样会导致一些入网的昆虫逃逸。很多情况下，网内会扫入不少双翅目昆虫，如不需要，则可以使网口向上，先将部分双翅目昆虫放出。切记此过程要迅速，不能等双翅目昆虫全部放完，只能放出部分后马上将网迎风挥动几下，使网内落入的靶虫不致借机逃脱。也可用毛笔或小木棍等蘸 75％酒精，使昆虫粘到毛笔或小木棍上，再移入盛有 75％酒精的小瓶中。不要将大型昆虫和小型昆虫放在一起，即使在酒精中也不行，因为大型昆虫在挣扎中往往会损坏小型标本。当网内能观察到的小个体昆虫被吸出或捡出后，应将剩余残渣倒入一未用过的网袋中，扎好口，以备一天工作结束后，在镜下进一步仔细挑选。也可将扫网中落入物直接倒入毒瓶，熏杀后，再倒在白纸上或白磁盘中进行挑选。

采集水生昆虫应根据具体环境和种类，采用各种用途的水网打捞即可。

2）引诱法

灯诱法：利用诱虫灯诱集昆虫的采集方法是最广泛使用的引诱法。野外灯诱时，首先要选择好诱集场地。一般要选择较平坦的空地，以使光源尽量照得远。还要注意尽可能选择周边植物丰富，杂草丛生，或尽量接近林地、沼泽、湖泊等的边缘，或面临山谷的地方；同时，也要考虑有便利的电源。场地选好后，可借助现有树枝或埋竹竿、木桩等搭起支架，支挂好幕布，将灯悬挂在幕布上前方（通常需从幕布后上方斜伸出一根杆子挂灯），灯不能离布太近或太远，太近容易将幕布烤煳或烤着，太远则会降低幕布的反光强度，影响采集效果，一般相距 30 厘米左右为宜。接下来是接通电源，若在室外使用接线板，需要用防水材料（如塑料袋或塑料布）将接线板包好，以防接线板受湿引起短路。最后是采集，当昆虫落在幕布上后，根据虫体大小用不同口径的毒瓶或毒管扣装。毒瓶或毒管要轮换使用，待瓶或管内虫子不动后再换装其他昆虫。每个瓶或管内收集到 1～3 个虫体后可移入大毒瓶中存放。此外，除为灯诱特别制作的设备外，其他光源也有诱集效果，可随时注意采集。

因灯诱法是整夜诱集，采集人员在后半夜可稍事休息，凌晨日出前再起来补采。补采时可留心搜寻诱虫灯周围 10～20 米的草丛、灌木丛或建筑物上可能停留的昆虫。夜间使用的毒瓶、毒管中的标本，毒杀后要及时腾空，以免瓶内有凝结水将标本弄湿。

灯诱时气象因素会影响诱虫效果，无风或微风、闷热、无月光等的夜晚诱虫效果常比较理想，雨后低温、大风天气等不太适合灯诱。

马氏网诱集法：最好将马氏网安装在通风且植被较好的地方，将最高的网角挂在树干上，其余三个角用绳子固定在低矮的树枝或灌木上。在网的顶端悬挂瓶子，倒入酒精，定时收集昆虫，更换酒精瓶。

黄盘诱集法：利用许多昆虫有趋黄色的特性，取内面鲜黄色的浅盘，盛入少许加入洗涤剂的水或饱和盐溶液，放置于采集地点，吸引昆虫掉入盘中溺毙。一般早上放置黄盘，下午收盘。收盘时，先将黄盘收集到一起，并准备好大瓶和小滤网。这时，左手持小滤网，悬在瓶口上方，右手持收集到的黄盘，将盘中混有昆虫的液体从滤网上方倒入瓶中，液体流入瓶内，昆虫则留于网上；再将收集到的昆虫倒入盛有酒精的瓶中，网上残留的昆虫可用镊子夹入酒精瓶中，也可用小毛笔刷到酒精瓶中。

糖醋酒引诱法：蝶蛾类昆虫喜食花蜜，很多甲虫和蝇类也常到花上或集聚在树干流出的含糖液体上。利用昆虫趋甜性，可以在树干上涂抹一些糖浆进行诱集。一般用50%红糖、40%食用醋和10%白酒混合物（也可将糖、醋和酒按1：1：1的比例配合）在微火上熬成浓的糖浆，用时涂抹在树林边缘的树干上，白天常有少量蛱蝶等蝶类飞来取食。夜间则可诱到很多蛾类和甲虫，用手电筒照明检查，将停集的昆虫装入毒瓶，对飞动的昆虫用网捕，捕到的大型蛾类可直接用注射器注射石炭酸或乙酸乙酯毒杀。使用糖蜜诱集时，蚁类和多足纲动物也喜食糖蜜，常会将涂抹的糖浆占据，影响其他昆虫取食，可在涂有糖浆的树干下面圈上一圈黏纸，使这些动物无法接近糖浆。

也可在树干上贴上黄色纸，上面洒引诱剂。这种做法是上述黄盘法和糖醋酒引诱法的结合，可参考试用。

性诱剂引诱法：利用雌性成虫的性激素成分来诱集同种的雄虫（图 52）。此法主要用于对鳞翅目昆虫的采集。将一些没有交配过的雌虫或人工合成的性激素诱芯放入纱网或小纱笼内，置于林中或田间地头，能够诱集到大量的同种昆虫雄虫。所用雌虫一定是未交配过的，雌蛾一旦交配便停止释放性激素。

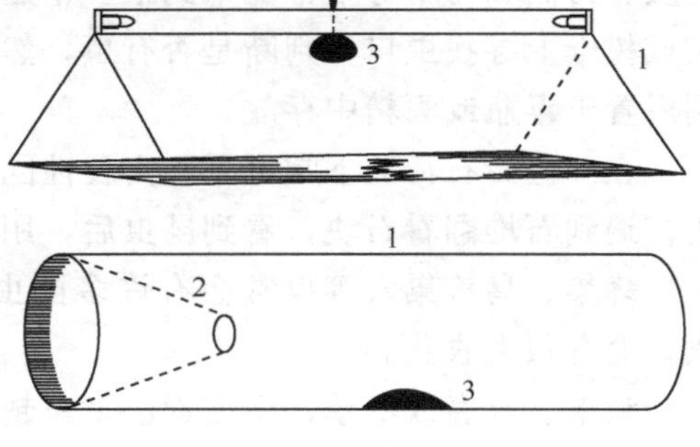

图 52　性信息素诱集器

1. 纸筒；2. 漏斗；3. 诱剂

腐物诱集法：一些昆虫（如双翅目的蚊蝇、鞘翅目的埋葬甲、隐翅虫、阎甲、金龟子等）对腐烂的水果、肉类等有趋食性，可利用部分昆虫的这种趋食性进行诱捕采集。诱集时，将一个玻璃瓶埋在土中，瓶口与地面相平，瓶内放置腐肉或鱼头一类腥臭物。如果瓶口较大，可以在瓶口上方用树枝或石块加以遮盖，以防鼠、鸟等衔食。一段时候后（通常一天左右）检查，会有一些昆虫落入瓶中。腐肉诱集的昆虫主要为埋葬虫、隐翅虫、阎甲以及一些金龟子等，收集后常规整理保存。

3）*直接观察法*

因昆虫种类繁多，且有不同虫态，有些昆虫用网捕或引诱法很难采到。但在有昆虫生活的地方，常会留下一些踪迹，可追踪这些踪迹进行采集，如观察到周围的植物生长有非正常状态，有可能暗示着不同种类的昆虫存在。例如，采集蚜虫时，首先可对植物进行观察，若发现某株植物叶片卷曲或茎部畸形，并有蜜露分泌的痕迹，周围还有取食蜜露的蚂蚁或天敌（如蜂、蝇等），则可能会有蚜虫分布；发现蚜虫后，可用剪刀剪下或用手直接将蚜虫所在枝条折断，装入有封口带的小塑料袋中，将口封好，以免不同寄主植物上的蚜虫混杂。这样既采集到蚜虫，又采集到了寄主植物。封好的样本待晚上室内处理，以节省白天野外采集的时间。

有些植物的叶片或叶柄、幼茎上会发现虫瘿，里面常有结瘿昆虫。这种情况下，也应将虫瘿和相连的植物部位取下，装入小塑料袋中封存。如果在灌木上观察到有吐沫状分泌物，则通常会有沫蝉的若虫。对于发音的昆虫（如蝉、蟋蟀等），可凭听觉找到它们，然后用手或网直接捉捕。

很多门类昆虫的整个生活史或生活史的某个阶段生活于地表枯枝落叶或土壤中。采集土壤昆虫需用铲子挖土，装在塑料袋中带回室内处理。每个塑料袋要附采集标签。塑料袋选用常用的食品包装袋即可。

若在寄主植物上观察到虫蛹，通常要将蛹连同所在的叶片摘下或剪下，放在有空隙的小纸盒内带回室内饲养。若采集时间长，则需要经常补充少量水分，以免采集的虫蛹干燥致死。

4）*跟踪搜索法*

采集活动隐蔽、个体较小的昆虫时，不仅需要仔细观察，更需要跟踪搜索。例如，树皮、树洞和朽木等中常能采到很多鞘翅目或钻柱性昆虫。采集这些昆虫时，要先在树枝或树干上寻找虫口，判断是否有虫，然后用刀从虫口处扒开树皮，沿着虫道挖掘，采到后置于毒瓶或酒精中存放。

在一些砖石瓦块下常可采到肉食性昆虫（多为甲虫）。采集这类昆虫时，可沿途采集。遇到石堆翻看石块，看到昆虫后，用镊子迅速夹起，置于毒瓶或酒精中杀死保存。

蜂巢、鸟兽巢穴等也常会有许多昆虫栖息。蚁巢中有不少共生的昆虫，如注意搜索，会有很大收获。

秋末、早春或冬季，用搜索法采集越冬昆虫常比较有效。因树皮、砖石、土块等下面，或枯枝落叶中，甚至树洞里都可能是昆虫的越冬场所。搜索中遇到小型昆虫，可用吸虫管吸取，或用毛笔轻轻扫入瓶中。对于枯枝落叶中的昆虫，可以连同枯枝落叶一起带回，用烤虫器或采虫筛等工具分离。

捻翅目昆虫的雌虫终身寄生在寄主身体上，在采集其他昆虫时（如蜂类）要注意观察体表、体节间是否有寄生物。一些鳞翅目幼虫身上寄生着膜翅目的寄生蜂类，可以依据鳞翅目幼虫体色变化进行判断。

虱目、食毛目、蚤目等昆虫常寄生在其他动物体上，采集时需要先找到寄主体。某些蝙蝠、鼠类等身上还寄生有一些稀有的寄生昆虫，如蝠螋、鼠螋等，应注意采集。

5）*震击法*

震击法是利用许多昆虫有假死的特点，突然震击寄主植物，使其自行落下的采集方法。使用震击法时要配合采集伞、采集网、白布等。以用白布为例，先在树或灌木下铺上白布单，再用棍子或采集杆猛烈敲打树木枝叶，将枝叶上的昆虫震落在白布上，用镊子将昆虫收集到毒瓶或酒精瓶中。敲打树木枝叶时，次数不宜过多，因为在前数次震击后没有落下的昆虫会紧抓住枝干，这些昆虫不易被敲落。有些没有假死习性的昆虫，受震动惊扰时飞行而暴露，可辅以网捕。

6）烘烤法

烘烤法常用于采集土壤昆虫或土壤中的小型无脊椎动物（如螨类等）。野外用铁铲等工具挖取欲采集昆虫或螨类生活的土壤或地表的枯枝落叶，装入塑料袋中；采集地点、时间等信息可直接用记号笔写在塑料袋表面。注意不同地点的土样不能混放在同一塑料袋内。回到室内后将装在塑料袋内混有昆虫的土壤、地表枯枝落叶等放入烤虫漏斗，下端连接毒瓶或装有酒精的容器。收集到的土壤受热和光照后，其中的昆虫会向下移动而落入瓶中。使用烘烤法时，要尽早在室内对土样进行烘烤处理。因为，由于温湿度的变化，土样在室内放置时间过长，会导致其中的昆虫活动能力下降甚至死亡，影响烘烤效果。

3. 森林冠层昆虫标本的采集

1）基于地面的采集方法

杀虫剂（烟剂或雾剂）击倒法是应用最为广泛的方法，应用支撑在树冠层的无线电控制的向四周发散药剂的喷烟机或喷雾机，使死亡或击昏的昆虫掉落，部分落入林地上设置的收集盘或收集布中。杀虫剂击倒法的主要优点是能迅速获得大量的动物标本。这个方法对大尺度的分类、范围广大的林地较为适合，特别是在时间较短的项目中应用较多。但它的缺点主要有：过度依赖天气，常需平稳的空气条件，如黎明时分；烟雾剂所接触的树叶无法定量，故动物的密度常用个体数除以地面收集盘的面积表达；在虫子重新定居前（较短时间内）无法在同一棵树上重复取样；喷烟（雾）机的性能、杀虫剂类型与浓度等因素对采集效果会有较大影响；采集的树木、林下等是否能放置收集盘和收集布等都要仔细考虑。当前，这一方法的主要改进有：①通过单绳技术（single-rope technique）爬树直接放置和控制喷烟（雾）机，这样可以提高杀虫剂击倒的效率，特别对于高大的冠层；②将收集盘（布）直接放在树冠下，而不放置在林地上，可以阻止小型节肢动物标本的飘飞；③选择采集的树冠上设置棉质顶棚，以免收集到其他邻近树上的节肢动物；④减小杀虫剂的浓度，使收集到的节肢动物成活，可用来饲养和观察。

2）基于树叶与小枝的采集方法

大多数采集方法是针对冠层树叶的，包括小枝、花和果实种子。这些方法的主要不足：①干扰树叶会使活动性强的昆虫飞走或跌下逃逸；②依赖于接近树冠方法（如单绳技术），采集不到树冠外围的树叶与小枝，除非从邻近树接近树冠；③从湿润的树叶采集是很困难的。

在树叶与小枝上采集费用较低，但很耗时。具体包括以下几种方式。

（1）手工采集：最直接的方法是检视树叶、小枝杈等，用捕虫网或吸虫管采集昆虫于试管中，直接检查树叶还可以估计小型节肢动物，如螨类的密度。此方法效率较低，很大程度上还要依赖采集人的经验。

（2）抽提法：与树叶、花和种子紧密联系的微小型昆虫类多用贝杜氏（Berlese-Tullgren）漏斗或类似的装置提取。这一方法有破坏性，但样本大小容易测定，使虫子个体数与物种数可在不同样本间比较。用某种杀虫剂熏蒸或用不同类型的溶剂冲洗叶片和小枝可提取小型昆虫。

（3）剪枝法：剪下几个枝条，装入大塑料袋中，带回实验室检查。一般使用具有封口活套的取样袋。放一个吸饱乙酸乙酯的棉球在取样袋中，可将标本麻醉。取样的面积常可定量化，如用叶面积或用枝叶干重（预先计算得到枝叶干重与叶面积关系的回归方程）。虽然剪枝法是破坏性的，且偏向于不太活动的动物，物种和数量都不会很多，但是它能估计冠层动物的密度，代价较低。单个取样袋常只代表冠层栖地的极小一部分，故必须把几个甚至几十个取样袋的样本合起来才能有足够的代表性。

（4）限制性熏蒸：此法属于一种小规模的烟雾剂毒杀法，也称为选择性冠层熏蒸。把取到的几个枝条放入一密闭容器或塑料袋中，用高浓度二氧化碳处理（常用干冰），标本被麻醉后会掉落，这样取到的虫子常常还活着。枝条上的树叶可被剪下来统计数目和估计取样的叶面积，从而估计冠层虫子的密度。这种方法常用来研究昆虫在树冠中的分层分布。但这种方法不能处理树干和大树枝上的昆虫，且取枝条时会干扰树冠以致部分虫子逃逸。

（5）震落法：在树枝叶下放一个收集盘，然后用小棒敲击树枝，掉落的虫子通常用吸虫管采集，定量的样本采集常用连接有小罐（罐内注有杀虫液）的大型塑料漏斗收集。昆虫和部分枯枝落叶常黏附在漏斗壁上，用毛刷轻轻刷到小罐中。取样的叶面积常变化很大，这主要依赖于叶的类型。这种方法对采集自由生活的鳞翅目幼虫很有效，但对活动性强的昆虫或其他小型节肢动物效果不理想。

（6）扫网法：扫网法在草地和森林灌层中应用最为广泛。由于扫网时要不时移动位置，因而很少用于森林冠层昆虫的采集。与震落法相似，取样的叶面积变化很大，依赖于植物的叶形和扫网人的经验，因而不同样本之间很难比较。扫网法对采集活动性大的昆虫比固着性强的昆虫效果要好，但对于密度大的植被采集时效果较差，并且还需要依靠调查者的经验。

3）基于非引诱式捕获器的采集方法

在森林冠层使用马氏捕获器时除了靠绳子和木钉固定外，还需要捕获器内有一个刚性的骨架，主要用于采集具有飞行能力的昆虫。

4）基于诱捕器的采集方法

非引诱式捕获器重点是收集那些活动性强的昆虫，但诱捕器采集到的昆虫区系变化更大，在通常的调查中，某种诱捕器对某类昆虫有很强的引诱力，而对另一类昆虫几乎没有作用。用诱捕器采集昆虫时对起作用的距离常常无法估计，采集到的昆虫也难以获得其栖息场所的确切信息。可使用光诱捕器、诱芯诱捕器、水盆诱捕器等多种方式进行采集。

5）其他采集方法

（1）真空吸虫法：将真空吸虫器应用于冠层节肢动物的采集上，把吸虫器固定在塔上或悬挂在树冠中，从周围树叶采集标本。这样做不但能采集到树叶和小枝上的昆虫，而且也能采集到大枝与树干上的昆虫。

（2）附生植物提取：树冠中的附生植物是昆虫的良好栖息场所，特别是在热带雨林中。附生植物和悬挂土壤中的昆虫主要用贝杜氏漏斗或避光捕获器提取。避光捕获器不用电力和光，能收集到活的昆虫。

(3) 培养枝条或其他样品提取：有不少种类的树栖昆虫常有很特别的栖境，可以通过培养虫瘿、有潜叶痕的叶片、小段树干和大枝（内含钻蛀性昆虫）、花、果、种子、死的树枝等得到。可将活的或死的枝条从树冠上砍下后，保存几个星期或数月，然后放入饲养笼、塑料袋或贝杜氏漏斗中培养，以得到标本。

6) 接近高大冠层采集昆虫的方法

(1) 单绳技术（SRT）：单绳技术以往主要用于洞穴探险。攀爬者拥有特制的腰绳和固定在静绳（锁定于地面与高层目标间）上的祝玛尔式上升器。这种技术所要求的装备并不昂贵，并且可重复采集到冠层的昆虫标本。其缺点主要有：安全性不是很高；攀爬者需要训练；爬上高层后的活动性受到限制；上冠层与树冠外围不能达到，除非从周边更高的树上接近。此外，要选择有静绳固定位置和能够承载攀爬者重量的合适树枝。

(2) 双绳技术（TRT）：双绳技术是单绳技术的改进，即在单绳技术的基础上增加了一条专门用于保护攀爬者的绳索。与单绳技术相比，提高了攀爬过程的安全性。双绳技术所要求的装备也不昂贵。其缺点与单绳技术一样：攀爬者需要训练；爬上高层后的活动性受到限制；上冠层与树冠外围不能达到，除非从周边更高的树上接近。此外，要选择有静绳固定位置和能承载攀爬者重量的合适树枝。

(3) 平台和塔：有些学者在森林搭建平台和塔以研究树冠高层分布的昆虫。可用建筑脚手架搭建。还有一种是大树用的平台，形状是二十面体，能方便地在树冠中移动，可以为多种取样目标的捕虫器，如光诱捕器的设置带来了便利。

(4) 空中走廊：可用绳索编制成吊桥，将树冠连接起来，形成空中走廊。与平台、塔、单绳技术相比，此法可扩大冠层取样范围。

平台与空中走廊结合，或塔与空中走廊结合，能获得更为理想的结果。

(5) 冠层起重机：将塔式起重机竖立在森林内，起重机操作者控制吊臂下吊篮的位置，采集者能在树冠上完成大量的操作。这个装置的最大优点是，安全而且极好地接近冠层表面（下表面稍差），能获得多次的时间重复样本，对行为与生活史研究极为有用。其主要缺点：固定的臂长使吊臂的活动范围受到一定限制（极少超过 1 公顷），因而在中尺度上易造成取样的假重复（pseudoreplication）；起重机的价格很高，建造和维护的代价也很高，尤其是建在较偏僻的森林内；在大风与暴雨天气里，起重机的使用会受到一定限制。

(6) 冠层舟：冠层舟是一个 580 平方米的六角形平台，周围有充气的栏杆和聚氯乙烯（Aramide^{TM}）安全网，再用一个 7500 立方米热气囊飞艇提升，可将其安放在树冠上层。冠层舟在森林树冠某位置停留一段时间后（常常为两星期），飞艇再把它带到另一处。常用单绳技术爬上冠层舟。

另一种小型冠层舟为三角形，16 平方米大小。用小型飞艇提升后，慢速在树冠上滑行。

由于冠层舟的移动性强，特别是小型冠层舟，能获得不少空间重复样本。其主要不足：整个装置的造价十分昂贵，长时期的取样也很困难，大都只能在树冠的周边取样，飞行时间严格限制于早上和天气条件好时。

(7) 树梢氦气球：树梢氦气球是一个180立方米，直径6米的氦气球，被绳子固定于树冠上部。研究人员可坐在气球下方的吊篮内，还可沿着绳子上的祝玛尔式上升器移动。到目前为止，这种气球主要用来安放与检查不同高度的诱捕器与捕获器。该装置相对便宜，沿着固定绳的空间重复样本也不难获得，长时间的重复样本也容易得到。

3.6.3 标本的初步整理

1. 棉层保存

采集到的绝大多数昆虫都应先保存在棉层内带回室内制作标本。以下是棉层中摆放标本的步骤。

(1) 将棉层平放，向上翻开棉层。

(2) 将存放在毒瓶中的标本倒在泡沫塑料板上或标本盒中。

(3) 用小镊子将昆虫摆放在棉层上，夹取时尽量夹腹部或不易损伤的部位。摆放时要有一定的次序，应尽量平整摆放。绝大多数昆虫摆放时不需要特别整理，背部朝上直接摆放在棉层上，对蜻蜓目、草蛉、蛇蛉等大翅的昆虫，要将双翅向背面对折后平放在棉层上。应将相同类群或同属种的标本尽量放在一排；若标本种类繁杂，个体大的标本和个体小的标本应尽量分开摆放；尽量将一棉层放满后再换另一棉层，同时要在棉层的右下角留出放标签的位置。

(4) 棉层摆满后，将写有采集信息的标签置于棉层右下角；在昆虫上面放置一或两层柔软的吸水纸，以保护虫体避免霉变；若棉层未满，则用一条黑线将棉层内已有的标本圈住，剩余空间待存放后来采集的标本。

2. 装三角袋

三角袋主要用来存放鳞翅目标本。装蛾类时，要在无阳光直射、无风处进行，以免标本迅速干燥。装袋步骤如下。

(1) 从毒瓶中倒出标本，每次倒出量不宜过多，以免标本会较快干燥，装袋时损伤标本。

(2) 左手持三角袋，略将三角袋倾斜，三角袋斜边朝内，打开三角袋右上方的直边。

(3) 右手持镊子（最好是内侧无齿的镊子）。如为双翅背折的蛾类，用镊子轻夹蛾子的腹部，将蛾子头朝下置于袋内。翅要放平，翅前缘沿三角袋斜边摆放，腹部和斜边垂直，触角沿斜边摆放。然后，将三角袋折叠好，要使三个角平整；在三角袋一直角边上写明采集信息。通常每个三角袋装一只蛾子，有时也可装两或三只。对于双翅平铺或折向腹部的中大型蛾类，需要将两翅翻向背面以保护翅面斑纹，操作时需轻夹蛾子胸部，夹起蛾子后适度向背部用力，使两翅翻折，后置于三角袋内。对于中小型蛾类（小蛾类、卷蛾等）、翅基部硬而不易翻折的蛾类等可直接装入袋内。

(4) 装袋时应尽量先装个体小的蛾子（因个体小容易变干），及相同或相近的种类。这样，在钉三角袋时相同的种类就会较多地排列在一起，也易于以后的标本制作整理。包装好的三角袋要随时装入标本盒内，整齐摆放在固定位置；同时，还需放入一或两粒樟脑丸，防止虫、鼠、蚁、蜘蛛等危害。

(5) 为了提高工作效率，往往不需在每个三角袋上都详细写明采集信息，而是将几个同等大小的三角袋叠在一起，通常将一锐角对齐，再将一写有采集信息的标签叠在一起，用小订书机钉上。钉的时候尽量只将一个钉孔钉在袋上，以减少三角袋上孔眼；或将几个三角袋用线串在一起。

(6) 天气潮湿或雨季野外采集时，为防止标本霉变，要注意标本的通风或直接将标本烘干。

通风法：①打开标本盒盖，这种情况下要有人看管；②在房间内拉一绳子，要有一定的高度，将钉在一起或串在一起的三角袋架在绳子上（以避免老鼠的袭击）。

烘干法：①最简便的做法是用小吹风机微吹；②将三角袋仔细立放在烘烤灯周围，一批批轮换烘烤，烘烤后的三角袋再装回标本盒中。此种方法也需要有人看管。

3. 寄主植物上不易活动标本的整理

对于装在封口塑料袋中和寄主植物在一起的标本（如蚜虫），需要带回室内在平坦处（如桌面）整理。整理步骤如下。

(1) 准备好盛有酒精的小瓶、小毛笔、托盘或塑料垫板等。

(2) 打开塑料袋，取出附有蚜虫的植物体放在托盘或塑料垫板上；将小毛笔用酒精沾湿，再将植物上的蚜虫刷到酒精瓶中。对于虫瘿内的蚜虫，要把虫瘿的开口掰开，用小毛笔将虫体扫入酒精瓶内。

(3) 用铅笔在小标签纸上写明采集信息，同时要写明采集号，置于酒精瓶内。盖上瓶盖，用封口膜封存。刷完虫体后，剩下的寄主植物要继续封存在塑料袋内，注明和标本对应的采集号，同时要认真填写标签纸。

保存在 75%酒精中的标本，需要在开水中水浴一或两次，待开水凉后取出。

4. 烤虫漏斗收集昆虫标本的整理

将烤出的标本进行初步的整理，如摆放入棉层，液浸的标本要更换酒精，写好标签等。

5. 针插标本的整理

野外采集时，会遇到一些珍贵、数量稀少的标本，一些有颜色的昆虫（如尺蛾）容易褪色。为重点保护这些标本，常常需要把它们用针插起来，甚至展翅。小蛾类因为特别细弱，翅面鳞片极易损坏，通常在野外采集后直接针插处理（具体操作参见动物干制标本制作与保存中的针插标本和展翅部分）。

6. 一些昆虫标本的特殊处理

大型蛾类：特别对于雌蛾，因其腹部大，容易腐烂，需向体内注射 100%酒精或 40%石炭酸，以尽快将其杀死并防腐。注射时，一般待蛾子停在幕布上或地面上时，右手持吸有酒精或石炭酸的注射器，快速插入蛾子胸部注射。

食蚜蝇：这类昆虫体内脂肪含量高，毒杀后易变黑。故在采集后，应将其装在不含任何杀虫剂的空瓶内，任其飞翔，使其脂肪消耗殆尽，劳累致死。

螽斯：这类昆虫体形大，腹部容易腐烂，需要做预处理。处理时，将螽斯侧面朝上，用小剪刀沿腹侧将腹部剪开，用镊子取出内脏，取适量棉团填充腹部。这样处理的标本干燥后，腹板和侧板之间痕迹不易看出，也不影响以后标本的使用。如不做上述处理，则需及时在阴凉处晾干；或往腹部注射无水酒精。

3.7 无脊椎动物标本的野外采集及处理

3.7.1 节肢动物（除昆虫以外）标本的采集及处理

节肢动物标本采集的基本原则有以下三点。

（1）标本采集的技术要求。

全面采集：节肢动物中绝大部分都是一些体形微小、行动隐蔽和色彩暗淡的种类，包括不少重要害虫和珍贵种类。对于同种的雌雄个体以及幼虫等都是研究的重要材料，不应随便取舍。

标本完整：无论采集什么节肢动物，不管使用什么工具和方法，都要尽量使采到的动物保持完整，这就必须注意采集、毒杀、包装、保存、运送、制作等每一个环节都要用规范的方法进行操作。

正确记录：所有标本均应有采集记录。记录内容包括采集号、采集日期、采集人姓名、栖息环境、寄主名称、采集点的海拔、生活习性等。其中采集日期、采集地点和采集人三项为必填项。

采集记录无统一记录表格。可根据具体内容，自行设计采集记录表，打印成册，以利于记录和保存。

用于分子生物学研究的材料，一般在采集标本时将步足直接保存在95%分析纯酒精中，标本其他部分保存在80%酒精中。

（2）采集季节和时间。节肢动物种类繁多，生活习性多样，采集时间应根据具体的种类、地区或环境等，因地制宜。一般来说，在我国，每年晚春至秋末是适宜节肢动物活动的季节，也是一年之中采集标本的最佳时期。在华南各省（自治区），由于植物四季能持续生长，节肢动物有着丰富的食物，因此，不少种类没有明显的冬眠阶段，一年四季都可以进行采集。对于有些不耐热的种类，夏季进入夏眠，在冬季反而更易采获。在北方地区每年4月就可以采集到一些节肢动物，6～8月为盛期，最易于采集，10月以后则渐少。

每天的采集时间因类群不同差异较大。有许多节肢动物黄昏开始活动，它们当中有的种类沿地表行动，适于在地表埋设陷阱。对许多夜间活动的种类，用灯光诱集法能捕获到不少标本。在海洋特别是潮间带，采集时间要根据当日的潮汐情况而定，每月大潮日是最佳的潮间带生物采集时间。

（3）采集地点和环境。很多节肢动物躲藏在各种隐蔽的地方，需要搜索采集。选择采集地点应依节肢动物种类而有所不同。对一般的节肢动物来说，在小山、湖泊及植物种类复杂的地区，在海洋中的珊瑚礁、红树林等地种类较多；室内、牲畜棚、仓库、厨房、水中、空中、森林、高山、草原等，都可能是采集标本的好地方；石块、土壤、木材堆、腐烂物质、动物尸体下，亦为多种节肢动物生存的场所，也不可忽视；还要特别注意农田、果园、菜地及其他经济作物种植地的采集；尽管在海拔极高的山上、沙漠和急流中的节肢动物较少，但往往能采集到一些特殊种类。遇到小型节肢动物，可用吸虫管吸取，或用毛笔轻轻扫入瓶中，更小的用饱含 95%酒精的毛笔蘸取。对于枯枝落叶中的节肢动物，可以连同枯枝落叶一起带回，用烤虫器或采虫筛等工具分离。

节肢动物标本采集所使用的工具、器具、材料及采集工具制作方法、标本采集方法等，参见 3.6 节昆虫标本采集相关部分，采集水生节肢动物时通常还需要用拖网、采泥器等，可根据需要选择拖网和采泥器的样式和规格。

本部分以甲壳类、螨类、蛛形类和多足类为代表动物，对它们的标本采集制作过程中的相关技术要点加以介绍。本部分分类系统是依据刘凌云和郑光美（1997）发表的论文建立的。

Ⅰ. 甲壳动物的采集及处理

1. 甲壳动物标本的采集

1）*岩岸甲壳动物的采集*

藤壶是海滨岩石上常见的营固着生活的甲壳动物。由高潮线至最低潮线都有它们的分布。为了能采到完整的标本，应连同附着物一起取下。用铲或凿打下附着物时，不要损坏其上的动物身体。将采得的动物和附着物一并放入盛海水的容器内。

海蟑螂一般群栖在高潮线的岩石陆地，行走迅速；有时也隐蔽在岩石缝隙间。可用自制的网袋迅速罩捕。罩捕时，应注意勿损伤附肢，特别是尾肢和触角。

鼓虾类退潮时一般隐藏在岩石缝隙有海水处，它们的大螯钳能发出清脆的音响，其声如鼓，可顺声追索。

龙虾类一般栖息在浅海，生活在有藻类的岩礁海底，白天潜伏，夜里出来觅食。可乘低潮水浅时用叉捕捞，也可用网捕、笼诱捕或潜入海底捉捕。

蟹类在涸潮以后，大都藏匿在石缝间或石块下。有些种类爬行很快，需迅速用大镊子夹取；有些种类行动缓慢，易于捕得。

2）*沙滩和泥沙滩甲壳动物的采集*

生活在沙滩和泥沙滩的甲壳动物主要有等足目的浪飘水虱类、端足目的跳钩虾类、口足目的虾蛄类和十足目的虾、蟹、寄居蟹等。

浪飘水虱和跳钩虾成群随浪飘游，涨潮时从沙里钻出，于海水中游泳寻食；退潮时，则迅速钻入沙内。采集此类动物时，可在浪边的沙滩临时挖一小坑，退潮时，可见水坑内成群的水虱和跳钩虾在水中游泳，用自制的小型细网捕捞即得。

虾蛄多在低潮线的泥沙中凿穴栖息，巢穴两端开口，采集时可用脚踏巢穴的一端徐徐前进，虾蛄则从另一端穴口而出。也有的种类只一个洞口，且上下垂直，可挖取采得。

有些虾类在干、满潮线间的泥沙中造穴栖息。采集时用铁锹挖掘即得。虾类大部分游泳生活，但在退潮时，有些种类（如褐虾）能隐入浮浅的沙内，可挖掘得到；或挖一个临时性的小水坑，可见一些小型虾类在水里浮游，可用网捞捕。

有些蟹类，如关公蟹，多在沙滩上爬行，很少隐入沙中；有些蟹类，如沙蟹，多在高潮线的沙内穴居，常在沙滩上疾走，体色如黄沙色，行走如同一张随风飘动的枯叶片。这些蟹类可以用手掌迅速扑捕。有些蟹类，如大眼蟹，穴居于泥沙滩，洞口为椭圆形，洞口长径约 15 毫米，短径约 10 毫米，且面向海潮；洞身与地表呈 30 度角，斜向海岸方向。这类蟹可用铁锹掘取。

3）泥滩甲壳动物的采集

泥滩生活的甲壳动物常见的有招潮蟹，多在高潮线穴泥而居，周围平静时，成群结队地爬出穴外，一旦遇有声音惊动，则迅速遁入附近的穴内。它们的穴较深，不易挖掘，但可静候穴旁，待其爬出后迅速堵住去路而捕捉之；也可在夜间用灯光诱捕。

青蟹栖息于浅海泥质的海底，并多在高潮线附近凿穴而居。巢穴一般向下深约 30 厘米，又向一旁斜行 60～100 厘米。采集时可用铁锹挖取。

4）海港码头甲壳动物的采集

海港码头是采集某些甲壳动物标本很好的地方。在海港建筑设施上，如码头桥柱上、浮船的船底和两侧上生活的甲壳动物有藤壶、麦秆虫等。在海港码头采集和在别处采集一样，也需要在落潮以后才能进行。

蛀木水虱生活在码头桥柱或浮木内，喜成群而居，对海中木材建筑危害很大。采集时将被水虱吃过的腐烂木材取来，细心剥取木材里面的水虱。

还有一些小型甲壳动物常常生活在浮船侧或附生在海藻丛间，采集时也应留意。

5）游泳甲壳动物的采集

游泳的甲壳类，可用拖网采集，也可到渔市场购买。在市场搜集虾类标本时，应注意选择完整无缺的新鲜标本，并了解其来源和当地的别名。

定性采集浮游性桡足类用的浮游生物网一般用 15 号筛绢制作。网底缚一指形管瓶，以收集过滤后的水样。但此种小瓶倾倒水样时极不方便，故如有条件，可制作一个下端带开关的金属管，缚在网底，这样只要一打开开关，便可倾出过滤水样。15 号筛绢的网眼虽比采集浮游植物的 25 号筛绢的网眼大一些，但仍然不能迅速过滤大量的水。所以，如在船上拖网，船的行进速度不能太快，否则网就会浮露于水面；或因水不能迅速通过网眼而倒流出网口，使水蚤也随水流自网口冲出。如是小型池塘或无船只可供使用时，只能站在岸边拖网。此时可采用以下两种办法：一是把网绳绕成多圈抓在手里，另一只手把网往远处扔，待网落水后，慢慢收绳拖回小网；二是可以把网扎在一很长的杆上，手握杆使网在水中作“∞”形回旋。不论采用哪一种方法，在网靠近岸边时，必须及早提起，免使岸边污泥进入网内。网每次用毕，应及时在清水中漂净后阴干，以防网孔变形或被泥沙堵塞。

用底拖网可以采集到在海边潮面采集不到或很少采到的甲壳动物。对不同的底质（泥沙、沙砾、碎贝壳和岩礁底）使用不同的网具。网拖上来以后，除应当仔细采集外，对拖上来的有缝隙的石块、沉渣物、海藻等，也应细心检查，这样不致漏采生活在这些物体上的甲壳动物。一般在沙质和碎贝壳底质的浅海中易采得一些蟹类，如梭子蟹。还可拖到一些在海底爬行的虾类和龙虾类。

6）陆生甲壳动物的采集

陆生等足类主要栖息于潮湿的多根系的土表下，以植物嫩根、绿叶等为食。有些种类栖息于垃圾碎砾下，以有机碎屑或无脊椎动物尸体为食。采集时可用铁铲铲锄土壤表层即能发现甲壳动物。由于甲壳动物行走迅速，四处逃窜，故应将铲取的带有甲壳动物的土壤迅速倒入搪瓷盘内，然后捡取虫体，这样可以收集到较多数量的甲壳动物。

7）附生和寄生甲壳动物的采集

附生和寄生甲壳动物有急游水虱、蟹寄生虱、鱼怪、蟹奴等。有的寄生在淡水鱼体腔内和鳃上，有的寄生在海生蟹体上，还有的附生在虾的头胸甲的鳃室内。对这些寄生性或附生性甲壳动物的采集，需特别注意宿主的体形、体态，由于被寄生，宿主躯体常常畸形。对海生的寄生虱类进行采集时，应特别留意对雄性个体的采集：雄性个体比雌性个体小得多，结构亦较简单，常附贴在雌性体外。

2. 甲壳动物标本的处理

1）藤壶类

将采得的藤壶放在清洁的海水里，用细软毛笔清洗体表沙粒和杂质，然后放在淡水中麻醉死亡。为了避免个体间相互碰撞，磨损石灰质壁板（壁板的形态结构是分类鉴定的重要依据），最好用纱布包裹虫体，并将写明采集日期和采集地点的标签附在包内，外用棉线扎牢，暂时固定在7%福尔马林里。带回实验室后，移至酒精甘油混合液（80%酒精90毫升＋甘油10毫升）中保存。

2）海产虾类

将采集来的活体动物清洗干净后，用淡水杀死，然后放在搪瓷盘内，整理成自然状态，用7%福尔马林固定。由于虾的体躯和附肢的甲壳都含有石灰质，如长期用福尔马林保存，甲壳即被蚁酸腐蚀而酥脆，极易破碎断裂。故在福尔马林中固定一段时间后，必须更换到酒精甘油混合液中保存。

3）海产蟹类

一般的蟹类和寄居蟹类的生命力都很强，如直接放在酒精中固定，往往因受刺激而强烈挣扎，致使肢体脱落（虾、蟹都有自残的本能）。因此，最好用淡水或药品麻醉，使其失去活动力，然后用7%福尔马林溶液杀死，半小时后取出整形。如果是大型蟹、虾，为防止附肢脱落或体形不正，可用纱布包裹，棉线缠绕，外加标签，加入酒精甘油混合液保存。

4）小型海生甲壳动物

小型海生甲壳动物，如浪飘水虱、盖鳃水虱、跳钩虾等，先用淡水麻醉，然后把两个或数个虫体夹在两片玻片间，玻片两端用棉线扎紧（注意压力适度，防止压扁变形），放在搪瓷盘内，用7%福尔马林杀死固定，然后移至酒精甘油混合液中保存。

5）淡水甲壳动物

淡水虾、蟹和栉水虱类的处理方法基本同海生虾蟹类，即先用清水清洗体躯和附肢上的泥沙污物，然后直接用7%福尔马林处死并固定一段时间后，移至酒精甘油混合液中保存。

3. 甲壳动物标本的包装和保管

（1）一个标本瓶中所装的标本应不多于瓶子容量的2/3。野外采集期间，如瓶子不够用需多装一些，则应分别写明不同地点采得的标本标签，待返回室内，尽快分开处理。

（2）瓶子装不下的大型虾蟹标本，写好标签，用纱布将标本和标签一起包好，可直接装在标本箱内保存。

（3）最好能用凡士林油或蜡将保存有标本的标本瓶口封好，以免保存液蒸发。需经常对保存有标本的标本瓶进行检查，发现保存液蒸发，应及时添加；发现保存液浓度不够时，应及时更换保存液。

（4）整理好的标本应按分类系统排列，登记造册。

（5）干制的海产甲壳动物标本应放在比较干燥的标本室或标本橱内；盒内放一些樟脑丸，以防虫蛀；注意防潮。

Ⅱ. 螨类的采集及处理

1. 螨类标本的采集

1）植物上螨类的采集

植物上除叶螨科、细须螨科、瘿科、跗线螨科等吸取植物液汁的类群外，还有植绥螨科、长须螨科等栖息，而在根球中也可发现根螨及跗线螨等。

（1）敲打及刷落法：用毛笔或小棒打击树枝或叶片，使螨类跌落在下方的白布或白纸上；或用较大毛笔直接轻刷叶片，将螨类刷落在纸片上。然后，将收集到的螨类放入装有70％酒精的小瓶中（瘿螨则用70％～80％酒精的蔗糖饱和溶液）。

叶片上的螨类一般都很柔软，且常多种混杂在一起，鉴定时常需同时有雌、雄个体，所以采集数量要多。为知道其准确的寄主，不使其他螨类混入，可用塑料袋将枝叶套入再行敲打，收集落在袋中的螨类。

（2）采集附生物法：直接摘取植物叶片、草茎、小树枝等，放入塑料袋或70％酒精瓶中，带回实验室进行检查。微小的跗线螨、蒲螨、瘿螨等用肉眼及放大镜不易发现，而且有些蛾类隐藏在幼芽以及瘿中，采集时应特别注意附生植物颜色变褐或畸形的部分。

（3）水洗法：对收集有附生植物的塑料袋加水，加以充分震动，然后将水过滤，或用巴氏漏斗装置（Buchner funnel apparatus）经滤纸过滤，捡取其上的螨类。此方法可采得跗线螨以及躯体较硬的革螨亚目螨类，但不适用于采集体软的叶螨。

（4）杜匀氏装置（Tullgren apparatus）分离法：杜匀氏装置是以过去用于采集土壤昆虫的贝杜氏漏斗改良而成的。整个装置由4部分构成：最上方为电灯泡和灯罩，中间为一漏斗，漏斗中有一层铁丝网，下方为接受落下螨类的玻璃皿或瓶（图53）。使用时，将要分离的植物、土壤等放在铁丝网上，用电灯烤热，利用螨类受热后向下移动的习性，经过一段时间，即会落入盛水的玻璃皿或瓶中。

一般用40瓦灯泡加热。若温度过高，会使体壁薄的螨类或幼螨在落入玻璃皿或瓶前已热死；但若温度过低，分离需要较长的时间，可能有捕食性螨类存在，吃掉其他螨类而得不到尽可能多的所需要的螨类。

分离的材料中如混有昆虫或蚯蚓，分离前需拣除，以免分离过程中有土沫落入，影响螨类的发现和收集。

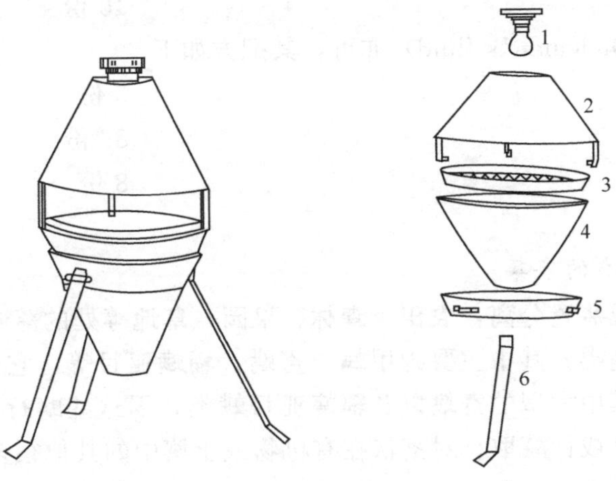

图 53　杜匀氏装置

a. 全形；b. 各部件名称；1. 灯泡；2. 灯罩；3. 铁丝网；4. 漏斗；5、6. 支撑架

寄螨科等行动迅速的螨类，开灯后很快开始落入，3～4 天即可分离完毕。玻璃皿或瓶中加入少量中性洗涤剂或酒精，可使落下的螨类下沉，以防逃逸。用毛笔或前端弯曲的针从水中收取。收集到的螨类可直接放入保存液中；或通过巴氏漏斗装置（图 54）过滤，在滤纸上捡取，这样，跗线螨、蒲螨、粉螨等微小螨类不致遗漏。

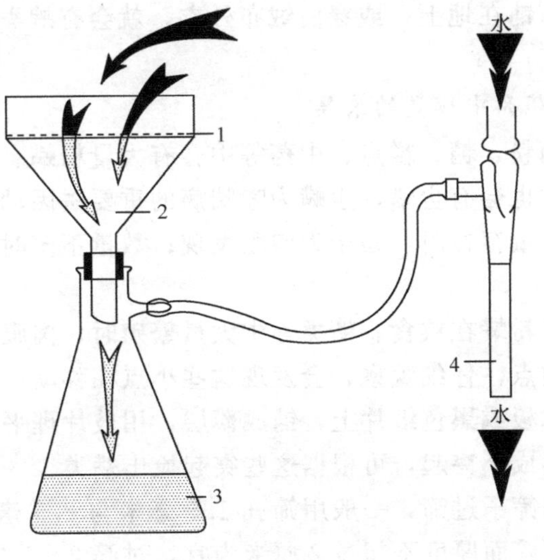

图 54　巴氏漏斗装置

1. 滤纸；2. 巴氏漏斗；3. 滤液；4. 下沉的真空

保存液一般使用 70%酒精，但酒精易使体内组织硬化，不易制成理想标本。因此，预期保存三个月以上的标本，以使用下列保存液为好：

甘油	50 份
水	40 份

冰醋酸 10 份

或用奥氏液（Oudeman's fluid）亦可，其配方如下：

甘油 5 份

70%酒精 87 份

冰醋酸 8 份

混合后摇动。

2）地表及土壤螨类的采集

（1）粘取或巴氏装置分离：农田、森林、果园、草地等处的落叶、腐殖层、堆厩肥等有机物中有很多螨类，其中主要为甲螨、寄螨、辐螨亚目等，它们有取食腐殖质的，也有捕食性的。对其中大型的寄螨以及辐螨亚目螨类，因这些螨行动活泼，色彩显著，可直接用有水的毛笔或针蘸取。对潜伏在有机物或土壤中的其他很多小型螨类，则用上述的塔氏装置进行分离。

（2）水浮法：把土壤中螨类放在水或食盐饱和溶液中使其上浮进行分离。即在铅桶中放入少量土壤，加水搅拌，其中的螨类会被气泡包围而上浮。

（3）木板法：把黑胶木板或杉木板放在地面就会有恙螨等聚集，用此法可采集很多恙螨。

（4）直接采集：野外牲畜排泄物或堆肥中可发现有很多寄螨、巨螯螨、尾足螨等，可直接用毛笔或有柄的针蘸水或树胶氯醛液粘取后放入保存液。这些地方也会发现多种甲虫，在甲虫体上可采得很多螨类。

在牧场可用白绒布铺在地上，或穿白绒布外衣，就会有蜱类的成蜱、幼蜱等集聚其上，极易发现和采得。

3）储藏物、食品及药品中螨类的采集

米、麦、杂粮、面粉、糖、糕点、中药等中会有大量粉螨、跗线螨以及肉食螨类栖息；家中被褥衣物等中也会有尘螨，尘螨为哮喘病的重要诱因动物，越来越引起人们广泛地重视。这些螨类大量存在时，易于为肉眼发现；数量不多时，需要用下列方法观察它们的存在。

（1）直接采集法：粉螨在粮食、糖类等中大量繁殖时，肉眼即可直接看到；或在容器上看到很多粉状小白点，仔细观察，会发现这些小点在移动。这类螨可直接捡取。或将面粉、食糖等倒在木板或黑色纸片上，铺成薄层，用玻片理平，由于螨类本身的运动会在平整的物品表面形成小突起，可根据这些突起捡出螨类。

也可用不同网目的筛子过筛，一般用筛孔 1.5 毫米与 2.5 毫米的两层筛形成一组，每次待筛的样品量以在筛面厚度不超过 2 厘米为宜，过筛 2～3 分钟，每分钟 100～120 次，筛子下放置黑色纸片，落下的螨类在放大镜或双筒镜下检视，再用毛笔或有柄的针蘸酒精甘油混合液湿润尖端，粘取螨类。

（2）浮聚法：根据不同物质（如食糖）的性质（水溶性），用水或其他适宜的溶剂，将其完全溶解后，用滤纸过滤，滤出其中的螨类。

（3）魏氏烧瓶法：魏氏烧瓶（Wildman flask）为一个三角烧瓶，瓶中有橡皮塞，塞上有金属棒。把一定量的材料放入烧瓶中（占烧瓶全容量一半），再加汽油 10～20 毫升，用玻棒充分搅拌，隔数分钟搅拌一次；30 分钟后加水，使汽油层上浮达到烧瓶颈部上方为止（必须保留少许空间，勿使液体溢出）。为不使汽油油滴残留，可用橡皮塞充分摩擦瓶壁，直到水与汽油完全成为两层。静置到内溶物沉淀，其中的螨类会聚集在水与汽油间的界面上。此时，将橡皮塞拉起，盖住烧瓶颈部，将烧瓶颈部上方的液体倾倒在滤纸上过滤，螨类与一些杂物会残留在滤纸上，用双筒镜或低倍显微镜检查滤纸，发现螨类后用针捡取，将其放于玻片上制成标本，或放入保存液中保存。

用这种方法采集的缺点是，螨类标本较易破损或附肢不能充分伸展，制成的标本形态不好。但在大量材料中采集数量较少且珍奇的标本，这个方法还是比较有效的。在测定食物中是否有螨类以及测定较精确数量时，此方法被经常使用。

(4) 分离法：储藏的原粮中的螨类常会进入谷粒表皮之下，在过筛或浮聚法采集时不易得到，对这类隐匿性螨类常用塔氏装置分离获得。

4) *动物寄生螨类的采集*

采集动物寄生螨类应先捕获寄主动物，如爬行类、鸟类、哺乳动物等。为使捕获的寄主动物上的螨类不致逃逸，应将寄主动物分别装入纸袋或塑料袋中运至实验室，并应低温保存。

(1) 直接从寄主身上采集：这是采集寄生性螨类重要且基本的方法。寄主死后，很多寄生其上的螨类仍能长期寄生，可直接用毛笔或有柄的针捡取。但有些种类附着在寄主皮肤上，强行剥取，会损坏螨类，应或待其自然脱落，或放入 70%酒精后，用有柄的针捡取。有些螨类（如恙螨幼螨）用酒精固定后，不易制成良好标本，故应尽可能活着时封入树胶氯醛液。鸟类身上寄生的螨类也有不易脱落的，可去其羽毛，切取寄生部分的皮肤，放入 70%酒精中，皮肤软化后螨类会自然脱落。

(2) 悬挂法：桌面上放一水盆，将在野外捕到的啮齿类后腿或鸟的腿用绳缚好，悬挂在离水面数厘米处。约一天后，大部分附于寄主体表的螨类会落入水盆中。当然，有些螨类仍然会留在寄主身上，没有落入水盆，可以再仔细检查寄主体表，已求获得尽可能多的螨类。

悬挂法是在捕获寄主数量较多而一时又不能用其他方法处理时采用的。此法通常比较简便易行。

(3) 水洗法：将在野外捕到的野生啮齿类放在加入少量中性洗涤剂的温水中用刷子洗刷，再把洗下的水离心沉淀，或倒入圆锥形量杯内沉淀，可在残渣中找到很多寄生性螨类。

(4) 从活体寄主身上采集：可把活的寄主放入小型铁丝网笼内，笼下放漏斗，漏斗下放盛水的水盆，也可收集到从寄主身上落下的螨类。

(5) 内寄生螨类的采集：鸟类、爬行类、哺乳类等体内有寄生螨类，特别在这些寄主的气管、鼻腔、肺等呼吸道中有不少螨类寄生，可通过解剖寄主获得螨类标本。解剖过程中，如发现寄生螨，可用镊子或有柄的针将它们小心取出，尽量不要损伤标本。

(6) 从动物巢穴或其他野外环境采集寄生螨类：可直接在双筒镜下对动物巢穴内的食物、草屑、野外落叶和屋内的尘土等，进行仔细检查，寻找螨类。

5）与昆虫相关联的螨类的采集

自然环境中生活在不同发育阶段的昆虫的体表、翅下、气管中等，可能有多种多样的螨类寄生。这些螨类的寄生有时会对某些昆虫的生长发育产生抑制作用，可以利用这种作用进行生物防治。收集这类螨虫标本时可用塔氏装置进行处理。

堆肥或厩肥中的金龟子、埋葬甲等腹面有寄螨的若螨、巨螯螨等附生，可直接用毛笔或有柄的针捡取；或用氯仿熏蒸，使其脱离寄主，予以采集。

在步甲上可采得很多盾螨，如在鳞翅目昆虫上曾采集到 21 科 91 种螨类。

在对昆虫身上寄生的螨类进行采集时，应特别注意检查虫体各部的膜质部分。

6）水中生活螨类的采集

水螨自由生活在水的底层，有些营寄生生活。根据水螨生活环境和生活方式的不同，采集方法也不尽相同。捕鱼网或拖网采得的水螨标本可以放在白瓷盆中检查，因在白瓷盆中比较容易发现它们，找到后可用滴管将它们移至玻片上。对湖沼或缓流中生活的水螨，则可用小长丝袜网或滤茶器加上长柄捞取。河床底泥中生活的水螨，采集时可将可能混有水螨的底泥放入浓硫酸镁溶液中，10 分钟后，水螨上浮，即可收集。

水螨幼螨常寄生于水生或半水生的昆虫或软体动物上。水栖半翅目、甲虫、蜻蜓、蜉蝣以及蚊虫幼虫的翅或躯体上，常有取食的幼螨或囊状透明白色或明亮的橘色静息第一若螨附着；软体动物的鳃及水管组织有水螨的第一若螨与第三若螨寄居。把河蚌割开，在外套膜壁或鳃之间就可看到有水螨的幼螨及卵存在。在水栖或半水栖昆虫上仔细检查后，可发现绒螨群若干科的幼螨寄生。

海螨与水螨不同，不会游泳，大多是非寄生性的，所以不能用通常的方法采集。海螨通常极难发现，要依靠被其感染的物质进行采集，采集时需要用特殊的抽提技术。

生活在海岸或潮汐带中的海螨通常可用手直接采集；在半潮汐带或海底生活的海螨，需用拖网或固定渔网采集。从海底沉淀物中抽提海螨时，要先通过各种沉淀方法尽量减少容量，再用 150 微米的筛子过筛获得。

最好从栖息场所，如海藻、珊瑚、其他无脊椎动物等中分离活螨。把发现的可能有海螨生活的物体打碎或撕开，放入盛有海水的塑料桶中（12 升），加入 15 毫升氯仿或一种卤代醚化合物使螨麻醉，麻醉后的海螨会放开附着物。将海螨和水的混合液从一桶倾倒到另一桶，反复几次，可以加速麻醉过程。约 30 分钟后，充分冲洗，移去已处理的海水。所用的水需用纱布袋过滤，将有过滤物的纱布袋放入海水中，以使过滤物不致凝固。袋上加标签，扎紧，放在 95%酒精中，以备日后研究。

用玫瑰红液加防腐剂（100 毫升防腐剂中加 1.5 毫升 50%的颜料），可使无色海螨着光亮的红色，以易于发现。

2. 螨类标本制作

随着相差显微镜与干涉显微镜的出现，所使用的标本需要高度透明，而大多包埋剂的清洁度不高。将螨类标本放到载玻片上之前，要把较小而稍骨化的不透明的组织浸软或移去。这就需要使用清洁剂或解剖。

对已制成的显微镜玻片标本，应将其保存在玻片盒中，平放。每一玻片标本粘贴采集地标签之前，不应永久储存。

Ⅲ. 蜘蛛类标本采集及处理

1. 蜘蛛类标本采集方法

根据采集工具的不同，蜘蛛标本采集方法可分为 7 种（图 55）：采集管采集、昆虫网采集、毛笔采集、棍棒敲打法采集、陷阱法采集、引诱法采集和掘土采集。

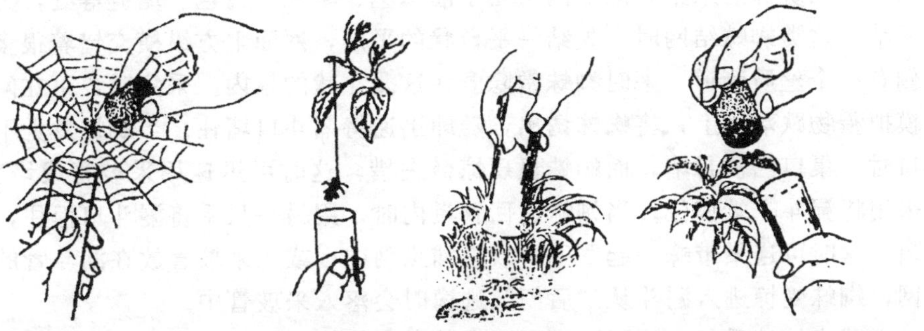

图 55　蜘蛛的各种采集方法（宋大祥，1987）

（1）采集管采集：不论是地面上、叶面上或网上的蜘蛛，都可用指形采集管扣捕。蜘蛛在网上或叶面时，一般用管扣捕，并用手或瓶塞从另一侧挡住；抽丝下垂的蜘蛛则必须用管在下方接着，以免蜘蛛掉落地上或草丛。

（2）昆虫网采集：采集高处结网的蜘蛛，一般用网捕。采用昆虫网也有几种情况：一是蛛体小、数量多时，可用捕虫网来回扫捕；二是蜘蛛网较高不能直接采到，可用网捕，然后收集到玻管内。用昆虫网在草丛和灌木丛中挥扫，也可捕捉到一些不易发现的小型蜘蛛。另外，捕捉结漏斗网的蜘蛛，可将昆虫网放在蛛网下，用棍棒敲打蛛网而捕到蜘蛛。

（3）毛笔采集：特别小的蜘蛛一般用毛笔蘸酒精粘捕。

（4）棍棒敲打法采集：在灌木层下放白瓷盆或铺白色塑料布，用棍棒敲打灌木，然后用指管或吸管捕捉落入瓷盆或塑料布上的蜘蛛。

（5）陷阱法采集：在地下埋一马口铁罐、罐头瓶、塑料水杯等，罐口与地面平，内装酒精等，罐口四周用石块垫起一块木版，防止雨水冲入罐内。埋罐的地点最好选在奔走的蜘蛛容易经过的场所，如山坡，每星期检查一次。

（6）引诱法采集：对于隐藏在石头缝隙、树洞及在地下打洞的蜘蛛，通常也可用草尖轻轻拨动蛛网以引诱蜘蛛出洞。

（7）掘土采集：对穴居蜘蛛，在引诱法不成功的情况下，多数是用小铲、刀子之类的工具顺着蜘蛛的巢穴直挖到底而获得。

2. 不同类型蜘蛛的采集

1）造网蜘蛛的采集

结圆网蜘蛛的采集：圆蛛科蜘蛛常结车轮状网于草木间或庭院的屋檐之下。夜晚喜居网心捕食；白天，尤在烈日下，常躲在网的一角或砖缝、树叶背面、卷起的叶片中等隐蔽。网心和隐蔽处之间有信号丝相连，飞虫落网产生震动后，上网取食或捆缚落网的食物。采集这类蜘蛛，可根据信号丝找到它们，也可用小草棍等轻拨蛛网诱其上网；还可以利用蜘蛛受惊时沿丝下降的习性，用采玻管从其下方承接。对于网下的蜘蛛，可左手拿采玻管，右手拿管塞，将蜘蛛赶进管内。如蛛网张结高处，不能直接采到，可用捕虫网兜捕，再收集到采玻管中。

结漏斗网蜘蛛的采集：漏斗网常见于灌木丛、草地、篱笆、墙缝等处，为漏斗蛛科蜘蛛所结。这类蜘蛛结网时，先结一平台状的平网，网面上方纵横交错着很多细丝，网的一侧有一个丝质管道，平时蜘蛛常隐匿在这漏斗状的巢内。采集时，可在网上轻轻拨动，模拟猎物跌落网上，将蜘蛛诱出，随即迅速将漏斗口堵住。当蜘蛛发觉不是食物返回巢口时，巢口已被封堵，而蜘蛛显现惊慌失措，这时可迅速用采玻管或培养皿扣捕。也可采用将漏斗末端捏住，当蜘蛛返回管巢内时，用另一只手将漏斗口捏住，使其囚于管巢内，这时可连巢带蛛一起取下，放进捕虫网中；或用采玻管放在漏斗管的末端，触动平网，蜘蛛受惊逃入漏斗从“后门”逃逸时会落入采玻管中。

结褛网蜘蛛的采集：褛网不像圆网有经纬丝结构，也不像漏斗网有平网，而很像一张撒在山坡、草丛、乱石堆或岩洞旁的渔网。褛网的一侧有漏斗口通向石缝，平时蜘蛛就隐藏在石缝或草丛中，清晨或傍晚也能见到蜘蛛静止在网上。褛网蛛科蜘蛛行动敏捷，轻微响动也能使其觉察而迅速通过漏斗口隐藏到石缝之中。采集这类蜘蛛时，通常右手拿捕虫网放在蛛网的下方，左手用毛草叶在网上轻轻抖动，模拟昆虫落网时挣扎的动作，蜘蛛会扑过来捕食。此时，应迅速将捕虫网从蛛网的下方向上兜起，蜘蛛会落网被捕。

结不规则网蜘蛛的采集：采集这类蜘蛛时，不要误触其网，要看准蜘蛛在网上的位置后再采集。如不慎触网，蜘蛛会假死跌入草丛，可拨开草丛细心寻找，用采玻管扣捕。

结皿形网蜘蛛的采集：微蛛结皿形网，这类蜘蛛个体都较细小，体长 2～3 毫米，如小黑蛛属、瘤胸蛛属等。它们常在草丛、枝叶间结一皿状网，隐蔽伏击昆虫。采集这类蜘蛛时，可用瓶扣或用毛笔蘸酒精麻醉蜘蛛，之后将蜘蛛扫入管内。

2）穴居蜘蛛的采集

穴居蜘蛛常在墙根、地表等处挖洞穴居。穴居蜘蛛白天常隐匿在洞内，夜晚外出或潜伏洞口伺机猎食；蠓蟷在洞口更做有巧妙并能自由开启的活盖。穴蛛洞口周围或活动盖外面有杂草或枯叶掩蔽，不易被发现。采集这类蜘蛛时，要注意观察寻找洞口周围有无新鲜湿土粒，以此可确定洞内有无蜘蛛以及洞口位置。确定后，可用小草棍轻拨活动盖，诱蛛爬到洞口，然后用铲或大镊子从洞旁斜铲入土中，将洞穴隔截，断其退路。此时即可用采玻管扣捕爬到洞口的蜘蛛。

3）游猎蜘蛛的采集

击落法：游猎蜘蛛常在枝叶间游猎。采集时，可将捕虫网、白棉布、塑料盘等放置在有游猎蜘蛛活动的枝叶下方，用棍棒敲击枝叶，蜘蛛受到剧烈震动后会自行下落，用采玻管扣捕即可。

扫捕法：用采集网在草丛、枝叶间，上、下、左、右挥扫，可以得到较多种类的蜘蛛。

扣捕法：适用于在地面、墙壁、树干及农作物叶面活动的蜘蛛。用采玻管或塑料瓶直接扣捕。

3. 采集蜘蛛标本的注意事项

(1) 标本采集的主要目的是为了鉴定种类，了解其生活习性，而蜘蛛的生殖器官是进行分类研究、种类鉴定的最主要依据。因此，采集时应尽可能采集性成熟个体；此外，也需适当地采集若蛛、卵囊（卵袋）等。

(2) 尽量避免徒手捕捉，以保持标本的完整。

(3) 所采集蜘蛛标本一定要附上详细的采集记录，包括采集地点、采集日期、采集人等，具备完整详细采集记录的标本才更有价值。忌用钢笔书写标签，打印的编号更能保持字迹清楚。根据标签编号，在采集本注明采集时间、地点、生活环境和采集人姓名。分装标本时，标签亦应与标本同时转入管或瓶中，标本和标签在任何时候都不能分开，以免发生差错。

(4) 采到的标本要立即投入酒精管中杀死，切不可将数只活蛛置于同一个没有阻隔的空管内，以免相互蚕食。若想带回活体蜘蛛，最好用小玻管分装，每管一个；如要一管装数个，必须用棉花或树叶相互隔开。

(5) 经过酒精浸渍后的蜘蛛，标本色彩、花纹等易褪色，应在活体时对颜色特征加以记录。野外采集遇到不太熟悉的蜘蛛时，要先观察记录，然后采集，注意观察其生活环境的特点、活动姿态、习性、颜色和花纹等。

(6) 同一标本管内只能装同一地点、同一采集时间采集的标本。

(7) 若遇到雌雄蜘蛛一起活动时，应尽力设法同时采到，合装于一只管内。

(8) 对采集到的蜘蛛要及时投入盛有95%酒精的玻璃瓶或指形管中杀死固定。若需要活体标本，可单管保存。需要注意的是，采集到的标本只能用酒精保存，不能用福尔马林，因福尔马林易使标本硬化变脆，降低或失掉标本的使用价值（展览陈列用的标本可用福尔马林保存）。

(9) 标本要求有一定的数量和质量。采集者应以群体概念为指导，标本要有一定的代表性：种类上反映该地区自然环境特点，数量上反映该地区的优势类群。对于珍贵稀有的标本，应在保护的前提下尽量少采（如七纺蛛、盘腹蛛等珍稀物种）。

(10) 标本采集的要求因研究目的不同而有所区别。例如，研究当地某种蜘蛛的生活史，就必须按时采集卵、幼蛛、若蛛和成蛛不同阶段的标本；研究其染色体，需要采集性成熟标本。

(11) 蜘蛛一般雄性先成熟，如捕到雄蛛，就要注意同一生境中雌蛛的采集；当日不能采到可隔天再继续采集。如只能采到雌蛛，可能雄蛛出现季节已过，必须注意下一世代的采集，或于次年稍早于此时补采。

(12) 金蛛、络新妇蛛、棘腹蛛等的雄蛛较雌蛛小得多，体形和色纹差别大，常会误以为未采到雄蛛，或误认为采到的是不同的种。

有些蜘蛛甚至出现雌蛛张大网，而雄蛛仅在网旁张一小网，甚至不结网。采集时要注意同时加以收集。凡生活在同一网上同一巢内的，或正在交配的雌雄个体，应单独保存在一管内，以便鉴定。

(13) 蜘蛛有保护色和拟态，采集时要注意观察，如近亲三角网蛛静息时似枝芽；蟹蛛、新圆蛛的某些种类，体色似绿叶和花的颜色；艾蛛藏匿于悬挂在网上的食物残渣中等。采集者不应忽略。

4. 蛛形动物标本的处理

对采到的标本应先用95%酒精杀死固定，然后在室内除去污物，每隔1～2天换一次80%的酒精，连续换两或三次后，装入盛满酒精的指形管（或其他小瓶），用脱脂棉塞口，倒放在大广口瓶或标本瓶里，再注入80%酒精，以浸没指形管为宜，加盖即可永久保存。根据酒精挥发程度每隔一定时间更换一次同样浓度的酒精。

用于塞口的脱脂棉应形态规整，直径应大于指形管的内径，以保证塞紧后不致轻易脱落。塞紧后的脱脂棉上部距指形管的开口端不少于1厘米。

Ⅳ. 多足动物标本的采集及处理

1. 多足动物标本的采集

从定点定量土样中用筛网获得的多足动物，除有一些小型的综合类和少足类的成体外，唇足类和倍足类多数为不具备物种鉴别特征的幼体。因此，在定点采集土样的四周必须用手拣的方法，在落叶层、腐殖土以及碎石下采集成体。

唇足纲包括蜈蚣、蚰蜒等。蜈蚣栖息环境多样，但主要是一些阴暗的地方，如乱石堆、烂草堆、旧房屋的暗角隙缝、田间土块下、林木下的枯枝落叶层中等。在这些地方常可发现不同种类的蜈蚣。蜈蚣行走较快，发现后应用医用长镊子迅速夹取。用手捕捉时要特别小心，必须看清头部，用大拇指和食指迅速夹住头部第一对颚足的基部，然后放入广口瓶或大口玻璃瓶内。

蚰蜒日间隐蔽，夜间出来活动。由于蚰蜒爬行迅速，用手捕捉或用大镊子取都不适宜，有时即使捉到，也常常因用力太大而造成虫体损伤。尤其是其细长的足，在压力下极易脱落，以致得不到完整的标本。比较好的获取方法是事先准备半瓶水，发现目标后，迅速将之拨落入水瓶，然后用湿透的纱布轻轻覆盖在虫体上，大约经过10分钟即可溺死，这样可以获得完整的材料。也可以用大口纱布兜代替水瓶，把蚰蜒拨落在纱布兜里，然后将纱布兜全部没在水中，将蚰蜒溺死或转移至毒瓶中杀死。还可以用瓶装杀虫剂对准目标喷射数次，蚰蜒的爬行速度减慢，很快会停止不动。对于停留着的蚰蜒，使用这种方法捕捉效果更好。

透过筛网的多足动物，如综合类、少足类和能透过筛网的若干倍足类，以及不同幼体阶段的唇足类，可直接放入60%～65%的酒精固定液中保存。对在采样点四周相对宽阔地区采集到的中型和大型的倍足类和唇足类，也要用酒精固定液及时固定。如采集量过多，2～3天需更换一次酒精，以防因酒精含量过少造成动物样本腐烂。

倍足类在固定时身体常会卷曲，有时会盘卷的很紧，不利于室内镜检。最好在样品被杀死后不久，体内肌肉还未僵化时，用尖头镊子将标本舒展成条状，便于观察头部的颚唇和其他必须解剖的部分，如第一步足和生殖肢等。

种类鉴定时，倍足类雄性生殖肢必须取下来；唇足类的末一节和该节步足的特征是物种鉴定的重要依据，虽不需要摘取下来，但必须仔细观察其腹面的性状。由于样本固定时往往会盘卷（倍足类）或扭曲（唇足类），给观察性状特征带来困难，采集时应对刚刚死去的样本及时整形。

2. 多足动物标本的处理

1）*多足动物标本的解剖*

以雄性成体生殖肢为鉴定种类的倍足类，需在解剖镜下用 0 号或 1 号昆虫针把生殖肢取出，放在盛有少量甘油和水混合液的凹玻片里观察。生殖肢的正常位置常常为初学者所忽视，最好在解剖下来之前仔细观察，也可手绘生殖肢与相关联部分（如生殖肢的出口）的轮廓图，弄清它的大体结构，如生殖肢的基节与基节末端的角状突以及前股节和股节，而胫节和跗节形态复杂多样，细微特征结构必须用方格片或用反光描绘器在显微镜下绘图。

2）*多足动物标本的压片*

为了保持标本不受压片影响，便于绘制特征图，有些种类不压片比压片更好。例如，倍足纲的雄性生殖肢，压片反而有损于正常状态。而体形颇小的综合类的触角、小颚和被取下来的步足，应该放在平载玻片上，滴一滴甘油压片，这样处理的样品才好在显微镜下对形态特征进行观察。少足类的个体很小，在解剖镜下用 00 号细小昆虫针也不能把所需部分完整解剖下来。由于要测量头部前面几个背板上成对刚毛的长度比例，必须压片，整体压扁才可能使这些刚毛出现在显微镜视野内的平面上，但该方法仍不够理想而造成测量上的困难。压片后身体末端的肛门板的结构最好在偏光显微镜下观察，可以得到较好的显像。如果封片保藏，可以埋在加拿大树胶里；也可在盖玻片外加少量清水，用昆虫针把盖玻片掀起，取出标本放在最细小的指形管内保存。这些操作都应在解剖镜下细心完成，以免丢失实物。用加拿大树胶封片前也要先从盖片下取出实物。

3. 多足动物标本的保存

小型多足类可用 80％酒精固定和保存。大型多足动物可用楷氏固定剂固定及保存，或用柯氏固定剂固定并酌情进行体内注射。

楷氏（Carl's）固定剂

95％酒精	170 ml
40％福尔马林	60 ml
冰醋酸	20 ml
蒸馏水	280 ml

冰醋酸在使用时加入，可以将标本长期保留在此溶液中。

柯氏（Kahte's）固定剂

95％酒精	30 ml
40％福尔马林	12 ml
冰醋酸	2 ml
蒸馏水	60 ml

固定数小时，也可长期保存，或换入 70％酒精中保存。

部分多足动物也可用干制法保存。

3.7.2 软体动物门标本的采集及处理

1. 标本采集准备程序

1）工作计划的制订

野外采集之前应首先确定采集地点，不同生境条件，如岩石岸、沙滩、泥滩等都应尝试采集，以使采集到的类群尽可能丰富。

尽可能查找相关工作区域研究背景资料，包括以往研究类群的研究背景、气候、植被、土壤、地形、地质、潮汐等。在此基础上，制订出详细具体的调查采集计划。

2）采集前的物质准备

应提前准备好采集用具、药品、仪器、野外记录本、地图等。到达采集地点后，应向当地有关单位和群众了解与调查采集相关的情况，根据情况可以对原计划进行必要的补充修改。

采集工具

采集箱：用于采集工具以及标本和其他用具、药品等的存放。采集箱可用实木或铁皮制作，其大小可根据需要确定，以便于携带和搬运为原则。

采集包：用于记录本、标签、大小镊子、放大镜、土壤筛、标本瓶、塑料袋、玻璃管、照相机等物品的存放。

手提采集桶：用于野外采集时标本及用具的存放。不宜太大，以便于携带为原则。

土壤筛、小铁铲、植物标本夹等：专门用于小型软体动物的采集。有些种类个体小，肉眼不易发现，需用小铁铲将土铲入不同孔径的土壤筛中筛选，然后将标本用镊子小心置于标本瓶中。在调查采集过程中，常发现贝类栖息或取食各种植物或作物。有时一些宿主植物在野外无法鉴定，可将该植物部分或全部采下来，置于植物标本夹内，带回室内进行鉴定。

仪器设备：GPS、小型野外气象仪、土壤 pH 计（或试纸）、土壤干湿度计、照相机等，以便对样品栖息环境中的生态因子进行必要的测定和记录，为回到实验室后做进一步整理和研究提供必要的数据。其中 GPS 应有测定海拔的功能。在野外如需进行生态，如食性、食量、迁徙规律等调查，还应准备放射性核素及盖氏计数器等。

海洋软体动物的采集还需要捞网（图 56a）、吊网（图 56b）、三角网、拖网、浮游生物网、铁锹、铁锤、铁凿、广口瓶、改锥等。淡水贝类采集需要准备抄网、三角拖网等。

采集标本用药品

酒精、福尔马林（40%的甲醛水溶液）、布恩氏液（Bouin's solution）、卡诺尔氏液（Carnog solution）和纽柯姆尔氏液（Newcomber solutlon）等，分别用于浸制标本和固定组织。若需做解剖标本，最好用酒精甘油混合液浸泡。

麻醉贝类的药品有硫酸镁、薄荷、多聚乙醛、氯仿、铬酸、醋酸等。

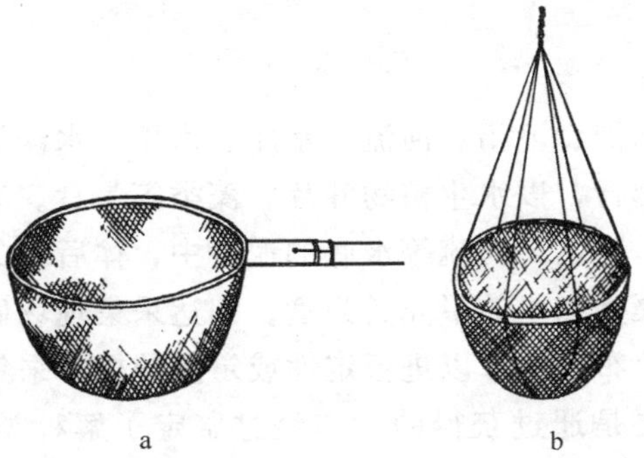

图 56　捞网（a）、吊网（b）

2. 标本采集方法

1）陆生软体动物

陆生软体动物的鉴别特征

陆生软体动物是指在陆地上生活的软体动物。根据外部形态可分为外形带贝壳及不带贝壳的两类，通常把带贝壳的称为蜗牛（snail），不带贝壳的称为蛞蝓（slug）。陆生软体动物分类的鉴别特征包括贝壳的形状和结构，如贝壳的外形、脐孔的位置、大小、缝合线和壳面的刻痕、色泽和花纹等；颚片、齿舌、触角的结构及其收缩机能；生殖系统各气管的结构，如阴茎的形状、内部的乳突、外部的附属物、鞭器、收缩肌与输精管的着点位置、射矢囊及射矢形状、受精囊的长度、黏液腺等；排泄系统各器官的形态和结构，如肾脏的形状、位置，输卵管的有无，肺脉的长短和位置，呼吸孔的类型等；神经系统的机构，尤其是脑神经节的特征等。此外，外套叶、贝壳群兜（或外套膜）的结构形态、肌肉结构、足和足沟、各种腺体构造等，也是重要的分类学鉴别特征。

陆生软体动物标本的采集

采集陆生软体动物时应注意采集点的选择。采集时应在田间、田间作物、草丛、树干、树枝、石块下、岩石缝隙等处仔细寻找。土壤中的小型种类可用小铁铲铲少量泥土置于土壤筛中，过筛后用镊子轻轻将标本装入瓶里、纸盒或塑料袋中，并记录其生境的各种环境因子（植被、地形、地貌、土壤等）以及标本的色泽和特征。

可根据需要调查陆生贝类的种群密度。一般以每平方米螺类的数量表示。应选择 5～10 个样方，取其平均值，进行种群密度统计。

拍摄各种螺类的栖息环境及活动情况。

每种动物一般应采集 30～50 个标本。

2）淡水软体动物

淡水贝类的多样性

淡水贝类是指生活在淡水中的软体动物门双壳纲（Bivalvia）和腹足纲（Gastropoda）的一些种类。淡水贝类种类多，数量大，有些种类生活在水流较急，水质澄清，底为砂石的水域中；有些种类（大多为无齿蚌亚科的种类）则生活在水流较缓的水域或静水中。

淡水软体动物的采集

淡水腹足类动物在湖泊、池沼、河流、水库、水田、水洼等生境中比较常见。它们以宽大的肉质足在水底爬行，以水生植物叶片、藻类等为食。淡水瓣鳃类动物一般行动缓慢，大多潜居在湖泊、池沼、河流等水底的泥沙中，体后端的出水孔外露，以有机物颗粒、轮虫、鞭毛虫、藻类和小的甲壳类为食。到达采集现场后，应注意所采集对象的生活习性、栖息环境、分布地区，以进行定性或定量的标本采集。

(1) 定性采集：主要是通过获得的标本经过鉴定了解种类组成。在潮湿地区、沟渠、池塘、溪流、湖泊沿岸带及泉源等地区，螺类多附生在石块、枯叶下，一般可以用镊子夹取。生活在离岸较远的水底或水草上的螺类，可用长柄手抄网打捞。采到的标本应及时书写采集标签，登记备查。

可乘船用三角拖网采集湖泊及河流深处生活的贝类。采集时，将三角拖网拖于船后，缓慢拖行，经一定距离，将网提起，冲掉网中泥沙，把采到的标本倒入采集桶中，回去后进行标本分类、固定和保存。渔民捕鱼用的撒网也可以采到一些底层生活的贝类标本。

(2) 定量采集：旨在了解软体动物的种群密度和生物量，研究季节消长等生态特征。一般使用随机抽样法，根据贝类滋生地的特点、范围和数量的多少和分布，设框调查（一般每框为 1 平方米）进行抽样。框与框的距离应不超过 50 米，隔若干距离落框必须固定，每一调查对象框数不得少于 100 框。落框后，应集中精力仔细计数，分别按下列公式计算相关指数。

贝类平均密度（只/平方米）＝捕获总螺数/调查总框数

有贝类框出现率（%）＝（有贝类框数/调查框数）×100

此外，采集淡水软体动物时应注意采集稀有或作为寄生虫中间宿主的水生软体动物，应与当地的渔业或养殖部门联系，了解情况。

3) *海产软体动物*

潮间带采集

在最高潮线到最低潮线之间，潮水退后露出的泥、沙或岩礁的海底称为潮间带。潮间带可分为高潮区、中潮区、低潮区三部分。以正规半日潮类型为例，高潮区位于潮间带上部，上界为最大潮时潮水所波及处，下界是小潮时高潮的平均水面；这一潮区被海水淹没的时间很短，仅在大潮时才能被海水覆盖。中潮区的上界是小潮高潮线，下界是小潮低潮线；这一区域是典型的潮间带区，不论大小潮，满潮时海水可以淹没，退潮时可以露出水面。低潮区在潮间带的最下部，上界是从小潮低潮线往下直至基准面；这一区域浸在水里时间较长，只在大潮低潮时才露出水面。

此外，潮间带有时也按时间划分。以正规半日潮为例，如果已知潮水在一昼夜 24 小时 25 分钟内发生两次涨落，每涨落一次需要的时间是 6 小时 12 分钟左右。假如潮水自早晨 6 点开始退，退到 8 点零 4 分，所露出的海滩就是高潮区。依次计之，便可知中潮区和低潮区，但精确度受地形和风向的影响。

由高潮线至 1 万米水深的海底都有海产软体动物栖息。由于它们种类繁多，生活习性多种多样，除游泳及少数寄生生活的种类外，大部分是属于底栖生活的。虽然同是底栖生活，但也因种类的不同而分别生活在不同的深度和不同的底质环境中。下面根据它们不同的生活环境和不同的生活方式分别介绍。

(1) 海边贝类的采集。

海边：由于波浪的冲刷，许多贝类死后的遗壳常堆集在高潮线附近，只要仔细寻找就会拣到不少种类的贝壳，特别是一些微型的贝类，如麂眼螺、三口螺、小塔螺等。采集这些小型贝类的另一种方法是用小孔目的筛子，从海滩上的泥沙中筛选。此外，每当暴风雨之后，海边贝壳的种类数量会更多。

菜市场：在菜市场搜集所需要的标本，也可以弥补在潮间带采集的不足。去菜市场的时间，应依潮水的时间而定，如早上低潮下午去较好，下午低潮则次日晨去较好。但在菜市上买到的标本往往不了解它们的生活环境，应尽可能对生境加以询问。

(2) 岩石岸贝类的采集。在岩石形成的海滩上，栖息着各种各样的贝类。特别在内湾坡度不大、较平坦、乱石块很多、藻类丛生的地方，贝类的种类数量较为丰富。

固着和附着（或吸附）生活的种类：在岩石岸营固着或附着生活的贝类很多，在潮间带的不同潮区都有。有的栖息于岩石表面容易发现，也比较容易采集，用刀、铲甚至用手即可采到（如牡蛎、笠贝等）；有的栖息于石块下、岩石缝隙或洞穴中，较难采集，除用刀铲以外，还需用凿子凿出一定范围，才能得到完整的标本（如贻贝、钳蛤、蚶等）。

凿穴生活的种类：凿穴生活的贝类，有的在岩石（石灰岩）里凿穴，有的在珊瑚礁里凿穴，也有的在海里木质建筑或木船的木材中凿穴。由于它们是在这些外物中凿穴栖息，外边仅留有很小的孔洞与外界沟通。如在岩石岸采集，在中潮区、低潮区常可见到一些岩石上有许多圆孔，可能就是海笋等动物凿的洞穴，但若要知道洞中有无动物，可用镊子试探一下，如有水冒出可以肯定有动物。海滨漂来的一些木材，往往是被船蛆穿凿过的，仔细检查，若发现小洞孔，多半是船蛆。发现上述洞孔后，可分别用凿、斧、刀等把岩石或木材凿开，可能采到这些贝类。在有珊瑚礁的环境中采集时，将有孔洞的珊瑚礁打开，就可采到里面生活的海笋和石蛏等。

自由生活的种类：落潮后，除少数自由生活的种类暴露在外，大多数隐藏到石块下或岩石间隙中。所以，采集时要翻动一些大小不等的石块，不仅可以采到落潮后隐藏到里面的动物，还可采到本来就生活在石块下的动物。自由生活的贝类中不少种类有昼伏夜出的习性，如宝贝、芋螺等黄昏之后开始活动。如在夜间退潮，借助照明也可以采到不少标本。

(3) 沙滩、泥沙滩以及泥滩贝类的采集。

水底基质内生活的种类：满潮时，栖息在水底基质内的瓣鳃类动物会伸出水管与外界相通，退潮后水管缩入基质内，海滩上常会遗留一些洞口。通常在比较硬的海滩，洞口与水管的形状相符合。在软的沙或泥沙滩上，动物水管缩入穴内后，洞口周围的泥沙涌入洞穴中，表面生成漏斗状的凹陷，不易发现。应多挖掘一些这样的洞穴，挖掘时，动作要快，因为有的种类向下退缩较快，如竹蛏等，并且这类动物也栖息得较深。

水底基质上生活的种类：匍匐在沙滩或泥沙上面生活的种类，绝大部分是腹足类。这些动物在海滩上爬行，身体完全暴露，很少钻入底泥内生活。但也有的种类在爬行终止时潜入泥沙内。不过多数潜入较浅或仅隐其身，且常常有爬行的足迹可寻。因此，这种生活方式的种类要比基底内生活的种类容易采集。

潮下带贝类的采集

（1）拖网采集：浩瀚的海洋，其底质并不都一样，有沙、泥、沙砾、碎贝壳、岩礁等。采集时，不同的底质应使用不同的拖网。根据经验，在岩礁、沙砾或较硬的底质拖网时，使用双刃网比较合适，双刃网重，网口的双刃可以拖地；若是软泥质海底，用双刃网则易插入底泥内，网到底后网衣很快会被泥沙充满，对较软的底质，宜使用阿氏网、桁网或三角网。但要想采到泥沙中较小型的贝类，如角贝或比角贝更小的贝类，可用双刃网，但拖网时间宜短。

总之，下网前应先测海水的深度、水温和海底的底质属性。这样，不仅可以决定用什么网具，放多长的网绳（一般绳长应为水深的三倍；如过深，绳长则应适当减少）等，对动物生活环境也可有近一步的认识。为探知海水的深度及底质，用采泥器采取定量标本，能一举两得。

网下去以后，船前进的速度要降低，徐徐前进。以手按网绳，可感知网是否落地，如网未着地，船速还应下降。拖网时间从网着地时算起，一般为 20～30 分钟，时间延长或缩短，决定于底质的情况。船停下后才能开始起网。

（2）潜水采集：潜水采集也是潮下带采集贝类标本的手段之一。潜水采集的优点是，可在不宜拖网的浅水或近岸高低不平的岩礁底处进行采集。采集者最好具有自己潜水采集的能力，这样既可观察了解动物的自然生态，还可采到别人注意不到的种类。

（3）采泥采集：用采泥器对底栖生物采集时可采到底栖软体动物。

游泳软体动物的采集

游泳软体动物主要为头足类，通常用拖网采集。

4）贝壳标本的处理

很多种类的贝壳粗糙，有时还附有其他生物，需要加以处理之后才能看清本来的面目。下面介绍一些贝壳处理的方法。

（1）一般处理：做一般研究用的标本，采到后只需洗刷干净即可固定或干制保存。

（2）用盐酸处理：为了使贝壳更加光泽洁净，一些贝壳收藏家或贝壳商常用盐酸处理贝壳（有学者认为酸清洁贝壳不应推荐）。盐酸处理贝壳时，先加热 20%～25%的盐酸，接近沸点时将贝壳放入其中浸泡，浸泡时间应根据贝壳的质量而定，一般大约浸泡 30 秒，最多不能超过 1 分钟。必要时，可先取一个标本浸泡 30 秒后取出，根据效果确定加减浸泡时间；或者每次浸泡 15 秒，浸泡两次。总之，必须小心处理，避免贝壳受到过度腐蚀而损坏。对浸泡后的贝壳，立即用毛巾擦去留在其上的水滴，贝壳干燥后便现出明亮的光泽，如不足，可再浸泡 10 秒。用这种方法，不易除掉贝壳表面的附着物（在用酸处理之前，可先将贝壳清洁一下）。贝壳虽不太老，表皮也未受损伤，但因某种原因或因在水中浸泡过久而失去光泽（如在海边捡到的贝壳），用这种方法处理后可以恢复光泽。如果贝壳太老表皮已脱落，就不容易恢复原来的光泽了。

5）标本采集注意事项

（1）兼顾采集，大型种类和小型种类都应采集。

（2）在尽可能全面了解不同动物类群生活环境和习性的基础上，对不同类群采用不同方法和工具进行采集；对有毒或不熟悉的动物，要借助镊子或其他工具采集，切勿用手触摸和捉拿，以免受伤。

（3）采集处理标本时，首先要注重质量，严格按程序操作，要经过培养、麻醉、固定等处理过程才能收到良好效果。获得少量好标本胜过得到大量差标本。

（4）对采集到的大小、强弱、软硬不同的标本要分装在不同的容器中，不能混放，以防标本相互碰撞造成损坏。

（5）对处理标本的容器和采来的标本，先用清水或新鲜海水冲洗干净，再进行处理。对麻醉的动物要放在稍暗处，避免振动。使用的麻醉剂要适量，用量过少则需要麻醉的时间太长，过多则会导致标本身体上的触手收缩。一旦出现收缩，应立即中止增添麻醉剂或加些清水或海水，待动物恢复自然状态后再继续麻醉。

（6）对具石灰质贝壳和骨骼的动物要用乙醇保存，不能用福尔马林。因甲醛中的蚁酸易侵蚀石灰质贝壳和骨骼。

（7）制作干制标本时必须先用淡水冲洗掉盐分。

（8）要注意保护生态环境，翻转石头或在珊瑚礁区采集时，如石头或珊瑚上还生活着其他生物，需再将石头翻转回原状或尽量避免对珊瑚造成过度伤害。

（9）采集时要细心、耐心，否则会漏掉小型或拟态好的种类。

（10）爱护采集工具，接触到海水的工具在每次采集结束后要用淡水冲洗干净，以免被腐蚀而减少使用寿命。

3. 标本处理

1）处理标本所需工具

显微镜、放大镜、解剖盘、解剖刀、瓷盘、注射器、针头、塑料瓶、塑料袋、玻璃管、多种型号的镊子、剪刀、培养皿、量筒、烧杯、吸管、脱脂棉、野外采集本、各种型号的标本瓶、线绳、纱布、装运标本和用具的包装箱等。

2）处理标本所需药品

（1）麻醉剂。

薄荷脑：研成粉末，便于撒在培养液表面，或用纱布将薄荷脑包成小球投入培养液中。

硫酸镁（泻盐）：制成饱和溶液或将结晶放入培养液中。

乙醚：用海水制成1%的溶液，用于各种动物的麻醉。

酒精：配成70%的溶液，慢慢滴入培养液中。

氯化锰：配成0.05%～0.2%的溶液或将结晶撒在培养液面。

氯仿：用其将纸浸湿，平放在培养液表面。

古柯碱。

(2) 固定剂和保存剂。

甲醛：最常用的固定剂和保存剂，市售的均为40%甲醛液，即福尔马林，可用福尔马林配成7%～10%的溶液作为固定剂，配成3%～5%的溶液为保存剂。

醋酸：常用浓度为0.3%～5%，对动物细胞有膨胀作用。

酒精：常用70%～75%的酒精作为保存剂。

苦味酸：常用饱和溶液，单独使用易使动物细胞收缩。

酒精-福尔马林固定液：由90%的酒精和福尔马林按9∶1混合配成，标本固定后不用冲洗，可放入80%的酒精中再转入70%的酒精中保存。

布恩氏液：由苦味酸饱和溶液、福尔马林和冰醋酸按15∶5∶1的比例混合配成，固定12～48小时后，用70%酒精冲洗，后用70%酒精保存。

酒精-福尔马林保存液：70%酒精与2%福尔马林溶液等量混合作为保存剂，能使标本不胀不缩，保持原样。

此外，还有卡诺尔氏液（Carnog solution）、纽柯姆尔氏液（Newcomber solution）等，分别用于固定组织和器官作切片之用。

3) 不同纲动物标本的处理方法

无板纲

这类动物栖息在潮下带较深的海底，用网拖上来后，需经麻醉才能固定，否则，其蠕虫状身体会卷曲。先用新鲜海水培养，待其身体完全伸直后，逐渐加入薄荷脑，同时也可以加入少量稀释的硫酸镁溶液，初次加入的量不宜多，以动物感觉不出为好。总之，不能急于求成，要慢慢地加。以镊子触动动物体不收缩时即可用70%酒精固定。固定时，动物体会再蠕动，此时需要整理其形状，待其完全僵化不再活动时才算固定好。

多板纲

这类动物俗名石鳖（*Chiton*），是海边岩石间常见种类，受刺激后身体常会蜷缩，固定之前需要麻醉。标本采来之后，放在新鲜海水里，使其恢复生活时状态，然后徐徐加入硫酸镁水溶液或放些薄荷脑，或用滴管滴数滴酒精，身体便被麻醉。然后，用5%福尔马林或70%酒精固定，固定24小时。最后保存于70%酒精中。

多板类动物种类很多，个体大小相差也较悬殊，大的和小的不能放在一起麻醉，否则，个体小的已经麻醉而个体大的则没有。最好在野外采集时，把大小不同的标本分开放在装有新鲜海水的瓶管中，采集返回室内时它们会伸展爬伏在瓶壁上。此时，不必更换海水，可在原瓶内开始麻醉。另外一方法是稍经麻醉之后，即在标本的容器内注入福尔马林至5%～6%的浓度，使动物很快固定。此法效果不错，有些个体至死会爬伏在瓶壁上。但也有的因受刺激脱离瓶壁而蜷缩，这要看动物被麻醉的程度如何。

典型动物石鳖的处理：可用硫酸镁饱和液徐徐滴入海水中进行麻醉，并往标本体内注入少许固定液。然后保存于70%酒精中。

瓣鳃纲

瓣鳃类动物标本也需进行麻醉处理，使其两壳张开后方可固定，以便于观察其外套腔愈合情况及足的形状。由于种类的不同，外套膜缘表现出各种愈合的形式，足有呈斧状或蠕虫状的，如不麻醉而固定，其壳势必关闭，以致无法进行观察。因此，将采到的标本要先行麻醉，壳张开后固定；如标本数量许可，除浸制一部分外，还可干制处理。

浸制标本

将采来的动物标本放在新鲜海水中培养，待其两壳张开和水管伸出之后即可麻醉。放少许薄荷脑在水的表面，过一段时间再加入少许，还可注入硫酸镁溶液或酒精-海水混液。加麻醉剂的间隔应酌情而定。增加麻醉药品宁少勿多，循序渐进，尽量使动物在不知不觉中进入麻醉状态。麻醉过程中应随时观察，触动水管不再收缩时即可向装有被麻醉标本的容器内注入福尔马林液至5%～6%的浓度。固定之前，为防止两壳关闭，可在两壳之间插一木片，固定24小时后移入70%酒精中保存。在瓣鳃纲中，有的种类不易麻醉，如文蛤、镜蛤等并不是很快张开两壳伸出水管。处理这类标本时，如时间不允许，当它们的两壳张开时即可在其间夹以厚薄适度的硬物，使两壳不能合拢而固定；固定好后，再将两壳之间的硬物取出，两壳即可保持开启状态。这样处理后，两壳虽然可以张开，但水管不能伸出。

干制标本

瓣鳃类贝壳铰合部的齿型科间各不相同，是分类上的特征之一。此外，闭壳肌痕和外套窦也因种类而异，在鉴别种类时需要观察。因此，干制一部分标本是非常必要的。这类动物干制的方法比较简单，将采来的标本，放在背阴通风处，使其两壳张开，在两壳间插一硬物，使两壳不能关闭；用解剖刀将其闭壳肌割断，其壳自开，将壳内之肉取出洗净，仍将两壳合闭，用线捆好以防张开，放在背阴处风干后除掉捆线，壳不会再张开。如韧带已干，便不能强使两壳合闭，否则韧带可能断开。这时，可先用水浸泡韧带，使其柔软后再闭合两壳。此外，不宜用水煮标本使其壳张开取肉，这样处理后的标本贝壳会失去光泽。

代表动物的处理（河蚌和海产的瓣鳃类）。

(1) 河蚌

河蚌（*Anodonta*）的固定比较简单，但要使其足部自然舒展并不容易。一般先把蚌放入热水中，待其双壳张开，足部伸展后，固定保存于10%福尔马林或70%酒精中，并在壳间夹一小木块，以免蚌壳紧闭。

也可以用无水酒精90份加松节油10份制成混合剂杀死河蚌。处理时，取混合液10份加水90份，放入河蚌12～24小时。将处死的河蚌固定于福尔马林中。

蚌壳干藏法：把蚌放在锅里加水煮沸（水煮会失去部分光泽），其壳会自动张开，将软体部分完全取出，仅留两壳相连，用水洗净后，放在阳光不直晒的地方阴干。处理时注意不要使铰链折断以致两壳片分离。

新鲜河蚌整体横切法：取较小形的活河蚌，把小木块塞入两壳间，使之不能紧闭，然后浸入1%铬酸内24小时，洗净后放入70%酒精中，经过2～3天取出，将壳移去。注意不要伤及软体部分。

取泡沫板或软木板一块，把蚌体侧放于板上，用切片刀小心切成均匀的片状，然后把切下的薄片平铺于解剖盘中，稍加清水使标本舒展不干。

河蚌玻片制作见 4.3 节“动物玻片制作”。

(2) 海产瓣鳃类

将酒精滴入装有海产瓣鳃类的海水中将其麻醉，然后固定，保存于 70%酒精中。如果海产瓣鳃类居于管状壳内，麻醉后应先将其浸入铬酸中半小时，壳间夹以小木块，然后进行保存。

也可用以下的混合液麻醉：甘油 20 份＋70%酒精 40 份＋海水（洁净的）40 份。麻醉时，取混合液倾于水面，待其逐渐把水面完全封于药液之下为止，麻醉 6～10 小时。

船蛆若直接从木柱中取出，则很难得到完整的虫体。如果把含有船蛆的木柱切割成较大的碎块，再投入热水中，待船蛆被杀死后，小心取出，可以获得完整的虫体。虫体从木块中取出后，先用薄荷晶或硫酸镁麻醉，再往体内注入少许酒精，然后保存于酒精中，其保存形状会更接近于自然。

注意，船蛆不能保存在福尔马林中，否则贝壳将完全被蚀损。

掘足纲

该类群动物的种类较少，且个体也较小，我国沿海常见的有角贝和管角贝，采到活体标本，如需观察其生活状况，可按照麻醉其他标本的方法实行麻醉。否则，采到后即用 70%酒精固定保存。以往采到后多未经麻醉就直接固定。

代表动物：角贝（*Dentalium*）。角贝可用 0.2%水合三氯乙醛溶液麻醉 6～12 小时，然后固定保存于 70%酒精中。可将其完整的空壳保存于福尔马林或酒精中，也可以干制处理。

腹足纲

在对腹足纲动物进行麻醉时，很多学者推荐使用古柯碱溶液作为麻醉剂。处理时，先将需要麻醉的动物暂养于新鲜海水中，待其进入生活状态时滴数滴古柯碱溶液，每隔 2 小时续加一次，直至动物失去知觉为止（冬季比夏季需要的时间要长）。充分麻醉后，将被麻醉的动物移入酒精中。有壳的种类仍有缩入壳内的可能，应当用镊子将厣取出或捆缚其壳的外面为宜。

现将腹足纲分为前鳃类、后鳃类和浮游类三个类群，对其中一些代表种类的处理方法加以简要介绍。

前鳃类

该类群大都具有保护身体的硬壳，活动时，部分柔软的身体，如头、足和外套膜可以伸出。有的种类外套膜能完全包住硬壳（如宝贝），外套膜的颜色和花纹也因种类不同而异。对这类动物将其麻醉成完全像生活时的状态是比较困难的，一般可以麻醉成触角、足和外套膜部分外露。对该类群中有些动物可用水闷法处理，即待动物的头足和外套膜伸展出来并麻醉一段时间后，将麻醉标本的容器（如广口瓶）加满海水至溢出，然后加盖，闷 1～2 天。此时，瓶中无空气，对有些种类效果可能不好，但对扁玉螺效果较好。如此处理扁玉螺后，洗净体表黏液，用 70%酒精保存，或用浓醋酸杀死麻醉好的标本，而后移入酒精中保存。

（1）浸制标本：前鳃类中多数种类具有齿舌。各类别齿舌的排列方式及数目不同，有些种类从外形上不易区别，需要观察它们的齿舌；因此，需要浸制一部分标本带回室内观察研究。当然，研究其内部器官也需浸制标本。对前鳃类中贝壳表面坚厚且比较粗糙的，如马蹄螺、骨螺等个体较大的种类，可用 5%福尔马林液固定和短期保存，如需长期保存则要换成酒精。贝壳表面有光泽，壳质较薄的小型贝类，如宝贝、梯螺、蜓眼螺等，不能用福尔马林处理，必须用酒精，否则，会损伤贝壳的光泽或使贝壳被腐蚀。

（2）干制标本：需要干制的各种螺类，可将其干死或用淡水（时间不宜过长）杀死；之后，放在避阳光直射处待其完全腐烂，后用淡水或海水冲洗干净，就可以直接保存了。用海水冲洗过的标本，还需用淡水冲洗以除掉盐分。壳内如残留有腐肉，又冲洗不干净，可置于有蚂蚁的地方，利用蚂蚁代为清理干净壳内的腐肉。这样处理，贝壳的光泽不会减退。

还有另一种干制方法效果也比较理想，即将螺类（如宝贝）埋在细干沙内（切忌用潮湿的沙子，否则会影响壳的光泽），使其自行腐烂；然后，用水冲洗干净即可。此法时间较长，不适于短时间的采集制作。

一些小型螺类，如奥来彩螺、滨螺、蜓眼螺、三口螺等，它们的肉不易取出，可用 70%酒精固定 24 小时，后取出风干，即可获得干制标本。

厣的处理　大多数前鳃类具有一个角质或石灰质的厣，厣对动物起保护作用，动物受惊扰时肉体便缩回壳内，厣恰好将壳口封闭，使动物免受侵犯。厣不仅是动物保护器官，而且也是分类的特征之一。厣的形状、大小和表面刻纹随种而异。干制有厣的标本时，需将厣与贝壳同时保存（贝壳塞满棉花，将厣黏附于壳口）。

后鳃类

后鳃类中许多种类没有贝壳，身体多柔软而易萎缩。处理后鳃类标本时，应先将其麻醉和固定后再保存于福尔马林或酒精中。麻醉后鳃类与麻醉其他动物一样，即先将其暂养于新鲜海水中，使它们处于生活状态，待触角和二次性鳃完全伸展出来，即可再放入麻醉剂（如薄荷脑）。麻醉时，应随时观察麻醉情况，有些动物一死身体就会很快腐烂，尤其是表面颜色很容易脱褪；有些种类（如革质海牛）因受刺激会自残，处理不当会立刻自残（外套膜脱落）。麻醉延续到触动它们的触角或二次性鳃不收缩时，即可向麻醉标本的容器内注入浓福尔马林液进行固定（使混合液达到 5%～6%即可），最后保存于 6%福尔马林溶液中。麻醉好后也可用浓醋酸杀死，并迅速移入酒精中。如果标本过于柔软，在移入酒精之前，浸入 1%铬酸 10～15 分钟，即可使其硬化，再移入保存液中。

后鳃类中有壳的种类其壳多较薄，宜用酒精保存。无壳的种类用福尔马林较好，但也可以用酒精。许多种类具鲜艳美丽的颜色，酒精保存后颜色会很快褪去。用福尔马林保存，虽能短期内保留一部分颜色，但浓度稍高颜色也会很快褪掉，故福尔马林的浓度不宜高。由于后鳃类的颜色不易保存，因此，麻醉之前最好能绘一幅彩色略图；如不能绘制，可用相机拍照记录，以供日后研究时参考。

浮游类

用浮游生物网采集浮游贝类时，采到的不仅仅是浮游动物，还会有浮游植物。如现场有时间挑选所要采集的贝类，可依麻醉其他类别的方法对采集到的贝类进行麻醉；如无时间，可向瓶内滴数滴福尔马林，稍等片刻，待动物被杀死沉于瓶底后，倒掉瓶子上部的水，加入70%酒精或4%～5%福尔马林进行保存，以防因时间长或天气热而使获得的标本腐烂。

有壳的浮游贝类，如龟螺、笔帽螺等必须用酒精保存。个体较大的贝类，如龙骨螺，经麻醉固定后，需用线拴住吻部，悬于瓶中以防变形。

注：在螺类的鉴定中，外生殖器、颚片和齿舌是分类上的重要依据，这些部位的制作方法见4.3节“动物玻片标本的制作”。

代表动物的处理（蜗牛和蛞蝓）

蜗牛

(1) 固定保存：生活时期蜗牛（*Helix*）对外界影响比较敏感，固定前须先行麻醉。① 取蜗牛置入水中，加入铬酸使装有蜗牛的水成为绍兴酒色，然后加玻璃盖密封容器，使容器内与空气隔绝。待蜗牛头、足、身躯等全部外伸后，用1%可卡因溶液注入其体内，经5～15分钟，将其固定及保存于70%酒精中；卵用鲍氏固定剂固定。② 培养器内的水经煮沸，排净空气，待水凉后，放入蜗牛，将容器加盖密封，经12～24小时，蜗牛会因窒息伸展躯体而死亡，之后将其固定及保藏于70%酒精中。

(2) 玻片制作：蜗牛为雌雄同体，先将其外壳敲碎，取出软体部分，放入生理盐水中。再剖出卵巢和精巢，固定于鲍氏固定剂或福氏固定剂中，然后用石蜡切片法，用海氏铁苏木精液及曙红染液染色。如用福氏固定剂固定标本，则需用番红染液及亮绿染液染色。

蜗牛齿舌（radula）制片时，先把齿舌剖出来；或将蜗牛头部浸入10%氢氧化钾溶液中，至组织被蚀去，只存齿舌。获得齿舌后，用水洗净，夹于载玻片之间，使之不卷曲，但也不能压碎，玻片两端用线系紧。在放入95%酒精时，取下齿舌继续完成以后的程序。

蛞蝓

(1) 固定保存：把蛞蝓（*Limax*）放在煮沸后冷却的水中，待其经密封窒息后，固定并保存于酒精或福尔马林中。

(2) 玻片制作：卵巢、精巢的切片方法与蜗牛的相同。

头足纲

蛸（章鱼）

这类动物都具有长短不齐的4对腕，采到后如果不经麻醉即固定，动物体常因受刺激缩成一团，一经固定即不能再伸直，对这类动物通常需经麻醉后才能固定保存。麻醉方法是先将采到的活标本放在海水中，再逐渐加入淡水或滴入福尔马林，使其活动能力逐渐减弱，至不太活动时即可取出放在7%～10%的福尔马林中固定。此时，动物尚未完全死去，还能活动收缩，故稍停数分钟后，需将标本从固定液中取出放在解剖盘内，将它们的8支腕整理顺直。经数分钟或稍长时间，将标本再放回固定液中。如动物仍未完全死亡，腕部尚能缓慢收缩，则需反复处理多次，直至动物完全死去，在固定液中固定24小时（时间长短应根据动物大小而定），然后保存于5%的福尔马林中。

乌贼类

乌贼类包括乌贼、枪乌贼（或鱿鱼）、耳乌贼等。这类动物，如果被采回时已经死去，则无需经麻醉处理；但要将它们身上的墨汁、黏液、泥沙等冲洗干净，然后用 7%～10%福尔马林固定。固定时，需将标本平放，充分伸展，理顺腕部，放入深的搪瓷盘。

无针乌贼、金乌贼等的第三对和第四对腕之间有一对比较长的触腕，这对触腕常常会缩进头部的鞘内。固定之前需检查有无触腕伸出，如无（非断掉而是缩入鞘内），则应将其拉出。

乌贼类背部皮肤下具有石灰质的贝壳，宜用酒精保存。耳乌贼个体小，固定时数量不宜过多，固定液应充足，以使它们互不干扰。

4. 标本存放

将标本带回实验室后，需要再次进行整理，包括初步鉴定、分析、编号等。初步整理的标本在正式鉴定之前，可按地区、出海航次等暂时归类。鉴定后，一般按分类系统储藏在专门的标本柜内，并应每年检查一或两次。发现标本瓶、标本管破裂或保存液减少，应更换瓶子和增添保存液。发现有发霉或变干的标本，也应随时处理。浸制标本和干制标本应分开存放。

1）浸制标本

浸制标本大多数用酒精保存。通常建议使用广口瓶。为防止酒精蒸发，所用标本瓶或广口瓶的瓶口上一般应涂抹凡士林；玻璃管装标本应用蜂蜡封好管口。标本存放地应尽可能避光。玻璃管（盖为木塞）装标本可作短期保存，不能作永久性的保存。

2）干制标本

干标本应放在干标本柜内，在干燥储藏环境中保存。干标本柜应是多抽屉的，各种标本按号摆放在大小不同带有玻璃盖的纸盒内，整齐排列在抽屉中。条件允许时，应使用绘图墨水把登记号或野外采集号写在壳口里面。

3.7.3　刺胞动物标本采集

我国已经开展过多次大规模的、有组织的、系统的专项资源调查和标本采集，以往的调查和采集工作对我国刺胞动物研究起到了很大的促进作用。实际操作中提高和加强刺胞动物标本采集与保存的技术要求，将能更好地满足学科发展的要求和促进学科发展。

1. 标本采集准备程序

1）采集工具

器械

浮游生物网：由 13 号筛绢或 25 号筛绢制成，网头可用金属（如铝、钢等制成）或玻璃小瓶套结在网底，用以收集过滤浮游生物；25 号筛绢的网可捞取较小型浮游动物，13 号筛绢的网可捞取较大型的浮游动物。

铜筛：筛滤底泥，采集底栖生物用。

手持放大镜：用于观察动物较微细的结构。

解剖器：包括多种型号的解剖剪、解剖镊、解剖刀、解剖针等。

解剖盘：整理固定动物标本用。

搪瓷盘：用于整理标本和培养动物。

注射器：5 毫升或 10 毫升规格的若干。

注射针头：5 号、6 号、7 号等若干。

量筒：100 毫升，配药用。

量杯：1000 毫升，配药用。

培养皿：大、中、小号，用于培养小动物。

烧杯：1000 毫升，培养、麻醉、固定动物。

广口瓶：棕色和白色广口瓶各若干，用于装标本。

吸管：吸取小型动物。

用具

毛笔：刷取小型动物。

铁锹：挖底栖动物。

铁铲：挖泥沙中的动物。

铁锤和铁凿：用于凿取固着在岩石上的动物。

小铁片刀：采刮附着在岩石上的小型动物。

塑料桶：盛标本。

塑料碗：捞取小型水母。

塑料袋：装标本用。

其他

标签、标记笔、棉花、纱布、橡皮膏等若干。

2）采集标本用药品

氯化锰、薄荷脑（薄荷冰）、硫酸镁（泻盐）、克罗勒吞（安纳新、三氯丁原醇）、乙醇（酒精）、氯仿（三氯甲烷、哥罗仿）、乙醚、甲醛（福尔马林、蚁醛溶液）、铬酸、乙酸（醋酸）、苦味酸（三硝基苯酚）、氯化汞（二氯化汞、升汞）等。

固定液和染色液的配制详见附录。

2. 标本采集方法

1）刺胞动物的分布

刺胞动物全部水生，绝大多数种类栖息在海洋里，也有一些淡水种类。无论栖息于海洋或淡水水域，基本上都有水底和水层两种不同的生境。在水层中，刺胞动物的水母型个体营浮游生活。水母型个体含水量达到 97%～99%，因而非常透明，又十分柔软。由于含水量大，水母型个体的比重接近于水，使其能浮游在水域上层。少数种类不营浮游生活，在水底或植物上爬行。刺胞动物的水螅型个体除少数种类利用触手营浮游生活外，绝大多数为底栖，以基盘附着在岩石、宏观水生植物、软体动物介壳、船舶、水工建筑物、水底电缆、锚索以及其他落入水中的物体上。

海葵按栖居场所可分海洋种和近岸种。

(1) 近岸海葵即生活在受到潮汐波及的潮间带和潮下带（水深1～30米）。海葵固着的基质有岩石、砾石粗砂、细沙泥（泥沙）、木桩、木船、珊瑚礁、碎贝壳、其他动植物（蟹、贝、海绵、棘皮动物、藻类等）、人工设施等。

(2) 深水海洋性海葵生活在水深30～50米以下，最深可达6000米，种类较多。

2) 刺胞动物的采集

水螅（*Hydra*）的采集

水螅喜欢在清水河塘水流较平缓的地方生活，常附着在湖、河、塘、潭等中的水生植物的茎叶上。一般常用的采集水螅的方法，是从池塘采回大量水生植物，将它们静置在玻璃培养缸中。第二天观察缸壁向光面，如有水螅，则可见其附着生活。

比较可靠的方法是就地观察，然后直接采集。先将大试管或小广口瓶盛满池水，再放入几根水生植物（如水王孙、金鱼藻等），静待片刻，对着光线进行观察。如有水螅附着在水生植物上，很快就会伸展，肉眼看得很清楚。这样重复检查几次，就可以大概知道此处是否有水螅生存，数量如何，然后再进行采集。可将采集到的标本带回实验室，放于玻璃缸或水族箱中，用原水沟中的水加至缸高的4/5处，然后把缸放在朝南的窗户下，并且不被阳光直射的地方，1～2小时后（夜晚放置的需等到第二天早上），可见缸壁、缸底和水草的茎叶上都有附着的水螅。

薮枝螅（*Obelia* spp.）的采集

薮枝螅常附着于海藻、海港浮木或其他物体上，营群体生活，有的种类高达20～40毫米。采集时可以连同附着物一起采下，放进盛有海水的较大容器里。注意不要重叠放置，以免把采集到的薮枝螅闷死。

海仙人掌（*Cavernularia obesa*）的采集

海仙人掌的柄部在泥沙中固着生活。退潮后身体收缩，上端留在外边，容易采到。采集时以大头针弯成小钩，钩住柄端，倒挂在标本瓶内，用薄荷脑麻醉24小时，用5%福尔马林杀死保存。

绿疣海葵（*Anthopleura midori*）的采集

绿疣海葵固着在岩石缝中或岩石上。采集时，在岩石缝或岩石上距海葵固着部位约3厘米处，用铁锤和铁凿将其连同岩石一起采下，然后轻轻放入盛有海水的容器内，注意尽量不要伤及海葵。同一容器内的标本不宜放置过多。

星虫状海葵（*Edwardsia sipunculoides*）的采集

星虫状海葵固着在泥沙中的小石块和贝壳上，营埋栖生活；在水中自然状态下，触手展开于泥沙表面，受刺激时缩入泥沙中。因这种动物的体色与泥沙颜色相近，故采集时要仔细寻找观察才能发现。星虫状海葵埋在泥沙中，采集时不要急于动手，应静观等待其触手完全张开，恢复自然状态，再沿触手长度的边缘用铁锹挖一圆形坑，将其挖出，尽量挖得深一些，以免损伤其基部。最后，将海葵取出放入盛有海水的容器中。

钩手水母（*Gonionemus* sp.）的采集

钩手水母在丛生的海草中营自由漂浮生活。退潮后，在岩石间1米左右水深海草较多的海水中，轻轻拨动海草，静待片刻，观察水面，即会出现钩手水母。采集时应迅速用碗或小网捞取，然后倒入装有新鲜海水的玻璃瓶或塑料瓶中。

海月水母（*Aurelia aurita*）的采集

海月水母在海水中营漂浮生活，沿岸地带不多见，一般需乘船采集。当发现海月水母时，应用塑料盆将其连同海水一起舀起，然后放入盛有新鲜海水的容器中。因为其体内多胶质，极易破碎，所以采集和装入容器时应格外小心，并需经常更换海水。

海蜇采集方法同海月水母。

3. 刺胞动物的培养、处理和保存

1）刺胞动物的培养（以水螅为例）

培养水体

用清澈的池水或是河水作为培养水体，多菌、多氮或多矿物质的水不宜使用；如用自来水培养，需把自来水提前放入玻璃缸或其他器皿中，在阳光下暴晒1～2日使用。取大型玻璃缸或水族箱作为培养器，其中可放三五株水生植物。如见虫体收缩或触手不伸展，失去捕捉食物的能力，表明水中含氯气多或是含其他矿物质量过大，应更换水源。

体外寄生动物的检查和清除

采回的水螅应当先检查体外有无寄生动物。检查的方法：用吸管把水螅连同少量水滴在清洁载玻片上，不加盖玻片，直按放在双筒解剖显微镜或普通显微镜的低倍物镜下，仔细观察水螅身体表面是否有其他小动物附着活动。如有怀疑，可再盖上盖玻片，用高倍物镜检查水螅身体周围有无活动的寄生动物。如发现采到的水螅体表有寄生动物，不仅要把寄生动物清除，培养水也需全部更换。

为了清除水螅体外的寄生动物，可以使用不同浓度的硫酸铜、硫酸亚铁、漂白粉、高锰酸钾、乙酸亚汞等药液洗浴，或紫外线照射，清水冲洗等。但用清水冲洗的方法最简便也最安全。

冲洗的方法：取小烧杯倒入清水，移入几个带有寄生动物的水螅，用胶头吸管吸取烧杯中清水。对准水螅反复冲洗。如此重复几次，直到在低倍显微镜下检查水螅体表无寄生动物为止，再移入不含寄生动物的培养缸中培养。只要冲洗仔细，换3～5次水，常见的体外寄生动物即可冲洗干净。

食饵的投放

培养过程中，比较重要的工作是给培养物投放食饵。

（1）食饵的种类：最好的食饵是从初夏到中秋都可采到的水蚤。

（2）食饵的数量：应根据培养缸中的水量和水螅的数目适量投食。

（3）投食时间：一般每隔3～5日投食一次。

(4) 投食方法：用小纱网捞取备好的水蚤，直接放进培养缸中即可。

培养管理

培养水螅的容器可根据培养数量的不同而不同。大量培养可采用大玻璃缸，少量培养可采用罐头瓶、大试管、小烧杯等；培养器内可放少许水草。勤换水保证水质清洁新鲜是养好水螅的关键。换水最好与清除排泄物结合进行。如要使水螅快速出芽繁殖，每天应多喂食，勤换水；若只为保留螅种，可几天喂食和换水一次。水螅的死亡往往不是由于饥饿和低温，而是由于水质的腐败。培养少量水螅时可以用吸管取水蚤，缓慢喷向水螅的口周，这样可保证每一水螅立即捕到食物；培养量较大时，可将活饵料沿有水螅着生的容器壁自水面向下慢撒，这样也可保证大部分水螅捕到食物。水螅饱食后一至数小时（所需时间随温度变化而有变化）将粪便排出。另一部分活饵料受到水螅刺丝的杀伤会死亡。这些尸体和粪便可造成水质腐败，所以喂食后见水螅已将粪便吐出时，应立即吸出这些粪便及尸体；同时，放掉一部分陈水，加入新水。如此每天或几天换一部分新水，可以长期维持。当发现水螅伸展不好或容器壁上已有明显的黏着物或绿藻生长时，即应彻底换水。养水螅的容器不要放在太阳下直晒，以减少瓶壁生绿藻影响水螅生存，水螅在黑暗处照常生长。变温利于水螅的繁殖。

水螅的快速繁殖法

水螅存活的温度是 1～34 摄氏度，适宜的温度为 20～29 摄氏度，长时间高温能使水螅死亡。适当高温可促进水螅代谢速度，有利繁殖出芽。多喂食以保证水螅繁殖过程中有充足的营养，勤换水以保证水螅有充足的氧气和良好的生活环境。

越冬培养

水螅越冬培养的关键是温度和食料。越冬期间水温保持在 10 摄氏度左右即可生活；15 摄氏度左右，食料充足，仍能进行出芽繁殖。

如果没有恒温箱，室内也没有暖气，冬季保温最简单的方法是用电灯：将灯泡悬于培养缸内或部分浸入水中（但需注意灯泡的铜头和电灯的灯口不能与水接触），利用升降灯泡或更换不同瓦数灯泡的方法调节水的温度。一般来说，容积 4 升的培养缸，用一个 10～20 瓦的电灯泡，在室内即可保持 10～15 摄氏度的温度。培养缸外应当做出水面高度的标记，使水面保持到指定的高度，水面下降时应随时补水。

如果水温一直保持在 10 摄氏度以上，水螅数量又不太多，缸内事先繁殖有少量剑水蚤或其他可以作为水螅食料的小形甲壳类动物、小形蠕虫、轮虫或大形原生动物，在整个越冬期间完全不需人工饲喂。

越冬期间人工饲喂水螅需要事先繁殖一些剑水蚤或其他小动物，以此作为饲喂水螅的食料（冬季繁殖剑水蚤比繁殖水蚤容易）；否则，即要用小镊子或吸管饲喂肉末（猪肉、牛肉或其他动物肉均可）。越冬期间如果培养缸内自然繁殖的食料不足，必须人工补充饲喂，每周一次即可。

越冬期间由于温度较低，如无特殊情况，培养缸内的水不需更换，只是在水量减少时应及时补足。如果不用人工饲喂，缸内的底渣也不必经常清除。虽然在水螅培养缸内不一定要有水生植物，但在越冬期间最好还是加进一些，借助水生植物的光合作用，可以补充水的含氧量。此外，在缸内加入一两个小型螺类，可借助它们的爬行刮食，清洁缸壁，免去换缸刷缸的麻烦。

活体越冬保存

冬季如果不准备继续培养，可用药品把它们杀死固定保存起来。也可以在秋季有意识地把水螅的受精卵或越冬胚连水收集保存一些，第二年春季放进培养缸中，即有水螅出现，无须另行采集。

收集水螅胚的方法：在几个尖底离心管中，盛满培养缸中的水，每个离心管中移入几个带有精巢和卵巢的水螅，再把离心管直立悬挂在培养缸中，卵受精后发育成具有胚壳的胚，脱离水螅体即沉于离心管的尖形底部。肉眼见到的乳白色或淡黄色小球体就是它们的胚。这种保存水螅越年胚的方法，不仅可以免去水螅成体越冬培养的麻烦，而且还便于携带和远途输送。

萎缩现象的处理

培养过程中，有时会出现水螅萎缩现象。水螅停止摄食，触手缩短以至消失，全体缩成一团，最后死亡分解。

水螅发生萎缩现象的外因主要有下述 4 个方面：①温度过高——水温超过 30 摄氏度时，往往有此现象，发现得早，将水温降低，水螅仍能恢复正常；②水质过脏——水中的代谢作用废物或食物残渣过多，水质腐败，缸脏水混，或矿物质含量过高等，都能引起萎缩，发现上述情况应及时换水或换缸；③喂食过多——有时亦可造成萎缩现象，特别是夏季，可适当停止喂食；④有体外寄生动物——水螅体外寄生动物数量较多时，引起水螅萎缩，可按前述清除水螅体外寄生动物的方法处理。

2）浸制标本处理和保存

水螅纲

淡水生活的水螅体

方法一：

（1）静置：在无阳光直晒的地方静置 1～2 小时，待其身体完全舒展。

（2）致死和固定：用吸管吸取热的杰氏固定液或鲍氏固定液，对准虫体迅速喷射，固定 10 分钟。

（3）清洗：在酒精中洗涤数次或直接放入 50％酒精中，泡 3～4 天，其间换 4～5 次酒精，至苦味酸的黄色完全褪去。

（4）保存：70％酒精。

方法二：

（1）麻醉：将虫体放入 0.1％铜氯仿溶液中 3～5 分钟。

（2）固定：放入足量的福尔马林、醋酸和酒精混合液中。

（3）保存：70％酒精或 5％福尔马林。

海水中生活的种类

水螅体

方法一：适用于制作要求伸展完好的标本。

(1) 麻醉：在新鲜的海水中，待其触手完全伸直，或用薄荷醇麻醉 2～3 小时。

(2) 固定：立刻放入热的升汞液内，然后将容器迅速移入凉水中冷却，根据动物的特点更换 1～4 次固定液，洗去升汞。

(3) 保存：10%福尔马林或 70%酒精。

方法二：

(1) 麻醉：待其触手完全伸展后，用注射器吸取薄荷醇 95%酒精饱和液，沿容器缘内壁分几处轻轻注入水中，1 小时后，加入硫酸镁或氯化锰的海水饱和液，以后每隔 1 小时加一次，而且加量递增，直至动物完全麻醉。

(2) 致死：用注射器从口道沟向胃腔内注入高浓度的福尔马林，把容器中的水倾去一部分，也加入高浓度的福尔马林，使容器中的福尔马林保持 5%的浓度。

(3) 固定：5%的福尔马林溶液固定 1～2 天。

(4) 保存：5%的福尔马林。

水母体

方法一：适用于制作普通标本。

(1) 致死：无需麻醉，直接浸入 10%福尔马林中或将福尔马林徐徐滴入含有水母体的海水中。

(2) 保存：同水螅体。

方法二：

(1) 致死、固定：用吸管移入小培养皿中，倒入硫酸铜与升汞混合液杀死虫体。几分钟后用清水洗涤，至所有沉淀物完全消失为止。

(2) 保存：同水螅体。

方法三：

(1) 麻醉：自容器边缘徐徐注入清洁而凉的淡水，同时滴入硫酸镁饱和液。

(2) 固定：用 4%福尔马林与 1%铬酸混合液固定 1～2 小时，或在铬酸与四氧化锇混合液中固定 20 分钟，移入酒精中清洗。

(3) 保存：通过各级酒精处理，最后保存于 70%酒精里。

方法四：

(1) 麻醉：在水面撒一层薄荷醇（不宜太多），1～2 分钟后，触其身体触手不再活动。

(2) 固定：用小勺将水母转入 70%福尔马林中浸 20 分钟。

(3) 保存：5%福尔马林。

方法五：

(1) 静置：待其把刺丝伸展出来。

(2) 致死：以容器中水量的 1/4 升汞、醋酸混合液倾入容器中。

(3) 固定：0.5%铬酸固定 20 分钟。

(4) 保存：经过 50%酒精处理后移至 70%酒精中。

幼体

（1）固定：

钵口幼体：热升汞饱和液；

横裂幼体：热升汞饱和液或冰醋酸 9 份和四氧化锇 1 份的混合液；

碟状幼体：4%福尔马林。

（2）清洗：固定后迅速置于清水中。

（3）保存：通过各级酒精处理，最后保存于 70%酒精。

钵水母纲

方法一：

（1）麻醉：水面上撒一薄层薄荷醇，麻醉 2 分钟。

（2）固定：7%～10%福尔马林固定 20 分钟。

（3）保存：取带有软橡皮塞的小药瓶一个，瓶内装入 5%福尔马林溶液，供保存标本使用，取一根细白线，一头固定在瓶盖上，另一头穿过标本躯体打结，而后将标本放入保存瓶内，盖严瓶塞，标本即悬在瓶中。

方法二：

（1）麻醉：1%硫酸镁或氯化锰麻醉 10～20 分钟。

（2）致死和固定：转入 5%～7%福尔马林或用滴管向瓶内滴入少量 98%酒精，固定 24 小时。

（3）保存：7%～10%的福尔马林溶液。

方法三：

（1）麻醉：注入 1%盐酸古柯碱到海水中，并用玻棒缓缓搅动，使麻醉剂与海水混合，15 分钟后，触手不再收缩即可停止加药，也可不经麻醉，即用很稀的福尔马林滴入有水母的海水中，并用玻棒慢慢搅动，待水母完全停止运动时再倾入 10%福尔马林到海水中，每 2～3 分钟加福尔马林一次，直到水母沉底。

（2）固定：苦味酸或升汞液，固定 2～3 分钟，移入 5%福尔马林。

（3）保存：7%～10%的福尔马林溶液，有附着柄的动物，可钩住动物的柄端，倒挂在容器内。

珊瑚纲

海葵

方法一：

先准备 1000 毫升容量的玻璃缸，装满 80%的清洁海水，然后把采集来的海葵放在里面，小海葵放两或三个，大海葵放一个。放入后静置一段时间，待其触手完全伸展后，用普通注射器吸取薄荷脑酒精（95%）饱和液约 15 毫升，沿缸缘内壁分几处轻轻注入水中，1 小时后，加入硫酸镁或氯化锰的海水饱和液 15 升，以后每隔 1 小时加一次，而且加量递增，即第二次为 20 毫升，第三次为 25 毫升，第四次为 30 毫升。无论加注哪一种溶液，加注一定要缓缓进行，不要加注过急，以免形成冲击流刺激海葵引起收缩。

在加注最后一次硫酸镁或氯化锰的海水饱和溶液后，约经过 1 小时，即可检查海葵是否已被麻醉。如果用物体触碰不发生反应，即触手不再收缩时，证明已经被麻醉了。此时应即用注射器从口道沟向胃腔内注入高浓度的福尔马林（图57）。另外，把缸里的水倒掉一部分，加入高浓度的福尔马林，使缸中的福尔马林达到5%的浓度，将海葵杀死，并在福尔马林溶液中放置1～2天，进行固定。最后将其移至新的5%的福尔马林中保存。

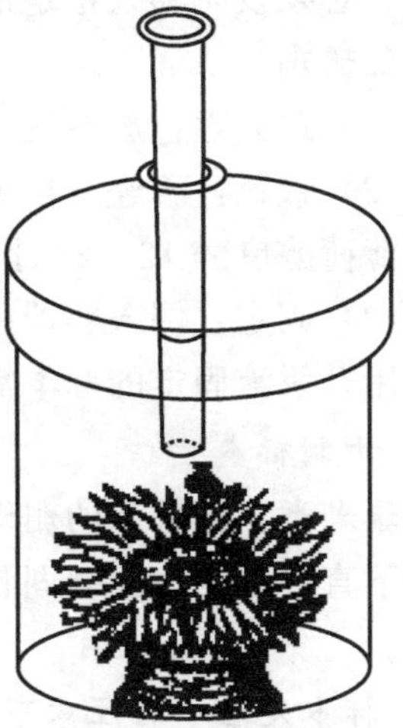

图57　向海葵胃腔内注射福尔马林

方法二：薄荷晶-硫酸镁法

(1) 麻醉：撒一层薄荷醇于水面上，或用纱布包裹薄荷醇并用线缠成小球轻轻放在水面上，盖严容器口，1～2小时后向动物触手基部徐徐滴入硫酸镁饱和溶液，再过1～2小时，用吸管吸取硫酸镁饱和溶液，自口道沟注入胃腔内，使动物完全麻醉。

(2) 固定：取出薄荷醇，注入纯福尔马林溶液至福尔马林含量达5%～10%为止，固定3～4小时。

(3) 保存：用针线穿入标本躯体中部，而后将标本绑在玻璃片上放入5%福尔马林溶液中。

方法三：可卡因-盐酸盐麻醉法

(1) 麻醉：将1%的可卡因-盐酸盐每隔数分钟注入2或3滴，至完全麻醉。

(2) 保存：5%福尔马林。

方法四：直接杀死法

(1) 致死：动物充分伸展后，吸去容器中大部分海水，加入等量铬酸、苦味酸混合液。

(2) 固定：1%铬酸、苦味酸饱和液和4%福尔马林各1份。

(3) 清洗：在暗处用流水洗净，保存于70%酒精中。

方法五：

(1) 麻醉：将0.05%～0.2%氯化锰慢慢加入烧杯中，麻醉40～60分钟（麻醉用药浓度及麻醉时间视动物的大小而定）。

(2) 固定：用吸管将福尔马林加到标本的口道部分，至福尔马林浓度达到7%时，固定3～4小时。

(3) 保存：5%福尔马林。

海鸡冠和海鳃

(1) 致死：待芽体上面的触手伸出后，吸去一部分海水，迅速倒入两倍于海水量的铬酸＋醋酸混合液。

(2) 清洗：在酸腐蚀其钙质骨针之前及时洗涤。

(3) 固定：热升汞饱和液。

(4) 保存：洗去固定液后放入70%酒精。

特别注意：铬酸＋醋酸混合液酸性极强，倘若浸饱时间稍久，则其石灰质针骨易遭损坏，必须及时移入指定的洗液中洗去酸性。

红珊瑚

(1) 预处理：放在流动的海水中使水螅体伸展，停止水流。

(2) 致死：不经过预处理，用温水（60～70 摄氏度）杀死水螅体亦可伸展；也可以用薄荷醇麻醉 12～24 小时立即投入热的升汞液或酪酸液内。

(3) 固定：倒入容器中含水量一半的沸腾升汞饱和溶液，用 70%酒精加碘液冲洗。

用升汞液固定的标本需移入 70%酒精中保存。此法可保持其鲜丽的颜色。

3) 干制标本

珊瑚类：将采回的珊瑚直接放入淡水中，使之自行腐烂，用毛刷刷洗洁净后，放于阳光下直接曝晒，至珊瑚骨纹缝隙处完全干燥为止，最后保存于玻璃标本盒中，无虫蛀之虑。

4) 标本处理中的注意事项

(1) 处理过程中，切忌用手触摸标本，以免被蜇伤。

(2) 水母体质柔软，最好单独放在容器中，尽量避免碰撞。

(3) 一定要小心将麻醉剂注入容器中，或在动物自然伸展状态时迅速将其杀死，才可以防止触手强烈收缩。

(4) 将水螅放入无水酒精时，其触手变脆且易折断，故不能放入无水酒精中。

3.7.4 原生动物标本采集

原生动物结构较简单，繁殖快，易培养，是生物科学研究的好材料，在教学和科学普及宣传中也有着重要的意义。我国是原生动物资源非常丰富的国家，有着从亚寒带到温带、亚热带、热带等多种环境的生物资源，其中很多是特有种。

1. 标本采集准备程序

1) 采集工具

(1) 土壤分离筛：筛孔 20～40 目和 200～250 目。

(2) 水底采集网：通常是用铜纱、铝纱、尼龙丝或亚麻织成的布制作。网框要用三角铁作架，因铁容易下沉，也比较坚固。在架子的三个角上，拴好三根长度相等的棕绳，再和一根长尼龙绳相接，并用绢纱作成较长的网袋（图 58)。

图 58 水底采集网

(3) 铲网：如在浅水或杂草浮物多的水中捕捞，网的形状最好是铲形（图 59a)，这样可减少在水中推进时的阻力。在泥沙中捕捞可以使用图 59b 所示形状的铲网。

(4) 搅拌棒：长约 50 厘米，粗 2～3 厘米。

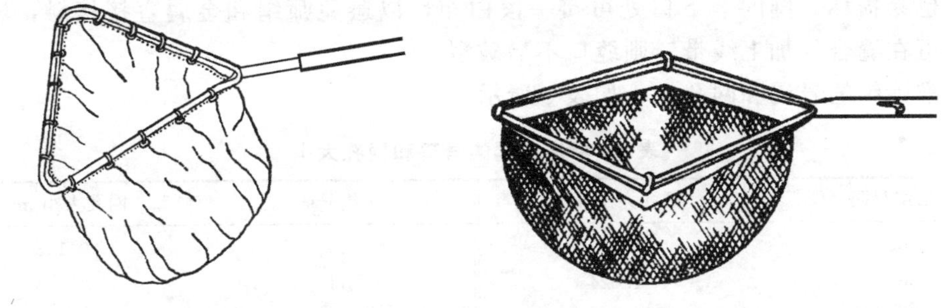

图 59　铲网

（5）镊子：直的、弯的、特别细小的尖嘴镊子数把。

（6）解剖刀和解剖针：有柄的、无柄的、中等的、较小的解剖刀或解剖针各一套。

（7）浮游生物网：在水体中采集原生动物普遍采用浮游生物网。

浮游生物网可用各种号码的筛绢制成。最常用的是 25 号筛绢及 13 号筛绢两种。在湖泊内应用的浮游生物网通常为圆锥形，口径约 20 厘米，网长约 60 厘米（图 60a）。制作时，可用直径 3～4 毫米的铜条或铅丝作一环支持网口，使网口经常成环形，用金属（铝、钢、铜等）或小玻璃瓶套结在网底，形成网头（图 60b），用来收集过滤到的浮游生物。

网的裁剪方法如图 61 所示。如网口直径为 20 厘米，其半径为 10 厘米，可依 $U=2\pi R$ 公式计算，从 A 至 B 的弧长为 62.8 厘米，A 至 C 为网的长度，即 60 厘米。因此，可依图 61a、b 进行裁剪，若依图 61c 的方法裁剪，网布利用较省，而网亦较耐用。裁剪时，可先按尺寸裁好尺样，然后再依纸样裁剪，可避免错误，浪费网布。缝制时，需注意尽量用小针，以免网上留有明显针孔，针孔过大采集时会有原生动物从针孔中流

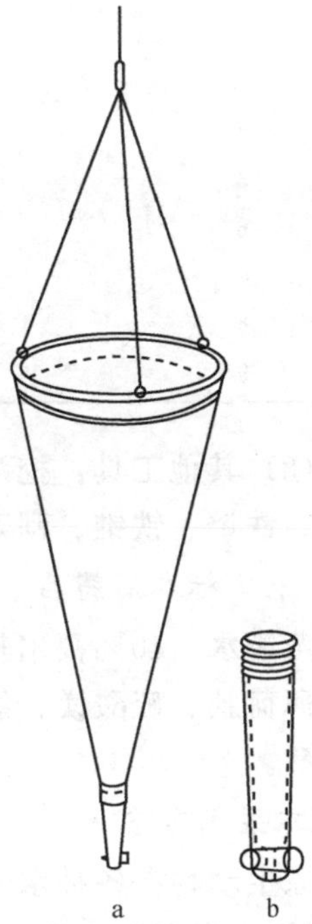

图 60　浮游生物网

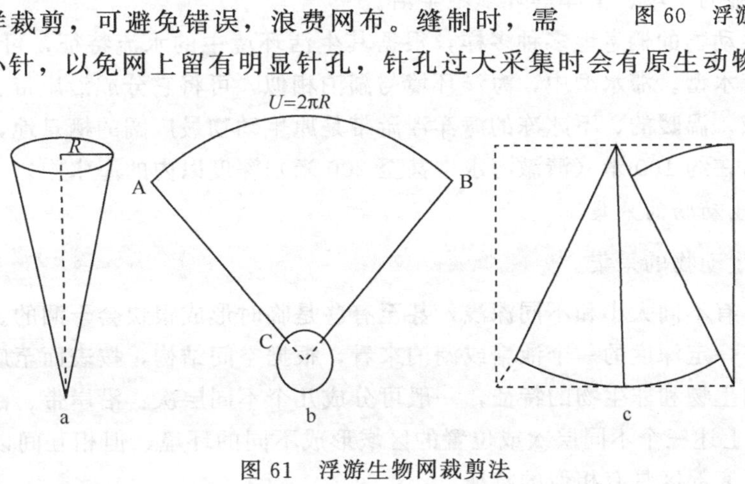

图 61　浮游生物网裁剪法

出，网也易损坏。网的上下口处可接一段白布，以避免筛绢和金属直接接触，容易损坏，还可在缝合处加上线带，则缝口不易破裂。

标准筛绢的号码和网孔大小如表 6 所示。

表 6　标准筛绢的号码和网孔大小

筛绢号码	网孔大小/mm	筛绢号码	网孔大小/mm
0000	1.364	10	0.158
000	1.024	11	0.145
00	0.752	12	0.119
0	0.569	13	0.112
1	0.417	14	0.099
2	0.366	15	0.094
3	0.333	16	0.086
4	0.318	17	0.081
5	0.282	18	0.079
6	0.239	20	0.076
7	0.224	21	0.069
8	0.203	25	0.064
9	0.168		

（8）其他工具：挖泥器、瓷盘、广口瓶、放大镜、注射器、培养皿、吸管、烧杯、铁钯、铁铲、铁锥、刮刀、采集桶、采集袋等。

2）采集标本用药品

蒸馏水、40%福尔马林、75%酒精、无水酒精、甘油、乳酸、苯酚、二甲苯、氯仿、薄荷脑、硫酸镁、氯化锰、结晶紫或酸性品红染料、醋酸、苦味酸、松香、蜡、聚乙烯酸。

2. 标本采集方法

原生动物在各种水体（永久性和间歇性自然水域中的海水、淡水以及生物体内的特殊水域）、潮湿的土壤、沼泽等环境中生活。

淡水原生动物的栖息地多种多样，根据其生活环境中的水流特征，可分成两大类：滞水型和激流水型。滞水型中，海洋环境与湖泊相似，可将它分成沿岸带、浮游带和深底带几个区域。温暖的、不冰冻的海洋浮游带是原生动物最广阔的栖息地，其中大部分原生动物生活在约 100 米（清澈海水中甚至 200 米）深度以内的海水中。

1）淡水原生动物的采集

滞水水体原生动物的采集

滞水水体有不同大小和不同深浅，甚至有些是临时形成很快会干涸的。但从占有相当规模和具有一定深度的一个池塘或湖泊来看，根据空间结构，按表面至底部的横剖面以及相联系的生物和非生物的特征，一般可分成几个不同层次：沿岸带、浮游带和深底带（图 62）。上述三个不同层次或位置的区域形成不同的环境，但相互间以各自的底部联系起来，其底部区具有相似的特征。

沿岸带

在浅的、温暖的软水池塘（由溪流或湖泊形成），眼虫类（*Euglena*）等鞭毛虫大量发生；在硬水池塘（由石灰岩下沉形成），经常看到团藻虫目（Volvocida）等鞭毛虫；特殊的植物基质对某些原生动物有吸引作用，如斜管虫（*Chilodonella*）经常与蓝绿藻、颤藻（*Oscillatoria*）有联系。

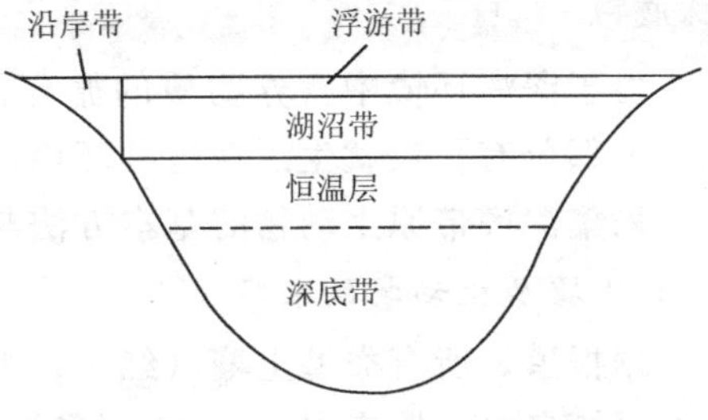

图62　滞水栖地（湖泊或池塘）的分带

浮游带

浮游带的原生动物群集在沿湖的下风岸区，大部分是自养型浮游生物，包括团藻虫和腰鞭虫。

衣藻（*Chlamydomonas*）和盘藻（*Gonium*）常常生活在同一环境中，凡雨后存水的沟塘中，水面漂浮着一层鲜黄色的泡沫，这是衣藻生活最盛期的现象。由于它们都是浮游的小生物，生活在近水面的水层，常被风吹到水池的某一角，此时可在水池的角落采到密度大的衣藻、盘藻等。

深底带

这一区域的原生动物一般栖息在泥-水界面。

采集滞水水体自由生活的淡水原生动物时，可选择没有农药和毒物污染的长有水草的水域，如池塘、小河等。轻轻搅动水后取水样，装入容器，标记采集地点和日期等，带回实验室，在解剖镜下检查，用微吸管将所需原生动物的单个个体吸在凹玻片中培养。

激流水体原生动物的采集

由于溪流中很少有如长根植物那样的生产者生物，原生动物一般限于附着在无生命的基质上，或处于细菌群落、附着藻类群落等的周围。

采集激流中自由生活的原生动物时，基本方法与滞水水体相似。

2）海水原生动物的采集

海岸带

海岸带生活的原生动物大部分是需氧种类，如在沙粒上或颗粒间隙中生活的纤毛虫。

海岸带的原生动物采集可在退潮后，掘取海滩上的泥沙自其中洗出即可；或从海草的梗叶上用小刀刮下一些附着物，亦可采集到。

夜光虫可用浮游生物网拖到，一起拖到的还包括其他浮游动物。向装标本的瓶内滴入福尔马林杀死采集的标本。待标本死亡下沉后，倒去瓶内的上清液，更换3%～4%的福尔马林。回室内分类鉴定后，用5%福尔马林或70%乙醇长期保存。

在沙泥岸可采到有孔虫壳，冲洗干净并干燥后可直接放入小瓶中保存，日后用于鉴定有孔虫。

深底带

由于深海环境中营养物质的循环需要很长时间，因此限制了原生动物的生长和繁殖。大部分有孔虫就生活在这种环境，其他原生动物种类很少。

采集深底带原生动物的基本方法与海岸带相似。

3）土壤原生动物的采集

据报道，所有类型土壤（红土、黑土、黄土、黏土、沙土等）中都有原生动物，它们主要栖息在土壤表层 10～45 厘米深，又以 10～12 厘米深数量最多。

调查土壤原生动物一般采用五点取样，每点取 0.11 平方米，深为 10～13 厘米的土壤。将采取的土壤放入试管内，再注入 2/3 试管的清水，然后用大拇指堵住管口，不断地轻轻将试管上下振动 2 分钟，最后将土壤浸出液取出，在显微镜下镜检或待用。

土壤原生动物的采集有如下几种方法。

（1）剥查法：将收集的泥土用手轻轻捏碎，然后镜检。镜检时，泥土不能太湿，以便捣碎，一旦发现原生动物立即挑出。此法适于较大体形的原生动物的采集。

（2）淘洗法：在田中取出泥水，放入微孔土壤筛中，然后将泥土和筛同时浸入水中淘洗，不断地捣碎土块和去掉杂质，直到泥土洗净后，取出筛子，采到原生动物。

（3）柯勃氏（Cobb）过筛法和比重法：这种方法是利用原生动物与土壤的比重不同进行分离。具体做法是先把土壤样品放在桶内，用水浸泡至能够洗搓，然后用玻棒搅拌，搓碎土块。搅拌停止后，土粒、砂石等沉到桶底，原生动物漂浮在水中。再把桶中的水通过 20～40 目的粗筛倒入另一个桶内。在经过粗筛的桶内加水，搅拌，再过粗筛。然后用 200～250 目的细筛过筛。

最后把盛有原生动物液的容器静放 30 分钟，使原生动物沉底，除留下底层 1 厘米深的水外，其余全部小心地倒掉。对于泥水中的包囊及原生动物可以采用漂浮、离心、直接镜检等方法采集。

4）污水水体的原生动物的采集

不同污染程度的水体中都有原生动物存在，采集污水中生活的原生动物时，基本方法与淡水水体的采集方法相似。

5）内寄生和外寄生原生动物的采集

内寄生的原生动物

陆生植物内很少有原生动物寄生虫，即使有，一般也在含浆液的植物中。例如，在大戟属（*Euphorbia*）植物和其他某些植物的乳汁道中有鞭毛虫植生滴虫（*Phytomonas*），这些鞭毛虫是通过吮吸植物浆液的虫子为媒介感染植物的。

多细胞动物为寄生原生动物提供了许多适当的、甚为广阔的栖息地。从寄生原生动物在宿主体内的分布来看，主要涉及消化道、组织细胞、血液等特殊环境。

消化道寄生原生动物

宿主消化道中的寄生原生动物包括鞭毛虫、变形虫、蛙片虫、纤毛虫等多个类群。

鞭毛虫：据不完全统计，在脊椎动物肠内的寄生鞭毛虫有 10 余属，隶属 6 个目，宿主涉及人、猴、牛、羊、猪、狗、兔、猫、鸡、鸭、两栖动物、爬行动物等多种，其中有几种对人类致病，有许多种对其他宿主致病。

变形虫：寄生变形虫宿主涉及各种鱼类、两栖动物、爬行动物和哺乳动物（包括人、猿、猴、牛、猪、狗、猫、鼠等）。

纤毛虫：毛口目纤毛虫的肠袋虫属中有多个种普遍以脊椎动物（灵长类、马、猪、鼠、爬行动物、鸟和鱼）和无脊椎动物（节肢动物等）为宿主，营寄生或共生生活。另外，在反刍动物瘤胃内可含占 1/10 体积、高至 100 万/毫克个体的原生动物，其中除少数鞭毛虫外，主要是内共生的纤毛虫。

蛙片虫：全部蛙片虫都生活于变温脊椎动物（大部分是无尾两栖类，如蛙和蟾蜍）的大肠中。

对于内寄生原生动物的采集，寄生在节肢动物食道和肠内的种类可先将节肢动物的头部剪去，然后两手各持一把镊子，一手钳住标本的胸部，另一手捏住尾端，向相反的方向拉，使胸部和尾部脱离，这样食道和肠就被拉出来，放在盛有生理盐水的培养皿中用眼科剪刀解剖取出。寄生在人体中的种类可与医院联系，索取样本。

组织和血液寄生原生动物

鞭毛虫：利什曼虫属和锥体虫属鞭毛虫是导致脊椎动物严重疾病的组织或血液寄生虫。

纤毛虫：在多种淡水鱼类的皮肤、鳃、肌肉和内脏中的兼性寄生纤毛虫。

孢子虫：孢子虫属于孢子虫纲，其三大类群中，簇虫亚纲的种类主要是无脊椎动物的细胞外寄生虫，球虫亚纲和焦虫亚纲的种类是脊椎动物（包括人）的细胞内寄生虫。

黏孢子虫：大部分黏孢子虫是变温脊椎动物的寄生虫。

微孢子虫：为细胞内寄生虫，宿主遍及无脊椎动物各门以及脊椎动物的所有纲，已知具有宿主的种类近 700 种，最常见的宿主是鱼类和其他脊椎动物。

其他原生动物：目前知道有两类自由生活的变形虫对人类和其他哺乳动物有致病作用。

寄生在动物组织或血液中的原生动物，不便于自行采集，可与医院联系索取或购买他们做好的玻片标本。

如有必要，可制作患病动物的血液涂片，于显微镜下直接观测检查（如疟原虫）。现将血液涂片法简介于下。

（1）用针刺破皮肤取一滴血，放在干净、干燥的载玻片的右侧玻片上。

（2）用盖玻片的一边与这滴血液接触，同时使两玻片呈 35 度至 45 度角（图 63）。

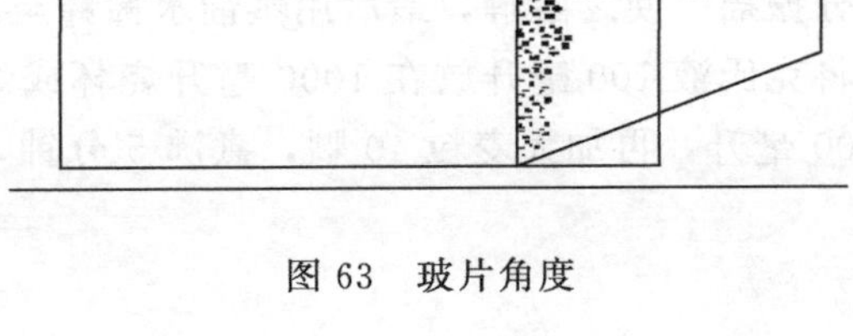

图 63　玻片角度

(3) 等待血液由于毛细管的作用而布满两玻片的接触线时，将盖玻片向左侧推动(不使两玻片离开)，载玻片面上便出现了一层均匀的血膜（图 64)。

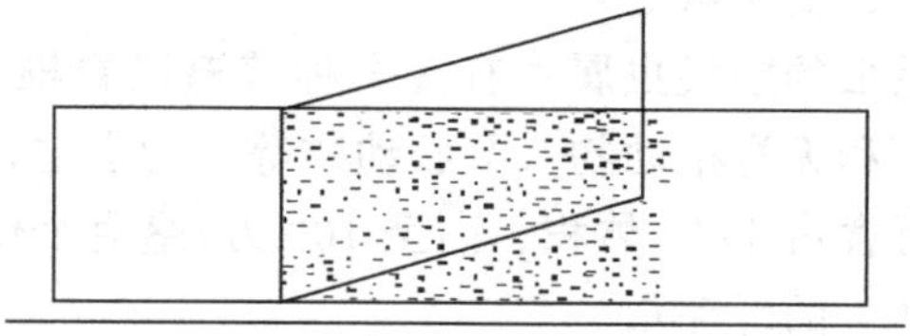

图 64　均匀的血膜

(4) 待血膜在空气中蒸发并充分干燥后，即可应用。

(5) 如需长期保存，需经二甲苯透明，滴上香脂，加盖玻片封存。

外寄生的原生动物

外寄生的原生动物大多数是纤毛虫，少数是鞭毛虫。少数变形虫也有类似的生活方式。

采集外寄生原生动物时，需要采集到一定数量的宿主动物，然后根据其所患寄生虫病的症状有选择的检视。

3. 原生动物的培养和收集

1) 鞭毛虫类

土壤浸出液培养

(1) 制备培养基：取一定量的较肥沃的自然土壤，在烧杯中加水搅和（水土的重量比为 3～4：1)，然后用蒸锅或高压蒸气灭菌器处理 2～3 小时（用高压蒸气灭菌器，时间可减半)，冷却后过滤，取滤液使用。

(2) 稀释：使用时要用清水稀释 5～10 倍，根据土壤浸出液中所含有机质和无机盐的多少具体确定。

(3) 培养：取一定量虫体放在稀释液中，在没有直射阳光的明亮处 23～25 摄氏度培养。

克氏（Kleb's）培养液培养

制备培养基

(1) 药品：硝酸钾 0.25 克、硫酸镁 0.25 克、磷酸二氢钾 0.25 克、硝酸钙 1.0 克和色氨酸 0.01 克。

(2) 配制方法：先将 500 毫升蒸馏水倒入 1000 毫升容量瓶，然后把各种盐类和色氨酸逐一放入瓶中，充分振摇，使之溶解，最后用蒸馏水稀释至刻度。

(3) 使用方法：先将克氏液 100 毫升放在 1000 毫升烧杯或烧瓶中，然后加蒸馏水 900 毫升，使定容至 1000 毫升，再加大麦粒 40 颗，煮沸 5 分钟，冷却后倒入玻璃培养皿中，静置 7～10 天。

培养

取一定量虫体放在稀释液中，在没有直射阳光的明亮处 23～25 摄氏度培养，为了延长培养时间，从接种后第 5 天起，每隔 3～5 天往培养缸中续加克氏液 10～15 毫升，半月后每隔 5～7 天加克氏液 25～30 毫升和色氨酸 10～12 毫克，另外每月还应加大麦粒 10 颗。

2）肉足虫类

干草浸液培养法

（1）制备培养基：将新采集来的水样放在玻璃培养缸中，然后把稻草剪成长 3.3 厘米左右的草段放在水中，此时缸中水和稻草的比例（体积比）约为 5∶1，放置 1 天，培养液便制成了。

（2）培养：将含有变形虫的浮沫 4～5 滴接种于培养液中，然后放在没有阳光直射的地方培养，经过 5～7 天，便可有较多的动物滋生。

（3）镜检：吸取水滴放在显微镜下检查。

小麦煮汁培养法

小麦煮汁培养可保存很长时间。

（1）培养：将采集来的池水放置 1～2 天，待水中的杂质沉淀以后，把带有浮沫的上层水缓缓倒注于培养缸内，然后倒入等量的小麦煮汁（小麦粒 1 克，加水 1000 毫升，煮沸 5 分钟，冷却），将培养缸放在无阳光直射的地方培养 5～7 天；

（2）在显微镜下检查。

金鱼藻培养法

（1）制备培养基：采集金鱼藻或浮萍少许，以布满容器底为合适，用原池水中煮沸 15 分钟，冷却后，加入几颗煮烂的麦粒，加水，加盖。

（2）培养：注入动物，加盖，标明日期。

制剂培养法

（1）制备培养基：氯化钠 0.1 克、氯化钾 0.004 克、氯化钙 0.006 克和蒸馏水 1000 毫升，加入大米 20 粒。

（2）培养：注入动物，加盖，标明日期。

3）纤毛类（淡水生种类）

稻茬培养法

把从稻田里采回来的稻茬，带土泡在直径 30～40 厘米的玻璃缸中，使稻茬露出水面一半，其余带土淹没于水中，放在时晒时阴的地方，一周或十余天后，就会有虫体滋生。

脱脂牛奶法（适用于纯培养）

（1）制备培养基：取干净的试管，倒入 3/4 清水，加入 2 或 3 滴脱脂牛奶。

（2）分离：在显微镜下用微细管将所需要的一种虫体吸出，10～20 个，放在上述培养液中。

（3）将管口塞紧，培养一周。

干草浸液培养（适用于普通培养）

（1）制备培养基：将质量较好的干稻草剪成3厘米左右长的草段，称取10～15克，放在1000毫升井水中煮沸3～5分钟，冷却后用双层洁净纱布过滤，调节pH至中性。

（2）培养：往装有滤液的玻璃培养缸中加入适量的含有原生动物的水样，将其放置于无阳光直射处培养5～7天。

（3）镜检。

荷叶培养液培养

（1）制备培养基：称取干荷叶20～30克，加清水1000毫升，煮沸5～10分钟，冷却，用双层洁净纱布过滤，滤液放在玻璃培养缸中。

（2）培养：加入适量含有原生动物的池水，放在无直射阳光的地方培养6～7天。

（3）镜检。

麦粒培养法

（1）制备培养基：用直径25厘米的玻璃缸，倒入为容器2/3量的自来水，加30～50颗煮熟的麦粒，再放约50克面包屑，然后把玻璃缸放置在无直射阳光处，经2～3天后，缸中水达到成熟程度。

（2）培养：用清洁吸管，将原生动物吸出，注入玻璃缸中培养，缸口加盖，留孔隙，标明日期等，以后注意保持水位。

4）寄生原虫

寄生原虫的离体培养较为困难，而且寿命也不长久，一些常见的寄生原虫，如锥虫（*Trypanosoma*）、利什曼虫（*Leishmania*）、疟原虫（*Plasmodium*）、毛滴虫（*Trichomonas*）等都已进行了离体培养。在培养泰氏利什曼虫（*L. tarentolae*）时，除严格控制25摄氏度和pH8.5条件外，还必须在培养基中加入无机盐、葡萄糖、氨基酸、嘌呤、嘧啶及生长因子等。有人设计了一种体外培养疟原虫的方法，使培养基在人的红细胞沉降层中缓缓地连续通过，来进行培养恶性疟原虫（*P. falciparum*）。用这种方法培养2～3天后，原虫感染可达10%（正常感染不到1%），每个容器每周可收获三次，每次得寄生原虫0.6×10^6～1.0×10^6个。

离体培养寄生原虫所得材料有限，因此，大多数情况下采用感染动物活体培养法。

5）培养原生动物的收集

收集培养获得的自由生活原生动物，可以用绸布、尼龙网过滤收集，也可用低速离心或连续离心收集。部分种类有特殊的收集方法，例如，收集游仆虫（*Euplotes*）的方法，就是利用纤毛虫在电场中朝阴极移动的特点制成特殊的、不接触虫体的装置，可在阴极附近的小室内浓缩并收集虫体。

以前用离心法收集培养的寄生原虫，目前应用柱层析、分子筛等方法来收集。例如，要获得纯净的锥虫（*Trypanosoma*），可在二乙氨乙基纤维素（DEAE）柱上进行。DEAE浸泡在磷酸-盐水-葡萄糖或Tris-盐水-葡萄糖溶液中，缓冲到合适的pH和离子强度后再装柱。将加有抗凝肝素和感染有锥虫的血液上柱，过柱，离心过柱液，可得纯净的锥虫。应用此法还可从脾脏巨噬细胞中分离得到杜氏利什曼虫（*L. donovani*）的无鞭毛型细胞。诺氏疟原虫（*P. knowlesi*）感染的恒河猴疟疾症达 15%以上，要获得纯净的诺氏疟原虫（*P. knowlesi*），可在原虫发育成 4～8 个核为主的裂殖体期取血，用 20%阿拉伯胶液，密度梯度离心分离裂殖体感染的红细胞，按每毫升感染的红细胞加 120 毫升营养液和 1.2 毫升马血清的比例，在烧瓶中混匀，置 37 摄氏度恒温箱中培养，不通气，不振荡，培养 4～6 小时后出现大量裂殖子。低速离心（1000 转/分钟，15 分钟）裂殖子培养物，除去沉淀杂物，再离心（3200 转/分钟）20 分钟，沉淀即是较纯的裂殖子。近来也采用分子筛技术分离裂殖子。

4. 原生动物活体的长期保存

许多原生动物在一些不利的环境条件下会形成包囊。这种包囊对干燥、低温、较高温、压力、缺氧等不良环境条件具有较强的抗性。利用这一特点可以长期保存这类原生动物。用液氮低温的方法，可保存某些原生动物，如纳氏虫（*Naegleria*）以及四膜虫等长达几年之久。国外有报道用洗净的小鼠小肠（剪成长约 2 厘米）或大豆，在试管中加水消毒，然后接种四膜虫，并盖上一层消毒的矿物油，置室温下保存，发现在小肠培养液中可保存四膜虫达一年以上，而在大豆培养液中只保存 6 个月左右。用食用菌平菇的水提取液，分装试管，消毒，接入四膜虫后盖上一层消毒的液体石蜡油，置室温（4～30 摄氏度）可保存一年以上。但细胞体积、大核直径均比正常细胞小一些，而一旦将保存一年的细胞转接到正常培养基中，就能恢复到正常水平。

1）原生动物的固定和浸制保存

鞭毛虫类

方法一：

（1）预处理：用吸管把虫体吸入小型玻璃皿中，放在阳光直晒处数分钟，使其恢复原态。

（2）固定：迅速注入鲍氏固定剂或肖氏固定剂。

（3）清洗。

（4）脱水：30%酒精、50%酒精和 70%酒精各处理 10～30 分钟。

（5）保存：70%酒精。

方法二：

（1）预处理：同方法一。

（2）固定：用 5%福尔马林固定，其间更换固定液 1 或 2 次。

（3）保存：5%福尔马林。

方法三：针对眼虫类，可以使绿色维持久些。

固定和保存：直接放入 50%酒精 90 毫升＋福尔马林 5 毫升＋甘油 2.5 毫升＋冰醋酸 2.5 毫升＋氯化铜 10 克混合液。

方法四：

（1）致死：在采得的标本内滴入苦味酸或碘酒直至标本变为淡黄色为止，这种黄色对于标本无妨碍。

（2）保存：5%的福尔马林液。

肉足虫类

（1）固定：固定剂可选用50%酒精、饱和升汞液（应用时加热至60～70摄氏度）、肖氏固定液、杰氏固定液、鲍氏固定液、四氧化锇溶液或四氧化锇气。

（2）其他步骤同鞭毛虫类。

纤毛虫类（自由生活的种类）

方法一：

（1）固定：饱和升汞液或肖氏固定液。

（2）其他步骤同鞭毛虫类。

方法二：

（1）固定：营自由生活种类用1%氯化亚铁酒精液或70%酒精固定，寄生种用杰氏固定液或鲍氏固定液固定。

（2）其他步骤同鞭毛虫类。

（3）保存：70%酒精。

孢子虫类

（1）固定：鲍氏固定液或饱和升汞液。

（2）其他步骤同鞭毛虫类。

2）原生动物浸制标本的保存

保存在液体中的标本要定期检查，瓶中液体浑浊的要及时更换新液；液体蒸发太快的，可能是瓶塞松动或破裂，要立即检查加液，塞紧或更换新塞。指形管内的液体以占管内体积2/3为宜。

3）原生动物玻片标本制作

见4.3节“动物玻片标本制作”。

附录　常用固定液的配制

1. 布恩氏（Bouin's）固定液

饱和苦味酸水溶液	75 ml
浓福尔马林	25 ml
冰醋酸	5 ml

苦味酸1 g约可饱和于75 ml水中。

注：固定时间取决于动物体的大小及特点。如原生动物的固定时间为1～4小时，固定软体动物需24小时或更长时间。

2. 肖氏（Schaudinn's）固定剂

升汞水饱和液	2份
95%～100%酒精	1份

可加冰醋酸，使成全量的1%～5%。应用时加热至60～70摄氏度，固定时间为数分钟。

3. 升汞水饱和液

升汞即氯化汞，每 100 毫升蒸馏水中，约需 7 克溶成饱和液。固定时间不宜过久，至标本不透明为止。原生动物等需数分钟，大型动物需 4～24 小时。若加入冰醋酸使成 1%～5%混合剂，可增加固定效力。固定后应用流水冲洗数小时，或是用 50%～70%酒精洗涤。

注：

(1) 升汞能侵蚀金属，所用器皿应为玻璃的或角质的。

(2) 制备升汞水溶液必须用蒸馏水。

4. 杰氏（Gilson's）**固定剂**

升汞	5 g
硝酸	4 ml
冰醋酸	1 ml
70%酒精	25 ml
蒸馏水	220 ml

溶液配合后经过三天滤清。固定时间，原生动物等为 15～30 分钟，大型的动物为 6～12 小时。

5. 四氧化锇（通称锇酸溶液）

四氧化锇挥发性极强并有毒性，制备时务必特别注意。本品价格昂贵，普通以小剂量（0.1～1 克）装置在密封的玻管中。制备溶液时，先把外面的纸标撕去并擦净，然后再用锉刀把玻管周围锉一道裂痕，但不要锉破，把玻管放入小型、小口、带色、洁净的玻璃瓶里（或用照相底片纸包裹白玻瓶）。工作中通用的浓度为 0.05%～2%；因此，可制备 2%的锇酸溶液作为基本溶液。在配制不同浓度的溶液时，按比例加水于瓶中，把瓶塞盖紧，然后手持玻瓶用力振摇，使药管与瓶壁互相碰撞，锉伤的药管就会被碰碎于瓶中，药与水融合后，再轻摇使之混合均匀即成。倘若振摇后药管不破，只好把瓶盖打开用玻棒把药管打碎。固定时间为 24 小时，固定后流水冲洗 24 小时。

四氧化锇气体固定：先把动物黏附在载玻片上，再把载玻片（黏虫部分）覆盖在瓶口上面，使有虫的一面朝向瓶内药液。如虫体较大，可系线悬入瓶中。固定时间为数分钟或数小时，工作结束后必须洗手。

6. 福尔马林（商售的为 40%）

通用成分为 5%～10%，可以用商售的福尔马林 5 毫升或 10 毫升，加水 95 毫升或 90 毫升。如果是用以固定或保存海产动物，则应用洁净海水制备。福尔马林为酸性溶液，通常加入少许碳酸钠或碳酸镁使酸性溶液中和。

7. 福尔马林固定液（FAA 固定液）

酒精	100 ml
浓福尔马林	5 ml
冰醋酸	5 ml

8. 升汞酒精溶液

升汞	3～4 g

氯化钠	0.5 g
酒精	100 ml

固定时间为30分钟至24小时。

9. 克氏 (Kleinenberg's) 固定剂

苦味酸水饱和液	98份
硫酸	2份
水	200份
或	
苦味酸水饱和液	100 ml
硫酸	2 ml

滤清，加三倍蒸馏水

应用时可加入冰醋酸，配成5%的溶液。固定时间为1～24小时，固定后需用70%酒精洗涤。

10. 福尔马林、醋酸和酒精混合液

40%福尔马林	10份
95%酒精	50份
冰醋酸	2份
蒸馏水	40份

标本可保存在混合液中或换入70%酒精内。

11. 硫酸铜、升汞混合液

10%硫酸铜	100 ml
升汞水饱和液	10 ml

固定时间为数分钟至数小时。

12. 升汞、铬酸混合液

升汞水饱和液	100 ml
1%铬酸	50 ml

固定时间为数分钟至数小时

13. 卡诺尔固定液

冰醋酸	10 ml
氯仿	30 ml
无水酒精	60 ml

适用于一般材料，特别是外膜致密而其他固定剂不易透入的材料。原生动物的胞壳，也宜用本剂固定。需临时配制，不能久藏。固定3～6小时。

第 4 章　动物标本的制作与保存

4.1　液浸标本的制作与保存

为了长久保存动物的完整个体或动物个体的某些部分（器官），而浸于酒精、福尔马林、甘油或其他保存液中的动物标本，被称为液浸标本。液浸标本需要保存在一定的容器中。

通常动物标本，包括小型鸟类、兽类、两栖动物、爬行动物、鱼类、部分昆虫和其他无脊椎动物的整体或身体局部，也包括动物的胚胎、幼体、卵、蛹等；经过解剖、染色的动物或动物器官，均可以制成液浸标本。经过切割的各种器官断面制成的液浸标本，其形态、结构，特别是细小的结构（如黏膜的形态、血管神经的细小分支等）也能显示得很清楚。大型动物的整体标本由于体积与重量均大，不宜制作成液浸标本。

本节主要就以下内容加以系统介绍：保存液浸标本时使用的工具、材料、容器、药品；整体标本、解剖标本、器官标本、组织标本等的制作步骤、方法和液浸保存；液浸标本的摆放、保存环境、日常维护和管理，以及液浸标本的邮寄、废液的处理等。

4.1.1　液浸标本制备和保存的准备工作

1. 器具和材料

解剖器具：不同规格或型号的解剖刀、解剖剪、医用镊子、解剖盘等。

量筒和量杯：10～1000 毫升多种规格，量取药液用。

天平：100 克和 1000 克天平各一台，供称量药品用。

石蜡锅：标本瓶封口时加热粘贴剂用。

防护用品：医用塑胶手套、防护眼镜、口罩等。

其他用品：比重计、桶、滴管、注射器、注射用针头、针、昆虫针、标签、纱布、药棉等。

2. 容器

1）标本瓶

根据质地不同，可将标本瓶分为玻璃瓶和塑料瓶两类。瓶盖有磨砂、紧嵌、旋转等多种。常用玻璃标本瓶规格不一，通常以直径×高度表示，常见玻璃标本瓶的直径规格有 45 毫米、60 毫米、75 毫米、90 毫米、100 毫米、120 毫米，高度规格有 60 毫米、90 毫米、120 毫米、150 毫米、180 毫米、210 毫米、240 毫米、300 毫米、350 毫米、400 毫米、500 毫米等多种；也常用不同规格的广口瓶作标本瓶。此外，指形管、安瓿瓶或其他小瓶子常用于浸泡昆虫、无脊椎动物等小型标本或实验材料。野外可携带塑料瓶，但要先进行防漏检查。必要时带上一些密封剂（如石蜡）。

2）玻璃缸

玻璃缸一般用于体形较大的陈列标本。

3）水池或水槽

一些较大型标本可浸泡于水泥池或玻璃纤维材料的大水槽内保存。

4）容器的清洗和消毒

制作标本用的标本瓶、量杯等，应用洗衣粉、洗洁精或去污粉刷洗，并用清水反复冲洗干净。如需消毒处理，还应用95%酒精冲刷内壁与瓶盖。消毒后，应立即将瓶盖盖严，以防污染。

3. 药品的种类、配比和配制方式

1）麻醉剂

麻醉药品

常用作麻醉和杀死动物的药品有1%锇酸、薄荷脑、硫酸镁、5%升汞液、1%铬酸、苏打水、50%的醋酸、乙醚、氯仿、盐酸普鲁卡因、酒精等。

麻醉脊椎动物的药物推荐使用医用戊巴比妥钠盐和偕三氯叔丁醇溶液。这两种药物主要作用于中枢神经，是目前国际上较常用的动物麻醉药剂，具有镇静、止痛、催眠等作用。

麻醉剂的配制

（1）戊巴比妥钠溶液的配制：按1毫克戊巴比妥钠盐加10毫升的70%医用酒精配制成麻醉液，存放在安瓿瓶中备用。

（2）偕三氯叔丁醇溶液的配制：①将偕三氯叔丁醇溶于95%酒精中，配制成偕三氯叔丁醇饱和液原液，存放在安瓿瓶中密闭备用；②使用时按0.5升水加入0.2～0.4毫升原液比例配制麻醉液。

注：麻醉剂应现配现用。标本制备完后，应立即按国家有关法律和医药卫生部门有关麻醉剂处理方法，对麻醉剂、注射器和安瓿瓶进行处理。

2）固定防腐液和保存液的配制

福尔马林固定液和保存液的配制

甲醛通常以水溶液形式出现，也称为福尔马林，加水稀释后用于固定和保存标本。常用于浸泡动物标本的福尔马林浓度为5%～10%；10%的福尔马林为固定液，5%～8%的福尔马林为保存液。

在处理标本之前用量筒或量杯和烧杯根据所需浓度，按比例配制好固定液和保存液。配好的福尔马林应放置在褐色瓶子里备用。

不同浓度福尔马林的配制

需配制的浓度/%	40%甲醛/ml	水/ml
10	1	9
8	1	12
6	1	15
5	1	19

注：建议在高浓度福尔马林液中加入碳酸钙至饱和状，可防止固定或保存标本时标本脱钙。

酒精固定液和保存液的配制

不同浓度酒精的配制

需配制的浓度/%	无水酒精/ml	蒸馏水/ml
95	95	5
90	90	10
80	80	20
75	75	25
70	70	30

通常用 70%～95%的医用酒精作为标本的固定液或保存液，保存液浓度一般以 70%～75%为宜。在处理标本之前，用量筒、量杯或烧杯根据所需浓度，按比例配制好固定液和保存液。配制时最好使用医用酒精或无水酒精兑蒸馏水配制，应用比重计测量，确保精确度，配好的酒精溶液放在密封的瓶子中备用，以免挥发。

混合固定液和保存液的配制

酒精与福尔马林配合使用，可适当降低福尔马林的浓度和刺激性。加入适量甘油，可使器官组织柔软和耐干。

（1）波恩氏液（常用于固定无脊椎动物标本）。

95%酒精	45 ml
40%甲醛	45 ml
冰醋酸	1 ml
苦味酸	1 g

（2）巴氏液（常用于固定保存无脊椎动物标本）。

40%甲醛	3 ml
生理盐水	97 ml

（3）酒精甲醛混合液（常用于解剖标本的浸制）。

95%酒精	50 ml
40%甲醛	50 ml
甘油	1 ml

（4）醋酸甲醛混合液（用时加水 1 倍，常用于液浸昆虫标本的长期保存）。

甘油	20ml
乙酸钾	10 g
40%甲醛	1 ml
蒸馏水	100 ml

(5) 醋酸甲醛酒精混合液(常用于昆虫标本的浸制)。

80%酒精	15 ml
40%甲醛	5 ml
冰醋酸	1 ml

(6) 酒精甘油液。

75%酒精	100 ml
甘油	5 ml

(7) 酒精甘油混合液。

80%酒精	20 ml
甘油	20 ml
石炭酸	10 ml
蒸馏水	50 ml

福尔马林和酒精的使用说明见附录 A

3) 染色剂的配制

彩色固定液的配制

(1) 绿色固定液。

40%甲醛	40 ml
硝酸铜	10 g
乙酸铜	10 g
蒸馏水	1000 ml

(2) 红色固定液。

40%甲醛	200 ml
硝酸铜	10 g
乙酸铜	20 g
蒸馏水	1000 ml

(3) 酸性复红。

酸性复红	0.5 g
10%盐酸	25 ml
蒸馏水	300 ml

(4) 硼砂洋红染料。

洋红	3 g
硼砂	4 g
蒸馏水	100 ml

注射色液的配制

注射色液用于动物标本血管注射填充。两种常用注射色液的配制如下。

(1) 明胶填充剂注射色液的配制：

明胶 20～25 克，颜料（红或蓝）3～5 克，水 100 毫升。

配制方法：将明胶（粉碎成小片）按上述比例加水浸泡 3～4 小时，充分软化后，隔水加热，直到充分溶解。将颜料用研钵研成细粉末后加入，并用玻棒搅拌片刻，直到色胶调匀。用两层纱布过滤后，即可使用。

(2) 淀粉填充剂注射色液的配制：

淀粉 75 克，福尔马林 20 毫升，颜料（红或蓝）7～10 克，水 100 毫升。

配制方法：按上述比例将淀粉和色料混合，置于研钵中研磨，使其充分混合，立即加水少许，继续不断研磨成糨糊状后，把水和福尔马林按比例全部加入，用玻棒搅拌均匀，再用三层纱布过滤入带盖的容器中，过滤时用玻棒不断搅拌，避免沉积在纱布上。然后，加入适量的甘油即可使用。

4.1.2　整体动物标本的液浸保存

1. 无脊椎动物标本的液浸保存

1) 有孔虫类的保存处理

将用标本瓶带回的泥沙或海藻（有孔虫生活时附着在海草上和海底泥沙中），倾入水桶中搅拌，活的有孔虫因原生质的比重大而下沉，可从水底取得。将有孔虫浸入用双蒸水配制的 30%酒精中杀死，再移入 50%酒精固定，同时要加入适量的虎红（rose bengal）进行染色，以便研究鉴定，最后放入标本瓶，用 70%～75%的酒精长期保存。

2) 放射虫类标本的保存处理

放射虫多数生活在海水表面，用浮游网捞取后，将网内物质倒入装有海水的标本瓶中，加入几滴 1%锇酸，放射虫被杀死后沉入水底，将上层海水倒去，用清水洗净底层标本，先浸入用双蒸水配制的 30%酒精中，再逐渐移入 40%～50%的酒精中，最后放入标本瓶，用 70%～75%的酒精长期保存。

其他两种固定放射虫标本的方法：①常用的方法是将拖网采集到的带有海水的标本倒进标本瓶，加入福尔马林，使其浓度达到 10%。为使其中的群体标本不分散，需加入饱和苦味酸溶液 5 毫升，可长期保存。②波恩氏液专门固定等辐骨放射虫标本的方法，将波恩氏液与海水按 1∶1 的比例加入采集的样品中，可长期保存等辐骨放射虫标本。

3) 海绵动物标本的保存处理

应将从沿岸或浅水岩石下采到的海绵用清水洗去杂质，直接放入 80%酒精中固定，固定时间不超过 24 小时，然后移入标本瓶中，在双蒸水配制的 70%～75%酒精中长期保存，或者把采集来的标本清洗干净后，晾干，然后放入 70%～75%酒精中长期保存。

4) 刺胞动物的保存处理

(1) 水螅：将水螅放在盛有海水（海水种类）或清水（淡水种类）的培养皿或玻璃

缸内，稍加振荡，使水内有充分的空气。等到虫体充分舒展开后，用硫酸镁或薄荷脑麻醉。隔几分钟放一次麻醉剂，每次少量，时间不可过久，到触及动物时不再收缩为止，将虫体浸入70%～75%酒精中2～4小时固定，然后更换新70%～75%酒精长期保存。水螅类的标本不宜放入福尔马林中保存。

（2）水母：浮游生物网或捞网采集浮游在水面的水母，倒入水桶或玻璃缸中，先用1%硫酸镁麻醉20分钟，待水母不再收缩时移入7%福尔马林中杀死，然后移入3%～5%福尔马林液或70%～75%酒精中长期保存。

（3）海葵：将采集的海葵放在盛有海水的玻璃缸中，放在平稳、光线稍暗的地方，待其触手充分展开，把薄荷脑结晶逐渐洒在水面。一次投入的麻醉剂不宜过多，以免动物受刺激缩回触手。经3～5小时，待其身体和触手不再收缩时，再将海葵取出，放入5%～7%福尔马林中，经2～3小时，移入4%～5%福尔马林液或70%～75%酒精中长期保存，放置时触手朝上。

（4）石珊瑚：将采集的石珊瑚放在盛有海水的盆或桶中，待其触手充分展开，即在水面上洒薄荷脑，将盆或桶盖好。薄荷脑不要一次投入过多，需逐渐添加，等其触手不再收缩时，移入95%酒精中杀死固定，最后用70%～75%酒精长期保存。

5）*扁形动物标本的保存处理*

（1）涡虫：把涡虫放入1%铬酸中杀死，再放入70%～75%酒精或4%～5%福尔马林中保存。如果身体蜷曲不平，还应将虫体夹在两张载玻片之间，用线将载玻片两端绑上，但用力不要过大，以免把虫体压坏。24小时后取出，保存在70%～75%酒精或4%～5%福尔马林中。

也可把涡虫放在载玻片上，待其伸展后，滴入硝酸（2份）和福尔马林（5份）配制的混合固定液，固定数分钟，也可延至几小时，然后用95%酒精冲洗干净，再放入70%～75%酒精或4%～5%福尔马林中保存。

若一次处理较多标本，可将活体涡虫标本用清水（蒸馏水或自来水）清洗干净。清洗后将其放入1%稀硝酸中杀死，再用清水将标本上的稀硝酸冲洗干净，将杀死后的涡虫标本放入波恩氏液固定数分钟，也可延至几小时，最后将固定好的涡虫标本放入70%～75%酒精中长期保存（可用于做石蜡切片）。

（2）寄生吸虫：将寄生吸虫用生理盐水（浓度尽量与原来生活环境的液体浓度相同）轻轻冲洗干净。小的吸虫可直接用70%～75%酒精保存。另外，用“摇动法”固定小的吸虫效果更好。其方法是把水注入盛有虫体的试管中（约为试管的1/3），用大拇指塞住管口，不断地摇动2～4分钟（直到虫体伸展为止）。然后注满95%酒精，再摇动若干次。将这样固定的吸虫保存在70%～75%酒精中。

为了使肝片吸虫、姜片虫等体形大的吸虫在伸展状态下固定下来，应将虫体放在盛有少量水的培养皿底部，并用一片或两片载玻片盖在虫体上，然后从旁边用吸管滴入75%～80%酒精，数小时后可取出虫体，放入盛有70%～75%酒精中的标本瓶中长期保存。或将伸展的虫体夹在两载玻片之间，用线将载玻片两端绑紧，注意用力不要过大，以免把虫体压坏。放入3%福尔马林中固定数小时至数天，再移入70%～75%酒精中长期保存。

(3) 绦虫：将绦虫在生理盐水中洗净后，移入盛有少量清水的解剖盘中，静置数小时，以使虫体充分伸展（应将虫体扭结处用镊子轻轻揭开）。然后用巴氏固定液或用5%福尔马林固定 24 小时，移入 70%～75%酒精保存。绦虫也可应用上述“摇动法”固定。

虫体较大的绦虫用生理盐水洗净后，把虫体放入巴氏固定液或 10%福尔马林液内，固定 24 小时左右，再将虫体由外部开始，自上而下盘曲在长方形的玻璃片上，然后用同样大小的玻璃片盖住原来的玻璃片，在两端用线或橡皮筋缚好。把玻璃片连同所夹的标本竖立在标本瓶内，加满 70%～75%酒精或 5%福尔马林。

6) 线形动物保存处理

用生理盐水洗去蛔虫、蛲虫、钩虫、线虫等虫体上的污物，然后在巴氏固定液或5%福尔马林中固定 24 小时，移入 70%～75%酒精；将酒精加温到 70 摄氏度（以使虫体伸直不弯曲），待虫体冷却，移至含 5%～10%甘油和 70%酒精的混合液或 70%～75%酒精中保存。

宜在巴氏液中固定和保存线虫。这种液体可保持渗透压的平衡，防止线虫出现保存在酒精中时的虫体表面皱缩和变形现象。

7) 环节动物标本的保存处理

(1) 寡毛类：把蚯蚓放入清水中，然后逐渐把 95%酒精滴入水中，使水在 1 小时内变成 10%酒精溶液。经一到数小时，用针刺蚯蚓，如不见其反应，将蚯蚓取出，用注射器从其身体后端腹侧注射 1%铬酸于体腔中，再将虫体放在 1%铬酸溶液中浸泡1～2 小时，转清水泡洗几小时，移入 50%酒精中放置 24 小时，最后移到 70%～75%酒精中保存。

(2) 多毛类：把虫体放在盛有海水的解剖盘中，逐渐加入淡水或滴入酒精，经过几个小时，虫体将死时，用 70%～75%酒精或 7%福尔马林固定 24 小时左右，然后移入70%～75%酒精保存。多毛类，如沙蚕科、齿吻沙蚕科、吻沙蚕科等有吻的种类，在保存前应放入淡水或 70%酒精中，用镊子或食指挤压标本的头部，使其吻部伸出（以便研究鉴定），然后固定 24 小时，再放入 70%～75%酒精中保存。

(3) 蛭类：把采得的蛭类（蚂蟥）放在装有半瓶 10%酒精的玻璃瓶中，并激烈摇动玻璃瓶直到蚂蟥自然伸展后再移入 70%～75%酒精中长期保存。

(4) 螠虫：螠虫虫体伸展后，用薄荷脑或硫酸镁对虫体麻醉 4～6 小时，注入 10%福尔马林固定虫体，再放入 70%～75%酒精或 4%～5%福尔马林中长期保存。

8) 软体动物标本的保存处理

采回软体动物标本后，应先将动物体上的泥沙杂质以及黏液等冲洗干净，然后再进行麻醉和固定。对具有石灰质贝壳的动物，宜用 70%～75%酒精长期保存，而不要用福尔马林液，因后者含有游离酸，时间久了，可侵蚀石灰质的贝壳，破坏贝壳的珍珠层。福尔马林也有它的优点：短时间内可保存动物的颜色，比用酒精褪色慢。如用福尔马林保存标本，可加入少许硼砂或碳酸钠，使酸性中和而减少对标本的侵蚀。

(1) 瓣鳃类：将海产瓣鳃类（蚌、牡蛎、蛤仔、竹蛏等）标本放在新鲜海水中培养，等它们两壳张开，水管伸出后，即可用硫酸镁溶液或少许薄荷脑逐渐进行麻醉。加麻醉剂的数量和间隔的时间应酌情而定，以使动物在不知不觉中进入麻醉状态为好。在标本固定之前为防止两壳关闭，可在两壳之间插入一木片，在5%福尔马林中固定24小时，再移入70%～75%酒精中保存。淡水种类用硫酸镁麻醉，待两壳张开，斧足伸出，放入70%～75%酒精中保存。

（2）腹足类：前鳃类动物中贝面有光泽的种类（如宝贝、榧螺等），需制成液浸标本时，可用薄荷脑、硫酸镁溶液等进行麻醉，然后用70%～75%酒精固定保存。不能用福尔马林进行固定，以免失去贝壳上的光泽。

后鳃类动物（如海兔、海牛等）多数身体柔软而极易萎缩，故需麻醉和固定后进行长期保存。先将动物培养于新鲜海水中，待它们的触角、二次性鳃完全伸展出来，即可用薄荷脑、硫酸镁溶液等进行麻醉，同时要观察麻醉情况，防止有的种类因受刺激而自切（外套膜脱落）。麻醉延续到触动它们的触角和二次性鳃时不收缩，即可向麻醉标本的容器内注入福尔马林（使混合液浓度达到5%～6%即可），然后保存于70%～75%酒精或4%～5%福尔马林中。如有的标本过于柔软，保存前可浸入1%铬酸，经10～15分钟，即可硬化，再移入保存液中。

蜗牛　将蜗牛放在清水中，加入40～50摄氏度的水、苏打水或少量酒精进行麻醉，使其身体从壳内伸出，然后用针管和细针头将5%福尔马林注入蜗牛体内，再用清水冲洗，放入70%～75%酒精中保存。或者将活蜗牛喂饱，待其身体伸出壳后放入盛满水的标本瓶中，加盖密封数小时后，蜗牛即被闷死，放入70%～75%酒精中保存。

（3）石鳖：将石鳖放入盛有海水的采集瓶中进行培养，待其恢复生活状态时，慢慢用滴管滴入硫酸镁或几滴酒精，或放些薄荷脑，进行麻醉，每次加入的量不宜过多，以动物感觉不出为好，等动物不收缩时，将麻醉后的石鳖取出，放在解剖盘中，背上压玻璃片，用7%福尔马林或75%酒精固定24小时，然后移入70%～75%酒精或3%～5%福尔马林中保存。

（4）章鱼：将活体标本放在海水中，逐渐注入淡水或硫酸镁麻醉，使其活动力逐渐减弱，然后取出，放入7%福尔马林液中固定数分钟，再将标本放在搪瓷盘中，理直身体和8只腕，用固定液固定，直至动物死亡，不再收缩。固定24小时，最好用一块长度与标本大小接近的玻璃片，把标本形态整理好后，用线绳固定在玻璃片上，放入70%～75%酒精或4%～5%福尔马林中保存。

（5）乌贼：乌贼在固定前应将触腕从头部的鞘里拉出，理直，然后再用7%福尔马林固定。如需长期保存，应将福尔马林浸泡的标本在清水中浸泡1～2天后，转用70%～75%酒精保存（因乌贼类背部皮肤下具有石灰质的贝壳，故宜用70%～75%的酒精保存）。

9）节肢动物标本的保存处理

（1）虾和蟹：海产虾、蟹用淡水或硫酸镁、薄荷脑麻醉，淡水种类用5%～10%酒精麻醉。为防止虾、蟹类由于酒精浓度过高而引起挣扎，使标本的肢体破坏和脱落，应把标本先放入30%左右的低浓度酒精中杀死，再移入70%～75%酒精中保存。虾、蟹的肢体如长期在福尔马林中浸泡会变脆，因此，虾、蟹类标本不宜在福尔马林中长期保存。

（2）蜘蛛、蝎子、蜈蚣、马陆和蚰蜒：一般应直接在 70%～75%酒精中保存。为避免酒精长期浸泡使标本的肢体变脆，可用醋酸甲醛酒精混合液保存。

10）棘皮动物标本的保存处理

（1）海星：先将海星放入盛有海水的搪瓷盘，待其身体舒展管足伸出时，再逐渐加入适量的四氯乙烯或薄荷脑麻醉 6～12 小时，然后用注射器将 90%酒精从它的围口膜注入体腔或从步带沟注入水管系，直到每个管足都充满液体竖立起来。最后将海星放入 70%～75%酒精中保存。

（2）海参：将海参放入盛有海水的标本瓶，待触手伸展后，用薄荷脑麻醉 6 小时，麻醉期不要触动海参，以免其收缩；或用大镊子把海参的触手基部夹住，放入 70%～75%酒精中固定，直到触手不能再缩回为止。然后将标本放入 70%～75%酒精中保存。以后更换新液时，仍要从海参口部注入酒精。需要特别注意的是，海参标本在任何时候或任何情况下都不能用酸液或福尔马林处理与固定，因为海参体内的骨片很细小（骨片是种类鉴定的重要分类依据之一），很稀的酸就能把骨片溶解掉，以致失去鉴定价值。

2. 昆虫标本的保存处理

1）普通浸渍保存

液浸保存的昆虫标本一般是一些身体柔软而细小的昆虫的成虫、卵、幼虫及蛹。用于解剖的昆虫标本也可以浸制。体形很小的昆虫可直接浸入存有酒精甘油液或醋酸甲醛酒精混合液的专用小瓶中（或用大头针固定）。较大的成虫、幼虫或蛹，应先放入开水里煮至虫体伸直稍硬，身体小而比较柔软的昆虫煮 2～3 分钟即可再将标本移入酒精甘油液或醋酸甲醛酒精混合液中保存。未煮过的幼虫直接放在保存液中，虫体往往会收缩或变形，甚至变黑。对于较大的虫体或水分过多的标本，浸泡一段时间后，需要更换几次保存液才能永久保存。

2）保色浸渍保存

先将具有色彩的幼虫停食，使其处于空腹饥饿状态，以使其消化道内存留的物质排泄干净。然后将其投入彩色固定液中浸泡 1 星期，再取出浸入长久保存液中保存；或者选择与幼虫体壁一致的彩色固定液用注射器由幼虫肛门注入体内，直到幼虫体节伸展、口吐黄水为止，再放置培养皿中半小时左右，最后投入醋酸甲醛混合液中保存。昆虫的卵可直接浸入彩色固定液中，1 个月后取出，浸入醋酸甲醛混合液中长久保存。如果是蛹，应煮后再浸入醋酸甲醛混合液中长久保存。

3. 头索动物标本的保存处理

直接将用清水冲洗过的文昌鱼放入 7%福尔马林中杀死，用清水浸泡后用 70%～75%酒精或 5%福尔马林保存。

4. 脊椎动物标本的保存处理

1）鱼类标本的保存处理

液浸标本是鱼类标本的主要保存形式，将鱼类标本浸入固定液及保存液保存，能使标本的形态结构比较完整地长期保留下来。

福尔马林固定前，应先将已死亡的标本体表清洗干净，之后将标本平放在解剖盘中，整理标本形态，使其尽可能自然舒展。处理活体标本时，可用纱布或药棉蘸乙醚对活体进行麻醉；或将活体放入装有水的标本桶或盆里，向水中慢慢滴入氯仿，直到标本完全被麻醉。此时的鱼体、鳍条完全展开，形态接近于生活在水中的状态。也可以采用在鳍基处滴浓福尔马林或在鳍膜上滴10%福尔马林的方法使鱼鳍充分展开。

较大的鱼应在鱼的腹鳍下和泄殖孔处用注射器向腹腔注入10%福尔马林，注射总量根据鱼体重量而决定，约每千克体重注入10毫升。

用于固定标本的解剖盘、脸盆、可密封的标本桶或标本瓶中应有足够的空间，使鱼可以平放在10%福尔马林液中浸泡固定24小时以上，直至鱼体固定变硬。标本固定后可直接换用5%～8%福尔马林长期保存。

标本固定后，如果转入70%～75%酒精中保存，应先将固定标本的福尔马林尽可能清洗干净。通常小鱼用清水冲洗一至两次即可，大鱼需放入标本桶中用清水浸泡24小时。然后置换到30%酒精中浸泡24小时，再用50%酒精浸泡24小时，最后放入70%～75%酒精中永久保存。如保存液发黄或有异味，应再次更换70%～75%酒精。

保存标本时应选择有足够空间的标本瓶，标本放置时应头部朝下。

2）*两栖动物标本的保存处理*

首先应对活体标本进行清洁，然后将其浸泡在配制好的偕三氯叔丁醇麻醉液中，一般需要2～5分钟，直至其处于深度昏迷；或把装有两栖动物的布袋整个放入盛有44～49摄氏度温水的容器中，使其处于热昏迷状态，然后把动物从袋内取出放在解剖盘里。固定前应将标本的背部朝上，四肢做成生活时的匍匐状态，并将指、趾伸展好，必要时用昆虫针固定。还需用棉花把上、下颌撑开，检查牙齿和口腔中其他构造。

用5毫升注射器向腹内注射适量的10%福尔马林（如果没有注射器，可用刀剪在标本腹中线一侧切口，使药液进入体内）。再用福尔马林浸湿的纱布将标本包裹，或直接放入盛有7%～10%福尔马林的标本瓶或标本盒中进行固定，固定1～3天。然后用清水浸泡，再将其放入保存液。为了防止动物的柔软部分皱缩，最初几天可用50%酒精保存，保存液至少要调换三次或者更多，以保持酒精浓度。最后把标本移入70%～75%酒精中保存。

3）*爬行动物标本的保存处理*

（1）龟鳖类：在浸制前应先用1毫克戊巴比妥钠盐加10毫升的70%医用酒精配制成麻醉液进行麻醉，经15～30分钟待其全部麻醉后，将其头部和四肢拉出，放到解剖盘中，从泄殖腔和四肢的基部注入10%福尔马林液。如没有注射器，可用刀、剪在标本上切口，使药液进入体内。再将四肢、头颈、尾整直固定于玻璃板上，然后将标本头部向上浸入10%福尔马林液中。两周后，待标本固定好，将玻璃板抽出，清水浸泡标本后逐级换至70%～75%酒精或7%～10%福尔马林中长期保存。

（2）小型蜥蜴类：在浸制前应先用1毫克戊巴比妥钠盐加10毫升的70%医用酒精配制成麻醉液进行麻醉，经15～30分钟，待标本全部麻醉后进行防腐处理。用注射器向标本体腔中注入70%～80%酒精进行防腐，然后整理标本的形态，用线把标本固定在玻璃条上，头部朝上放入盛有酒精的标本瓶中。用酒精浸制时，最好由低浓度向高浓度逐步更换浸制液，使标本逐步失水，最后保存在70%～75%酒精中。

也可用福尔马林浸制，先用注射器向标本体腔中注入 10%福尔马林，进行防腐，把标本放在解剖盘中，整理摆成直线，大的标本尾部折向后方，然后用线固定在玻璃条上，放入盛有 10%福尔马林液的标本瓶或塑料标本盒内进行固定，几天后把标本用清水浸泡以后，再转入 70%～75%酒精或 7%～10%福尔马林中长期保存。

(3) 蛇类：浸制前，应事先用按 1 毫克戊巴比妥钠盐加 10 毫升的 70%医用酒精配制成麻醉液注入其心脏，致其深度昏迷。再将标本放在解剖盘中，向腹腔中注射 10%福尔马林液，全雄性的蛇在浸泡以前，应用手指挤压它的尾基，使一侧半阴茎翻出体外，再从尾基进行注射，使半阴茎保持伸展状态。然后或将标本盘曲成卵圆形或直接头向上放入标本瓶，用 10%福尔马林固定，几天后用清水浸泡，再转入 7%～10%福尔马林或 70%～75%酒精中保存。

4) 鸟类和哺乳类标本的保存处理

鸟类和哺乳类标本很少用液浸保存，通常用液浸保存的标本为大型哺乳动物的胚胎、小型兽类、幼鸟等，以及鸟类和哺乳类的器官或内脏。

一般，器官或内脏应保持完整，新鲜的器官应清理干净周围的软组织，选择适当的容器，在容器底部垫上脱脂棉，以防标本变形。中空的器官，如胃、肠应先将其内容物冲洗干净，在管腔内注射 10%福尔马林液，再放入 10%福尔马林液中浸泡保存。

小型兽类和鸟类如果需整体浸制，应先清除外寄生虫，并用注射器往胸腔和腹腔内注射 10%福尔马林液或 95%酒精进行固定，将标本进行称重、外形测量及记录，在动物的右足髁关节以上拴上标签。在浸制前应进行必要的整形处理。例如，在浸制蝙蝠前将其两翼展开，并用注射器均匀地在其翼上喷洒福尔马林预固定，还要将其面部的附着物小心除去，将其上颌向下拉并喷洒福尔马林预固定，用浸有 10%福尔马林液的湿纱布盖上整姿后的标本进行固定，固定后再用 70%～75%酒精或 7%～10%福尔马林保存液永久保存。

4.1.3 解剖标本、器官标本、动物组织标本等的液浸保存

1. 解剖标本的操作步骤

解剖以后制成的液浸标本主要供观察内部器官的结构和部位使用。选择新鲜的动物标本处死后，进行解剖，使内部各器官显露出来。比较解剖学标本在解剖时应注意各器官或部位构造的完整性及切面整齐。

将解剖的标本用线捆绑，固定在大小适宜的玻璃片上，然后放入大小适宜的标本瓶中，注入 10%福尔马林固定，待浸泡液发黄后，重新置换 10%福尔马林新液保存。

2. 解剖标本的着色

用于教学的动物解剖标本，为了便于观察和识别，一般将解剖好的标本各个器官以及不同的结构涂上各种不同的颜色，并贴好标签，然后再浸入标本瓶内保存，这样更容易把各部位显示出来。各器官采用什么颜色没有统一规定，以美观、明显为原则。结构上所采用的颜色是统一的，如动脉用红色、静脉用蓝色、神经用黄色、淋巴管及淋巴结用绿色。解剖标本着色的操作步骤如下。

1）清洗

用清水将用福尔马林浸泡的解剖标本充分浸洗变软，去除福尔马林，然后将标本放于通风阴暗处晾干（标本表面需盖一层纱布，以防标本干坏）。注意标本不能直接暴露在阳光下，也不宜过分干燥。一般只要标本表面看不到水分即可以进行涂色。

2）涂色

涂色颜料为油画颜料。涂色前，需先将颜料调稀，可用少量松香水或苯调稀颜料。用调稀后的颜料涂色可以保证被涂色的部分光滑，同时也不致使被涂色的部位加大或加粗。

涂色时，先用毛笔蘸松香水或苯涂于要涂色的部分，然后再用毛笔蘸颜料涂抹。蘸有颜料的毛笔用后可用煤油洗净。

涂色时要注意以下几点。

若被涂色的标本有深浅数层，则应该先自深层开始；在涂深层结构时，可用解剖器把浅层结构暂时推开。如先自浅层开始涂色，则可能在涂深层时把浅层已涂上的颜料破坏了。

（1）颜料只需涂到靠表面的一面即可，这样可以使福尔马林能从未涂上颜料的另一面渗透进去，能更好地保存标本。

（2）涂色时毛笔上不要附着太多的颜料，也不要在涂色时涂的太厚，否则会使细小的结构，如神经、血管等变粗或加大。

3）上胶

脊椎动物的解剖标本，在涂色之后还需要在整个标本的表面，用毛笔涂上一层明胶。上胶的目的，首先是使解剖标本浸泡在福尔马林之后，结缔组织不会漂浮起毛，其次使标本表面具有光泽，更为美观。无脊椎动物解剖标本，因结缔组织不发达，可省去上胶的步骤。

明胶应隔水加热，不宜煮的太烫，只要保持溶解状态不凝固即可，若太烫容易烫掉已涂上的颜料。

上胶时用毛笔蘸2%～4%已加热熔化了的明胶溶液，涂刷于标本的表面部分。涂刷时，只需涂薄薄的一层，涂得过厚，会使标本失真。已涂有颜料的地方，宜轻轻上胶，并一次上好，不要重复涂刷，以免将颜料刷掉。如果上胶时不慎将颜料涂掉，可于涂胶后重新补涂颜料。

上胶完毕待胶凝结时，将标本整理好，浸入10%福尔马林中长期保存。

4）贴标签

如果需要注明各部分结构的名称，可在涂色或上胶后贴上标签，然后浸入10%福尔马林中保存。标签宜用激光打印机在防水纸（如道林纸等）上打印各器官、结构等的名称，用剪刀分别剪开，用小镊子夹住标签，在标签的两面蘸上薄薄一层鸡蛋清，把标签贴在相应的部位上，待鸡蛋清晾干后便牢固地粘住了。此时可将标本浸入10%福尔马林中长期保存。

3. 血液循环标本的制作和保存

由于脊椎动物的血管在解剖过程中极易破损，以致血液外流，使血管分布情况模糊不清。同时，经过一定时间后，往往会使血液失去了原有的光泽，无法辨别动、静脉血管的分布情况。所以，在观察血液循环系统之前，必须在血管里注射赛璐珞（硝酸纤维素）等不溶于酒精、福尔马林的颜料和填充剂，使被注射的血管能保持饱满的血管形状和一定的颜色，以显示血管的分布情况，便于观察。注射量应适当，不应使心脏、血管的比例变形。

注射前，应了解各纲动物心脏的构造和血管的特征及其位置，再进行注射。注射前，还应将器具、材料等准备就绪，并把注射色液配制好。为了观察时容易区别动脉和静脉血管，注射时应在动脉血管中注射红色液，在静脉血管中注射蓝色液。

解剖后，如果色液不明显，可适当进行补充注射，待色液凝固后，对标本进行整理，尽量使血管显现，再用福尔马林浸湿的纱布覆盖表面。待标本硬化后，放入10%福尔马林液中浸泡约半个月取出，将其固定在玻璃片上，然后再放入标本瓶中，加入10%福尔马林液中长期保存。

4. 动物组织材料的固定和保存

动物组织（肌肉、肝、肾、心等）的液浸标本主要是供分子生物学研究使用的材料。获取动物的各种组织样本对于免疫学、细胞学、遗传学、分子生物学等领域的研究是很有价值的。

用于采集样本的工具、容器、试剂等必须是干净的，以便日后分析使用。在血迹变干以前，立即用干净水清洗镊子、剪刀、解剖刀等。在采样之前将它们放在95%乙醇中清洗干净。注意：若在不同的动物体上获取组织样本，在获取组织样本和用酒精浸泡的操作过程中，应避免相互污染。

从动物体取出肌肉、肝、肾、心等组织放入样本管中，用95%以上的酒精（建议用分析纯酒精）浸泡。浸泡1～2小时后，再更换新的95%以上的酒精。每个组织样本都要有各自的标签，将标签连同组织样本一起放入样品管或瓶中。同时在样本管或瓶外也必须注明采集号及组织名称。

在酒精中的组织样本应放入能够密封的小玻璃瓶中。容器与盖子的交合处用胶带密封。组织样本应尽可能避光冷藏。回到室内应立即将装有动物组织的样品管或瓶放置到低温冰箱里长期保存。

4.1.4　液浸标本保存环境要求

1. 防水

标本馆上下水管道的质量应符合国家建筑标准，应经常检查，防止漏水。

2. 防火

常用于保存液浸标本的液体防腐剂为酒精和福尔马林。酒精是易燃液体，甲醛是可燃液体，如下所示：

名称	化学分子式	燃烧点	防腐剂浓度标准
乙醇或酒精	CH_3CH_2OH	70%溶液为21摄氏度	70%
甲醛或福尔马林	HCHO	37%溶液为54摄氏度	3.7%

有时由于空气的压力和温度的变化，液浸标本的防腐剂会以气体的形式挥发。标本馆内应设有通风设备（每日排风，以防酒精浓度含量超高）。因为酒精比重大于空气，酒精气体聚积在地面上，所以通气装置必须能对地面起作用。

标本柜也应优先选择防火的铁柜，馆内安装热探测器和烟探测器，还应备有灭火器和喷淋灭火设备，馆外设有消火栓和灭火器。标本馆门应为防盗、防火门。电源开关应加上外罩，灯管装有安全罩，以减少火花喷出酿成灾害。

配置间和储备间应与标本馆隔离，储备间的门应为防盗、防火门，装置排风扇。

配置间、储备间和标本馆中严禁吸烟以及带入任何形式的明火。

3. 温度

温度是影响标本保存的主要因子，高温可导致标本液蒸发过快，防腐液浓度降低，标本的质量和寿命减少，标本变干或腐烂。因而，标本馆的温度应使用机械设备长期控制在15～20摄氏度恒温。如遇断电，应紧闭标本馆门窗，防止内外空气交流，紧闭标本柜柜门。

4. 光线

光线的直接照射会导致标本褪色和保存液变质，降低标本保存的质量。因此，标本应放入标本柜，标本馆应使用百叶窗或茶色玻璃，或在玻璃窗上贴上滤紫外线膜。窗户尽量关闭。室内光源应采用荧光灯，应设有紧急灯源，停电时可补充照明；设有足够插头，以增加光源和供其他电器使用。室内外都应设置灯源开关。

5. 湿度

湿度应保持在40％～60％。

6. 保存液浸标本的柜和架

应优先选用承重力强的铁柜、铁架或活动收藏柜。木制标本柜或木架及隔层的材料应结实，承重力强。

7. 保存液浸标本的容器

保存液浸标本通常用标本瓶（图65）或广口瓶（图66）。

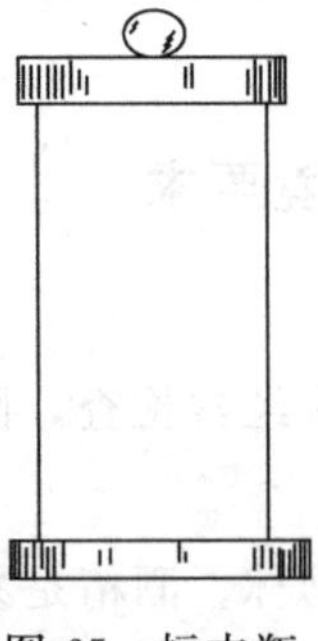

图65　标本瓶

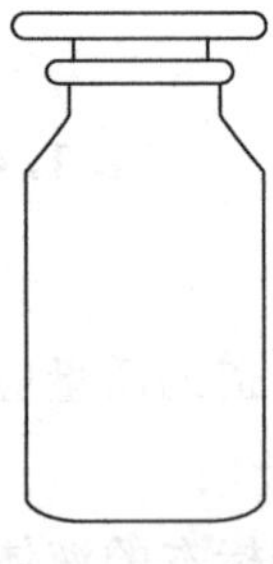

图66　广口瓶

标本瓶为多种规格的玻璃标本瓶或塑料标本瓶。瓶盖应与标本瓶吻合，密封性好。不论使用标本瓶还是广口瓶，规格即使一样，它们的瓶盖也不宜互换，因为，如不是原配的盖，由于生产工艺的原因，盖和瓶通常密封不好，会造成保存液挥发。标本瓶的瓶盖有磨砂盖、紧嵌盖、旋转盖等多种。其中磨砂盖和紧嵌盖盖得最紧，但磨砂盖过一段时间不易打开，紧嵌盖内的橡皮垫易老化而与瓶口和盖子粘在一起。旋转盖价格便宜，但盖子易松掉。应尽量选用软质的旋转盖，再附加塑胶的内盖。由于标本保存液多具有腐蚀性，应避免使用金属盖。大型标本如没有适合的标本瓶，可根据标本的大小定制用玻璃胶黏制的玻璃缸。

4.1.5　液浸标本的日常维护与管理

1. 液浸标本的存放

（1）采集回来后所有液浸标本都必须重新整理，更换新的保存液，与标本放在一起的原始标签要一直随标本一起存放，对已损坏的标签必须重写。在标本入库时，发现标本液发黄或混浊时要重新置换新液。

（2）保存液浸标本应选择大小适中的标本瓶，保存无脊椎动物和昆虫标本通常建议使用广口瓶。瓶内放置的标本不能拥挤，以避免标本受挤压而变形。变形的标本会给鉴定工作带来一定的难度。通常标本保存液的液量应以装满整个标本瓶的90%以上为准，若此时仍无法将标本完整地浸泡，应更换更合适的标本瓶。否则露出保存液外的部分会发霉，甚至腐烂变质。

玻璃管（盖为木塞）装标本，通常蜡封难以完好，且木塞本身也会自然损坏。因此，玻璃管装标本可作短期保存，不宜做永久性的保存。

（3）液浸标本的放置。

标本柜的放置：标本柜可以按动物分类系统由低等到高等的顺序排列，也可以按字母的顺序排列。应按摆放规律编排柜号，以便管理和取放标本。

标本瓶的放置：建议科以上按分类系统顺序排列，科以下各属种可以按字母顺序排列。在标本柜中应给新增标本留有一定空间，以便标本增多时，不必再重新安排。

标本瓶应按一定规律放置在空间适合的标本柜内隔层中。

用于浸泡昆虫、小型无脊椎动物等小型材料的标本瓶，因瓶子过小，应放在专用的液浸标本存放柜中，或先摆入盒子里面，再将盒子存放到普通标本柜中。

用指形管放置小型标本时，应先将保存液充满指形管，再放入标本，用脱脂棉塞住管口，注意不要有气泡，然后将指形管倒置放在大广口瓶或标本瓶里，再注入80%酒精，以浸没指形管为宜，加盖盖紧即可永久保存（图67）。

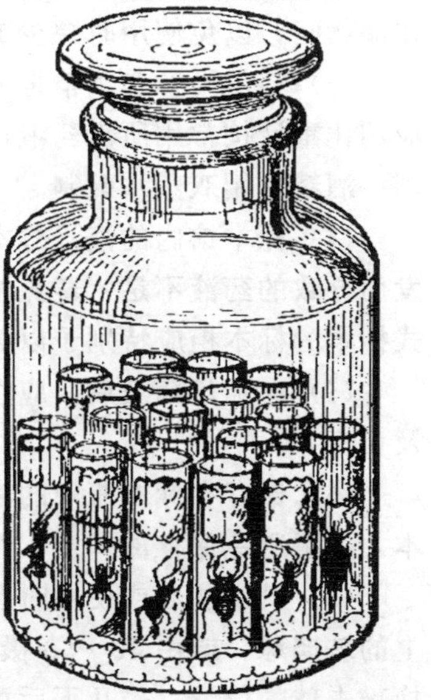

图 67　用指形管保存标本的放置

用于塞口的脱脂棉应形态规整，直径应大于指形管的内径，以保证塞紧后不致轻易脱落。塞紧后的脱脂棉上部距指形管的开口端不短于1厘米。

标本及其资料的放置：经过鉴定的标本在不使用时，应按分类顺序放入相应的标本柜。各科范围内，标本按照属和种进行分类，按字母表顺序排序；种的范围内，可按照标本产地的地理位置进行排序。模式标本应放入专用的模式标本柜，国外交换和赠送的标本也可放入专用的标本柜中；外赠和交换标本还需保留标本交换清单、来往公文等，模式标本还应收集发表模式标本的原始文献，标本的野外采集本一并登记入库，保存在资料室的资料柜或保险柜中。

2. 标签

（1）标签：应用统一定制的防水标签（硫酸纸、塑料标签和竹制标签等）、激光打印机打印标签信息；或用在水、福尔马林、酒精中墨迹长久不褪色、脱色的墨水，以印刷体书写标签信息。

（2）标本标签通常分野外采集标签和室内鉴定标签。

采集标签内容包括标本采集号、种名、采集日期、采集地、采集人等采集信息。

鉴定标签内容包括中文名、拉丁学名、鉴定人、鉴定日期、标本登记号等信息。

两种标签均应放入标本瓶内，同时，原始记录标签也应保留在标本瓶内。

（3）标本瓶标签：内容包括标本的科名、拉丁学名、中文名、采集日期、采集地等信息；还应注明标本瓶放置的具体位置，以方便标本使用者和管理人员将标本放回原位。标本瓶外的标签通常贴在瓶颈上，应平整牢固，还可涂上清漆加以保护。

（4）模式标本中的正模标本应使用专用的红色标签，副模标本使用专用的绿色标签，标签上还应注明发表出处（杂志或书的页码）。

（5）标本瓶标签上可用带色圆点表示保存液的种类（如红点表示酒精，绿点表示福尔马林等），或用印章盖上福尔马林和酒精的字样，以防止保存液的错换。

3. 标本的维护与管理

（1）浸制的动物模式标本一般应用酒精进行保存。

（2）日常应统计标本瓶的规格、使用频率和数量，提前购买储备，按不同规格放置在储物间，以免使用时缺少或到处寻找。

（3）福尔马林和酒精也应提前进行预算，适量购买储备，隔离放置在药品配置间。应用比重计按常用所需药液比例配制一些备用的防腐液放置在标本馆内药液缸中日常使用。酒精应用双蒸水配制。

（4）标本馆内的液浸标本应一年内至少在春、秋两季进行两次全面检查，补充因蒸发而导致的药液不足，避免浓度过低导致标本腐烂。小瓶中存放标本数量多的和存放模式标本的标本柜应特别予以关注，至少一个月检查一次，及时添加或置换药液。

（5）在加足药液后，应在专用笔记本上注明本次加注药液的日期、加注药液的范围及负责人。

（6）保存在标本瓶中的液浸标本不需要经常取出来使用时，如教学用的比较解剖标本，为了避免保存液挥发，可将瓶口密封保存。标本瓶常用的封口方法见附录 B。

（7）日常加药或使用时会遇到玻璃标本瓶盖打不开的现象，可用木棒轻轻敲击瓶盖上的玻璃球，或用 40～50 摄氏度的湿毛巾捂住瓶口约 10 分钟再进行敲击，要随敲随转换敲击球的位置，敲几下后可以用手指把瓶盖扭动一下，若已经稍稍活动，可用力慢慢把瓶盖从瓶口抽出。

（8）玻璃标本瓶和玻璃管可能会自行炸裂或损坏，并伴有渗漏现象。应随时抽查；或在加药的同时，随遇随换。标本瓶破碎更换时，应把完整的玻璃盖留下，以便以后配用没盖的标本瓶。在更换标本瓶的同时，应将原来标本瓶中的所有信息标签和标本一并放入新瓶中，贴在原标本瓶外的标本标签，应重新打印或誊写，贴在新标本瓶上。

（9）在检查标本保存液时，如遇到标本瓶中有大量白色沉淀物，应将药液全部倒掉，更换保存液；如遇到标本液发黄和变浑浊的也应倒掉，重新注入新液。

（10）定期检视标本上是否有霉斑出现或有白色沉淀物附着在标本上（常见于标本浸泡液由福尔马林转换成酒精的标本，由于转换过程中用清水浸泡的时间不够，残留的福尔马林液因含有杂质和酒精反应而形成）；如果有，则将标本取出，用软毛刷或牙刷蘸清水或肥皂水，轻轻刷洗将霉斑祛除。如果标本体表有鳞片，则应从头部到尾部沿鳞片排列方向轻轻刷洗将霉斑祛除，避免损伤鳞片，然后用清水洗涤干净。之后，再将标本用清水冲洗后放入标本瓶中，更换保存液，将标本完全浸泡。

（11）如遇标本液蒸发导致标本干枯或腐烂的情况，应用清水将标本浸泡 1～3 天，然后用高浓度的酒精溶液浸泡，看是否有恢复的可能；如不能恢复，看是否有其他用途，如做骨骼标本。但是如果标本数量少，还应保留不做他用。

（12）标本在保存一段时间后，如果发现软化或分解的现象，可以用 10％以上的福尔马林再固定。固定时间的长短从一天到两星期不等，视标本的体积和室内温度而定。

（13）液浸标本借出后归还入库前处理时，应检查标本是否完好无缺。如标本完好，应放入原标本瓶，重新加满药液，放回标本馆内原存放处，取回标本借出签，注明“已还”字样，归档；如有损坏，应登记在标本核实登记表上，并按标本管理的有关规定处理。

（14）绝大多数液浸标本都保存在玻璃制的标本瓶内，搬运时如果距离较短且标本瓶规格较小可直接搬运；体积较大的标本瓶在搬运时易碎，在室内挪动时可整体慢慢旋转移动，但必须非常小心，如果突然破损，应戴上安全防护手套处理。也可将标本从标本瓶中取出并把保存液倒空再搬，搬运就位后再将标本按要求放入标本瓶，并加满保存液。

液浸标本需要长距离搬运或运输时，通常应装入木箱内或放入能抗压的其他容器内，并使用一些填充物将标本瓶分隔开，以防止瓶间的相互碰撞，把标本瓶破损和保存液溢出的可能性降到最低。也可采用液浸标本与标本瓶分别包装的方法进行搬运或运输。

（15）标本管理人员应注意自身的安全防护。酒精和福尔马林能够穿透皮肤和身体黏膜进入皮肤，尤其会吸入肺部。在工作的地方应该设有通风设备。应在通气性良好的地方打开装有液浸标本的容器。另外，因福尔马林是一种有毒的化学药剂，对眼睛和鼻子具有刺激性，能引起皮肤过敏或皮肤伤口的疼痛，同时还是致癌物质，对人体的健康有损害。因此，在稀释福尔马林原液或长时间接触福尔马林浸制标本及防腐溶液时，应戴上防护眼镜和橡胶手套。

4. 液浸标本腐烂程度与处理方法

1）*液浸标本的腐烂迹象*

标本保存液浑浊，颜色变深，标本出现异味，浸泡液浓度过低，酒精和福尔马林的气味几乎闻不出或过淡，标本发黏、变软，体形发生变化等。

根据标本腐烂的程度，可将其分为轻度腐烂、中度腐烂和高度腐烂。

（1）轻度腐烂：标本体表面微黏，稍有变软，标本保存液散发的味道过淡。

（2）中度腐烂：标本有异味，体表面很黏，体变得很软，标本保存液几乎闻不出味道。

（3）高度腐烂：标本有恶臭，体表和内部器官已腐烂，体不成形。

2）*处理方法*

（1）轻度腐烂：将原标本液倒掉，换上比常用保存液浓度高的标本保存液（如原保存液为70％酒精可换为80％或90％的酒精），将标本放入；或者将标本重新用10％福尔马林固定后，再用70％～75％酒精保存。

（2）中度腐烂：先换高浓度的保存液浸泡或重新固定，若不能根本改变，可考虑将标本用作解剖标本，保存在10％～20％福尔马林中。

（3）高度腐烂：如为器官已腐烂的脊椎动物标本，可考虑将其做骨骼标本。

4.1.6　液浸标本失效及废液的处理

1. 失效标准

液浸标本失效标准为标本已严重腐烂或失去采集地点和采集时间等最基本的信息。

2. 用途

液浸保存的失效标本可用作骨骼标本或解剖标本。

3. 丢弃标本及废液的处理

酒精浸泡的标本，可以用塑料袋装好后放入垃圾桶或送至垃圾站；福尔马林浸泡的标本和标本废液（包括标本馆平常置换的废液）都应送往国家指定的有毒有害物质处理站处理。

附录A　福尔马林和酒精使用说明

常用的固定防腐液和保存液为福尔马林和酒精。

福尔马林液体微有混浊，白色，易挥发，味道刺鼻，加水稀释后作为标本固定液使用。福尔马林能将动物的形态结构比较完整地保存下来，不致像酒精那样使标本收缩。但是它的渗透力较弱，固定后还会使标本和组织器官发硬变脆，并且是致癌物质，对人体健康有害。因此，福尔马林目前主要作为动物标本的固定剂使用，而不再作为标本的主要保存液。

酒精能将动植物的形态结构长期保存，是目前被广泛使用的标本保存液；酒精的渗透力强，对人体的毒害性较低，但是它能溶解脂肪，因此对含有大量脂肪或类脂质（如脑等）的材料，不宜用酒精浸制。

用福尔马林固定的标本转移至酒精溶液保存时，标本会产生收缩、膨胀以及其他后果。推荐在标本转换保存液时，将标本用清水充分冲洗浸泡，逐级通过 30%、50%、70%等浓度的酒精溶液，最后长期保存在 70%～75%酒精中。这样能使渗透压平稳上升，确保酒精完全渗透进入组织结构，以减少对标本的损害。

具体步骤如下：①将已固定的标本从福尔马林固定液的容器取出。②将标本放入清水中清洗干净，应用流水清洗，如果没有流水，应每 10 分钟换一次清水。③将清洗后的标本放入存有 30%酒精容器中密闭浸泡 24 小时。④24 小时后将已完全浸泡的标本转入存有 50%酒精的容器中密闭浸泡 24 小时。⑤24 小时后，将标本转入存有 70%酒精标本瓶中密闭保存。

鉴于我国南方与北方在温度和湿度上的差异，固定液和保存液的浓度也应有所不同。南方气温较高，标本固定液和保存液易挥发，其浓度以适用范围的上限为宜。

附录 B　标本瓶封口的常用方法

1. 石蜡法

将瓶口擦净，瓶盖盖严，碎石蜡填满缝隙，用烧热的小刀将石蜡熔化涂匀；或把石蜡切碎，放入烧杯中隔水加热，熔化成液态，趁热用毛笔蘸取涂在瓶口和瓶盖间的缝隙处即可。但石蜡固化后较脆，易脱落。

2. 蜂蜡、石蜡、松香混合法

将石蜡（1 份）、蜂蜡（4 份）、松香（1 份）混合（也可不用松香），隔水加热熔化，趁热用毛笔蘸取涂在瓶口和瓶盖间的缝隙处。此混合物固化后软硬适度，不易脱落。

3. 二氯甲烷、泡沫塑料混合法

将 120 克泡沫塑料放入装有 500 毫升二氯甲烷的瓶子中，待泡沫塑料完全溶解后即可使用。用毛笔或小毛刷蘸取混合液涂于瓶口和瓶盖间的缝隙处，反复几次，混合液干燥后呈透明胶带状牢牢地贴在瓶口上，在更换或添加保存液时，只要把胶带撕开即可。

4. 透明胶带纸法

这种方法常用于方形标本瓶的封口，即用透明胶带纸将玻璃板与瓶口之间的缝隙封严、粘牢。

5. 乳胶法

用毛笔蘸取乳胶涂在瓶口和瓶盖间的缝隙处。但要注意，所用胶液不可过稀，以免乳胶流入瓶中，污染保存液。

6. 玻璃胶法

玻璃胶的特点是黏接能力强，气密性好，耐受温度范围大（－65～260 摄氏度），而且开盖容易，用针或刀片沿瓶盖切割即可打开瓶。有实验表明，此胶在室外放置 10 年不老化。因此作为长期封瓶剂效果很好。

7. 生料带法

生料带是常用于水管、煤气管、蒸汽管的密封材料，使用温度范围大（－190～250摄氏度），耐各种腐蚀性液体。在标本瓶中液浸保存的研究标本需要经常取出来使用时，可用生料带作为标本瓶口的密封材料，在瓶盖上缠绕几圈以增加标本瓶的密闭程度，减少保存液挥发。

8. 凡士林法

这种方法适用于磨口标本瓶和广口瓶，在其瓶的磨口处抹上凡士林油后扭紧，只要瓶盖严密，通常可保持10余年无需添加保存液。

9. 石蜡、凡士林混合法

将石蜡（2份)、凡士林（2份)、液体石蜡（1份）混合，隔水加热熔化，趁热用毛笔蘸取涂在瓶口和瓶盖间的缝隙处。此混合物固化后软硬适度，不易脱落。

4.2 干制标本制作与保存

动物干制标本是通过去除动物体中的水分，防止动物体腐烂而达到长期保存目的的动物标本。动物干制标本的优点是处理方便，不需要其他溶液或容器保存，还能展示动物的形态并保存色泽；缺点是干燥后其形态固定，不宜变动，且因脱水容易收缩变形，并容易虫蛀霉变，因此在制作、保存过程中需格外注意。

昆虫、甲壳动物、软体动物、棘皮动物、珊瑚与海绵等无脊椎动物，以及鸟或爬行动物的卵都可以制成干制标本，鸟巢标本是广义的一种动物干制标本。另外，骨骼标本和剥制标本也属于动物的干制标本，因其制作特殊故分别加以介绍。

4.2.1 干制标本保存准备

1. 标本制作器械、用具和材料

1）器械

解剖盘、解剖刀、解剖剪、解剖镊、解剖针、量杯、量筒、注射器、针头等。

2）用具

小毛笔、毒瓶、塑料布、细玻璃管、橡皮管、橡皮球、刷子、竹丝、展翅板、三级板、钢丝钳、木工锤、钻头、电钻、钢锯、木架、标本瓶、玻璃缸、游标卡尺（精确到0.1毫米)、米尺（精确到1毫米)、圆规、双筒解剖镜、手持放大镜、酒精灯、灯罩、还软器、干燥器、昆虫润湿器、幼虫吹胀器、恒温箱等。

3）其他

脱脂棉、纱布、棉线、尼龙线、松紧带、标本盒、标签、标记笔、记录纸、记录笔、测量表、昆虫针或大头针、三角纸、滤纸、细铅丝、细铁丝、细铜丝等。

2. 常用药品

腐蚀剂：氢氧化钾、氢氧化钠、过氧化钠、漂白粉、盐酸、氨水等；

防腐剂：石炭酸、甲醛、砷、氯化汞、亚砷酸与明矾混合剂；

体表保护剂：硝基清漆；

黏附剂：胶水、树胶等；

脱脂剂：汽油、氢氧化钾；

脱水剂：无水酒精；

清洗剂：生理盐水；

麻醉剂：硫酸镁、乙醚、薄荷脑；

辅助着色剂：香蕉水、苯；

染色剂：油画颜料；

透明剂：冬青油、松节油、二甲苯；

防虫药品：樟脑或合成樟脑精块；

干燥剂：氯化钙、硅胶；

熏蒸药品：磷化铝、溴化甲烷、硫酰氟、福尔马林-过锰酸钾。

3. 容器

标本盒、标本柜等。

4.2.2　干制标本的保存处理

1. 昆虫干制标本的保存处理

昆虫干制标本一般经过还软、针插、整姿、展翅、干燥等处理制成。

1）还软

首先，将变硬、发脆的标本移入三角纸包内，再放入还软器，三角纸包以竖放为宜。使用干燥器还软时，应在干燥器底部铺上潮湿的细沙，再将装有昆虫的三角纸包放在干燥器内磁盘中，还应在沙面上滴几滴石炭酸或甲醛溶液，以防止标本发霉。干燥器的盖要密封，盖的内缘及周围涂以凡士林，并注明开始放入的日期。使用广口瓶还软时，可在瓶内潮湿细沙上放一张滤纸，再在滤纸上放置装有昆虫的三角纸包。如果需要还软的昆虫不多，也可将三角纸包放在潮湿的净土层中，外面罩上玻璃罩进行还软。无论使用何种容器，通常还软时间为夏季 3～5 天，冬季 7 天左右。

2）针插

用昆虫针穿插还软的昆虫，针插时，应根据虫体的大小，选择适宜型号的昆虫针。大型昆虫用 1～3 号昆虫针，微小昆虫用 0 或 00 号昆虫针。

一般是从垂直方向刺穿虫体，随昆虫种类不同，插针的位置也有差异。通常是根据各种虫体的特殊结构统一规定插针位置，以免经针插后，损伤虫体和妨碍形态特征的观察。

螳螂目、直翅目：一般从前胸背板的右侧方插入，如蝗、螽斯、蟋蟀、蝼蛄及螳螂等。

蜻蜓目、双翅目：针从胸部背板中间稍偏右侧插入，位置略在中胸足附近，留出完整的背中线，如蜻蜓类。

鳞翅目：从中胸的正中央部位插入，如各种蝶蛾。

半翅目、同翅目：从中胸小盾片偏右方垂直插进，在胸部腹面中、后足之间穿出，如各种蝽、蝉类。

鞘翅目：鞘翅目的穿刺方向需稍偏斜，从右鞘翅的前方靠近中线处插入，如各种甲虫。

膜翅目：从中胸的正中央部位插入，如蜜蜂、蚂蚁。

昆虫针插入虫体后，针尖应穿透虫体，使其露出。已经针插的标本，可将针尖逐步放入三级台的第一级、第二级和第三级孔中，下压，然后倒置针头插入第一级孔中，用镊子压住腹面，使背面与三级台紧贴，这样整齐美观。

3）整姿

插针后的甲虫等标本应进行整姿。先将插好的标本用酒精、甲醛混合液浸泡消毒，防止发霉；然后将标本插在软木板上，用昆虫标本钳帮助整姿。虫体腹部离台面1～2毫米，两前足向前方屈伸，中后足向后方屈伸，跗节朝下，再现活虫静止时的自然状态。短形触角可向前方，长形触角可弯向体躯两侧的后方。虫姿的固定，可用大头针交叉支撑。

4）展翅

鳞翅目、蜻蜓目、脉翅目等昆虫制作时需要展翅。展翅时，按照虫体宽度大小将展翅板的槽沟调整合适，将已插针的昆虫置入展翅板，把针固定在槽沟中的软木上，置腹部于两侧板之间，两翅恰好平铺板上。然后用0号拨针插在两条翅脉交叉处或较粗的翅脉上，将左、右翅同时向上拉。拉翅的高低依虫的类别而异。鳞翅目、直翅目等前翅后缘较直的种类，以伸展到前翅后缘左、右成一直线，后翅前缘压在前翅后缘下方，前缘脉左、右平直为准；脉翅目等前翅后缘呈弧形的昆虫，以后翅的前缘与身体纵轴垂直为准，展翅时，先将前翅拉高些，按要求将后翅固定后再将前翅松开，使前翅后缘稍向前倾；双翅目和膜翅目昆虫以前翅的尖端与头顶平齐为度。拉时先把前翅暂时固定在两侧板上，再拉两后翅，然后用透明玻璃纸或光滑纸条压覆翅面，再用大头针固定在侧板上。大头针应插在翅的边缘。

5）卡粘和二重针插

一些不易插针的微小昆虫，可用粘虫胶将标本粘在已插入昆虫针的三角纸卡的尖端，插入标本盒后，再对其整形，有翅的昆虫还要用昆虫针把虫体的翅膀展开，如蚜虫、金小蜂等。

二重针插是先把一块小软木插到昆虫针上，再将微针的尖端从微小昆虫的胸部插入，不要穿透，然后把微针插在小软木块上。

6）干燥

标本制好放入干燥橱干燥，随虫移动标签，并注明标本入橱的时间，一般10天左右即可，可根据实际情况，如南北方气候、虫体的大小等差异有所变动。北方干燥季节可以将制好的标本置于室内阴凉处，使其自然干燥。

7）下板和加标签

下板：先将支撑的大头针轻轻拔掉，如果是整姿的标本，应用昆虫标本钳帮助将针拔起；若是展翅标本应将透明纸轻轻拿起，再将昆虫标本拔起，插到临时针插标本盒内。

加标签：针插标本制好下板后，必须随手插上标签，包括采集签（采集地点、采集时间、海拔、采集人）、寄主签（寄主名、环境）、鉴定签（中文名、学名、鉴定人名、鉴定时间）等。

针插标本标签的注意事项：①采集与寄主标签的大小应一致，规范的标签长 10 毫米，宽 15 毫米；鉴定标签长 13 毫米，宽 22 毫米。②书写使用小于 0.3 毫米的炭素墨水笔。③如果为大批同一地点采集的标本，最好用计算机统一书写打印，字号使用 6～8 号。④模式标本标签（新种标本的定名标签），正模签用红色，副模签用黄色。⑤采集地点可加入经纬度坐标，以便今后标本的数字化。

8）入盒保存

将插好标签的标本分门别类后插入标本盒长久保存。为了妥善地保护好标本，在标本盒中加入樟脑丸若干，以防止虫害。樟脑丸的量视昆虫的类别和数量等而定，在潮湿地区还应加干燥剂。因地区差异和研究所需要适时地定期检查。将标本盒按分类系统放置在防尘、密闭性好的标本柜中，挪动时要防止剧烈震动，以免发生破损。

9）其他干制标本

（1）蝶蛾类成虫翅粘贴标本：将蝶蛾类双翅剪下，以胶水、透明胶带纸粘贴或直接粘贴于粘胶相簿上，按类分装成册，编号存放。

（2）蝶蛾类蛹和直翅目昆虫的干制标本：视备制蝶蛾类蛹标本的大小，用处理药液浸泡 2～4 小时后取出，随即装入预先洗净、经过酒精消毒的大小适宜的试管中，用软木塞塞住管口，再用石蜡或胶套封固保存。

蛹的标本也可用小剪刀将腹部中央的节间膜剪开一条缝，用镊子将腹内软组织取出，用脱脂棉吸干汁液，重新将剪口黏合，插上虫针，在幼虫干燥器内烘干后，即可保存。

经毒死后的直翅目昆虫，在处理液中浸泡 15～20 分钟取出，再经剖腹，除去内脏，填入药棉和整形干燥后，即可保存。

（3）蜻蜓透明纸袋标本：蜻蜓标本采到后，用丙酮浸泡一夜，取出标本摊在桌上，让丙酮挥发干。标本充分干燥后即可放入透明纸袋中永久保存。

（4）幼虫吹胀标本：幼虫因体壁硬化程度不如成虫，不能按照成虫的干制标本方法制作。制作时，先将幼虫毒死，置于厚的吸水纸上，用小镊子或针将肛门处破一小孔，用玻棒在虫腹面从头向后适力多次滚压，使全部内脏由肛门挤出，最后用镊子把整个消化道拉出。再将吹胀器的细玻璃管插入幼虫肛门，夹好玻管末端金属片。用左手按住肛门处玻管，待其与幼虫肛门表皮结黏后，右手不断压气，直至幼虫体膨胀到原来大小。然后移入烘干器中慢慢烘干。烘干后，取去金属夹子，轻轻地将细玻管从肛门取下。吹胀烘干后的幼虫，放入指形管内，管底放些樟脑粉用脱脂棉固定，瓶口用石蜡或胶套封固，长久保存。

（5）昆虫生活史干制标本：见本章 4.6 节“特殊标本的制作与保存”。

2. 甲壳动物（虾、蟹、鲎）干制标本的保存处理

在制作海产虾、蟹干制标本时，应先用淡水冲洗干净，去掉身体上含有的盐分，彻底晾干。

制作大型虾类时，先将虾的整个背壳下边剪开，取下背壳。取一根较粗的铁丝把一头锤扁，然后弯曲 2～3 厘米，做成钩子，去除其胸腔、腹腔、螯、胸足中的内容物，再用水把内部完全冲洗干净。把标本浸在砷液（以 44 克砷兑 1 升水的比例）或氯化汞中搅匀煮开。在每一条胸足和每一个螯各放进去一根铁丝，铁丝在身体里面弯成直角，如果螯大，铁丝上还要裹麻筋，使铁丝不致摇动。大触须中也要放一条铅丝。除触须外，所有腿中、螯中的铁丝都可以伸到胸腔里。向外的一头要露出一些，用以插入托板。把虾放在托板上，再拿一根铁丝，一头由腹部中央一头由胸节中央穿进去，都穿到托板下边，将其固定在托板上；将其足中露出的铁丝插入托板中。铁丝放好后，在虾胸腔中的一头弯一下。腹腔在放石膏以前要用麻丝填满。和好石膏，倒在虾的胸腔中。待石膏凝固，所有的铁丝头都已被固定。最后将螯用胶粘好。虾干透后，先上一道白色油漆，再照活虾体色用油漆涂彩，待漆干透，再上一层清漆。然后放在预放樟脑的标本盒中，加上标签。

对于小型虾类，先把背壳揭开，把胸腔和腹腔中的肌肉完全取出后洗干净，用棉花填紧，把胸腹两节结上。把整个虾放在蜡盘中，由剑突处和尾节处各斜插入一根大头针。前端的针尖向后，后端的针尖向前。然后用一根细铁丝在前端的大头针上绕剑突一下，拉到尾节处再绕一下，再系到后端的大头针上，把整个虾挤在一起。然后绕背壳和腹节，把由剑突到尾节的铁丝各用两根细铁丝固定在蜡盘上，使整个虾固定在蜡盘上。等干透后再上油漆。

蟹、鲎的干制标本处理可参照干制虾标本的方法。鲎的另一种干制标本方法是在活的鲎体内注射 95％酒精或 10％福尔马林液以防腐烂，然后将其晒干。

3. 软体动物干制标本的保存处理

1）双壳类的贝壳

将采到的活标本放在背阴通风处，待两壳自然张开后，在两壳之间插入一硬物，使其不能再自行关闭。然后用解剖刀将闭壳肌切断，使两壳完全打开，去除外套膜及外套膜之间的内脏团、斧足和鳃，然后用流水将贝壳内外冲洗干净，趁壳未干时将两壳合闭，用细线捆好，再次放在背阴处风干。风干后，除掉捆线，两壳便不会再张开。如两壳之间的韧带已干，不能强作闭合，否则韧带会断裂，应用清水将韧带浸软后再行闭合。不宜用开水将其煮死的方法使两壳张开，这会使贝壳失去原来的光泽而降低保存价值。

另外，一些薄壳的种类，如深水中蚌科无齿蚌属的种类，壳干后，可在壳面上涂少许油类物，以免壳干裂、破损，而失去研究和保存的价值。最后，将标本保存于标本盒内，并放入标签。

2）腹足类的贝壳

螺类应在做干制标本前用淡水将其冲洗干净。壳面附着物应先用淡水清洁干净，有的贝壳表面附着物冲洗不掉，可用加热的 20%～25%盐酸进行处理，一般约数秒（如宝贝）或 30 秒即可取出，并立即用清水冲洗，时间过长，贝壳会受腐蚀而失去光泽，或花纹脱落。此方法对较老、粗糙的贝壳效果不够理想。另有一种较实用的方法可处理多种贝壳标本。用次氯酸钠（漂白液）与水，按 1∶2 的比例配制后浸泡贝类标本，浸泡时间可根据贝壳表面污秽情况而定，数小时或更长些时间，可灵活掌握。取出后用清水冲洗或毛刷刷洗，然后用干纱布擦净，阴干后贝壳便显出明亮的光泽。

海产腹足纲的种类，可先将其干死或用淡水浸泡杀死；对淡水腹足纲的种类可将其干死，然后放在背阴处腐干，再用淡水冲洗干净，可长期保存。若螺壳内残留有腐肉，难以彻底清除，可放在蚂蚁多的地方，让其代为清除干净，贝壳光泽不会减退。如时间允许，也可将螺类埋在干的细沙内，使其自行腐烂后再用淡水冲洗干净，可获得理想的干制标本。但不要用湿沙掩埋，以免失去光泽。小型螺类壳内的腐肉不易取出，也可先用 70%酒精固定 24 小时，然后取出，风干后保存。遇到有厣的种类，必须将厣与螺壳同时保存，先在壳内塞满棉花，再将厣黏附在壳口上，然后将做好的标本放入标本盒，加上标签。

4. 棘皮动物（海星、海胆）干制标本的保存处理

海星类标本由海中采集后，要放在有海水的桶中或解剖盘中培养，使其腕伸展。然后加入硫酸镁进行麻醉，一般是把少许硫酸镁放在水面上，或用一个小布袋装入适量的薄荷脑，放入海水中，使其中的海星类逐渐麻醉。经过麻醉后的海星放入 5%福尔马林里杀死。1～5 小时后（根据标本个体大小而定，但时间不宜过长），从福尔马林内取出，使它背面朝上，最好是放在阴凉通风处阴干，直到干透，或用红外线烘箱烘干。

海胆类标本先用淡水、薄荷脑或硫酸镁麻醉，用 70%酒精固定 24 小时，然后取出风干即可。

在标本盒底部撒上少许樟脑粉，铺垫药棉，再放入干的标本，在盒旁贴上标签，盖好盒盖保存。

5. 珊瑚与海绵干制标本的保存处理

珊瑚类：珊瑚纲中的石珊瑚类标本必须干制保存，石珊瑚又分造礁珊瑚和非造礁珊瑚。造礁珊瑚的干制方法：将采回的活珊瑚直接放入淡水中，不换水浸泡 2～3 天，使虫体死亡并自行腐烂，再用清水彻底冲洗干净，然后晾晒，至珊瑚骨纹缝隙处完全干燥为止。非造礁珊瑚的干制方法：从海上采集来的活珊瑚标本，如用淡水不能完全冲洗干净，要用 10%强碱煮沸，然后再用清水彻底冲洗，晒干后保存于标本盒中。

海绵类：将采回的海绵动物用淡水把表面的泥沙冲洗干净，再移入 70%酒精固定 24 小时，然后取出，晒干后保存。

6. 苔藓动物干制标本的保存处理

将采回的新鲜钙化的苔藓动物（唇口目和管孔目）先放入 70%酒精中，固定 24～48 小时，然后取出，风干后保存。

对采回的已死苔藓动物干壳，先用淡水冲掉上面所含的盐分，然后晒干。干的苔藓动物标本非常容易破碎，所以在运输前应用软纸包好，放入纸盒内，再装入箱中。

注意：在包装苔藓动物标本时不应使用棉花，因为用棉花包裹后其纤维易粘在苔藓动物标本上，不易取净；上述保存方法适用于完全钙化的苔藓动物，而非钙化的苔藓动物不易干制保存。

7. 小型蜥蜴干制标本的保存处理

小型蜥蜴因其体形较小，骨骼细小，用剥制法制作标本较困难，因此除了做液浸标本，也可用自然阴干的方法制成干制标本加以保存。

将活的成年蜥蜴放在饲养缸内一段时间，只给水不给食物，通风，使其肠内物质排尽后慢慢死去。将刚死亡的蜥蜴取出放在垫纸上，腹部朝下进行整形。先用大头针穿过蜥蜴的四肢和头部并与垫纸固定，然后将其四肢展开，把口撑开，摆成生活姿势。将固定整形后的标本放在阴凉干燥处阴干，等彻底阴干后拔掉头部的大头针，将标本放在标本盒内保存，加上标签。

8. 动物器官干制标本的保存处理

1）基本原则

动物的个别器官，除能做成浸制标本外，还可以采用干制的方法做成干制标本。特别是具有内腔的内脏器官（如胃、肠、心脏等），更适于制成干制标本。制作时需要经过固定、脱水、浸油、晾干 4 个步骤。

2）固定

固定前应用 0.9%生理盐水，将器官内外的污物洗净，再用 10%福尔马林充分固定，固定时间可视器官大小、厚薄而定。小而壁薄的器官，固定 4～5 天；大而壁厚的器官，固定 10 天以上。具有内腔的器官固定时需将两个断端各用一软木塞塞住，并用线扎紧，再用注射器从软木塞处注入 10%福尔马林，使器官的内腔充满固定液而膨胀起来。注入的量不宜过多，以膨胀至自然大小为准。然后将标本浸在 10%福尔马林中固定。实质性器官在由动物体摘除前，采用由颈总动脉或股动脉注入 10%福尔马林的方法，使器官各组织之间均有福尔马林渗入，然后再将器官从动物体摘除，放入 10%福尔马林中固定。

3）脱水

将固定后的标本浸于各级不同浓度酒精中进行脱水：30%酒精→50%酒精→70%酒精→90%酒精→95%酒精（更换一次95%酒精）→无水酒精（更换一次无水酒精）。每级酒精中的脱水时间可在一天以上。大而壁厚、具内腔的器官或实质性器官，脱水时间应适当延长。具有内腔的器官在进行脱水时，先用注射器将腔内的福尔马林液抽出，再注入 30%酒精。换酒精时也采用同样方法，即抽出低浓度的酒精，再注入高浓度的酒精。

4）浸油

器官脱尽水后，用冬青油或松节油或二甲苯加以浸透，浸至透明为止。小的器官浸 3～4 天即可透明。

5）晾干

将浸油后的器官置通风处干燥，经 4～5 天，油类挥发净后用香蕉水或苯调和油画颜料加以着色，颜色应与实物原色保持一致，并进行修整，将两端软木塞除去，用刀修平两断端，然后用铁丝将标本安装于一木座板上。

如果需要表示管腔内部结构，可在器官上剪除一部分管壁，使之成为一个小窗，通过小窗便可观察管腔内部结构。

标本经过浸油后，还可以经过浸蜡步骤，使器官为蜡浸透，防止干制标本因保管不善而发霉。浸蜡方法：先将器官浸入熔化的软蜡（48～52摄氏度的蜡）内1天，然后取出再浸入熔化的硬蜡（58～62摄氏度的蜡）内1天。取出标本用玻璃容器盛装，放置于恒温箱内（温度保持在硬蜡的熔点），待多余的蜡渗出后，再把标本取出进行着色、修整及安装。

9. 爬行动物和鸟类卵的干制标本的保存处理

1）基本原则

爬行动物和鸟类的卵中内含物（蛋清和蛋黄）久置后易干涸，故需要及时清除，应在野外工作期间对其卵做及时处理。

先把采集到的卵放入水中进行检查，立即下沉的为未孵过的卵，漂浮于水面的为已孵过的卵，根据其类别用不同方法进行处理。

2）未孵过的卵的保存处理

将未孵过的或孵期不久的卵清洗干净后，放入清水中浸泡3～4小时，使清水从卵的气孔中渗入壳内，稀释蛋清，然后取出用棉花小心擦拭干净。在卵的钝端侧面用针钻一小孔，把一根细铁丝插入卵壳内转动几次，搅碎蛋清与蛋黄。然后将吸满空气的注射器针头，从小孔中插入卵壳内，轻轻地推动注射器将空气注入卵壳内，使卵壳内蛋清和蛋黄缓缓地被挤压出卵壳外，直至卵壳内的蛋清和蛋黄被完全清除干净（注意：注入空气时不要太快，以免压力太大压裂卵壳）。最后将卵用清水小心清洗，用棉花轻轻拭干。

也可用细玻璃管在火上烧红后拉细、断开，粗的一头连在一橡皮管上，橡皮管的另一头连一个鼓气的橡皮球，做成鼓胀器。玻璃管的细尖顺着小孔穿到卵里。小孔向下，用鼓胀器慢慢地打气进去，不要用力太猛，使其中的内容物自然顺着小孔流尽。再用吸管注射清水，清洗干净。

另外一种方法是将细玻璃管自制成"L"形吹卵器，把短段端部烧成直径1毫米的开口，将在卵上钻的小孔朝下，吹卵器的小口对准卵上小孔的一侧，用嘴从吹卵器向卵内大口吹气，将卵的内容物慢慢吹出。其优点是卵壳不易被挤破。

将卵的钝端侧面钻一小孔，将装满水的注射器（5毫升或20毫升，视卵的大小而定）的针头插入小孔内，轻轻地推注射器，将水注入卵壳内，使蛋清和蛋黄慢慢地被水挤出，也可达到清除卵内内容物的目的。但这种方法的缺点是在注射水时卵壳可能被挤破。

3）已孵过的卵的保存处理

对于孵过的内有小胚胎的卵，可钻较大的孔，用镊子和小钩把胚胎肢解，并将胚胎轻轻钩出；或者放入清水中浸泡1～2天后，放在暖和的地方待胚胎腐烂后，用小钩钩出，再用水将卵内及卵壳清洗干净。

将制好的卵，放在器皿内使其全部干燥，钻孔朝下，放入大小合适的用棉花衬垫的纸盒内，卵和纸盒的缝隙用脱脂棉塞紧，防止摇摆破碎。标本盒外贴上标签，注明野外采集号、种名、采集地、海拔、采集时间、采集人等信息。

4.2.3　干制标本的保存

1. 基本原则

制好的干制标本要经过信息整理、鉴定、登记和消毒后，按类别或系统分类顺序放入标本馆内相应的标本柜中。

2. 标签

标签纸要求纸质良好，较硬，不易破碎，且易于书写。采集签也可用布质签。标签最好打印。如需要书写，应用碳素墨水笔或防水笔，以防日久墨迹变淡。无脊椎动物干制标本常用线把标签拴系在标本上或用碳素墨水笔在标本上直接书写，昆虫标本则直接用一根昆虫针将标签与标本插在一起，且标签在标本的下方，然后另将馆藏标本鉴定签贴在标本盒外固定部位。

每个馆藏干制标本都应具备标本野外采集标签、鉴定标签、馆藏标本标签，昆虫标本还应具备寄主签。

1）野外采集标签

野外采集时应随时将所采集标本的信息记录在采集本上，并在标本上或标本旁随附野外采集标签或者直接附上标本采集号，待回到标本馆后再对采集信息进行整理和补充野外采集标签。

野外采集标签上的标本采集信息应包括标本采集号、采集时间、采集人、采集地点、经纬度、海拔、野外初步鉴定学名、鉴定人、俗名等信息。

昆虫干制标本采集标签信息应包括标本采集号、采集人、采集时间、采集地点（省、市、地区、县）、经纬度、海拔、俗名等。昆虫幼虫还要包括初步鉴定的中文名和拉丁学名。

无脊椎动物干制标本采集标签信息应包括标本采集号、采集人、采集时间、采集地点（省、市、地区、县）、水域、经纬度、水深、俗名等。

2）鉴定标签

干制标本的鉴定标签信息应包括种名（中文名、拉丁学名）、属、科、目、鉴定人、鉴定日期，如鉴定到亚种还应有亚种名。

3. 标本的测量

测量标本时最好由一人测量，另一人记录，测量完成后，进行交叉核查，记录时用铅笔或防水笔，测量表上要有测量的标本号、测量日期、测量人、测量表编号，测量表应保留存档。

4. 标本的鉴定

动物干制标本在入库前，应经分类学专家或标本馆馆员鉴定，确定其学名，写好鉴定标签，并签署鉴定人姓名，将鉴定好的标本交给标本管理员。

5. 标本的信息整理

（1）根据干制标本的质量标准，确认干制标本的质量级别和用途。

（2）收集野外记录本及野外标本清单（种类、数量等）、标本制备记录，赋予编号，并复印备份存档。

（3）测量标本信息并登记在测量表和卡片上。

（4）用数码相机拍摄标本实物，并输入标本信息管理系统。

6. 干制标本的质量标准

（1）标本姿态正常，完整；标本的各结构、组织、器官的形态正常，没有凹扁、突兀、褶皱、缺损。

（2）标本不被虫蛀，不腐烂，不霉变。

（3）标本色泽自然或接近自然。

（4）标本的信息记录完整。

7. 标本的登记

动物干制标本应根据动物的门类分别在馆藏登记簿上登记，赋予统一的标本馆馆藏编号，并将采集信息、鉴定信息、标本质量级别、标本类别、存放位置等有关该动物干制标本的信息分别登记在标本馆的卡片、馆藏登记簿上，并录入标本信息管理系统。

每个馆藏标本上均附有注明标本馆藏号、学名、采集地、采集时间、采集人、鉴定人等项的标签。大小头骨标本上均要写上总编号。大型骨骼要在每块骨骼上标明号码及其拉丁文缩写。鸟巢和爬行动物及鸟类的卵应与原标本的编号一致。

8. 标本的消毒

动物干制标本因其特殊性容易寄生微生物和其他昆虫，以致日后严重损害标本。因此，一定要对其进行严格的熏蒸或冷冻消毒，确保害虫被完全杀死后才可进入标本馆。新采集标本和未经消毒标本的存放处与标本处理间应在远离标本馆的标本缓冲间，以免对馆内标本造成危害。熏蒸消毒和冷冻消毒参照第 8 章“生物标本的储存和管理”。

9. 干制标本的存放

登记、消毒后的标本应依据标本大小放入规格适当的标本盒中，并放入樟脑、硅胶等防虫、防潮药品，贴好标签，按照标本分类系统顺序或标本类别放入相应的标本柜中。存放时，若有亚种分化，应把同一亚种的标本放在一起。小型兽类的头骨作为鉴定的参考物，应与其原剥制标本放在一起。其他骨骼、动物器官、鸟巢、蛋、无脊椎动物等干制标本一般按标本类别分别存放。卵标本要求每个纸盒放一层用纱布包着的棉花垫，每窝卵都放在棉花垫上，钻孔朝下，卵与卵之间应有适当距离，并塞上棉花，防止相互碰撞而被损坏。干制标本在保管时，要注意防震，防碰撞，保存在干燥通风处。模式标本应放在模式标本专柜中。标本柜外面要标注清楚柜号、动物类别（纲、目、科）等信息，以便寻找。标本柜内每层或抽屉的角落都要放置适量的樟脑。

4.2.4 动物干制标本保存条件

1. 标本盒和标本柜

1）标本盒

标本盒为特制的硬纸盒、木盒、有机玻璃或玻璃盒。盒盖可用玻璃制成，从外面可以看到里面保存的标本。标本盒有分体式、抽拉式等形式并具有多种规格，可因不同需要放置不同类别的干制标本。昆虫标本盒内底部还应有薄的软木层或吹塑板层，以便插针固定标本。展示用昆虫标本盒通常为纸质或木质带玻璃面的标本盒，而展示用骨骼标本和动物器官标本通常放置在玻璃标本盒中。盛装动物干制标本的盒内应常年放置樟脑，用以防虫。标本盒应密封性好。

2）标本柜

标本柜有密集标本柜和固定标本柜两种。固定标本柜有木质、铅皮或铁皮、硬塑柜等材质，密集标本柜为铁制柜。铅皮和铁皮柜在一定程度上可以起到防火作用。每种标本柜有若干层可变动层高的抽屉格和能自由抽出、放入的抽屉，可放置不同规格的标本。柜门密闭性要好。大型骨骼展示标本可直接放在玻璃标本柜中。昆虫及无脊椎动物干制标本展示时放置于玻璃面的展示台中。标本柜内也需常年放置樟脑，用以防虫；柜门应装有密封垫，以保证良好的密封性。

2. 干制标本保存条件

1）温度、湿度及防晒、防菌、防潮

干制标本存放环境应通风，干燥，日光不能直射，具备空调设施，室内温度全年控制在15～20摄氏度，湿度40％～60％。标本库应无窗，或有窗但悬挂布质或百叶窗帘以防日光直射；具备除湿机或在库内放生石灰，盒内或标本柜中放氯化钙、硅胶等干燥剂防潮，并定期检查，及时更换；使用的硅胶吸水变色后，可烘干后继续使用。雨季前后更要仔细检查，做好防潮措施，在南方梅雨季节最好不要打开标本盒。春、夏两季温度高，湿度大，是虫类、微生物等活动的繁盛期，也是标本维护的关键时期，应加强防范。

2）防虫

干制标本入标本室前必须严格消毒，标本库要密封，标本柜、盒内应放适量樟脑以防虫蛀，定期检查，每半年或一年加换一次药。如发现虫情，应对标本进行冷冻消毒或熏蒸消毒处理，必要时对标本馆内所有标本全面熏蒸。

3）防火

每天闭馆时应关闭照明灯和仪器设备，定期检查线路和电器，馆区内禁止吸烟和明火，馆内设有烟火感应器和消防器材，并使用铁皮柜、防火门以隔绝火源。

4）防尘

直接暴露的标本应加透明薄膜袋防尘，平时要用鸡毛掸拂拭，深凹处用吸耳球吹尘，切勿用湿布擦拭标本。

5）监控

标本的存放环境要严格控制温度、湿度、光照及通风，做好防虫、防晒、防菌、防潮、防火、防尘、防晒等防护措施。最好有摄像监控系统以防止被盗或水灾、火灾发生。

4.2.5　干制标本的维护

1. 干制标本的日常维护

（1）定期检查库存标本的保存状态，对需要改善保存条件和需要整理或发现信息错误等的标本，记录下标本号、物种名、数量、存放位置等，对标本进行整理。

（2）发现虫蛀现象，应及时进行熏蒸或冷冻处理。

（3）发现标本受潮，应在通风阴凉处干燥，不能用日光晒或用过高的温度烘烤，否则标本容易褪色或改变。

（4）发现标本长霉，可用少许二甲苯或氯仿，或七份酒精、三份石炭酸（苯酚）配制的溶液刷洗清理，晾干后再收藏起来。

（5）对每次的换药信息和时间作记录，掌握其规律和换药周期，对樟脑挥发快或标本易生虫的标本柜应尤其注意，找出原因，加强处理，为下一次加药做准备。

（6）换药时樟脑要用纱布包好，适量放在标本盒和标本柜的角落里。

（7）每年的春、夏季前后都要额外检查标本的保存情况，看是否有虫蛀或需要更换防虫剂。

（8）每半年或一年应全部换药一次，可视地区和实际情况而定。在潮湿地区还应加干燥剂或使用除湿机。

（9）所有干制标本在入馆保存前或被借用返还时，都应经过严格的消毒处理，未经消毒处理的标本，应放在缓冲间，以确保库内所保存的干制标本不受虫害。

2. 干制标本的修护处理

干制标本保存或使用不当出现破损及有裂纹的现象时，应用胶水粘连或采取其他措施及时修补，以免严重损坏后无法修补。

4.3　动物玻片标本的制作与保存

玻片标本（显微镜标本）是指为了保存和便于在显微镜下观察，将小型动物或动物体的某一部分，用整体装片和切片方式制作并封藏于载玻片与盖玻片之间的标本。玻片标本是动物分类学、组织学等科研和教学中的重要材料。

本部分内容主要包括动物玻片标本的种类与制作方法、玻片标本的技术要求、玻片标本的标签、玻片标本的保存、玻片标本出入库记录、破损标本修复和重新制作，以及典型动物玻片标本的制作。

4.3.1 玻片标本的制作

1. 玻片标本制作前的准备

1）器具

仪器类

（1）解剖显微镜、显微镜、天秤、恒温箱、电烘箱。

（2）解剖器：解剖盘、解剖剪（直头和弯头）、解剖刀或微型解剖刀、镊子（直头和弯头）、解剖针等。

（3）切片机：旋转切片机，供石蜡切片用；滑走切片机，供火胶棉切片用；冰冻切片机，供冰冻切片用。

（4）还软器：陈旧的标本需要做软化处理时，可放入还软器中软化。

一般用具

主要包括：试管、烧杯、量杯或量筒、漏斗、滤纸、镜头纸、酒精灯、三脚架、石棉网、磨刀石、刀片、吸管、广口瓶、树胶瓶、研钵、玻璃棒、染色缸、培养皿、毛笔、记号笔、标签纸、载玻片、盖玻片、玻片盒（所选盖玻片的大小要依虫体而定，边缘要平整，表面光滑。无论盖玻板或载玻片，其厚度都要在 2 毫米以上，太薄容易破碎）。

2）常用固定液的配制

（1）布恩氏固定液：适用于一般动物材料。固定时间取决于动物体的大小及特点，如原生动物的固定时间为 1～4 小时，固定软体动物需 24 小时或更长时间。药剂不宜久藏，时久则失效，必须临时配制，但饱和苦味酸水溶液可以预先配好，备用。

具体配制方法见“动物标本采集与处理　附录：常用固定液的配制”部分。

（2）福尔马林固定液（FAA 固定液）：具体配制方法见“动物标本采集与处理　附录：常用固定液的配制”部分。

（3）卡诺尔固定液：适用于一般材料，特别是外膜致密而其他固定剂不易透入的材料。原生动物的胞壳也宜用本剂固定。需临时配制，不能久藏。

具体配制方法见“动物标本采集与处理　附录：常用固定液的配制”部分。

（4）酒精-甘油液。

75%酒精	20 份
甘油	1 份

（5）酒精-甲醛混合液。

80%酒精	15 份
40%甲醛	5 份
冰醋酸	1 份

（6）拉氏固定液。

95%酒精	50 份
40%福尔马林	10 份
醋酸	1 份
蒸馏水	39 份

（7）绿色固定液。

40%福尔马林	40 ml
硝酸铜	10 g
醋酸铜	10 g
蒸馏水	1000 ml

（8）红色固定液。

40%福尔马林	200 ml
硝酸铜	10 g
醋酸铜	20 g
蒸馏水	1000 ml

（9）奥氏液。

70%酒精	87 份
冰醋酸	8 份
甘油	5 份

（10）酒精。根据需要配制 70%～95%酒精。

3）常用染色剂的配制

（1）硼砂洋红染液。

洋红	3 g
硼砂	4 g
蒸馏水	100 ml
70%酒精或 95%酒精	100 ml

将硼砂与洋红一起放在研钵内研磨，愈细愈好，然后将其放入蒸馏水中煮沸，直至完全溶解为止，最后加入酒精。24 小时后滤清。染色时间为 12 小时至数日。不要洗涤，可直接用含酸酒精褪色。该染液多用于动物整体装片的染色，如水螅、绦虫及吸虫类等的染色。

（2）胭脂矾染液。

钾明矾	6 g
胭脂红	6 g
蒸馏水	90 ml

将以上混合液放入烧杯中，加热煮沸半小时后冷却。将聚集在溶液上层的浮渣捞去，再加一些蒸馏水煮沸，至溶液蒸发留下约 90 毫升时，使其冷却后滤清，加少许麝香草酚或水杨酸钠以防腐防生霉。染色时间为 6～24 小时。染后放入水中 15～20 分钟，以洗去明矾。该染液适用于吸虫类及绦虫的染色。

（3）酒精洋红染色液。

洋红	2 g
50%酒精	100 ml
氯化钙	0.5 g
氯化铝	0.5 g

将以上混合液慢慢加热煮沸，再加入冰醋酸 10 毫升及硝酸 8 滴。染色时，用 50%酒精稀释一倍后使用。适用于动物的整体装片，如水螅、绦虫类、吸虫类等均可采用此染色液。

（4）马氏（Maye's）酒精、洋红染液。

洋红	4 g
盐酸	30 滴
蒸馏水	15 ml

将洋红粉先煮至溶解，加入 85%酒精 95 毫升，滤清后用氢氧化铵中和至将要产生沉淀时为宜。应用时以 10 倍微含酸性的酒精冲淡。染色时间为 6～24 小时。

（5）锂洋红。

洋红	2.5～5.0 g
饱和碳酸锂水溶液	100 ml

加热煮沸，使洋红完全溶解，冷却后过滤。切片由蒸馏水中取出后移入本试剂内浸染 20～30 分钟，随即用盐酸酒精分色约半小时。最后用蒸馏水冲洗。该染液特别适用于切片。

（6）酸性复红。

酸性复红	0.5 g
10%盐酸	25 ml
蒸馏水	300 ml

另一种配方

酸性复红	1 g
50%酒精	100 ml

（7）酸性品红。

酸性品红	1 g
95％酒精	10 ml
冰醋酸	5 ml
石炭酸	5 ml

（8）曙红染液（伊红）。

曙红	1 g
95％酒精	100 ml

（9）豆氏苏木精液。

明矾水饱和液	100 ml
苏木精	1 g
无水酒精	10 ml
甘油	25 ml
甲醇	25 ml

先制备明矾水饱和液 100 毫升，溶 1 克苏木精晶体于 10 毫升无水酒精中，徐徐滴入明矾溶液中，然后放置在光亮处，使其与空气接触，数周后将溶液滤清，加入甘油及甲醇各 25 毫升。染色时间为 10 分钟至数小时。

（10）海氏（Heidenhain's）铁苏木精染液。

第一溶液制备：

铁明矾（硫酸铁铵）	2.5 g
蒸馏水	100 ml

第二溶液制备：

苏木精	0.5 g
95％酒精	10 ml
蒸馏水	100 ml

海氏铁苏木精染液是由两种溶液混合而成，但必须在使用时才能混合。第一溶液配制后 4～12 小时才能使用。第二溶液配制时先把苏木精溶于酒精内，然后加入蒸馏水，需经 3～4 周“成熟”后才能应用。两种溶液混合均匀后，染色时间为 2～24 小时。

（11）台拉飞尔特氏苏木精液。

铵明矾饱和水溶液	400 ml
苏木精	4 g
纯酒精或 95％酒精	25 ml
甘油	100 ml
木精	100 ml

(12) 固绿。

固绿	0.2 g
95%酒精	100 ml

(13) 碱性品红。

4) 其他（透明剂、媒浸剂、悬浮液等）

(1) 醋酸乳酸酚液。

乳酸	10 份
酚结晶体	5 份
蒸馏水	5 份

混合溶解后以 5∶7 的比例加入冰醋酸 7 份。

(2) 乳酸酚。

乳酸	50 份
酚结晶体	25 份
蒸馏水	25 份

(3) 内氏液。

水合氯醛	40 g
蒸馏水	25 ml
浓盐酸	2.5 ml

(4) 梅氏粘贴液。

蛋清	50 ml
甘油	50 ml
水杨酸	1 g

(5) 稀盐酸。

盐酸	1 份
蒸馏水	9 份

(6) 洗涤液。

重铬酸钾	20 g
浓硫酸	10 ml
蒸馏水	100 ml

(7) 二甲苯、苯酚液。

二甲苯	3 份
石炭酸	1 份

(8) 勒氏液稀盐酸。
(9) 10%氢氧化钠。
(10) 丁香油。
(11) 木馏油。
(12) 指甲油。
(13) 松香。
(14) 柏油。
(15) 香脂。

5) 常用封固剂

(1) 阿拉伯胶混合液（霍氏封固剂，Hoyer's medium）。

阿拉伯胶	15 g
蒸馏水	25 ml
甘油	10 ml
水合三氯乙醛	100 g

(2) 福氏封固剂（Faures' medium）。

蒸馏水	50 ml
水合氯醛	50 g
甘油	20 ml
阿拉伯胶	30 g

(3) 贝氏封固剂（Berlese' medium）。

蒸馏水	25 ml
水合氯醛	16 g
阿拉伯树胶	15 g
冰醋酸	5 g
葡萄糖液	10 g

(4) 普里斯氏封固剂（Puris' medium）。

蒸馏水	8 ml
水合氯醛	70 g
阿拉伯树胶	8 g
纯甘油	5 g
冰醋酸	3 ml

(5) 佐佐氏封固剂（Sasas' medium）。

蒸馏水	10 ml
水合氯醛	16 g
阿拉伯树胶	8 g
甘油	2 ml
冰醋酸	1 ml

(6) 酸性恙螨封固剂。

蒸馏水	10 ml
水合氯醛	70 g
阿拉伯树胶	8 g
甘油	5 ml
冰醋酸	3 ml
百里酚	1 g

(7) 埃蔡氏封固剂（Heizes' medium）。

多聚乙醇	10 g
蒸馏水	40～60 ml
乳酸（82%～95%）	35 ml
甘油	10 ml
酚溶液（1.5%）	25 ml
水合氯醛	20 g

(8) 阿拉伯胶甘油酒精封固剂。

蒸馏水	60 ml
阿拉伯树胶	30～45 g
甘油	3 ml
95%酒精	3 ml
乳酸	0.5 ml
冰醋酸	2～3ml

(9) 甘油胶。

动物胶	5 g
蒸馏水	25 ml
甘油	35 ml
甲酚（木油精）	0.25 ml

（10）甘油明胶。

明胶	10 g
蒸馏水	50 ml
甘油	10 ml
石炭酸	0.2 ml

（11）加拿大树胶。

（12）中性树胶。

6）混合封固剂的配制方法

以阿拉伯胶甘油酒精封固剂和加拿大树胶的配制为例。

（1）阿拉伯胶甘油酒精封固剂的配制：将阿拉伯胶放入水中，用玻璃棒充分搅匀。完全溶化后（如有杂质需过滤），加入甘油、乳酸和冰醋酸，充分搅匀后加入酒精；此时，若出现乳白色凝固物，必须用玻璃棒急剧搅动，使乳白色小块完全消失。刚刚制好的封固剂需静置数小时，待其中水泡上升集中到表面后，用滤纸或棉花将全部气泡拭去。再静置一天，如果还有气泡，需再次清除后方可使用。

（2）加拿大树胶的配制：取加拿大树胶 2 克，加热干燥（65 摄氏度，1～2 小时），冷却后加二甲苯，使其成为浆状稀薄液汁，取滤纸卷成漏斗，中间放些棉花用以滤清加拿大树胶浆液。将浆液置入瓶中并移去瓶盖，以便二甲苯蒸发后使胶变浓。市场上出售的加拿大树胶需经调配浓度后才能使用。

2. 玻片标本的制作

1）整体标本装片法

整体标本装片法适用于封装微小型动物的整体（如原生动物、水螅、螨类、蚧虫、蚜虫、蓟马等）、动物体的个别组织或器官（如昆虫口器、外生殖器、尾刺等）（图 68）。

整体装片标本

操作方法和所用仪器及药品较简单，通常需要经过取材→固定→浸洗→染色（或不染色）→脱水→透明→封片等几个步骤。该方法在动物学研究中应用广泛。

整体装片的一般步骤

前期处理

选取制作玻片标本的材料，根据标本制作的需要将其进行固定、软化、内脏清理、内容物提取（如外生殖器）、酒精脱水、透明、清洗。

（1）新鲜标本应先用 75%酒精固定几小时。

（2）陈旧标本需做软化处理时，可放入还软器中软化，或将标本放入 5%～10%氢氧化钾溶液或氢氧化钠溶液中浸泡，气温低时用水浴方式间接加热（3～10 分钟），加热所需的时间因标本而异；也可浸泡在 75%酒精中，待动物体软化。灰尘堆积较多的陈旧标本可用小型超声波超声 1～3 分钟后再做软化处理。

（3）需要清理内脏时，在解剖镜下用微型解剖刀解剖，彻底清除消化系统，并将标

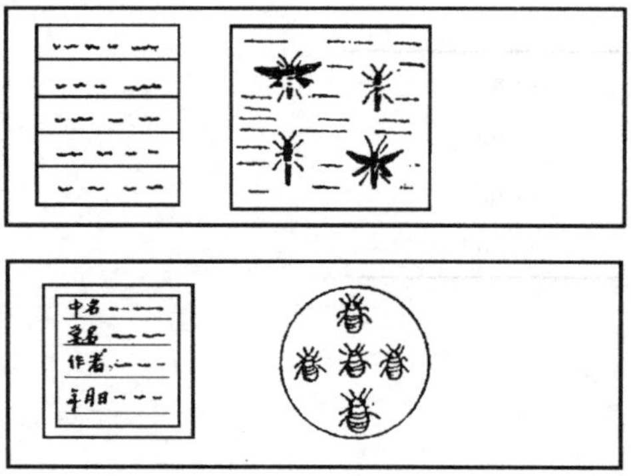

图 68　玻片标本

本移入蒸馏水或生理盐水中清洗数次；或在冲洗时，用解剖针轻压动物身体，直接使内容物排出。

（4）需要做外生殖器玻片标本时，新鲜标本可直接解剖提取外生殖器。对已变硬发脆的标本应先做软化处理，还软后再进行解剖并提取外生殖器。

（5）若标本需要酒精脱水时，应用梯度酒精脱水，梯度为 30％酒精→50％酒精→70％酒精→85％酒精→90％酒精→ 95％酒精→无水酒精（根据标本的大小，各级脱水5～10 分钟）。

（6）若标本需要透明时，应根据标本的种类来选择透明处理使用的药液，并根据个体大小掌握透明时间的长短。例如，蚜虫标本用水合三氯乙醛酚混合液水浴加热 3～10 分钟透明；粉虱标本用二甲苯与石炭酸（3∶1）混合液脱水透明；蚧虫标本用二甲苯及无水酒精混合液透明 3～5 分钟；螨类标本用乳酸、乳酸酚、内氏液等透明液透明，等等。

（7）标本清洗时，把经药液处理过的标本，移入玻璃皿中用蒸馏水或生理盐水清洗，除去药液，连续换 3 或 4 次蒸馏水即可。虫体较大的可以用小毛笔在蒸馏水中轻轻挤压加快清洗速度。

滴封固液

用细玻璃棒蘸取拟使用的封固液，滴一滴在清洁的载玻片中央。

放置标本

用细针或小镊子挑取标本，放在载玻片上封固剂的中央。

调位整姿

用细针轻轻把标本从封固剂的表面压到封固剂的底部，放正位置，快速将姿势整好；否则，加盖玻片时，标本容易滚到盖玻片外。

加盖玻片

用清洁的镊子夹取盖玻片的一边，把另一边放到封固剂的边缘，使盖玻片恰好落到正确的位置。再在解剖镜下观察标本的位置，并轻压盖玻片表面。一般用 12 毫米或 15 毫米大小的盖玻片。如标本大于 3 毫米则应用较大且较厚的盖玻片。

标记标本

用标记笔在载玻片右侧空白处记录标本号码或其他数据。用蜡笔做的记号在以后标本制作和使用过程中易被抹去，故应避免用蜡笔做永久性记号。

干燥处理

将载玻片放置于 45 摄氏度温箱中 48 小时至一周，或放在平而干燥的盒或其他容器中阴干。

常温放置

加热处理后的载玻片应在室内常温中放置一周，可使因加热而变弯的盖玻片恢复到正常状态。

加封玻片

加封时用甘酞环（ring of glyptal）、绝缘漆或指甲油封盖玻片四周。第一次干燥之后，再进行第二次加封，以保证水汽不能透过。

粘贴标签

玻片标本干燥后，应在两侧粘贴标签，一般右侧贴记录标签，记载采集地点、日期、采集人、寄主及标本采集号；左侧贴定名标签，记载标本的科、属、种、鉴定日期及鉴定人。所用封固剂应注明在定名标签的最下方。

整体染色

单染

(1) 保存的标本经 50％和 30％逐级替换酒精，在每级酒精中放置 5～15 分钟，然后移入重蒸水或蒸馏水中。

(2) 置染液中染色。应根据材料选择不同的染色剂，染色时间根据物体的大小、体壁薄厚、软硬等酌定。常用的染料有豆氏苏木精液、海氏苏木精、明矾洋红、硼砂洋红、明矾胭脂红、固绿等。

(3) 蒸馏水中洗涤或用流水冲洗 5～10 分钟。

(4) 置含酸或酒精的蒸馏水（5 毫升水中加 3 滴盐酸或乙酸或酒精）中褪色。

(5) 移入含碱的蒸馏水里或酒精（需加 0.1％碳酸氢钠溶液数滴），需更换几次，待颜色转蓝。

(6) 经 30％酒精→50％酒精→70％酒精→85％酒精→95％酒精脱水（分别停置 5～15 分钟）。

(7) 置无水酒精中 10～20 分钟，需更换一次无水酒精。

(8) 置二甲苯中 10～20 分钟（或时间稍长些），直至标本透明。

(9) 在载玻片上滴加封固剂，将标本移入，并用针尖整理标本的姿势。

(10) 加盖玻片封存。

注：透明剂除二甲苯（标本易变脆）外，还有香柏油、冬青油、木榴油等。

复染

步骤（1）～（6）与上述方法相同（略）。

(7) 置曙红等染液中 30～60 秒（根据材料选择不同染色剂，染色时间根据物体大小、厚薄、软硬等酌定）。

(8) 95％酒精中洗涤、褪色。

(9) 置纯酒精及二甲苯中各 10～20 分钟，直至标本透明。

(10) 在载玻片上滴上封固剂，将标本移入，并用针尖整理标本的姿势。

(11) 加盖玻片封存。

注意事项：滴入封固剂前，应先将标本上附带的二甲苯液除净，否则做成的玻片标本不清晰。动作要敏捷，以免标本干燥。加盖玻片时必须小心，用镊子或手夹住盖玻片的一端，斜向着载玻片，使盖玻片的一端先碰到封固剂，然后很快将手或镊子松开，使盖玻片自然地贴在封固液上。这样可避免产生气泡。如果仍有气泡，可用针轻压盖玻片，或在载玻片下稍加热。但最好等待几小时或在45摄氏度恒温箱中放置一段时间，较小气泡就会自然消失。制好的玻片平放在无尘的地方，待干燥后，贴上标签，储放在玻片盒里备用。

复染时，如果染的过深，可在95%酒精中延长停放时间，颜色能褪淡。

2）*磨片标本法*

磨片标本

动物体的坚硬部分，如脊椎动物的骨骼与牙齿、软体动物的介壳、棘皮动物的骨板、珊瑚虫的骨骼以及海绵动物的骨针等，不宜切片；经过脱灰等处理后，结构易发生变化。要想观察其细微结构，可磨为薄片，制成磨片标本。

磨片标本制作的一般步骤

（1）将材料锯成薄片。

（2）先用较粗的砂石或金刚砂，再用较细的砂石磨。磨时应在显微镜下检查磨片，直到能清楚观察到其结构为止。

（3）用蒸馏水冲洗磨片。

（4）浸于纯酒精中10分钟。

（5）浸于乙醚中30分钟。

（6）夹于两块载玻片间晾干。

（7）用加拿大树胶封片。

3）*石蜡切片法*

石蜡切片

石蜡与标本能够很好地结合在一起，把很小的组织切成很薄的蜡片，再加以染色，可以在显微镜下清楚地看到标本中的器官和组织结构。如果制成连续切片，还可以把一个标本的形成与变化过程清晰、明了地呈现出来，因此石蜡切片是观察动物组织结构的重要方法之一。石蜡切片的制作主要包括以下步骤。

（1）取材：根据需要选取材料，尽可能选取新鲜材料，将其切成小块。若不需要很大的材料，则尽可能切小些。用石蜡切片法对动物的眼睛进行切片时，不宜选取大型的眼睛。

（2）固定：材料浸入固定液内，将细胞迅速杀死，保存细胞及组织的原有结构。

（3）浸洗：根据固定液的不同，分别用自来水、蒸馏水或70%酒精浸洗，浸洗后的材料，如暂不制片，可浸入70%酒精中保存。

（4）脱水：脱水是制作石蜡切片中最重要的步骤之一。酒精脱水的操作采用梯度脱水，梯度为70%酒精→80%酒精→90%酒精→95%酒精→无水酒精，将组织块中的水分除去。脱水的时间与组织块的大小成正比。每级酒精中浸1小时左右。

（5）透明：脱水后必须经透明剂透明，以利于石蜡渗入。

常用的透明剂为二甲苯、苯、香柏油或冬青油等。组织经脱水后，可直接投入透明剂至透明为止。若用香柏油或冬青油作透明剂，透明后需将组织块取出，用二甲苯洗去香柏油或冬青油后，才能进行下一步骤。在二甲苯中不宜浸得太久，否则会使组织块变脆。制作动物组织切片时，多采用冬青油作为透明剂，效果较好。

(6) 媒浸：媒浸剂种类很多，包括二甲苯、甲苯、苯、蒸木油（木焦油）、松节油、香柏油（洋杉油）、香脑油、野梨油、四氯化碳以及二硫化碳等，其中最常用的为二甲苯与甲苯，而最适用的是苯。

媒浸也应逐渐进行，材料先浸渍于二甲苯与纯酒精的等量混合液中，然后再移入 3 份二甲苯与 1 份纯酒精的混合液内，最后浸入纯二甲苯中。浸渍时间依材料大小而异，需浸数小时，一直到材料透明为止。但不宜久浸，久浸会使材料发脆。

当材料放入纯二甲苯媒浸时，如果产生乳白色液体，即表示水分尚未脱尽，必须重新用纯酒精将材料脱水，然后再媒浸。

(7) 透蜡：把已透明的组织块投入融化了的石蜡中，使透明剂逐渐为蜡所代替，组织内的一切空隙将被石蜡浸入并填满。室内温度低时，宜用熔点为 42～47 摄氏度的软蜡；室内温度高时，宜用熔点在 52 摄氏度以上的硬蜡，以利切片。

透蜡也应逐渐进行。先将石蜡切成碎屑，投入媒浸材料的二甲苯中，直至饱和为止，放置 1～2 天后，将其移入温箱内，温度保持 37 摄氏度，并再加蜡屑，直至饱和。经过数小时，温度调高到 55 摄氏度，同时将材料移入石蜡和二甲苯的等量混合剂中浸渍 1～10 小时。最后移入纯石蜡中浸渍数小时至两天，使石蜡透入材料内部而二甲苯蒸发掉。在透蜡过程中，温度不宜过高或过低，过低会使石蜡凝固而不能透入材料内部；过高又会使材料损毁，一般不应超过 60 摄氏度。

(8) 包埋：包埋通常使用硬蜡。未曾用过的硬蜡内含气体，多呈白色，不能立即使用，必须预先置于蒸发皿内加热熔化。加热时，温度约 70 摄氏度，不能过高，要谨防石蜡燃烧。石蜡熔化后，重新使其冷却凝固，随即再加热熔化，这样反复多次，直至石蜡凝固后呈淡黄色为止。此外，根据气温高低以及切片厚薄的不同，随时加入适量的软蜡。气温低或切片厚时，宜用软蜡；气温高或切片薄时，宜用硬蜡。

包埋前必须制备包埋器。现成的包埋器用金属片制成，但也可用坚韧的纸制作成大小合适的盒子。盒的大小深浅视组织块的大小而定。在包埋器中盛满已熔化的硬蜡，然后将欲切片的组织块放入包埋器的蜡内，最好将欲切的面向下放置。若组织块位置不正，可用烧热的针在蜡中把组织块的位置拨正。如蜡中有气泡发生，也可用烧热的针刺入蜡中，把气泡烫去。组织块放置恰当后，将包埋器小心提起，平放半浸于冷水中，包埋器表层的蜡面凝结后，迅速把包埋器全部沉入冷水中冷却。蜡凝结后，除去包埋器即成蜡块。若第一次包埋不成功，可将组织块周围的石蜡切去，再浸渍于二甲苯中，重新包埋。

(9) 切片：用解剖刀将材料连同周围的硬蜡切成小块，四周离材料 1～2 毫米，前端离材料距离应更近，切面应成矩形，上下两边必须平行；用少许石蜡将上述蜡块固着在软木塞、木块或金属柄上；然后将软木塞或木块固定在切片机的材料固定器上；将切片刀固定在切片刀固定器上，刀的内面与蜡块切面成 9 度至 12 度的斜角；移动切片刀固定器或调节材料固定器，使切片刀与蜡块靠近；将厚薄调整器上的指针拨在要切的厚度上；摇动切片机，并将切片用毛笔移在内填白纸的瓷盘中。若连续切，则切出的切片彼此连成带状，称为切片带。切片的厚度，必须依照组织结构及观察目的而定，一般切至 6～8 微米或 10 微米。

（10）贴片。

动物胶贴片法：滴动物胶稀释液于载玻片上；将切片移置稀释液上，加热伸展，并倒去多余的溶液；加一滴 10％福尔马林于载玻片上，约需 10 分钟，动物胶硬化；置载玻片于无尘处晾干。

蛋白甘油贴片法：用玻璃棒蘸取一小滴蛋白甘油，滴在载玻片中央，随即用右手小拇指前端的外侧将蛋白甘油均匀涂开成一薄层；用吸管吸取蒸馏水，滴于蛋白甘油上，其量以切片能在水面浮动为度。

用切片铲或解剖针将切片移在载玻片上，使其浮于水面。注意切片的正反面，反面有光泽，应该向下；载玻片在酒精灯上略烤，使水温热，而切片也就渐次展开（操作时，载玻片不宜在火焰上烘烤过久，否则温度太高，石蜡熔化，材料烧毁）。当切片伸展后，斜置载玻片，使水流出，并用解剖针将切片拨正；再在火焰上略烤，使切片完全伸展，置载玻片于无尘处晾干。

制作大量切片时，可将切好的切片带放在盛有 40 摄氏度温水的解剖盘中，切片带即能自行伸展平直。如展不平，可用烧杯渐渐加以较热的水，直至全部展平为止。展平后用吸管吸去部分热水，逐渐加入冷水，再用剪刀将切片带逐片剪开，或将切片带移至玻璃板上用小刀切开。将已涂蛋白甘油的载玻片放入水中，捞取一片切片放在载玻片上，并用解剖针移正切片的位置。

（11）烤干：贴片时利用水使切片展平，但玻片与切片之间留有水分，必须将这些水分用温箱加热除去，使组织切片在去蜡后依然能够粘在玻片上。将切片放在烤片盒中。烤干温度以 40～45 摄氏度较为适当，时间以彻底烤去水分为止，12～24 小时便可把水分除去。如不急需染色，可利用太阳晒干，但时间宜长一些。

（12）脱蜡：脱蜡通常用二甲苯、甲苯、苯或松节油，其中效果最好的是二甲苯。脱蜡时，先将二甲苯盛于染色缸内，然后将贴有切片的载玻片浸渍其中，石蜡遇到二甲苯即自行溶解。脱蜡一般需 10～15 分钟。室温过低，脱蜡的时间则需延长。若将二甲苯放在 40～50 摄氏度的温箱中，则蜡能很快地被脱净。脱蜡后，先浸渍于二甲苯与纯酒精的等量混合液中 2～5 分钟，再经过自高浓度至低浓度的各级酒精洗去二甲苯，即由无水酒精→95％酒精→90％酒精→80％酒精→70％酒精→50％酒精，逐级进行。切片浸至 50％酒精后，再用蒸馏水浸几分钟。切片在各级酒精中各需浸渍 2～5 分钟。

（13）染色：材料在脱蜡后即可进行染色。但有的材料也可在包埋前整块染好颜色，然后再进行包埋和切片等步骤。染色剂或为水溶液，或为酒精溶液。若为水溶液，则切片必须从酒精中移到水中，再从水中取出，方可染色；若为酒精溶液，则脱蜡后，将切片移到与配制染色剂浓度相同的那级酒精中。切片由这级酒精中取出后，即可染色。染色时依照实际情况选用适宜的染色剂。动物组织常用的染色法为德氏（Delafield）苏木紫伊红染色法及铁明矾苏木紫染色法。

（14）脱水：染色的切片必须经过各级不同浓度的酒精脱水，才能进行透明。脱水时按 30％酒精→50％酒精→70％酒精→80％酒精→90％酒精→95％酒精（两次）→无水酒精（两次）顺序进行。一般切片在每级酒精中各浸泡 5 分钟左右。在酒精中易褪色的切片脱水时间应短些；不易褪色的切片，脱水时间尽可能长一点，以利于把水分充分脱净。用曙红、藻红与酸性品红等染色的切片在含水酒精中极易脱色，浸置时间宜短，尤其是 60%～85%酒精脱色力特别强，浸置不能超过 1 分钟。总之，以在酒精中切片内的水分能全部脱净又不会褪色为原则。有些染料在纯酒精中容易溶解，用这类染料染色的切片只能用丁香油、松节油或石炭酸二甲苯进行脱水。

(15) 透明：切片必须透明后才可在显微镜下观察。切片脱水后，自纯酒精中取出，移入纯酒精与二甲苯的等量混合液中浸渍 5～10 分钟，使组织透明。最后移入二甲苯中浸渍 10 分钟。

(16) 封片：将透明后的切片从二甲苯中取出，用吸水纸将组织四周多余的二甲苯拭去，滴适量的树胶在载玻片中央的组织上，将盖玻片倾斜地由左边开始放在树胶与组织上，再慢慢向下放平，以免盖入气泡。封片后，在切片的右侧贴上标签，平放无灰尘之处，可让其自干，需 1 周至 1 个月；或在 50 摄氏度左右的烘箱内烘烤数天，待树胶干固后可使用。如制成的切片上树胶太多，溢出盖玻片，可待其完全干固后，用刀轻轻刮去，再用布蘸少许二甲苯将胶擦净。

封片通常用加拿大树胶。用前需用二甲苯或甲苯稀释，使其浓度适中。通常 3 份树胶用 1 份二甲苯或甲苯稀释。稀释后的树胶需静置一天，等气泡消去后再用。

4) 冰冻切片法

冰冻切片法具有制片速度快并能完整保存细胞结构的优点，适用于动物组织和细胞结构的快速制片。

冰冻切片法的步骤

(1) 选取合适的动物材料，将其切割成合适的体积。

(2) 安装并固定冷台，调节至合适的角度与距离。

(3) 安装好切片刀，倾角为 15 度左右时，拧紧螺旋固定。

(4) 打开水流，确定水循环正常后，开启快速制冷电源，并确定所需温度。

(5) 用滴管吸取一小滴蒸馏水或稀释的树胶滴在冰冻切片机的冷台上，在液体完全凝结之前，将选好的材料粘在液滴上。

(6) 在原有液滴上小心地滴加蒸馏水或树胶，使其完全覆盖动物材料，静置数分钟直至包埋动物材料的液滴完全凝结。

(7) 松开刀架固定钮移动刀架，同时从侧面观察，当切片刀刀刃与冷台上的冰冻包埋面平行且接近时进行固定，最后检查其他固定螺旋是否紧固。

(8) 调整切片厚度控制盘的刻度，一般切片的厚度为 8～12 微米。

(9) 开启切片机总开关，顺时针方向摇动切片机手轮，左手持软毛笔，连续摇动手轮，刀刃上会出现薄薄的冰片，用毛笔粘住，转移至载玻片上的浮载剂液滴中。

(10) 盖上盖玻片，染色，镜检，封片，制成永久切片。

(11) 切片机使用完毕后，锁紧切片机总开关，先关闭制冷机，最后断开水流。

冰冻切片的注意事项

(1) 冰冻切片材料的选择与切割厚度应视研究目的而定，常切成 2～5 毫米的小块，厚度3～5毫米。切取材料应使用新刀片，刀口沿材料面垂直迅速切割下来。

(2) 刀片在使用之前，应当在低倍显微镜下检查刀刃是否有缺口，如果有大的缺口或呈锯齿状，则切片刀需磨刀后方可使用。

(3) 在每次操作切片刀和标本或在工作间隙一定要先锁定手轮，在快速冷冻切片时，不得用手直接接触超低温的冷刀。

5）涂布标本法

血液、精液、原生动物培养剂、大便和精巢等液体、半液体以及疏松的材料，可在载玻片或盖玻片上涂成薄层，然后再经固定与染色等步骤，制成涂布玻片标本。这种标本不仅制作迅速，而且可用来观察完整的细胞。

干涂布法

材料涂布完后，随即在空气中摇动，使其干燥，然后浸入纯酒精或纯酒精与乙醚等量混合液内固定。经过染色，晾干后，虽然已可长久保存，但通常还要用加拿大树胶封片。

湿涂布法

材料晾干后，细胞形状及其结构容易改变，因此往往需用湿涂布法制作标本。湿涂布时，要考虑到材料能否黏着在玻片上，如果不能黏着，应预先在玻片上涂以蛋清，或在材料中加入蛋白。当材料黏附在玻片上且尚未干燥时，应立即固定。

固定方法有两种：①将固定剂滴在涂片上；②将涂片浸入固定剂中。固定操作要迅速，尽可能不用内含酒精、乙酸等挥发性大的固定剂。涂片固定后，经过冲洗与染色。脱水时，在无水酒精中浸渍1～24小时。透明与封片等过程与一般制片方法相同。

注意事项：

(1) 涂片要薄厚适中。

(2) 涂布应薄厚均匀，如材料难以涂匀，可在涂片固定后，刮去厚的部分。

(3) 涂片浸入固定剂中时，涂有材料的一面应向下。

(4) 固定剂应盛在凹底的器皿内，以免材料被皿底擦掉。

6）火棉胶切片法

火棉胶切片法不仅可以避免材料受热而损坏，同时适用于石蜡不易透入以及坚硬的或较大的标本组织材料，如眼球、脑干等。但用火棉胶包埋的材料，不能切得太薄，切片厚度在10微米以下则难以完成，同时不适于连续切片，且不能用合成染料染色，完成的时间也较长，这是火棉胶切片法的缺点。火棉胶适合包埋固定于任何固定液（鲍氏固定液除外）的材料。

火棉胶切片制片的一般步骤如下。

(1) 固定与浸洗：材料经过固定、浸洗。

(2) 脱水：70%酒精→80%酒精→90%酒精→第一次→95%酒精（两次）→无水酒精（两次）。材料在各浓度酒精中浸24～48小时，若材料过大（如脑干等）则应延长脱水时间。

(3) 媒浸：浸入乙醚无水酒精中24～48小时。媒浸容器应密闭，以防媒浸液挥发和水分侵入。

(4) 透胶：4%火棉胶→8%火棉胶→12%火棉胶→15%火棉胶。每级火棉胶中各浸一至数周。材料较大者，透胶时间需要长一些，若不急用，可以长久浸在各级火棉胶液中。

(5) 包埋：用较厚的纸折一纸盒，纸盒大小依所要包埋的材料而定。在纸盒内面涂一薄层凡士林，以便在包埋后能顺利除去纸盒。将 15%火棉胶或 20%火棉胶液倒满纸盒，把已浸在火棉胶液中的材料取出放入盒底，然后把纸盒移放在盛有少许氯仿的小培养皿中，用盖把培养皿盖严。2～5 小时（或更长时间）后，氯仿挥发的气体使火棉胶硬化；待火棉胶变硬，取出并拆开纸盒，材料被包埋在火棉胶中。如果火棉胶硬度不够，则不易切片。把火棉胶块浸入 70%酒精。若不进行切片，可在 70%酒精中长期保存。

(6) 切片：要进行切片时，需把火棉胶块粘在木块上。先用刀将火棉胶块修理整齐，然后使火棉胶的切面向上，半浸于乙醚无水酒精中，使火棉胶部分溶解。取一预先浸在乙醚无水酒精中（10 分钟以上）的木块，倒上少许浓火棉胶液，接着迅速将基部有些溶解的火棉胶块放置在木块的火棉胶液上，在空气中停留数分钟或用氯仿气使其硬化，再浸入 70%酒精中，数小时后，火棉胶块即可牢固地粘在木块上。此时便可进行切片。丁香油也可溶解火棉胶，因此也可用丁香油使火棉胶块基部稍溶解，再粘在木块上。火棉胶块需用滑走切片机进行切片。

使用滑走切片机切片时，刀应斜放。切片时，用毛笔随时涂 70%酒精于胶块的切面以及切片刀上，这样就不会使材料干坏，也可以减少摩擦，有利于切片。切下的切片仍浸在 70%酒精中。

(7) 染色：胶棉切片的染色一般只能用天然染料，而不能用合成染料。染色时，将切片自 70%酒精中取出，顺序浸入 50%酒精与 30%酒精中各 2 分钟，然后再移入蒸馏水内浸渍 3～5 分钟，直到切片沉入水底为止。染色剂若是水溶液，切片自水中取出后，即可浸染；若为酒精溶液，切片自水中取出，需逐渐上移至与配制染色剂的浓度相同的那级酒精中，方可浸染。上移时，切片在浓度不同的各级酒精中各浸 2～3 分钟。搬移切片，可用载玻片掏取，使其平展而不折叠。

胶棉极易染上胞核染料，以致与材料难以分辨。补救方法有三种：①缩短浸染时间，如爱尔立克氏铝苏木精只需浸染 4 分钟；②稀释染色剂；③用稀盐酸褪色。

已经粘贴在载玻片上的胶棉切片，也可顺序先在 80%酒精与 96%酒精内略洗，然后移入乙醚酒精或丙酮内，溶去胶棉，再行染色。

(8) 贴片：胶棉切片粘贴困难，一般先染色，再从二甲苯中取出，直接封片。但如果预先贴片，染色以及其他后续处理都较方便。贴片前，应先在 38 摄氏度下溶解动物胶，配成 2.5%的水溶液，并加少量麝香草酚。然后将这种胶液涂在载玻片上，成为一薄层，置于无尘处自干，以备使用。贴片时，将胶棉切片自 70%酒精中取出，移置于已经制备的载玻片上，随即盖一片浸过 70%酒精的滤纸于切片上，并轻轻摁压。数秒钟后，除去这张滤纸，再盖一片浸过 20%福尔马林的滤纸，也微施压力。再经数秒钟，将滤纸除去，而切片已经粘贴于载玻片上。

(9) 脱水：火棉胶切片应保存于火棉胶中。火棉胶切片脱水的步骤为70%酒精→80%酒精→第一瓶95%酒精→第二瓶95%酒精→2∶1无水酒精氯仿→1∶1无水酒精氯仿，在各级酒精中各浸渍3～5分钟。因氯仿有硬化火棉胶的作用，故火棉胶切片在无水酒精氯仿中脱水，火棉胶不会被溶解掉。经各级酒精脱水时，最好将火棉胶切片一片一片平铺在培养皿中，上面盖一张滤纸，这样可使火棉胶切片压平，不会卷起来。脱水至1∶1无水酒精氯仿时，便可除去滤纸。

(10) 透明：第一瓶二甲苯→第二瓶二甲苯。在二甲苯中可用剪刀把切片周围过多的火棉胶剪去，只留下材料周围一小部分火棉胶，封片时则将其全部盖入盖玻片内。另外，也可用香柏油、野梨油或松节油，但不能用丁香油，因丁香油能溶解胶棉。切片在透明剂内需浸渍10～20分钟，直至透明为止。

(11) 封片：封片时，先滴一滴树胶于载玻片上，再取出火棉胶切片置树胶上，接着滴一滴树胶在火棉胶切片上，然后盖上盖玻片。封片的树胶要浓一些，以免干固后在切片周围留下空隙。

注意事项：配制火棉胶液时，先将火棉胶片浸于无水酒精中，经12小时后再加入等量的乙醚。火棉胶液因含有乙醚与无水酒精易挥发，必须紧盖瓶口保存，若火棉胶液过于浓稠时，可酌量加入乙醚与无水酒精。

3. 制作动物玻片标本的技术要点

1) 玻片标本取材和制作的技术要点

(1) 选取用于制作玻片标本的动物应形态自然、构造完整、特征明显。所要显示的动物器官或组织结构取材部位应正确，所展示的切面（横、纵、斜切面）应准确。

(2) 制作玻片标本所使用的载玻片和盖玻片执行GB 6272—6273的规定。

(3) 切片标本应厚度适当，厚度一般以细胞无重叠现象为准（有特定观察要求的不在此限）。连续切片标本的厚度应一致，并保持连续，不得短缺。切片应无刀痕、破裂、损伤、皱褶，展片应平整。

(4) 涂布标本应涂布均匀。

(5) 齿、骨等磨片标本厚度应适中，一般不超过50微米。

(6) 整体装片时，标本应形态自然，构造完整，特征明显，不得分离和重叠，色泽正常，体内无空气，制作洁净，边缘剪切整齐、平整，长期保存不腐烂、不变形。

(7) 需染色处理的，应选用适宜的染色剂和染色方法。选择持久不褪色的染色剂和染色方法。

(8) 经染色处理的标本，应使要显示的组织结构、部位和器官着色明显、清晰、均匀、协调，整块染色标本不应有外深内浅现象，不应有染色液的沉淀物及余痕。

2) 玻片标本封固的技术要点

(1) 盖玻片下应充满封固液，但不能外溢；标本周围不应有气泡和异物。

(2) 标本应封盖于载玻片正中，连续切片和大面积标本可封盖于载玻片一侧。

(3) 在同一载玻片上放有纵、横断面两个标本时，要注意大小比例适当，切面厚度一致。

(4) 标本能分为背腹、正反、上下面时，一般以背、正、上面向盖玻片封装（观察有特定方向的标本时除外）。

（5）标本应封于盖玻片下的适中位置，封盖后的盖玻片应与载玻片平行。

（6）封盖后的封固剂应充分干固，使标本不能移动。

（7）较厚装片标本的盖玻片四周可留有均匀、干固的封固剂，其宽度应不大于 1.5 微米。

（8）用水溶性透明剂（甘油等）处理的标本盖玻片四周需密封，密封圈要均匀、整齐，其厚度应大于盖玻片的厚度。用双层盖玻片封盖时，封固剂不得进入透明剂中，即内盖玻片下不得出现混浊现象。

（9）应采用无色（或淡黄色）、透明和中性的封固剂。

（10）载玻片和盖玻片的材质均应为透明硅酸盐玻璃。

（11）根据需要选用方形、长方形、矩形或圆形的盖玻片，其厚度应视标本的大小而定。

（12）载玻片与盖玻片均应边角完整，不应有斑点、纹路、磨伤、霉斑等。

4. 玻片标本的标签

1）基本要求

标签大小为 2.3 厘米×2.3 厘米。最好在计算机里设定成 2.3 厘米×2.3 厘米大小的格子，填写玻片标签内容或通用部分的内容，打印在目前市面上可以买到的 A4 单面胶纸上，使用时直接裁剪取下。

手工书写时，应选用硫酸纸、绘图墨水或签字笔等可防水、防褪色的文具。

标签的字迹正确清晰，粘贴位置应准确、端正、牢固，经长期保存应不变形、不变色、不脱落，粘贴位置不应影响标本观察。

2）标签信息

玻片标本干燥后，两侧应粘贴标签，一般右侧贴采集记录标签，记录采集地点、日期、采集人、寄主、寄生部位及标本采集号；左侧贴定名标签，记录标本的标本号、拉丁学名和中文名、解剖器官或组织名称、鉴定日期及鉴定人；所用的封固剂应注明在定名标签的最下方。

5. 动物玻片标本的保存

1）玻片标本盒

玻片标本盒是具有特别分格的专用木盒或塑料盒，盒内两侧刻有相隔均匀的很多凹槽，两侧凹槽距离与载玻片长度相同，载玻片两侧沿标本盒两侧凹槽插入时使载玻片固定直立在盒中。标本盒有可装 50～100 片玻片标本的各种规格。玻片标本盒应放在干燥地方，避免日光照射。

2）玻片标本柜

专门存放玻片标本盒的标本柜可防玻片标本损坏、污染。标本柜的柜门要严密。柜内有若干层，层高视玻片盒的大小而定。

3）玻片标本的保存

（1）玻片标本要装入玻片标本盒中保存，再将标本盒装入玻片标本柜。

(2) 玻片标本的保存环境最好有恒温通风设备，温度应不高于 40 摄氏度，相对湿度应不大于 50%。

(3) 应避免把玻片标本放在阳光直射的地方，以免染色剂加快分解，标本褪色。

(4) 玻片标本不可用纸包，避免返潮时粘上纸而损坏标本。

(5) 擦拭玻片标本时，应轻擦，避免损坏标本和标签。

(6) 玻片标本不得重叠放置，以免粘连。

(7) 应随时盖好盛装玻片标本的盒盖。

(8) 对玻片标本应轻拿轻放，稳妥放置。

(9) 每片玻片标本均应有标本标签。

(10) 玻片标本盒盖内侧应贴有每片标本的编号和名称目录，以便查找使用。

(11) 将玻片标本的信息详细记录在标本信息登记簿和卡片上，同时输入计算机的标本信息数据库。

6. 玻片标本出入库记录

动物玻片标本在被借阅时，应详细记录借阅人、借阅时间、借阅人单位、通讯地址、E-mail 地址、电话及标本号和标本的详细信息，并在相应的标本信息记录账本和标本信息数据库中标注借阅及返还期限。待标本返还时，记录返还日期。已失效和销毁的标本也应在账本和数据库中做记录。

7. 破损玻片标本修复和重新制作

1) 玻片标本的修复

当玻片标本出现载玻片断裂、破裂或盖玻片破裂时，可将其浸在二甲苯中数日至封藏胶溶解，盖玻片与载玻片分开，然后用原标本重新制作玻片标本。

2) 玻片标本的重新制作

由于封固的玻片标本保存一段时间后，特别是保存 10 年以上，往往会出现气泡或析出结晶，影响在显微镜下观察其生物学特征，需要重新制作。

重新制作时应根据玻片标本所使用的封固剂，选择适宜溶化封固剂的溶剂，将载玻片和盖玻片分离开，再重新制作。

4.3.2　玻片标本制作举例

1. 昆虫玻片标本

包括外生殖器装片标本、蚜虫装片标本、粉虱装片标本、蚧虫装片标本、小蜂装片标本、螨类装片标本、昆虫卵装片标本、鳞翅目昆虫装片标本等。

1) 外生殖器装片标本

鳞翅目昆虫外生殖器标本的提取

将刚毒死的新鲜雄性成虫标本腹面向上，用昆虫针固定在一小软木台上。在双目解剖镜下，右手握钩针，拇指托住针身，左手按住小软木台，将钩针沿标本尾端腹面里侧中央部位针尖向上伸入（深浅随标本大小而定），将钩针翻转向下，钩住雄性抱握器腹内基的骨化部位，然后均匀用力往外拉，使抱握器两端平均向外伸开，逐渐拉露外出。

如为雌性标本，则先用拨针将第八腹节和第九腹节间的节间膜划破，钩针沿第八腹节腹板伸入，钩住后阴片的骨化物，徐徐向外拉动。如遇交配囊过大的种类，则应用拨针将第八腹节的侧板划破，即可顺利取出。

部分类群的干燥标本在提取前需进行还软。

膜翅目（叶蜂科）昆虫外生殖器标本的提取

蜂科雄性外生殖器粗大而集中，用昆虫针将新鲜标本的腹面向上固定在小软木台上，在双目解剖镜下将钩针平行紧贴下生殖板伸入，根据标本大小，在一定深度将钩针尖端翻转向下，徐徐外拉，便可取出完整材料。干燥标本还软后也可取出。

雌性外生殖器基部骨化较强，先还软一段时间，还软好的标本腹部向上以昆虫针固定在小软木台上，再用两支细昆虫针交叉插在软木台上将其腹部压住，右手握剪刀并以左手拇指做依托，伸向腹端。剪刀里刃在下方，外刃在上方，从腹部第七节腹板与第九节背板间伸入，先右一剪，后左一剪，位置适当，生殖器端会向上翘起。再将手腕翻转使剪刀横着平伸向负瓣片与载片之间作第三剪。

鞘翅目昆虫外生殖器标本的提取

取杀死后 24 小时内的新鲜标本，只要将钩针自腹端腹板的里侧靠边伸入，再将钩针半翻转使其横着向中央移动，然后徐徐向外拉，便可全部拉出。干燥后再经还软的标本，先用剪刀在腹板两侧各剪一刀，也能全部拉出。

雄蚤外生殖器阳茎体的解剖

腐蚀、透明：将保存于 70%酒精中的雄蚤取出，以蒸馏水洗去酒精，室温下用 5%氢氧化钾溶液浸泡至标本呈黄色或棕黄色。蒸馏水洗两或三次，放入 8%醋酸溶液浸泡 30 分钟，再用蒸馏水浸泡 1 小时左右。

固定：将雄蚤移入盛有少量蒸馏水的培养皿中，用一小铁环压住雄蚤的头胸部和前几节腹部，在培养皿底部外表与铁环相对处放一小块磁铁，吸住铁环。将培养皿置于双目解剖镜下，用两支六角形铅笔将培养皿架起使之平稳。

解剖：将雄蚤尾部朝向右边，左、右手各握一只针尖较细的解剖针。先用一支解剖针将雄蚤的后部稍抬起，使生殖腔口稍向上。用另一支解剖针将左右第八背板和左右第九腹板后臂稍分开，将第八腹板向雄蚤腹面，使生殖腔口扩大，以便拉出阳茎体。将解剖针由生殖腔口伸入雄蚤体内，把阳茎体与抱握器等结构之间的软组织弄断。使针尖接触阳茎内突，将阳茎体后半部拉出，把阳茎端暴露于体外即可。

装片保存

提取的外生殖器经脱水、透明等步骤，制成玻片标本，长久保存。

另有贴封保存和瓶装保存等技术，目前已不常用。

2）蚜虫装片标本

对一般浅色蚜虫，可将经 75%酒精浸泡水浴加热处理后的标本，移入水合三氯乙醛酚混合液中，水浴加热 3～10 分钟即可透明。深色蚜虫，应先在 10%氢氧化钾中水浴加热 1～5 分钟，腐蚀透明后，再在水合三氯乙醛酚中水浴加热 3～5 分钟。已透明的标本，以阿拉伯胶混合液封片。封片前，在载玻片中心滴上数滴阿拉伯胶混合液，使其扩散至约与盖玻片等面积，趁三氯乙醛酚尚热时，将蚜虫标本取出在吸水纸上吸去表面的三氯乙醛酚后放入胶液，整姿后把盖玻片从蚜虫的后部先接触液面，然后向前徐徐盖下。

或用加拿大树胶装片法，经75%酒精水浴加热处理后，用0号昆虫针在蚜虫胸部腹面穿刺一或两个孔，再移入10%氢氧化钾液中水浴3～10分钟或浸泡12小时，再用小毛笔轻压，以曲针钩出体内残余物。然后进行清洗、染色、酒精脱水、透明、封片等步骤。

3）粉虱装片标本

用针将粉虱蛹壳小心揭下，放于氯仿中，溶去蜡质分泌物，经10分钟取出，再轻剥粘着壳面的幼虫蜕皮。将处理干净后的标本放入5%氢氧化钠溶液内，90摄氏度水浴加热5～10分钟，清除虫体内含物，移入冰醋酸中脱脂及中和碱性，放入酸性复红的酒精溶液内染色，再转入冰醋酸中脱水和除去过多浮色，二甲苯与石炭酸（3∶1）混合液脱水透明，中性树胶封片。

4）蚧虫装片标本

对陈旧的标本要先泡在75%酒精中，待虫体软化后操作。新鲜标本浸入70%酒精中2小时以上取出，在腹面口器下用针穿刺一小洞，移入20%氢氧化钠或氢氧化钾溶液中浸泡，溶去体外蜡被及体内杂质。

移入蒸馏水中清洗数次，冲洗时用移虫针轻压虫体，使内容物排出；或用微型解剖刀在腹面和背面交接处划开一条小口，以彻底清除内容物。

用盐酸酒精中和，经2～5分钟再移入70%酒精中。

经80%～90%酒精脱水后，用移虫针将虫体移入盛有染料的凹玻片内用活性染料染色。然后逐级移入90%酒精→95%酒精→无水酒精中进一步脱水，每级2～3分钟。

在无水酒精中用右手持微型解剖刀，刀口斜向上方，左手持解剖针帮助，将刀锋插入前述已经划开的小口中。按住解剖刀，刀锋不动，用解剖针慢慢逐步向刀锋上推压，使虫体边缘背、腹交接处接触刀锋而分开，但在一侧应留有一短距离相连。

用滴管将剖开的虫体移入载玻片适当位置，将虫体铺平并整姿，吸干多余酒精，滴入二甲苯及无水酒精混合液透明3～5分钟。虫体完全透明后，吸干多余的酒精混合液，滴上树胶，封片。

5）小蜂装片标本

将已干燥的小蜂标本浸入10%氢氧化钾液中4～24小时，充分水洗后，用滤纸吸干多余的水分，移浸于木馏油中3～24小时。然后将标本移至盖玻片上，整姿、晾干。最后在载玻片上滴上加拿大树胶，将盖玻片倒盖在载玻片上封固。或者将小蜂的触角、翅、足等局部构造与身体解离，分别以小型盖玻片封固在同一张载玻片上做成解体装片。

也可将小蜂标本直接浸入醋酸乳酸酚液中，经6～24小时，待虫体透明后，移到载玻片上解剖、整姿，用霍氏封固剂封片。

6) 螨类装片标本

如做临时玻片标本，可将螨类移至滴有透明液的载玻片上，盖上盖玻片进行镜检，可轻微推动盖玻片，使标本滚动，能观察到背、侧、腹面的细微特征。用后仍归还原保存液中保存。这种标本只要用乳酸、乳酸酚、内氏液等透明液透明即可。

长久玻片要选用合适的封固剂，盖玻片可裁小使用，高倍镜下容易找到虫体。用氯仿使活虫昏迷后在保存液中清洗掉螨体上的粘着物；将洗净的螨置于滤纸上，用细玻璃棒蘸取一或两滴封固剂，滴在载玻片中央。然后用小毛笔挑取一或两只螨放在液滴中央，双筒解剖镜下整姿。用微细解剖针帮助整姿，使螨完全浸在封固剂中。然后盖上盖玻片。将玻片于酒精灯火焰上加热，直到盖玻片中的封固剂沸腾，刚沸腾，即出现一个气泡时，立即撤离火焰。玻片装成后，放在玻片架上晾干，室温下逐渐干燥，盖玻片四周涂上指甲油。干燥后，贴上标签。

7) 昆虫卵装片标本

用滴管将卵移入凹玻片上，注以蒸馏水。用解剖针将卵的底部轻轻挑开，再用微型解剖刀划一小孔，将曲针伸入卵内，拉出胚胎，整个卵壳即可出现在双筒镜下。

用 85%～95%酒精脱水，然后以固绿染色，再放入 100%酒精脱水。将已经脱水的标本用滴管移至载玻片上，吸干多余液体，滴上二甲苯透明，最后再滴上加拿大树胶封片。

8) 鳞翅目昆虫装片标本

勒氏液稀盐酸处理法：将昆虫翅剪下，浸入 75%酒精中使之湿润；移入稀盐酸中 1～2 分钟，再移入勒氏液中，来回数次，脱去鳞片；然后移入酸性复红中水浴加温 5～10 分钟，翅脉完全染上颜色后取出；75%酒精、95%酒精、100%酒精逐级脱水；移入二甲苯或丁香油中透明，吸水纸吸干，滴上加拿大树胶或中性树胶封片。

稀盐酸漂白粉饱和液处理法：将昆虫翅剪下，浸入 75%酒精中使之湿透；移入稀盐酸中 1～2 分钟，再用移虫针移入漂白粉饱和液，用针轻压使鳞片脱落；用蒸馏水冲洗数次，染色、脱水、透明、封片、固定。

临时观察或较大的翅去鳞片法：翅取下浸入 75%酒精中湿润。再移入木馏油中，用须眉笔轻刷，以看清翅脉为度。然后用加拿大树胶封固，晾干即可。

2. 无脊椎动物玻片标本制作

1) 原生动物玻片标本制作

鞭毛虫纲和肉足虫纲

方法一：适用于制作整体装片

(1) 粘片：取干净载玻片，滴一滴马氏蛋白甘油粘片剂，用手指在玻片上用力擦拭，使粘片剂涂得又匀又薄。

(2) 固定：把刚采集到的虫体滴在载玻片上，在虫体尚处于微湿状态时，放在装四氧化锇溶液的瓶口处，用其挥发出的蒸汽固定数分钟，24 小时后虫体便紧贴在载玻片上，洗净。

(3) 脱固定剂：已固定过的标本，需用 50%酒精和 30%酒精移入水中。

（4）染色：豆氏苏木精染液、署红染液、苦味酸洋红或海氏铁苏木精染液，染色30分钟。

（5）清洗：用流水或酸酒精洗涤。

（6）将标本放在含少量碳酸氢钠的水或酒精中，待红色变成蓝色。

（7）脱水：各级酒精，每级5～15分钟，最后在纯酒精中10～20分钟。

（8）复染：如果染色较浅，可在标本移入95%酒精时用曙红染液染色30～60分钟，取出在95%酒精中洗涤，然后移入纯酒精中。

（9）透明：二甲苯，10～20分钟，直至透明为止。

（10）封片：在另一张干净的载玻片上加一滴香脂，将标本用吸管移到香脂中，加盖玻片干燥封存。

方法二：

（1）用吸管吸取材料，滴一小滴于涂有粘片液的载玻片上，涂开。

（2）干燥：放空气中或35～40摄氏度温箱中，风干至水分蒸发但材料尚未完全干燥。

（3）杰氏（Gilson）固定液5或6滴，滴在载玻片上，使虫体包裹在固定液中，30分钟。

（4）清洗：水中浸洗1～2分钟，50%的酒精处理1～2分钟，70%的酒精（加少许碘）处理2分钟，50%的酒精处理1分钟。

（5）染色：2.5%铁明矾水溶液2小时，水洗1～2分钟，海登汉（Heidenhain）氏苏木精染液2小时。

（6）分色：2.5%铁明矾水溶液（用显微镜检查控制分色程度）。

（7）脱水：50%酒精、70%酒精、90%酒精和100%的酒精中依次处理2～3分钟。

（8）透明：二甲苯和纯酒精1∶1的混合液1～2分钟，二甲苯2～3分钟。

（9）封片：加拿大树胶。

方法三：适用于制作壳的标本，不用染色，直接用树胶制片。

纤毛虫纲

方法一：

（1）浓缩：将原生动物的培养液放到试管中，用离心机离心，使虫体沉于管底。

（2）粘片：用马氏甘油蛋白粘片剂将虫体贴在载玻片上。

（3）固定：将载玻片浸入绍丁氏固定液内1小时。

（4）脱水、去汞：50%酒精2分钟，加一滴碘酒的70%酒精2分钟，70%酒精2分钟。

（5）染色：硼砂洋红染液或胭脂矾染液中染色30分钟，也可在酒精液内加没食子酸少许染10～24小时。

（6）脱色：酸酒精1分钟。

（7）脱水：85%酒精、95%酒精和纯酒精各2分钟。

（8）透明：纯酒精与二甲苯等量混合液5分钟。

（9）封片：加拿大树胶。

方法二：

（1）固定：肖氏（Schaudin）固定液 2～3 小时。

（2）聚集：离心机沉积，倾去上清液。

（3）清洗：加 50%酒精、稀碘酒（50%酒精 100 毫升，加碘 0.1 克），加 70%酒精。

（4）染色：代拉菲尔德（Delafild）氏苏木精染液 2 小时。

（5）清洗：50%的酒精 1～2 分钟。

（6）分色：0.5%的盐酸酒精 20 秒，将盐酸酒精吸除。

（7）清洗：70%酒精。

（8）复色：碱酒精（70%酒精加少量氨水）1 分钟。

（9）清洗：90%酒精 2 分钟，吸去酒精，使管内只剩留少量酒精。

（10）干燥和封片：用吸管吸取原生动物，滴一小滴于载玻片上，涂开，放置干燥 1 小时；用加拿大树胶封固。

孢子虫纲

适于制作血液涂片

（1）涂片：将受感染的血液滴在载玻片的右侧玻片面上，用盖玻片的一边与血液接触，使两张玻片呈 35 度至 45 度，将盖玻片紧挨着载玻片向左侧推动，形成均匀的血膜。

（2）干燥：自然风干。

（3）透明：二甲苯。

（4）封片：滴加拿大树胶，加盖玻片。

玻片标本制作注意事项

（1）对于个体较大的种类，封片时要加放载玻片碎屑，使玻璃碴垫在盖玻片四角下面。这样，可以防止标本被压坏。例如，团藻的个体比较大，最后封盖玻片时容易被压破，用此方法可以得到完整的团藻玻片标本。

（2）固定原生动物注意避免因受固定剂刺激而改变原来的形态。肉足虫类更是如此，它们的伪足在固定时最容易收缩。

2）刺胞动物玻片标本的处理和保存

水螅纲和钵水母纲的水螅体

方法一：

（1）染色：用豆氏苏木精溶液或胭脂矾染液。

（2）脱水：染色后用各级酒精脱水直至 95%酒精，为防止触手变脆折断，不能放入纯酒精中。

（3）透明：杂酚油。

（4）封片。

方法二：

（1）麻醉。

(2) 固定：拉氏（Lavdowskys）固定液 6 小时。

(3) 冲洗：将标本换入蒸馏水内洗涤 10 分钟。

(4) 染色：番红染液或稀释的苏木精液染 2～4 小时。

(5) 洗涤：浸在自来水内充分洗涤。

(6) 脱水：30%酒精、40%酒精、50%酒精、60%酒精、70%酒精、80%酒精、90%酒精和 95%酒精及纯酒精内各 5～10 分钟，使其完全脱水。

(7) 透明：经过纯酒精 1/2 加二甲苯 1/2 浸 5 分钟，最后放在纯二甲苯内完全透明。

(8) 封片：用镊子将标本放在载玻片上，滴一滴加拿大树胶，加盖玻片封闭之。

方法三：

(1) 致死：用粗吸管吸热鲍氏（Bouin）固定液从其身体基部向口端急速浇射。

(2) 固定：移入新的鲍氏固定液 2～3 小时。

(3) 染色：放入 30%酒精、50%酒精中各浸 5 分钟，硼砂洋红染剂染 3～4 小时。

(4) 分色：0.25%盐酸酒精。

(5) 脱水：50%酒精、70%酒精、90%酒精各浸 2～3 分钟，100%酒精中浸 5～10 分钟。

(6) 透明：100%酒精和二甲苯 1∶1 的混合液 1～2 分钟，把材料移至载玻片上，加一滴二甲苯 5～10 分钟。

(7) 封片：加拿大树胶。

珊瑚纲

(1) 固定：鲍氏固定剂。

(2) 染色：豆氏苏木精溶液或胭脂矾染液。

其他步骤同上。

3) 软体动物门

瓣鳃纲

河蚌（*Anodonta*）的处理

(1) 蚌鳃制片法：剖开活蚌，取鳃，剪成小片，固定于鲍氏固定剂，或升汞水饱和液里 30 分钟至数小时，洗净后用石蜡切片法进行横切片，用豆氏苏木精液及曙红染液染色。

(2) 蚌壳切片法：选取较平整处的壳锯成薄片，在磨刀石上加工磨细成薄片。用 3%～4%硝酸溶去其中所含的石灰质，然后切片。

(3) 幼虫制片法：钩介幼虫（*Glochidia*）可在繁殖季节采取，检查蚌的内外鳃瓣，在其膨胀之处剖开，在水中洗出幼虫，用 10%酒精麻醉，直至幼虫的壳张开，再用 70%酒精固定保存。整装制片用豆氏苏木精液或胭脂矾液染色。

腹足纲

螺类鉴定中，外生殖器、颚片和齿舌是分类上的重要依据，这些部位的制作方法如下。

外生殖器的制作

先将陆生螺类解剖，取出生殖器，将其浸泡在 30%酒精中固定保存。若需进行切片和观察染色体数目、形状等，可分别用布恩氏液和卡诺尔液加以固定。处理过程如下：

(1) 将生殖器官解剖分离出来。

(2) 将生殖器官逐级在酒精中脱水。

(3) 脱水后，用德氏苏木精染色 4 小时。

(4) 用水冲洗后在 2%的盐酸中褪色，直至颜色变成淡粉红色。

(5) 逐级酒精脱水，在二甲苯中透明。

颚片和齿舌的制作方法

(1) 从螺类头部取出口球部分。

(2) 解剖口球，将颚片与周围的肌肉组织分离，取出齿舌。

(3) 将颚片和齿舌置于 5%～10%的氢氧化钾或氢氧化钠溶液中，放置一天，或用酒精灯微火煮沸，使颚片和齿舌周围其他组织消化掉，但切忌用猛火或煮沸时间过长，以免损坏颚片和齿舌，防止溶化。

(4) 在清水中冲洗已消化的颚片和齿舌。

(5) 用红光酸性橙染色 1 小时或用苏木精染色。

(6) 清水冲洗，并用 2%的盐酸褪色。

(7) 将齿舌和颚片分别置于有甘油酒精的载玻片上，然后平整。

(8) 在载玻片上用无水酒精一滴滴地连续两次脱水。

(9) 二甲苯透明，并用加拿大油和阿拉伯树胶封片。

头足纲

应用幼小动物进行整体制片，染色于鲴脂矾染液或硼砂洋红染液中。在加拿大香脂中应加放载玻片碎屑，以防盖玻片倾斜。

头足类动物的眼睛可以用石蜡切片法进行切片，但在取材时应注意不宜选取大型的眼睛。

4.4　骨骼标本的制作与保存

动物骨骼标本是从事动物形态学、比较解剖学、分类学等科研、教学以及科普教育的重要材料。通常意义上的骨骼标本是指经过各种方法剔除动物的肌肉后，将留下的骨骼经化学药品脱脂、漂白，再用金属丝按其自然状态串联起来的整体骨骼，或者根据需要，选择其中的一部分（如头骨等）而被保存下来的骨骼标本。它包括软骨性和硬骨性两种类型的动物骨骼。而透明骨骼标本是指小型脊椎动物经化学药品染色、透明之后，其骨骼结构清晰可见，肌肉及其他软组织透明无色的标本。骨骼标本与透明骨骼标本在制作过程及保存方式上均有所不同，将分别给予介绍。

4.4.1 骨骼标本的制作与保存

1. 骨骼标本的制作准备

1）标本制作工具、器具和材料

（1）解剖刀：各种医用解剖刀、畜用剔肉刀等，用于解剖标本。

（2）剪刀：大、中、小各种型号的尖头剪、钝圆头剪等，用于剪断骨骼关节和剪除肌肉等。

（3）镊子：直头、弯头和各种不同长度规格的镊子。

（4）钢丝钳：扁嘴钳、圆嘴钳、尖嘴钳等，用以切断和弯曲金属丝。

（5）电钻、手摇钻和钻头：不同规格钻头，常用钻头直径0.5～6.0毫米，用于标本台板和骨骼的穿孔。

（6）电烙铁（150瓦以上）、焊锡、焊膏（或松香）等。

（7）粗、细紫铜丝或镀锌铁丝：准备各种规格（通常为14、16、18、20、22号），制作骨骼姿态标本支架用。

（8）钢锯和锯条：锯断金属丝等。

（9）天平、秤：称量药品的重量。

（10）注射器及针头：应根据动物种类、大小等，准备多种规格的注射器及针头。

（11）标签、记录本和笔：记录标本的编号、名称、采集地点和日期等。

（12）解剖盘：解剖和盛放标本材料等。

（13）白乳胶或万能胶水：用于对标本进行定形和固定。

（14）标本台板：供放置骨骼姿态标本用。一般用方形和长方形两种形状，其正面的一边为斜面，供粘贴标签，需备有各种不同长度和大小的规格。

（15）标本盒：供放置骨骼标本用。

（16）大头针：用于对标本进行定形和固定。

（17）其他：台钳、攻丝板（一套）、改锥（需备有不同规格）、锉刀（圆形、扁形和三角形不同规格）、什锦锉（一套）、小铁锤、铁砧（中型的）、锥子（粗的和细的）、玻璃水槽（或大标本瓶）、量筒、烧杯、玻棒、卡片纸、平头螺丝和螺帽、垫片（或橡皮）、石灰、棉纸、石蜡、白乳胶等。

2）常用药品及浓度

（1）氢氧化钠：用于腐蚀骨骼上的肌肉，并具有一定的脱脂作用。用作骨骼标本腐蚀剂的常用浓度为0.5%～2%。

（2）氢氧化钾：用于腐蚀骨骼上的肌肉，并具有一定的脱脂作用。用作骨骼标本腐蚀剂的常用浓度为0.5%～2%。

（3）氨水：用于溶解骨骼中的脂肪，常用浓度为30%。

（4）汽油：用于溶解骨骼中的脂肪。

（5）二甲苯：用于溶解骨骼中的脂肪。

（6）过氧化钠：用于骨骼的漂白，常用浓度为0.5%～1.5%。

（7）过氧化氢：用于骨骼的漂白，常用浓度为3%～15%。

(8) 次氯酸钙：用于骨骼的漂白，常用浓度为1%～3%。

以上脱脂和漂白的药品可任选一样。

2. 骨骼标本的制作

1) 选材

制作骨骼标本用的材料应是外部形态正常、骨骼和附肢完好无损的动物，最好是新鲜标本（已腐烂的动物标本会引起韧带腐烂及骨片散失）。

2) 麻醉、处死或标本软化

用乙醚、戊巴比妥钠或偕三氯叔丁醇等麻醉药品配制成麻醉剂进行麻醉，然后可采取剪断颈动脉放血的方法将动物处死，这样制作的标本骨骼中没有淤血，质量较好。

3) 剥皮

通常从腹部切开，将动物的毛皮剥除掉。剥皮过程中应特别注意不能损坏附肢指、趾末端的骨节及尾椎部分（参见本章 4.5 节的相关部分）。

4) 除内脏和眼球

打开腹腔，清除全部内脏。用眼科镊取出眼球。鱼类取眼球时应注意保护围眼眶骨。去内脏时特别注意不能损坏胸骨、肋骨等，尤其是软肋部分。清除内脏后，清水冲洗标本。

5) 剔除肌肉

首先用解剖刀剔除躯干背部和尾部的肌肉，然后剔除附肢上的肌肉，最后剔除头部肌肉。由于头骨上的肌肉不易剔除，可在枕孔与寰椎之间割离。通常在去除大块肌肉时，可从肌肉与骨骼相连的两端割断。大部分脊椎动物的中轴骨骼和附肢骨骼各关节之间均有韧带相连，剔除肌肉时，特别注意不要将其各关节分离，应借助韧带保持各关节的联系。在剔除过程中还应注意不损伤软骨、小骨块（片）等。

注：(1) 龟类因有腹甲和背甲，应先把腹甲用小锯锯开，再剔除肌肉。

(2) 鱼类应先把近背鳍的皮剥掉一些，再沿背鳍基部下方，把鳍骨两侧的肌肉切开，在剔除过程中注意不能伤及背鳍的鳍骨和髓棘等。

6) 清除髓体

对于两栖类、爬行类、鸟类、兽类骨骼中较大的长骨，如肱骨、桡骨、股骨和胫骨的骨髓应予清除。可先用细小的钻头在长骨的两端正中央分别钻孔，然后用注射器吸水后将针头穿入骨髓腔中反复冲洗，将骨髓冲洗干净。

清除脊髓时可用镊子从颈椎处抽出白色脊髓，再用细铁丝伸入脊椎腔中，在水下反复来回抽动数下将残留物尽量捅出；也可用小镊子伸入各段脊椎的椎间孔中，将脊髓逐段掏出。还可以将一段粗细适当的细铁丝一端敲扁并弯成匙状，由寰椎的脊髓腔插入，将脊髓捣碎后挖出，用注射器吸水冲洗干净；或用细长的小刷伸入椎管中来回刷洗，清除干净为止。

可用镊子、解剖针或将一端敲扁后弯成匙状的细铁丝从枕骨大孔处插入颅腔，将脑捣碎后挖出；也可用镊子或解剖针卷上棉花伸入颅腔，把脑挤出，最后放在流水下冲洗干净。

7）清理骨骼

剔除肌肉后，由于还会有一些碎肉残存在骨骼上，应做进一步的清除和处理。清除骨骼残留肌肉的方法有虫蚀法、水煮法、腐蚀法、浸泡法、土埋法等。选择的方法通常取决于标本个体的大小、制作条件、时间及用途。清理过程中，万一有散落的小骨片，应妥善保存，留待以后装置时复原。为防止脊柱的散失，在清理骨骼之前，可在椎管中穿一根铁丝。

虫蚀法

虫蚀法是利用嗜食肉类的昆虫，如鞘翅目的埋葬甲、隐翅虫、阎甲、金龟子、皮蠹幼虫等清除骨骼上附着的肌肉。特别是皮蠹科（Dermestidae）皮蠹属（*Dermestes*）昆虫，易于获得、易于建群、易于维持，种群大小易于控制，能够清理各类动物骨骼。虫蚀法的基本操作步骤如下。

（1）温暖季节从野外动物尸体中获得虫子，或从已有的种群中获取。将虫子装在内壁垂直、光滑、缝隙紧密的容器中，容器应通风良好、温度控制在21～26摄氏度，湿度控制在35%左右。用鲜肉饲喂，直至虫子的种群数量可以一定速度清理骨骼标本为止。

（2）让虫子清理标本前，对标本应进行适当的处理，根据标本状态（新鲜、野外干燥或保存在酒精中）分别有以下几种处理方式。①如为新鲜标本，将它们放在冷水中浸泡6小时以上（据标本大小而异），注意经常换水，以去除过多的血水使骨骼变白；然后将骨骼晒、晾或风干，但不要完全脱水。②如为过分脱水的标本，将其放在凉水中浸泡6小时以上，软化。③酒精或福尔马林浸泡过的标本，将它们放在流水中冲洗两天，然后再将其晾干。如果虫子不吃，则需再次冲洗和晾干。

（3）把处理后的每个标本和虫子一起放入单独的容器中（如托盘、解剖盘、铁丝篓等），放入虫子的数量取决于要处理骨骼的多少。容器上面必须加盖（可留有少许缝隙或在盖上钻几个小孔，使空气流通）。虫子会主动残食骨骼上附着的肌肉。应随时检查骨骼标本的状况，如果发现骨骼上的肌肉已被吃光，应把骨骼立刻取出，以免虫子把韧带和软骨一起吃掉。对已脱落的骨片，如趾骨、爪等应及时收集起来，妥善保管。

（4）清理干净后，将所有骨骼放入无虫子的托盘或薄布袋内，用熏蒸消毒法或冷冻消毒法进行杀虫处理。小型标本要3天，大型标本至少1周。

（5）标本放在铁丝网上（网眼大小以趾骨、爪等小骨片等不脱落为准），用水冲洗，特别要从枕骨大孔将颅腔内的脏物冲去。

（6）将标本放入装有7%氨水的容器中漂洗，浸泡8～12小时（小型标本浸泡4小时即可），倒去氨水（可重复使用）再注入清水，浸泡4小时（大型标本需要更长时间，并且要换水）。

注：为防止原标签在漂洗过程中损坏，应在容器外加一标签。

（7）用眼科剪或眼科镊清除任何剩余组织，再用水冲洗干净，然后放在盘子里并在室温下自然干燥。

（8）用丙酮、氯仿、苯、四氯化碳或三氯乙烯等进行脱脂。

注：（1）诱集虫子时可将一个玻璃瓶埋在土中，瓶口与地面相平，瓶内放些腐肉或

鱼头等腥臭物，通常1天后会有许多甲虫进入瓶中。

（2）装有虫子的容器应放在黑暗的、密闭性好的房间里，并有相应的预防措施，以防止虫子对其他标本造成损坏。养虫容器的底部可放一些棉花供化蛹和成虫产卵。

（3）有角的兽类标本通常不用虫蚀法清洁骨骼，除非角鞘已被除去，因虫子除了会损坏角的鞘质外，还会躲藏在角的内部，不易被杀死，从而增加将虫子带进标本库的危险。

（4）为使趾骨、爪等骨片不脱落，可用棉签或小刷子蘸上50%福尔马林溶液涂刷这些部位，以防止甲虫的咬食。

（5）虫蚀法清洁骨骼时，应将每个标本放在单独的容器中，以防止一些结构（指节、爪、阴茎骨等）的丢失或标本的混淆。

浸腐法

将残留肌肉的骨骼冲洗后放入0.4%～0.6%的氢氧化钠（或氢氧化钾）溶液中对肌肉进行腐蚀，在浸泡过程中每24小时更换一次溶液，直到碎肉透明后取出骨骼，用清水冲洗干净并剔除残存在骨骼上的碎肉。完成上述操作后，将骨骼晒干或烘干。

注：（1）药液浓度过大容易造成腐蚀过度，使颅骨骨片分离。所以用低浓度药液，延长浸泡时间的做法比较稳妥。

（2）配制腐蚀剂时，不宜用金属容器盛放，以免容器受腐蚀损坏和出现铁锈沾污骨骼。

水煮法

常用于大中型哺乳动物标本（特别是有角的动物标本），也用于鸟类和小型哺乳动物，处理过程中应特别注意牙齿丢失及其他细微结构的损坏。

（1）在水中浸泡6～24小时。

（2）将标本肢解成宜于操作的块，手和足用纱布裹起来。

（3）应选择大小合适的锅，能将标本全部淹没（防止脂肪聚集在骨骼上）。

（4）水煮开后用小火炖，时间应根据动物体形大小、年龄等情况分别对待：通常鸟类、小型兽类的头骨5分钟左右，中型兽类的头骨15分钟左右，较大型兽类的头骨一般不超过30分钟。煮的时间应试探性进行，可不时用镊子检查，至肌肉可较轻易分离为止。

（5）从火上取下，慢慢冷却，然后水龙头下用流水冲洗，并用镊子、剪刀、刷子等辅助清除肌肉、肌腱等。

（6）标本在室温下自然晾干。

（7）用丙酮、氯仿、苯、四氯化碳或三氯乙烯等进行脱脂。

注：（1）鱼、蛇和其他一些脊椎动物四肢骨中的腕骨、掌骨和指骨（或跗骨、跖骨和趾骨），以及肋骨的肋软骨部分，一般不宜放在开水中煮，以免散开。

（2）用水煮法时，应将手和足用纱布包裹好并注明位置，避免区分不清及细小骨头（如腕掌骨、指骨、趾骨等）散失。为避免脊椎骨遗失和混乱，可用一细铅丝从颈部第一节穿到尾骨的最后一节，然后把细铁丝的两头弯过来。也可以用记号笔将脊椎骨及肋骨按顺序串接进行编号，使日后的串装工作较为顺利。

（3）由于水煮法存在一些弊端，如处理过程中会破坏软骨特征，牙齿可能脱落，骨头开裂，会引起发育尚未完全动物的细骨弯曲等。目前，国外已不推荐使用水煮法清洁骨骼材料，但此法在我国仍普遍使用。关键是要准确掌握水煮时间，防止因煮得过久造成头骨和韧带等散开。

水浸法

（1）热水浸泡法：对于不宜放在开水中煮的骨骼，如鱼类、蛇等及一些脊椎动物四肢骨中的腕骨、掌骨和指骨（或跗骨、跖骨和趾骨）等部分，可用热水浸泡法处理。热水浸泡时间的长短、温度应视标本的大小而异，大的时间长，小的时间短。可采取用热水浸泡后剔去一部分肌肉，再用热水浸泡的方法反复操作，可用牙刷刷洗，尽量不损坏韧带，确保骨骼不脱落散开。

可用牙刷沾热水刷鱼鳍，刷子使用的方向应从鳍条与鳍骨连接的一端向游离端刷，不能来回刷，以免刷断鳍条。鳍条之间的膜也应一道刷去，直至鳍条变为白色。

（2）水浸法：将剔除肌肉后的中、大型脊椎动物骨骼浸没于水中，前两天需每天换水1～3次，以后每隔7天换一次。在自然条件下，可依赖腐生菌的作用任其腐烂。在水中浸泡一个月左右，将骨骼取出，反复冲刷干净，置于阳光下曝晒，达到消毒、干燥、漂白等目的。

埋藏法（通常适用于制作大型脊椎动物骨骼标本）

土埋法

土埋法处理骨骼标本至少需要6个月，最佳时间为1～2年。使用的室外场地应具备以下条件：能利用天然雨水和充足日照，地表土质较松软，能挖成土坑并能置放诸多又粗又长的骨骼，空气流通及人流稀少。

应按照大型动物骨骼的重量、体积和数量，设计土坑的格式及埋坑深度。例如，大象的颅骨又高又大又重，摆放深层；下颌骨较低矮，摆放在颅骨的侧上方，顶部与颅骨顶相平；各种长管形骨在两端打孔后可集中直立排放，或倾斜排列放置，以便管腔内污质物能被顺畅地排除；脊柱骨按椎式排列放置；肢解下来的肋骨重叠自然曲度平摆在坑内，肩胛骨可直立插入坑内侧壁；前肢膑骨、后肢膑骨、腕骨、蹠、趾等小骨附有韧带结缔组织连接，不要切割损伤，自然平放在浅层。

埋坑底层最好平铺一层草垫，回填土用1∶1的沙子和土混合，最后用自来水边喷水边填土，覆盖在骨骼上方的厚度需20～30厘米。坑上部周边围成土埂，可留住雨水或自来水。若人工浇水，需每10天浇灌一次。坑内保持一定的湿度，在充足的日照下，坑内可自然升温，加强微生物繁殖。附着在骨骼各部位的肌肉等有机物质不断腐烂，经过人工不断浇水，被分离出的污物流沉到土坑的底部。这样处理的骨骼取出后非常洁白。

也可利用各种塑料箱、桶等器物进行沙土埋法处理。箱、桶等器物在底部打几个孔，便于污水排放。也可随处移动到有利的场所。

土埋法同样也适用于其他各种中型哺乳动物骨骼的处理。

沙埋法

采用沙埋法的骨骼标本，无需使用任何化学药品处理，骨骼不但能保持自然颜色，并且美观完整。鲸类骨骼通常来自海岸边或沙滩附近，并且体型较大，如蓝鲸可达 30 余米，体重 100 余吨，故适于就地使用沙埋法处理。

沙埋法的场地应选择人流稀少、空气流通、日照充足、每日能有涨潮落潮的沙滩，如果有 10 度至 20 度斜坡的沙滩地效果更佳。即利用海水的潮起潮落，让海浪由浅层到深层推动沙粒，使沙粒在运动中摩擦骨骼；随着潮起潮落的海水灌注到被打孔的骨腔内、颅内以及扁形骨板的海绵体、松质部、髓质部等，可将这些部位冲刷干净；海水含有一定盐分，在日照加温中也能清除骨骼各部位的脂肪及其他有机物，溶解掉血渍和污渍。

应根据标本大小分别挖坑，沙坑挖掘的深度以骨骼摆放后上面能覆盖 30 厘米厚的沙子为宜。骨骼摆放时应将大型管状骨的两端分别打孔，并直立排放一起。其他部分的骨板块要归类倒置平放，相互之间应留有一定空隙，以便使沙流动。

采用沙埋法，要记录好标本件数，如条件允许，在沙埋坑底层平铺一层草垫，使脱落的细小骨块在清理时不被落掉。

在沙坑附近须竖立标记，避免经潮起潮落，找不到埋藏骨骼的位置。

沙埋藏 1～2 个月后，需挖开沙坑的某个部位，检查骨骼清洁状况，把握时间，及时将标本取回室内加工组合装架。挖取标本时，应按登记的标本件数逐一进行核对。

8) 脱脂

将需要脱脂的骨骼干燥后，置于密闭容器中，加入适量汽油溶解骨骼中的脂肪，达到脱脂的目的。脱脂时间应根据动物骨骼的大小和脂肪多少而定，通常为 2～10 天。

注：(1) 各类能溶解脂肪的溶剂均能用来脱脂，常用的有汽油、二甲苯、酒精、丙酮、乙醚、氯仿、0.5%氢氧化钠或氢氧化钾溶液等，其中汽油最实用。

(2) 在脱脂过程中，当汽油中的脂肪达到饱和状态时，应更换汽油。

(3) 因汽油易燃，使用时应注意安全，并采取有效的防火措施，以防火灾事故。

9) 漂白

当骨骼标本用于教学或展览时，可将脱脂后的骨骼浸入 3%～15%过氧化氢溶液或 3%次氯酸钙溶液中进行漂白，漂白时间和浓度取决于标本个体大小及温度，以漂到洁白为度。漂白过程中应将漂白瓶（缸）放在阳光下，直到骨骼洁白时取出，用清水冲洗、晒干。

注：(1) 研究标本通常不漂白，因为漂白剂会使牙齿变松、骨骼脱节、骨质降解。

(2) 新鲜骨骼标本处理后，在阳光下暴晒几天也可起到漂白作用。

(3) 注意过氧化氢溶液会腐蚀皮肤，不要直接用手接触。

(4) 漂白过的骨骼容易损坏，应小心拿取，并注意做好整形工作。若不能立即安装，应保存于箱或柜中，防止污损。

10) 整体骨骼标本的串装

整体骨骼标本串装的基本方法

通常用于展览、教学等目的骨骼标本，需串装配成整体骨骼标本。操作者应准确掌握所制作动物的形态特征和骨骼构造才能完成骨骼标本的串装（参见附录以鲸类为例的大型动物骨骼标本的组装）。

虫蚀法或处理得当的小型动物标本，能完整保留韧带，各骨关节间自然相连。先用一段粗细适当的铅丝做内芯插入椎管孔内，将脊柱按原位串联，通常要从颈椎第一节起穿至尾端。穿的时候要随体形弯曲整形。用颈椎前端多余的铅丝绕一些棉花，蘸上乳胶，从头部枕骨大孔插入脑颅，连接脊椎骨与头骨。

由于韧带一经干燥就无法大幅度弯曲，所以在骨骼韧带尚未完全干燥时（关节尚能活动），将标本整理成适当姿态，特别注意四肢和脊椎的弯曲度。为了保持各肋骨的间距和加强肋骨的强度，各肋骨间可用细铜丝、漆包线或大头针进行固定。有四肢的种类用铅丝将前肢骨和后肢骨在相应位置与躯干骨相连，并用卡片纸条和大头针将指骨和趾骨分开固定。为了防止干燥过程中变形，可用纸团等充垫在胸腔和肋骨等处，也可用尼龙线将骨骼固定在专用木框架上整理成自然姿态，然后置于通风处晾干，最后固定到标本台板上。

兽类骨骼的串装

用适当粗细的铅丝按骨骼原排列位置串装。通过椎管孔从颈椎第一节穿至尾端，穿的时候要随体形弯曲，颈部多余的铅丝用于安装头骨。肩胛骨和第七肋骨要用较细的铅丝连接，后肢和髋臼用胶粘；上下颚用细铁丝绕成的小弹簧连接，这样连接的下颚可以活动。

骨骼穿连好后可利用尼龙线将其缚在木框架上整姿。用两根粗铁丝作支柱，一根用于支撑头部，一根用于支撑腰部。把粗铁丝的一头弯成凹形，以便支撑骨架；另一头弯成一小圈，用螺丝钉拧在台板上，使骨骼标本固定到标本台板上。然后置于通风处晾干。

固定四肢时可用大头针把腕骨和跗骨钉在台板上，或是用大头针弯成一小圈，把腕骨或跗骨套住。

鸟类骨骼的串装

将鸟类骨骼整理成适当姿态，放在阳光下晒，韧带尚未完全干燥时（关节尚能活动），在腰椎前端腹面用电钻钻一孔。取一段 2 倍体长的铜丝，一端由颈椎插入，并由腰椎下面钻的孔中穿出，在颈椎的前端约 2 厘米长的铜丝绕一些棉花，蘸一些白乳胶，插入脑颅中。再将由腰椎下端伸出的铜丝作为支柱，向下弯曲成适当角度，并根据骨骼高度和膝关节的曲度，把下端固定在台板的底面。这时，可把颈椎和躯体整理形成自然姿态，并使后肢保持一定曲度，脚趾则用大头针固定于台板上。

小型鸟类的骨架也可以完全依赖于快速凝固的胶水（如 502 胶）来定形。在颅骨枕孔附近涂少许胶水，将其与荐椎粘连在一起，荐椎后的各节颈椎也要逐一在各关节点上胶水。为使胶水迅速凝固，可用吹风机吹干。在吹干胶水的同时，应将颈椎的弯曲度调整好，一旦胶水干透便难以变化角度，翼、腿及身体其他关节部位也用同样的方法点涂胶水进行固定。如果需要重新调整形态，可以用丙酮、氯仿等溶剂解除胶粘状态。

如果用白乳胶作为胶黏剂，需先用细铜丝对骨骼进行临时性的固定，等胶水干透后拆掉。

蛇类骨骼的串装

用一根铜丝从头端、脊柱、尾椎等处按原来的位置串联起来，再用大头针按生活时的姿态将骨骼固定在木板或泡沫塑料板上，松散的部分应用白乳胶粘好或细铜丝连紧。最后用铁丝卡子将其固定在台板上。

龟类骨骼的串装

串联龟的椎骨时，可从头端向尾端按原来的位置串联，也可由尾部向上穿至头骨里。再把腹甲用弹簧铰链和搭钩连上，最后固定在台板上（图 69）。

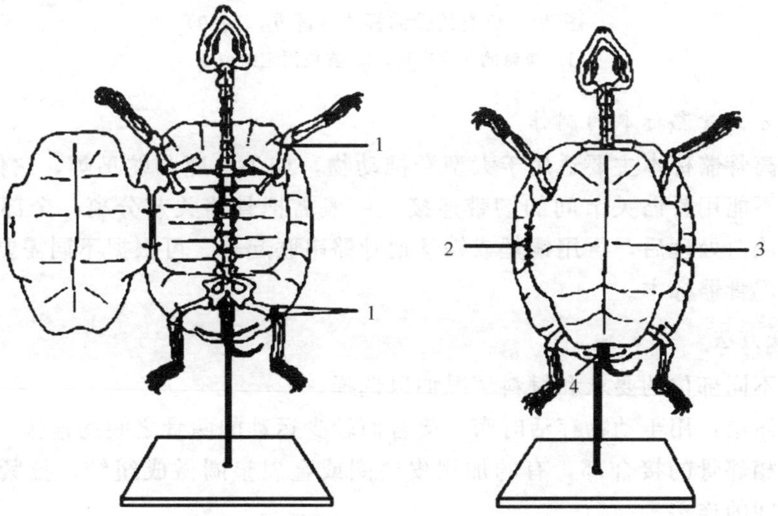

图 69　龟骨骼标本（肖方，1999）

a. 内部骨骼结构；b. 外部的骨骼结构；1. 四肢的固定位置；2. 弹簧铰链；3. 搭钩；4. 支柱固定的位置

蛙类骨骼的串装

将骨骼放在木板或泡沫塑料板上，并把躯体和四肢按自然姿态整理好，用卡片纸和大头针固定，以防止标本在干燥过程中变形。下颌和胸椎下面用纸团垫起，使其呈生活状态，头部倾斜状抬起，还要将两上肩胛骨附着在第二、三颈椎横突的两侧，待骨骼干燥后，用白乳胶粘住。经过整形后的骨骼，放在标本台板上，用白乳胶将前肢腕骨和后肢跖骨粘在标本台板上。

鱼类骨骼的串装

将漂白后的骨骼平放在阳光下晒，待骨骼略为干燥后，整理成适当姿态。干燥过程中，背鳍、尾鳍和胸鳍的鳍棘、鳍条很容易弯曲和变形，需用厚纸或塑料片将其夹住，待干燥后取下。鱼类的腹鳍和无名骨不与脊椎骨连接，即它与躯体没有韧带联系，所以要用铜丝把腹鳍连接在第六肋骨位置的脊椎上，使无名骨和腹鳍悬吊在脊柱下面。脊柱前后需用金属丝作支柱，分别托在头后和臀鳍前方的脊柱骨上，也可托在胸鳍和臀鳍上

（图 70）。

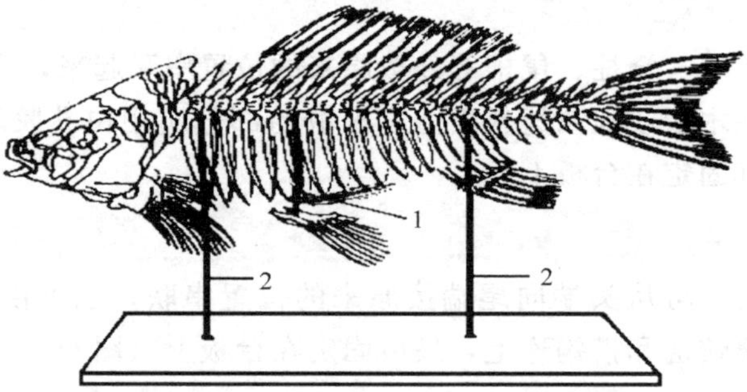

图 70　鱼类的骨骼标本（肖方，1999）

1. 腹鳍的固定位置；2. 支柱固定的位置

11）关节分离骨骼标本的制作

关节分离骨骼标本主要适用于大型脊椎动物，如牛、鹿和鸵鸟等，它们体形高大，骨骼粗壮，不能用骨骼关节间的韧带连接，一般需把骨骼关节分离，全部骨块经过腐蚀、脱脂和漂白处理后，再用铜丝或铁丝把骨骼串联起来。可根据不同需要制成整体骨骼标本或局部骨骼标本。

常用的串联方法

根据各不同部位的要求和材料情况加以选择。

（1）线纽结：用于动物存活时密切接合而较少运动的两骨之间的连接。以细金属丝或琴弦串联相邻骨的接合部，有的加用皮垫圈或金属垫圈做成纽结，拉紧固定，如腕骨、跗骨等间的连接。

（2）双方向活动连接片：用一蹄形铁薄片，凸面中部再竖一薄片，蹄形铁薄片的两脚和竖片分别用钉穿插在两骨的相邻面，构成相互垂直的两个轴，使相连的两骨之间可在两个轴上产生运动。

（3）钩环连接：取两段粗金属丝，一段做成圆环形，另一段做成钩形，环形部长 5 厘米，钩形部为 8 厘米和 12 厘米。钩形、环形部的另一端做成螺纹，以螺丝帽分别固定于相邻两骨的关节面上。常用于肩、髋关节，可作多轴运动。

另外还有其他方法，如黏结剂加竹钉内固定，球窝连接、弹簧连接等多种多样的连接方法。原则上依据骨连接形式的需要，可采用加固性连接方法（直接连接）或灵活性连接方法（二轴和多轴关节）。

骨骼的串装

串装骨骼标本的技术要求较高，串装前应掌握所制作动物的骨骼构造和位置，在串联骨骼过程中，按骨骼顺序、部位进行整理和排列（图 71）。例如，哺乳类的颈椎一般为 7 块，按顺序 1～7 进行排列等。制作过程中串制的次序可因人而异，但均应以牢固和保持其原有的形态为主，其次再考虑关节运动形式的装置。

串制时可先由脊柱开始，用适当粗细的铜丝由椎间孔穿入，相邻两个椎体间有软骨性椎间盘，可用橡皮剪成适当大小来代替。尾椎的串装一般需要钻孔，逐渐将各椎体顺

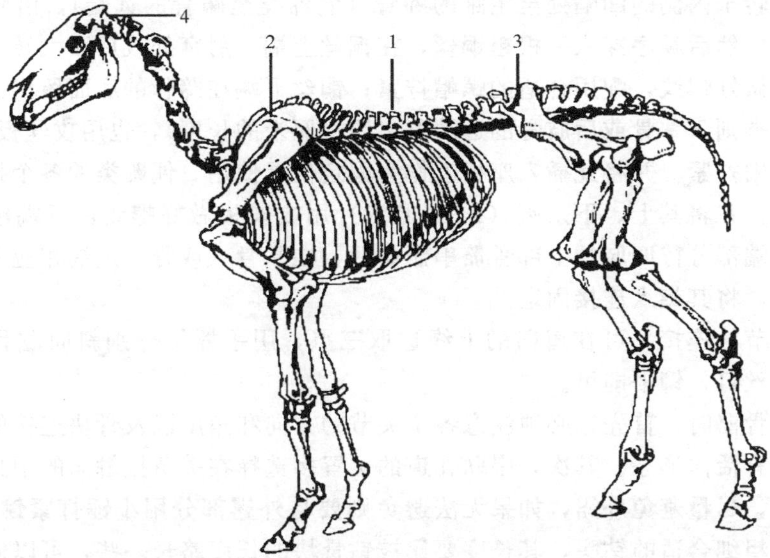

图 71　中大型兽类的骨骼标本（肖方，1999）

1. 脊柱的串联；2. 前肢的固定位置；3. 后肢的固定位置；4. 头骨与寰椎相互串联

序串联。肋骨按前后、左右分别在椎体的横突和肋骨的背端钻孔，依次将肋骨与椎体横突关节面用铜丝串联，使肋骨固定在胸椎上。肋骨腹端与胸骨之间有肋软骨附着使之连接，如果肋软骨损坏或已被剔除，可用橡皮或泡沫塑料进行修补。

前肢按指骨、腕掌骨、尺桡骨、肱骨和肩胛骨顺次进行钻孔，待串联后，把肩胛骨固定在肋骨（4～5 肋骨位置）上；由肩胛骨穿出的铜丝固定在胸椎上。

后肢骨按趾骨、跖骨、跟骨、胫腓骨、膝盖骨和股骨顺次进行钻孔，待串联后，再把髋骨固定于荐椎上，腰带是后肢连接脊柱的桥梁，必须串联、固定牢固，然后将股骨头穿出的铜丝，横穿过左右髋臼，与另一后肢骨相连接。

用适当粗细的两根金属棒作为支柱，支柱的下端固定在标本台板上，支柱的上端分别托住颈椎和腰椎，使骨骼站立起来，然后把四肢的曲度整理好，将腕掌部和跖趾部用钉固定在标本台板上。

最后，将头骨与寰椎相互串联，使其牢固连接在一起。

另一种串制的次序是先串联四肢骨骼，然后串联躯干骨骼，最后将前、后肢骨骼分别连于肩带和盆带部。

现将各步的具体做法与注意事项分述如下。

四肢骨骼的串联方法及注意点

串联前应将前、后肢各骨块顺序查对一遍，分别放置，以免失落和接错位置。前肢按指骨、腕掌骨、尺桡骨、肱骨和肩胛骨顺次进行；后肢骨按趾骨、跖骨、跟骨、胫腓骨、膝盖骨和股骨顺次进行。串联时，先将前肢的腕骨（或后肢的跗骨）分别在各个相关骨块的接触面上，以细钻头钻好孔道，再将短铜丝用攻丝板绞好螺纹，旋入孔内（其外露部分用锉刀锉平），使各骨块相互连接。各个籽骨（包括膝盖骨）也以同样方法固定到相应的位置上。然后，前肢自肱骨的肘窝至主趾的蹄骨（偶蹄类至掌骨的远端），后肢自股骨大转子内侧的凹陷处至主趾的蹄骨（偶蹄类至跖骨的远端），沿骨块长轴的中心钻好孔道。然后顺序穿入一根粗铜丝，在铜丝上端（肘窝处或后肢大转子内侧凹陷处）用攻丝板做好螺纹，配用合适的螺帽拧紧；铜丝下端在蹄骨的底面留出3厘米左右的长度（偶蹄类则于掌骨或后肢骨的远端留出约1厘米的长度），也用攻丝板做好螺纹，配以合适的螺帽拧紧，并将此插入座板上作为固定位置使用。偶蹄类的各个指分别按顺序穿入一铜丝，并将其上、下余端（1～2厘米）用攻丝板做好螺纹，下端配用合适的螺帽拧紧，上端部分待四肢的上部骨骼串制好后，在掌骨（或骨）远端相应关节面的中央处钻一孔道，将其旋入连接固定。

前肢肩关节的连接，可在肩臼的上缘选取三点，用手摇钻分别斜向肱骨头钻好孔道，再用短铜丝钉入铆平即可。

串联四肢骨骼时，首先，必须注意各个关节的方向和角度以及骨块连接的位置，使制成的标本具有活体形态。其次，串联孔道的位置多选择在关节接触面的中央或骨块内侧隐蔽的地方，尽量避免外露，如果无法避免则要将外露部分用小锤打紧铆平。最后，钻孔时应选择粗细合适的钻头，其长度要比被钻骨块的长度略长一些，可以使骨块的中轴孔道一次钻好（但需准确地掌握钻头的行进方向）。

躯干骨骼的串联方法与注意点

躯干骨骼的串联，可以分为以下几部分依次进行，即骨盆、脊柱和肋骨、骨软骨和胸骨、头骨以及尾椎骨等。

（1）骨盆的连接：在左右髂骨翼的中部（荐结节下方处）各选取两点，分别对准荐骨翼的方向钻好孔道，在此旋入2厘米长的小号平头螺丝，使荐髂关节连接紧即可。

（2）脊柱和肋骨的串联：串制时必须注意脊柱的曲度和胸廓的形状（各种动物形状不同）。脊柱的曲度（特别是颈曲和背曲）主要是由贯穿于整个椎管内的圆铁条弯成相应的形状而成。因此，事先应计算好铁条的长度（前端插入枕骨大孔以连接头骨，后端至荐骨的椎管内为止），并将其弯成相应的曲度，自前至后顺序套入各个椎骨。为了保持脊柱的固有长度而不致改变体形结构的比例，每个椎骨在套入前，要在相邻接的椎窝与椎头接触面的中央钻一小孔道，插入一短铜丝（或由前至后穿入一整条铜丝），以串联固定椎体，并在头窝之间填入一片形似椎间盘状的垫片——用毛垫、橡皮或泡沫板剪成，大小比头窝关节面稍小一点（注意不宜过厚），垫片中心钻一小孔，穿于连接椎体的铜丝上，以此充作椎间盘。当椎骨套入铁条时，在每个椎骨的椎孔内（铁条的周围）都要塞入两片形状相当的木片，将铁条塞紧，这样椎骨不会左右摇动。

在串联胸部脊柱时，应依次将肋骨固定于相对应的胸椎上，固定的方法是在每根肋骨的肋骨小头和肋结节处，分别对准肋小窝和胸椎横突各钻一小孔，用平头螺丝或短铜丝（后者也要用攻丝板绞成螺纹）旋入固定。

脊柱串好之后（颈部至腰部），就可将其架在预先做好的座板支撑上。支撑的位置，前方一根正对枢椎的腹侧面，后方一根撑在第一腰椎椎体的腹侧面。

（3）肋软骨和胸骨的串联：肋软骨在骨骼处理过程中往往很容易变形或与硬肋脱开，串制时，可用细铁丝连接于硬肋下端和胸骨侧缘的关节面上。然后，外面涂抹一层油灰，再裹棉纸和石蜡，边涂边贴，直到适当粗细，连接牢固为止。肋弓部分也用同样方法连接。

(4) 头骨的连接：动物的头部骨块，除下颌骨外，一般都自然地连接成整体，无需再连接。至于下颌骨与其他骨块之间的连接，可于左、右上颌骨的齿槽内侧和下颌骨骨体部（内侧面）各钻一孔，在两孔之间安装一个用铜丝做成的风钩样装置（牛、马等大动物的头骨还需在颧弓和下颌关节突之间加装一个风钩样装置），这样就可把下颌骨与其他骨块连在一起，必要时又可单独取下。牛的下颌骨左、右两部分往往联结不牢，可在颏孔前后选取一点，横向钻一孔道，插入短铜丝拉紧铆平，可使其连接牢固。

头骨经处理后，牙齿往往松动，易于脱落，可用白乳胶（或其他黏合剂）从齿槽缝隙中滴入，使其粘牢。

上述四部分串好之后，就可将它们串联在一起了。即将骨盆由荐骨的椎孔处套入串联脊柱的圆铁条后端，使最后腰椎与荐骨恰好接合（两椎体之间同样穿以短铜丝，并有垫片作椎间盘），然后在荐骨嵴的前方向下钻一孔道，此孔道通过铁条至荐骨椎体内，在此插入一根短铜丝作为销子，将荐骨与铁条闩紧。头骨与躯干之间的连接亦大致相似。即将头骨从枕骨大孔处套入铁条的前端，使枕髁与寰椎的关节前窝接合，再从枕骨大孔的前方处向下钻一小孔道，此孔道通过铁条至枕骨基底部，然后在此孔道内插入一根短铜丝作为销子，将头骨与铁条闩紧。

(5) 尾部骨骼的串联：尾椎的串装一般需要钻孔。先将每一尾椎骨自椎体的前端向后用细钻头钻好孔道，然后将各椎体顺序套在一根细铜丝上串联（末段尾椎骨较细小不便钻孔和串联，可用白乳胶或其他黏合剂粘连，但要注意尾巴的弯曲形态），铜丝的前端留出 2 厘米长的余端，并用攻丝板做好螺纹，再在荐骨椎体的后端中央处钻一孔道，将其旋入固定。最后整好形态即成。

前肢与躯干骨骼的连接

将已连好的前肢骨骼拿到躯干骨骼的前胸部，对好连接位置（这时要通过旋动支撑下端的螺丝帽来调节前方支撑的高度，使之与前肢的高度相适应），然后在肩胛骨上选取三点。分别与相对的肋骨各钻一孔，用 10 厘米长的小号平头螺丝与螺帽连接固定。

后肢与躯干骨骼的连接

将已串联好的后肢游离部骨骼于股骨大转子外下方处选好一点，平直对着股骨头的中央至髋臼中央钻一孔道，用平头螺丝（或用粗铜丝制成螺纹配用合适的螺帽代用）及螺帽固紧，这时也要通过旋动后支撑下端的螺丝帽来调节支撑的高度以相适应。

12) 特殊骨骼标本的制作

经防腐固定的骨骼标本制作

经防腐固定后的标本软组织和骨髓都已被固定，如不经过特殊方法处理则难以清除干净，不容易得到满意的骨骼标本。处理方法如下。

(1) 热药液浸煮法。尽可能把标本的软组织清除掉，然后放入下列任何一种配方的水溶液中：①5%碳酸钠，②3%～5%氢氧化钠，③1.5%碳酸钠＋1%漂白粉＋1.5%氢氧化钠的混合液。

标本浸入药液后即加热至 50～60 摄氏度，持续数小时后取出用水洗刷。如未达到要求，可反复进行多次。应随时检查骨质情况，注意防止因药液太浓或浸煮时间过长造成损伤。用过的药液过滤后可重复使用。

（2）加压蒸煮法。标本放入高压蒸汽锅内，先用小火加热将锅内空气排出，然后盖紧，维持15千帕左右的千帕约2小时，可使软组织脱离骨块，部分脂肪被去除。

（3）浓碱液浸泡法。20%氢氧化钠浸泡标本，室温下约3天，可蚀去软组织。

（4）含活性酶洗涤剂加热浸泡法。利用含有活性酶的洗涤剂（如加酶洗衣粉）中酶的作用，促使软组织软化并与骨骼松脱制作骨骼标本，是一个快速、无害、非腐蚀性、可靠和价廉的方法，此法特别适用于颅骨。处理时，把标本的大块软组织切除，颅骨要去除脑和脑膜，浸入10%加酶洗涤剂的水溶液内，放入75～80摄氏度烤箱内加热，并保持一定时间，待软组织松脱干净后，取出骨骼标本冲洗晒干。加热浸泡时间的长短，视标本大小和是否经药液固定而不同。例如，未经固定的猫颅，只需30分钟左右；经福尔马林固定的头颅，每天加热8小时需持续3～5天。浸泡和加热过程要注意经常检查，温度太高会使酶失去活性，时间太长将使骨骼松解。有些洗衣粉中含过硼酸钠，这种洗衣粉对骨骼还具有漂白作用。

腐败骨的制作

一般选取埋葬时间为3～4年的骨骼，时间过长骨质脱钙脆裂，标本质量不好。腐败骨骼由于长期腐烂，软组织已基本烂尽，但因土壤掩埋，骨骼表面往往沾有土锈。可用加入3%～5%洗衣粉和来苏液浸泡1～2天后，用软毛刷、流水冲洗干净，再置日光下暴晒1～2周。暴晒有杀菌消毒作用，亦可脱色漂白。暴晒过程应避免雨淋，以免霉变。暴晒时间不宜太长，以防龟裂。

因掩埋年久的骨易于脆碎，处理时要特别注意。

掩埋时间短暂的标本，可能剩有软组织，应按未经防腐固定的骨骼处理。

3. 骨骼标本的质量标准

（1）骨骼标本应形态正常，结构完整。

（2）制作洁净，没有碎肉、脂肪。

（3）色泽洁白、均一。

（4）骨与骨之间的连接牢固。

4. 骨骼标本标签

（1）标签：标签应用统一定制的防水标签（硫酸纸、塑料标签等），用激光打印机打印标签信息，或用墨迹长久不褪色的墨水（签字笔、碳素笔，碳素墨水），以印刷体书写标签信息。

（2）标签内容：标签内容包括中文名、拉丁学名、制作人、制作日期、标本登记号等信息。骨骼标本制作标签与骨骼标本的野外标签应一并放入标本盒内。

（3）标本盒标签：内容包括标本的科名、拉丁学名、中文名、采集日期、采集地等信息，标本盒标签还应注明标本盒放置的具体位置，以方便标本使用者和管理人员将标本放回原位。贴在标本盒外的标签应平整牢固。

（4）骨骼标注：当标本的骨块名称需标注时，可用阿拉伯数字的号签标注，标注位置应准确端正，粘贴应牢固、整洁，号签注释贴在标本盒底板上。

大型骨骼要在每块骨骼上标明号码及其拉丁文缩写。保存的头骨可用油性记号笔将标本号直接写在颅骨较平坦处。大、小头骨标本上均要写上标本号。

5. 骨骼标本的保存、使用与维护

1）骨骼标本的存放

（1）用于研究的小型兽类和鸟类的头骨标本放入大小适中的指形瓶内，瓶内可铺垫少量脱脂棉，瓶口用适量的脱脂棉封住。与其假剥制标本一并放置在标本柜内的隔板上。

（2）中型动物的头骨标本和小型动物的整体骨骼标本在制作完成后，放入大小适中的标本盒内。盒盖和盒体之间应有凹凸槽口相接，使其尽量密合。在标本盒外贴上标本标签。

（3）大型动物头骨标本拴系好标签或用不褪色的记号笔在头骨上注明标本号后，放置在骨骼标本室的标本柜内或标本架上。

（4）研究标本入库时在标本入库卡片中应标明标本号、标本柜号等。同时，这些信息应记录到标本登记簿并录入标本信息数据库。

（5）展示用骨骼标本应放入透明玻璃柜、玻璃盒或带有玻璃盖的标本盒中，以便观察。

（6）展出用骨骼标本在未组装前或拆开后应放置在箱子或柜子中，以免污损。

（7）为研究或教学需要，骨骼标本有时以散骨的形式装在标本盒里。

2）保存条件

一般骨骼标本的储藏条件是干燥、通风的环境，并具有防潮、防火、防震、防尘、防虫、防霉、防盗、防紫外线等功能。对于一些特殊标本，如模式标本或有重大科学价值的标本，应有标注并采取妥善的保存方法。

3）使用要求

骨骼标本使用时需要注意以下几方面。

（1）在拿取放置和使用骨骼标本的过程中，应轻拿轻放，拿稳标本，不能只拎拿个别骨块。

（2）不要将重物放在标本上，防止标本受损。

（3）标本应防止磕碰，避免震动。

（4）在使用骨骼标本的过程中，遇到骨片脱落时，应立即捡起并妥善保存。

4）维护

（1）标本入库后应定期检查，每次查看应有详细记录，发现问题，及时采取措施。

（2）当骨骼标本因脱脂不充分而出现返油、发霉现象时，可用一块干净的软棉布或聚酯纤维蘸取 95%酒精，擦洗骨骼上的油脂。必要时可将标本用 30%氨水浸泡 2～3 天，依照骨骼大小适当调节浓度和浸泡时间，脱脂后用清水冲洗干净，晾干。

（3）如发现骨骼标本（由于制作不够精细，有残留软组织）生虫，应及时做杀虫处理。

(4) 展出用骨骼标本发黄时，可用2%～3%过氧化氢溶液重新漂白处理。

(5) 骨骼出现散落时，应及时用金属丝连接，细小骨骼可用502黏结剂粘连。如需重新调整骨骼位置，可用丙酮、氯仿等溶剂溶解黏胶。

(6) 直接暴露的标本应加上防尘罩或透明薄膜袋，骨骼标本有灰尘时，要用鸡毛掸拂拭，深凹处用洗耳球吹尘，切勿用湿布擦拭。

(7) 搬运骨骼标本时，应加以防护，避免震动。

(8) 整体骨骼标本需改变姿态时，应先在水中充分浸泡，吊在架子上整理成所需的姿态。待干透后，再重新固定在台板上。

5) X线片的保存

在研究脊椎动物时，所拍摄的X线片能清楚地显示脊椎动物的骨骼结构和特征，应予以保留。

X线片保存时，要①保持干燥（保存于干净的保存袋中）；②避免折叠；③避免直接用手碰触。

附录　大型动物骨骼标本的组装（以鲸类为例）

鲸类的头颅分成上颌部和下颌部。在头颅上、下颌骨的枕踝突与颞骨下颌窝及关节后突构成关节。用手电钻在两骨适当的位置打孔，然后用金属螺丝钉将预先设计好的合叶式金属片固定住，摆放在颈椎前适当位置。

颈椎：鲸类的颈椎比较短，成薄片状，组装时可将7节颈椎体用纤维胶前后相互粘连成一组，在颈椎前的关节窝与头骨枕踝骨联结。

脊柱：鲸类的脊柱很长，从前向后逐渐变细，形成前粗后细的形状。自第1胸椎到末节尾椎，椎体相邻的关节均夹有一层椎间盘合成的脊柱关节，每节关节面较为平坦，形成整体脊柱也较平直。椎间盘组合时应用乳胶与椎体粘上。

胸廓由13节胸椎和13对肋骨构成。13对肋骨按左右及前后分别在胸椎左右两侧，在横突肋骨关节窝及椎体关节窝连接，操作时，可用手电钻打孔，然后夹取一小段金属丝，分别将肋骨与椎体固定住。由脊柱的1～13节组合成整个胸廓，放在事先制作好标本支架上再行腰椎、荐椎、尾椎的联结。

为了操作方便，也可将13节胸椎按椎式的顺序分为三段或四段组合。每四节椎体串联一段组，脊柱的1～4节、5～8节、9～13节三段组，每一段组在椎体关节面打两个孔，用两根钢丝条在孔眼串通脊柱的1～4节，椎体就联合在一起了。脊柱的5～8节、9～13节也按此法操作。

将钢丝条一端打磨成扁尖的三角形，其长以脊柱的9～13节椎体合并的长度为准。每段组串通的钢丝条的长度应与组合成的椎体相一致。

鲸类的后肢带已退化，前肢带较为发达。将左、右两肩胛骨分别在第1～2肋骨原肩胛位上用手电钻打3或4个小孔，经肩胛骨前角、后角及脊缘角与肋骨体，用金属螺丝钉固定好后，再用纤维乳胶将螺丝钉覆盖住。前鳍足上膊骨与肩胛骨联结。最后用纤维乳胶分别粘接各个联结关节。

4.4.2 透明骨骼标本的制作和保存

1. 透明骨骼标本的制作准备

1）药品

福尔马林（40%甲醛）、95%～100%酒精、重铬酸钾、碘酒、茜素红 S 粉（alizarin red S powder）、氢氧化钾（potassium hydroxide）、胰蛋白酶、硼酸钠、冰醋酸、阿利辛蓝 8GX（alcian blue 8GX）、石炭酸、碳酸钙、百里酚结晶、麝香草酚、纯甘油、蒸馏水。

2）工具

各种规格的玻璃染缸、各种规格的医用镊子、各种规格的眼科剪、各种规格的眼科镊、手术刀、医用剪、平板玻璃条、尼龙线、量筒、烧杯、解剖盘。

3）取材

用于制作透明骨骼标本的材料体形不能过大，如鱼类一般选择 10 厘米以下的小鱼，两栖类选择成体蛙和蝌蚪，爬行类选择小壁虎或小蛇，鸟类选择麻雀大小的鸟，哺乳类以小家鼠、蝙蝠大小为宜。

应选择体表完整，外部形态正常，骨骼、附肢或鱼鳍完整无缺的个体。

制作透明骨骼的标本最好选取新鲜或活体标本，也可使用酒精或福尔马林固定保存的标本。

2. 透明骨骼标本制作

1）前期准备

剥皮

鱼只要刮去鳞片即可，在刮鳞时要注意勿损破皮肤。鸟类最好在拔去羽毛后再剥皮。其他动物可直接剥皮。从腹部开口剥皮，在剥皮过程中特别注意不能损坏附肢指、趾末端的骨节。

取内脏

剥皮后可先固定，然后再除去内脏；也可以先除去内脏再进行固定。去内脏时在动物腹面沿中线开一小刀口，开口处应该选择没有骨骼之处，将钝头镊子伸入体腔，清除全部内脏。去内脏时特别注意不能损伤胸骨及其他骨骼部分。清除内脏后，用眼科镊仔细清除体腔内有色素沉着的腹膜，取出眼球，然后用清水冲洗干净。

注：(1) 如果是活体标本，则应先行麻醉处死。

(2) 如果是用福尔马林固定保存标本，放入清水中冲洗 24 小时以上，直到软化为止，然后按上述剥皮程序进行摘取内脏的工作。

(3) 幼体（幼鱼、蝌蚪等）可不剥皮和去除内脏，若鱼类标本个体小于 5 厘米，也可不去除内脏。

固定标本

新鲜标本在剥皮后或除去内脏后可用尼龙线或粗棉线将其绑扎在玻璃板上，整理好姿势，然后进行固定。固定时间可视标本的大小而定，以充分固定为宜。

用福尔马林固定液进行固定时，通常为 7 天左右。

用酒精进行固定时，先用 70%酒精固定 1 天，然后更换为 95%酒精固定 7～14 天，应保持每两天更换一次酒精。

注：新鲜标本也可以在清洗后用固定液先行固定，再剥皮及除去内脏。

冲洗标本

制作透明骨骼标本前要将用福尔马林固定保存过的待制标本，置于清水中浸泡24～48 小时。依次按 30%酒精、50%酒精、70%酒精、80%酒精浸泡 14～18 小时，再用 95%酒精、100%酒精浸泡 18～24 小时。

注：(1) 如标本不能及时处理，应保存在 70%酒精中。

(2) 用酒精保存的标本在制作透明骨骼标本前不需要处理。

2) 染色透明

方法一：(用于硬骨染色)

(1) 消化：将标本放入 1%～3%氢氧化钾溶液中浸泡，氢氧化钾溶液的浓度可根据使用者的需要来定，但原则上不宜过高。浸泡过程中每日注意观察标本的变化，浸泡时间根据标本肌肉组织的厚度而定，待标本逐渐呈半透明状时，将其取出，并用清水漂洗 3～5 次；若效果不理想，有条件的还可使用酶消化的方法。

酶消化液的配方如下：30%饱和硼酸溶液＋70%水＋胰蛋白酶（每 100 毫升加 1～2 克），36 摄氏度下溶解。配制过程中要注意防止酶丧失活性，溶解温度过高或过低都会影响酶的活性。

用酶法消化时间不宜过长，温度保持在 35 摄氏度左右（水浴）。酶消化也可和氢氧化钾消化配合使用。

(2) 染色：取数滴配制好的 1%茜素红酒精液滴于 1%氢氧化钾溶液中，使溶液呈藕荷色。将呈半透明状的标本用清水冲洗 3～5 次，放入该溶液中。着色时间根据标本的大小决定，一般浸泡 3～5 小时至 2～3 天不等，染至骨骼呈红色为止。即可取出。

(3) 褪色和透明：将取出的标本用清水冲洗 3～5 次，备用。取 5%甘油加入 1%氢氧化钾溶液中，将标本浸入，保持 2 天后取出（放置在阳光下效果更佳）。这时骨骼已经基本清晰可见，逐步放入 30%甘油、70%甘油、100%甘油中直至标本全部透明；若效果不甚理想，可重复上述步骤。

方法二：(用于软骨及硬骨染色)

(1) 软骨染色：将标本放入按 60 毫升无水乙醇加 40 毫升冰醋酸和 20 毫克阿利辛蓝 8GX（alcian blue 8GX）的比例配制成深蓝色的软骨染色液中浸泡 2～7 天，浸泡时间的长短视软骨染色程度而定，软骨被染成深蓝色时，染色停止。

注：染色过程应在强阳光下进行；如阴天，可用紫外光灯照射。

（2）脱色：脱色液配制

蒸馏水/ml	无水酒精/ml	酒精脱色液/%
75	25	25
50	50	50
25	75	75
0	100	100

将标本从软骨染色液中取出，放入脱色液脱色，按 25%酒精、50%酒精、75%酒精、100%酒精顺序依次脱色，每一浓度脱色时间各为 24 小时，最后到 100%酒精脱色时视肌肉脱色程度而定，至肌肉无色或白色为止。

（3）硬骨染色：将标本从脱色液中取出晾干，放入按 3%氢氧化钾溶液 100 毫升加 5 毫克茜素红的比例配制成红色硬骨染色液中直到肌肉呈胨状，硬骨染成红色为止。

（4）透明：甘油透明液配制

蒸馏水/ml	甘油/ml	甘油透明液/%
75	25	25
50	50	50
25	75	75
0	100	100

将标本从硬骨染色液中取出放入透明液中进行透明，按 25%甘油透明液、50%甘油透明液、75%甘油透明液、100%甘油透明液顺序依次透明，每个梯度 24 小时，每个梯度重复一次，即 24 小时后要更换一次相同梯度的透明液再浸泡 24 小时。最后到 100%甘油透明时应视肌肉透明程度而定，直到肌肉完全透明为止。

注：（1）透明过程中应在强阳光下进行；如阴天，用紫外光灯照射。

（2）透明骨骼染色、透明各步骤应视标本大小适当调整时间。

方法三：（用于软骨及硬骨染色）

（1）软骨染色：将标本放入按 95%酒精 80 毫升加 20 毫升冰醋酸和 10 毫克阿利辛蓝 8GX（alcian blue 8GX）的比例配制成深蓝色的软骨染色液中浸泡 1～7 天，浸泡时间的长短视软骨染色程度而定，软骨被染成深蓝色时染色停止。

（2）脱色：①将标本从软骨染色液中取出放入脱色液中脱色，先用 95%酒精浸泡 2～3 小时两次。然后按 90%酒精、40%酒精、15%酒精顺序依次脱色，每一浓度脱色时间各为 2～3 小时。②将标本置于蒸馏水 2～3 小时，直到标本下沉。③将标本置于酵素溶液中（30 毫升硼酸钠饱和溶液＋70 毫升蒸馏水＋1 克胰蛋白酶），每隔 2～3 天当溶液呈浅蓝色时，更换溶液，直至骨骼清晰可见，同时表层肌肉已无蓝色存在。

（3）脱水和固定：将经处理后的标本清洗后放入 30%甘油，2 天后取出，直接转入 70%甘油，浸泡 2 天，取出后再转入 100%甘油。至此标本已经全部透明，更换纯甘油后可长期保存。如果依次按照浓度梯度更换甘油直至 100%甘油进行操作，可以防止标本发生皱缩。

(4) 硬骨染色：①将标本置于0.5%氢氧化钾溶液中1～2天。②将标本更换到0.5%氢氧化钾溶液加入数滴茜素红溶液（茜素红：冰醋酸：蒸馏水＝1：2：12)，依标本大小而染色时间不同，直至骨骼完全染红为止。

(5) 透明：依次转换氢氧化钾-甘油溶液（3：1，1：1，1：3）直到纯甘油，在首次的氢氧化钾-甘油溶液中每100毫升可加3～4滴3%过氧化氢。

方法四：(适用于脂肪较多的标本)

(1) 脱脂：把标本放入3%重铬酸钾（或二甲苯）中浸泡24小时以上进行脱脂。应在液体混浊时更换新液。然后用清水冲洗干净后，用70%的酒精浸泡2～3天。更换95%的酒精浸泡1～3天继续脱脂。直到溶液不再混浊。

(2) 透明：把标本浸入1%～4%氢氧化钾水溶液中进行透明3～5天。中间可更换一次新液。应视肌肉透明程度而定，只要标本呈半透明状态，从外面能隐约看到里面的骨骼时，便可以停止透明。

(3) 染色：用数滴配制好的1%茜素红酒精滴于1%氢氧化钾溶液中进行染色，着色时间根据标本的大小决定，一般浸泡3～5小时至2～3天不等，染至骨骼呈红色为止。

(4) 脱色透明：将染色后的标本取出，浸入1%～4%氢氧化钾25毫升＋纯甘油25毫升＋水50毫升配制的混合溶液中，在阳光下暴晒2～3天后取出。逐步放入30%甘油、70%甘油、100%甘油中各2～4天，直至标本全部透明。

3) 质量标准

(1) 骨骼完整，解剖位置正确，姿态正常。

(2) 骨骼结构清晰可见，软骨蓝色，硬骨红色，肌肉及其他软组织透明无色。

注：软骨鱼、蝌蚪等标本不必进行硬骨染色。

3. 标本保存

将透明好的标本放入按100毫升甘油加入1克石炭酸的比例配制甘油保存液中保存。为防腐蚀和霉变，也可将透明好的标本放入纯甘油加少量百里酚结晶或一粒麝香草酚配制的保存液中保存。放入标本瓶长期保存，瓶外贴好印好的标本名称、采集日期、采集地点、制作人及制作日期等标本信息的标本馆标签。

4.5　剥制标本的制作与保存

兽类、鸟类、爬行类、大型两栖类和鱼类都可制成剥制标本。剥制标本主要用于科学研究、教学、博物馆等相关场所的陈列展览。

制作剥制标本时，首先要将动物的真皮（包括毛发、羽毛或鳞片）完整或尽可能完整地与动物体其他部分剥离，去除或仅保留部分骨骼，去掉脂肪和肌肉等软组织，然后将真皮内表面涂抹防腐药品或将整个皮张用防腐固定液浸泡，再用棉花、竹丝、金属丝等天然或人造材料充填，以替代被剥去的肌肉和骨骼。最后，根据需要安上义眼，整理成自然姿态。

动物因种类不同，其形态、结构、大小、皮肤厚薄等存在较大差异。在制作剥制标本过程中，应根据不同物种和个体的差异采用适当的方法。剥制标本制作过程比较复杂，技术性比较强。制作剥制标本不但需要具备丰富的理论知识，掌握所制作动物标本的形态特征和栖息环境，还取决于制作者的实践经验。

4.5.1　常用标本制作工具、辅料和药品

1. 常用器具、材料和药品

1）常用工具

大型标本处理制作台、解剖盘、解剖刀、镊子、剪子、钳子、锤子、钢锯、木锯、改锥、台钳、电钻、元板牙及扳手、米尺、秤、梳子、毛刷、雕塑工具等。

2）常用辅料

支撑物：圆柱钢筋、铁丝、扁铁、台板等。

填充物：方木、板条、稻草、木丝、竹丝、椰木丝、竹板、竹条、不同规格的点焊网、塑料泡沫、玻璃材料、聚氨酯材料、海绵、棉花、锯末等（可根据本地区的制作材料等自主选择填充物）。

雕塑和翻制模型材料：陶土、纸浆、沙土、石膏、硅橡胶等塑型材料。

其他用品：缝合针、缝合线、钉子、螺母、垫片、大头针、义眼、石膏、滑石粉、黏土、颜料、清漆、稀料、乳胶等。

3）常用药品

砒霜：化学名称为三氧化二砷，剧毒，具有防腐功能。使用者双手皮肤有创伤时应避免药品接触伤口，否则会产生剧痛；同时，使用后要严加保管，不得随处乱放，避免发生中毒事故。一般不宜单独使用，需与其他药品混合配制成不同类型的防腐剂后使用。

明矾粉：化学名称为硫酸铝钾，具有硝皮、防腐及吸收皮肤水分的功能。明矾多为块状，需研磨成粉末后使用。

樟脑或合成樟脑：具有驱除害虫，防止蛀蚀标本以及抑制标本产生异味的功能。

硼酸：可配制成无毒防腐剂，但防腐效果稍差。

硼砂：有消毒防腐的功能，硼砂粉不但可以吸收剥制标本时动物体内流出的体液，还有助于动物毛皮上脂肪和血液的分离。

苯酚：也称石炭酸，有消毒防腐的功能。常被加酒精配制成防腐液，涂擦在已剥过皮的动物头骨和脚趾上，防止残留的肌肉腐烂变质。

酒精：用作大型动物皮张暂时保存的固定剂。适用于哺乳类、爬行类和鱼类，不适用于鸟类。适宜浓度一般为 75%～80%；对皮肤含水量高的动物，其浓度需适当增加。

丙三醇：也称甘油，用作滋润皮肤，防止皮肤快速干燥。在制剂中起稳定作用。

溴氰菊酯：有安全系数高、广谱杀虫的特点，通过接触和内吸杀灭动物体的寄生虫，适用于标本的防虫消毒。

甲酸：也称蚁酸，有消毒防腐的功能。用作大型动物皮张的鞣制和中和，有抑制或

防止霉菌生长的作用。

乙酸：也称醋酸或冰醋酸，用作大型动物皮张的鞣制和中和，有抑制或防止霉菌生长的作用。

其他药品：烧明矾粉、食盐、福尔马林、高锰酸钾、高效碘、敌敌畏、四氯乙烷等。

4）劳保用品

帽子、口罩、手套、胶鞋等。

2. 常用防腐剂的配置及使用

由于可用于制作剥制标本的动物种类繁多，皮肤的生物学性质不尽相同。因此，需根据具体情况，采用适当成分的防腐剂对所制作的标本进行防腐处理。防腐效果的好坏直接关系到所制作标本保存寿命的长短，应认真对待。

因大多数防腐剂都是采用剧毒药品配制而成，使用和配制时需特别谨慎小心，防止接触口腔和皮肤表面的伤口；用毕要妥善保管，以免发生中毒事故。

以下是常用防腐剂的配制方法。

1）三氧化二砷防腐粉

具有防止毛皮腐烂、虫害侵袭以及保护毛发不致脱落的作用。主要用于鱼类、两栖类、爬行类、鸟类和哺乳类剥制标本的防腐。

配方：三氧化二砷 2 克，明矾粉 7 克，樟脑粉 1 克。

配制方法：将药品研磨成粉末后，混合调匀即成。

2）硼酸防腐粉

具有防腐和保护毛发的作用，效果较三氧化二砷防腐粉差。但该防腐剂毒性低，使用时比较安全；特别在野外工作时，对鸟类和大、中型哺乳动物皮张的临时防腐处理较为适宜。使用范围同三氧化二砷防腐粉。

配方：硼酸粉 130 克，樟脑粉 60 克，烧明矾粉 60 克。

配制方法：将药品研磨成粉末后，混合调匀即成。

3）三氧化二砷防腐膏（砒霜膏）

具有防止皮肤腐烂、虫害侵袭以及保护羽毛不致脱落的功能。剧毒，但又是最常用和防腐固定效果最佳的防腐剂，使用时应特别谨慎。

配方一：软皂 1500 克，砒霜 500 克，樟脑粉 30 克，加入适量的水搅成膏状。

配方二：软皂 4 克，砒霜 5 克，樟脑粉 1 克，水 10 毫升，甘油少许。

上述两个配方主要用于鸟类标本的防腐处理。

配方三：软皂 50 克，砒霜 50 克，樟脑粉 50 克，水 150 毫升。此配方主要用于小型兽类标本的防腐处理。

配制方法：将软皂切成薄片后，放入烧杯中，按比例加水浸泡数小时，置于水浴锅（或铝锅）中隔水加热至融化。然后，再加入三氧化二砷和樟脑，用玻棒搅拌均匀，以免三氧化二砷沉淀。最后，加入少许甘油调匀，待冷却后凝成膏状即可使用。日久变稠时，稍加温水调稀后可反复使用。

4）苯酚酒精饱和液

具有消毒防腐的功能。主要用于鸟类的头骨、裸区和脚趾等部位，可较好地防止上述区域残留的肌肉腐烂。效果比用防腐粉和防腐膏更好。

5）食盐明矾液的配制

具有消毒防腐的功能。主要用于大中型兽类标本的防腐处理。

配方：100 升水，15 千克食盐，2.5～10 千克明矾。

配制方法：在容器中按水、明矾、食盐的顺序放入，加热使其全部溶解，放凉后即可使用。为避免标本出现返潮现象，在南方使用时，建议适当增加明矾的比例。

6）浸酸混合液的配制

具有消毒防腐的功能。主要用于大中型兽类标本的防腐处理。

配方：1 升水，30 升甲酸或乙酸，30 克食盐。

配制方法：在容器中按 1 升水加入 30 升甲酸（或乙酸）和 30 克食盐的比例配制，全部溶解后即可使用。酸的浓度通常不能超过 3%。当处理未清理干净的皮张时，需适当提高浓度。

7）75%酒精

将不易涂抹防腐剂的脚趾部分直接浸泡在浓度 75%酒精中 2～4 小时，可起防腐作用。

8）溴氰菊酯

用 2.5%溴氰菊酯溶剂或粉剂涂抹脚趾部分，可起到防腐作用，溴氰菊酯也常被用于制作剥制标本前对动物体外寄生虫的清除灭杀。

9）硼砂粉

有消毒防腐的功能，常用于剥制标本的防腐。硼砂粉可直接涂抹在动物标本皮肤的内侧，不但可以吸收剥制标本时动物体内流出的体液，也有助于动物毛皮上脂肪和血液的分离。

4.5.2　鱼类剥制标本的制作

1. 材料的选择和处理

鱼类因种类不同体形变化很大。例如，软骨鱼类中的鲨类体形多呈长纺锤形，鳐类呈扁平盘状；硬骨鱼类大多为纺锤形（如鲤、鲈等），也有呈鳗形的（如鳗鲡、黄鳝等），还有许多特殊的形态（如翻车鲀、鮟鱇、比目鱼等）。但不论何种形态，除个体过小或鳞片极易脱落的种类不宜制成剥制标本外，一般只要选择鱼体新鲜、皮肤和鳞片完整无损者，均可作为剥制标本的材料；体形较大的鱼类，通常也不太适宜采用浸制方法制作标本，一般也采用剥制法保存鱼体的外形。

某些鱼类的鳞片在剥皮时极易脱落，且脱落之后很难胶粘或修补。对这样的鱼类，尤其是对其中一些鳞片较大又易脱落的鱼类（如很多鲤科鱼类、鲱形目中的很多鱼类），剥皮前可按下列方法进行处理：首先，应选择鳞片尽可能完整的个体用于剥制标本制作材料；开始制作前，先用干布（干纱布、抹布等）将鱼体表面拭干，置于阴凉处 1～2

小时（冬天时间可稍长），待鳞片略为干燥后再行剥皮。

此外，还可用胶水涂抹在鱼体表面，利用胶水的黏性粘连鳞片，使其不易脱落。这样处理过的标本，只要稍加小心就可以避免鳞片脱落或少脱落。但在制作期间，要用湿布罩在躯体两侧，以防胶水干燥和皮肤脆裂。

至于鲨类、鳐类以及某些鳞片细小且不易脱落的种类，不必通过上述方法处理，只要把躯体表面擦拭干净直接剥皮即可。

特殊形态的鱼类在制作剥制标本时，剖口和制作步骤与常态鱼类略有不同。

2. 待制标本的外形测量和记录

标本剥制前，需要对鱼体的主要外部形态特征进行测量记录。所涉及的主要测量性状如下（图 72）。

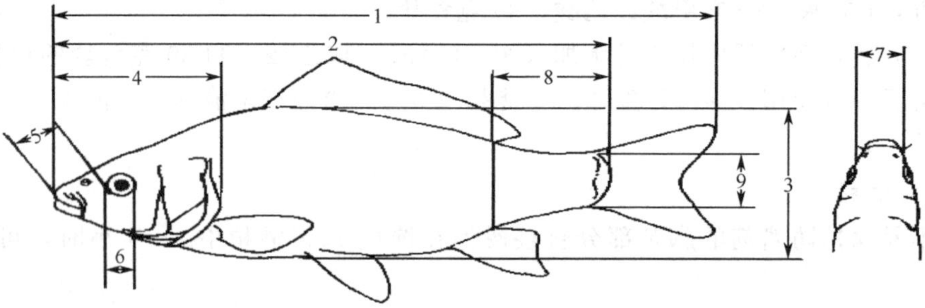

图 72　鱼类的测量方法（肖方，1999）

1. 全长；2. 体长；3. 体高；4. 头长；5. 吻长；6. 眼径；7. 眼间距；8. 尾柄长；9. 尾柄高

体重：整条鱼的重量（净重指去内脏后的重量）；单位：克。

全长：从吻端到尾鳍末端的直线长度；单位：厘米。

体长：有鳞类，从吻端至尾柄正中最后一个鳞片的距离；无鳞类，从吻端至最后一个脊椎骨末端的距离。

体高：身体的最大高度，通常采取背鳍起点处的垂直高度。

头长：从吻端到鳃盖骨后缘的距离。

吻长：眼眶前缘到吻端的距离。

眼径：眼眶前缘到后缘的距离。

眼间距：从鱼体一侧眼眶背缘到另一侧眼眶背缘的宽度。

尾柄长：从臀鳍基部后端到尾鳍基部垂直线的距离。

尾柄高：尾柄部分最狭处的高度。

除详细记录上述各项测量指标外，还要把性别、采集地、经纬度、采集日期、体色等记录下来。由于鱼类体色容易变化，需要详细记录新鲜标本的体色，或用照相记录，以备标本制作完成后涂色时参考。

3. 标本皮肤的剥离

鱼类外形多种多样，皮肤的薄厚与物种及其个体大小关系密切。剥皮时应根据形态差异，采用不同的剖口线，在不影响皮肤剥离的情况下，力求尽量减小剖口线。

1）常态鱼类皮肤的剥离（以鲤鱼为例）

剥皮时，先在工作台上铺上湿毛巾或抹布，以减少鱼体与工作台面的直接接触摩擦，尽量避免鳞片脱落。将鱼体横放在毛巾上，用解剖刀由躯干部腹面（腹鳍前端）向后直线剖开，绕过肛门直至尾柄基部。继续用解剖刀沿剖口两侧皮肤与肌肉之间向下剖割分离，剖割时刀口应稍偏向肌肉，以尽量避免割破皮肤。

剥离腹鳍和臀鳍时，可于体内把腹鳍和臀鳍鳍条基部剪断，再用解剖刀沿躯干和尾柄的两侧剖割，向后至尾鳍与尾柄结合处，切断尾椎末端与尾鳍的联系。这时尾部的皮肤和尾鳍与尾部肌肉大部分已分离。

转而再由腹部沿躯体两侧剖割至背鳍基部，即至鱼体背脊部时，用剪刀由尾部背脊处向前逐渐把背鳍条基部剪断，直至头部后侧肩带位置时，再用解剖刀从头的后侧切断颈椎，把已剥离的肌肉割下。

肩带部分的锁骨、乌喙骨等因与皮肤密切相连，不能切除，可将与皮肤不相连的部分骨骼以及附在上面的肌肉除去。注意，在此过程中，宁可多留一些骨头在皮肤上，也不要因去除骨骼而造成皮肤破裂。颊部的皮肤不易剥离，该处肌肉可用刀或剪刀除去。

然后，将鳃和附着于头部的肌肉，尤其是两侧颊部的肌肉以及与体表无关的骨头尽量去除干净，再经枕骨大孔去除脑髓，挖去眼球。最后把残留在躯体各部的肌肉、脂肪等除净。

对于个体较大的标本，可在一部分皮肤与肌肉剥离之后，将肌肉分段切除，以减轻鱼体重量，便于以后的操作。

2）特殊形态鱼类皮肤的剥离

特殊形态鱼类的剥皮方法与普通鱼类大致相同。但由于它们的体形变化大，皮肤与躯体上的骨肉分离时，剖口可能会有较大的变化。

剖口大小和形态可按下列原则决定：

（1）尽量减小和缩短剖口，但必须确保各部分肌肉能尽可能剔除干净。

（2）剖口应尽量藏在隐蔽处，以免影响标本的外观。

（3）保持各器官的完整，如肛门孔、鳍和鳞片等。

根据以上原则，下面介绍几种比较常见而形态又较特殊的鱼类剖口的开法。

双髻鲨：

双髻鲨头部前端呈弧形，向两侧伸展，似铲状。可根据头部的特殊形态，在头部腹面做一“丁”字形剖口。剥皮时应尽量除净头部的软骨，以免标本制成干燥后收缩，产生凹凸不平的效果。躯体部分呈纺锤形，可按一般鱼类剥制标本的制作方法，由腹面纵行剖口剖开。

鳐类：

躯体呈扁平盘状，体盘宽大。由其前胸至尾形成纵行剖口不能比较容易地把骨肉剥离，须在体腹面做“十”字形剖口，将皮肤与骨肉分离。

翻车鲀：

躯体呈侧扁的椭圆形；背鳍和臀鳍发达，向上下伸展；皮肤厚且粗糙。剥皮时很难翻转，所以翻车鲀的剖口要较其他鱼类大。

4. 剥离皮肤的防腐处理

对剥离下的皮肤进行防腐处理前，应把附着的残留肌肉和脂肪彻底清除干净。以下是几种常用的防腐处理方法。

（1）将剥离的皮肤浸于75%～80%酒精中，数小时翻动一次，以使酒精尽可能充分渗透到皮肤内，避免因浸渍不匀而引起以后部分皮肤腐烂或鳞片脱落，特别对大型鱼类更应注意。浸泡1～2天后取出（也可保存较长时间）。如皮肤因酒精的作用变硬，可用水冲洗皮肤数小时，待皮肤柔软后取出使用。

（2）在皮肤的内侧用三氧化二砷等混合而成的防腐粉涂擦，力求涂擦均匀。

（3）皮内含有大量油脂和尿素的鱼类（如鲨类），鱼皮易变质破损。可用食盐明矾液进行防腐固定，取出后用清水冲洗干净。

5. 鱼类剥制标本的装填

鱼类剥制标本的装填分为充填法和躯架装填法。前者适用于体形较小的鱼类，后者适用于体形较大的鱼类。现将相关方法分述如下。

1）*充填法*

用铅丝、木板或泡沫塑料板做成类似鱼形的骨架，板的厚度根据鱼体的大小确定。包括以下3种制作方法。

（1）用薄木板或泡沫塑料板锯成略似鱼的形态，作为主干板。取一段适当长度和粗细的铅丝，弯成钩状，将其用钉子固定在主干板上作为支柱（图73）。支柱下端以板牙绞好螺纹，用作固定台板。这种方法适合于体形侧扁的鱼类。

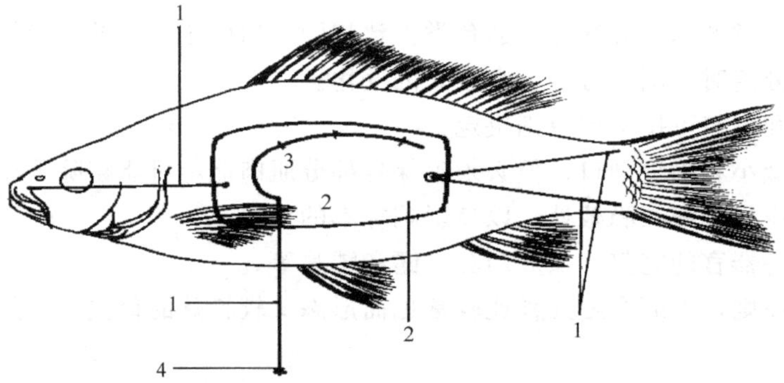

图73　鱼类支架的安装方法（肖方，1999）

1. 铅丝；2. 木块；3. 骑马钉；4. 螺帽

（2）用长方形木块连接成主干板，前半段为木块，后半段用铅丝绞合在板上，在板面的适当位置钻两个孔。取两段长30～50厘米的铅丝（可根据鱼体大小确定铅丝长度），分别由孔中穿过至中点处，把两侧铅丝折向下方，并且把它绞合在木板中，铅丝的下端作为支柱（图74）。这种方法适用于长纺锤形的鱼类（如鲨类），也适用于将尾部做成摆动弯曲姿态的鱼类。

（3）用铅丝弯曲成纵剖面的形状（图75）。这种方法不能负担较大的重量，适于体形较短小的鱼类。

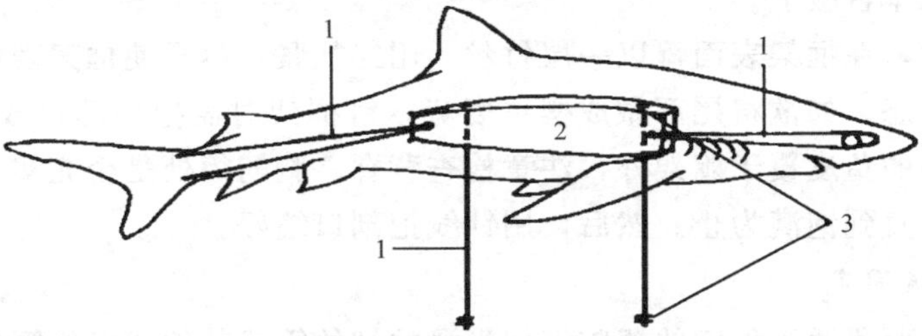

图 74　鱼类支架的安装方法（肖方，1999）

1. 铅丝；2. 木块；3. 螺帽

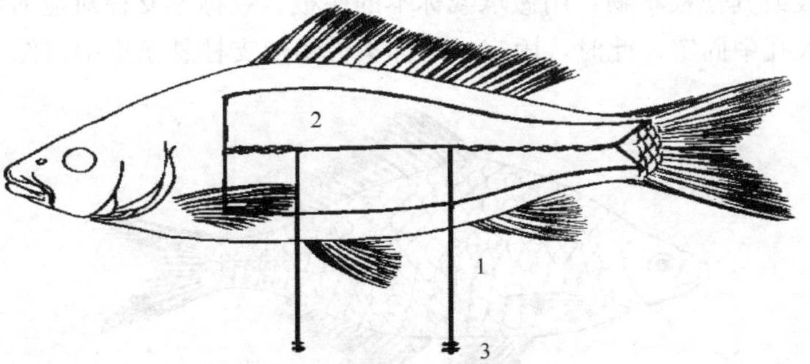

图 75　鱼类支架的安装方法（肖方，1999）

1. 铅丝；2. 木块；3. 螺帽

必须注意，无论采用哪一种骨架，标本的支柱在体外部分必须留出 20 厘米左右的长度，以在台板上固定。另外，也可以只用一根较粗的铅丝支柱或圆铁棍来支持骨架，但需注意前后重量的平衡，否则会使标本产生前倾或后倒的现象。体形较大的鱼类通常采用两根支柱较为稳固。

将剥制处理好的鱼皮罩在骨架外。骨架尾端的铅丝插入尾基上下侧，头端铅丝插入头颅中，使铅丝与躯体互相连接，不致松动。

之后，用木屑（或竹丝）从尾柄开始充填。一边充填一边用针线随着向前缝合。针口由鳞片之间插入，以隐蔽线的痕迹。如欲将标本的尾部向左侧弯曲，则需在其右侧多加一些充填物；若做成静止时的形态，则将两侧充填均匀、对称即可。头部和两侧的鳃裂部分用竹丝进行充填；如用木屑充填，需加适量的透明胶水，以使木屑粘连，避免木屑外露，至充填饱满后缝合。

标本缝合后，如发现体表有凹凸不平或充填不足的现象，可用手稍加揿捏，或由标本口腔处向内补充一些填充物，尽量使标本表面平滑、充实、饱满、美观。

2) *躯架装填法（以鲟为例）*

鲟的躯体呈纺锤形，大的成年个体体长可超过 5 米，体重达数百千克。由于标本过长过重，普通支架很难承载，应根据待制标本的颈、躯干、尾柄等部位的围度、长度等，用木板或木条钉成较躯体略小的中空躯架（制作时可参考兽类躯架装填法）。用两段直径为 10～15 毫米、长度适当的圆铁作为支柱，支柱两端需绞好螺纹，分别用螺母固定在躯架和标本台板上。

框架做好后，在框架表面覆以一层竹丝，用绳扎紧，尽量使框架表面平整圆滑，显现出原躯体的形态。如欲将尾部做成摆尾姿势，钉框架时需把尾部钉成弯曲形。此时，可将剥下处理好的鱼皮覆于躯架外，注意检查背脊、胸鳍等处是否充实，不足之处可用竹丝适当补充，直到饱满为止。然后，用针线把剖口缝好。

3）标本的座板固定

量取一段或两段适当长度的塑胶管、光滑的细竹管或其他适宜的管形材料，管径应较铅丝支柱略粗。将取好的管形材料套在标本的铅丝支柱上，以遮蔽铅丝支柱达到美观的效果，也可避免因日后铅丝支柱生锈而影响标本的美观。

取一块木板或其他板状物，用做承载标本的座板。在标本支柱对应的位置钻孔，将铅丝支柱下端插入孔中固定。此时，固定好的标本借铅丝支柱悬于空中（图 76～图 78）。

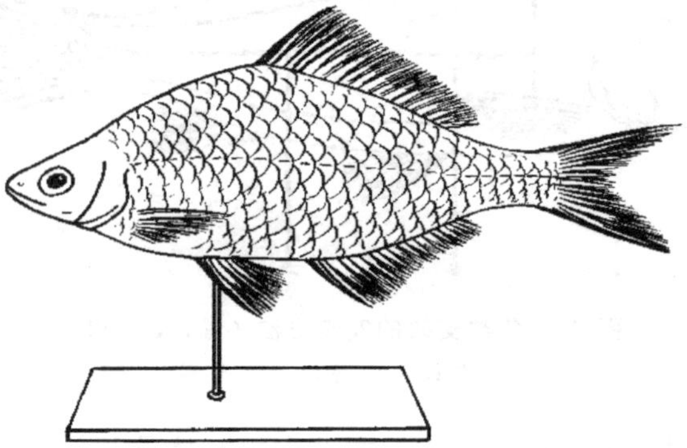

图 76　鱼类支柱的固定方法（鳊）（肖方，1999）

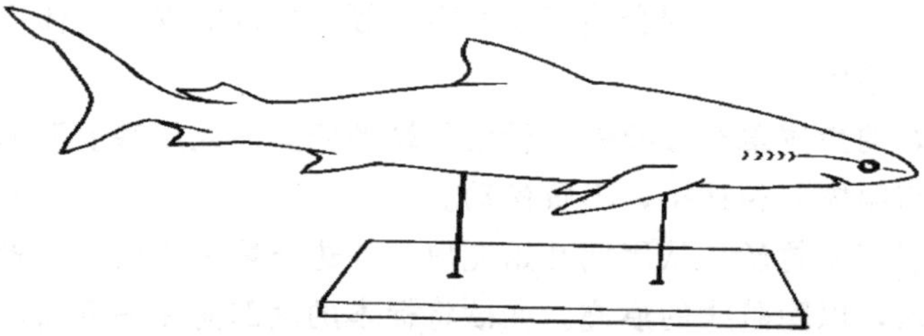

图 77　鱼类支柱的固定方法（鲨）（肖方，1999）

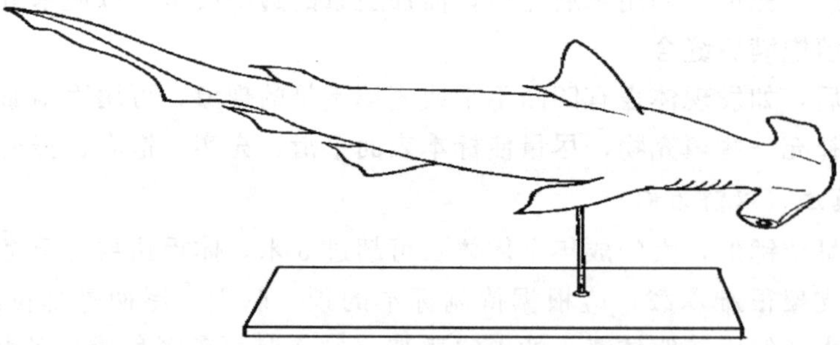

图 78　鱼类支柱的固定方法（双髻鲨）（肖方，1999）

体形较大的标本也可不用铅丝支柱支撑。可根据标本腹部的形态，在座板上加工出相应的凹槽，把标本直接搁置于附有凹槽的座板上。

6. 鱼类姿态标本的整形

（1）标本装架完成后，需用细刷或湿抹布将外表黏附的木屑、竹丝等清除干净，体表涂有胶水时也应清除干净。

（2）根据设计将标本整理成某种特定的生态姿势。

（3）为使鳍条充分舒展，不出现卷曲或凹凸不平的现象，可用纸板（鳍厚而大的需用硬纸板、五合板或塑料板等）剪成鳍展开时的形状和大小，各鳍两块，分别夹在鳍的上下或左右，用回形针一一夹好（图 79）。

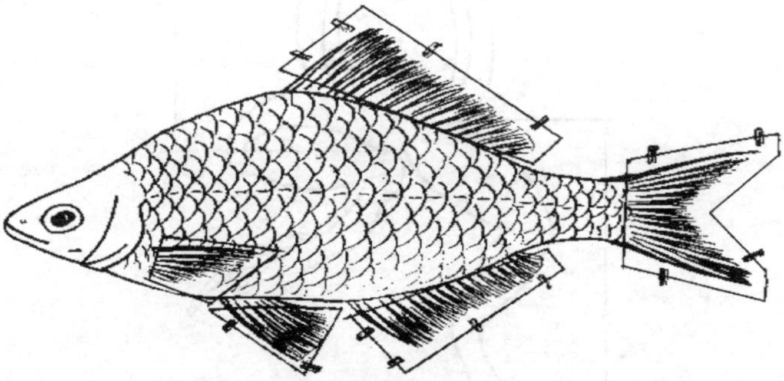

图 79　鱼鳍的整形（肖方，1999）

（4）上、下颌长有牙齿的鱼类，口部可稍微张开，以使牙齿显现。嵌入义眼。

（5）将装配好的标本置于通风处晾干。切忌在阳光下直晒，以防鳞片卷曲翘起或进一步褪色等。

（6）待标本充分干燥后，用稀清漆松香水液涂在标本表面，以增加标本的光泽。这样处理过的标本会更接近于生活时的自然状态；同时，还对标本的皮肤和鳞片有保护作用。

（7）为了能更好地显示标本各部位原有的色泽，可根据剥制前或生活时的颜色记录（也可参考相关的鱼类原色图谱），用油画颜料进行着色，颜色由浅至深，逐步上色。为了使所着颜色不易擦掉，可在油画颜料中掺入适量的清漆和松香水。对鳞片花纹鲜艳、清晰的标本，上色时应选用透明水色，以增加鳞片花纹的透明度。

（8）最后将带有相关信息的标签贴在标本座板相应的部位。

4.5.3　两栖类剥制标本的制作

两栖类通常个体较小，一般采用浸制方法保存。对极少数个体较大的标本（如大鲵等）或特殊需要时（如展览），可采用剥制标本的方法制作。

1. 相关形态特征的测量和记录

1）测量

无尾两栖类的测量方法（图 80）

体长：自吻端至体后端。

头长：自吻端至上下颌关节后缘。

头宽：左、右颌关节之间距离。

吻长：自吻端至眼前角。

后肢全长：自体后端正中部分至第四趾末端。

前臂及手长：自肘关节至第三指末端。

胫长：胫部两端间的长度。

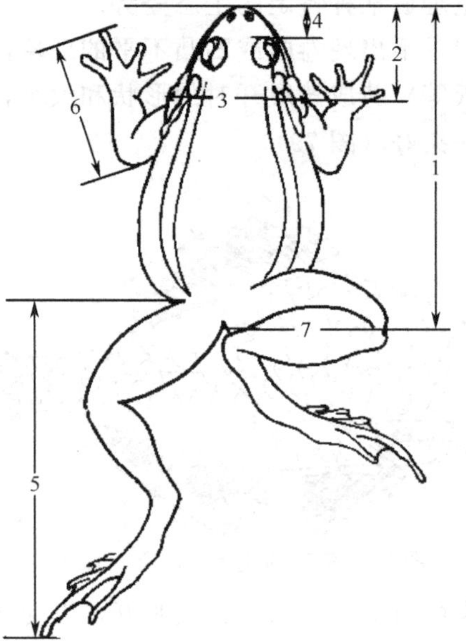

图 80　无尾两栖类的测量方法（肖方，1999）

1. 体长；2. 头长；3. 头宽；4. 吻长；5. 后肢全长；6. 前臂及手长；7. 胫长

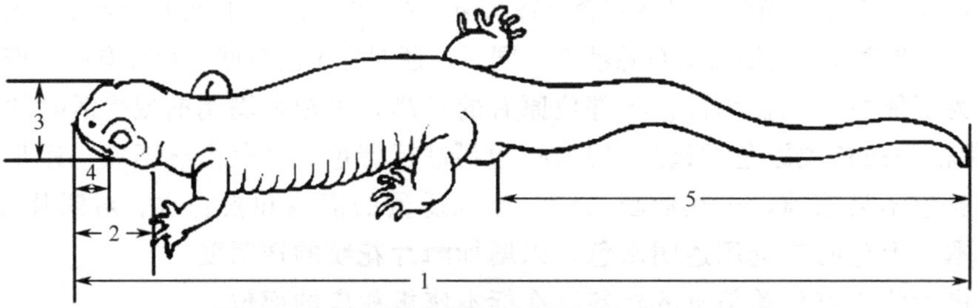

图 81　有尾两栖类的测量方法（肖方，1999）

1. 体长；2. 头长；3. 头宽；4. 吻长；5. 尾长

有尾两栖类的测量方法（图 81）

体长：自吻端至尾端。

头长：自吻端至颈褶。

头宽：左、右颈褶间的距离（或头最宽处）。

吻长：自吻端至眼前角。

尾长：自肛孔后缘至尾末端。

2）记录

除将上述测量数据进行记录外，还应将体色特征、采集号、采集地、经纬度、采集日期、性别等加以记录。

2. 两栖类皮肤的剥离

1）*无尾两栖类皮肤的剥离（以蛙为例）*

把活蛙放在密闭的容器中，倒入少量乙醚，使其深度麻醉致死。将蛙体仰卧于标本台上，沿腹部中央将皮肤纵行剖开。由于蛙类皮肤和肌肉的结缔组织疏松，用手指即可把两侧的皮肤剥离。

首先，用手将两腿推出，在股骨与胫腓骨之间的关节处截断；其次，将其躯体翻转至背面朝上，把后肢翻向背的上方，向前剥至出现前肢，在肱骨与桡尺骨之间的关节处截断。继续向前剥至头部，在头骨和颈椎骨之间连同肌肉截断；再次，除去脑和附在头部周围的肌肉，挖去眼球；最后，四肢顺次剥至指、趾骨出现为止。除掌、趾骨外，可将其他肢骨连同肌肉全部除去。

由于蛙类的口很大，还可以沿口腔周围剪开，将颈椎剪断，切断颈部的肌肉和两前肢，然后由口中把肌肉渐渐剥出。这种方法的优点是不需要把腹部剖开，但剥皮过程比较费时，充填和安装支架也比较困难。

2）*有尾两栖类皮肤的剥离（以大鲵为例）*

大鲵的剥皮方法，可参照鳄剥皮方法进行。

3. 两栖类皮肤的防腐处理

将剥制好的蛙皮在75%酒精中浸 2 小时，取出后用清水冲洗，再用防腐粉涂擦于皮肤的内侧，即可进行充填。也可将剥制好的蛙皮用食盐、明矾液浸泡 5 天，取出后用清水冲洗干净即可。

4. 两栖类姿态标本的充填

1）*蛙类姿态标本的充填*

（1）取两团棉花填于眼眶中，以替代除去的眼球；随后，将四肢和头部皮肤翻转复原。

（2）量取三段铅丝，头部和前后两侧四肢分别插入一段铅丝，用绳在躯体中央把铅丝支架捆绑在一起（图 82）。

（3）用木屑进行充填，充填时可在木屑中加入适量稀白胶。充填时先由四肢开始，需用镊子伸入前后肢，把填充物充填至适当大小，再充填躯体。充填后用针线缝合剖口。

由于蛙类的口很大，缝合后如发现充填不足，可经口腔进行补充充填。充填好后，为防充填的木屑由口中漏出，可用一小块棉花塞于口中。

整个充填工作完成后，用清水洗净标本表面。

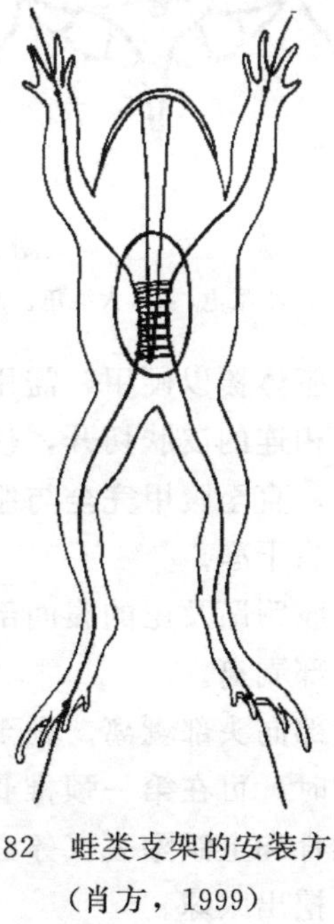

图 82　蛙类支架的安装方法

（肖方，1999）

2）大鲵姿态标本的充填

参照鳄姿态标本的充填方法进行。

4.5.4 爬行动物剥制标本的制作

1. 爬行动物皮肤的剥离

爬行动物的外形因种类不同而有较大差异，如蛇、蜥蜴、龟鳖等，不同类群剥制标本剥皮方法颇不一致。根据爬行动物体形差异，一般可将皮肤剥离方法分为以下 3 种类型。

1）龟类皮肤的剥离（以蜥龟为例）（图 83）

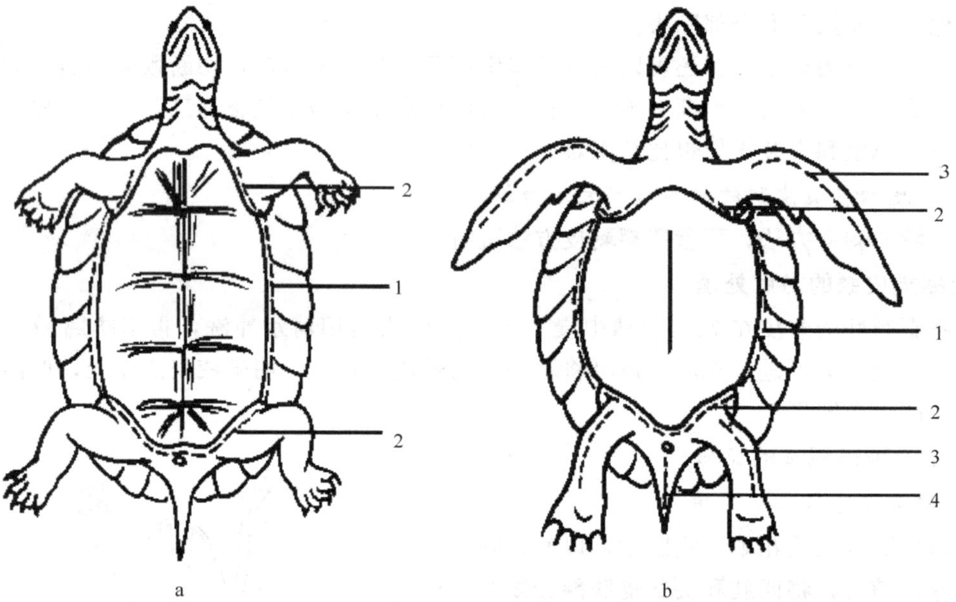

图 83 龟的皮肤剥离方法（肖方，1999）

a. 小型龟；b. 大型龟。1. 腹甲锯开线；2. 皮肤开口线；3. 四肢的开口；4. 尾部的开口

龟类躯体覆以硬甲，需用骨锯沿腹甲与缘甲间锯开，再将前臂与腹甲间和大腿、尾与腹甲间相连的皮肤切开，仅使整个腹甲与颈部皮肤相连。用解剖刀割离附在腹甲内壁上的肌肉，直至腹甲完全与躯体肌肉脱离。然后，除去内脏，把肩带骨和腰带骨连同肌肉用刀割除干净。

将四肢跗跖及尾的腹面剖开。四肢逐渐剥离后，除去四肢骨（包括掌骨和跗跖骨），随后将尾部剥离。

由颈部向头部剥离。剥至头骨时，由于颅顶皮肤已骨化，非常坚硬，无法继续向前剥离。此时，可在第一颈椎骨与枕孔间截断颈项，再用骨剪或凿子将头骨腹面的基枕骨、基蝶骨和上颌除去（务必保证在此过程中，头部外表不受损伤）。接着将两颊处肌肉除净，挖出眼球。

某些大型爬行动物背、腹甲很厚，肋间骨板部分呈中空状，骨间隙储存有很多骨髓和脂肪。需用凿子将背腹甲内侧凿开，铲去其中的脂肪和骨髓；否则，制成的标本长时间存放，脂肪会由骨隙中溢出，使标本质量和感观受到影响。

小型龟类不需剖开四肢就可翻剥，但需将肱骨、桡尺骨和股骨、胫腓骨保留，将附在肢骨上的肌肉剔除干净即可。

2）鳄皮肤的剥离

鳄的体表覆有角质鳞，鳞下有真皮形成的骨板，剥皮时难以翻转，所以剖口需长一些。

先将躯体仰卧，自身体腹面颈部正中向后剖开。剖口至泄殖孔处需向左或右偏，以避开泄殖孔，使泄殖孔保持原状。剖口至尾柄后端止。尾部剖口也需偏向一侧。

鳄的角质鳞皮肤较结实，一般不易剥破，剥皮的方法较易掌握。剥皮时，先把两侧皮肤剥离，分别截断颈和四肢处的肩、股关节；随后转动身体，使其背面朝上，头部向右。然后，将头翻向背面，右手持解剖刀自颈背进入后继续剥离，直至尾端为止。蜥蜴类也可采用此方法，唯其尾部断层处易断，剥皮时需小心处理。

剥离四肢时，先将前臂和胫跗部腹面的皮肤剖开，然后分别把两前肢的肱部、桡尺部和前掌的肌肉剔去，留下尺骨和掌骨；再把后肢的腹部、胫部和跗跖部的肌肉剔去，留下胫骨和跖骨。

处理头部时，用凿子把腭骨、横骨、翼骨及基枕骨去除，挖去眼球和舌，将附于头骨上的肌肉剔除干净。

3）蛇类皮肤的剥离

将标本仰卧伸直，置于工作台上。沿躯体腹部中央纵行剖开10～15厘米（剖口长短依标本大小而定，大型蛇类剖口可适当延长）。

沿剖口两侧向下剥至背面贯通，用剪刀将皮内躯干截为二段。先将前面一段逐渐外翻，向前剥离至头部鼻端，在颈椎与枕骨孔之间截断，除净附在头骨下侧的肌肉，挖去眼球和脑髓。

再将后一段外翻，剥离至尾端，躯体与皮肤脱离。然后将附在皮肤上的残脂余肉除净。

2. 爬行动物剥制标本皮肤的防腐处理

（1）将用不同方法剥离下的皮肤浸泡在75%酒精中，1～2天后取出。浸泡过的皮肤会发硬，可浸入清水中漂洗2～3小时。

（2）待皮肤柔软后取出拭干，用防腐粉涂于皮肤的内侧；取两团棉花嵌入眼眶中，以代替被除去的眼球，然后将头部翻转复原。

（3）对体形较大的爬行动物也可先浸于食盐明矾液中5～7天，再用水冲洗干净，然后用防腐粉涂擦于皮肤的内侧。

3. 爬行动物剥制标本的充填

1）龟类剥制标本的充填（图84）

（1）量取吻端至腹部剖口长度两倍的铅丝一段，在中点处将其对折成镊状。用竹丝缠绕铅丝至颈项般粗细，铅丝两端各留出一小段不缠。把铅丝不相连的一端经脑颅插入至鼻孔中，将铅丝固定在头骨上。

(2) 用针线将尾部剖口缝合好后，量取腹部剖口至尾端长度的铅丝一段，用竹丝将铅丝一端缠绕成略似尾椎的形状和大小，插入尾部。

(3) 量取约等于前、后肢伸直长度1.5倍的铅丝两段，将每段铅丝一端锉尖。龟的四肢铅丝只起固定形态的作用，不需作支撑身体之用。

(4) 在躯体内部中央用一块长方形的木板，将支撑头、尾和四肢的铅丝分别固定在木板上。

体形小的龟类一般不需用木块连接固定铅丝，可直接将各部分捆系在一起。因四肢皮肤没有剖开，尚保留有肢骨。所以，可在肢骨上直接缠绕竹丝至适当粗细，然后将其翻转复原，再把四肢铅丝插入脚底即可（图84）。

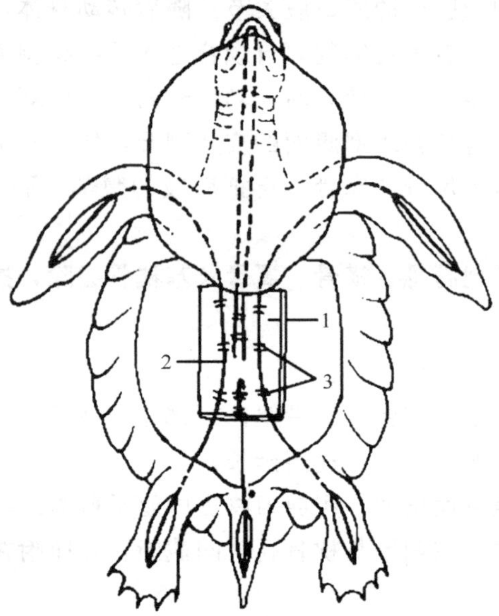

图84 大型龟类内部支撑串联方法（肖方，1999）

1. 木块；2. 铅丝；3. 固定点

(5) 骨架装置完毕后，即可进行充填。先用充填器把头颈部充实至适当大小，再分别充填四肢。四肢的关节间必须充填结实、饱满，避免出现凹凸不平的现象。然后再用稻草或竹丝充实躯体，直至充填饱满为止。

(6) 将腹甲盖上，在腹甲剖口两侧边缘用钻穿成数对对称的小孔（每侧4或5对），依次用细铅丝串联绞合，将铅丝两端嵌入剖口缝中。最后用针线把四肢与腹甲之间的剖口及尾部与腹甲间剖口边缘的皮肤缝合好。

2）鳄姿态标本的充填

(1) 量取与体长相等的铅丝一段，用竹丝将铅丝缠绕成比躯体略小的假体。缠绕时前端留出一段不缠，以插入上颌骨中（剥头部时已将腭骨、横骨、翼骨以及枕孔下端除去）；另一端插入尾端皮肤之间。

(2) 按前法制备安装固定四肢的铅丝，并将相关各铅丝关联固结。

(3) 充填时，先用充填器将头部充填结实，再充填两前肢掌部和关节，随后充填颈背及胸部两侧。这时可取针线把前胸剖口向后边充填边缝合，直至后肢的前端，开始充填两后肢。接着再由尾端向前充填边缝合。

如果剥制标本的尾部设计成弯曲姿态，应先将铅丝弯曲成所需的形状，顺着弯曲度进行充填。尾部向右弯时，则在左侧多加一些充填物；反之亦然。至全部缝合为止。

3) 蛇类剥制标本的充填

(1) 量取与体长相等的铅丝一段，从剖口处插入躯体。一端插入尾端，另一端经脑颅腔插入头骨，使其固定。因蛇体很长，为了便于充填，也可把铅丝分成两段，待尾部充填得差不多时，再将另一段铅丝插入头骨中，并在剖口处将其绞合连接。

(2) 取一细长竹条作充填器，用木屑作为填充物（木屑中可加入适量防腐粉，搅拌均匀)，由剖口处从尾部向前逐渐充填，边充填边用竹条伸向尾端部使其充实。充填至躯干部剖口处时，再向头、颈部充填。不宜充填得过满，将前后充填至与标本原有的体形相当即可。

(3) 在剖口处和口腔中填入少许棉花，以防木屑由剖口处或口腔中漏出。之后，缝合剖口。缝合时针口由鳞下穿入，以隐蔽缝线痕迹，同时也避免鳞片脱落。

如果需要将标本固定在座板上，则在剖口两端的铅丝支架上再加装两段适当粗细的支撑铅丝即可。

4. 爬行动物剥制标本的整形

1) 龟类的整形

龟类生活时姿态变化不大。头部通常呈仰起状，可用木块、硬纸板等将头部托起，以防标本干燥过程中下垂。一般四肢在固定前应确定关节的弯曲度；大型水生龟类的四肢呈鳍状，需做成游泳的姿态。

2) 鳄的整形

先整理好鳄四肢的姿态，然后将四肢上的铅丝固定在座板上。标本的头部略抬起。一般要将口张开，以显现出凶猛的姿态；用油灰充填口腔，利用油灰的可塑性，形成生活捕食的形状，还可着色。四肢稍微抬起，使尾部呈弯曲状，弯曲部位的两侧用钉固定好位置，以防干燥过程中尾部收缩变形。

3) 蛇类的整形

蛇类生活时一般常呈弯曲状，在地面爬行或盘旋于树枝上。如标本表面有凹凸不平的现象，可用手稍加揿捏，加以纠正。蛇类剥制标本一般不用座板支撑，营树栖生活的种类最好做成盘旋于附有座板的树枝上。

将义眼嵌入并整理好姿态后，放在通风处晾干。最后再除去整形所用的夹板、钉等，清除标本上的灰尘；用稀薄的清漆涂于标本表面，以增加光泽（不宜过多，以免失去原有的色泽)。标本经干燥后即可保存或陈列。

4.5.5　鸟类剥制标本的制作

1. 材料的选择与处理

鸟类剥制标本制作质量的好坏取决于制作标本的鸟类完好程度。网捕的标本通常较完整，用枪猎杀的标本往往有缺损。制作剥制标本用的鸟类，不论活体或死亡的个体，都应选择新鲜、羽毛完整、喙脚齐全、皮肤无损或轻度损伤者。由于鸟类的皮下脂肪会直接影响标本制作和保存，展示标本尽可能选择皮下脂肪少的材料。

如果是活体，需在剥制前1～2小时处死。处死方法一般是用手指掐捏胸部两侧的腋部，压迫胸部，使其无法呼吸而致死；或在翼部两侧肱静脉管中用注射器注入少量空气，阻断血液循环，使其立即窒息而亡。待体内血液凝固后剥皮；否则，剥皮时血液极易流出而沾污羽毛，不仅影响标本的美观，且在以后保存过程中易遭虫蛀。

用枪猎杀的标本，尾羽和飞羽常有损坏，甚至一些重要部位被击毁，常不宜用来制作标本。有腐烂的鸟体也不宜制作标本，因在剥制过程中，羽毛极易脱落。对刚用枪打到的标本，需尽快用棉花塞住鼻孔、口腔、泄殖腔、枪创口等处，以防污液外溢。如羽毛已沾上血污，可用毛刷蘸水洗去污渍。如果血液已凝固，应先沾水使其湿润，再用毛刷清洗血渍。白色和淡色羽毛上的血污，不易洗净时，可加少量肥皂或洗涤剂洗涤。洗净后，用干布拭去水分，然后置于解剖盆中，用石膏粉撒在洗涤处，吸取羽毛上的水分。约半小时后，吸水的石膏粉结成块状，再用毛刷刷去石膏粉块，使羽毛呈蓬松状；倘若羽毛尚未全部干燥，可重新处理。

2. 鸟体剥制标本的测量和记录

剥制标本前要先行对标本的一些生物学特征进行必要的测定。测定的主要内容包括体长、体重、嘴峰长、翼长、尾长、跗跖长等，翼展度及嘴裂、趾、爪等长度则视需要加以测定。

野外制作标本时，因时间所限来不及测定的，至少应将体重、体长等进行测定。因为标本剥制后，肌肉被取出，身体长度不能保持原有的自然长度；有些标本跗跖因全部被羽（如毛脚沙鸡、雨燕等），制成标本后关节硬化，测量时难以找到跗跖的起止点。

除此以外，在制作标本前，还应记录其性别、发育阶段（如成体还是幼体）、采集地、经纬度、采集日期、采集者、物种名称，以及虹膜、脚、喙和其他裸露部分的颜色等。

通常在分类学研究上需要引证剥制前要进行量度的数据包括以下几项（参见第3章3.2节鸟类标本采集部分图20）。

体重：整个鸟体的重量，以克或千克为单位。

体长：自喙端至尾端的长度。

喙峰长：自喙基生羽处至上喙先端的直线距离。

翼长：自翼角（腕关节）至最长飞羽尖端的直线距离。

尾长：自尾羽基部至最长尾羽尖端的直线距离。

跗跖长：胫骨与跗跖关节后面的中点至跗跖与中趾关节前面最下方之整片鳞片的下缘。

翼展度：两翼展开最大的距离。

3. 鸟类剥制标本的制作方法

鸟类标本剥制的方法有多种，仅剥制时开口的方法就有数种（如胸腹部开口法、背部开口法、肋下开口法等）。下面介绍两种最常用的鸟类剥制标本制作方法。

1）南派鸟类剥制标本制作方法

皮肤的剥离

将鸟体横卧于标本制作台上，头部向左，右手持解剖刀分开胸部中央羽毛，然后沿胸部龙骨突中央由前向后将皮肤直线剖开（图 85），将刀口向上，沿皮肤剖开处至颈部后端显露为止。

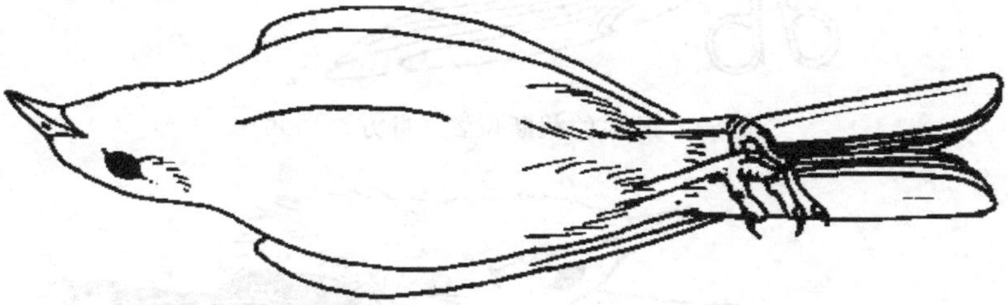

图 85　鸟类的剖口（肖方，1999）

左手提起已剖开的皮肤边缘，右手持解剖刀，将皮肤与肌肉间的结缔组织边剖割边剥离（图 86），剥至胸部两侧腋下。剥离时，需经常撒些硼砂粉或石膏粉于皮肤内侧和肌肉上，以防羽毛被肉体上的血液和脂肪沾污。

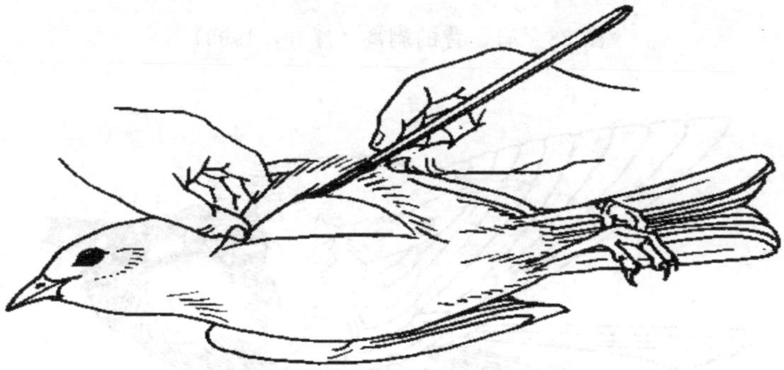

图 86　鸟类胸部两侧皮肤的剥离（肖方，1999）

左手拇指和食指压住靠近颈项两侧剖开的皮缘。其余三指将头向上托，使颈项伸出，再用右手拇指和食指将颈部肌肉捏住，或用镊子将颈项夹起，右手持剪刀将颈项基部（靠近前胸部的位置）剪断（图 87），用左手把连在头部的颈项向头部拉回。注意，剪断颈项时暂勿将气管和食道剪断，以免污物流出沾污羽毛，同时还要避免剪破颈背的皮肤。

右手将与躯干相连的颈项抻起，翻转鸟体，背部朝上，尾部向左（如为大型鸟类，可将颈项挂在适当高度的金属钩上进行剥皮）。左手将头和颈部翻向背部，压住已剖开的颈部皮肤边缘，使颈背和两肩露出（图 88）。此时，用剪刀将颈基部处的气管和食道剪断。

用解剖刀在肩部与肱部附近的皮肤和肌肉之间剖割，逐渐使其分离。再用剪刀将肱部中间剪断（图 89）。操作时切勿剪破两腋下的皮肤。

图 87 颈项的截断位置（肖方，1999）

图 88 肩、背的剥离（肖方，1999）

图 89 肱部截断位置（肖方，1999）

继续向体背和腰部方向剥离。剥至腰部时，因一般鸟类腰部皮肤都比较薄，且腰部羽毛的羽轴根大多着生于腰部荐骨上，所以不能用力强拉，必须细心地用解剖刀紧贴在腰骨上慢慢剖离，尤其对于红头咬鹃和鸠鸽科的鸟类，更要小心谨慎，否则其腰部皮肤极易被撕裂（图 90）。

背、腰部皮肤逐渐被剥离的同时，相应的适时向腹部剥离。此时，腹部和两腿显露。接着，将两腿皮肤剥离至胫部与跗跖之间的关节处（隼形目和鸮形目鸟类可以剥至跗跖部的大部分，鹭科和鹤科等鸟类则只能剥至胫部的一半），将剪刀插入胫部紧贴于胫骨上，向股部方向挑剔，将附在胫骨上的肌肉割离剔净，并将股骨与胫骨之间关节处

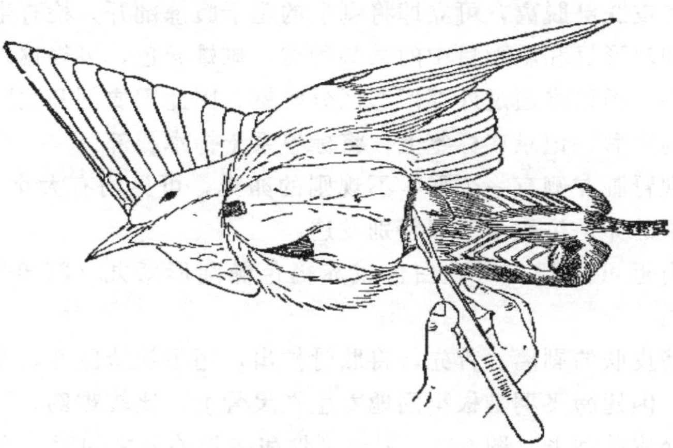

图 90　腰部的剥离（唐子英等，1985）

将骨剪断。胫部上的肌肉则在胫跗关节间剪断，剔净（图 91）。

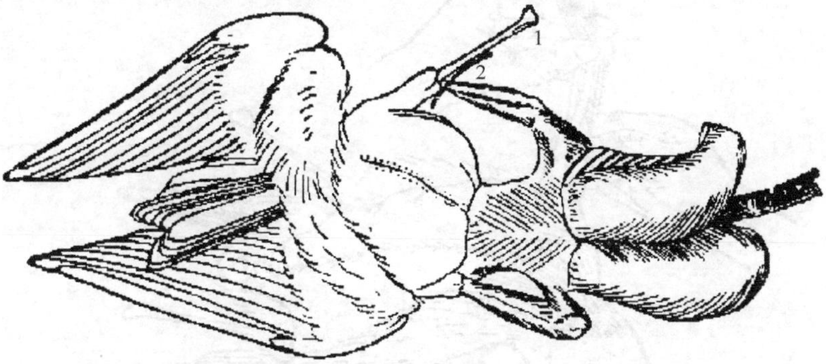

图 91　后肢的剥离和胫、股骨的截断位置（唐子英等，1985）

1. 胫股骨关节的截断位置；2. 肌肉的截断位置

继续向尾部剥离。当剖至尾腹面泄殖孔处时，用刀把直肠基部割断，向后剥离至尾基。尾背部剖至尾脂腺显露时，用刀将尾脂腺切净。此时，用剪刀将尾综骨末端剪断，剪断后的尾部内侧皮肤呈“√”形（图 92）。由于剪断尾综骨时容易剪断尾羽的羽轴根，造成尾羽脱落。因此，必须格外小心。

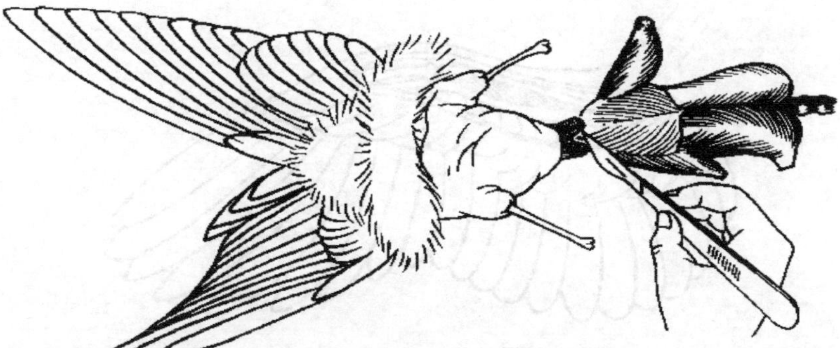

图 92　尾部的截断位置（肖方，1999）

此时，躯干与皮肤已脱离，可立即将剥下的躯干腹部剖开，检查生殖器官，辨识性别。某些鸟类，如鸡形目和雁形目中的某些种类，雌雄异色，可根据外部形态特征辨别性别。但也有一些鸟类很难通过外部形态区分雌雄，因此需要剖开腹腔，检查生殖腺以区别雌雄。性别确定后，记录在标签上，将标签系于标本腿部。

雌性：背面观肾脏左侧有一个形状不规则的卵巢，可见内有大小不同的圆粒状物，即为不同发育阶段的卵。生殖季节卵特别发达。

雄性：肾脏附近可见到一对乳白色或赤褐色椭圆形睾丸（精巢），生殖期间特别发达。

随后进行翅膀皮肤的剥离。首先，将肱骨拉出，用手执持肱部，左手将皮肤渐渐剥离，剥至尺骨时，因翅膀飞羽轴根牢固地着生在尺骨上，比较难剖，可用拇指指甲紧贴着飞羽轴根将翅膀皮肤刮下（图 93）。剥至尺骨和腕骨关节之间时，将桡骨、肱骨和附在尺骨上的肌肉清除干净（尺骨需保留）。

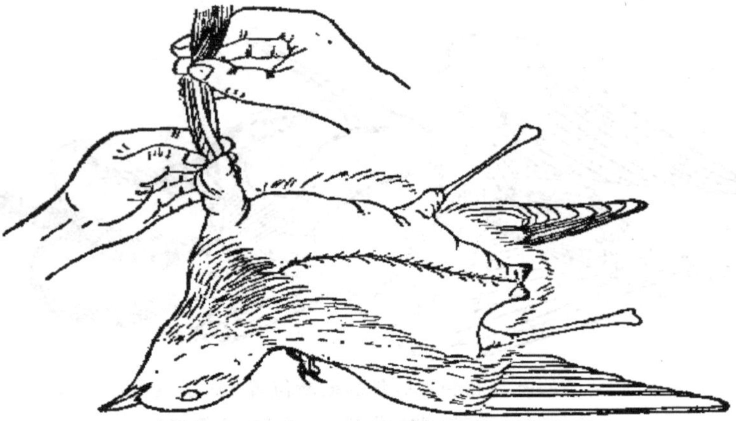

图 93 翼的剥离（唐子英等，1985）

如果要制作飞行姿态（翅膀张开）的剥制标本，如图 94 所示，在翼下开口，除去附在肱骨和桡尺骨上的肌肉。注意处理时切勿将着生于尺骨上的飞羽轴根割离（保留肱骨和桡尺骨）；否则，会造成着生在尺骨上的飞羽下垂，双翅不能充分张开。

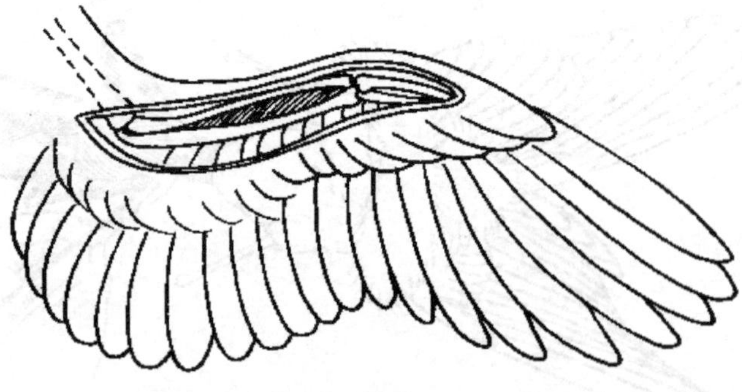

图 94 翼的剖口线（肖方，1999）

两翼剥离后，进行头部的剥离。剥离头部皮肤时剥至喙基部为止。先将气管与食道拉出，右手持着颈项，左手以拇指和食指将皮肤渐渐向头部退剥；剥至枕部时，两侧出现不明显的呈灰褐色的耳道，用解剖刀紧靠耳道基部割断（图 95），或用手指捏紧耳道基部将其拉出。

继续向前剥离，至头部两侧出现暗黑部分，即至眼球处，如图 96 所示，用解剖刀将眼睑边缘的薄膜割开（切勿割破眼睑和眼球，否则眼球流出的污液会沾污头部的羽毛，眼睑的破损会影响制成后标本的外观效果），用镊子将眼球取出。用剪刀将枕骨孔稍微扩大，用镊子夹住脑膜将脑取出，用棉花将脑颅腔揩拭干净。

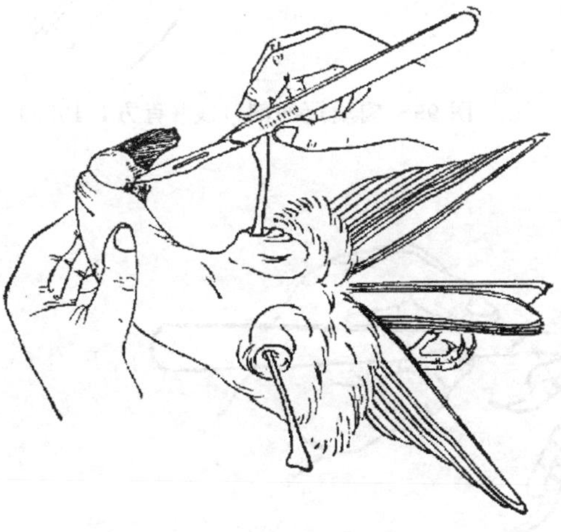

图 95　耳道的剥离（唐子英等，1985）

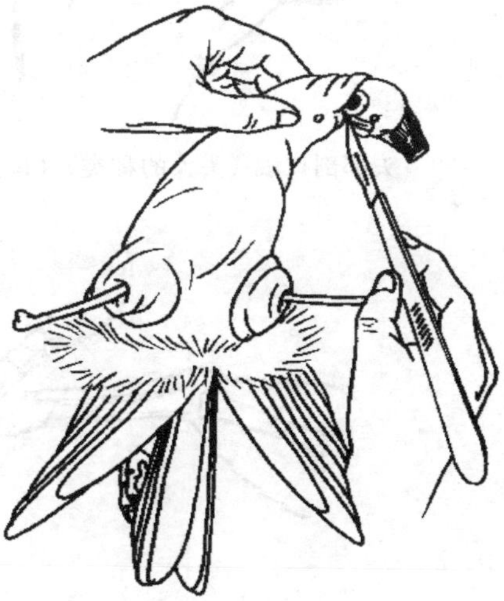

图 96　眼眶的剥离（肖方，1999）

大部分雁形目鸟类和啄木鸟，由于头大颈小，按上述方法无法将头部剥离。可先将颈部剪断，在头后和前颈背中央直线剖开（图 97）。

剖口长短视标本头的大小而定，一般以能将头和颈项翻出为度。然后，按上述方法进行剥离，切勿强行剥离，否则，颈部皮肤极易破裂，头部羽毛也易脱落。

剥离白眉鸭和乌鸦头部时会感到很紧，但只要谨慎小心还是可以将头部剥离的，并且也不会使羽毛脱落，既省时又美观。对于头部具肉质的种类，应在肉质冠的后侧剖开（图 98，图 99），尽量避免剖开头部，以免因剖口的缝合而影响标本外形效果。

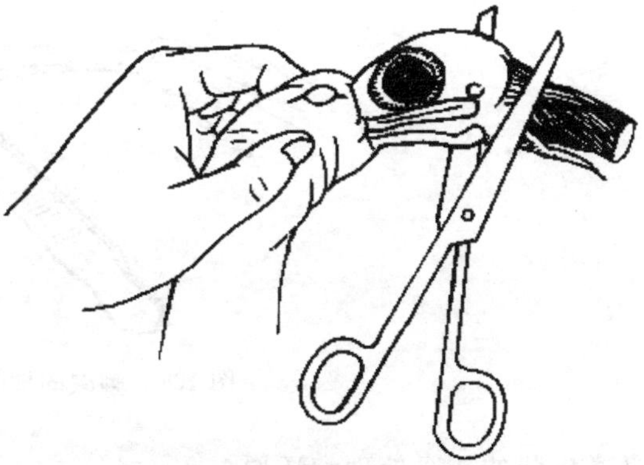

图 97　脑颅腔切口位置（肖方，1999）

标本剥好后，将附在皮肤内侧的残脂、碎肉、使用的硼砂粉或石膏粉清除干净。对于体形较大的鸟类，如鹭、鹤、天鹅等，用刀把脚底皮肤剖开（图 100），再用圆锥或镊子伸至脚跟内，将脚腱抽出（图 101），在靠近脚底处用剪刀将脚腱剪断（图 102）。

图 98　头部剖口线（头大的种类）（肖方，1999）

图 99　肉质冠的剖口线（肖方，1999）

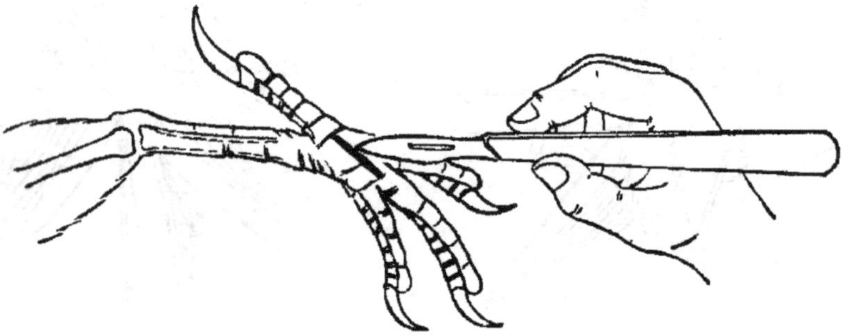

图 100　脚底的剖口线（唐子英等，1985）

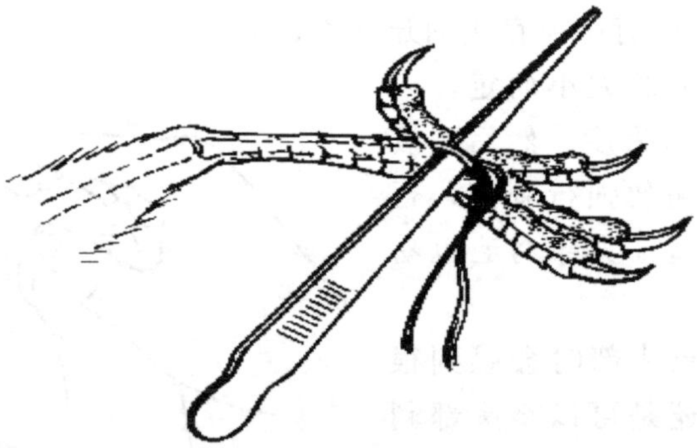

图 101　脚腱的抽除（肖方，1999）

鸟类皮肤的防腐处理和还原

剥皮工作完成后，皮肤内侧须用防腐剂进行防腐处理。通常采用的防腐剂为三氧化二砷防腐膏。防腐和还原应结合进行。

用毛笔先将双腿胫骨表面涂抹上三氧化二砷防腐膏，然后缠上竹丝或棉花，其缠绕的粗细应与原小腿粗细基本一致。腿部皮肤内侧涂抹防腐膏，将胫部塞入翻转皮肤，恢复原形态。之后，用防腐膏涂抹尾、腹和腰部皮肤，并将其翻转还原。

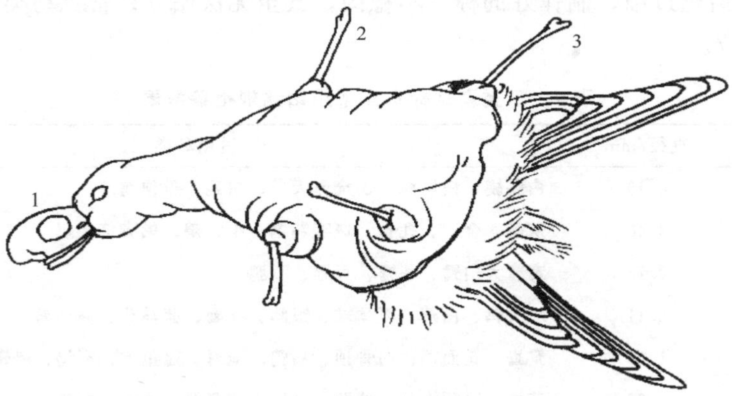

图 102　肌肉剖离后未复原的皮张和骨骼（肖方，1999）
1. 头骨；2. 尺骨；3. 胫骨

右手持翅膀和剖口的皮肤边缘，将防腐剂涂在翅膀内皮和尺骨上，随即将尺骨塞入，使翅膀翻转恢复原状；同样方法将另一翅膀也进行还原。随后，将眼窝、脑颅腔、下颌和颈部内皮也涂上防腐膏，用两团与眼球大小相似的棉花团填入眼窝。用镊子轻夹前额皮肤，逐渐把头部翻转；至枕骨大孔处，将头骨经颈部皮肤处塞入，右手捏住喙端，慢慢地将头部翻出，直至头、颈部全部还原。处理时需小心用力，切忌强拉；否则，颈部羽毛容易脱落。最后，在胸部两侧、肋部和背部内侧同样涂上防腐膏。

注意事项：

由于眼窝、脑颅腔、下颌骨以及尺骨、胫骨上的肌肉不易剔净，为了提高防腐的速度和效果，在涂抹防腐膏之前，最好先用石炭酸酒精饱和液涂擦上述部位，在气温较高的季节尤为必要（石炭酸酒精饱和液渗透性强，可达到快速消毒、固定和防腐的效果）。

当标本经过充填和整形后，还必须把无法用防腐膏涂抹的部位，如跗跖、脚趾和裸出的肉质冠和肉垂等的皮肤及其衍生物的表面，用此液涂抹，以进行消毒防腐。

在对皮肤进行防腐处理的过程中，需轻轻涂抹，务必使防腐剂均匀分布在皮肤上。涂抹完防腐剂后，及时将皮肤有羽毛一侧翻转复位。涂抹防腐剂和翻转皮肤间隔的时间不能太长，否则皮肤容易干燥、发硬，不仅影响下一步标本充填和整形，而且还会影响标本质量。

鸟类标本的填充

普通姿态标本的充填

姿态标本用铅丝支架代替被剥掉的骨骼支持身体姿态；竹丝或棉花作为填充物，替代被剥去的肌肉，使身体保持生活时的姿态。

充填方法主要有两种：一种是捆扎法，用铅丝和填充物先捆扎成略似鸟体的假体，再将剥好的皮肤披在假体外制成标本的方法；另一种是充填法，将支架和填充物，按步骤逐步填入体内，以替代被剥离的骨骼和肌肉的方法。充填法相对简便、省时、易于掌握，标本的姿态容易整理。现将充填法加以介绍。

鸟类姿态标本充填前须先在体内安装铅丝支架。所用铅丝的粗细依鸟的体形和重量以及脚的长短、粗细等而定。所用铅丝如果太粗，胫部皮肤易被穿破，整理姿态也较困难；反之，如铅丝过细，制作好的标本不稳固，甚至无法站立。常见鸟类姿态标本所用铅丝规格见表 7。

表 7　鸟类剥制标本支架用铅丝规格参考表

铅丝规格	直径/mm	适用鸟类
8	4.19	白鹈鹕、白尾海　、疣鼻天鹅、白鹳、丹顶鹤
10	3.40	灰鹤、金　、孔雀、斑嘴鹈鹕、小天鹅、黑脚信天鹟
12	2.76	鸢、大白鹭、苍鹭、豆雁、　鹗
14	2.11	绿头鸭、白鹇、环颈雉、银鸥、苍鹰、蓝马鸡、褐马鸡
16	1.65	鸳鸯、花面鸭、白骨顶、乌鸦、池鹭、冠鱼狗、家鸽、褐翅鸦鹃
18	1.25	黄鹂、绿啄木鸟、杜鹃、画眉、蓝翡翠、沙锥、斑鸫、黑头蜡嘴、太平鸟
20	0.89	白头鹎、小翠鸟、长尾鹟、雨燕、云雀、大苇莺
22	0.71	麻雀、白眉鹟、白脸山雀、绣眼、鹡鸰、黄喉鹀
24	0.56	黄腰柳莺、太阳鸟、红头长尾山雀、长尾缝叶莺

注：①这些种类头颈一段铅丝宜用稍细一些，以便整形；②飞翔标本翅膀上的铅丝应较躯体支架所用铅丝稍细。

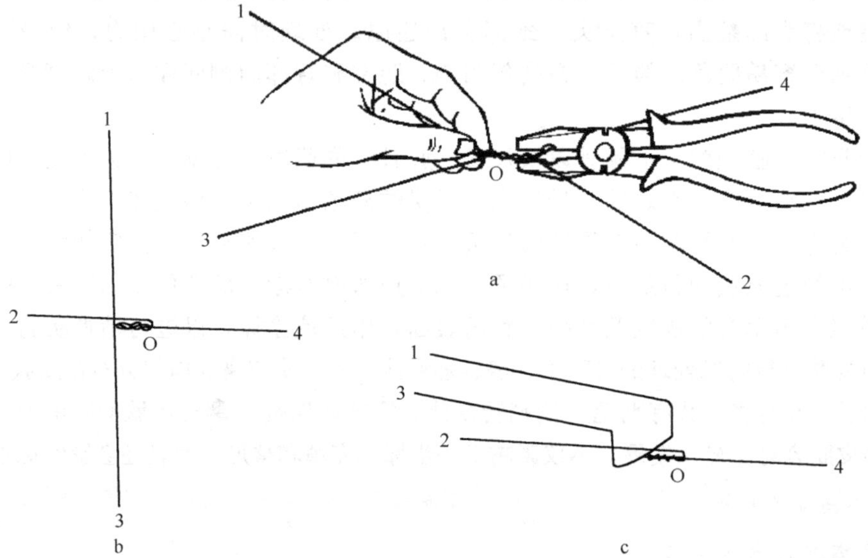

图 103　鸟类铅丝支架的制作方法（肖方，1999）

O. 绞合点；1～4. 支架的 4 个端点

铅丝支架的制作和安装

量取长度为喙到趾端 1.3 倍（鸟体仰卧伸直时）的铅丝一段，另取一段较前者长 3～6 厘米（颈项长的种类例外），按图 103a、b、c 顺序绞合，折成铅丝支架。绞合处应当绞紧，使其不致松动。

铅丝支架制成后，在图 103c“4”处缠绕的棉花或竹丝略小于颈项，将相互平行的 1 和 3 两端分别从两脚胫骨和跗跖骨关节间的后侧向脚跟方向边旋转边插入，由脚底掌部穿出（图 104，“1”端和“3”端）。同时，将两端插入尾部腹面中央，由尾部腹面穿出，以支持尾羽，避免尾羽下垂。

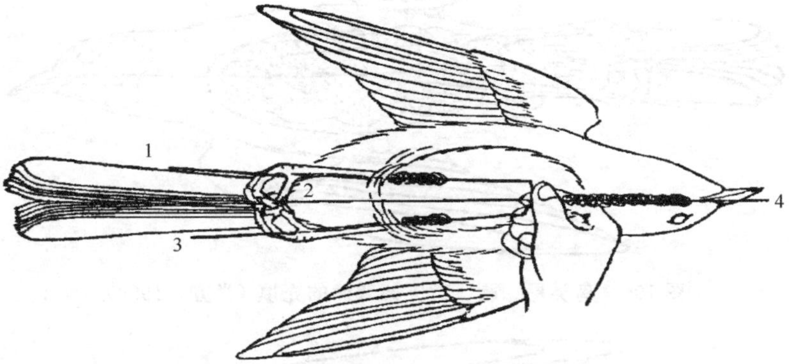

图 104　鸟类脚、尾铅丝支架的安装（唐子英等，1985）

1～4 为铅丝支架的四个端点

尽量将图 104“2”端铅丝向尾部方向后移，使“4”端（4 端在安装时可稍弯曲）能由颈项皮肤中穿至头部脑颅腔中。左手持头部，右手捏住“O”点，稍用力使“4”端自脑颅腔插入上喙尖中（图 105），这样头部就不会摇动。然后，用镊子向后轻拉体表颈项皮肤，避免头部皮肤皱褶在脑颅腔中。此时，适当调整铅丝支架的位置，使体长和原来测量时的长度基本一致。

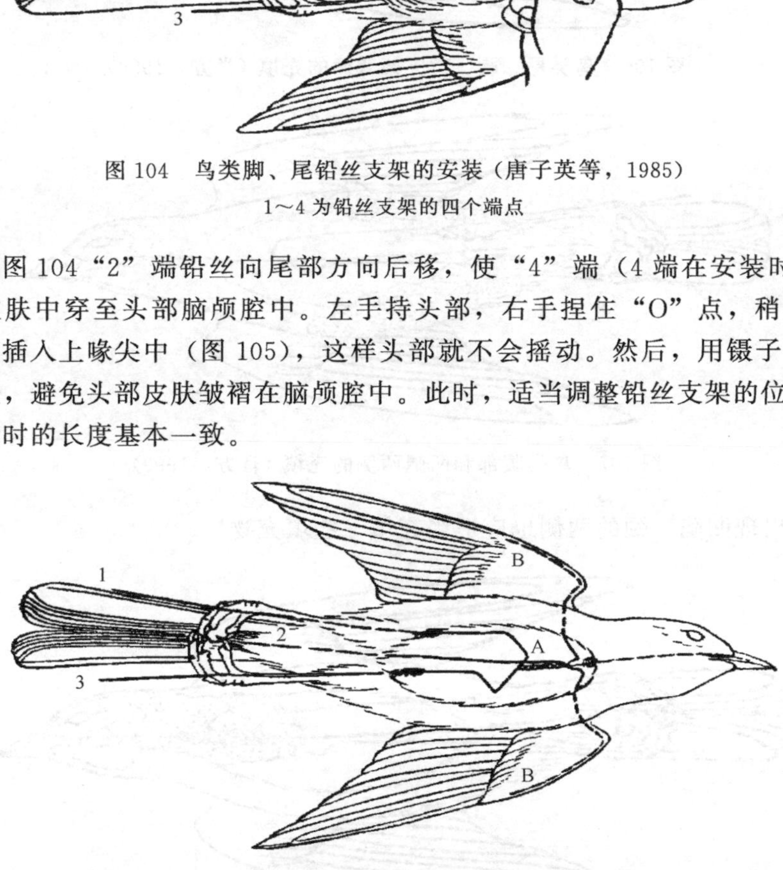

图 105　鸟体铅丝支架的安装（唐子英等，1985）

A. 鸟体支架；B. 翼部支架

姿态标本的充填

把已装好铅丝支架的鸟皮仰卧于标本制作台上，使头部向右，胸、腹朝上。

在支架（腹面观）下面，即身体背面，用镊子夹持长条状的填充物（棉花或竹丝，下同），依次从尾、腰、背及其两侧逐渐充填一层（图 106），以此作为躯体背面的“肌肉”（填充多少视鸟体大小而定）。也可使支架裹在填充物中。这样，标本制成后，鸟体背面不至出现凹凸不平和有铅丝支架的痕迹。随后再用棉花充填腹部和两腿的两侧（图 107）。

在脑颅腔、头后部和颈背填入一长条状的填充物，务使头后部和颈背饱满（图

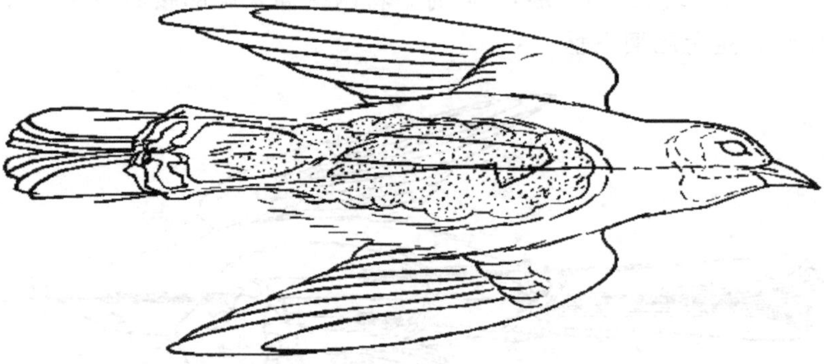

图 106　鸟类尾、腰、背支架背面的充填（肖方，1999）

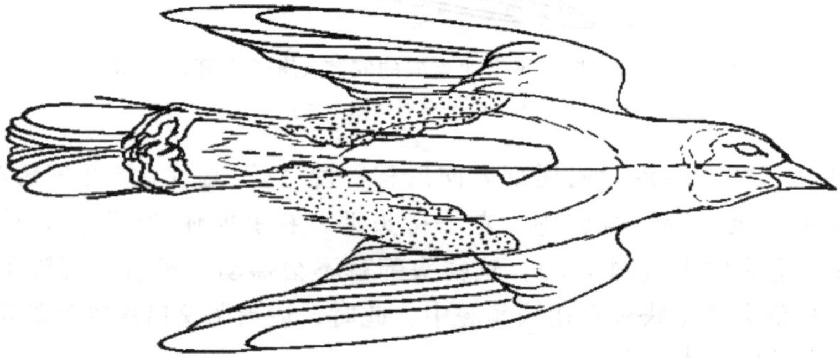

图 107　鸟类腹部和两腿两侧的充填（肖方，1999）

108)，不能出现凹陷。颈的两侧也应适当充填一些填充物。

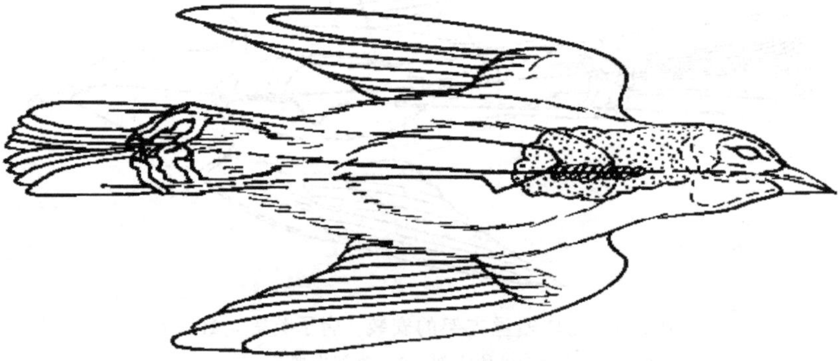

图 108　鸟类头和颈部支架背面的充填（肖方，1999）

将两翼的尺骨拉出，压在支架中间下面（“O”点绞合处背面）。如果翼上小覆羽和肩羽不服帖，应稍加整理或调整位置，并在两肋充填一些填充物（图 109），以压住尺骨，使其不致松动。

再夹持长条状的填充物，逐渐向尾部、两腿的外侧和下面以及尾部腹面的中央依次充填（图 110）。充填过程中，必须注意穿过两腿和脚跟的铅丝应尽量保持在腹面上面，充填时不要将填充物充填在它的上面；否则，不仅会使两腿被压向后方，而且显不出两

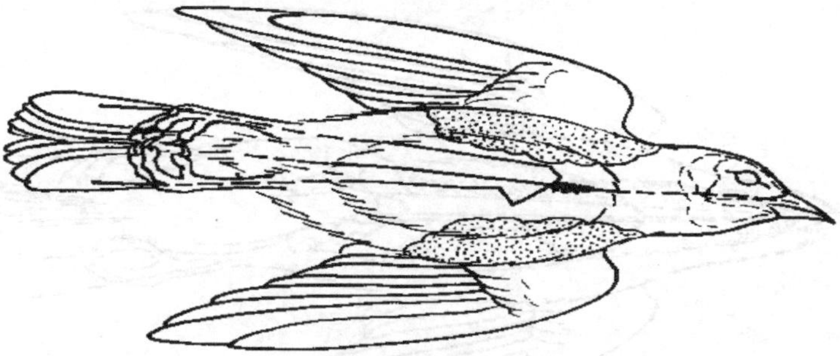

图 109　鸟类胸部两侧的充填（肖方，1999）

腿，以致很难整理成自然姿态。

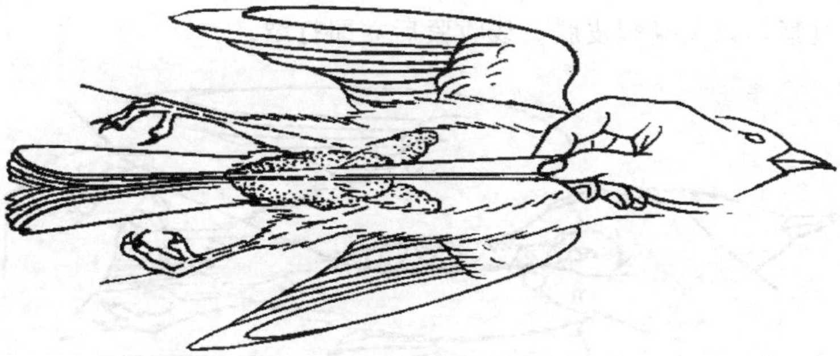

图 110　鸟类尾部腹面的充填（肖方，1999）

尾部充填成与制作前同样大小后，开始充填胸、腹部的两侧和两腿的内侧（图 111），至接近制作前的大小（因填充物富有弹性，充填时可稍填大一些，缝合后会因积压而接近鸟体原来的大小）。此时，检查各处是否充填均匀、饱满；发现不足，应及时加以调整补充。

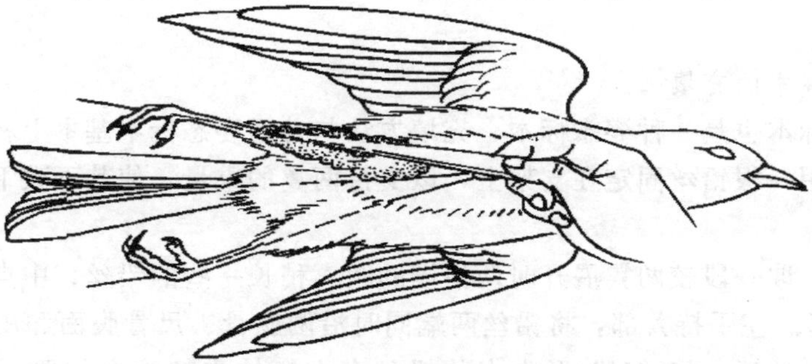

图 111　鸟类腿部内侧的充填（肖方，1999）

然后，再用镊子夹一长条填充物，由颈项腹面伸至下颌，以替代气管（图 112）。

最后，在胸、腹部剖口处填入一层薄棉花，用针线由前向后缝合剖口（图 113）。缝合时注意不要把羽毛压在线下，针距不宜太密。缝合过程中，缝合线暂勿收紧，待全部缝好后，左手轻轻捏紧躯体两侧，迫使剖口合拢，右手把线收紧。收线时要用力均

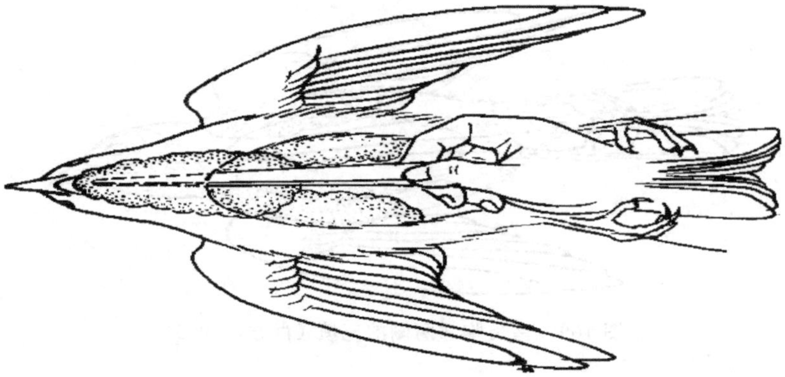

图 112 鸟类下颌和颈项腹面的充填（肖方，1999）

匀，不能用力过猛，以免撕裂皮肤。线收紧后立即打结。

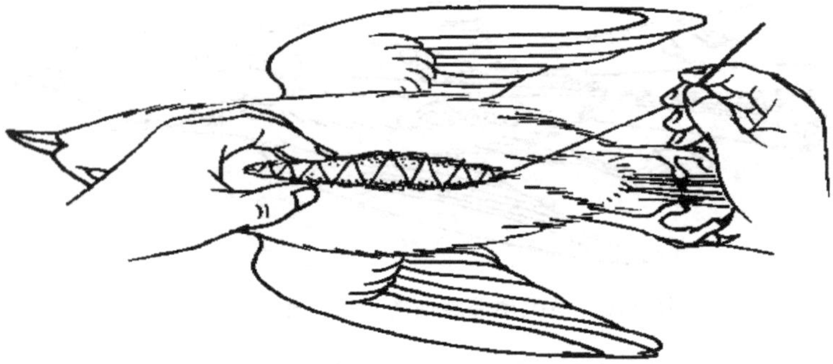

图 113 鸟类剖口的缝合（肖方，1999）

由于鸟类种类繁多，体形不尽相同，故在充填时需多加注意。例如，潜鸟类的腿位于躯体后方；鸥类的脚几乎全位于躯体中间；雁类体形扁阔，腹部大；鹳类背部凸起……总之，在充填时应注意不同种类的体形，尽力使标本符合其生态特征，制成比较逼真的标本。

飞翔姿态标本的充填

鸟类飞型标本也是一种姿态标本，充填方法与普通姿态标本基本上相同，仅在处理两翼时，需另用一根铅丝固定在支架上，以支持两翼的重量，使其不致下垂，保持平衡状态。

具体做法：取一段较两翼展开时两指端的距离稍长一些的铅丝，中点折成 0.5 厘米左右的“U”形。左手持翼部，将铅丝两端同时沿两肱骨、尺骨腹面和皮肤的内侧分别由两指端插入。然后，将“U”形中点的铅丝套在躯体支架绞合位置，用粗线捆扎结实。调整两翼的展开度，使其对称。再用粗线分别把两翼的肱骨和尺骨连同铅丝扎紧，并在翼部剖口处适当填入一些棉花。之后，分别将两翼剖口缝合。

躯体的充填方法与姿态标本基本相同，可参照进行，唯尺骨不必压在支架背面。

研究标本的充填

鸟类研究标本体积小，便于野外工作时保存运输。因此，进行野外鸟类调查和标本采集时，常用这种方法制成标本。研究标本的制作较姿态标本简单。体内支架不必用铅丝，可用竹条代替（也可用铅丝）。

制作方法：取一根约等于头至上腹长的竹条，其粗细视鸟体大小而定。家鸽用直径 4 毫米左右的竹条，不宜过粗，否则头骨容易损坏。将竹条一端削成丫状，前端削尖，叉深约 5 毫米；叉后端竹条上缠绕棉花，其粗细略小于颈项。然后，将叉端由颈项中插入枕骨孔内，经脑颅腔伸入上喙基部（图 114）。另取一根长约 5 厘米，直径 3 毫米的细竹条，一端削尖，削尖处后端缠绕一层薄棉花；将尖端由体内插入尾部中央的腹面，以支撑尾羽毛。安装好后，即可进行充填。

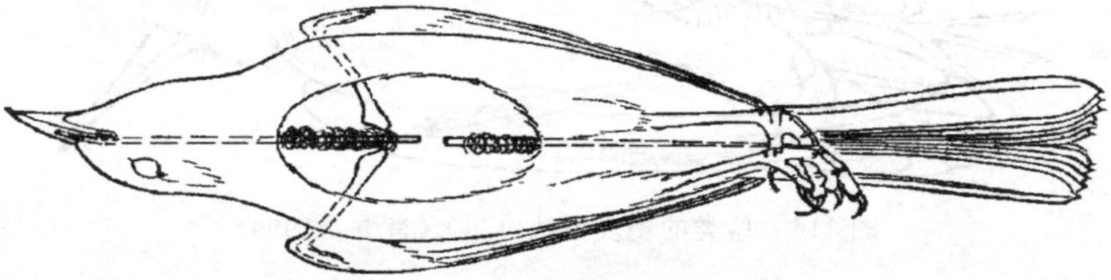

图 114　鸟类研究标本支架的安装（唐子英等，1985）

充填方法与姿态标本基本相同。因不需站立，支架简单，故充填时也比较容易，可参照姿态标本的充填方法进行。

需要注意的是，为了便于运输和储藏，颈项较长的种类，可把颈部略缩短；颈部较长的种类，如鹭类、鹤类等，可将颈部的竹条改用铅丝，以便制成标本后头、项可较容易的向后弯向体侧。腿胫较长的种类，应将两脚弯向腹面。头顶具凤冠的种类，应将头部侧转，眼睑的一侧朝上，使凤冠显现。

2）北派鸟类剥制标本方法

皮肤的剥离

先用棉花塞入鸟体口腔、肛门和枪伤处，以防内容物流出污染羽毛。鸟体腹面朝上（图 115）。

图 115　鸟类的剥皮方法（一）（肖方，1999）

胸部中线开口。左手食指和拇指将胸部中线位置的羽毛向两侧分开，右手持解剖刀自胸部（龙骨突的高峰点）起到肛门前端剖开皮肤，刀口要浅，见肉即止，不要把肌肉和腹部划开。用左手捏起一侧的皮，右手将刀插入皮与肌肉之间，刀刃向内贴于肌肉进行钝性剥离。边剥离边扑撒石膏粉，这样皮下血液、脂肪或黏液就不会沾污羽毛。

剥离的顺序为从腹面至背面，从前向后。剥至腿部时，左手捏住跗跖骨向内推出胫骨（图 116)，使膝关节突出。在膝关节割断或剪断股骨以上部分，以与躯体脱离。另一侧照此进行。两腿与躯体分离后，向肛门和尾部剥离。在直肠末端割断直肠；继续向下剥离，在尾椎骨的末端（尾综骨）将尾椎骨剪断（图 117)，使尾部脱离躯体。

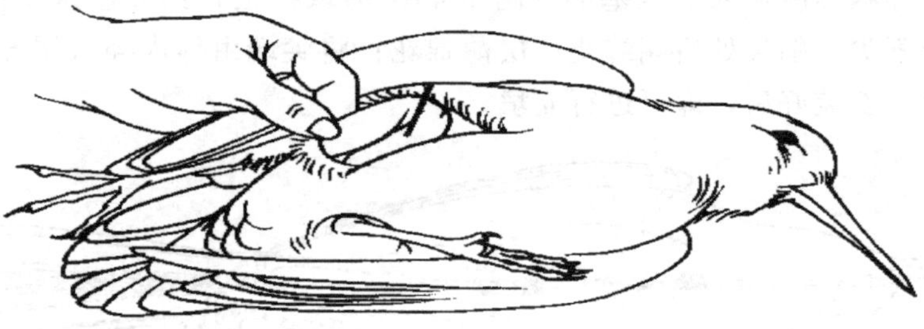

图 116　鸟类的剥皮方法（二）（肖方，1999）

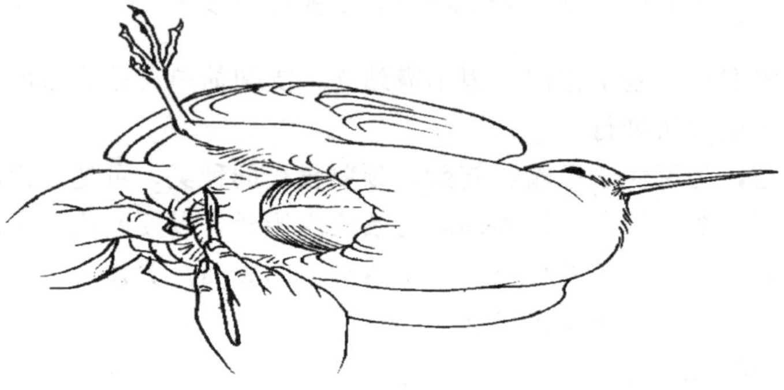

图 117　鸟类的剥皮方法（三）（肖方，1999）

将躯体竖起，臀部朝上，由后向前剥离。至肩部时，将肩关节剪断，使翅膀与躯体脱离（图 118)。然后，继续向前剥离，用右手抓住躯干，左手分离颈部（可不用刀具)。剥至露出头骨时，左手抓住颈部，右手持刀剥离头部皮肤。见到白色薄膜，表明已到外耳孔处，将耳膜割断。依次向前剥至眼眶处，将眼眶周围皮肤割断，使眼球全部

图 118　鸟类的剥皮方法（四）（肖方，1999）

露出。再向前剥离至喙基部，皮和头骨要保持连接状态，此时在第一颈椎处沿枕骨把整个颈及躯体部分剪去（图 119）。剥制工作基本完成。

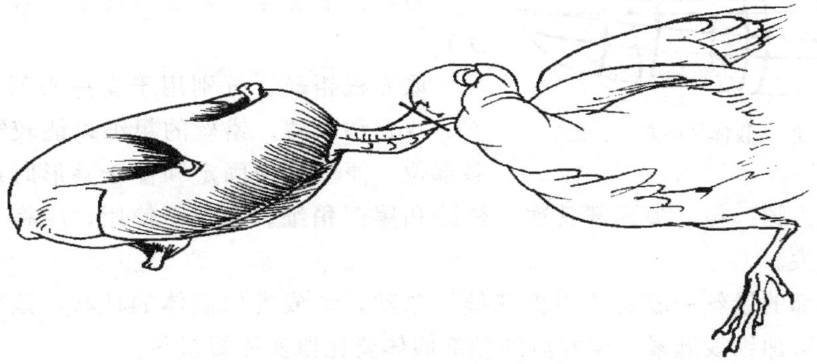

图 119　鸟类的剥皮方法（五）（肖方，1999）

对颈部较长或头大颈小的鸟类，如鹤、天鹅等，还需在头顶部或头部腹面向后加开一剖口，将颈部全部剪除，直至剥离头部皮肤。

肌肉的剥离与防腐处理

肌肉和软组织的清除

头部：用镊子夹棉花从枕骨大孔伸入脑颅腔，将脑挤出，反复进行，蘸净为止。摘除眼球、舌及各部位的肌肉和软组织。

翅膀：将肱骨提起，剥离周围的皮肤，剔除肱骨上的肌肉，再将其送入皮内。然后，把翅膀展开，内侧朝上，从肘关节用解剖刀沿尺桡骨位置顺次开至指骨端。皮向两侧分离，剔除此处肌肉。对于较鸽子小的鸟类，可从肱骨处一直剥离到指骨端，剔除此处肌肉，不用再行开口。

腿、跗跖部：胫骨肌肉的剔除与肱骨相同。跗跖骨上的筋腱也需去除，去除时，通常在脚掌心脚垫位置纵开一小口，用带钩的铅丝或镊子从开口插入跗跖部钩出腱、筋和肌肉。

尾：用刀刮或用剪刀剪去尾综骨和尾羽周围的骨肉、脂肪和尾脂腺。切记不要在尾羽根处像剔牙一样一根根剔，不可将肉剔刮过净，以防尾羽根分离，尾羽脱落。

标本的防腐处理

为了使做好的标本能长期保存，在填充前或连固假体前，需在皮内侧面涂抹砒霜膏等防腐剂。条件简陋时，也可用“六六六”粉或樟脑粉做防腐处理。对于不易涂抹防腐剂的脚趾部分，应用 75％酒精浸泡 2～4 小时，也可以使用 2.5％溴氰菊酯溶剂或粉剂涂抹，可起到防腐作用。

假体的制备和安装

假体（或模体）的制作

应选择轻型和便于铅丝穿插和固定的假体材料。通常可使用稻草、竹丝、木丝或塑料泡沫为材料，按照标本躯干的大致形状结扎（以稻草、竹丝、木丝等为材料）或锯刻

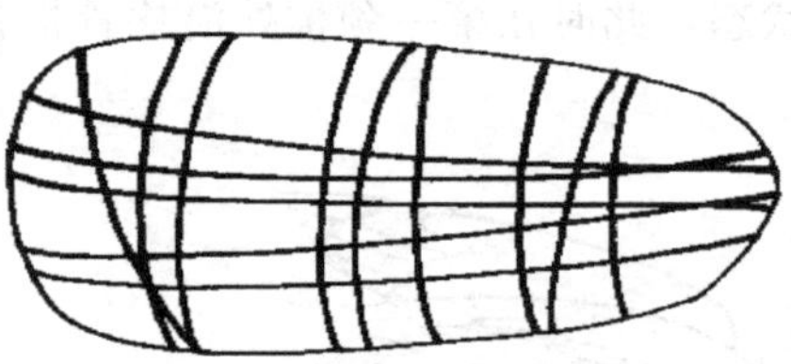

图 120　躯干假体（肖方，1999）

（以塑料板）成型（图 120）。制作成的假体一般要比生活时标本的实际大小小 1/5 或 1/4。

铅丝的准备与各部位的固结（六根铅丝串联法）

取 6 根铅丝，分别用于支撑头部、颈部、尾部、双翅和双腿。铅丝的粗细以能较牢固地支撑各部位，便于穿插固定和便于整形时调整姿态为原则，通常为腿部粗，头颈部其次，翅膀和尾部稍细。为便于使用，应将 6 根铅丝顺直，末端磨尖。

位于颈部的铅丝一般还要用棉花缠绕铅丝，形成类似假体的柱状。该部分务必缠实，必要时可加细线缠紧，缠好后的颈部假体要比原实体短粗些。

铅丝准备好后就开始分步穿插。

头部：用黏泥把眼眶填平或使之略突。之后，将用于颈部假体上的铅丝从枕骨大孔沿上颚背面插入头骨；用铅丝或针线贯穿两侧耳道并与颈部假体缠固，起到固定头骨与颈部假体的作用。然后，将头颈部的皮肤返退复原，羽毛朝外；调整眼部，使之左右对称（图 121）。

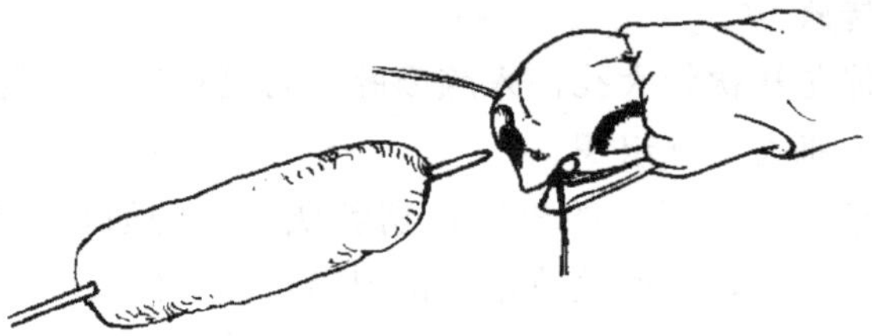

图 121　颈部假体及串联方法（肖方，1999）

翅膀：将铅丝从皮内面穿插，经肱骨、尺骨、桡骨至指骨。把穿插好的铅丝按各个关节自然状态初步弯曲，用线或细铅丝把已插入的铅丝在各骨节处固结（图 122）。

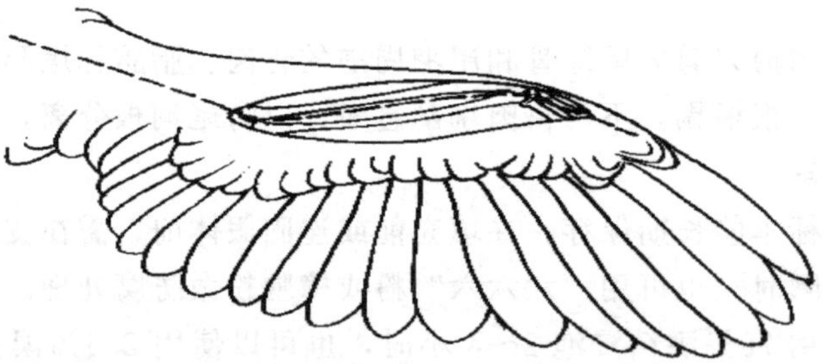

图 122　翅膀铅丝的串联方法（肖方，1999）

腿部：将铅丝从脚掌中心插入，紧贴跗跖骨后侧，经胫骨穿入皮内面，两端各留出部分铅丝做固定用（按相反顺序穿插也行）。穿好后，用线把铅丝和胫骨连固在一起；涂抹防腐剂后，用棉花缠卷在胫骨上，代替原有的肌肉。最后，把剥制好的皮肤退回，舒展捋顺（图 123）。

穿插好铅丝后，由前向后将各部位铅丝同假体连固。先将颈部铅丝纵贯假体中央；翅膀部位的铅丝分别从假体的前端两侧横穿；腿部铅丝分别从假体两侧中央稍后的位置横穿；尾部铅丝从尾下覆羽和尾羽之间穿入皮内，并纵穿在假体上（图 124）。

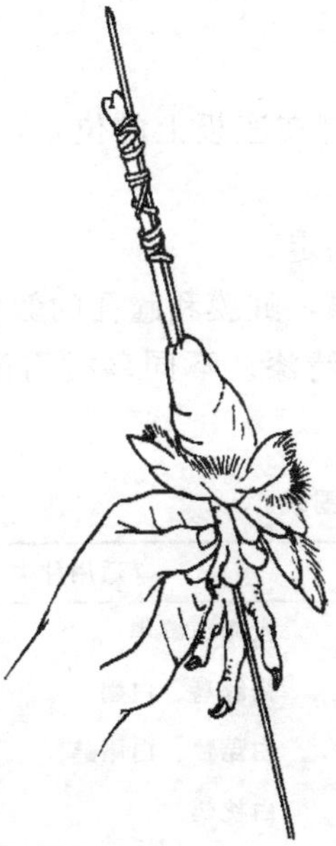

图 123　腿部铅丝的串联方法（肖方，1999）

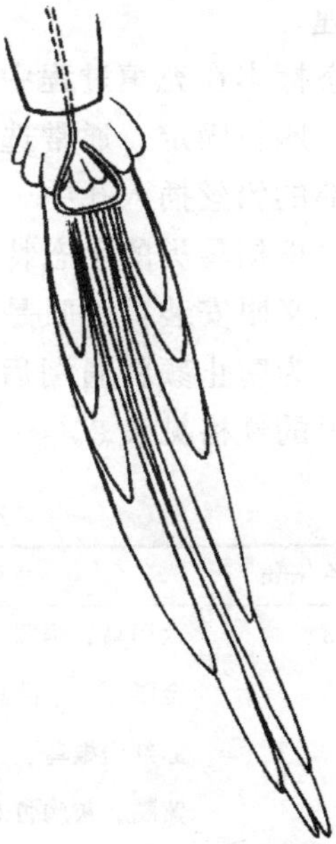

图 124　尾部的支撑法（肖方，1999）

铅丝的固定方法是一样的：按铅丝插入假体的相反方向把铅丝窝成一钩，将钩插入假体，6 根铅丝就与假体连成一个整体了。假体装好后，将羽毛和皮肤捋顺，横向拉展皮肤，以矫正剥皮时的纵向伸拉（图 125）。

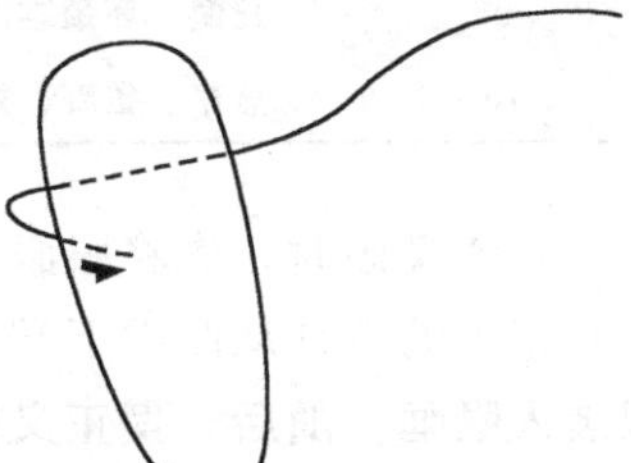

图 125　铅丝与假体的固定方法（肖方，1999）

标本的填充与缝合

鸟类剥制标本的填充物有很多种，棉花、竹丝、木丝、椰子丝、麻等都可用作填充物，可因地而宜并根据制作材料的大小和鸟皮的厚薄而定。鸟皮薄的可选用棉花或柔软的细丝；皮厚、体形大的，应选用膨胀性好的。填充物选择不当会影响制作效果。

填充的目的是为了弥补假体还原姿态标本时的不足。要结合不同鸟类形态特点进行填充，如要注意通过填充将胸、腹、背、长、短、肥、瘦等特征显示出来。填充时要注意，通常嗉囊部位要少填，胸部、腿部要丰满，腹部要鼓起，背脊部位要显示等；一次性填充量不宜过大，特别要关注细微特征的显示，填充的松紧虚实要适量；将皮肤完全撑起，有蓬松感，以利于显形和顺羽。

填充、缝合、顺羽等彼此交替进行。缝合时应由皮内向外穿针，顺着开口两侧由前向后对称缝合；针距要均匀，针距的大小以不露填充物和缝合线为宜。

标本的整形

（1）标本形态的初步整理：研究标本的整形比较简单，将双翅收拢，两腿伸直（可略有弯曲），弯曲颈部使头抬起。躯体过宽过肥时，可将两侧向中间挤压。大致将羽毛进行梳理。

姿态标本在充填过程中，随着制作进行初步整理。

（2）座板固定：通常选木板为座板。先设计好标本脚在座板上的位置，用钻打孔，将脚掌部的铅丝插入孔中，并加以固定。

也可根据鸟类的生态特点，选择树枝、沙盘等加以固定。

（3）义眼安装：义眼是用玻璃或有机玻璃制成的义眼，虹膜和瞳孔的颜色用颜料配涂而成。为防止颜料遇潮后褪色，可在配涂时加入小量清漆。不同鸟类需配合不同义眼，义眼的规格见表 8。

表 8　鸟类标本义眼规格及使用范围表

义眼直径/mm	适用种类	义眼直径/mm	适用种类
2～3	太阳鸟、绣眼、家燕	11	夜鹰、游隼
4	金腰燕、小燕尾	12	褐鲣鸟、白鹳
5	赤红山椒鸟、太平鸟、寿带鸟	13～14	白琵鹭、白尾鹞
6	黄鹂、灰胸竹鸡、绿啄木鸟	15～16	白枕鹤
7	蓝翅八色鸫、绯胸鹦鹉	17～18	大狂、毛脚狂
8	蓝翡翠、杜鹃、勺鸡	19～20	金雕、斑嘴鹈鹕
9	丘鹬、环颈雉、白颈长尾稚	21～22	褐林号
10	燕隼、雀鹰、鸳鸯	23～24	雕

安装义眼时，先将眼眶下端的皮掀起，将义眼一端放入眼眶下端的皮内，再用一个细直带尖的钢针从眼眶下端义眼的外侧插入眼皮内，撬起眼皮，顺此环绕义眼就可将义眼装入眼眶。随后，摆正义眼，用镊子将眼皮按照自然状态摆好。

（4）精细设计和整理：摆设标本姿态时，应选择最佳、最美的姿态，做到协调、对称、合理；可以通过良好的姿态设计与羽毛的配合，掩饰标本的各种不足，达到栩栩如生的效果。

（5）顺羽：顺羽时，可先逆梳羽毛使其蓬松，然后逐个或逐个区域地理顺。翅膀的飞羽不易理顺时，可先用绷带缠绕（不宜过紧）；尾羽较宽阔的，可用两块硬纸板将其上下夹住，以便固定；脚趾可用大头针分别钉在座板或支架上。待标本完全干后，将固定用的绷带、硬纸板、大头针等取下。

（6）涂抹保护漆：将制好的标本放在阴凉处晾干。完全干后，对无羽区、裸区等褪色的部位，可用油漆颜料配色后进行涂抹；喙的角质部、跗跖、趾爪、蹼等处涂抹清漆，以起保护作用。

4. 鸟类剥制标本制作的注意事项

（1）剥皮：对刚处死的标本应待血凝后再解剖剥制，避免血液溢出污染羽毛。中型鸟类（如山鸡）常温下（20 摄氏度）血凝时间约 2 小时，体形越大血凝时间越长，环境温度升高血凝时间也应延长；反之则酌减。通常应将标本放在阴凉通风处待制。

（2）保护羽毛：因大多数鸟类胸腹部的羽毛较少，通常采用胸腹部开口法。在此处开口对羽毛的损坏最小，刀口也较干净；经验丰富的，可采用背部或肋下开口法。无论采用何种方法，都是要取出躯体，开口时注意把羽毛先分开，不要切断羽毛。

（3）避免划伤：剥到腹部时，用刀要轻、稳，防止把腹腔划破；剥离头部时，避免划伤头面部，破坏颜面的原貌。

（4）脂肪的剔除：剥离工作完成后，可将碾成粉末状的明矾粉或硼砂粉均匀扑撒于内皮上，在有脂肪堆积的部位可轻轻揉搓，使皮肤脱水。失去一些水分后的鸟皮会变得更加柔韧，明矾粉可吸附部分油脂，此时可慢慢将脂肪层揭除。在脂肪特别厚的地方，需要反复几次才能将脂肪清除干净。揭脂肪时，要从尾部向头部，由中间向两边揭，以免处理不当而造成羽根松动或羽毛成片脱落。撒了明矾粉以后，操作必须在皮肤尚柔韧时进行，明矾粉作用时间过长，会使皮肤变硬变脆，不利于下一步的缝合和整形。

（5）大型鸟类的剥制：大型鸟类（如非洲鸵鸟）的剥制和大型兽类的剥制方法相近。防腐固定也需浸泡在食盐明矾液中约 30 天。

（6）假剥制标本：鸟类假剥制标本（也称研究标本）主要用作科学研究或教学，制作相对简单：不需要摆设特别的姿态，眼眶内放入棉花（不安装义眼），双腿交叉而置，腿上系标本信息标签等。但在标本材料的选择上要求较严格：要求待制标本尽可能完整，生物学信息尽可能详细。

（7）填写标签：每件标本都应附有必要的标签，标签上应注明：物种学名、性别、体重、体长、采集地、经纬度、海拔高度、生境、采集和（或）制作日期、采集者和（或）制作者等。

4.5.6　兽类剥制标本的制作

兽类的骨骼、肌肉及神经等系统十分发达和完善，且具有结构复杂、差异性大的特点，其剥制标本的制作难度也最大。为了便于保存，一般仅将小型兽类制成研究标本，大、中型种类通常只保存皮张和头骨。在制作过程中，研究标本的剥皮和防腐方法与姿态标本相同。在研究工作中，兽类的头骨是重要的分类依据。因此，研究标本无论体形大小，都应取出头骨，经过剔除肌肉和脱脂处理后与剥制标本一并保存。如果需要分开保存，则须把头骨标本与剥制标本统一编号，以便研究时查看。

1. 标本数据测量与记录

对待制标本各部分长度测量及记录，是标本制作的重要参考依据。在哺乳动物中，不少类群间的形态差异很大。如蝙蝠，其前肢特化成翼；江豚、虎鲸、海狮等，它们的四肢特化成鳍。对于这些动物的测量方法就要和一般种类有所不同，除量取共同部位外，还应对特异部位进行测量（图 126，图 127）。

体重（克或千克）：未经处理或未受损标本的全重（小型兽类以克为单位，大型兽类以千克为单位；小数点后保留一位数）。

头体长（毫米或厘米）：自吻（鼻）端至肛门后缘的直线距离（中小型兽类以毫米

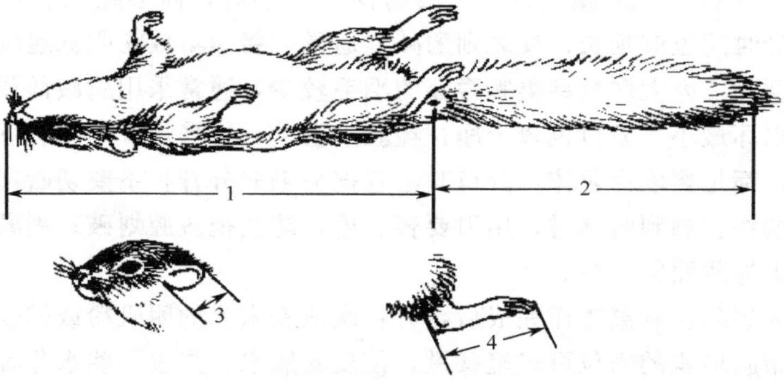

图 126　兽类标本的测量方法（一）（肖方，1999）

1. 头体长；2. 尾长；3. 耳长；4. 后足长

图 127　兽类标本的测量方法（二）（肖方，1999）

1. 肩高；2. 臀高；3 胸围；4. 腰围

为单位，大型兽类用厘米为单位）。

尾长（毫米）：自肛门后缘至尾端的直线距离（端毛除外）。

耳长（毫米）：自耳孔下缘（耳基部）至耳壳顶端的距离（端毛除外）。如耳孔下缘不相当于耳基部（兔形类、有蹄类），则直接由基部测量。

后足长（毫米）：自跗关节（后跟）至最长趾端的直线距离（爪除外），有蹄类则测量到蹄的前端。

肩高（有蹄类）（毫米或厘米）：肩部背中线至前肢指末端距离。

臀高（有蹄类）（毫米或厘米）：臀部背中线至后肢趾末端距离。

胸围（有蹄类）（毫米或厘米）：前肢后方胸部的最大周长。

腰围（有蹄类）（毫米或厘米）：腰后肢前侧的腰部周长。

前臂长（翼手类）（毫米）：自肘关节至腕关节的长度（图 128）。

耳屏长（翼手类）（毫米）：耳屏顶端至基部连线间的垂直距离（图 128）。

除上述量度外，用于科研的标本还应记录以下信息：

性别：记录标本的性别（雌♀、雄♂、未知）及其判别依据（外部特征或通过解剖）。

乳式：记录乳头数量及位置。

繁殖状态：记录睾丸长与宽及位置，子宫内胎儿有无、数量及分级、子宫斑数量，乳头是否膨大、伸长，乳腺内有无乳汁。

特殊形态特征：记录，如鼻叶、耳壳、指（趾）垫及数量、翼膜、刺毛、腹腺、尾穗、特殊部位的毛色等，特别是在标本制作后不易发现的特征。

物种的初步鉴定：给出标本的物种名称，中文名和（或）拉丁学名。

采集人：标本采集人的姓名。

标本制作人：标本制作人的姓名。

标本制作状态：指明标本被保存的部分，如皮张、头骨、躯干骨、阴茎骨、胚胎、组织（肌肉、肝、血）、细胞株、内外寄生虫等，或为浸制标本。

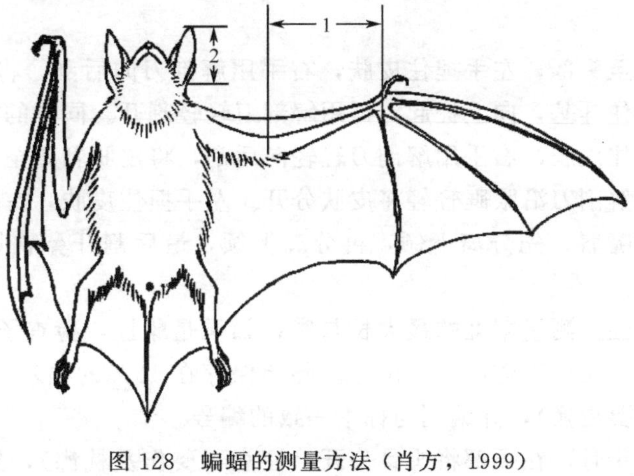

图 128　蝙蝠的测量方法（肖方，1999）

1. 前臂长；2. 耳屏长

2. 兽类研究标本的制作

1）中小型兽类皮张标本的剥制

以下列出的是中小型兽类皮张剥制的主要步骤。

在剥皮之前，应当先在口腔和肛门处各塞入一团棉花，以防污液流出。

将待制标本仰卧于解剖盘或解剖台上，头部向左。左手拇指和食指捏住下腹部皮肤并轻轻向上提起，沿腹中线剪开皮肤，避免划破腹腔。切口长度根据动物体形大小而定，还要考虑剥制完毕后便于填充棉花；切口后端应与肛门保持一段距离（图 129）。

将阴茎内翻，沿皮肤内侧将其分开，注意不要将阴茎骨剪断。可将小型兽类的阴茎直接留在标本上；亦可同大中型兽类，将其阴茎取下，放进组织管中，用酒精或福尔马林浸泡保存，编写与采集号一致的编号。

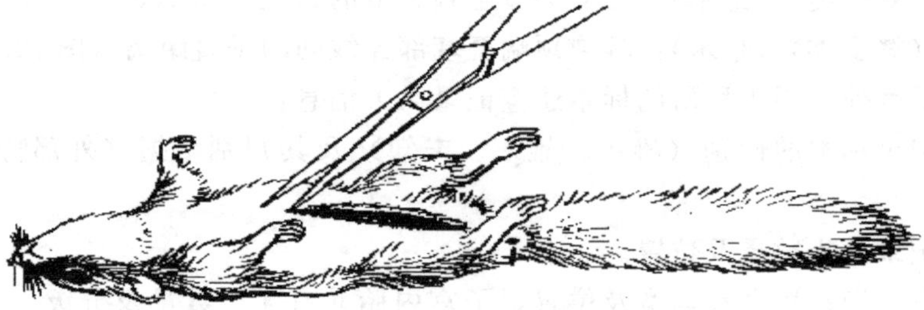

图 129　小型兽类的剖口

左手捏住剪开的皮肤，右手用大小合适的镊子将皮肤与身体分离至膝关节处，将膝关节推出切口。如果不保留躯干骨，即在膝关节下方将胫腓骨剪断，并分离剪去骨头上的肌肉；用同样的方法处理另外一只后腿。如果要保留较为完整的躯干骨，则需将皮肤分离至踝关节，在此处剪开。

剪开尿殖道及直肠，将皮肤分离至尾根，左手捏住尾根，用大小合适的镊子将尾椎骨从尾根慢慢抽出（必要时，可利用解剖刀）。尾分离后，将皮外翻，提起尾部，用手慢慢将皮肤往下分离至前肢，在左右腕关节处剪断使掌骨与前肢分离（翼手类要保留前臂骨）。

继续将皮分离至头部，左手捏住皮肤，右手用解剖刀向后刮，将皮肤分离至耳基；左手拇指和食指捏住耳基，向上提起，再用解剖刀轻轻割开。同样的方法割开另外一个耳基。左手继续捏住皮肤，右手用解剖刀轻轻向后刮，将皮肤剥离至眼眶后缘；左手将眼皮推起，右手用解剖刀沿眼眶轻轻将皮肤分开。左手捏住皮肤，右手再用解剖刀向后刮，将皮肤剥离至嘴唇，先分离下颌，再分离上颌，最后割开鼻软骨，将皮肤与身体分离。

如果标本是雄性，测量睾丸的最大长与宽；如果是雌性，检查子宫中有无子宫斑、胚胎、数量、大小（头顶至臀部）与位置。胚胎保存在10%的福尔马林缓冲液或95%酒精中（两天后需要更换），并编制与标本一致的编号。

如果不保存躯干骨，在颈部将头骨分开（注意不要伤及枕髁），剔除眼球、舌及主要肌肉，并于下颌拴上与皮张标本一致编号的竹标签或布标签，浸泡于水中，1小时后再用注射器吸水冲洗，将脑浆清除。

如果保存躯干骨，在去除内脏、脂肪及主要肌肉后，在下颌和髋骨上各拴上与皮张标本一致编号的竹标签或布标签，四肢和尾椎骨与躯干骨折在一起，再用纱布包裹。

将头骨、躯干骨放在一个安全的地方晒干或风干，注意避免苍蝇在上面产卵；或将其浸泡在95%酒精中。

在剥制过程中，有任何体液流出时，都用适量的锯末吸湿。

2）中小型兽类皮张标本的防腐处理

可以直接用配制好的砒霜明矾防腐粉涂擦在毛皮的内侧，将皮向里叠合，用手使皮肤互相摩擦，尤其要照顾到头、脸、四肢指（趾）端和尾部；轻轻清除皮肤上残留的脂肪及其他组织。全部处理好后，稍待片刻，将毛皮翻转复原，即可进行填充。

另外，中小型兽类皮张标本用 75％的酒精或食盐明矾液浸泡，还可用鞣制液浸泡，均能起到防腐固定作用。

3）中小型兽类皮张标本的填充

以下列出了中小型兽类标本填充的主要步骤。

用“三角法”从内侧将嘴缝上，即从下唇前端至上唇左侧中部、右侧中部再回到下唇前端，以免干燥后，口唇自行张开（图 130）。也可用适宜的黏合剂粘连代替口唇的缝合。

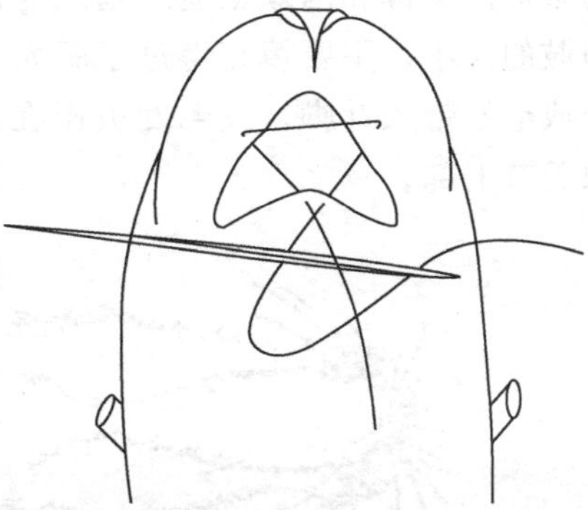

图 130　嘴部缝合的“三角法”（仿 Setzer，1963）

在两只后腿骨上缠绕适量棉花，以代替被剥去的肌肉。如果后肢是从踝关节剪断，则用牙签或粗细合适的钢丝缠上适量的棉花，插入脚掌中。

将皮翻过来，检查皮毛上是否有污迹或血迹。如果有血迹，用海绵（或棉花）蘸水擦洗；如果为脂肪，则用海绵蘸肥皂水等溶剂擦洗。擦洗干净后，在潮湿的部位撒上锯末吸湿、擦拭，并用牙刷轻轻梳理，直至潮湿部位变干。

依动物体形的大小，取一团大小合适的棉花，借助镊子卷成前端稍尖、较躯体稍粗稍短的圆柱体。卷好后用弯头镊捏住较尖的一端，将棉花塞入皮张内至嘴或鼻端，左手捏住前端，抽出镊子，再慢慢将棉花塞入体内至下腹部。

量取腹部至尾端长度的铅丝一段，根据尾椎的长度和粗细，缠上适量棉花（略细于原尾椎）。缠绕棉花时要求缠得均匀、结实，使铅丝不会松动（图 131）；否则棉花受到阻力后，无法插入尾端。缠好后将其插入尾中直至尾尖（也可用长短、粗细合适的竹签或竹条削成尾椎形状后插入）。理出缠上棉花的后肢及露出尾部的竹签或铅丝，用弯头镊子将适量的棉花填在下面至整个臀部，使臀部饱满。

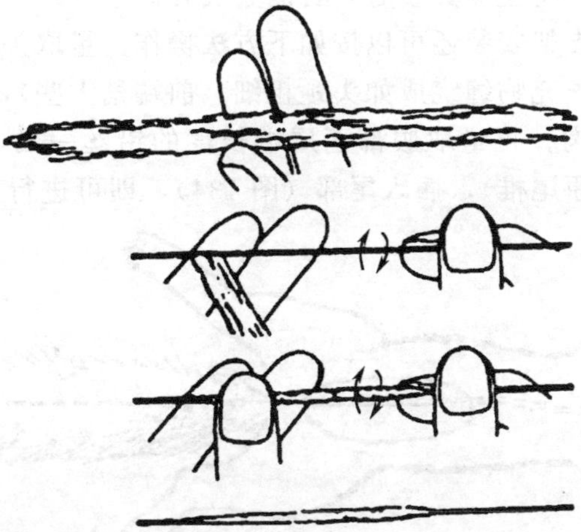

图 131　尾椎部铅丝上棉花的缠绕（仿 Setzer，1963）

将长短、粗细合适的牙签插入前足掌中，使前足向前平伸，脚掌向下。将两后足分别放在体腹侧下方，脚掌向下、向后延伸。露出尾部竹签或铅丝，沿腹中部平放在填充的棉花上，前端压在皮下面。将合适大小的棉球从皮下塞至两耳根部。

最后进行整形缝合。用镊子从眼眶中将棉花拉出少许，将眼眶充满，以代替被挖去的眼球。头部和两颊也适当塞入少许棉花。填充时应边填充边观察，注意头部、躯体和四肢的大小，不要填充得过于肥大，使标本失去其原形。缝合腹部开口时，注意勿将棉花或毛发带入针脚，或毛发被压在线的下面（图 132）。将编有采集号的标签拴在右足踝关节上部。

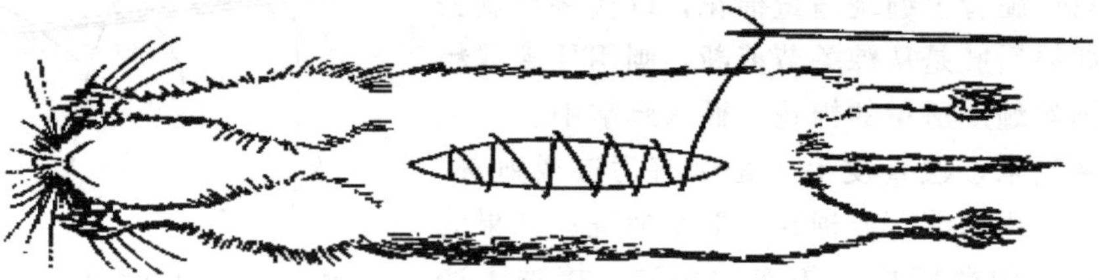

图 132　腹部的缝合（仿 Setzer，1963）

左手握住身体，右手捏住尾基，将标本平放在桌面上轻轻向前推送，并整理标本形态。将标本腹部向下，前肢平行向前延伸放在头的两侧；后肢平行向后延伸，并与尾平行排列。用大头针将标本固定在硬纸板上，再用牙刷理顺背毛（图 133）。

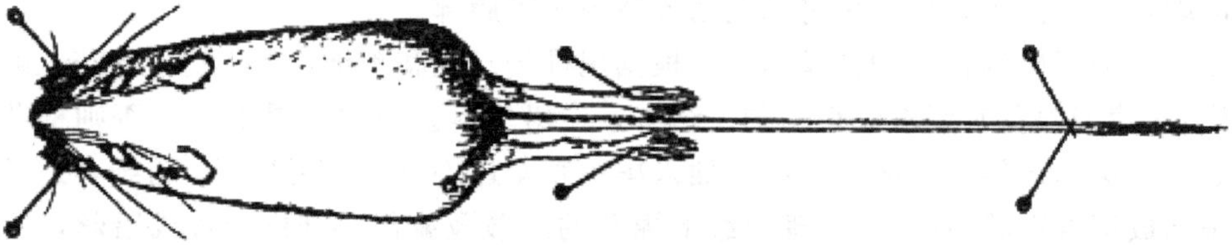

图 133　整理标本（仿 Setzer，1963）

固定翼手类标本时，将左侧翼收起，右侧翼展开。

另外，研究标本的支架安装还可以按如下方法操作：量取头至腹部两倍长度的铅丝一段，在中间对折，用填充物缠绕成如头颈粗细（前端稍大些），并由颈项中插入头部，充作假头骨和颈项的肌肉；再量取腹部至尾端长度的铅丝一段，根据尾椎的长度和粗细，缠上棉花（略细于原尾椎），插入尾部（图 134），即可进行填充。也可将长短、粗

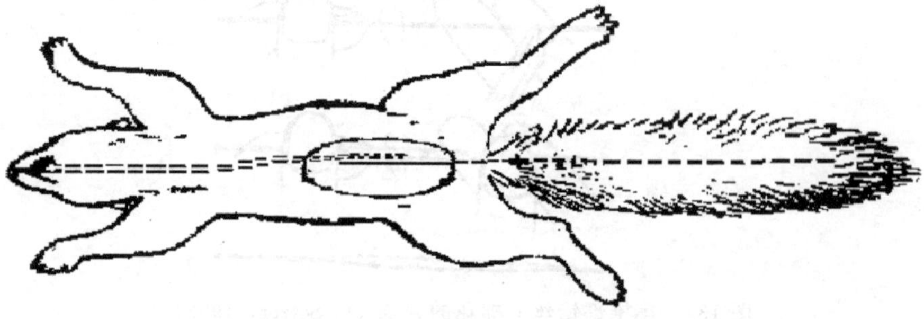

图 134　小型兽类研究标本支架的安装方法（仿 Sttzer，1963）

细合适的牙签或铅丝分别插入前后足掌中及尾部（图 135）。

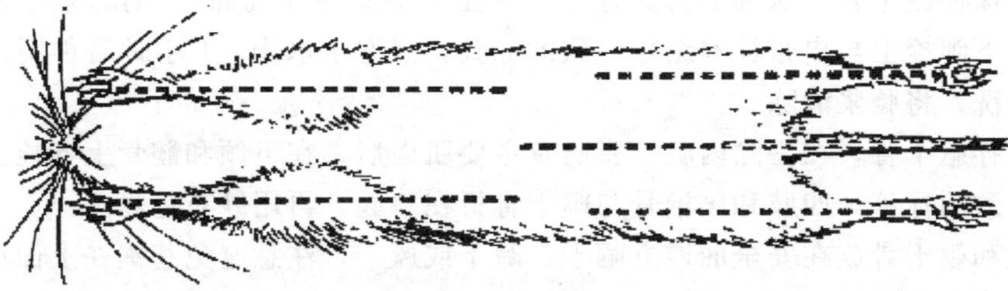

图 135　小型兽类研究标本支架的安装方法（仿 Setzer，1963）

4）大型兽类皮张标本的剥制与处理

因大型哺乳动物体形很大，其研究用皮张标本一般不做填充（除了头部），其标本的制作主要是皮张的剥制和处理。此处列出了大型兽类皮张剥制与处理的主要步骤。

将采集完各种外形数据的标本用解剖刀沿腹中线从尾端至下颌基部打开一切口，并从四肢的相应部位沿内侧延伸至四肢端部（图 136）。剥离腹部和四肢皮肤，用尖刀或解剖刀割断肘关节和膝关节肌腱，将四肢与躯体分离，剔除附着在四肢骨上的肌肉。

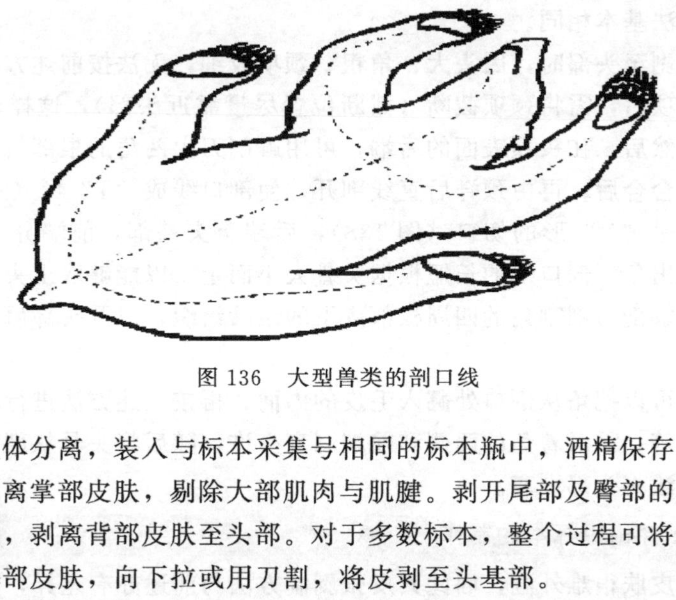

图 136　大型兽类的剖口线

将阴茎与躯体分离，装入与标本采集号相同的标本瓶中，酒精保存。

用解剖刀剥离掌部皮肤，剔除大部肌肉与肌腱。剥开尾部及臀部的皮肤，并割断直肠。将皮肤外翻，剥离背部皮肤至头部。对于多数标本，整个过程可将动物尸体倒挂在树上，抓住尾基部皮肤，向下拉或用刀割，将皮剥至头基部。

在尽可能靠近头骨处将耳根割断，再继续用解剖刀剥离头骨上的皮。如果标本有角，先用刀将角基部皮肤剥离，再用食指从外侧塞进眼窝，将眼皮轻轻抬起，用刀割开。一些偶蹄类动物有眶下窝，要拉紧皮肤沿骨头慢慢割离。

沿下颌骨前端割开下唇，然后沿牙齿向后将每侧割开，直至皮肤完全与下颌骨分离。将皮肤拉得更紧一些，继续剥头部皮肤至鼻软骨处。用解剖刀割开鼻软骨，再将上唇剥离。如果唇部较厚，在不损坏嘴唇的情况下，应尽可能地割掉肌肉。剔除残留在皮肤上的鼻软骨及其他组织。

用砒霜-明矾粉擦拭皮肤内侧（参见防腐处理），将标本拴上有采集号的标签，折叠放置 2 小时，然后平铺开，将头部塞入适量的棉花后晾晒。

如果不保存躯干骨，从颈部将头骨分开（注意不要伤及枕髁），剔除眼球、舌及主要肌肉，在下颌拴上与皮张标本编号一致的标签，浸泡于水中。1 小时后再用镊子和注射器吸水冲洗，将脑浆清除。

如果保存躯干骨，在去除内脏、脂肪及主要肌肉后，在下颌和髋骨上各拴上与皮张标本编号一致的标签，四肢和尾椎骨与躯干骨折在一起，再用纱布包裹。

将头骨和躯干骨放在安全的地方晒干、晾干或风干，注意避免苍蝇在上面产卵；或将其浸泡在 95%酒精中保存。

在皮张标本晾至七成干时，将内部向外松松折起（四肢折在中间），以便进行运输。

如果标本为雄性，测量睾丸的最大长与宽；如果标本是雌性，检查子宫中有无胚胎、数量、大小（头顶至臀部）与位置。如果标本有胎儿，将胎儿放入标本瓶中保存，注意采集号的编制。

5）特殊标本的剥制与处理

有角哺乳动物头部的剥皮

偶蹄目中绝大多数雄性个体具有粗大甚至分叉的角。这些种类躯干部分的剥皮方法与上述介绍的方法基本相同。

不同的是当剥至头部时，因头大、角粗、颈项较细，无法按前述方法直接剥离。按上述方法剥至颈项后，需将颈项截断（截断位置尽量靠近头部），这样，躯体的肌肉就与毛皮分离了。然后，在头顶表面的后端，可用解剖刀由两角的根部斜向或横向颈背中央剖开；剖口线会合后，再由颈脊后直线剖开，使剖口线成“T”形（图 137）；或者在颈背中线开一个呈“Y”形的切口（图 138），后端至头基部，前端分别至两只角的基部，以便由此取出角。剖口线的长短根据头骨大小而定，以能够取出头骨为度，宜小不宜大。然后，用解剖刀剖割角的四周根部皮下的结缔组织，以及头部后侧和颈部，使毛皮与头颈分离。

角小的种类可以把角从剖口处翻入毛皮的内面，再按上述方法进行剥离。角粗大的种类，如梅花鹿等，需沿着角的两侧和前端剥离少许，随后将头骨从剖口处翻到毛皮外面，再按上述方法将头部剥离。

鳞甲类动物——穿山甲标本的制作

由于穿山甲皮肤很难外翻，因此其皮张剥制方法与前述亦有差异，其皮张可不填充而直接展开。此处列出穿山甲皮张剥制与处理的主要步骤：

采集完各种外形数据的穿山甲类似于大型兽类，用解剖刀沿腹中线从尾基至下颌基部打开一个切口，并于相应部位沿内侧延伸至四肢端部。将四肢和腹部皮肤充分剥离，用尖刀或解剖刀割断肘关节和膝关节肌腱，将四肢与躯体分离，并剔除肌肉。将阴茎与躯体分离，装入标本瓶中，用酒精保存，标本瓶的编号应与标本采集号一致。

剥制穿山甲最不易处理的部位是尾部。用解剖刀沿尾腹中部鳞片边缘走向逐渐将皮肤割开至尾端，再用解剖刀慢慢将皮肤剥离。继续用解剖刀将背部皮肤剥离。头部的处理类似大型动物，但没有那么复杂，只需注意耳部及眼部即可。

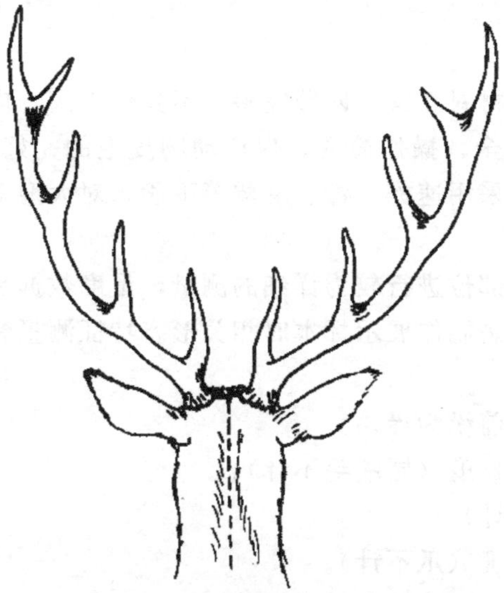

图 137　有角哺乳动物的“T”形剖口线

图 138　有角哺乳动物的“Y”形剖口线

皮剥下后，内侧擦拭砒霜-明矾粉，拴上标签，将其平铺固定在木板上晾干。

兔形类（除鼠兔外）动物标本的填充

因兔形类动物后足大而强壮，皮薄而易被撕破，尽管可按常规方法进行填充，但也可用以下方法填充，既方便，亦可节省保存空间。下面列出兔类的一种填充方法：

根据体形大小和大致形态剪一块硬纸板，纸板的头、颈部较细，端部钝圆形。削一根粗竹签，长度为后足趾至身体的中部，用棉线将竹签固定在纸板的中轴线上。将纸板用薄层棉花裹起，前后足的胫骨也用适量棉花裹起。将纸板塞入皮内，突出的竹签位于两后足之间。用竹签削一根尾巴，一端塞入尾部，另一端埋于裹纸板的棉花中。前后足间分别平行放在纸板下方。

小心缝合开口，将后足固定在竹签上。前足前伸，相互间缝上一两针，使其位于颈下两侧。两耳向后，并松松地在耳背间缝上一针。在右足踝关节上拴上标签。

蝙蝠、豚、鲸等标本的制作

具翼的哺乳动物（如蝙蝠），它们是哺乳动物中能够飞翔的种类，其形态与鸟类相似，剥皮和填充方法可依照鸟类剥制方法进行（测量方法与鸟类不同）。

哺乳动物中的江豚、海豚、须鲸等，其形态与鱼类相似，可依照鱼类剥制方法进行。它们的四肢特化成鳍状，鳍脚表面覆有皮肤，处理时需在鳍脚腹面剖开，取出骨骼和肌肉。同时，还应将其大量的脂肪用铲刀刮除干净；否则，制成的标本干燥后，脂肪渐渐溢至皮肤的表面，容易发霉，影响标本的寿命。

鳍足目中的海豹、海狮等四肢也特化成鳍状，但四肢仍然存在，可参照一般兽类剥制标本的处理方法进行制作。剥皮时需剖开鳍脚腹面，并将脂肪清除干净。

3. 兽类展示标本的制作

1）制作准备

制作兽类展示标本，通常应选择皮毛完好、材料新鲜、四肢完整、不具传染病、皮下脂肪不多的动物。处死动物时，应保证人员安全，操作简便，保证动物皮毛的完好，尽量减少被处死动物的痛苦。处死中小型动物可采用速冻、毒、麻醉等手段，对大型动物一般采用麻醉与放血结合等方法。

对所要制作的展示标本在剥皮前，必须对各部位进行较为详细的测量，量度数据是日后填充姿态标本时参考比照的重要依据。以下是制作展示标本时相关形态特征测量和记录的项目。

体长：自鼻端至尾基部的直线长度（以肛门前缘为界）。

尾长：自尾基部（肛门后缘）至尾骨末端的长度（尾端毛不计）。

耳长：耳基部至耳壳顶端的长度（耳尖毛不计）。

后足长：自跗关节的最后端至最长趾端的长度（爪不计）。

颈长：耳后至肩的前缘长度。

颈围：颈中段的周长。

躯干长：颈后至尾基部的直线长度。

肩高：前肢与躯体垂直时，足底至背脊的直线距离。

前肢围：前腿最大部位的周长。

前肢左右间距：前肢两侧足底平行的最小距离。

胸围：前肢后侧胸廓的最大周长。

图 139　兽类头部标本的测量方法

1. 两眼角间距；2. 鼻尖到眼睛的长度；3 两鼻孔间距；4. 鼻宽；5. 颈长

腹围：胸廓后方腹部的周长。

腰围：后肢前侧的腰部周长。

臀高：后肢足底至腰脊部的直线距离。

后肢围：后肢最大部位的周长。

后肢左右间距：后肢两侧足底平行的最小距离。

前后肢间距：前肢肱骨下端后缘至同侧后肢股骨下端前缘的直线距离。

此外，还可根据需要做其他更详细的补充测量。如以下几项是对头部的测量（图 139）：①两眼角间距；②鼻尖到眼睛的长度；③两鼻孔间距；④鼻宽；⑤鼻尖到后头的长度；⑥后头与颈部连接中点向颈部延伸约 10 厘米到下颚与颈部连接的周长。

对哺乳动物中某些形态特异的种类，如蝙蝠、江豚等，除量取共同部位外，还要对特异部位进行测量。

还应记录体色、性别、采集地点、采集日

期等。

将上述信息登记在记录簿上，作为长期保存的参考资料。还可附记标本草图中，以供填充整姿时参考。

2）剥皮与去肉

剥皮之前，应先在口腔和肛门处各塞入一团棉花，以防污液流出。将兽体仰卧于解剖盘或解剖台上，头部向左。一般在腹侧正中从胸部（或颈基部）至肛门前端开一口。刀口不要过深，以减少附着在皮上的脂肪和肌肉，并可避免划破腹腔。用刀沿开口向两侧剥离 2～3 厘米，然后一手扯起一侧的皮肤，另一手持刀剥皮；至后肢股骨时，用刀将股骨周围的肌肉拉开，并在股骨和胫骨关节处将后肢截下；随即向臀、尾部剥离，用刀或剪刀在尾基部截断尾椎骨。然后再进行另一侧剥离。待两侧后肢剥离后，即可由后向前褪剥。剥到前肢时，从肩关节（或上臂骨下端关节）截断。两侧前肢截断后，继续往前剥离颈部和头部。剥至头部时，用刀先将两侧外耳道软骨（耳根部位）切断，再向前剥离；剥到眼眶时要小心，不要将眼睑的皮划坏，一手扯起眼眶的上皮，另一只手持刀并使用刀尖向内、沿眼眶向下紧贴着眼球体剥离；眼皮剥完后，往前剥褪到鼻前端和唇端截止。一般中小型不带角的哺乳动物可让皮与头骨保持相连，从第一颈椎前端的枕髁位置截断头骨与颈椎和躯干的连接。此时，动物的躯干就可从切口处取出来。

在躯干剥离以后，开始做逐项的剥离。先从头部进行，剥褪耳廓软骨，使其背侧的皮肤与耳廓软骨分离，到耳尖部截止，并将皮翻出。如不这样，防腐固定液就不能渗透，耳部会掉毛。

头部软组织的清除：摘除眼球，一手用镊子插入眼球底部向外拉，另一手持刀割断视神经、眼外肌，随向外的拉力眼球即可摘除；用镊子插入颅腔，将脑搅烂，夹出或挤出，需反复多次进行，直至干净为止。头部的肌肉可用刀、剪、镊子剔刮去除。

尾椎骨的去除：若标本尾椎骨长度小于 10 厘米，可直接从皮肤内侧剥褪至尾尖，将尾椎去除；若尾椎骨长度大于 10 厘米，可考虑在尾的腹面另开一口，一般自肛门向后 5～10 厘米处开至尾尖，将皮分离，便可去除尾椎。

四肢肌肉的去除：对中等以上体形的动物，需分别在四肢内侧另开一口，一般这个开口要与腹部中央的开口相隔 5～10 厘米，将口开至肢体的末端，先把皮与肢体分离，再剔除附着在骨骼上的肌肉。注意保留骨骼间的韧带，不使骨块分离。

最后，把残留在皮上的肌肉、脂肪和结缔组织等全部清理干净。用自来水将皮洗净，洗去表面的血迹、污物，然后，将水控净，就可将皮肤放入防腐固定液中浸泡。

3）展示标本的剥制说明

兽类展示标本应依它们的体形、种类及造型的不同，根据其特点和要求，采用不同的方法进行剥皮。以下是针对展示标本剥皮的几点说明。

开口位置

可根据情况灵活掌握，决定开口位置的原则是既便于操作，又能掩饰开口缝合线的痕迹。例如，松鼠、猿、猴等物种在坐、立或攀爬树枝时，常常喜爱胸部朝前，如果用腹面开口法剥制，则会显露出其胸部剖口线缝合后的痕迹，而影响标本的美观。

所以，在剥制此类标本时，除了用常规的腹面开口（图 140）外，还可采用在背部开口（图 141）、袋式开口（图 142）、侧面开口等方法剥制。剖口线的长短及剥皮方法，可参照一般兽类标本的剥皮方法进行。小型兽类的四肢可不用另行开口或只在指（趾）部开一小口；大型兽类四肢开口的上端，可与腹部中央开口贯通。

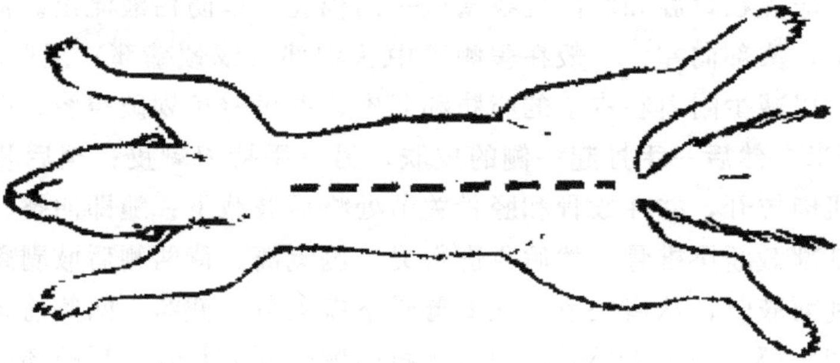

图 140　腹面开口法

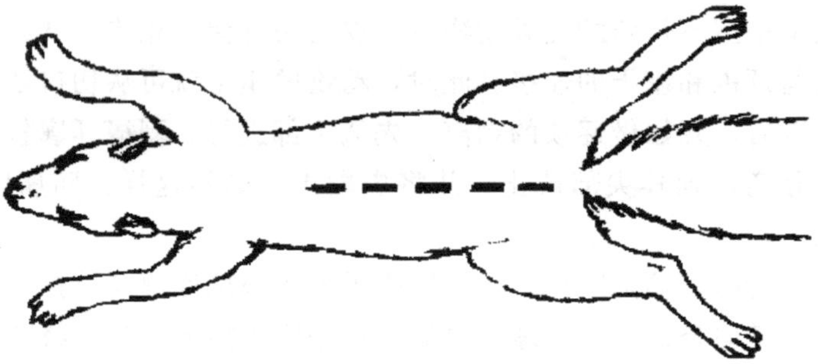

图 141　背部开口法

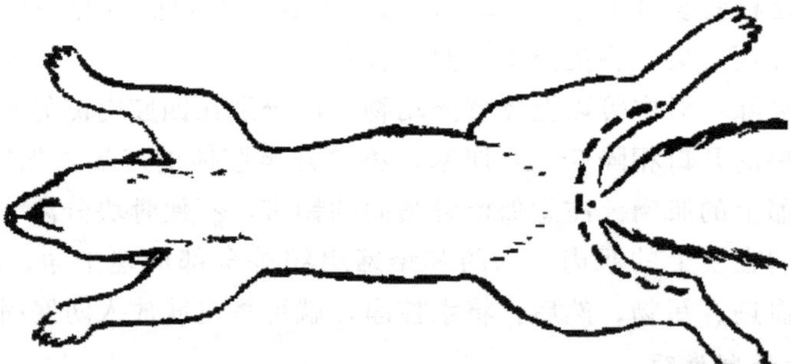

图 142　袋式开口法

四肢骨的取舍

标本大于家猪、家羊的，可考虑不要四肢骨，只保留第一指（趾）骨，因其与蹄或爪相连；小于家猪、家羊的，可保留其前肢前臂骨以下的骨骼，后肢可保留胫、腓骨以下的骨骼。四肢骨的取舍决定于是否便于制作时的操作和复原时的造型。

细长的尾椎骨的处理

一般指尾部长等于或大于其躯干长的动物，如小白鼠、黑叶猴等动物，可不用另行开口，用手在尾的外部反复揉搓，使尾椎骨与其内皮分离，然后，从臀侧直接抽取尾椎骨或在尾椎骨的基部缠上 3 或 4 圈布绳，一手捏住尾椎骨基部，另一手捏住布绳，两手同时向外用力即可取出尾椎骨。

带角和大型兽类头部的处理

这类动物的头骨要与皮肤完全分离，分别做防腐处理。有角动物需在头顶另开一个“T”形的口，在两角基部间距最小的地方横开一口，在其中间纵向往后再开一口，开口的大小可根据角的形状和头骨的大小而定。剥下来的头骨可用 2%的氢氧化钠溶液煮，直至把头骨上的肌肉与骨骼分离，取出后将脑去除，经过刷洗晾晒后即可使用。

头部皮张剥离时的处理

眼皮：把眼皮里面多余的肌肉、脂肪和结缔组织等去除干净并尽量剥离到眼皮的尽头。其中，眼皮是由外眼皮（外面被毛的一层）和内眼皮（里面光滑的一层）组成。在剥离时，要把它们之间的组织一并去除，内眼皮留下的长度刚好能保持活体动物眼睛的形状即可。

嘴唇：嘴唇部位的内唇皮和外唇皮有一层薄的肌肉，用刀割开并去除。不同种类动物的嘴唇变化很大，在处理过程中注意保留唇部胡须处的毛囊。

耳朵：把耳根部位周围多余的肌肉和结缔组织尽量剥离干净，然后用手术刀柄将耳廓内的软骨和皮一边分开，一边往外翻皮肤，一直到耳廓的尖端。这时，耳廓软骨由皮内翻出。预留下整个耳廓软骨和皮毛。

4）防腐固定

通常小型兽类标本可直接涂刷砒霜防腐粉（膏）或明矾粉，大、中型兽类标本使用食盐明矾液进行防腐固定。也可用 75%酒精浸泡，还可用鞣制液浸泡，均可起到防腐固定作用。

砒霜防腐粉（膏）或明矾粉的防腐处理方法

小型兽类标本毛皮防腐处理时，可以直接用配制好的防腐粉涂擦在毛皮的内侧，然后将皮向里叠合，用手使皮肤互相摩擦，尤其要照顾到头、脸、四肢指趾端和尾部。处理好后，稍待片刻，将毛皮翻转复原，即可进行填充。

大中型兽类标本毛皮防腐处理时，将已剥好的毛皮放在桌上，有毛面朝下，皮肤内侧朝上。先用明矾粉涂擦在皮肤内侧，然后将毛皮叠合，用手使皮肤互相摩擦，用力的大小和摩擦时间的长短，须根据兽体的大小和皮肤的厚薄而定，务必使明矾粉能渗入皮肤。由于明矾粉的作用，这时皮肤上的水分渐渐析出。在涂擦明矾粉时，必须注意头部、指（趾）端和尾部，明矾粉涂擦不周，会引起脱毛现象。

由于大型兽类标本毛皮较厚，明矾粉短时间内不易渗入皮肤，使水分析出。因此，应将涂擦好明矾粉的毛皮向内卷起，放在阴凉处。隔一天后，将皮张翻转，再加入明矾粉，用同样方法处理后，将已配好的防腐粉擦遍皮肤内侧，随后即可进行装填。

经过明矾粉处理过的毛皮，时间不能搁得太久，需要及时进行装填；否则，毛皮干燥后会影响标本的质量和装填工作的顺利进行。

食盐明矾液的防腐处理方法

将需要进行防腐固定的皮张浸泡在食盐明矾液中，溶液要漫过所浸泡的皮张，溶液的最佳温度应保持在15摄氏度左右。高于或低于这个温度，一是会影响防腐处理的时间和效果，二是会使皮张发硬或掉毛。皮张在浸泡过程中，应经常翻动，使溶液浸泡到皮张的各个部位，以利于提高防腐固定的效果。

防腐固定的时限为：小型动物5～10天，中型动物10～15天，大型动物20～40天。对于皮厚、毛厚、毛长、脂肪多的皮张，应酌情增加浸泡时间和更换食盐明矾液的次数。食盐明矾液的配比可根据我国不同地区温湿度的不同适当调整：我国南方地区气温高、湿度大，50千克水中可加入5千克明矾；中部地区，50千克水中加入3.5千克明矾；北方地区，50千克水中加入2.5千克明矾。

也可用75%～80%的酒精溶液浸泡皮张，进行防腐固定处理。

浸酸混合液的防腐处理方法

将皮张的皮板面向上铺开，在整个皮板表面用板刷或棉丝将配好的浸酸混合液均匀地涂擦一遍，每隔5～6小时涂擦一次，重复的次数取决于皮板的厚度。通常使用浸酸混合液进行防腐处理的时间需要1～2天。

除此以外，对于皮厚、毛厚、脂肪多或未清理干净的皮张，还可以采用浸制的方式处理。将整张皮张浸泡在浸酸混合液内，3～10小时基本可以浸透，在浸泡过程中，要经常翻动皮张，使溶液浸泡到各个部位，以利于提高防腐固定的效果。用于浸制的浸酸混合液的浓度，可按1升水加入60升甲酸或乙酸和60克食盐的比例配制。一般浸制1千克重的皮张需要配制2升浸酸混合液，以使皮张表面能均匀地受到浸酸混合液的作用。

当经过浸酸的皮张开始出现浅灰色，用手摸时表面已不再滑手，并且将皮板折叠后，用手指用力挤压弯曲处时能留下一条白带，即表示皮张的防腐处理已经完成。

防腐处理完成后需要挂起来晾1～2天，使其完全干燥。

5）装填

装制前，应根据原动物眼球虹膜的颜色，用油画颜料加少许清漆，涂抹在义眼的背面；或用仿真义眼（价格较贵）。此外，还要根据所制标本的大小，准备好用于支撑各部位的支撑物。在截取支撑物各部长度时，应考虑到穿连和固定时所需多用的部分。将固定标本的托板或固定环境也应同时做好准备。

从浸泡的溶液中将皮张取出，用清水冲洗掉皮张表面的盐和矾，使皮毛恢复柔软和原色，此步骤有利于标本的长久保存。冲洗前，应先将皮张在清水里浸泡一段时间，浸泡时间的长短根据皮张的大小薄厚决定。皮张厚者，需浸泡2小时；薄者，需浸泡1小时。冲洗时可用手轻揉，皮毛的外侧面、面部和四肢是重点，反复冲洗多次。冲洗的程度以见水清澈为度，皮张表面水的pH为7最佳。冲洗和浸泡的时间若掌握不好，还会影响标本皮张的固定效果，或出现皮张掉毛现象。

身体不同部位支撑物的准备和假体的制作

常见兽类姿态标本所用铅丝规格见表 9。

表 9　兽类剥制标本支架用铅丝规格参考表

种　类	头　颅		四　肢		尾　部	
	规格	直径/mm	规格	直径/mm	规格	直径/mm
野猪	铁筋	8.00	铁筋	8.00	—	—
马鹿	铁筋	9.00	铁筋	9.00	—	—
虎	铁筋	8.00	铁筋	8.00	12	2.76
狍	8	4.19	8	4.19	12	2.76
麝	10	3.40	8	4.19	10	3.40
麂	10	3.40	10	3.40	12	2.76
水獭	12	2.76	10	3.40	12	2.76
豹猫	14	2.11	12	2.76	16	1.65
松鼠	18	1.25	18	1.25	18	1.25
花鼠	18	1.25	18	1.25	18	1.25
大家鼠	18	1.25	18	1.25	18	1.25
小家鼠	20	0.89	20	0.89	20	0.89

(1) 头：根据记录、参考相关图片资料等，将头骨上原有肌肉的部位用石膏或黏泥（或黏性较强的土）塑造出来，鼻端和唇部要适量多填一些，因该处皮肌较厚，标本在干燥过程中会出现较大的收缩和变形；填平眼眶。制作时可能感觉填补处有些膨大，待干后会更显真实；否则，干后皱缩成尖形，会失去原貌。在头部枕骨孔周围，用铅丝把头骨和支撑物连固在一起，以支撑头颈部位并和躯干部假体连接。铅丝的数量和粗细以能支撑该部位又便于整形为准。铅丝与头骨的固定方法可灵活掌握，可用铅丝相交叉卷固定，也可在颅腔内灌注石膏将支撑物固定。因头颈部位的皮又厚又重，该处的支撑物一般不易太细或过软。

另外，许多哺乳动物（如虎、豹、豺、狼等）性情凶猛，为了使标本表现出凶猛的形象，制作时，往往需要把头骨留在标本中，张开大口，显露牙齿，呈现出张牙舞爪的凶态。

(2) 颈：在头骨后侧的支撑物上缠绑一个与动物颈部相似的假体，颈部假体也可与躯干假体做在一起。假体的长度应较原体为小，粗细应略大于原体。制作材料可用竹丝、椰木丝、稻草、木丝、棉花等。将头颈部的皮毛复位于头骨和颈部假体上。

(3) 尾：一般用一根粗细合适的铅丝作为支撑物，缠上适量的棉花、稻草、竹丝等，代替尾椎和肌肉，然后插入尾部皮内，将开口缝合。

(4) 四肢：分别把用于支撑的铅丝从掌心（或从肢体皮肤内侧向外穿透掌心）插入皮内，并与肢体骨骼绑在一起，用棉花、竹丝等适宜的填充材料缠绑出肢体肌肉的形态，将皮摆正，缝合开口。

(5) 躯干：躯干假体通常使用稻草、木丝、竹丝或方木为材料进行制作，假体制作的要求是，应尽可能做到体轻易做和便于各部穿插连固；假体轮廓应与实体形态相仿，假体的长短、粗细都应小于实体的1/5～1/4；捆绑假体要紧要实，确保连固各部的稳固性。

整体连接、固定和复原

各部位的连接依从头至尾的顺序进行。分别把各部铅丝插固在躯干假体上，固定的方法是先将各部分游离端的铅丝弯成一倒钩，经穿插假体的相反方向插入假体中。该步骤的关键是掌握好四肢的结构位置和固定的牢固性。

整体连固后，先把皮肤舒展好，按预先设计的形态进行填充和塑造肌肉的结构。填充要点：肩胛、臀部要突出，这两处结构是整体形态显示的关键部位。

在大体填充好后，开始缝合，边缝合边做局部细致的填充和整形。缝合完成后，做初步造型，整理姿态。先把制成的标本固定在台板上，然后做头部的整理。若做闭嘴的姿态，将唇缝合，缝唇时针线要走内唇，尽可能不使针线外露；若做张口姿态，舌部可用薄金属片做芯，外层用石膏或黏土或纸浆塑出舌的形态，再用颜料着色，装入口腔内并加以固定。做头部整形时，还要根据动物的神态，塑造面部肌肉和皮肤的凸凹、皱褶，确定眼、鼻、口开闭的程度。耳朵也要按需要进行整理，若耳朵较大不能立起成形，可用纸板或小木楔把耳朵固定起来。最后安装义眼。眼睑周围最好用细针加以固定，因此处易变形。兽毛可用梳子或刷子梳理。

整形后，将标本放置一天，第二天再进行观察，发现标本有不足时，再进一步整理和完善。

将做好的标本放在通风处阴干，待标本接近七成干时检查。此时兽皮的收缩力较强，标本出现变形的可能性较大，特别是头部各器官要天天检查，发现问题及时矫正。标本干透后，需要着色的部分，可用油画颜料配涂。

大中型标本的制作方法

大中型哺乳动物，体高、皮厚、皮张收缩和变形较大，需要支撑物坚固，填充物变形要小，以防止制作好的标本收缩和变形。中型哺乳动物的四肢一般选用直径8～12毫米的圆铁或圆钢作支撑，大型哺乳动物的四肢一般选用直径12～16毫米的圆铁或圆钢作支撑。截好的圆铁材料两端要分别套上丝扣，配好螺母及垫片。可用同样粗细的圆铁或3～4毫米厚的扁铁支撑头颈部位。选好的支撑物还要根据四肢和颈部的结构形态做适当的弯曲。

假体中心结构架的制作：准备好木制台板（托板），中型哺乳动物台板厚3～4厘米，大型哺乳动物台板厚5～6厘米。第一步，根据标本站立姿势来确定四肢在台板上的位置，打孔并分别把四根圆铁固定在台板上。第二步，用两块小方木做假体结构中心梁的横衬托木，两块托木的厚度，中型哺乳动物3厘米以上，大型哺乳动物5厘米以上；宽度6～10厘米；长度要比原动物的肩关节和髋关节之间的宽度小10厘米左右，在托板上打孔，将圆铁上的丝扣加以固定。第三步，用一根长方木（宽度和厚度都应不小于4厘米，长度约比躯干小1/5）固定在横托衬木上，做假体结构的中心梁。第四步，把头颈部及尾部的支撑物固定在中心梁上。这时假体的中心结构梁就组合起来了（图143～图145）。

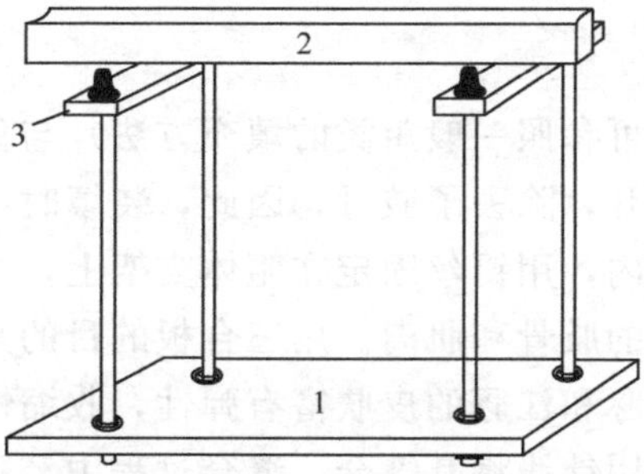

图143　大型哺乳动物的支撑及内部结构的制作方法（一）（肖方，1999）

1. 台（底）板；2. 中心梁；3. 横托衬

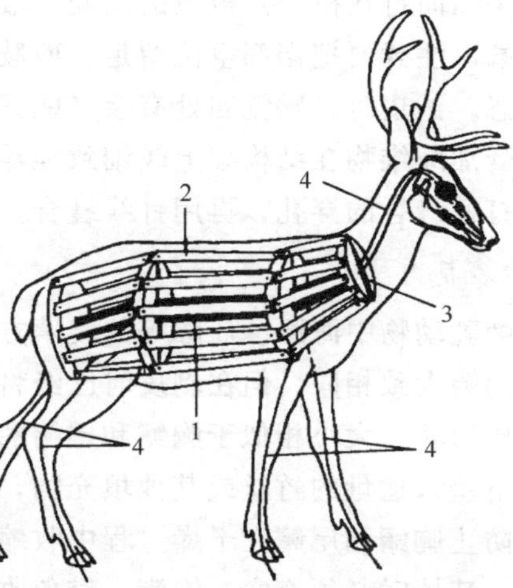

图144　大型哺乳动物的支撑及内部结构的制作方法（二）（肖方，1999）

1. 木块；2. 木条；3. 木板；4. 圆铁（钢筋）支架

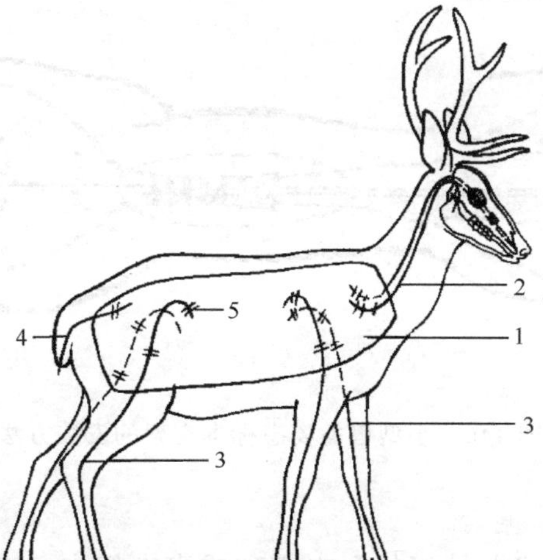

图145　大型哺乳动物的支撑及内部结构的制作方法（三）（肖方，1999）

1. 主木块；2. 头部支架；3. 四肢支架；4. 尾部支架；5. 固定点

中型哺乳动物可用稻草或木丝为材料，将颈、躯干、四肢的肌肉形态捆绑出来。结扎好后，反复披皮试看，对不合适的地方进行拆补修整，感觉良好后再缝合。缝合时，局部地方仍需边缝合边填充边整形。

大型哺乳动物用板条或竹条在中心结构架上钉出标本的基本轮廓。板条或竹条要具有一定的韧性，条的宽度在 4 厘米左右，厚度 0.5～1 厘米。钉板条前，应在中心梁两侧的前、中、后部钉上六块半椭圆形的楦，楦的弧度要根据动物体态而定。楦钉好后，把板条纵向钉在楦上。板条的间隔一般不大于 5 厘米。臀部也要用两块木板钉在结构架的后端，注意要把裆部空位留足。四肢也可用板条绑出轮廓，再用木丝或稻草绑出肌肉的形态。试皮时，感觉四处有余又能把皮撑起，这样较为合适。这时，可用石膏、纸浆或石膏加纤维物在结构架上较细致地雕塑出肌肉的形态。对大型厚皮哺乳动物，可先用电钻打好缝合的穿孔，再用针线缝合。

其他装制方法

哺乳动物中海豚、江豚等的装填方法（体形小的可参照一般鱼类的填充方法）与鱼类中的鲟大致相同。但在剥皮时已经将胸鳍和尾鳍剖开，除去了肢骨，因此，装填时可将锯成形状、大小相似于胸鳍和尾鳍的三合板嵌入鳍内，用铅丝固定在躯体支架上，并于上下垫入适量的竹丝或其他填充物，以代替被除去的肢骨和肌肉。用三合板的目的是为了防止胸鳍和尾鳍在干燥过程中收缩变形。由于海豚和江豚的皮肤富有弹性，收缩性很大，装填时必须充实、饱满，避免收缩变形。最后用针线将其缝合。缝合过程中经常注意观察，不足之处应采取措施加以适当补充或修改纠正。

对于小型兽类姿态标本，也常采用安装支架后（图 146）再逐步进行填充的方法进行制作。

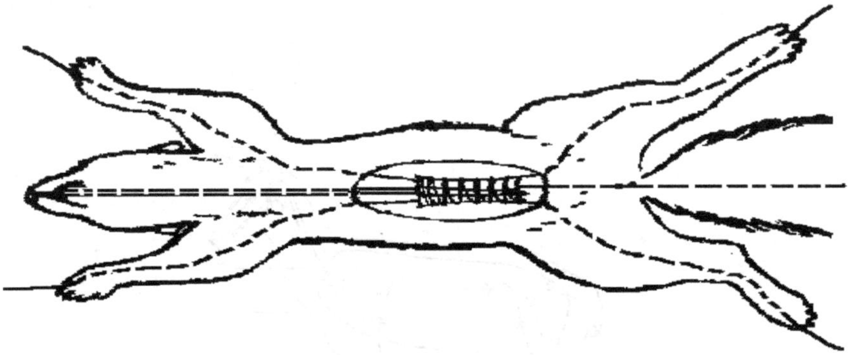

图 146　小型兽类姿态标本支架的安装方法

6）姿态标本的整形

所谓整形，就是把已经装填好的标本整理成姿态标本。内容主要包括：站立台板、摆设姿态、嵌装义眼和理毛等。

剥制标本的整形是姿态标本制作过程中的一个关键，需要根据各种动物的生态特征整理成符合其生活时的某一种姿态，且不能过分地艺术夸张，尤其重要的是要注意颜面部的形态和表情。标本制成后，形象做得是否逼真与整形工作有着密切的关系。所以，制作者在野外采集和剥制前，需要细致观察动物的生活习性和形态特征，同时也可借助某些动物的照片或图片，作为整理姿态时的参考，竭力把标本的形象做得生动活泼，千姿百态，如觅食、跳跃、求偶、攀爬和静立观望等。

在制作过程中，应当根据实际需要，选择并确定制作成某种姿态。如果某一种类的标本数量多，则可尽量制作成不同的生态类型。条件许可时，还可在标本展示中布置一些生境作为背景，如森林、草丛、山坡、沼泽等，使制作的姿态标本能更加自然、逼真地呈现出来。

现将整形方法介绍如下。

(1) 将标本初步整理成确定要做的生活时的某种姿态，并检查各部位填充物是否均匀、对称，尤其是四肢的关节是否凹凸不平或有其他不足现象，可用手稍加揿捏，及时加以补充和矫正。

(2) 选取一块适当大小的标本台板（大型种类经常暂用普通的木板固定，标本干燥后再行安装），在台板上量取与四肢掌心相应的位置，用稍大于支架铅丝直径的钻头钻四个孔，然后将由四肢通出的铅丝插入孔中，下端弯曲成“L”形，以使四肢固定在标本台板的底面（或用螺丝固定）。凡是营树栖生活的种类，如灵长目的金丝猴、长臂猿和啮齿目的松鼠、鼯鼠等，最好将其固定在附有标本台板的树枝上。

(3) 适当调整标本的姿态，尤其需要整理好脸部的形态和表情，具体方法如下：

小型哺乳动物：用镊子先将眼眶整圆，并将眼眶中的填充物压实，填入少许油泥（或加入少许白胶），取一对与原来眼球颜色相同，大小较眼睑稍大的义眼（各种动物使用义眼的直径可参考表 10）嵌入眼眶中，并用针挑拨，使眼眶遮住义眼的边缘。然后，整理颜面部表情，用手加以揿捏，力求使颜面部与原来生活时的形态相似。再将整体检查一遍，适当加以调整，直至各部位形态基本相似后，置于通风处晾干即成。

表 10　各种兽类标本义眼的规格

义眼直径/mm	适用种类	义眼直径/mm	适用种类
2～3	菊头蝠	12	獭猴、黑长臂猿
4	黑线姬鼠、刺猬、小家鼠	13～14	大猫熊、猕猴
5	褐家鼠、黄胸鼠、社鼠	15～16	熊猴、金丝猴、野兔
6	五趾跳鼠、江豚（中）	17～18	海豹、狐
7	鲮鲤、松鼠	19～20	麂、麝、野猪（中）
8	豪猪、黄鼠	21～22	毛冠鹿、云豹
9	海豚、小灵猫	23～24	黑麂、金钱豹、海狮
10	水獭、大灵猫	25～26	苏门羚、黄羊
11	白颊长臂猿	27～28	东北虎、狮

大中型哺乳动物：由于剥皮时需要取下头骨，填充时，上、下颌只用绳扎紧，头部尚未填充，唇皮和头骨仍然完全分离；具角的种类，其头部后侧的剖口线又尚未缝合。所以，整形工作比较复杂。首先，应将上、下颌处的绳解下，并将上、下唇的唇皮翻开，在两唇皮内侧中间、鼻端、面颊、眼眶周围和上、下颌等处填入适量油泥（根据原来肌肉多少而定）；接着，使两唇皮翻转复原，并借助油泥的黏性，在头部外表用手指揿捏，使毛皮紧密地附在油泥上；利用油泥的可塑性，把标本的颜面形象塑造成它在生活时的形态。上、下唇之间可用针线缝合，也可用小铁钉钉入上、下唇的边缘，以防干

燥过程中变形。用适量油泥填入两耳内耳软骨和皮之间，然后，根据动物耳朵的自然形状迅速用手塑形。这时，应当耐心细致地琢磨其颜面部表情，如有不妥之处，应及时加以矫正，尽量使标本保持本来面目。然后，将义眼嵌入眼眶中。根据动物生前的姿态、神情，用手调整义眼瞳孔的方向和倾斜角度，确保两只眼睛的神态一致，这时最好能够比对同种活体动物眼睛的照片或图片来完成。用尺规卡在鼻尖和两只动物义眼的内眼角，用手调整义眼的位置至等距。

可把水平仪放在两眼之间，调整两只义眼瞳孔的位置，使其水平；再用水平仪相继紧贴在动物头部脸颊至义眼部位，使两只义眼向外突出眼眶的高度相同。

虎、豹等猛兽的颜面部形象凶猛，义眼嵌入眼窝时应深陷眼窝，上眼睑几乎成“一”字形，下眼睑成半圆形，使其凶相显露。性情温善的种类，应将义眼稍浮于表面，眼睑成圆形，使其形象温善柔和。必须注意，义眼质量的好坏与标本表现出的神情有很大关系，所以，应尽量选择优质义眼。

为了突出表现猛兽的凶恶形象，还应将标本的口腔张开，使其呈现张牙之势。凡张开口腔的标本，必须安装假舌，一般常用木头雕刻或用石膏、纸浆塑成原来舌头的形状，并用颜料涂成原来的颜色。

在干燥过程中，耳朵极易收缩变形，一般用两片硬纸板剪成稍大于耳朵的形状，夹在耳朵的内外侧，并用回形针夹紧。

四肢内侧腋部的皮肤也极易收缩变形，常用薄木板削成适当的凹槽形状，将其顶住，待标本干燥后取下。

偶蹄目等具角的种类，头部后面的剖口线应适当填充后缝合。

可用专用的铁梳子逆毛梳理，将乱毛梳通，并梳出毛内杂物。然后，用吹风机将毛吹至较干，再顺毛梳理。这样反复多次后即可。

最后，将标本置于通风处晾干，切忌在阳光下曝晒。在干燥过程中，必须经常观察，防止姿态变形，尤其需要注意的，一旦发现头部姿态走样，应及时加以矫正。标本干燥后，应根据剥制前的相关记录，对某些有颜色的裸出部位用油画颜料进行适当补色，用清漆加松香水调稀涂于角、蹄、爪等表面，以保持其原有的光泽和颜色。

4. 头部标本的制作

这种标本大多数采用大型具角的哺乳动物，主要供作艺术品陈列观赏之用。当动物躯体或四肢残缺不全而头部较完整时，可制成该类标本。

1）支架制作法

头部标本的剥皮和防腐处理方法与大型哺乳动物相同，但因一般将这种标本挂在墙上，所以，在截断颈项时，应注意颈的斜度。一般是颈的背面较腹面短，挂在墙上，可使标本的头部位置保持原来生活时的姿态。

制作前需要测量颈围的直径，并用纸剪成相当于颈部肌肉横切面的大小，作为制作颈板时的依据。测量头骨等均按前述方法进行。

头部支架通常用方形木条固定，其粗细以能支持头部重量为度，长度为颅顶至颈的截断处；两端锯成适当的斜度，将其一端插进脑颅腔后与颅顶吻合，并在头骨的颅顶上方钻两个小孔，用铁钉由颅顶钉入，使头骨固定在木条的一端，另一端则固定在颈板上

(图 147)。

然后，在木条的周围用竹丝缠绕，并用绳捆扎成与原来颈项同样大小，把头部毛皮套进已制成的模体后，将两角之间和颈背剖口缝合。如在耳部及其周围有凹凸不平或不够饱满的现象，可用竹丝适当加以补充，并在颈部截面皮肤周围，用小铁钉沿边缘钉在颈板上，钉距不要太疏。再将标本板固定在颈板上，使颈项皮肤边缘与标本板紧密地吻合（图 148）。

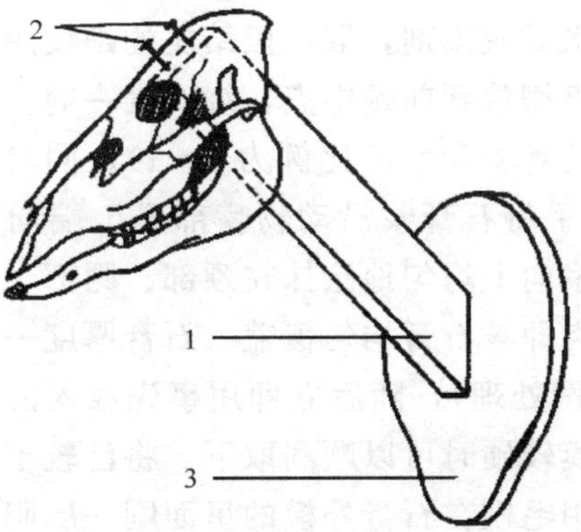

图 147　头部标本的支撑方法（肖方，1999）
1. 木板；2. 铁钉；3. 颈板

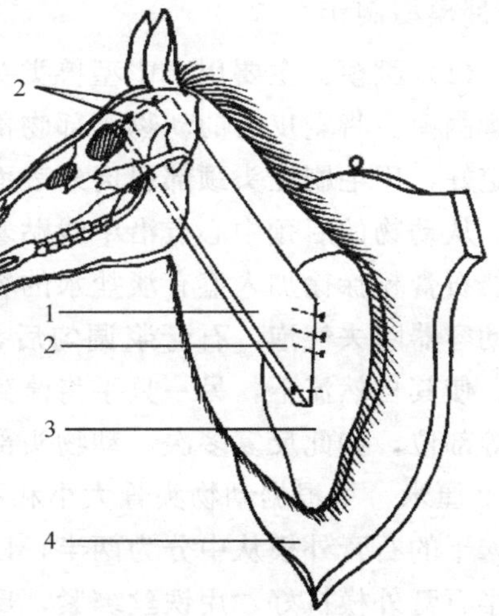

图 148　头部标本安装透视图（肖方，1999）
1. 木板；2. 铁钉；3. 颈板；4. 标本托板

头部的填充和整形工作与其他兽类姿态标本相同，可参照进行。

2）*翻模制作法（以中型兽类头部标本为例）*

翻模制作法主要是根据待制动物的头部骨骼和肌肉用石膏翻模的方法制作头部标本，无论在剥皮、制模还是后期制作等许多方面都与常用方法有所不同。

剥皮

头部皮张剥离时的注意事项参见本节“头部皮张剥离时的处理”。

（1）无角兽类头部的剥皮方法：对于头部直径与颈部直径相差不多的动物，可将其头部与躯干截断之后，直接把皮从颈部翻过来，再从颈项处向鼻端剥皮。

首先见到的是耳道，耳道在皮下部分呈管状，并深入头部，这时只需用刀片紧贴头骨将耳道切断。继续剥离即是眼球所在的位置，在剥离时注意刀片要紧贴头骨，刀锋要偏向眼窝，用手扯起眼周围的皮与结缔组织，在间隔处切断即可。再继续剥离见到的是上下颌口腔部，若预期制作的动物嘴部是张开的，则内唇皮留下的长度以达到牙龈根部为宜；若是闭合的，则内唇皮留下的长度以能够塞入唇部内模预留下的缝隙为宜。在剥离时，要沿着内唇皮和牙龈之间的连接处剥开。继续剥离见到的是鼻腔部，一般要求在鼻前端软骨的 1/2 处切断，形成独立的两根鼻管（后期制作时插入内膜中）。最后一直剥离到鼻尖处，头部的皮张即可剥离下来。

最后，将各部位皮上残留的肌肉、脂肪和结缔组织等全部清理干净，剥皮工作基本完成。

（2）有角类头部的剥皮方法：在颈项处，将动物的头部与躯干截断，从颈项处向鼻端部剥皮前先用刀片将两角基部在枕部毛皮上开口。使两角剖口线向颈背部中线倾斜，并汇合在背中线上。如果这样还不能取出头部骨骼，可以沿此中线往下剖开一条直线，使剖口线成“Y”形，剖口线的长度以能够取出头骨为宜，其他操作同本节“有角哺乳动物头部的剥皮”。

头部模型制作

（1）翻模：主要用于中型兽类头部标本的制作，根据待制动物的头部骨骼和肌肉用石膏翻模。将剥皮后的动物头部吻部向上，颈部平放在美术泥（工艺美术商店出售）上固定好，用毛刷在头颈部肌肉外表面刷一层肥皂水做脱模剂，取一段结实的细线用水浸湿，从动物的后颈中心点沿中线贴着头骨向前一直摆放到前颈中点，绕头骨一周。然后将熟石膏粉徐徐加入盛有淡盐水的容器中调匀（石膏粉和水的比例为 1∶1），同时轻轻震动容器除去气泡，石膏浆调匀后，迅速用一只手将石膏浆沿动物嘴部最上端向下浇注，使其自然流下，另一只手将流到桌面的石膏浆向上均匀地涂抹在颈部、腮部、后头部等部位，如此反复多次，动物头部的骨骼和肌肉即被石膏均匀覆盖（石膏厚度一般为 1～2 厘米，可根据动物头骨大小和石膏的硬度酌情处理），随后立即用事先放入的细线将未干的石膏外模从中分为两半，以便待石膏外模较硬时可以顺利取下。将已较干燥的两半石膏外模拼好，用铁丝绑紧，倒置固定好，用毛刷在石膏外模的里面刷一层肥皂水做脱模剂，再用上述方法调匀石膏浆（可加入麻刀等增加强度，如为有角动物应在角的基部加入木头，以便与角连接），徐缓地注入石膏外模中，使其完全覆盖石膏外模内壁，待干后再取出即可。

（2）石膏内模的制作：根据待制动物头部骨骼用美术泥塑型，再用石膏浆翻模，用美术泥塑塑出动物头部原有的肌肉形状，随后再用上述方法翻制出石膏内模。

动物头部的内模制作或取出后，还需用刀进一步雕刻出眼眶、鼻孔、唇基和耳根窝的形状和大小，要以能够准确镶嵌相对应的五官为宜。

材料连接

将石膏内模与预先准备好的木板等底座材料固定（图 149）。

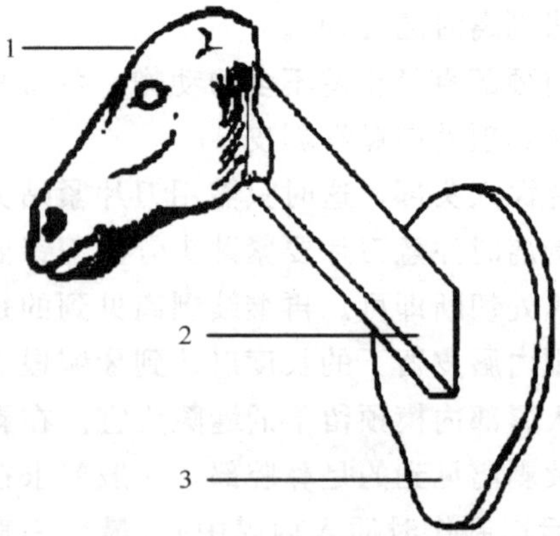

图 149　头部石膏内模的连接

1. 头模；2. 木板；3. 颈板

安装义眼

取一对与活体动物瞳孔和眼白的形状及颜色相近。且略大于眼睑的义眼，安放在已雕刻好的动物头部内模眼眶内，并用美术泥固定，加以调整。

根据动物生前的姿态、神情，用手调整义眼瞳孔的方向和倾斜角度，确保两只眼睛的神态一致，这时最好能够比对同种活体动物眼睛的照片或图片来完成。用尺规卡在鼻尖和两只动物义眼的内眼角，用手调整义眼的位置至等距。

把水平仪放在两眼之间，调整两只义眼瞳孔的位置，使其水平；再用水平仪相继紧贴在动物头部内模脸颊至义眼部位，使两只义眼向外突出眼眶的高度相同。完成义眼的安装，待美术泥较干后，即可进行下一步操作。

试披皮

按照相应的部位将皮试披在已安装好义眼的内模上，察看内模各个部位是否与皮相符合，如果不符则可用刀或美术泥继续调整，直至符合。

制作假耳

先将耳朵内翻过来，再次检查耳廓是否剥离到位，是否有破损；如完好，则翻回内耳待用。调好适量填充物（可用汽车原子灰加入塑料纤维再加入少量原子灰固化剂即可），将其填入两耳内耳软骨和皮之间，然后，根据动物耳朵的自然形状迅速用手塑型，完成后，待干即可使用。

披皮

首先将皮的里面均匀涂上一层硼酸等做防腐处理，然后再披皮。

（1）有角类头部的披皮方法：一般动物的角是与头骨连在一起保留的，取出后，比对动物头部，将其与头部内模相应部位用木螺丝连接好，连接部位可用美术泥涂平，再将头顶两角根部周围的皮用缝皮线穿起，使其披在头部内模上，从两端向一点拉紧两角根部周围的缝皮线，并系在一起。然后，用刷子在头部内模上涂上一层白乳胶，再将皮上五官等各个部位披在头部内模的相应位置，并仔细调整。先按动物的神态即眼睛睁开的大小和形状将眼睑披在已装好的义眼上，再用固定针（自行制作）将内眼皮塞入外眼皮和义眼之间，调整好形状后，用固定针分别固定在内眼角和外眼角处，防止眼睛变形。之后，将皮上预留下的鼻软骨的两根鼻管分别插到头部内模相应位置，用手调整出动物鼻子的生前形状，再用手术刀刀柄将内鼻孔撑开至原来形状，塞入宣纸或棉球以支撑鼻孔形状，避免变形。嘴部处理时，要从唇部中点向两侧嘴角处，把预留下的内唇皮逐一塞入头部内模的相应位置，使上、下两片嘴唇的内唇皮及外唇皮交界线在上唇的最下端和下唇的最上端（要饱满、平整），用固定针分别固定在嘴角和唇部中点。耳部调整时，根据此种动物生前自然竖起的角度，把皮上已预先制作的耳朵完全插入到头部内模的相应位置，并用铁丝从外面耳孔将其固定到内模上，放在阴凉处晾干后，拔出铁丝即可。

（2）无角类头部的披皮方法：用刷子在头部内模上涂上一层白乳胶，将皮直接披在动物头部内模的相应位置上，仔细调整五官的皮，方法同“有角类头部的披皮方法”。

缝合

大中型兽类头部的缝合要先从头部的上端向下缝合。注意要使缝合处平整、均匀，不要外露缝合线。

整形

用专用铁梳子逆毛梳理，将乱毛梳通，并梳出毛内杂物。然后，用吹风机将毛吹至较干，再顺毛梳理。这样反复多次后，放在阴凉处待干即可。

对于眼睛、鼻子和嘴部等颜色较差、易于干裂的部位可以按动物原色，用漆加以修饰。

4.5.7 剥制标本制作的其他相关补充说明

1. 清除标本体外寄生虫

制作剥制标本前应对动物体外寄生虫进行清除灭杀处理，尤其是对毛皮动物要进行全面消毒。

在野外工作中常用的方法是将动物尸体（勿堆放在一起）及沾上乙醚等麻醉药的棉花团放入塑料袋或封闭盒子中，将其密封 20～30 分钟，取出标本后，用毛刷将跳蚤等外寄生虫刷除干净。也可以将动物尸体装入塑料袋中，喷入杀虫剂（如 5%溴氰菊酯杀虫剂等）（注意勿直接喷在标本上），密闭 20～30 分钟后，将标本取出，提起腿部，轻轻拍打，使附于体表的外寄生虫脱落。此过程应离开标本制作处。

在室内可用消毒液消毒，消毒液配法：2%盐酸加温到 30～50 摄氏度，加入 15%食盐溶液。用毛刷或喷雾器进行消毒，再用塑料布或大塑料袋将标本封装包好，1～2 天后再用 3%碳酸钠中和 1～2 小时即可。

2. 冷冻处理

动物死亡后不能立即剥制时，应将其尸体尽快冷却，并冷冻保存。为减少待制标本体内水分过度流失，应将材料放入塑料袋中封口保存。冷冻保存好的话，冷冻一年以上的标本仍可制成剥制标本。

剥制冷冻的标本时，需提前取出标本解冻，至半解冻状态即可操作。提前解冻的时间取决于标本的大小，但要避免反复解冻。如果动物肢体末端（如脚、耳朵、尾巴等）被冻裂或脱水时，可在剥皮前用注射器在这些部位注水，使其变软，易于剥制。

3. 防腐处理

制作动物剥制标本必须选用一些化学药品配制出各种不同成分的防腐剂，以对动物的皮肤进行防腐处理，使其不致腐烂变质，从而达到长期保存的目的。在防腐处理时，需将防腐剂涂抹到身体的各个部位，特别要注意缝隙、裂缝、开口等处的涂抹，如耳、尾巴、脚和脚趾等的里面。处理时，可将一段铁丝插入尾巴和脚趾，使防腐剂能渗透进去。

现代防腐理念是要尽量降低对防腐剂的依赖性。首先是在标本剥皮时，注重剥皮的标准和质量要求，把脂肪、肌肉、结缔组织等尽量清除干净，这样的处理可以避免生虫、皮肤收缩、油脂溢出等问题的发生。其次是控制剥制标本的存放环境的温度及湿度。

4. 姿态设计

制作姿态标本之前需要观察活体动物的各种姿态，特别应注意动物生活时站立、行走、奔跑、跳跃、进食、排泄、休息等状态下脊柱曲线结构的改变，四肢的相互位置关系等。由于哺乳动物耳、鼻、口、眼及其相关肌肉和被皮都很发达，并能表现出喜、怒、恐、饥、痛等情感，所以，头部结构的细微处理，如肌肉的凸凹、皮肤的舒展与皱褶等，都是观察的主要内容。

形态观察时可分步进行：总体轮廓→局部特征→细微变化→面部颜色；要准确记录头、颈、背、腰、尾、四肢等各部的关系和布局。由静止状态到运动状态反复观察。记录动物的各种姿态是塑造标本姿态的依据。观察时，还可利用写生、拍照、录像等手段帮助记录。

制作用于展示的动物剥制标本是一项比较复杂的技术，不但需要专业知识，更要注重在实践中不断摸索和提高。

5. 动物标本假体的制作

制作展示用剥制标本过程中，还涉及假体制作方法和材料。这是基于现代模型技术，解决活体动物在自然状态下骨骼、肌肉、表情等的艺术再造的制作方法。目前，国内外一些专业标本制作机构，除了采用石膏外、常采用聚氨酯、环氧树脂、其他树脂或聚合材料作为新颖的填充材料，这样制作出来的假体具有质量轻、造型能力强、清洁细腻的优点，但成本较高，有些还需一定的工艺技术要求。制作假体是对填充法的改进和补充，其优越性在兽类标本制作中尤其显著。动物的假体可用制模法、雕塑假体法等方法制作。

1）制模法

制模法是采用塑形粉、石膏浆等制成动物假体模型的方法。以下介绍两种常用制模方法。

（1）凹槽制模：用塑料袋装上锯末，按照所做动物的造型设计出凹槽形状，将按一定比例调制好的塑形粉或石膏浆倒入其中。假体凝固成型后，将假体从模子里取出，然后用粗砂纸打磨光滑，得到一个比较精确的假体。在假体和皮张不配套时，可将假体多余的地方削掉，或用黏土在需要调整的地方重塑。最后，可在假体表面涂上一层皮胶，以便使皮张和假体能更好地粘紧。

（2）翻模：翻模是用待制动物的骨骼和肌肉用石膏浆制作模型的方法，主要用于中型兽类头部标本的制作中。参见本节兽类剥制标本的制作部分参见“头部模型制作”。

2）雕塑假体法

雕塑假体法是采用聚苯乙烯（以下简称塑料泡沫块或板）或黏土塑造动物假体模型，并加以雕塑而完成的动物假体制作方法。

塑料泡沫假体的雕塑

将塑料泡沫块板切割成所需要的大小形状，使用聚氨酯泡沫填缝剂（以下简称泡沫胶）把切割好的泡沫块用泡沫胶拼装在已焊好的铁架上。经过 6～8 小时凝固后，按测量数据进行雕刻。胎体形成后，进行试披皮，对不合适的地方加以修改。试披皮一般要经过多次反复，待符合要求后，再在胎体上均匀地涂上乳胶，用纱布包裹一层，以增加整个胎体的强度。

将处理好的皮张涂好防腐剂后套在胎体上，确认各部位均吻合后，开始缝合。缝合时如发现仍有问题，应及时进行局部调整。最后，再安装义眼、修补、上色、装架等。

由于动物死后软骨变软，无法支撑耳朵、鼻子、生殖器、尾巴、脚趾等部位，可以用黏土、塑料、树脂、玻璃纤维或其他材料加以塑造；油灰、橡皮泥、泥团、石膏等，也常被用来填充标本的眼眶或塑造面部表情。

黏土假体的雕塑

用黏土做动物假体模型时，通常也需要按照动物的基本量度焊接好一个钢筋骨架（图 144），它不但支撑着整个雕塑假体，也是决定将要制作的动物雕像姿势的重要基础。将和好的泥团投掷在骨架上，按照从颈的基部往后经过肋骨、臀部、大腿等圆周性地一层层地堆积，在堆积的过程中不断用木槌击打夯实，不仅使黏土层能牢固地粘在骨架上，同时也是根据动物的体形对躯体各个部位进行初步造型的过程。

在动物假体模型初步完成后，需要根据动物的特点用雕刻刀和手细心地加工一些细微之处，如皮下凹凸起伏的肌肉、肌腱、皱褶以及关节骨等，使其能清晰地显现出来。特别是头部和四肢等部位的雕塑更需要逼真。

由于完成黏土模型的雕塑所需的时间较长，需要经常在黏土模型的表面喷洒一些水，以保持模型不干，也可以在整个模型雕塑的过程中用塑料薄膜覆盖上，以防止黏土内水分的快速蒸发。

胎体完成之后，需要进行试披皮，详细记录好动物假体各个部位与皮张之间的差距，取下皮张后，根据需要清除模型上多余的黏土或在所欠缺的地方补足。需反复多次直至与设计的动物模型姿势一致，与皮张的尺寸完全吻合为止。

6. 标本标签

在每件标本的标签上，除需填写标本的测量数据外，还需注明种名、性别、海拔、采集地、经纬度、生境、采集日期、采集者、标本制作人、制作时间等信息。

7. 废弃物的处理

制作标本时，沾有砒霜、溴氰菊酯等有毒药品的废弃物务必妥善处理，必要时送往国家指定的有毒有害物质处理站进行专业处理。

4.5.8 剥制标本的保存

1. 标本存放

放置研究标本的柜子应具有防尘、防虫蛀、防潮以及避光等功能，故大多采用密闭型的抽屉柜存放。样式没有严格规定，只要起到上述功能或作用即可。大专院校、科研机构大多将标本专门集中在特别的标本馆中保存管理，分类摆放在密封式的标本柜中。

假剥制标本（研究标本）通常放在标本柜抽屉格板上，格板表面铺有薄层棉花和纱布，避免标本与底板摩擦后受到损伤。研究标本的排列，原则上应按照分类系统顺序进行；为了便于管理和查找，标本在存放时应在各分类单元间预留出适当空间，以使新增加的标本能摆放到相应位置。

姿态标本的存放方式往往取决于实际需要，通常姿态标本可直接放在相应的展出位置，或陈列在透明的标本柜中。教学用姿态标本，可按需要供观察时使用。附属标本（如头骨、阴茎骨等）原则上应与其剥制标本一起存放。

2. 标本的维护

标本的维护是一项很重要的工作，维护不当将大大影响标本的保存寿命，必须加以重视。保存剥制标本的适宜湿度为 40%～60%，温度为 15～25 摄氏度，经常性地采取防虫、防潮、防霉、防尘、防污染等维护措施，其中以防虫最为重要。

1）防虫

存放标本的每个橱柜中应放置适量的樟脑或合成樟脑精块等驱虫药，以驱除外来虫害的侵袭，防止标本被虫蛀。需定期或不定期地经常检查标本，一旦发现虫蛀迹象或虫卵，应立即将标本取出，进行消毒处理（消毒方法见标本管理部分），待虫害隐患完全被消除后，才能放回标本库中，否则将导致严重的后果。一般每年至少需要对标本室进行一次全面的检查，并定期或根据需要随时增添驱虫药剂。

2）防霉

标本馆室应保持干燥，空气流通。标本室内最好安装换气扇或其他通风设备，以调节室内空气。标本橱柜中可放置适量的硅胶作为吸水剂。硅胶使用一个星期后，需烘干再用。梅雨季节切忌打开门窗，以防潮气入侵。每年梅雨季节后，应结合消毒进行一次全面整理。

3）防尘

保持标本馆、存放标本的橱柜等的环境卫生，定期清除标本上的灰尘。除尘时，可用毛刷刷除，也可用小型吸尘器吸除，以便长期保持标本的清洁，不致因灰尘沾污毛发和羽毛使其失去光泽而影响标本的美观。

4）其他

除以上措施外，直接使用标本的时候，必须注意爱护标本，轻拿轻放，不能拉扯羽毛和四肢，避免造成损失。

4.6　特殊标本的制作与保存

昆虫生活史标本（按昆虫各虫态发育顺序制成标本，一并装入特制的展览标本盒中，供展示之用）

4.6.1　成虫标本的制备

1. 蛾、蝶、蝇、蜂等成虫标本的制备

选用与虫体大小适合的软木板，再备用两条与软木板等长而较昆虫翅稍宽的半透明玻璃纸，两条纸的距离等于备展翅昆虫的腹部的宽度。小型成虫展翅时，毒死后可用短昆虫针穿刺，然后倒转腹部向上，插在软木板两纸条中间，插针时必须先用一条相应针号的昆虫针在软木板上刺一孔，将标本倒转，使针头插入此孔。大中型成虫则应将相应针号的昆虫针的针帽一端剪去一段，然后针插展翅。

展翅方法与针插标本展翅一样，不同的是反面展翅，应将后翅前缘压在前翅后缘上，同时将足整理好，前足前伸，中后足向后，触角沿前翅前缘也压在半透明玻璃纸下。再用大头针固定。一个软木板上可放数头，插满后放上樟脑丸，写明展翅日期，放入干燥橱。

2. 甲虫及其他昆虫的整姿

整姿方法同针插标本制作。不同的是用短昆虫针刺插。甲虫毒死后在软木板上针插，针尖插入软木板 2 毫米为宜，然后整姿。微小甲虫不必针插，毒死后放入铺有脱脂棉的标本盒内，把触角、足整理像爬行的姿势，每 1～2 天移动位置一次，移动 2 或 3 次即可。

有色蝗虫不要立即毒死，先将其用纸纵卷包紧，使之不能活动，待其饿死后再整姿固定。若虫体大，内脏多，可将内脏除去，塞入福尔马林棉球，然后再整姿固定。标本制好后放入干燥橱晾干后下板，放入材料盒备用。

4.6.2 卵、幼虫和蛹标本的浸渍

新鲜卵、幼虫和蛹标本多采用浸渍法，浸渍后为了密封长期保存，可用下列两种方法封闭瓶口。

蜡棉胶液封口法：事先浸渍好卵、幼虫或蛹，视标本大小选用适宜的指形管，依指形管的大小剪一段废胶卷，把标本粘在胶卷上，待黏胶稍干后装入瓶内，再倒满浸渍液。塞上瓶塞。在蜡中煮一下把瓶外溢出的浸渍液擦干，用白蜡封口，白蜡凝固后，再蘸棉胶液。

真空封口法：将事先浸渍好的标本粘在按标本大小做好的小白厚纸片或废胶卷上，粘好后放入指形管内。用长柄试管夹夹好，将指形管离管口 1/3 处放在火焰上烧灼，待烧至发软即可拉成细口瓶，瓶口留一小孔注射浸渍液，注液后将小孔在吹焰酒精灯上将细管口迅速烧熔封闭。

4.6.3 幼虫的吹胀

同干制标本方法。

4.6.4 为害状标本的制备

选用为害症状明显的典型标本，制作蜡液标本或浸渍标本。

4.6.5 装　　盒

在生活史标本盒底铺一层次等棉花或竹丝，然后再铺一层脱脂棉。标本盒的四角放上樟脑丸或萘酚防虫、防腐。将制好的生活史成虫标本插到小白盒内。一盒内一雌一雄。微小昆虫先将三角纸卡横向串插在昆虫针上，然后把小虫粘在三角纸卡上，再插入小盒中。

最后按照被危害状、卵、幼虫、蛹、成虫等顺序，将各制好的标本放入标本盒内。再放上标签，盖上盒盖，最后用大头针从盒的四侧插入，将盖与底固定在一起（图 150）。

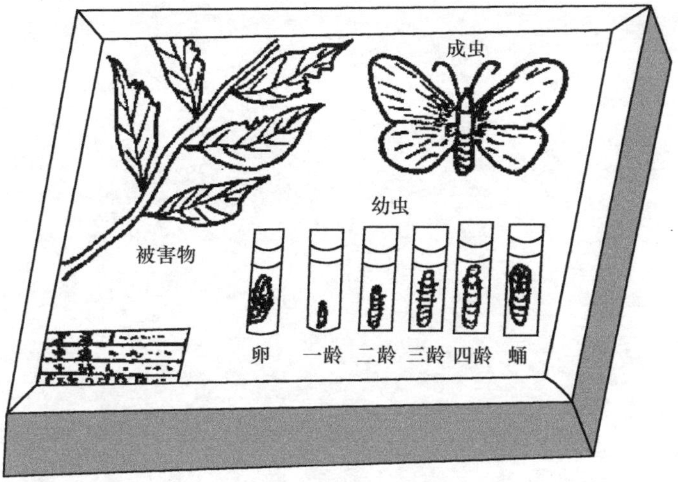

图 150　昆虫生活史标本展示盒（王林瑶和张广学，1955）

4.7　昆虫包埋标本

4.7.1　有机玻璃包埋标本

1. 制模

先在玻璃板下垫一张方格的油印誊写蜡纸，按制备标本要求的形状和大小，将 4 块玻片作成四边形的模壁，然后用镊子蘸少许熟单体滴在玻片接缝处的上方，使之沿缝自行流下而将玻片黏合，再将底的四周以同样方法与玻片黏合。缝合要做两次，随后将其放入 40 摄氏度温箱中约 0.5 小时，使熟单体聚合硬化。取出后在模具中注入 4～5 毫米厚的熟单体，然后移放于 40 摄氏度温箱中约 12 小时；重复一次，使模底已聚合单体的厚度不少于 2～3 毫米。在第二次注入熟单体前，放入预先写好的虫名标签，标签先放在生单体中浸透后取出，立即放入模子内熟单体中，使之倒置贴于预定模子的一边，靠近玻片勿使其倒下。

2. 包埋

将预先整姿干燥的虫体，在生单体中浸泡约 1 小时。在制好的模具中注入熟单体，其量不可超过虫体一半，以免虫体飘浮而移动位置。随即将已浸透生单体的虫体移入模内，使虫体背面向下，立即用镊子调整，使其位置适中。然后轻轻移放于具有玻璃盖的盒子中，避免灰尘溶入模内熟单体。

3. 脱模

标本完全硬化后即可脱模。先拆底板，后拆边框。

4.7.2　脲醛树脂包埋标本

脲醛树脂包埋标本的原理为在微碱性触媒及弱酸性的先后作用下，通过水浴加热，使尿素与甲醛合成脲醛单体，然后加入凝固剂，在塑料模具中包埋昆虫标本，经 20 多天的定形干燥，即可脱模，脱模后，再经打磨抛光即成。

第三篇　植物（包括菌物和藻类）标本的采集、制作和保存

第 5 章　植物标本的采集与处理

采集植物标本的主要目的是获得研究、教学、科普展示等所需要的标本，所采集的标本必须足够好，质量合格和记录完整的标本远比量大但质量欠佳的标本更有价值。采集一份理想的植物标本应该满足以下要求。

(1) 适当的大小。如果标本本身很小，可以在同一个台纸上增加标本数量；如果标本很大，应该折叠成“V”形或“W”形放在台纸上。

(2) 标本尽可能包括植物个体的所有部分。包括花和果，叶片必须健康完整，没有被菌类感染或被虫子吃过。

(3) 标本压制及保存良好。压制的过程中应注意不要有重叠的部分，叶片要展示腹背两面。

(4) 要有详细的记录。至少应包括采集人、采集号、采集日期、地点、生长环境以及标本干燥后可能失去的主要特征。

标本的采集实际上就是对植物体本身及其生长环境信息的收集，采集工作进行得愈彻底，资料记录愈完整，标本的研究价值就愈大。高品质标本的获得有赖于精心组织的各项野外工作，包括标本的采集、野外数据记录、编号、压制和干燥程序等。

作为专业植物学工作者，在采集标本时，一方面，要有保护生物多样性的意识考虑保护数量稀少的物种；另一方面，要考虑在下列情况下适当多采些标本，包括副号标本。

(1) 物种多样性丰富，但调查和采集相对薄弱地区的标本采集。

(2) 用来与其他植物标本馆或植物学家进行交换的标本。植物标本馆或采集者之间不定期的交换标本、互通有无，既是标本馆间合作的惯例，也是扩大标本收藏范围的好途径。

(3) 交当地标本馆及合作者收藏一整套副号标本。如果是到国外采集，该项工作的开展更为必要。

(4) 作为专类采集和专门研究时的采集。

(5) 植株形态存在过渡或变异，多份标本有助于了解居群的形态变化，表现物种的全部特征。

5.1　被子植物标本采集

5.1.1　采 集 准 备

1. 采集器具

标本采集准备工作主要包括准备采集、测量和记录所需的器具，以及制定行程。这些准备工作对于组织多人参加、行程较远、时间较长的考察队来说尤其重要。

1）剪切工具

手剪（枝剪）：用于采集和修剪标本；

高枝剪（图 151）：用于采集高处与树冠处标本；

手锯：用于锯断较粗的枝条做木材辅助标本；

掘铲（掘根器等挖掘工具）：用于挖掘植物，特别是草本植物地下部分。

2）标本夹（图 152）

标本夹多用轻韧的木料制成，长约 43 厘米，宽约 30 厘米，用宽 2.5～3 厘米、厚 5～7 毫米的木条钉成，横向每隔 4～5 厘米一条，四周用较厚（约 1.8 厘米）木条钉实。用于固定和压平新采集的标本，最好有两副替用。

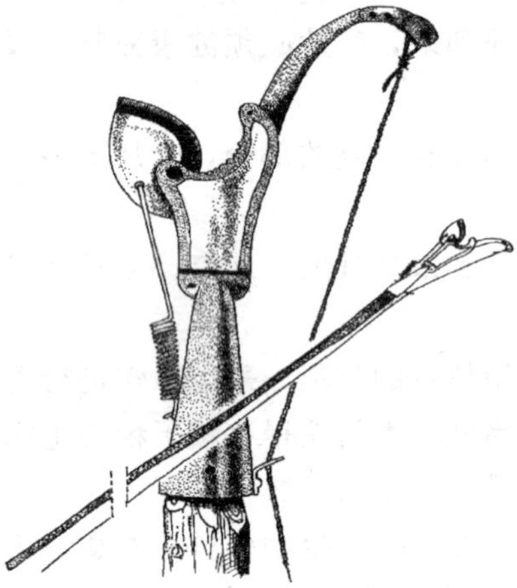

图 151 高枝剪

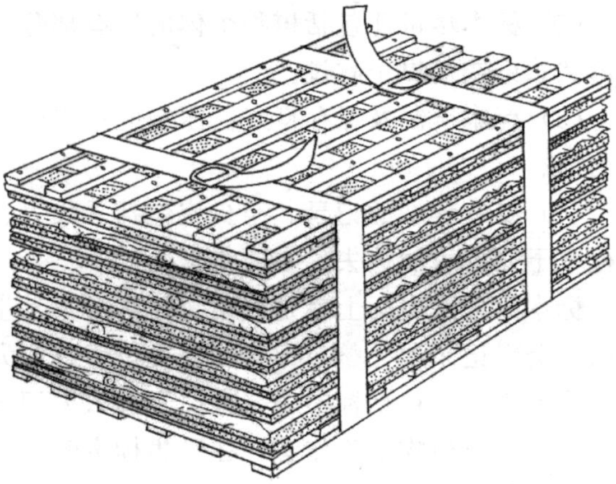

图 152 标本夹（依黛安·布里得森和伦纳·福门，1998）

3）吸水纸、旧报纸或瓦楞纸板

压制、干燥标本用。通常选用较软而吸水力强的草纸，有条件时先用报纸夹住新鲜标本然后分置于瓦楞纸（铁）之间烘干。

4）烘干机/炉

用于干燥标本。推荐用我国北方冬天室内加温用的电暖器或家庭用的电吹风，在缺电地区则使用炭火或煤（汽）油炉。

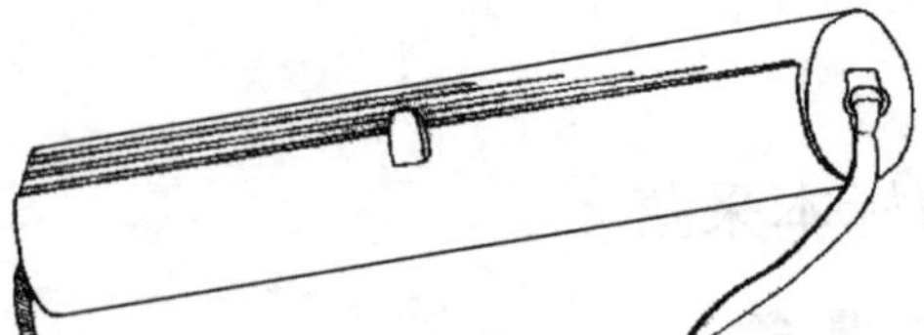

图 153 采集箱

5）采集箱（图 153）和采集袋

野外采集临时放置标本用。可选用市面上的尼龙编织袋或聚乙烯制的塑料袋。体积要足够大，同时备有不同规格的塑料袋，尽可能将不同植物分别存放，尤其是柔软而易脱落或萎蔫的花部器官及植株。

6）其他标本采集和包装用品

小塑料袋：用于暂存小草及柔弱植物；

硅胶、FAA 固定液和广口塑料瓶：用于采集植物分离器官的液体保存、干燥叶片（DNA 材料）、固定解剖学材料或制作泡花标本；

小纸袋：用于收集种子，装花果散件和植物碎片；

标本夹绑带、长绳和玻璃扁绳等：用于捆绑标本夹，最好为进口耐火尼龙带。

2. 观察、测量及记录器具

（1）手持放大镜、双目望远镜、米尺、镊子、刀片等：用于观察和测量标本；

（2）海拔表、罗盘、GPS：用于记录标本采集地点的精确位置，GPS 可以用于导航和记录行程，有些 GPS 还可直接把数据转录到计算机上。

（3）光学照相机和（或）数码照相机，包括微距镜头、三脚架、胶卷或存储卡（数码相机）等：用于拍摄植物生境及特写。

（4）铅笔、碳素水笔、粗细不同的记号笔、米尺、标本野外记录本、标签（号牌）、日记本、空白纸张等。

（5）笔记本电脑：记录、处理及存储数据。

3. 其他准备事项

1）采集与行程计划

了解所去采集地点的相关状况，如地理地质状况、地形和植物密度、不同季节的气候条件、过去的采集历史、交通条件及路况、食宿条件等，以确定具体日程安排和确定本次采集的目标和重点。此外，打算进入自然保护区采集时，应事先了解采集许可的获准途径和相关联系人的通讯方式等。

2）地图和植物鉴别手册

野外的工作需要地图来辅助规划路线与行程，一般常用的地图有地区道路交通图、等高线地形图（需要特殊申请获得）等；还有查找当地植物物种和群落的有关资料，并带上野外指南（当地植物名录、植物志等）。

3）个人生活用品及装备

准备一般性药物（预防野外工作人员生病或遭受意外伤害，如被蛇咬伤等）和裹腿（上山防蛇、蚂蟥咬）等。所携带生活用品的种类及数量可依据采集地的状况及季节气候、工作时间长短来决定，考虑舒适与安全相结合，尽量选择轻便实用的物品。此外，早春深秋季节进入高山地区，需特别注意保暖。

团队采集时，还应准备照明及通讯设备，如马灯、手机、对讲机等。山区通讯不便，使用市售千元左右的对讲机是团队在 3～5 千米距离联系的有效办法。

还需准备采集浸泡标本所用的固定液（本书植物标本部分的第 4 章 4.2 节）

5.1.2　翻　　模

翻模是利用待制动物的躯体，使用石膏浆、硅胶、树脂等材料制作模型的方法制作动物假体。

1）鱼类标本制作步骤

（1）取鱼类标本 1 尾。

（2）固定标本，用10%福尔马林浸泡24小时。

（3）取出标本，根据需要将标本进行整姿并固定在台板上，用陶泥围一个比标本周边多2cm的框，用硅胶灌注覆盖整个标本，待硅胶干后，用树脂作外膜，待外膜干后，将实物标本取出。

（4）将调配好的自凝造牙粉搅拌均匀，倒入模具里，倒满为止，待30分钟凝固后取出。

（5）取出模型后对多余部分进行修整，对残缺部分用雕刻泥或者超级黏土修整填充。

（6）参照标本或物种的相关图片进行上色，待颜料干后根据活体标本的鳞片和皮肤情况选择上光油或哑光油等。

2）两栖类标本制作步骤

（1）将两栖类动物标本整姿固定后用50%的酒精浸泡24小时，然后用70%的酒精浸泡24小时，最后用90%的酒精浸泡24小时。

（2）将标本用胶水固定在台板上，用陶泥围一个比标本周围多2cm的框，用硅胶灌注覆盖整个标本，待硅胶干后，用树脂作外膜，待外膜干后，将实物标本取出。

（3）将调配好的自凝造牙粉搅拌均匀，倒入模具里，倒满为止，待30分钟凝固后取出。

（4）取出模型后对多余部分进行修整，对残缺部分用雕刻泥或者超级黏土修整填充。

（5）参照标本或物种的相关图片进行上色。

（6）待颜料干后根据活体标本的皮肤情况选择上光油或哑光油等。

3）爬行类标本制作步骤（以蛇为例）

（1）尽可能把蛇皮完整地剥下，将蛇皮放入饱和盐水的溶液中浸泡24小时。

（2）测量去皮后标本躯体的各项尺寸。

（3）将躯体放入90%的酒精固定24小时。

（4）将固定后的躯体置于木板上，调整为制作标本所需的姿态后加以固定。用陶泥围一个比标本周围多2cm的框，用硅胶灌注覆盖整个标本，待硅胶干后，用树脂作外膜，待外膜干后，将实物标本取出。

（5）将调配好的树脂或者自凝造牙粉搅拌均匀，倒入模具里，倒满为止，待30分钟凝固后取出。

（6）根据图片及具体测量的尺寸对模型进行修整。

（7）取出皮张放入清水中清洗后，套在做好的假体模型上，用快干胶将皮张粘贴在模型上。

（8）整体调整姿态后，再次清洗皮张外部。

（9）用雕刻泥或者超级黏土修整外部皮张缺失的部分。

（10）用丙烯颜料对标本进行上色。

（11）颜料干后用光油均匀喷涂在皮张表面，使之显得鲜亮生动。

4）中型兽类头部标本制作步骤

中型兽类头部标本的制作中常采用石膏浆制模，具体制作步骤参见本节兽类剥制标本的制作部分 4.2.2 头部模型制作。

5.1.3　采集技术

1. 一般植物的采集

对于木本植物，应选择长 35 厘米左右，二年生，有花和（或）果，且生长正常的枝条进行采集（图 154）。采集应包括一主要粗枝条，将其斜剪以显现其木材纹路及心髓；所有枝叶需压置于报纸内，太长的可反折以一斜角与原枝相叠；枝叶过密者，可剪去部分枝叶，但需保留分枝处或叶基，使之便于干燥并能被装贴固定在一张台纸上（图 155）。

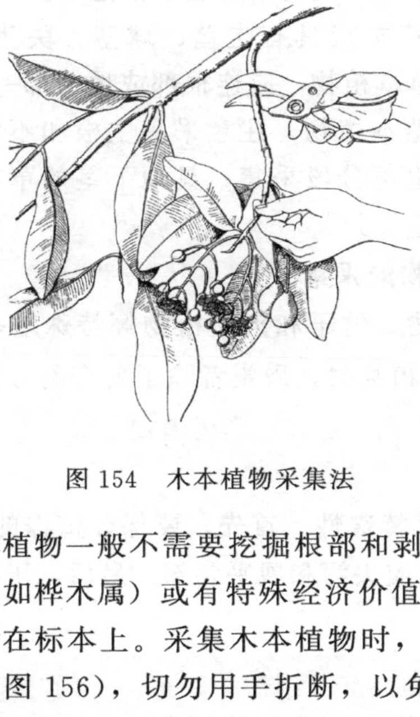

图 154　木本植物采集法

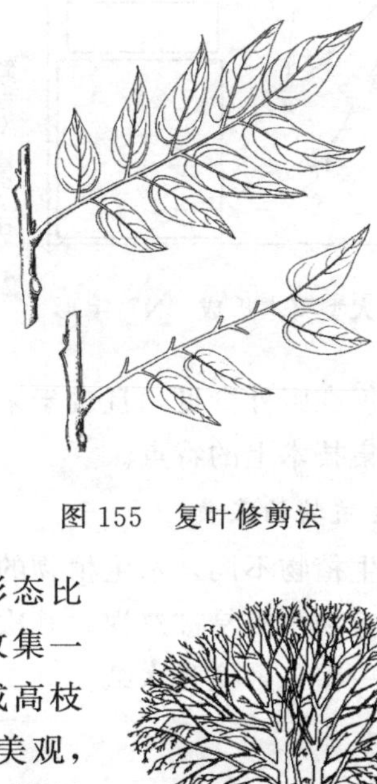

图 155　复叶修剪法

木本植物一般不需要挖掘根部和剥取树皮，但形态比较特殊（如桦木属）或有特殊经济价值的种类，可收集一些树皮附在标本上。采集木本植物时，应当用枝剪或高枝剪剪取（图 156），切勿用手折断，以免影响标本的美观，对于树皮纤维发达的树木尤应注意，如榆科、桑科和椴树科的一些种类。

对于先花后叶或先叶后花的落叶树木，应分别采集其花与叶，但应以采自同一植株为原则，如柳树、玉兰、金缕梅、连翘等为先花后叶的种类，应当先后采集，尽量采自同一棵树，并将采到的花、叶、枝等放在一起，以免散落；雌雄异株的植物，如杨属、柳属，必须采集雌、雄不同株上的花果和各时期的叶、冬芽等。一份完整的落叶木本植物标本应包括冬芽时期、花期和果期三个不同时期的枝条。这样的标本具有更丰富的信息，对全面研究物种的形态和分类更为有用。

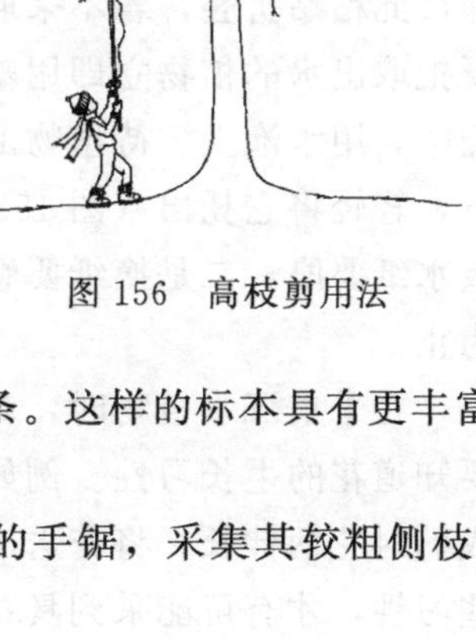

图 156　高枝剪用法

不少树种需凭借木材内部结构来辨别，故宜携带较轻便的手锯，采集其较粗侧枝，以供制作切片和测定强度、比重之用。

对于木质藤本植物，除详细记载其长度、被缠绕植物的名称、缠绕方向等信息外，针对叶形、攀缘器官等特征还可以分段采集各部（每段至少包括两个节，以显示节间长度），再把各段合起来，就得到一份完整标本。

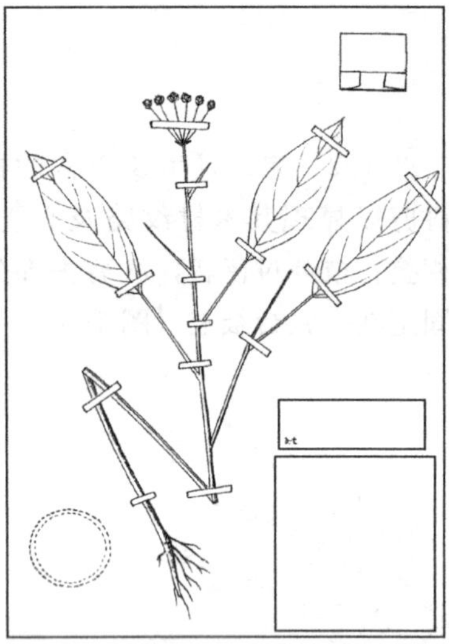

图 157　大型草本折成“N”字形

高度在 30～40 厘米的草本植物应该全株挖起单独作一份标本，10～20 厘米及以下的小型草本应采取多株合为同一份标本，70～80 厘米以上的大型草本则可折成“N”字形（图 157）或“V”字形，最长段小于 30 厘米，使其适合于一般台纸的长度，也可将植物切成分别带有花果、叶和根的三段压制，然后三者合订为一份标本装订。不能整株压制在一张台纸上的 1 米左右的高大草本，采集时最好也连根挖出。

采集矮小草本或具有走茎、球茎、块茎、根茎、鳞茎等多年生草本植物，应连根部或地下部一起采集；对匍匐草本、藤本植物，注意采集主根和不定根，匍匐枝过长时，也可分段采集；具地下茎的草本，要尽可能挖取地下茎部分。

2. 特殊类型植物的采集

像水生植物、竹子和肉质植物等特殊形态和生境的植物不仅在野外少见，且难于采集。采集这些植物时，采集者除了要有耐心外，还需要注意采集技术上的特点。

1）水生植物的采集

与陆生植物不同，水生植物的采集技术有其特殊性。首先，要保证植株的完整性，这在沉水植物中很易被忽视；其次，采集的标本应去污和展平各部；最后，压制时吸水纸要放厚一些，勤换吸水纸。

沉水植物

沉水植物除了花序伸出水面外，其余部分都浸没在水中，如狸藻属、苦草属等。这些植物多柔软而脆弱，可以通过竹竿挑起等办法将全株采取。这类植物离开水面，枝叶即彼此粘贴折叠，若不采取措施，易失去原来的形态，并且难于干燥，易生霉。因此，要把取出水的植物立即用塑胶袋、纱布或网兜等包好，带回室内立即将其放在水盆或水桶中，用水泡上。待植物的枝叶展开成原来的形态时，将台纸等硬板放在浮水的标本下，轻轻将它托出（图 158），倒扣在干燥的吸水纸内压制。处理这类标本，一是所放吸水纸要厚，二是换纸要勤。最初几天，最好每天换 3 或 4 次标本纸，直到植物体干燥为止。

在采集沉水植物时，对花更需加以注意，因它很小而无色彩，极不显眼。同时，还要知道花的生长习性。例如，苦草仅在秋季，雄花成熟后露出苞片，飘浮于水面；雌花成熟时花柄伸长，将花送出水面；在授粉后，花柄卷曲，仍淹没水中。只有了解到了这些习性，才有可能采到具花果的标本。

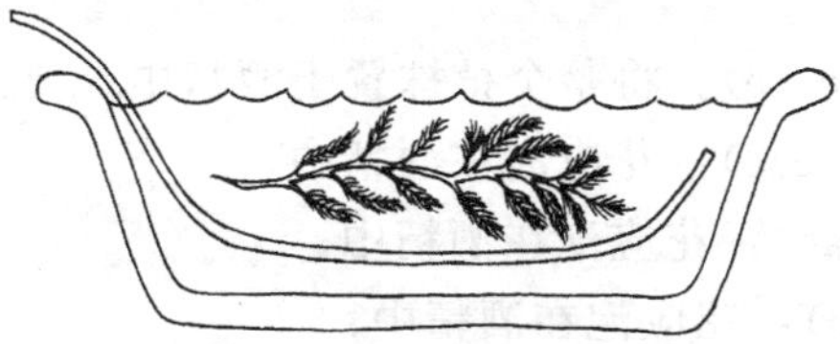

图 158 沉水植物采集法

挺水植物

挺水植物的根部固着生长在水底泥土中，整个植物体分别处于土壤、水和空气三种不同的环境之中，如香蒲等。这类植物体质地较硬，体形高大，只要把各部分别采全即可。注意在采集植株下部根茎后应先洗净，去掉表面水分，再行压制，如果是高大体形者可仿高大草本植物的方式压制。因植物体含水分较多，也应多放些吸水纸并勤换纸。

浮水植物

浮水植物，如凤眼莲属、浮萍属、睡莲属等。采集浮水植物似乎并不困难，但要采集一份完整的标本却不容易。如采集莲属植物标本时，需用分步的方法采取，即采幼小植株的叶和地下茎，再取未开的花蕾或幼小的莲蓬，最后把它们合为一份完整的标本。

2）大型叶植物的采集

如棕榈科、芭蕉科、天南星科的某些种，它们的叶子和花序均很大，采集标本时可采集一部分或分段采集，以同株上幼小叶加上花果组成一份标本（同时在采集记录上标明叶实际大小，或辅以示意图）；或把叶、叶柄各自分段取其一部分，再配花果组成一份标本。当花序较大时，可把其他的小花序剪掉，留下一个小花序（同时标明花序实际大小），但要注意必须带上苞片和小苞片。棕榈科植物应包含完整的叶鞘。有条件时，可把它拍成照片，注明比例尺，附于标本上，这样就可得到一份比较满意的标本。

3）竹类植物的采集

竹子通常为无性繁殖，需依据营养体的特征来进行分类。采集时，应把包括秆、竹箨、小枝及竹叶、地下茎等各部分收集齐全（图 159）。地下茎应小心挖取，并注意它的分枝情况，因为在鉴定时要以此为依据，如箭竹属的地下茎为复轴混生，而玉山竹属则是合轴型的。

竹子开花很罕见，因为它通常一生只开花一次，开花结果后即死亡。有花的竹子标本也很重要。

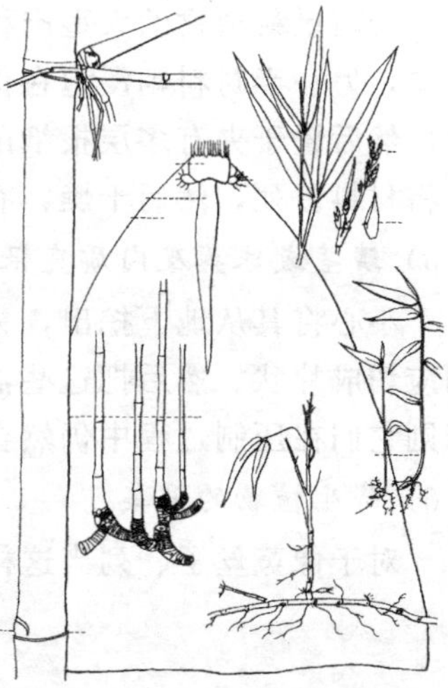

图 159 竹类植物采集

4）肉质多汁植物的采集

植物的花器官多肉质柔软而脆弱，标本压干后，花的各部分常折叠粘连在一起，难以分离、复原，给植物鉴别带来极大的困难。故肉质多汁植物和花器官容易损伤的植物均应制成液浸标本保存，主要包括以下类群。

马兜铃科（Aristolochiaceae）：将花泡在酒精中，有些种类是茎花植物；

蛇菰科（Balanophoraceae）：将整个植株置于酒精中，要注意有的是雌雄异株；

凤仙花科（Balsaminaceae）：花应泡在酒精中；

秋海棠科（Begoniaceae）：花应泡在酒精中；

木棉科（Bombacaceae）：花应泡在酒精中；

水玉簪科（Burmanniaceae）：整株置于酒精中，尽可能采集地下部分；

仙人掌科（Cactaceae）：为了完整地保存其结构，花、果和整个茎（仅指矮小植株）最好均置于酒精中；

鸭跖草科（Commelinaceae）：花应泡在酒精中；

葫芦科（Cucurbitaceae）：花应浸于酒精中；

水鳖科（Hydrocharitaceae）：花序浸于酒精中；

浮萍科（Lemnaceae）：全株置于酒精中保存；

桑科（Moraceae）：将部分花序置于酒精中；

金莲木科（Ochnaceae）：将部分果实置于酒精中；

兰科（Orchidaceae）：花应浸于酒精中；

西番莲科（Passifloraceae）：花和果实应浸入酒精中；

姜科（Zingiberaceae）：花序浸于酒精中。

野外考察时，碰到上述应当用固定液保存的植物类群，应把标本（部位）采下，最好是随采随浸，把标本放入药液中。采集标本时必须同时采集一份蜡叶标本以作为凭证标本保存。这类植物在野外采集后应立即压制。除压制作常规蜡叶标本，另将花器官材料单独贴在餐巾（手）纸上，花尚未全干前不要将其打开，作为蜡叶标本的一部分，同时多余的花直接放入60%～80%酒精或固定液中保存，或放入高浓度白酒中作临时固定，或置于密封袋或空塑料瓶中带回营地再作固定，酒精以外的其他固定液配方参见本书第6章6.2节。

天南星科植物的大型肉穗花序可将其纵切或横切，将其内部的组织挖出去掉压成干标本，另一半材料则浸泡在保存液中保存。在野外干燥时，要在切开的茎表面洒大量食盐，然后置于夹有多层报纸的标本夹中，24小时后把浸有盐水的报纸移去，或者用开水将材料烫死，然后干燥，有条件时放置在薄纸板-铝板的三明治层中烘干。

5）鳞茎或球茎及肉质直根植物的采集

小心将其从地下挖出，去土，但不要剥掉鳞茎皮。小鳞茎或球茎可纵向切开，大的则应切成片状。然后把这些器官杀死再压制成标本（与肉质或多汁植物处理方法相同），否则它们在压制过程中仍然会存活，影响标本压制的质量。

6）寄生植物的采集

对于像菟丝子、列当这样的寄生植物应连同寄主一起采集，并记录寄主的名称。

5.1.4 采集注意事项

（1）注意观察植物本身的性状和其生长环境，便于全面了解植物生物学习性，并作翔实记录，包括文字及照相资料。

(2) 受光叶或庇荫叶、老叶或幼叶或萌枝等各种发育阶段形态不同者，均尽可能采全以供分类辨别佐证。

(3) 采集有毒、有刺和蜇人植物时，应特别小心，避免受伤，最好戴上手套。

(4) 尽量不要用手拿湿材料（特别是花），最好在野外将需要做复份的材料分好后再浸泡。

(5) 如果一个林区正在开辟新的道路，放倒不少树木，那是较好的采集机会，因为乔木、蔓藤类植物或附生植物（特别如兰科）通常生长冠层太高不易采集，此时有机会仔细检查倒木，可采得原本不易采集的高层标本；如果一个地方将要新建水库，淹没区的天然植被将会被破坏，则不用过多考虑物种保护问题，可大量进行标本采集，以留下历史记录。

(6) 在自然保护区、国家公园进行采集活动，则要非常小心谨慎，即使获准采集，也要绝对禁止大量采集等影响居群大小的行为发生。尽量少采或不采重点保护和珍稀濒危植物，没有把握时，宁可保留植株不采或通过拍照来弥补。

(7) 如果采集队由 3 人以上组队，应作适当的分工，以提高工作效率并采集到尽可能多的标本。例如，分工采集不同的类群，如蕨类与种子植物、地表植物与树上附生植物、草本与木本植物等。

5.1.5　数据记录和编号

1. 标本数据记录

标本采集记录的重点在于记录植物标本的详细采集地点、植物生长环境及标本干燥后观察不到的鉴别特征。采集记录务必准确、简要、完整。采集记录的填写格式因各单位与研究上的需求有所不同，记录的内容大致包括以下各项（表 11）。

表 11　植物标本野外采集记录

采集人及采集号________________　采集日期________________

采集地____

生境____

____

海拔____________　经度____________　纬度____________

株高____________　胸径____________　树皮____________

叶____

花____

果实____

土名（俗名）________________　科名____________

学名________________　中名________________

用途____

附记____

____

1) 基本记录

基本记录包括产地（国家、省、县、乡和具体地点）、具体地点的海拔及经纬度、简单生长环境特征（如林缘、溪边等）和植物习性，如乔木、灌木或草本及其高度和胸径（指前两类）、采集人（姓名）、采集号、采集日期（年、月、日）等。

2) 完整记录

除上述基本数据项外，如果条件允许，还应详细描述植物生长环境特征，如植被类型、伴生种和土壤类型；植物标本干制后易失去的特征，如花颜色、形状、气味等；植物当地俗称（俗名、土名）和用途等。若采集有实验材料（如活株、细胞材料、DNA材料等），其编号（采集人、采集号）可与凭证标本号一致，或另外指明凭证标本号码。

采集木本植物时，应注意记录植株全形，如山楂、皂荚的大树基部有枝刺等特征，必要时绘草图给予说明；采集草本植物时，应注意记录一年生、多年生、附生、常绿、冬枯等习性特征；采集水生植物时，应注意记录其异形叶的特征。另外，在野外采集过程中应随时记录采集环境的有关资料，如大的环境因子及植物群落情况，如果时间不允许，也应在返回驻地后及时补充。

在记录采集地点时有两点需要注意，除了标注传统的行政地名外，还应采用其他易于查找的标识法。例如，某某村庄东北方向几千米处，或某某“国道”或“省道”几千米处，还可画出简易的示意图。同时，产地信息必须有GPS数据，包括海拔和经纬度数据，这是目前采集标本时的必备数据项，对标本的研究和日后回访均具有重要的意义。

建议同时使用计算机录入和保存标本采集数据的方式，这些标本采集数据库对今后植物标本研究和管理及资料保存均具有重要意义。

如果用纸质标本采集记录法，必须用铅笔或永久碳素水笔记录；每个记录号都应尽量填入数据项，切忌在采集人、地点和日期上用“同上”或空白的省略写法，以免丢失数据；采集记录本和标本总是要分开包装；在工作完成后，采集记录本应交给标本馆统一收藏，以供日后核查之用。

2. 标本编号

1）编号

野外采集时，尽可能当时给标本编上采集号，或晚上把标本带回驻地时再统一补充编号。编号可写成号牌挂在标本上，也可以直接写在夹有标本的报纸上，但要注意别让夹在报纸内的标本脱落。无论哪种方式，均要确认标本号牌上的采集人及采集号与野外采集记录中的记载一致。

建议标本采集号以人名和有效数字共同组成，如王启无 3456，这个采集号也是王氏的独立流水号，应从 1 开始连续编号采集。少用或不用以年代、地名、单位名称或课题组名称组成采集队（号），如广西 100、北京队 1587、植物专业 078 之类的编号。这些编号容易被其他植物学家在引证标本时所误解，一旦产生疑问也难于找到采集人。

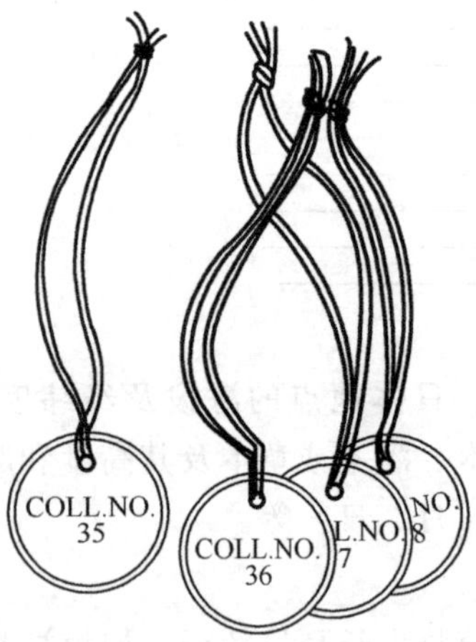

图 160 采集号牌

对于那些已分开来压制的植物，要用标签明确标明各部分的相互关系和顺序。原则上同一植株上的标本编号相同，当一份标本较大，分割成多段后，每段也要给予辅助编号，采用从基部向上部的次序编号，若 1286 号分为 3 段，分别是 1286a、1286b 和 1286c。

2）号牌制作

对号牌（图 160）的一般要求是：

（1）号牌大小和规格：一般约为 5 厘米 × 2 厘米，

一端距边缘 0.5 厘米处打圆孔，穿一长度约 15 厘米的细线，并将细线结成环。

(2) 号牌纸张：要用较厚、韧性好的纸，最好用硫酸纸，以免纸张褪色时把字迹也随之褪掉。

(3) 号牌登记：要用铅笔或永久碳素水笔注明采集人和采集号，也可标注采集地点、日期等。有些信息可以提前印制在号牌上。

5.1.6　标本压制和干燥

植物标本采集、编号和记录后要尽快压制和干燥，目的是使标本迅速干燥并且突出展示其特征。压制和干燥是保证标本质量的关键步骤，不可忽视，否则，历尽千辛万苦采集到的标本难免前功尽弃。

标本压制前的预处理事项包括以下几点。

(1) 在野外缺乏烘干标本设备时，须及时将标本夹于报纸之间，加压以吸收部分水分，并使标本平整，待回到驻地或标本馆后再作烘干等进一步处理。

(2) 压制标本时，将标本修整以使其完全夹裹在报纸中；每份标本应尽可能多地显示特征构造于同一面上，一些叶片应该显示叶背面，而其他的显示叶腹面，同时注意减少重叠的部分。必要时，把花果切开以示内部特征，并使之易于干燥；保持标本压制之美观亦相当重要。

(3) 一叠标本整理加压后，可保持其平整定形，但亦极易变黑，尤其是在高温潮湿地区。故经压制的标本应置于阴暗通风处（晚上可将已压过的标本松开透气），并尽快（三四天之内）对标本进行烘干处理。

(4) 质地坚硬的球果及果实可另外置于透气纸袋中，注明采集号，使其自然风干。标本在采集袋中放置时间过久会因为天气炎热或发酵，极易发生凋萎、枯黄与叶片脱落的情形。通常在采集的当天或两三天内就进行标本剪裁、整理和压制；若采集较易凋萎的植物，如凤仙花植物则应在采集现场立即进行处理。

1. 压制标本步骤

1) 整理

标本应夹在衬纸或报纸中，在标本夹里压上一段时间后再进行摆放整理和压制。最好是把采集的新鲜标本加压一个晚上，第二天早晨换纸时对标本进行整理和修剪，此时标本变软易于重排。标本压制烘干前的整理和修剪注意事项类似于标本采集时要求。

(1) 将标本折叠或修剪成与台纸尺寸相应的大小（长约 30 厘米，宽约 25 厘米）。

(2) 将枝叶展开，反折平铺其中的小枝或部分叶片，以便在同一平面上能见到植物体两面的构造，易于进行观察鉴定。去掉植物体上过于密集的枝叶（但要保留叶柄以表明叶片的着生方式和着生位置），保证压制后在同一平面上枝叶不至于重叠太多，特别应注意花果部分不要重叠。

(3) 在每一份标本内的植物品质最好能一致，若采得的标本有好有坏时，则在每份标本内平均分配好与坏的标本。

(4) 若植物有花、果、茎节或是叶柄等可供鉴识部分，要注意不被叶所遮挡。茎或小枝要斜剪，以便观察中空或含髓的内部结构。

(5) 大叶片可从主脉一侧剪去，并折叠起来，或可剪成几部分。

(6) 草本植物可折成“V”形、“N”形或“W”形。最好不要使标本的任何一部分露出于报纸之外，以免在搬运、干燥与储存过程中导致标本的损害。如根部泥土过多，则应清洗干净后再压制。

(7) 野外采集的花均可散放在纸巾中干燥；若为筒状花，花冠应纵向剖开。

(8) 若有额外采集的果实，有些应纵向剖开，有些横向切开；若果实过大，可切成片状后干燥。

2) 压制

把整理后的标本置于放有吸水纸的一扇标本夹板上，标本上放置2或3张干燥的吸水纸。随着标本的叠高，受植物体有较粗大的根、茎、花、果等影响，往往会出现凹凸不平，避免的方法是把不同标本的粗细端相互交错地放置，即下方标本的粗端与上方标本的细端排在一边，或者多加几张吸水纸，这样可以减少这种不平。如果有些植物的花、果实或根状茎过大，按上述方法还留下较大空隙，可以用吸水纸叠起，将空隙填平，这样可以使木夹内的全部枝叶花果受到同等的压力。压制时应注意植物体的任何部分不要露出吸水纸外，否则标本干燥时，伸出部分会缩皱，枯后也易折断。当使用瓦楞纸或瓦楞铁压制标本时，则把标本夹在报纸里，每隔1～3张报纸放一张瓦楞纸板（图161）。当标本重叠到一定高度时，在最上面放5～10张吸水纸，把另一扇标本夹板放在上面，然后用麻绳或专门的捆绑带把标本夹绑紧，标本夹四角应大致水平，防止高低不均（图162）。

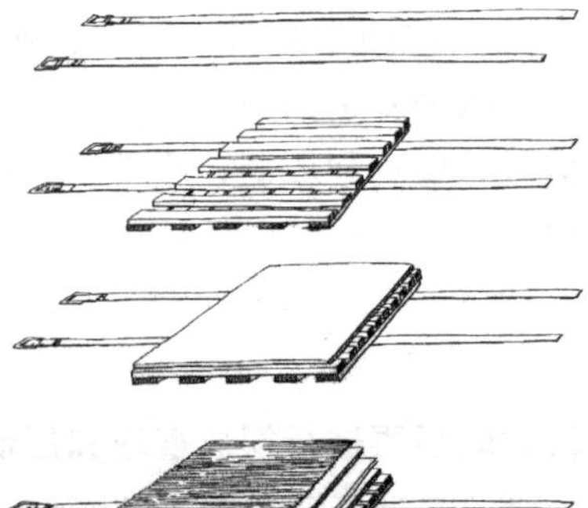

图161 标本压制（一）

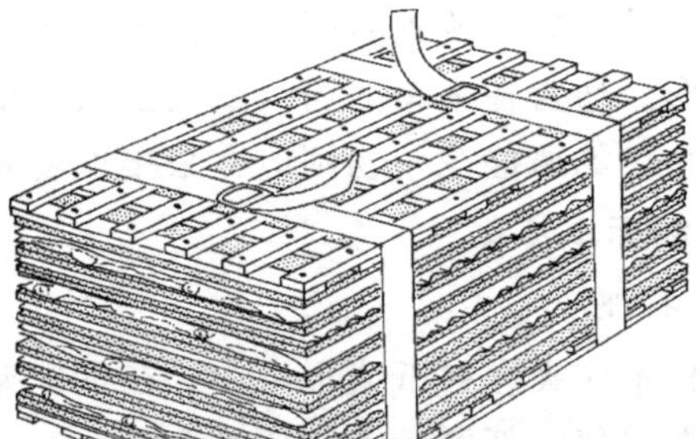

图162 标本压制（二）

2. 标本干燥

标本干燥分为自然干燥法和人工热源干燥法，前者指靠给标本更换干纸或直接晒太阳的办法来干燥标本；后者指通过电热或火炭烤的人工办法来干燥标本。

1) 自然干燥法

该方法是最普通、最常用和最简易的标本干燥方法，主要是选用较细腻的草纸来吸取标本水分以达到干燥标本的目的，如果找不到草纸，普通报纸或大尺寸的手纸也可以。

压制标本总是希望它能迅速干燥，在标本压制的早期，要特别注意勤换纸，每天应换干燥的吸水纸至少1或2次，含水量高或者过于肥厚的标本，更需要勤换纸。春季采集的标本，植物体的组织幼嫩，含水量较大，也需要勤换早换吸水纸。一般吸水纸换到七八次时，标本基本上干燥了，则可隔天换一次，直至标本全部干燥为止。这时，可以将已干标本取出另放，未干者继续换纸。

换纸时，用干燥的吸水纸垫在下面，把标本从湿纸上取出，轻轻置于干燥纸上，换完后仍按照上述方法捆扎好，换下的湿纸要及时晒干或烘干，以备以后继续使用。

在换纸的同时，还应注意继续对标本进行修整，铺展枝叶，收藏脱落的花果和清除霉烂部分等。具体做法如下。

(1) 继续修整：初次换纸时，标本经过压制，大体上已处于一个平面，且比较柔软，易于摆弄。如果发现有重叠或过于密集之处应去掉遮盖部分，需反折的枝或叶，应及时反折，否则，待标本干燥时再翻转，枝叶容易折断。

(2) 铺展枝叶：初次压制的标本，往往会有些叶片折叠、卷缩，此时必须小心谨慎地用镊子将各折叠部分逐个铺平。此步骤是决定标本质量的关键，如不认真整理，枝叶就会凌乱且相互重叠，既不利于观察，也不美观。

(3) 收藏脱落的花果：在换纸的过程中，如发现枝叶、花、果已经脱落，或即将脱落，应立即将它们收入纸袋或信封中与标本放在一起，但务必在纸袋或信封上写出与标本相同的采集人和采集号。

(4) 清除霉烂：一般情况下，能够按要求坚持换纸，标本是不会产生霉烂的，但如果遇到连续阴雨天气或某些特殊原因，标本则很可能会产生霉烂现象。这时可用剪刀把霉烂的部分剪掉或清除霉斑，以免影响更多的标本。清除霉斑可以用毛笔蘸75%酒精，在霉斑处轻擦，直至清除干净为止。霉烂太甚只能被丢掉时，应在采集记录本上加以说明。

2) 人工热源干燥法

自然干燥法中标本上的水分主要通过草纸吸收和太阳晒去除。这种方法能使标本达到最自然的干燥效果，压制的标本颜色逼真，形态较佳，且简单易行，但费工耗时，并且依赖天气，在阴雨天和湿度大时几乎难于奏效。在大规模采集标本及有火（电）力供应的情况下，标本干燥多采用人工热源干燥法。

该方法整理及压制标本的过程要求同自然干燥法，但标本一般是放置在报纸内，一至数份报纸之间由瓦楞纸或瓦楞铁隔开，够一定数量后打捆，放置于热源上烘烤。采用人工热源法干燥标本可以减少换纸和后续整理工作的步骤，甚至不用换纸，故需要做好标本的首次修整、排放和压制工作，以保证质量。

具体做法是：安置好烤炉或干燥箱，下面放置火炭盘、煤油炉或者电炉等热源，然后将标本夹置于35～45摄氏度热源的上方直至标本干燥。刚开始时，注意温度不可过高，否则会把标本“炖熟”（可通过标本褪色和嗅到煮青菜的气味来辨别），持续高温还会将标本烤得过干、过脆，甚至使标本夹的捆绳被点燃导致火灾。烘烤期间，建议使用进口的耐火尼龙带来捆绑。还应注意检查和捆紧标本夹，防止其过松导致标本滑落着火。最好的办法是在标本烘烤过程中变换1或2次标本夹的方向，使标本受热均匀。还可以把标本夹从热源上拿开，松开捆带让标本“透透气”和检查标本烘干状况。同期采集的标本时常干燥的速度有所不同，对已烘干的标本应及时抽走，未干的标本继续烘烤。一批标本完全干燥通常需要10～20小时。

人工热源有多种类型，包括木炭、煤炉、煤油灯、汽油灯、电灯、电炉、电暖器、电吹风等。使用这些热源的优点是省时省力，但在使用火炭盘和煤油炉（灯）(图163)、电炉等烘烤时，因温度不易控制而易引起火灾。因此，推荐在有电力供应的条件下使用电暖器来干燥标本。电暖器的操作简便、安全可靠，且标本的干燥效果也很好。目前，电热吹风烘干法是国内越来越普遍采用的标本干燥法。

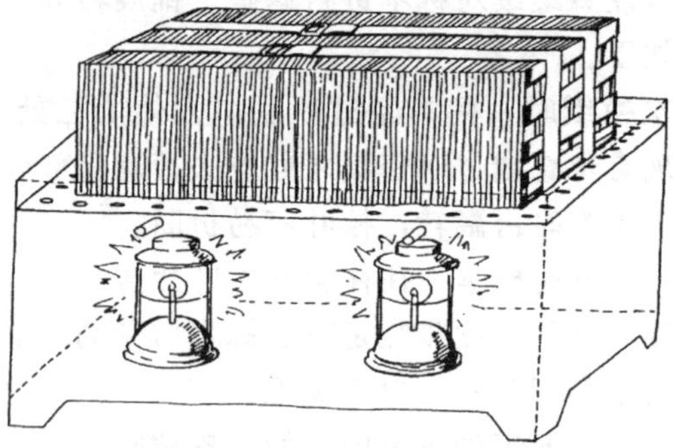

图163 标本干燥

5.1.7 野外暂时储存标本法（酒精法）

野外工作时，有时受条件限制，无法及时压制标本，需设法把标本暂时保存起来，待方便时再行压制、干燥。通常，将标本夹在报纸里放入塑料袋内可以保存两三天。如果需要保存更长的时间，则可采用酒精法（又称施韦因富法，Schweinfurth法）暂时保存标本。

具体做法是将带有采集号的标本放在折叠的报纸（或衬纸）内，当达到一定的量时，将整捆标本捆好后，放置于较厚的塑料袋中或农用塑料薄膜做成的口袋中，洒上60%～80%工业酒精（每袋用量约0.5千克），袋口密封扎紧，捆绑好袋子（图164），酒精会汽化而充于袋中。

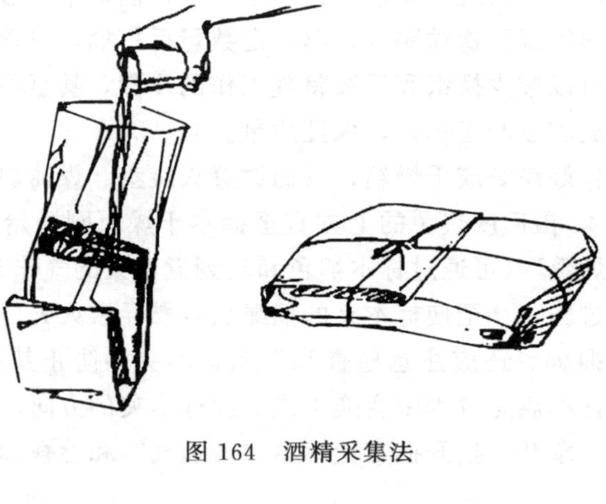

图164 酒精采集法

用该方法处理的材料可保存数周至数月。保存期内，应该每 4 周检查一次标本的状况，如果标本出现干燥萎蔫的迹象，则应添加上少量酒精。此法虽能防止标本腐烂变质，但标本的颜色会变得黯黑。因此，此法一般仅在野外工作时间短、标本多而实在来不及现场压制标本的情况下使用。

5.1.8　特殊类型植物的处理

1. 多汁植物的干燥处理

（1）天南星科、兰科和景天科中的有些植物，营养器官肉质肥厚，直接压制，长时间内不能干燥，而且还会继续生长。对这类植物可选用以下方法处理：①先把花和叶以常规方法压好，将肥厚部分挂上与压制标本相同的号牌，置于通风干燥处或日光下，让其迅速脱水死亡，待干瘪柔软后再放入标本纸中与同号标本一起压制。②把肥大器官置于盐水中渍泡几分钟，让其失去一部分水分后，以清水洗净晾干，再压制。但应注意，不能让花、叶萎蔫，天门冬的纺锤形肉质块根可以采用此法压制。③将植物的肉质器官放入沸水中几分钟，待其死亡后晾干，再以常规法压制。但不能将整株植物投入沸水中，以防止叶、花或果收缩变形。葱、蒜等植物的鳞茎或球茎可用此法。④把植物体（除花、果部分外）浸泡在 2%～5%的福尔马林溶液中或 10%～20%的酒精溶液中，杀死细胞后取出再压制。如秋海棠、落地生根等植物可采用此法。

（2）对于像石蒜属、天南星属、百合属等具肥大肉质地下茎的植物，可以用小刀将其划割成 2～4 瓣，用沸水淋烫，让外部细胞死亡。淋烫后将容器斜放，让地下茎上的水逐渐流干，然后移置于吸水纸上，小心地用力将水分压出，再用一般的干燥程序处理压制。菊芋类特别肥大的块茎，也可以先削去肥厚块茎的一半，并挖掉内面肉质部分，这样压制就容易平整和干燥。

（3）有些植物有硕大的果实，则分别作横切和纵切，各取一横切片和纵切片，作为果实的代表进行压制。但应把果实的大小、形状、形态、颜色等特征详细记录，有条件的可以拍摄照片。葫芦科中的某些种和苹果等均可采用此法。仙人掌类，压制前可采用上述方法切开，但需保留有花的部分，其球形或柱状茎仅留着有花的一面，另把茎作一完整的横切面，以便观察棱数和其他特征。

2. 具硬刺植物标本的压制

有些植物，如皂角的茎和枝上往往有单生或分枝的粗刺，压制时常会把吸水纸刺破，很难压平。对于这类植物，可以先将刺的类型、着生方式、形状等特征记录下来，并绘上简单的草图，也可以拍成照片。然后用两块平滑的木板，把标本夹在中间，轻压，使刺的各部与植物体成一平面，再用常规方法压制。对于一些较小的刺，只要不影响压制和上台纸，则不必如此处理，但在操作过程中要防止手指被扎伤。

3. 叶片、果实容易脱落植物的处理

豆科中的某些植物，如槐属，大戟科中的某些植物，如算盘子属，在进行标本压制时，其叶片会逐渐脱落，最后仅剩下光秃秃的枝条。这类植物的标本可采用沸水浸烫或用 75%酒精喷雾等方法处理。浸烫时应根据植物体的大小，植株的老幼情况掌握好时间，否则会适得其反。含羞草属、合欢属等植物，其叶片在采集后不久就会自动卷合，压制时无法展平，这类植物应在野外采集后立即压制。如叶片已卷合萎缩，可以将叶片浸在温水中，等叶片重新展开时，再取出叶片去掉水分进行压制，压制时应注意将叶片逐个摊平展开，否则压制出的标本重叠严重，且不美观。

5.2 裸子植物标本的采集

裸子植物标本的采集方法与被子植物基本相同，主要不同点在于需重点解决裸子植物针叶和球果苞鳞种鳞的脱落问题。此外，球果类植物标本的压制也需要格外的小心。

5.2.1 采集注意事项

进行裸子植物专题采集之前应查阅有关的文献资料和以往所采的标本信息，了解所要采集对象的具体生长地点、生长环境、物候期等，以减少外出寻找的盲目性，保证能采回具有球花或球果的高质量标本。若球花期与球果成熟期相距时间较长，则应在球花期和球果期分别进行采集。外出采集时，可带上要采集植物的照片、绘图和有关的植物志资料，必要时用照片和图片向当地老百姓询问，以便尽快确定和采集到所需的标本。

5.2.2 采集方法和步骤

与被子植物采集技术基本相同，不同之处叙述如下。

1. 基本要求

由于球果在裸子植物的物种鉴定中很重要，所采集的标本必须要有球果。

采集标本时要有保护植物资源的观念，不要滥采。裸子植物大部分种类为濒危及保护植物，采集标本时尤其要注意。只有需要做分类研究的野外采集时，才需要在同一居群中采集能够反映其变异状况的多个个体上的标本。

对生境和伴生植物的描述与记录应尽量详尽，这些基础资料也很有价值，因为多数裸子植物为群落的建群种或优势种。

针叶植物的叶和球果的苞鳞种鳞在干燥后极易脱落，在标本处理过程中应注意采取措施尽量减少脱落。

2. 不同类群的采集方法

乔木类裸子植物的采集：球果通常生于树冠上部的树枝上，采集时常需要攀爬上去，要特别注意安全；中小乔木可用较长的高枝剪采集。球果应多采集几个，与标本编上同样的号码，防止遗失；没有当年球果时，收集残存或脱落的老果也可以。这类植物干燥后叶易脱落（如云杉、冷杉、油杉、铁杉、黄杉等），一般是在标本采到后及时喷洒 70%的酒精或在开水中浸泡，可有效避免脱落。假如有脱落的叶，则用结实的纸袋装好，并在纸袋上注明该份标本的采集号。然后进行常规的标本压制，压制时注意将枝叶压在一平面上，在球果的周围放直径大约相等的纸团垫平。这种方法操作简单，不足之处是标本颜色易变黄，标本柔韧度降低，变得较硬。

在压制大型球果类的裸子植物（如乔松、长叶松、华山松、喜马拉雅冷杉等）

时，可以考虑将球果从枝叶标本上剪下，将枝叶标本和球果标本分别挂上相同号码的号牌，其枝叶标本与采集的其他植物标本压在一起，球果则单独用太阳晒或烤干。若将球果与枝叶标本一起压制，由于球果厚大，当捆紧标本夹时，常常把其他上下紧靠的标本戳坏。分开干燥则可避免这种后果。回到室内进行标本的整理排号时，再把同一采集号的球果和它的枝叶标本合在一起，装订在同一张台纸上或把球果做成果实标本单独存放。

苏铁类标本的采集：苏铁类为大型叶，雌雄异株植物，采集的整片叶要剪成数段压制标本，每段长度都应小于台纸，并编上同样的采集号，分别在同一号码后加 a、b……小孢子叶螺旋状着生于中轴成球（雄球花），通常较大成柱状，采集标本时应整体采下；大孢子叶集生茎顶（无中轴）成球状或半球状，由外到内的大孢子叶由长宽变成短窄，其柄侧着生的种子也由大变小至无，因此，采集苏铁植物时，必须采集外层着生种子的大孢子叶。各部分制成系列标本。苏铁的茎干可锯成 1 厘米厚的横切片，干燥后装订在台纸上，也可收集在标本盒内。

银杏、红豆杉、白豆杉、榧、穗花杉、三尖杉、罗汉松、买麻藤等具有肉质假种皮和麻黄等具有肉质苞片的种子，压制后严重变形不宜制作成干制标本，通常应该浸泡在保存液中保留其生活时的外形，使研究人员在室内就可观察到种子的原形，同时也便于绘图人员绘图。

一般制作液浸标本所用的药液是 FAA 固定液/保存液，该溶液为 1∶1∶18 的 40% 甲醛、冰醋酸和 70%酒精混合液，易配制且标本保存效果良好。在野外工作中，如果没有准备固定液，也可用 50%～70%的酒精（乙醇或工业用甲醛化乙醇），甚至食用高度酒来代替固定液，但其效果稍差。需永久保存的材料，经上述固定后最好转入其他的药液作长期保存（详见本书第 6 章 6.2）。

3. 一些特殊处理方法

针叶树标本采集之后应尽快进行处理，以减少水分流失，有利于防止叶片脱落。Page（1979）通过试验发现以下两种方法比较适应于针叶类裸子植物标本的保存。

（1）将采集的新鲜标本装入密封的塑料袋内，用经过 5%苯的水溶液浸泡过的报纸填充，野外可以在阴凉的条件下保存 8～16 天，在冷藏的条件下（8 摄氏度），可以保存 8 周。经过这样处理后压制的标本，除了颜色变暗之外，其他性状的信息极少丢失。

（2）将新鲜标本或经上述方法临时保存的标本完全浸泡在 70%酒精中约 10 分钟进行固定，接着迅速转移到 50%的水合甘油中浸泡 4 天，用清水将标本冲洗干净，最后再用常规的方法进行标本压制和干燥。

经过这样处理的标本除了颜色有稍微改变和球花有部分脱落之外，其他的特征都能保留，叶子几乎没有脱落。但缺点在于：方法一用苯处理过的标本，残留的苯对研究人员会产生一定的毒害；方法二较为烦琐，不适宜在野外大规模开展工作。

4. 数据记录和编号

裸子植物标本采集的数据记录（表 12）与一般被子植物标本基本相同，采集标签有所不同。

表 12　裸子植物标本采集记录

XX（省/国家）植物

标 本 采 集 记 录

采集人及采集号＿＿＿＿＿＿＿＿

采集日期＿＿＿＿＿＿＿＿

国家、省、产地（包括经纬度）＿＿＿＿＿＿＿＿

生境＿＿＿＿＿＿＿＿

＿＿＿＿＿＿＿＿海拔＿＿＿＿＿＿＿＿

习性＿＿＿＿胸茎＿＿＿＿体高＿＿＿＿

叶＿＿＿＿＿＿＿＿

雌球花＿＿＿＿＿＿＿＿雄球花＿＿＿＿＿＿＿＿

球果＿＿＿＿＿＿＿＿

土名＿＿＿＿＿＿＿＿科名＿＿＿＿＿＿＿＿

学名＿＿＿＿＿＿＿＿

用途＿＿＿＿＿＿＿＿

附记＿＿＿＿＿＿＿＿

5. 标本压制和烘干

裸子植物标本的整理、压制和烘干技术大致同一般的被子植物标本。

采集标本地区如果湿度较大或缺少干燥设备，不能及时将裸子植物标本干燥，也可采用酒精法来暂时储存标本，等标本带回到实验室后再进行干燥。这样做可以使标本不会发霉，并且在野外可以节省时间采集更多的标本，缺点是标本干燥后会变色。

5.3　苔藓植物标本的采集

苔藓植物（图 165）标本的采集和整理工作的技术要求有别于高等植物中的其他类群，从采集前的准备工作开始就按照自身的特征形成一套独特的工作程序。对于采集人员而言，其要求也明显不同于其他类群的采集人员，最好是由专业人员完成采集工作，未经过培训的非专业人员则难于在短时间内采集到合乎要求的苔藓标本。

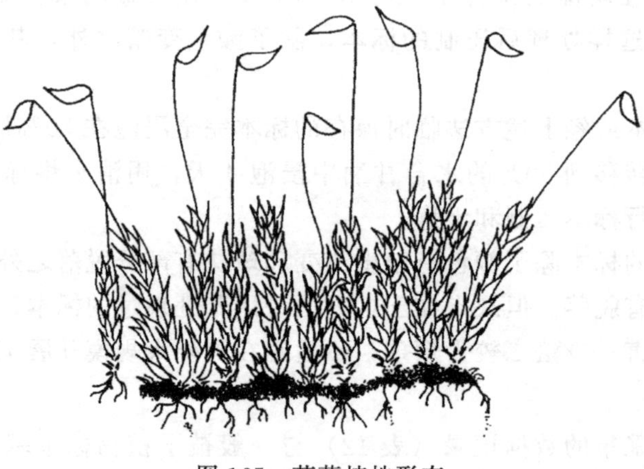

图 165　苔藓植株形态

5.3.1 采集装备

采集装备中最重要的是手持放大镜、轻便的小铁铲或小刀、铅笔或防水记号笔和采集袋。一般的准备事项如下。

(1) 放大镜（图 166）：最理想的是用×20倍放大倍率的便携式放大镜。但通常在森林里光线不足时，也可以使用×10 倍或×12 倍放大倍率的放大镜。放大镜应该用绳子系好，采集时是挂在脖子上。

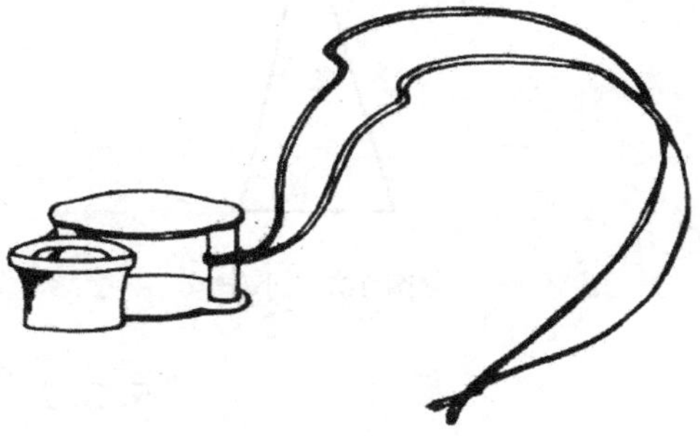

图 166 放大镜

(2) 包装纸（袋）：用牛皮纸袋包装标本是最理想的，以保证在潮湿的情况下仍然保持封包完整，包装袋的大小一般为 12 厘米×8 厘米左右，可以预先备好或现场折叠。由于成本比较高，所以，在实际采集活动中使用牛皮纸袋的情况并不多。通常在野外采集时，最常用的办法是把采集物装在用报纸做成的纸包中，并用不褪色的签字笔把采集数据写在纸包的表面，或者单独记在其他纸张上，一并放在纸包里。报纸可随时从当地寻找，但注意不能使用过旧的报纸包标本，以免纸张太脆，破损后使标本遗失。采集记录用纸应该是具有一定厚度的白纸，也可用其他浅色纸张代替，原则上是所做的记录要清晰，以便在室内整理时容易看清记录。

一般不用塑料袋来包装标本：因为标本在塑料袋中难以干燥，植物体容易发霉并变成青白色；在塑料袋表面做标记也很困难。在寒冷的山地上使用塑料袋装标本会比在闷热的谷地稍好一点，但仍然会促使成熟的苔类孢子体在一天内发芽。

(3) 防水油笔：色彩要鲜艳（红色、蓝色或黑色），尽量多备几支，以免在野外遗失后影响正常工作。

(4) 采集袋：主要用于在野外采集时使用，体积不必太大，要轻便，防水，能封闭。

(5) 适当准备一些较大的塑料袋：主要用于下雨天采集时使用。因为在雨天采集标本后无法用纸袋包装。

(6) 大型的布袋或编织袋：在野外工作时间比较长的情况下准备这些物品非常必要。在采集量达到一定的数量时，可以将标本放入这些布袋或编织袋中包装好，暂时存放在一起或邮寄回单位。

(7) 轻便的小铁铲（图 167）和日常使用的小刀（图 168）：主要用于采集那些贴生于树皮、岩面上的苔藓植物。

(8) 采集记录本：所选用记录本的质量要好，纸张不会变脆或褪色，使其能够长期保留。记录本的式样不一定要有统一的格式，但要便于长期保存。

(9) GPS 定位装置等。

图 167　小铲

图 168　小刀

5.3.2　标本采集

采集苔藓植物标本需要一定的方法和技巧，必须尽可能掌握和遵守，否则会影响标本的质量及今后的使用效果。例如，对于某些具有特殊意义的标本，如果采集时收集量很少，就会影响研究人员的研究结果。又如，在某一地区如果遗漏一些小生境内的植物，可能会影响对该地区的物种编目结果。

每一份标本的采集量要尽可能大，并且不怕重复。这主要是基于以下几方面考虑。

(1) 苔藓植物往往体形很小，很难也不可能用手持放大镜来分辨确认其所属于哪一科或属，是否为重复采集。

(2) 苔藓植物中混生现象非常普遍，常常看上去相同，实际上是不同的种类，尤其是地钱类 (liverwort) 常混合在一起生长，即使用便携式放大镜来分辨确认也很困难，此时最好是把似是而非的标本都采上，以防漏掉相关的物种。尤其是那些体形小而呈零散分布的种类，尽可能多的标本量就极有可能增加了物种的数量。

(3) 苔藓植物的研究主要依靠在显微镜下观察配子体的叶片、孢蒴等器官。不同的研究者在研究时都要从植物体上刮下叶片或取下孢蒴，因此，采集标本时数量要尽可能多。

(4) 同一号标本数量多也有利于标本的馆际之间的交换。因此，采集苔藓植物标本的一个简单原则是尽量多采集，哪怕看上去是相同一个种，这样可以防止漏采相关物种，而且在标本馆中增加同一物种在不同分布地区的采集记录也是很有价值的。目前，我国还有许多的苔藓采集及研究薄弱或空白地区，不少单位也需要收藏复份标本，在这种情况下，适当加大采集量也是必要的。

采集注意事项：

(1) 初学者或经验不足者往往凭借肉眼观察认为这些苔藓植物刚刚采集过，是同一物种就放弃采集。其实，由于苔藓植物体形小，经常有些苔藓植物在外形上十分相似，但是当放置显微镜下仔细观察时，可能是不同的属甚至不同的科。

(2) 孢子体在鉴定过程中通常是有用的，有时甚至是必须的，因此应该在采集中设法搜寻并采集到它。如果遇到孢子体稀少的话，应该挑出来分别包好。但是要注意必须和该种的配子体部分放在一起，做好标记，以免与其他种混淆。有时为了发现稀有的孢子体，或者与相关的类群进行比较，需要观察大量的植物体标本，这点对苔类植物研究而言通常很重要。

(3) 当在同一小的采集地点工作时，尽可能在不同的小生境中采集（如树干、树基、土面、岩面、水沟边等）：苔藓植物由于体形较小，所以，同一采集点的不同小环境可以生长不同的种类，因此，在采集过程中必须在尽可能多的小生境中采集。

(4) 在采集过程中记录标本着生的小生境也十分重要。要尽可能详细地记录小生境，如岩面土生、岩面薄土生、树干基部、树干中部、河边岩石上、小溪边土面、洞穴中土面、水中石上等。

(5) 许多叶状体苔类紧紧地黏着在基质上，把它们采集下来时，也常会连带着紧密附着的土壤。当采集物变干的时候，这些土就会随之变得很坚硬。而从植物体上把坚硬的土壤分离开又很容易使其破碎。正确的处理方法是尽可能早地慢慢清洗掉多余的土壤(有时过多的清洗会洗去一些芽孢等)，或是尽可能地剥除掉植物体下多余的土块，而不使标本破碎。然后用硬纸把标本包起来。必要的时候可以用两层纸包裹。纸包要轻轻地压实，避免被折弯。尤其是地钱类的植物体生长在分离的土块上时，特别容易破裂成碎片。

(6) 采集到的标本应该尽可能单独包装。但如果时间不够、天气不好或光线昏暗时，又难以做到，可以在当天晚上回到驻地后再整理标本并分开包装，做好相关采集记录。因为，在野外将新鲜的采集材料分开，显然比日后再从纸袋中分开要容易得多。

(7) 如果标本非常湿，应该轻轻地挤压去掉多余的水分，用双层或三层厚的纸将其包裹起来。应该尽可能快地干燥采集到的标本，或在自然风干一天后，把它换到干的纸袋中。

5.3.3　特殊生境下的采集

苔藓植物中有些种类生长在比较特殊的生境中。例如，叶附生苔类植物和一些附生于树皮或树枝上的苔类或藓类植物。对于它们的采集要求则有别于其他苔藓植物。

(1) 采集叶附生苔类植物时则一定要连同所附生的叶片一起采集。避免从叶片上将苔类植物直接刮下的方式采集，这种采集的叶附生苔类标本是不合格的。在采集叶附生苔类后，要独立包装和存放，对于一些寄主叶片较大的标本最好用采集种子植物的标本夹，加上报纸暂时保存，但是捆绑时不要太紧，以免压坏标本。

(2) 对于一些生长于树皮上或细小树枝上的苔藓植物，在采集时最好将部分树皮和一段树枝连同苔藓标本一起采集，这样保存的标本就显得更接近原初状态，让研究者能够充分观察到该标本的生长状态和原始环境。

5.3.4　数 据 记 录

每份苔藓标本在采集时都应作独特的记号，字迹清楚而且不易褪色。记录的方法多种多样，下面是我们常用和推荐的做法。

(1) 所有的纸袋上都应有一个顺序号和基本的数据项。如可能，记录前先对标本进行初步的归类。确保在标签上记录以下信息：① 采集人和采集号；② 采集日期；③ 植物名称（可以只写到种以上大类群名称）；④ 采集地点记述：海拔、经纬度或其他文字和图例说明；⑤ 习性——面貌、基质、植被类型；⑥ 其他观察记录：群落植物，是否有孢子，孢子的多少等。

至少要在包装标本的报纸或纸袋上写清楚采集人、采集号、时间、地点、小生境等。为了防止意外情况，最好在包装纸袋的不同侧面都写上上述信息。

(2) 每天晚上对当天的采集物进行处理。这样当天的临时数字，如数据和时间等可以根据野外采集号的数字顺序来替换。返回宿营地后应立即编写采集号：编号以人名和有效数字共同组成，不要以地名或课题组名称作采集人（队）名。除特殊情况以外，必须在当天完成编号。有些采集者也采取在野外采集时立即编号的方法，但是，这种方法的缺点在于容易产生同号现象。同时，野外工作时间有限，要尽量多采集标本，而不能把时间花在编号上。

注意事项：

有些采集者喜欢用采集的年份作开头。例如，1995 年采集的标本则使用 95－…，1996 年采集的标本编为：96－…。我们不赞成这种编号形式，因为这种编号方式使得采集号显得非常的散乱，而且也不便于知道采集者总共采集了多少号标本。

(3) 详细记录当天采集地的生境情况：大生境要尽可能地详细，这对于今后以此为依据进行物种地理分布等方面的研究非常有用。一般要求记录到乡一级行政单位，同时，采集地周围的具体大生境也最好能做记录，如阔叶林下、高山草甸、石灰岩丘陵等。

有条件时可以搜集到采集地区的大比例的地图，这些图通常包含了采集地点详细的地形特征，方位，距离等信息。使每个采集地的记录有足够的信息，必要时可以很快重新找到该地点。

5.3.5 标本干燥

苔藓植物标本在温带干燥地区很容易干燥，把标本铺放在通风的地方，或在帐篷里或室内展开成一层，只需几天标本就风干了。但是在潮湿的热带地区，风干标本较为不易。

Frahm 和 Gradstein (1986) 提出了一个处理方法：拿一个金属框，上边用金属丝缠成一个有网格的隔板，标本铺在板上，周围围上一布帘，用一个或两个煤油炉在底下加热。这些装置大概总重 2.5 千克，是一种用于干燥标本的可靠方法。不能像种子植物那样直接加热烘干标本，苔藓植物标本温度过高会直接破坏苔藓植物细胞结构。

另一个替代的方法是用一个网子或很透气的袋子把标本悬挂在热源上方，或在阳光下散放。对于一些大型“悬挂”藓类（如蔓藓科等）和叶附生苔的寄主叶片可以像种子植物那样用报纸和标本夹作干燥处理，施以轻压以使其在干燥时保持平展，但是不要重压采集物，这样会使孢子体脱落并破坏一些很重要的标本形态特征。这个过程需要用干燥的纸，每天换纸，直到彻底干燥，同时注意不要和散放的有花植物标本混杂在一起。

一些脆弱的苔类如果干燥不彻底，会导致组织的腐烂而变黑。这种情况下细胞也会失去活性，在重新浸泡的时候也不可能再恢复。在叶附生苔类标本中，由于显花植物的叶片干燥的较慢，它也会延缓叶附生苔类的干燥过程。上面提到的轻压是唯一的解决方案。轻轻地压制对一些叶状体苔类有好处，但是重压和熏烤则会让它失去原来的形态。总之，干燥要尽可能快，而且温度要尽可能低。

5.3.6　野外标本整理注意以下事项

（1）标本要尽可能地敞开，透气。一般来说，苔藓植物不需要专门的烘烤，但是也应在回到驻地之后将其敞开、透气，使其自然风干。条件允许的情况下，最好在太阳下照晒，使其彻底干燥。另外，有些标本是在水生环境或非常潮湿的地方采集的，必然使部分水分渗透到包装的纸袋上，在驻地应该重新更换新的包装纸袋，以免包装纸袋上的采集信息丢失或残缺。

（2）遇到雨天采集的标本则应通过烘烤等方式使标本尽快干燥。另外，最好及时更换包装标本的报纸或纸袋。

（3）尽量减少标本上携带的土壤，这样既减轻了标本的重量，也能减少对包装报纸或纸袋的损坏。

标本彻底干燥后，仔细装进结实的塑料袋中，防止标本再次和空气中的水分接触，还可以在塑料袋中加一些硅胶等保持标本干燥。

5.4　蕨类植物标本的采集

蕨类标本的采集技术和处理方法同种子植物基本一致。蕨类植物的特点是大多数为多年生草本植物，叶片占植株的主要部分，多呈二维平面，较易压制处理。不像种子植物具有分类特征明显的花果，蕨类的分类特征不明显，植株的各个部分均具有分类价值。因此，采集蕨类标本要尽量完整，应包括地下部分和地上部分，数据记录也要顾及蕨类的特点。

5.4.1　基 本 要 求

采集标本时应有居群的概念，采集那些能够反映居群变异的标本。标本要尽量完整，包括根状茎、鳞片、叶柄、叶片、孢子囊（群）等。由于孢子囊（群）在蕨类植物的物种鉴定中很重要，所采标本必须要有能育部分，如果是有孢子叶或营养叶的两型蕨类，二者都应采集到；采取每份标本的长度以 35 厘米（4 开报纸大小）为原则，过长者即反折之，并避免与其他枝叶完全重叠。

蕨类植物的采集需用铲子等工具，连同根状茎一同挖上，切忌用手拔，以免损失掉鳞片等在分类上有价值的性状而影响以后的鉴定质量。

5.4.2　不同类型植物的采集（图 169）

1. 小型蕨类植物的采集

这类蕨类个体小，一张台纸能装订几株或更多。采集时要切实做到同一采集号中的所有植株都是同一个种，而上台纸的一份标本也只含有一个物种。在野外最好把这些小型蕨类先

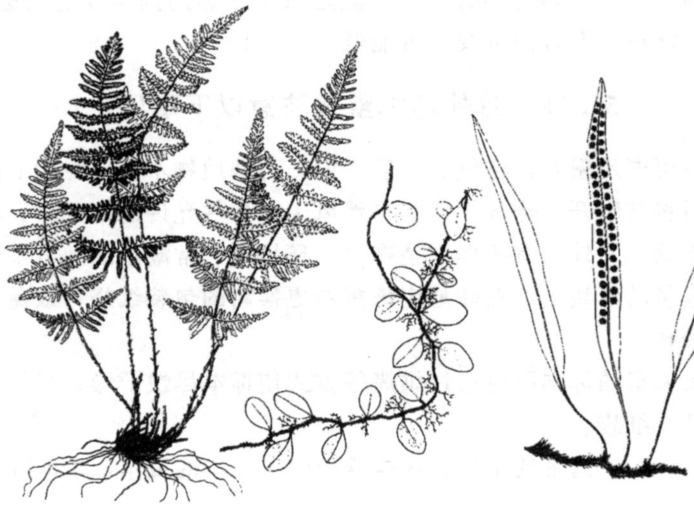

图 169 蕨类植物植株外形

单独放在小袋里，然后再装到大塑料袋中，以避免混杂。膜蕨科等质地薄的植物容易萎蔫，将其放入水中浸泡数小时，然后再用通常的方法加以压制干燥。当小型蕨类过大须反折时，宜使叶片部分保持完整，而由根茎部分向上折；若仍过长时，则折成“N”字形。

2. 中型蕨类植物的采集

这类蕨类的一片叶可占用 1 或 2 张台纸，是最容易处理的标本；由于一棵植株可以提供足够的叶片来制作副标本，所以所有这些标本毫无疑问都属于同一个种。如果植株具有长匍匐型的根状茎，则应采集足够长的标本来表明叶着生的间距；如果具有直立型的根状茎，则整棵植株可用作一个标本，剪断时每张叶片切成两端，这样会比折叠压制要好，因为折叠经常使叶片碰到叶柄的地方造成损伤和折痕；但如果是把叶片切成段，则每段都应拴上同一采集号的标签。如果叶太宽，在一张台纸上装订不下，可对一侧的羽片进行修剪，直至靠近羽轴（叶中肋），只要留下恰当的部分表明相互关系及其与另一侧羽状叶的位置关系就可以了。当蕨类的叶子长度超过台纸大小（约 40 厘米）时，应该对叶子进行“之”字形折叠处理，使之即美观也便于研究观察。具体操作是将一整叶片从叶片的下方 1～2 厘米处给予第一次扭折，从折叠处向上约 35 厘米处进行第二次扭折，把上段往后斜向下方向反折过来，注意轻折，避免彻底折断。这样当标本上台纸时，可以把生孢子囊群的一面朝上。同样，当叶柄长度超过台纸大小时，也可对其进行“之”字形折叠，以不超出台纸为宜。

3. 树蕨和藤本等大型蕨类植物的采集

这类蕨类的叶片较大，通常可占用多张台纸。由于通常无法采集和（或）保存完整的叶片，在标本馆里也一般缺乏此类标本，应注意加强采集。必须采集茎的顶部和鳞片（有时为保护植株，可考虑采集茎顶部个别叶柄基部及鳞片），叶柄的基部和鳞片，注意保护鳞片和孢子囊群不至于脱落；若叶片过长且特征均一或极相近（如巨大树蕨类等，叶长数米），可剪取部分分类鉴定观察之重点段落（包括部分根茎、叶柄基部、叶柄上端及基部羽叶、羽叶中段连同羽轴、羽叶先端及完整之最末端羽叶），制成系列标本，每个段落分别挂上相同号的号牌，号牌背面注明其所在部位，在采集记录本上分别编为相同的号，并在其附记中注明其所在的部位，以为鉴定之参考。如确有必要，对树蕨的茎干可锯成 1 厘米厚的横切片，干燥后装订在台纸上，也可收集在收藏盒内，加挂相同号的号牌。

5.4.3　数据记录

蕨类植物的采集记录与种子植物基本相似，重点记录标本采集地点、植物生长环境及植物本身的特征，尤其是标本干燥后观察不到的鉴别特征等方面的信息。与种子植物鉴别特征主要来自花部器官及果实不同，蕨类植物中具有普遍分类鉴别意义的性状来自孢子囊群的特征、叶子及根状茎表面覆盖的鳞片和毛被以及根状茎的走向等等，这些器官性状都需要作详细记载。此外，蕨类植物的采集记录应注意写清楚：①生活型（水生、石生、附生等），②根状茎的形态，③叶的着生方式（簇生、近生、远生等）等。建议采用的标签规格为 12.5 厘米×8.5 厘米（表 13）。

表 13　蕨类植物标本采集记录

采集人及采集号	
采集日期	
国家、省、产地	
生境	
海拔	经纬度
性状	体高
根状茎（走向及毛被等）	
叶（鳞片或被毛等）	
孢子囊群	
土名	科名
学名	
用途	
附记	

5.5　担子菌标本的采集

担子菌是因为在有性繁殖过程中，有一个产生担孢子的器官称作担子而得名，包括常见的蘑菇、马勃、地星、鬼笔、鸟巢菌、多孔菌、锈菌以及黑粉菌等，其中许多种类具有重要的经济价值，部分种类是重要的经济植物病原菌。

以下介绍担子菌标本的采集方法和处理步骤。

5.5.1　标本采集的准备

采集菌物标本的目的主要是为了进行科学研究。担子菌标本采集准备工作包括以下内容。

1. 资料准备

查阅采集地区地理、地貌、水文、气候、植被类型、地图和已有的菌物研究资料等，以便有目的地进行采集。

2. 标本采集工具

根据采集目的、采集方法、将要采集物种的生物学特性等选择采集工具。

采集刀：用于将腐生的大型真菌从其着生的基物上分离开来。

手锯：用于锯断树枝或腐木以获取完整的子实体。

小铲子：挖取植物根部以得到完整的植株，便于寄主植物的鉴定。对于伞菌，用小铲从菌柄基部挖取，可获得完整的子实体。

小耙子：用于采集地下生腹菌。

枝剪：用于剪取含病菌和孢子堆的枝条、叶片或部分植株。

采集袋：用于放置在野外采集到的新鲜标本。

塑料袋或背包：野外采集到的新鲜标本先放入采集袋中，然后再用塑料袋或背包带回住地进行整理。

采集夹、采集纸和采集带：将新采集的黑粉菌或锈菌标本放入采集纸中，每份标本及其采集记录放在一起，用采集夹夹住，然后，用采集带捆好。

3. 处理标本所需的工具

干燥器（烘箱）、硅胶、标本袋、分离工具（镊子、接种针、酒精灯、棉球、小刀）、放大镜。

4. 运输标本所需的包装材料或器具

纸箱、大包装袋、绳索。

5. 标本采集记录工具

记号笔、圆珠笔、铅笔、采集记录本、标签纸、数码相机、复写纸、解剖刀和解剖刀片、尺子。

5.5.2 标本采集步骤

拍照→简单记录（生境、地点、寄主、子实体的大小、颜色、伤口是否变色、有无汁液、味道和气味）→采集→详细记录→干燥→包装。

一般伞菌、多孔菌和胶质菌等标本个体比较大，在野外易于发现。某些腹菌生长于地下。松、云杉、冷杉等针叶林，栎、榛、杨、柳等阔叶林以及针阔混交林都是适于它们生长的环境，采集时应多留意距树干基部 0.5～1.5 米没有杂草或杂草稀疏的地方。另外，在腐殖质层深厚、土壤疏松，地表覆盖有较厚的枯枝落叶层的地方，找到地下腹菌的机会较大。采集到腹菌子实体后可用小刀纵切，记录气味以及剖面的颜色。

锈菌和黑粉菌是植物寄生性真菌，当植物被锈菌和黑粉菌侵染后，可以引起植物组织肿胀、变色、丛枝、畸形和叶片撕裂等症状。锈菌和黑粉菌可以侵染植物组织的花、花序、子房、种子、茎、叶、根等部位，应当仔细观察植物的变化，以便采集到锈菌和黑粉菌的标本。为了准确鉴定寄主植物，一般应将健康的植物（特别是含有性器官，如花、花序和果实）和被锈菌或黑粉菌侵染的标本置于一处，便于鉴定。每年的不同季节会有不同的黑粉菌和锈菌发生，在合适的季节能够采集到更多的黑粉菌和锈菌标本。

5.5.3　标本采集的野外记录

1. 野外记录内容

记录采集地点、生境、寄主、采集人、采集日期、海拔、采集号等，若有照片，照片和采集号应同时标记。担子菌特别是伞菌的某些分类性状往往在标本干燥后便消失了，在干标本上是看不到的。因此，对新鲜状态的子实体的形状、各部位的颜色、气味等各种特征要尽可能详细记录，有时可附绘图（如黑白线条图）。采集记录本应妥善保存。

2. 标本的测量

1）标本测量工具

直尺、专用孔口测量器、放大镜。

2）标本测量的内容

测量子实体的外观尺寸长×宽×厚；如菌盖、菌柄大小、菌肉厚度、菌褶宽度（菌孔大小、菌管长度）、孔口测量每毫米的个数等；若是腹菌，测量包被的厚度，测量担子果的大小、形状。

3）标本测量的方法

当多孔菌类标本有菌盖无菌柄时，与基物垂直的水平延伸方向为菌盖长度，相对应的为宽度；当菌柄侧生或偏生时，与菌柄垂直的水平延伸方向为菌盖长度，相对应的为宽度；子实体厚度以基部的厚度为测量标准；孔口测量每毫米的个数，用孔口测量器在子实层面的不同位置平行画线，统计 5～10 次结果的平均值。

4）标本测量的记录

通常精确到毫米。

5.5.4　不同类群标本的野外处理

发现标本后，首先应选取合适的位置拍照，以尽量反映尽可能多的分类特征。然后采集、编号，按标本大小放入合适的采集袋，记录采集地、生境、海拔、经纬度，大体判断是哪一类群。植物寄生性真菌还需采集健康寄主植株的标本，以便鉴定真菌的寄主。

5.5.5　标本的附属物野外处理步骤

标本的附属物包括两个方面，一是本身的附属物，如菌环、菌托、鳞片；二是外界的。附属物往往含有该物种的特有信息，采集时最好附带一点。对于前者应保留，并且对它们的特点也要详细记录；对于后者，则是指外界的一些物质，如若菌盖黏时，则往往在菌盖上黏附有落叶等其他杂物，保留它即使在标本干燥后也可以起提示作用；若是腐生的担子菌，采集时最好在柄基处稍带点腐木或枝叶，便于鉴定。

5.5.6 标本的干燥和包装运输

新鲜标本要及时风干、晒干或烤干，伞菌和肉质的多孔菌标本最好使用轻便式烘干箱进行干燥，干燥温度控制在40摄氏度左右。标本干燥完毕后，放入口袋中。注意每袋标本都应有详细的采集信息。

标本可通过邮局寄回标本馆。一般邮政纸箱可以满足标本运输的需要，最好能在纸箱里面放入一些小的泡沫块填充，起到缓冲外界压力的作用。

5.5.7 购置标本

1）标本的信息记录（时间、地点、测量数据）

若购置的为新鲜标本，尽量询问清楚采集地、采集时间、生长环境、采集时的特征，进行详细的记录。

2）购置的标本成品

尽量包含全面的信息，如标本产品中同时具有幼小子实体和成熟子实体。

3）标本的检视

标本有无损伤、虫蛀，标本记录、采集号、标本馆号、照片编号是否对应。

5.6 子囊菌标本的采集

子囊菌是真菌中种数最多的一个大类群，其最显著的特征是在有性繁殖时形成子囊。据 *Dictionary of the Fungi*（第九版）记载，目前全世界已知子囊菌近33 000种，占真菌总数的40%以上（Kirk *et al.*，2001），包括腐生、寄生、共生的成员，许多种类具有重要的经济价值，部分种类是重要的经济植物和人畜病原菌。在理论研究方面，它们是从事生物进化理论研究的绝好材料。它们的形态、生境和生活方式因类群而异，从缺乏子囊果的类型。例如，桃缩叶病的病原菌，子囊壳发育良好并且形成子座和大型子囊果的种类，如虫草属、炭角菌属、羊肚菌属、鹿花菌属等，都属于子囊菌。

子囊菌标本的采集工作随类群的不同而有所不同，本文主要涉及通常所说的核菌、腔菌、盘菌等各类群标本的采集与整理方法。

5.6.1 子囊菌标本采集前的准备

1. 一般性准备

专业的真菌学工作者在采集标本之前，需要查阅相关资料，了解目的类群的生境、基质和习性、发生时间、已知的分布情况等，以便确定拟调查和采集的地区。然后，确定拟采集的具体地点和采集时间，了解该地区的有关资料，包括地形、地貌、水文、气候、植被等。自然保护区的介绍、地图、已有的菌物研究文献是真菌资源调查的必备资料，有目的地开展采集工作才能做到高效，节约人力物力。

子囊菌的物种多样性非常高，森林、栽培作物、动物、粪便、其他真菌等都有子囊菌的“足迹”。

2. 采集工具的准备

1) 采集工具

采集工具的选择应当根据采集目的、采集方法以及将要采集物种的表观特性确定。

放大镜：多数子囊菌的子实体微小，需要借助于放大镜（×10）确定基物上是否存在拟采集的子囊菌。

采集刀：用于将子囊菌的子实体从着生基物上分离开来，如腐木、树皮的表面。

手锯：某些基物非常坚硬，如竹子、比较粗大的枝条等，可用手锯锯断以便获取生长着子实体的部分。

小铲子：对于某些植物严格寄生菌，用小铲子挖取植物根部以得到完整的植株，便于寄主植物的鉴定。

小耙子：用于寻找地下生的真菌，如块菌等。

枝剪：用于剪取含有子实体的枝条、叶片或部分植株。

采集盒：对于具有肉质或者脆弱子实体的子囊菌，各种类型和大小的采集盒是必备工具。

采集袋（纸质）：用于放置野外采集到的不宜被挤压或者子实体较为结实的新鲜标本，如枝条上的核菌等。

小瓶子或者较大的密闭容器：用于那些需要在野外将材料保存于液体中的种类。

袋子或背包：将野外采集到的新鲜标本先放入采集容器中，然后放入袋子或背包中，带回驻地进行整理。

采集夹、采集纸和采集带：将新采集的植物寄生性子囊菌放入采集纸中，用采集夹夹紧，然后用采集带捆好。

照相机：用于对新鲜子实体进行拍照。

2) 处理采集到的标本所需工具

干燥器（烘箱）、硅胶、吸水纸、纸袋、枝剪、带有培养基的培养皿和试管、放大镜或实体显微镜。

接种工具：镊子、接种针、酒精灯、消毒棉球、解剖刀、火柴或打火机。

3) 野外记录所需的物品

钢尺、放大镜或实体镜、铅笔、钢笔或圆珠笔、采集记录本、复写纸、记号笔（油性）等。

5.6.2　标本采集方法和步骤

子囊菌是真菌中种数最多的一个类群，采集的方法随习性和类群的变化而有很大差异，下面仅介绍一些常用方法。

1. 根据习性和生境采集

1) 土生子囊菌

分为地表生、半地下生和地下生三种情况。地表大型子囊菌，如大型盘菌和子囊壳聚生于大型子座内的核菌等，它们的子实体醒目，很容易被发现；地表小型种类需要借助肉眼仔细搜寻结合放大镜观察才能被发现。半地下生的种类一般子实体的顶端或者边缘暴露在地表，而子实体的绝大部分陷于地下，较难发现。地下生类群，如块菌和地表以下土层中的微小子囊菌的采集和收集，需要积累经验，大型地下生种类需要细心观察，发现地表相关特征，有条件时借助经过特别训练的猪、狗搜寻，用带齿的小耙子将子实体挖掘和暴露出来。

2）*腐殖质层及枯枝落叶层中的子囊菌*

需要通过轻轻翻动地表动植物残体，借助于放大镜才能发现。这类子囊菌的子实体的形状、大小、颜色和在基物上的着生方式变化较大。色彩鲜艳的较容易发现，颜色暗淡的则需要仔细观察。由于真菌喜好阴暗潮湿的环境，但是需要氧气，它们的子实体大部分暴露在基物外。采集枯枝、落叶上的子囊菌一般需要将地上的枯枝落叶捡起来，拿在手中用肉眼或放大镜仔细观察。

3）*粪生的种类*

动物粪便作为基物，为众多子囊菌孢子萌发、菌丝体生长和子实体形成提供了适宜的营养和环境条件。部分子囊菌的孢子耐受力强，随食草动物的食物进入动物体内，经消化系统，随粪便排出后，再萌发、生长、形成子实体；有些种类的孢子是在粪便排出后散落在表面，萌发并形成子实体。因此，收集粪生子囊菌不仅要采集带有子实体的基物，而且要收集见不到子实体的、暴露的动物粪便，带回实验室后保湿培养，获得子囊果。

4）*动物、植物以及其他真菌上寄生的种类*

植物上寄生的子囊菌可以通过寻找被侵染的植物组织，参照不同病原真菌在寄主上引起病害的症状类型去发现，在采集病变部位的同时采集寄主植物标本，因为寄主在寄生性子囊菌鉴定中起重要参考作用，如自然界广布的寄生性的白粉菌、引起植物叶部病变的黑痣菌、桃缩叶病的病原菌的真菌等。

动物上寄生的子囊菌主要包括昆虫和蜘蛛上寄生的种类，如虫草属及肉座菌目的其他一些成员等，采集时注意保持真菌及寄主的完整性，避免只顾真菌而忽略寄主动物。

少数子囊菌以其他真菌为寄主或者基物，它们之中的一部分是寄生性的（如菌寄生属真菌），另一些则以失去活力的真菌为基物（如拟爪毛盘菌属）。

5）*特殊基物上生长的子实体微小的类群*

虫囊菌、爪甲团囊菌等子囊菌依赖于昆虫体壁或内部器官不同部位以及毛发中的营养，对基物的选择比较严格，标本的采集需要建立在对大量可能性基物进行收集的基础上，靠经验和“广种薄收”的方式来收集。

2. 样品的临时性处理

在野外，首先要去除表面过多的附着杂物和多余的基物，以提高材料的质量，减少标本整理时的工作量。对于比较干燥和质地较坚硬的材料，可直接放入采集纸袋中；对于子实体为肉质的材料，应该放入大小合适的采集盒中，并且尽量避免材料在容器中震动而损伤子实体的完整性；对于非常潮湿的材料，应该在不损坏子实体完整性的前提下用吸水纸轻轻包裹，除掉过多的水分；土生子囊菌的处理要细心，在保持自然状态的前提下，去除过多的土壤，必要时可用适量胶水将土壤颗粒黏着在一起，以免由于震荡而造成微小的真菌子实体混于土中失去本来面目。记录采集时间、地点、寄主或基物、海拔、经纬度，大体判断所属类群。植物寄生性子囊菌还需采集健康植物的标本，以便鉴定寄主植物。

5.6.3　标本的野外记录、整理及干燥

整理好的标本需要做出简明的记录，包括采集地点、寄主或基物、采集人、采集日期、海拔、经纬度、采集号、相关照片的编号等，并记录干燥后易消失或变化的性状，生长在自然基物上的子囊菌无性型也需标注，利用直尺、放大镜测量子实体的状况，例如，真菌子实体的整体形状，各部分的形状、颜色、大小、着生方式等。进行必要的野外分离培养，保存活菌株。对肉质和易腐烂的材料进行烘干处理。需要在野外工作结束后在实验室内进行分离的材料，用风干或自然干燥的方式处理。

5.7　无性型真菌标本采集和处理

无性型真菌标本系指①由无性型真菌侵染引起植物叶、茎、小梗、花、果实、种子等部位罹病的植物病原真菌菌体和子实体，以及寄生在动物体上的真菌菌体和子实体；②腐生在动植物死体、死亡部分或其他有机材料上的真菌菌体和子实体。

好的寄生性无性型真菌标本应包括各受害部位在不同时期的典型症状，在症状上有无性型真菌子实体、菌核或菌丝体。好的腐生性无性型真菌标本，在基质的表面或内部应有明显的无性型真菌子实体、菌核或菌丝体。真菌标本是真菌分类的重要基础资料，应当制作成具有永久保存的状态，永久妥善保存。

本文主要涉及寄生、兼性寄生或腐生又需要制作标本的无性型真菌，真菌的培养暂未包括在内。

5.7.1　采集标本前的准备工作及器具

1. 一般性准备

在采集标本之前，首先要查阅相关资料，了解前人研究报道的有关真菌类群的生境、寄主或基质、发生时间、已知的分布情况等，以便确定拟调查、采集的具体地点、地形、地貌、气候、植被、时间和可能有的寄主或基质等。若到自然保护区去采集，要先到林业部门办理相关手续，了解自然保护区的基本情况、地图、已有的真菌研究文献资料等，便于有目的而高效地开展工作。

2. 采集工具的准备

1）标本采集工具

放大镜：无性型真菌子实体微小，需借助于放大镜（×10～20）观察所采标本是否

已经形成子实体。

枝剪：用于剪取病害标本的枝条、叶片、花、果实等。

手锯：用于获取非常坚硬的植物，如较粗大的枝条、竹子等。

小铲子或刀：对于寄生性无性型真菌，用小铲子或刀挖取植物的根部，以得到完整的植株，便于寄主植物的鉴定；对于寄生在虫体上的真菌，则要用小铲子或刀挖取僵虫体或僵蛹及真菌菌体，以获取完整的标本。

小镊子：用于夹起被无性型真菌寄生的较小动物个体或罹病的细小叶片、花、果实等。

纸质采集袋：用于放置较小的病害植株、叶片、花、果实等。

采集纸：用于包裹采集的标本，每一份标本分别包裹，避免不同植物或同一种植物上不同病症相混，给研究工作带来麻烦。

采集盒或标本盒：盛装寄生或腐生无性型真菌、菌寄生无性型真菌的标本以及腐木、植物的枯枝、落叶等不易压制的标本。

袋子或背包：将采集到并分别包裹的标本装入袋子或背包，带回驻地进行记录、整理。

照相机：最好是带微距、300 万以上像素的数码照相机，用于拍摄标本生境、植被、植株及典型的病症、被寄生或腐生有无性型真菌的特征等。

2）整理标本所需的工具

标本夹：多用轻韧的木料制成，长 43～45 厘米，宽 30～33 厘米，以宽 2 厘米，厚 0.5～1 厘米的木条钉成一长方形的框，框内每隔 3 厘米钉一纵向木条，每隔 3 厘米钉一横向木条，钉实。

标本纸：通常用较软、吸水力强的草纸，裁或折成与标本夹一样大小。

瓦楞纸：置于夹着标本的草纸之间，便于通风，利于标本尽快干燥。

枝剪：用于剪取枝条、大的叶片或植株，适合置于标本夹内。

小标签：当所采标本较多，需分成多份压制时，每一份标本系一个有标本采集号的小标签，防止混乱或丢失。

纸袋：盛装不易压制的大的果实、易脱落的花或很小的叶片。

标本夹绑带（耐火尼龙带）：用于捆绑标本夹。

尼龙绳或线绳：用于捆绑标本纸、压制好的干标本等。

纸箱：盛装压制好的干标本，使之不易破碎。

塑料布：包裹标本夹或压制好的干标本，以防雨淋或受潮。

标本盒：盛放登记整理后的寄生或腐生有无性型真菌的标本。

3）野外记录用的物品

采集记录本、复写纸、圆珠笔、铅笔、记号笔等。

5.7.2 标本采集

1. 标本采集的基本要求

（1）采集完整的标本：采集时，不能仅采有病症的部位，还应采集一定数量的植物叶、芽、花、果实、枝条等，以便于鉴定寄主植物。非常矮小的植物可采全株，动物标本要保证真菌菌体和动物体的完整。

（2）采集高质量的标本：病害特征要典型，要有病菌子实体，要采不同发育阶段的病害标本，以代表其全部特征。腐生性无性型真菌标本要有发育良好的子实体，连同基质一起采集。

（3）寄生或腐生无性型真菌标本：采集地为空白或难于到达的地区，尽可能地多采，分复份，以便与国内外的标本馆交换。

2. 不同类型病害标本的采集

1）发生在木本植物的病害标本的采集

采集发生在木本植物上的标本时，通常用枝剪剪取有病症部位，切勿用手直接折断，影响发病植物及标本的美观。

2）发生在草本植物的病害标本的采集

在采集有病症部位的同时，对矮小草本植物，至少要采取一株完整的植株；匍匐草本，注意采集主根和不定根及一段匍匐枝；高大草本植物亦要采取一株完整的植株，或取具有典型特征的叶、花、果或根，以便鉴定寄主。

3）发生于水生植物的病害标本的采集

水生植物，如香蒲、水蜡烛等；浮水植物，如浮萍属、睡莲属、凤眼莲属等，除采集有病症的病叶外，还要采集其幼小植株或花蕾、花、莲蓬等，以便鉴定寄主。

4）发生于大型叶植物的病害标本的采集

发生于大型叶植物，如棕榈科、芭蕉科及天南星科的一些种上的标本，因植物的叶片很大，采集病害标本时，除采集有病症部位外，还要采同株上的幼小叶片、叶柄、花（若花序较大，可仅采少量带苞片和小苞片的花序）、果等，以便鉴定寄主。

5）发生于竹类植物的病害标本的采集

在采集发生于竹叶或杆上的无性型真菌标本时，除采集真菌子实体发生部位外，还应采集寄主植物的枝、叶及少量地下茎，以便于寄主鉴定。

6）发生于肉质或多汁植物的病害标本的采集

用刀刮切下有病症部位，其余部分切开尽快晒干或烤干。

7）发生在动物体的病害标本的采集

用小铲子或刀挖取僵虫体或僵蛹及真菌菌体，用小镊子夹起置于采集盒内，以保持标本的完整，晾干保存。

5.7.3　标本记录和编号

1. 标本记录（表 14，表 15）

记录要准确、简要、完整，内容包括采集号、采集人、采集日期（年、月、日）、产地（省、县、乡）、经纬度、海拔、生境（植被类型等），并且要记录干燥后易消失或变化的性状。

表 14　无性型真菌标本采集记录

采集号＿＿＿＿＿＿＿＿采集日期＿＿＿＿年＿＿＿＿月＿＿＿＿日

采集人＿＿＿＿＿＿＿＿＿＿＿＿＿＿＿＿

采集地＿＿＿＿＿＿＿＿＿＿＿＿＿＿＿＿

生境＿＿＿＿＿＿＿＿＿＿＿＿＿＿＿＿

海拔＿＿＿＿＿＿＿＿经度＿＿＿＿＿＿＿＿纬度＿＿＿＿＿＿＿＿

寄主：

学名＿＿＿＿＿＿＿＿＿＿＿＿＿＿＿＿

土名＿＿＿＿＿＿＿＿＿＿＿＿＿＿＿＿

种类（乔木、灌木、草本、藤本等）＿＿＿＿＿＿＿＿

受害部位（茎、叶、花、果等）＿＿＿＿＿＿＿＿

＿＿＿＿＿＿＿＿＿＿＿＿＿＿＿＿

标本性质（寄生或腐生）＿＿＿＿＿＿＿＿

普遍性＿＿＿＿＿＿＿＿＿＿＿＿＿＿＿＿

对全株植物的影响（叶片变黄、干枯、穿孔、早落；落花、落果；植株萎缩、易倒伏等）＿＿＿＿＿＿＿＿

＿＿＿＿＿＿＿＿＿＿＿＿＿＿＿＿

附注＿＿＿＿＿＿＿＿＿＿＿＿＿＿＿＿

表 15　无性型真菌标本实验记录

标本号＿＿＿＿＿＿＿＿＿＿＿＿＿＿＿＿

标本来源＿＿＿＿＿＿＿＿＿＿＿＿＿＿＿＿

寄主名称＿＿＿＿＿＿＿＿＿＿＿＿＿＿＿＿

菌名＿＿＿＿＿＿＿＿＿＿＿＿＿＿＿＿

斑点：

　形状＿＿＿＿＿＿＿＿＿＿＿＿＿＿＿＿

　颜色：

　　叶面＿＿＿＿＿＿＿＿＿＿＿＿＿＿＿＿

　　叶背＿＿＿＿＿＿＿＿＿＿＿＿＿＿＿＿

　着生部位（茎、叶、花、果实、种子等）＿＿＿＿＿＿＿＿

　＿＿＿＿＿＿＿＿＿＿＿＿＿＿＿＿

　排列（单生、多斑愈合、呈大型斑块等）＿＿＿＿＿＿＿＿

　大小＿＿＿＿＿＿＿＿＿＿＿＿＿＿＿＿

子实体：

　着生部位：叶面生、叶背生、叶两面生

　菌丝体：

　　着生：内生、表生、内生和表生；匍匐菌丝有或无；菌丝绳有或无；是否攀缠叶毛

　　分枝有或无＿＿＿＿＿＿＿＿＿＿＿＿＿＿＿＿

　　隔膜＿＿＿＿＿＿＿＿＿＿＿＿＿＿＿＿

　　宽度＿＿＿＿＿＿＿＿＿＿＿＿＿＿＿＿

　子座：

　　着生：气孔下生、叶表皮下生

　　形状＿＿＿＿＿＿＿＿＿＿＿＿＿＿＿＿

　　颜色＿＿＿＿＿＿＿＿＿＿＿＿＿＿＿＿

　　组成细胞的形状＿＿＿＿＿＿＿＿＿＿＿＿＿＿＿＿

大小______________________________

分生孢子梗：

单生、簇生及孢梗簇的个数______________________________

孢梗束有或无______________________________

组成孢梗束的孢梗数______________________________

颜色______________________________

隔膜数______________________________

分枝有或无______________________________

直立或弯曲程度______________________________

宽度是否均匀______________________________

壁光滑、粗糙或具疣______________________________

屈膝状折点有或无；屈膝状折点数量______________________________

顶部形状______________________________

量度______________________________

产孢细胞：

种类______________________________

____

孢痕疤是否明显______________________________

孢痕疤厚或薄______________________________

孢痕疤的着生部位______________________________

孢痕疤的大小______________________________

分生孢子：

形状（包括顶部及基部）______________________________

____

颜色______________________________

干燥或黏质______________________________

着生方式：

单生或链生______________有无分枝______________

壁光滑、粗糙或具疣______________________________

直立或弯曲______________________________

隔膜数______________________________

脐的有无及宽度______________________________

分生孢子的大小______________________________

2. 标本编号

采集号可以是人名和有效数字组成，最好用连续号。同一采集号不应重复使用。除在采集记录上编号外，还要用铅笔或记号笔（永久碳素笔）在标签上写上采集号挂在每份标本上。已切开的植物、分别包装的花或果实，要用标签明确标明采集号。同一份标本较多或标本较大时，分开或分割成多份后，每一份均要给予同一编号。

图 170　标签样式

3. 标签的制作

标签大小：约 5 厘米×2 厘米（图 170）。

标签规格：在标签一端距边缘约 5 毫米处打一圆孔，穿一根长约 15 厘米的细线，两端一起打结使细线成环。

标签纸质：要用较厚、韧性好的纸张。

标签登记：要用铅笔或永久碳素笔，在标签的一面注明采集人姓名和采集号，在另一面注明采集时间和采集地。

5.7.4　标本压制和干燥

1. 标本压制

在野外采集的标本，回到住地要迅速把新鲜标本压干，使之成为扁平的蜡叶标本，以保持形态和颜色不至于发生很大的变化。

1）标本整理

将标本置于标本纸中，最好在标本夹里压一天，到第二天换纸时再进行标本排列、展平整理。

（1）将标本修剪或折成与标本纸一样大小。

（2）将枝叶展平，去掉过密的枝叶，但要保留叶柄以表明叶子的着生部位，使标本压制后在一平面上枝叶不至于重叠太多，特别是花、果部分不要重叠。

（3）大叶片可以从主叶脉一侧剪开，并折叠起来，或剪成几部分。

（4）花也可以单独散放在纸中干燥。

（5）大的果实可以单独完整或切开干燥。

（6）草本植物或较长的叶片可折成“V”形、“N”形和“W”形。

2）标本的压制

把按照上述方法整理后的标本置于放有 2 或 3 层标本纸的标本夹上，之后，在标本上放置 2 或 3 层标本纸。随着标本份数的增加，因植物的茎、枝粗细，叶的厚薄，花、果的大小等不同，往往会出现凹凸不平。为避免这种现象，可把标本的粗细端相间放置，即把粗端与细端排在一起，或者多加几层标本纸。如果植物的花或果实较大，可将标本纸叠厚，填平之间的空隙，这样标本夹内的标本全部受到同等的压力。

有些植物的枝条有粗刺，很硬，压制时易将标本纸刺破，并且很难压平。对这样的标本，要先用两块平滑的木板将标本夹在中间，然后轻压，使刺与植物体成一平面，然后用常规方法压制。对于一些较小的刺，压制时多放几层标本纸即可，以防刺破其他标本，在操作过程中谨防刺伤手指。

压制标本时，应注意标本的任何部分都不要露出标本纸外，否则标本露出部分会因干燥过快而皱缩、枝条折断或叶片破碎。

当标本用标本纸夹完或标本重叠到一定高度时，在上面放几张标本纸，把另一扇标本夹板放在上面，然后将麻绳扣在底部夹板的横梁上，用膝盖压在夹板上，把底部的麻绳先绑住对角横梁的末断，再把绳子拉到夹板的斜对角，按上法捆住。然后绑扎另一斜对角，为防止麻绳脱落，可以在横梁的凹槽处多缠一圈，捆扎后应使绳子在夹板正面呈“X”形。这一步骤的要求是绳子要绑紧，绑紧标本才会压平，标本夹四角要大致整平，防止高低不平。

一种简易的捆绑标本夹的办法：准备两条长约 180 厘米，宽 2.7 厘米的绑带，两端分别缝上长 80 厘米的尼龙粘扣。将两条绑带分别放在标本夹板两端的下面，标本放好后，把另一扇标本夹板放上，用一只脚踩紧标本夹，两只手拉住绑带的两端，使其尼龙扣搭紧，然后再扣紧另一条绑带即可。

3）换纸和标本整形

换纸的目的是使标本能快速干燥，确保标本质量。

新压的标本最初几天，每天至少要换一次干燥的标本纸，有条件时换两次，越是含水量大或过大、过厚的标本，越要勤换纸。换纸时，用干燥的标本纸垫在下面，把标本从湿纸上拿下来，轻轻地置于干燥的标本纸上，换完纸后仍按上述方法将标本捆扎好，换下来的湿纸要及时晒干或烤干，以备后用。

还要对标本进行进一步修整，铺展枝叶，收藏脱落的花、果，清除霉烂枝叶等，具体做法如下。

(1) 标本修整：初次换纸时，标本经过压制，大体上已处于一个平面。如发现有重叠、过于密集，要移开或去掉遮盖部分。

(2) 铺展枝叶：初次压制的标本，常常会有叶片卷缩、折叠、重叠等现象，因经过初步干燥，标本变软，容易铺展，换纸时要仔细地将叶片逐个铺平，这是决定标本质量好坏的关键，否则，标本不仅不美观，而且不利于在实验室制片研究。

(3) 收藏脱落的花果：在换纸的过程中，若花、果即将脱落或已经脱落，应将它们收入纸袋、信封或折好的标本纸内，并写上标本号，与标本放在一起。

(4) 清除霉烂：通常情况下，坚持按要求换纸，标本是不会发生霉烂的，但是，如果遇到连续阴雨或特殊情况，有时标本也会霉烂，因此应及时清除霉烂部分，以免霉菌孢子混入病害标本，影响正确鉴定。

新压制的标本最初几天要勤换纸，特别是标本上有露水或雨水时，尤其要勤换纸，一般换 7 或 8 次标本就基本干燥了。可隔天换一次，直至标本全部干燥，这时可取出另放。

有些植物标本，由于水分过高或者是酶的活动，在压制过程中很容易变色，如杨树、柳树、烟草、蚕豆的叶；甘薯、马铃薯的茎、叶等都是比较难于保存的，在压制时应特别注意，必须采取快速干燥的办法，以保持原来的色泽。

2. 标本干燥

1）热源干燥

通过换标本纸使标本干燥的方法称之为自然干燥法，主要是用标本纸吸干并结合晒干的方法使标本干燥。这种方法能使标本达到自然的干燥效果，比较简单而经济，标本能保持颜色逼真，真菌不至于死亡，可以长期保存，但是费工耗时。在标本采集量大、有火力或者电力供应的情况下，可采用人工热源干燥法。人工热源干燥法的标本整理与压制规程同自然干燥法，但标本要置于报纸内，数份报纸之间由瓦楞纸隔开，够一定数量时打捆，置于火源上烘烤。此种办法可减少压制后的换纸和后续处理，省时省力，效率高，但标本质量较差，需做好首次压制时的修整工作，并且容易因温度失控而引起火灾，或因温度过高而使标本上的真菌死亡。因此，烘烤时必须有工作人员严密监控。

将含有标本的衬纸夹在适量的干燥标本纸中间，然后加一块瓦楞板，依次重叠放好，用标本带将标本夹捆绑好，放在电热器或电吹风的上侧或对侧烘干，温度不高，较安全。

2）特殊类型植物上真菌标本的干燥处理

（1）多汁植物的干燥处理：兰科、天南星科等中的一些植物，营养器官肉质肥厚，很难干燥，可以先把叶、花按常规方法压制，将肥厚部分挂上与压制部分相同的号牌，置于通风干燥处或日光下，让其迅速干燥。

（2）叶片易脱落、卷合植物的干燥处理：豆科、大戟科中的某些种植物，在压制时其叶片会逐渐脱落，最后仅剩下光秃秃的枝条，应在压制前先进行拍照，以便寄主鉴定。合欢属、含羞草属等植物，其叶片在采集后不久就会自动卷合，压制时无法展平，这类植物标本应在野外采集后立即压制。若在野外无条件立即压制，到住地时叶已卷合萎缩，应将其浸泡在温水中，待叶片重新展开时，去掉叶上的水分即行压制，并将叶片铺平展开。

5.8 地衣标本野外采集

地衣是真菌与光合共生物（藻类或蓝细菌）的共生联合生物体，是一大类专化型真菌有控制地寄生于光合共生物，即藻类或蓝细菌。所谓地衣，即地衣型真菌。由于它们与藻类或蓝细菌的共生关系而使这类地衣型真菌的形态、结构、生理和生化等性状具有一系列的独特性。因此，在进行地衣或称地衣型真菌标本采集、制作和保存时，应和非地衣型真菌有所区别。

地衣广泛地分布于地球表面的岩石、土表、植物以及一切表面结构稳定的固体基质上。生长在岩石上的被称为岩生地衣或石生地衣（saxicolous lichen），生长在土表的被称为土生地衣（terricolous lichen），生长在植物表面的被称为附生地衣（epiphytic lichen），附生地衣又被分为树皮生地衣（corticolous lichen）和叶表生地衣（folliocolous lichen）。此外，还有些地衣种类生长在其他地衣体表面的则被称为地衣表生地衣（lichenicolous lichen）。

在生长型方面，地衣可被分为壳状地衣（crustose lichen）、叶状地衣（foliose lichen）和枝状地衣（fruticose lichen）。当然，在它们之间还有一系列过渡类型。

由于地衣生长型的不同以及所生长的基质或部位的不同，采集、制作和保存的方法也有所区别。

5.8.1 采集工具

1. 采集工具

采集刀、修枝剪、锤子和錾子。

2. 其他必需品

手持放大镜、采集记录册、铅笔、标本采集袋、具有吸水作用的草纸或旧报纸、瓦楞纸板、塑料绳、照相机和小米尺。

3. 菌种分离必需品

盛有培养基的培养皿、酒精棉（用于代替酒精灯）、小磁盘、小镊子、无菌水、记号笔、记录本和透明胶带。

5.8.2　采集方法与基本要求

1. 基本要求

在地衣标本采集时，首先，务必使所采集的标本个体保持完整性。其次，在标本采集数量方面，应根据实际情况尽可能多采，使每种标本在数量方面尽可能达到"大系列化"，尽可能将同种之内不同居群或群体的标本包括在内，以便降低和摆脱机械唯物论和形而上学的"模式概念"在地衣分类学中的影响。

在进行标本采集时，应使野外记录尽可能详细，如地衣所生长的基质、产地、名称、经纬度、海拔、采集人和编号，以及采集年、月、日等（表 16）。

表 16　地衣标本采集记录

产地	
海拔及经纬度	
基物及生境	
采集人及采集号	
采集日期	
地衣名称	
基本特征	
备注	

此外，在进行地衣标本采集时尽可能进行地衣型真菌和藻类或蓝细菌的分离培养工作，以便为地衣型真菌分子系统学、菌藻共生生物学及其资源储备与研究提供菌种和藻种培养物。菌藻分离培养方法可参考有关文献（魏江春，1998；Yoshimura et al.，1990，2002；Yamamoto et al.，2002）。

2. 岩生地衣的采集

1）叶状和枝状地衣的采集

（1）脐叶型地衣：以脐状固着器紧密固着在岩石表面的脐叶型地衣，通常应使用采集刀的末端将脐状固着器与岩石表面相接处切割。如果地衣体因干燥而易脆时，则应使用随身携带的水轻喷，软化地衣体，然后再进行采集，保证所采地衣体的完整性。

（2）紧密固着型：以地衣体下表面假根紧密固着在岩石表面的地衣，应使用采集刀仔细地将地衣体从岩石表面轻轻剥下。必要时也应使用上述方法将地衣体喷湿后再行采集。

（3）疏松固着型：疏松固着在岩石表面的叶状及枝状地衣用采集刀或直接用手采集。

2）壳状地衣

无论是岩石表生还是内生的一切壳状地衣，通常都使用锤子和錾子直接将生长地衣的岩石敲下一块或数块。有时生长地衣的岩石表面十分平坦，无法利用采集工具采集时，可以采用下列补救方法。

（1）将地衣的完整个体进行拍照（注意应配有比例尺），在照片上标明该标本的采集号，以便查对。

（2）用采集刀小心地将地衣从岩石（或其他基质）表面剥离；被剥离部分的碎片应包括地衣体从边缘至中央的各个不同部分。

（3）在采集记录中应注明该标本野外照片及其编号。

3. 土生地衣的采集

1）叶状和枝状地衣的采集

紧密地或疏松地固着在土地表面的叶状及枝状地衣，可使用采集刀或直接用手采集，但要尽可能保证所采地衣体的完整性。

2）壳状地衣的采集

无论是坚硬的土质基质上或疏松的沙土上生长的壳状及小鳞片状地衣，在采集时均应小心地连同基质一起采集。对于采自沙土上的标本应小心地用软纸将带有沙土块的标本包裹后置于随身所带的硬纸盒内，以免因沙土散落而使标本受损。

4. 树皮生地衣的采集

1）叶状和枝状地衣的采集

（1）脐叶型地衣：以脐状固着器紧密固着在树皮表面的脐叶型地衣，和生长在岩石上的相同，通常应使用采集刀的末端将脐状固着器与树皮表面相接处切割。如果地衣体因干燥而易脆时，则应使用随身携带用水轻喷，软化地衣体，然后再进行采集，以保证所采地衣体的完整性。

（2）紧密固着型：以叶状地衣体下表面假根或枝状地衣体基部紧密固着在树皮表面的地衣，应使用采集刀仔细地将地衣体从树皮表面轻轻剥下；必要时也应使用上述方法将地衣体喷湿后再行采集。对于松萝型的枝状地衣在采集时务必连带一部分树皮，以保证松萝基部的完整性；这为标本鉴定工作带来方便。

（3）疏松固着型：疏松固着在树皮表面的叶状及枝状地衣可使用采集刀或直接用手采集。

2）壳状地衣的采集

无论是树皮表生还是内生的壳状地衣，都应使用采集刀将生有地衣体的树皮采集下来。

5. 叶生地衣的采集

生长在常绿阔叶树或针叶树叶表的地衣主要是壳状地衣，偶然也生有叶状和枝状地衣。无论是叶生的壳状还是枝叶状地衣，在采集时必须将生长有地衣的树叶直接摘下；如有可能，在采集时用手持扩大镜检查叶面生的地衣体是否带有子实体（子囊盘、子囊壳、分生孢子器等）；因为标本中有无子实体对于标本鉴定是十分重要的（表17）。

表 17　地衣标本鉴定记录

采集信息	产地	
	海拔及经纬度	
	基物及生境	
	采集人及采集号	
	采集日期	
形态信息	地衣体	
	上表面	
	下表面	
	附属结构	杯点
		假杯点
		假根
		茸毛
		缘毛
		小裂片
		粉芽及粉芽堆
		裂芽
		脐
		衣瘿
解剖信息	上皮层	
	藻层	
	髓层	
	中轴或中空	
	下皮层	
	分生孢子器	分生孢子壳
		分生孢子盘
		分生孢子盔
		分生孢子柱
		分生孢子座
		体裂分生孢子结构
	分生孢子梗	
	分生孢子	
	子囊器	
	子囊	
	子囊孢子	
化学信息	主要次生代谢产物	

6. 用于分子系统学实验的标本采集

用于分子系统学实验的地衣样品，既可采用从地衣中分离培养的地衣型真菌活菌种，也可使用从野外采集的新鲜地衣标本。用于分离菌种的地衣标本必须在采集后一周内进行分离，或经脱水干透的标本在数周内仍可使用，或保存在冰箱中一年内均可使用(Yoshimura *et al*.，1990)。用于分子系统学实验的地衣样品采集和一般地衣采集相同，只是所采集的标本不能通过化学灭虫处理，以免地衣核酸被降解。标本室保存的干标本可以用作核酸提取样品，五年以内所采集的地衣标本用于分子系统学实验更好，样品越新鲜则提取效果越理想。由于地衣的系统生物学实际上是地衣型真菌的系统生物学，因此，只采用地衣型真菌的核酸用于系统学分析。

5.8.3 标本的制作方法

1. 基本原则

在野外采集时，及时压制地衣可以避免标本受损。经压制的地衣标本，一方面可以使地衣体由立体状态变成相对的平面状态，在运输或保存时节省空间；另一方面能够增加地衣标本的坚韧性，在运输、保存或使用搬动时可以避免因脆而易碎的缺点。因为未经压制的地衣标本处于立体状态，干燥后脆而易碎，既不利于从野外安全运回目的地，又容易在保存使用时因来回搬动而使标本受损。

2. 叶状和枝状地衣标本的制作

无论生长在任何基质上的叶状和枝状地衣，在采集之后应趁地衣体尚处于湿润状态(若地衣体已经干燥，则应使用清水喷洒地衣体，使之湿润变软。在使用自来水时，由于受其中次氯酸钙残留物的影响，会使地衣体起化学反应而变色，因此，应特别小心谨慎)，使用具有吸水作用的草纸或旧报纸，如压制植物标本那样，将标本压制成蜡叶标本。在压制标本期间使标本夹处于通风处，避免曝晒。在压制标本时可以使用轻便的瓦楞纸板代替笨重的木制标本夹。

标本压制的操作程序如下：

(1) 将具有吸水作用的草纸或旧报纸铺展。

(2) 将混在湿润柔软地衣体中的杂物（苔藓植物、树叶、杂草及其他杂物）剔除干净。

(3) 将混在该种标本中的其他种地衣标本分开压制。

(4) 将剔除干净的地衣标本及其采集记录签小心地铺在具有吸水作用的草纸或旧报纸上，趁标本仍处于柔软状态时，用草纸或旧报纸覆盖后，以两张瓦楞纸代替木制标本夹将含有标本的草纸或旧报纸上下夹住并用塑料绳捆好，置于通风处令其风干。

(5) 待标本风干后连同其相应的采集记录签包装后，运回目的地。

(6) 将运回目的地的地衣标本按采集号及标本个体大小分别装入大、中、小不同的正式标本袋内，经超低温处理后按属种字母顺序入柜保存。

3. 叶生地衣标本的制作

叶生地衣标本实际上是生长有地衣的植物叶子标本。因此，叶生地衣标本也和枝叶状地衣标本的制作方法相同，及时压制成蜡叶标本。不过，植物叶子在干燥后无法用水使其变软。

4. 壳状地衣标本的制作

1) *岩生地衣*

将生长地衣的石块按其体积大小分别装入硬纸标本盒或正式标本袋内。

2) *土生地衣*

土生地衣，尤其是沙土生地衣在标本制作时，务必小心地设法（用胶水或软纸）将标本固定在防压的标本盒内。

3）*树皮生地衣*

树皮生壳状地衣的制作比较简单，可以直接将标本装入正式标本袋内。

4）*粉果型地衣*

生长在树皮或岩石表面微型的粉果型地衣（Caliciaceae）可装入防压的标本盒内。

5.9　藻类标本的采集

藻类是植物中极为多样的类群，可在陆地潮湿的生境、淡水和海水中发现，有少数分类单元也可在干燥的条件下生存。这里只对海藻（海底大型藻类）、淡水藻类及轮藻的采集和保存进行阐述（黛安·布里得森和伦纳·福门，1998；罗玮等，2002）。

5.9.1　海藻的采集

海藻主要生长在岩石海岸的潮间带和低潮带上，但在盐土沼泽地和红树沼泽地也可发生。主要有三个类群：绿藻门（Chlorophyta）、褐藻门（Phaeophyta）和红藻门（Rhodophyta），这些藻类在形状、大小上存在很大差异。

1. 采集器具

（1）塑料桶、瓶子和袋子。

（2）采集小型或特殊标本时使用的塑料管和具有捏合扣槽的小塑料袋。

（3）小刀或金属刀：用于从岩石上取下材料。

（4）锤子和凿子：用于采集壳状的种类。

（5）10 倍手持放大镜：有助于在野外区分不同的分类单元。

2. 标本采集

在海边开展标本采集工作，应提前查阅潮汐表，这样可选择在一天中最佳的低水位时间段采集，落潮时工作要比涨潮时安全。还应多关注气象预报，天气不好会妨碍在岸边或近海的活动，而且容易发生危险。采集时应穿着合适的服装，天气寒冷时，穿高统防水靴可在水坑中起保护作用；而在温暖条件下，穿双塑料凉鞋（或轻便的鞋）即可，这样可避免被附在岩石上的贝壳割伤或水下更危险的物体所带来的伤害。在潮水带下的浅水区里调查时，可用潜水通气管进行，而在深水区里最好用配套的水下呼吸器潜水下去，也可直接捞取。在潜水和驾船活动时，严格按照健康和安全的有关规定进行操作是非常必要的，而且只有经过充分训练的人员才可尝试进行。

采集时要注意那些不太明显的、生长在大型显著植株上的、或在其下面的种类。小型纤细的类型可作为附生物着生在其他藻类上或叶柄上，以及作为固着器附生在大型藻类上；而壳状的类群既可作为附生物长在其他藻类上，也可作为石生植物长在坚硬的基物上。有些种类只长在岩石坑的水下岩石上。丝状类型可能会裹有砂粒和淤泥，因此采集后需轻轻地加以冲洗。

海藻如果在采集后 24 小时内检视，最好保存在海水中，以便检查新鲜材料，因为一些特征，如细胞和叶绿体常常在干燥时变形。常规的压制和在台纸上装订的方法也适用于海藻，但是有时还需要有一些特殊的技术处理（参见本节“海藻标本的干燥压制方法”）。有些海藻采集后会很快腐烂（色素渗透到水中就是腐烂的迹象），这样的标本应立即采取防腐措施，以免导致其他标本变质。

3. 采集记录

（1）生境的一般描述，包括海岸的位置（如高潮线）、基质类型和暴露于波浪冲击的程度。

（2）伴生的植物和动物。

（3）如果是附着在其他植物或动物上，这些“宿主”的名称。

（4）如果是在潮水带下采集的标本，则应记载采集处的深度。

5.9.2 淡水藻类标本的采集

淡水藻类是一个非常庞杂的类群，在自然界中的分布十分广泛，依生长环境的不同大体上可以分为水生和气生两大类。水生藻类生长在各种水体（小水坑、沟渠、池塘、沼泽、湖泊、水库、泉水、溪流、瀑布、河流等）中；气生藻类生长于潮湿或干燥的岩石、高等植物的茎叶表面，混生在苔藓植物之间，以及土壤和常年积雪的表面和表层中。此外，还有一些种类共生于其他生物体内。只要有光和水的任何地方都可采到藻类，只是在不同的环境条件下，藻类植物的区系有所不同罢了。

1. 淡水藻类的采集准备

采集前，应对淡水藻类的一般种类和特殊类群在各种生态环境中的分布情况大致了解，这样在采集工作中才能做到心中有数，也能够在一些特殊的生境中采集到一些有意义的藻类。

采集工具

（1）坚固的帆布采集袋；25 号尼龙筛绢做成的浮游生物采集网，口径为 10 厘米、长 40 厘米的圆锥形体，其下口直径一般不超过 1.0～1.2 厘米（外面有坚固的布袋，在孔口插入特制的金属，圆柱形下端狭小的管，用网口的小带扎紧；或工程塑料制成的短管阀）。

（2）40～50 张 15 厘米×15 厘米大小的牛皮纸。

（3）50～60 张 2 厘米×15 厘米或大一些标签纸条。

（4）大小和内容可自定的野外采集记录册（需列入编号、采集日期、采集地点、生境叙述、基物或宿主、水温、气温、pH 等）（表 18）；藻类标本记录册（除列入野外记录册中所列各条外，再加上学名、中文名、所属的门、纲、目、科、定名人和定名日期等各条目）。

（5）容量为 20～25 毫升的硬质、平底带内外盖的小玻璃瓶数十个。

（6）另备削好笔头的 HB 铅笔。

（7）剪刀、镊子。

（8）小铲子、小榔头。

（9）温度表（－10 至 50 摄氏度）。

表 18　藻类标本采集记录册

标本编号：________________采集日期：________年________月________日

标本种类及数量：________液浸________瓶；干制________包；蜡叶标本________份

产地：________________________________海拔________________米

生态条件：____

____

光照情况：________气温________摄氏度；水温________摄氏度；pH________

主要种类：____

____

____

采集人：________鉴定人：________标本室编号：________________

（10）容量 50～100 毫升的狭颈玻璃瓶数个。

2. 标本采集

应根据不同生境中的藻类的生长情况采取不同的采集方法。采集记录参见表18。

1）着生藻类的采集

对于生长在其他物体上较大型的藻类，一般都用手或镊子采取。应尽量保证采集到整个植物体，包括它们的基部或着生部分。因此，生长在石头上的，最好用小刀刮取，如用小刀不易刮取，可用小榔头敲取小石块保存；生长在水草上的，最好用剪刀剪取，连带着生藻类的茎叶部分一起保存；生长在土壤上的，最好用刀铲取，尽可能少带泥土（如专做土壤藻类研究，则应分层采土，进行培养）；生长在高等植物叶上的，最好选择生有藻类最多的整个叶片（应尽可能记上此种高等植物的名称）；生在墙壁和树皮上、树穴中的藻类，采集时必须连基质（如树皮）一起采取。

微型藻类也有不少是着生的，更有一些是混生在其他植物（如苔藓）之间的。不但有水生的，也有气生的。在有这些藻类生长的部位，常具各种颜色的斑块、斑点、颗粒、黏质层、壳状、皮状薄膜等标志。应选择藻类生长最多的部分用刀刮取、削取或用剪刀剪取。混生于苔藓等植物之间的可连苔藓一同采集。岩石上不易刮下的种类，如急流中石头上的蓝藻、红藻、褐藻等，可敲取或拾取小型石块一同保存。

鞘藻目都是着生的，少数种类经过一段着生期后漂浮于水面，混生于其他丝状藻类形成“藻块”，标本采集量以较多为好（一般以达到标本瓶或指形管容量的 1/3 为宜）。由于鞘藻目多半是小型种类，附着于其他水生植物或落入水中的枯枝、朽叶上，采集时最好剪取这些物体着生藻类最多的部分一并加以固定、保存，以确保所采标本种类较多较完整。

水生的一般采用液浸保存；气生的则一般采用干制保存。采到标本后，在标签纸条上写好和野外采集记录册完全一致的编号，放入瓶中；或将编号写在牛皮纸上；同时用铅笔在采集记录册中填好采集日期、地点、编号、生境等项。

2）漂浮藻类的采集

在各种静水水体中，常漂浮着一些丝状藻类的团块。采集时，应注意采取同一藻块上不同颜色的部分或不同颜色的藻块，特别是变成黄褐色的部分。因为这些部分常为生殖时期的植物体，如双星藻科的丝状体。标本用液浸保存。

如系较长、分枝的藻类，不宜只取标本的一段，应尽可能采取整体。如太长，可同时采集较多标本，阴干后包在事先预备好的牛皮纸口袋内，制成干制标本。

3）浮游藻类的采集

在水面较宽、较深的水体中，一般用25号浮游生物网来回捞取。在同一水体中，最好在不同部位和不同深度的地方捞取标本，然后放在同一指形管中固定。

在小水体和浅水水域（如湖泊、水库的浅水港湾和沼泽等）中采集浮游藻类，不宜用网来回捞取，最好用碗取水，注入网中过滤。要多在水草丛生的部位取水，尽可能不带入泥沙。没有网时，可用指形管取水，用镊子多次采取水草在管中搅洗，也可采得较多的藻类。

浮游藻类标本中，常有不少鞭毛类种类。对这类藻类的固定，以随采随固定为好。

4）雪藻的采集

在常年积雪的地区，如高山或两极，有时可发现成片的“红雪”、“绿雪”或“黄雪”，甚至达几千米宽。在这些雪中，经常生长着一种或一种以上占优势的极耐寒的特殊藻类。由于这些藻类具有不同的色素，遂造成各种颜色的雪。因此，在采集时，对不同地区有色的雪，即使是同一颜色，也可能是不同藻类造成的，一定要分别采取标本；同一地区有不同颜色的各部分，也应分别采取。

采集雪样最好用塑料袋装上较多的雪带回驻地，雪未溶解前即固定。固定的方法是在较大的盛器中用等量的雪和配好的固定液搅匀，在雪逐渐溶解静置24小时后，吸取底部沉淀藻类放在指形管中加入新鲜的固定液固定。不同颜色的标本应分别保存，并在采集记录中注明在野外采集时的颜色、分布区域的估计面积和垂直分布的深度。如有可能，可在野外拍摄彩色照片。

如带回驻地不便，亦可用指形管随采随加固定液固定。即将指形管中已装好的1毫升福尔马林和2毫升甘油加水至约10毫升，摇匀，再加上有色的雪约10毫升。如有可能对每种颜色的雪至少采两管标本。

总而言之，采集藻类标本时，除非有特殊的采集目的，采集面一定要广，不限于局部，在一些并不引人注意的地方或一些特殊的生境，也许会有意想不到的发现。另外，长时间积累的丰富经验、熟悉藻类生活习性、全神贯注、吃苦耐劳的精神等，都是采集工作中获得一些比较稀有的特殊属种不可缺少的条件。

5.9.3 淡水和半咸水中藻类标本的采集（以轮藻为例）

1. 标本采集

轮藻科（Characeae）是一些复杂的、中型到大型的、具有轮生分枝的绿藻。它们在淡水和半咸水里生长。

轮藻在浅水区可以直接涉水用手捞取，在深水区就要用潜水通气管或配套的潜水呼吸器潜水采集（参见“海藻的采集”）。在深水区可以驾船用铁爪篙或拖网直接和间接取样采集。最适用的采样器是3或4爪的铁爪篙，爪长而向后弯。其他有用的采集器是直角掘耙或装有长柄的边缘锋利的铲斗。在较为清澈的浅水中，可通过具有玻璃底的水桶或潜水面具来观察，把取样器直接指向水底特定的区域。

采集之后，应对标本进行漂洗，沥去多余的水分，然后与写好采集资料的纸张一起放入塑料袋中密封。如果袋子放在寒冷黑暗的地方（或最好是在冰箱里），标本可在数日内保持新鲜状态。不过，如果为了进一步研究的需要，标本采到之后应尽快进行防腐保存处理。

2. 采集记录

（1）生境的一般描述，包括水体的大小和类型（如暂时性的小水坑、大湖或缓水流），以及基质类型（包括 pH）。

（2）生长在一起的植物。

（3）采集种类所处的深度范围（如果看得见的话）。

5.9.4　藻类标本的保存处理

藻类标本保存处理妥当，可经数十年仍能保持其原来的体型和色彩，为今后进一步研究它们的形态结构和系统分类学提供良好的对比标本。供一般分类研究用的藻类标本保存方法有液浸保存和干制保存。藻类玻片标本的制作见第6章“玻片标本的制作与保存”。

1. 藻类液浸标本的保存处理

所有储藏期超过24小时的藻类材料都需要经过固定和防腐处理，可使用4%中性福尔马林（1份40%甲醛溶于9份水中，海藻要用海水）。为了减少福尔马林形成的甲酸对标本的损害，甲醛溶液可用硼砂或碳酸钙中和，还可加一些甘油防止标本变干。用这种方法保存的标本应装到密封的玻璃广口瓶里，放在黑暗且通气良好的地方储存。

轮藻亦可保存在4%福尔马林或70%酒精中。液浸保存的标本要比干标本更有利于鉴定。但不宜使用FAA溶液，因为其中的乙酸会腐蚀石灰质的外壳，而外壳是一些种类很重要的鉴定特征。用酒精保存标本时，必须定期检查，并补充保存液。

淡水藻类标本通常用配方为福尔马林4毫升，甘油10毫升，水86毫升的保存液保存，在玻璃瓶里保存液的用量约为藻类标本的2倍。用来采集藻类的指形管的容量通常为25毫升，即装上藻类标本约7毫升（约为管高的1/3），该保存液约为14毫升（约为管高的2/3）。采集的标本最好是在采集时或采集后不久就加上保存液，不宜放太久，尤其是在夏季。

另一种方法是在外出采集淡水藻类标本之前，在每个指形管中装上福尔马林约1毫升，甘油约2毫升。采集时如系丝状藻类，则先在指形管中注入约2/3管的水，摇匀，再放入去水的藻类把指形管装满，使固定液渗透到标本的各部。有标本编号的标签，应用较软的铅笔（B或HB）写好放入管内，并在管盖上用铅笔写上同样的编号。

2. 藻类干制标本保存处理

1）自然风干法

干制标本即不经固定天然风干的标本。标本在通风处风干后即可放入牛皮纸袋中保存。除在纸袋内放上有采集号的野外标签外，并在纸袋左上角注上同样的采集号。气生藻类一般以干制为好。水生大型藻类，如轮藻、刚毛藻等，如量大瓶小不便固定时也可采用此法，最好是采取较多的整体植株，成束风干。土壤藻类干制保存（如藻类DNA完整性）对于日后藻类分子生物学研究提供很大的便利。

具节的珊瑚藻科Corallinaceae（海藻：红藻纲）的碳酸钙含量很高，很容易破碎，所以压制会造成损坏，故应风干。其他笨大的附着在岩石或其他坚硬基物上的壳状种类也应采用同样的方法处理，可先把表面的碎屑和其他小动物轻轻刷去，风干后最好存放在盒子中或袋子中，这样可多一些保护。

通常海藻不容易被虫蛀，所以不必进行标本的防虫净化处理。对干燥缓慢的大型标本可以采用在标本上涂刷4%福尔马林的方法来防止菌物感染，尤其是在高湿度的天气里。同样，风干的具节珊瑚藻和壳状藻类在干燥过程中有时也需要采用这种处理方法来加以保护。

2）蜡叶标本的制作

器具

（1）解剖盘或浅盘。

（2）优质台纸，潮湿后仍可保持刚度。

（3）结实的金属筛网或坚硬的塑料薄片。

（4）细薄纱布、尼龙纱布。

（5）细解剖针或大头针、镊子。

（6）毛笔（或软毛刷）。

（7）硫酸纸、标签、铅笔。

（8）吸水软管。

（9）胶水。

（10）带有吸水纸和瓦楞板的标本夹。

海藻标本的干燥压制方法

（1）在浅盘中加入2/3海水，将用铅笔写好有关资料的台纸放在金属筛网上，浸入水中。

（2）使标本漂浮到台纸上面。

（3）用镊子、大头针和画笔整理标本，使其现出分枝或植株的形状。

（4）把金属筛网的一端提起，将纸和标本抬出水面，让水流掉。

（5）如果必要，可稍微调整台纸上的标本。

（6）把台纸连同标本从筛网上取下，放到吸水的干纸上。

（7）大多数的植株可以通过自身的自然粘着而贴附在台纸上，因此，重要的是要用棉纱或尼龙纱布盖在标本上，以免它与上层的吸水纸粘连在一起。

（8）在上面放上吸水纸，再继续下一份标本的操作，并在一定的间隔放上一块瓦楞板，最后夹进标本夹。

（9）重要的是让标本迅速干燥，但又要避免过热，否则标本会变得很脆。

由于可能有必要把小片标本从台纸上取下做显微镜检查，把一些分枝成丛的放在一起可便于取样，这样要比将整个标本铺展开更有好处。标本与台纸未完全粘住的地方，可用适当的胶黏剂或上胶的布带固定，完全与台纸分离的标本应收好放在纸袋内。压制好的标本、纸袋和标签可按通常的方法装订在台纸上。

大型淡水藻类标本的制作方法

为便于观察和研究，刚毛藻、溪菜等大型藻类有独特的标本制作技术。制作步骤为在盛有薄层水的解剖盘底部放一张大小合适的优质台纸，然后将采集的藻体放在纸上展开；用软管吸去多余水分后，用细解剖针和毛笔或软毛刷拨弄植物体到自然形状，使其分枝尽量展开，保持藻体美观。将解剖盘中的水吸出，这样标本就可很好地在白纸上展开；然后阴干或表面盖一层纱布后再加吸水纸压干。但也有些标本日后容易脱落或破碎，需在标本半干时加上胶水，使藻体紧贴在纸表面然后再压干，并保持纸展平，这样藻体便紧贴于台纸表面。在制作轮藻标本时可用吸管吸水喷洗的方法来洗掉蜗牛和碎屑。有些轮藻具有石灰质外壳，所以压制时只能轻压。由于轮藻常很纤弱或易碎，上台纸装订时应注意保护。如果标本不能自然贴附在台纸上，可用缝贴或胶粘的方法来加以固定。小型标本应放到纸袋中，大型标本上面应加盖一层薄的硫酸纸或护膜，便于观察和保存。硫酸纸或护膜应只粘贴在台纸的两个边（标本的底边和左边）上，以便容易翻开。

3. 保存藻类标本的注意事项

为了做到永久保存，且在以后观察时易于处理，采集记录应尽可能逐项详细填写，同时必须把和采集记录册上一致的采集号写在标签纸上。所用的标签纸质地必须坚固，要用 HB 铅笔编号（千万不要用钢笔或圆珠笔编号，以防日后脱色）。

野外所采的标本如不能及时固定，只可装至管高 2/3 的部分，留 1/3 空隙，而不能在指形管中装满标本并盖上管盖。标本带回驻地后，应立即将管盖打开，让管内通气。

水生浮游藻类、冰雪藻类以及附着在各种基质上的藻类，采集后必须用福尔马林浸制。为避免日后瓶内福尔马林和水分因蒸发导致标本失水干燥而无用，应加入适量的4%～6%甘油后封口。

含有藻类标本的石块、结核石、石卵、螺壳等的材料阴干做成的干标本，保存时间过长往往会使标本脱色和破碎。如所采集的材料不多，保存以浸制为宜。

其他生境中所采的藻类标本都可以阴干。干制标本不可先用保存液固定后再风干或烘干，也不能在阳光下晒干，否则丝状种类及成片的标本一旦晒干一碰就会碎裂或断裂。阴干后的标本包在牛皮纸袋中带回室内，轻轻纳入大小适当的标本瓶中，加入上述的固定液纳入编号的标签（最好把标签放在熔蜡中浸一下），加盖密封，最后用熔化的石蜡封口。

干制标本在保存过程中，应防霉防虫。标本包好后，一般不要经常打开。存放干标本的标本柜每年在梅雨季节要消毒一次，或添加樟脑丸，每隔一定的时间更换新的防霉剂。

第6章　植物标本的制作与保存

6.1　干制标本的制作与保存

植物（包括菌物）干制标本是植物标本最常见的保存方式，标本在采集、编号和记录后要尽快压制、干燥，该步骤通常是保证标本质量的关键，目的是使标本迅速干燥并且突出展示特征。按制作方法可分为蜡叶标本、风干标本、砂干标本、叶脉标本等。

6.1.1　蜡叶标本的制作与保存

1. 标本的压制和干燥

蜡叶标本又称压制标本，就是将新鲜的植物、菌物材料用吸水纸压制，使之干燥后装订在白色硬纸上（这种纸称为台纸）制成植物、菌物标本。

蜡叶标本的压制和干燥过程，通常可分为标本压制前的预处理、整理、压制、标本干燥等步骤。由于蜡叶标本的压制一般是在野外采集工作期间同时进行和完成的，故具体操作请详见第5章中与植物（包括菌物）标本采集有关的内容。

2. 标本的消毒处理

蜡叶标本从野外带回标本馆后，在装订前需进行消毒处理，消毒方法见第8章8.6节。

3. 标本的装订

蜡叶标本装订的总体要求是：

（1）展示标本——让读者最大限度地观察到标本的各个部分。

（2）固定标本——通过胶粘或线牢固地将标本固定在台纸或卡片上，必要时可以从标本上取小部分进行详细研究。标本装订是一项要求颇高的兼有技术性和艺术性的工作。

1）装订所需材料

装订台纸

用于装订和承托标本及附着各种标签。

（1）台纸的尺寸：欧美国家均有固定的尺寸，如美国的标本馆为42厘米×29厘米，欧洲的标本馆为42厘米×26厘米；中国科学院植物研究所标本馆（简称PE）的台纸规格为42厘米×30厘米，300克纸。可预先批量订购并按一定的系列印好台纸号及馆徽，这样比较经济和方便。

（2）台纸的质量：推荐使用无酸纸，因为一般的纸张容易酸化、变色和蜕化变质，从而影响标本的质量。

（3）台纸的标记：应该在台纸上加盖标本馆图章/单位缩写及台纸号（标本号，herbarium number），图章及号码可作为独立的标签加在未装订的台纸上或盖在装订好的台纸上。无论采用何种方式，必须注意号码的设计和位置，应避免和采集号相混淆(文献中经常出现类似的号码引证错误)。有条件的标本馆可在标本入库时用计算机建档，并在台纸上贴上条形码作为台纸号码，这对建立标本的数字化管理很有帮助。

碎片纸袋

碎片纸袋粘贴在装订台纸上，用于保存标本上脱落下的碎片或小标本。

标本馆的台纸上常附有小纸袋或小信封，标明采集人、采集号和种名，内装花、果及枝叶等碎片，供以后研究使用。纸袋的尺寸和类型无统一规格。

碎片纸袋通常用白色或米黄色的无酸纸张折叠制成（图 171 和图 172)，折叠的步骤如图 171 和图 172 所示。要求纸袋折叠、粘贴在台纸上之后，打开时仍能保持平伸状态，折合时能保持封闭状态，不至于让标本碎片从底部或边角上散落。

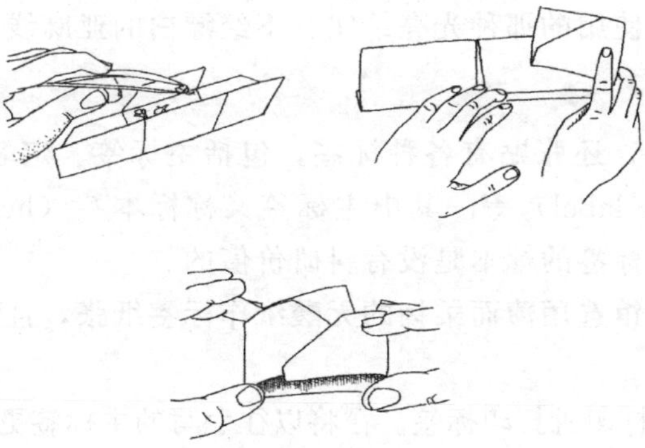

图 171　标本碎片纸袋的折叠法（一）

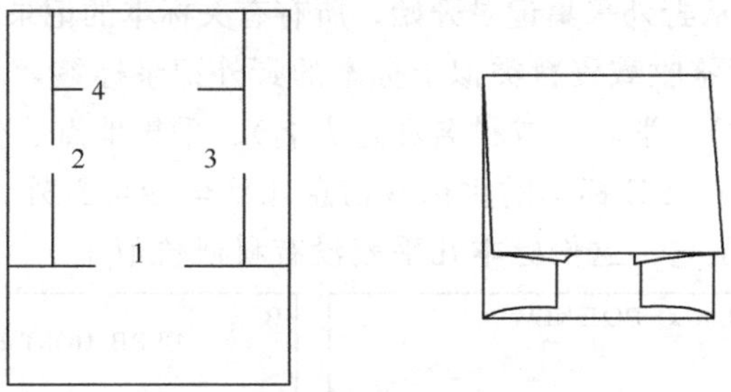

图 172　标本碎片纸袋的折叠法（二）

1～4. 折叠步骤

书写墨水与铅笔

用于书写标签、属夹、种夹和模式夹等。

墨水必须是永久性的，最好能防水或抗水。应选用黑色或蓝黑色，避免其他颜色。铅笔应采用中等软度的铅芯，如 HB、B 或 F。避免使用圆珠笔。

标本胶黏剂

用于装订标本，粘贴标签、照片和折叠纸袋等。

理想的胶黏剂必须是中性或弱碱性，能够长久不脱胶，并且是水溶性的，以便必要时可熔开取出标本作研究之用。胶黏剂类型有多种，如淀粉糨糊、聚乙酸乙烯酯、甲基纤维素、羧甲基钠纤维素、乳胶、阿切尔塑料胶、明胶或动物胶、树胶等。推荐选用木工行业中常见的白色水溶性乳胶来粘贴标本。

纸带

用于将标本绑扎在台纸上，或在装订的台纸背面贴盖缝扎标本的针脚，或装订花的解剖标本。

可用韧性较强的纸张裁成，这种纸最好是无酸的。不能使用透明胶带，因为胶带时间长了会失效。

细线

用于把整个或部分标本绑扎在装订的台纸上，特别是用来加强块状体的装订，如枝条和较大的果实等。

推荐使用装订书籍使用的那种光亮结实、不经漂白的亚麻线。

标签

台纸上除了标本外，还张贴有各种标签，包括主标签、定名签（determinative label）和模式标签（type label）等。其中主标签又称标本签（herbarium slip），其他标签合称附加标签。缺少标签的标本是没有科研价值的。

建议有条件的标本馆选用薄而柔韧的无酸纸作标签纸张，且背面预先布有胶水，以便使用及永久性保存。

目前推荐使用激光打印机打印标签。在将以往手写的主标签更换为打印标签时，应该将野外采集记录剪切下放入标本碎片包内。以后再次更换标签时也必须将上次标签保留在标本袋内。总的原则是从野外采集记录开始，所有有关标本的记录和标签一律保留。

（1）主标签：主标签收载资料类似于标本的野外记录标签，内容包括标题（国家或省名、研究机构的名称）、学名（或科名和地方名）、采集地点、生境、采集日期、采集人和采集号等（图 173）。PE 标本的主标签信息几乎全抄自野外记录本内容。主标签是标本的“身份证”，缺了它，这份标本几乎就没有科研价值了。

A
HERB. HORT. REC. BOT. KEW
FLORA OF
Name:
Vernacular Name:
Locality:
Date:　　Altitude:
Notes:
Collector:　　No.

B
HERB. HORT. BOT. REG. KEW.

C
EX HERBARIO KEWENSI
N. Y. Sandwith Bequest Collection
CENTRAL BRAZILIAN PLATEAU
States of Minas Gerais, Goias, and Brasilia D. F.
Approximate elevation 900-1150 m.s.m.
Coll.David R.Hunt & José Ferreira Ramos No.

D
FLORA OF TASMANIA
Coll. J. H. Hemsley

图 173　各种样式的主标签（黛安·布里得森和伦纳·福门，1998）

（2）鉴定标签/定名签：为一预先印有“鉴定人”、“时间”等字样的小纸条，或空白纸条（图 174）。建议使用的纸张薄而柔韧，最好选用酸性纸。标签有大致的式样，但不同标本馆大小并不一样，如英国皇家植物园的鉴定签较小，约为 6.5 厘米×2.5 厘米；中国科学院植物研究所的较大，约为 10.5 厘米×3.5 厘米。

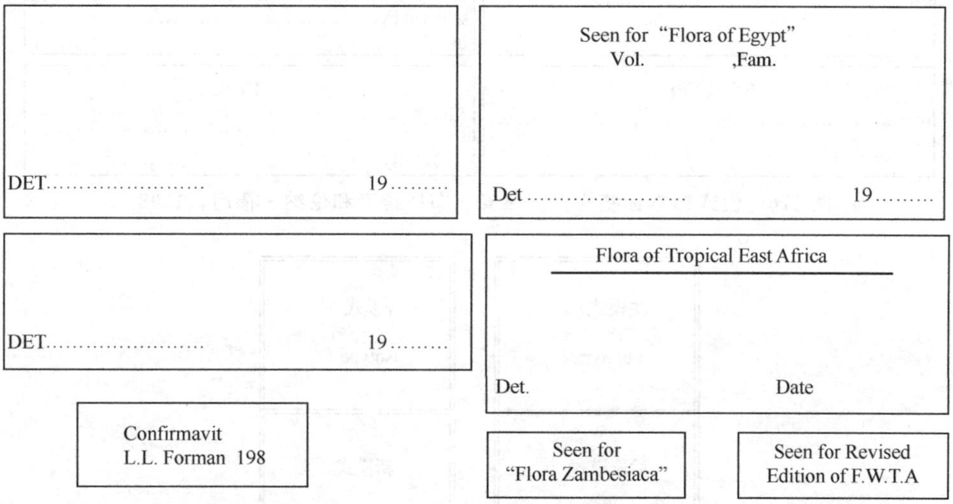

图 174　标本定名标签样例（黛安·布里得森和伦纳·福门，1998）

（3）取材标签：用于表示采集实验材料的情况。建议大小约为 6.5 厘米×2.5 厘米的规格；纸张薄而柔韧，最好选用酸性纸，并用永久碳素笔书写；记载内容为取材部位、用途、取材人/研究者、所在单位、取材时间等（图 175）。

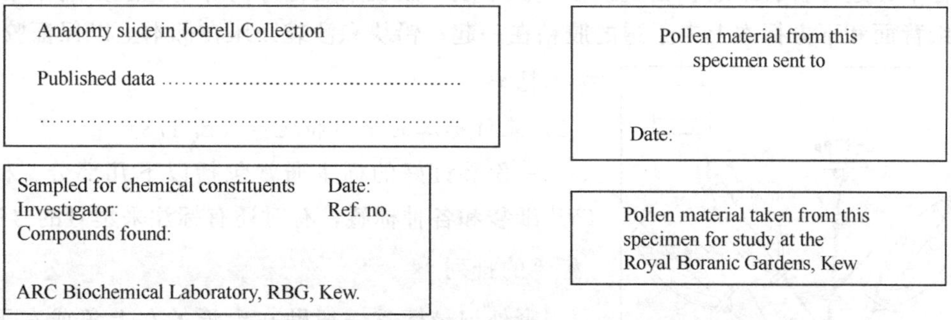

图 175　表明为特殊研究而分解标本某些部分的标签样例
（黛安·布里得森和伦纳·福门，1998）

（4）模式标签：建议用带红色边框的标签或红色字体印制；标签规格，3.5 厘米×2.0 厘米。英国皇家植物园标本馆的模式标签见图 176。

标签纸张　薄而柔韧，非酸性纸。

模式类型（图 177）　用铅笔或永久碳素笔标注模式类型：主模式（holotype）、等模式或同号模式（isotype）、合模式（syntype）、等合模式（isosyntype）、副模式（paratype）、后选模式（lectotype）、新模式（neotype）、产地模式（topotype）等。

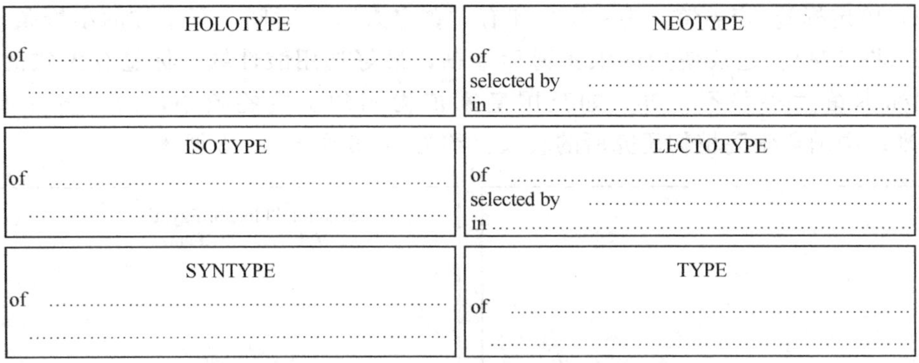

图 176　模式标本标签样例（黛安·布里得森和伦纳·福门，1998）

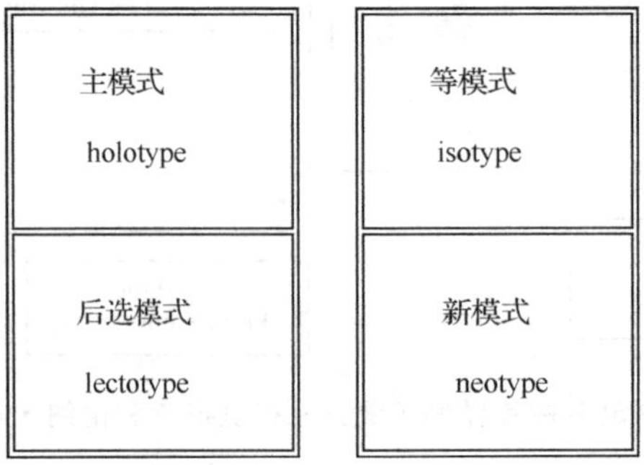

图 177　模式标签类型

其他材料

标本馆还可备有蜡纸、铅块或沙袋。蜡纸可放在刚装订好的标本上起分隔作用，以免台纸背面和下方标本上未干透的胶粘在一起；铅块和沙袋则压在标本上以保证胶能将标本粘牢。

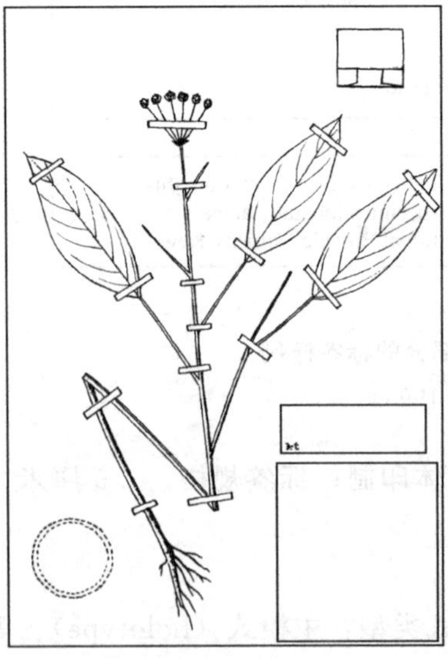

图 178　标本各组分的排列（模式）

2）装订标本的排列和展示（图 178）

一份装订好的标本通常包括以下几部分：标本、碎片纸袋和各种标签，有时还有标注采集号的号牌。

标签的排列

野外记录标签一般贴在台纸的左上角或右下角；鉴定标签（定名签）一般贴在台纸的右下角或下方其他空白地方；取材标签可贴在任何空白地方；模式标签一般贴在台纸的下方，靠近鉴定标签。

标签应最后贴，但一般情况下要先考虑标签的位置。在国外，主标签（野外采集记录标签）一般是贴在台纸的右下角，这样向左打开时，标签比较容易阅读，国内则常常贴在台纸左上方。

附加标签（其他标签）则放在台纸的右下角。在标签之上最好能留出位置以便将来贴鉴定签。标签必须全面贴好，如果因标本太大做不到，则标签只贴一边（最好是沿台纸外侧垂直贴），标签不要盖到标本较厚部分或突出部分，以免损坏。在贴标签前，查看每张标签的反面，有时可能有地图或更详细的资料；如有，则应只贴一边。

如不可能将标签贴在台纸的右下角，可将标签贴在台纸的其他地方，很大的标签可折好放入纸袋。

碎片纸袋的排列

选择大小合适的纸袋来存放标本的松落部分。

一般将纸袋放在台纸的右边，上部或下部均可，应与属夹的开口侧保持一致，避免将纸袋放在左边，从而加大了标本夹的厚度，导致标本的损坏。

如果某些分类群标本具有厚大的果实，如壳斗科的板栗，则改变纸袋的位置以防止台纸堆成楔形。放小种子之类物品的透明袋应不封口放入纸袋中。如果标本上有足够的花果，可摘下一些放在纸袋里以便于研究。

小号牌的排列

小号牌是有采集号的标签，通常用线拴在标本上（或有时是拴在标本上的纸条）。小号牌必须与标本一起保存，小号牌可以贴在台纸的主标签旁边，如不妨碍标本的其他部分，亦可挂在标本上。

标本的排列

标本是装订的主要对象，在台纸上安排标本时要考虑以下几点。

（1）总体上，选择最好的一面以展示尽可能多的特征（图 179）。

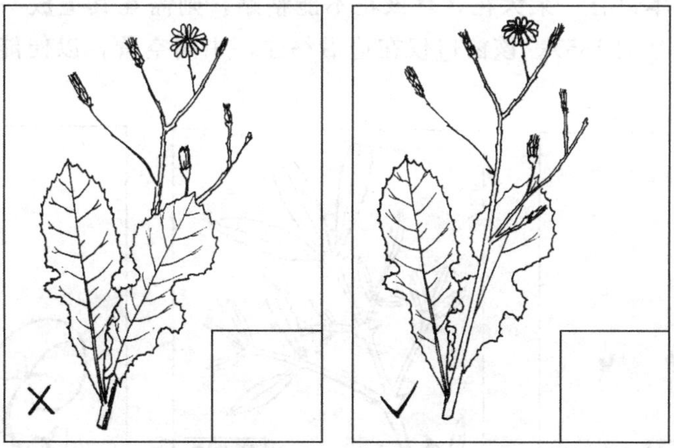

图 179　标本装订法

×. 错误装订法；√. 正确装订法

（2）剪去多余叶子显示隐藏的花和果（应注意保留叶柄）（图 180）。

（3）展示叶子的两面，可翻转一片叶子或摘下一片放入纸袋或叶子半折（图 181）。

（4）如果仅有一片大叶子，切下一部分翻过来贴在台纸上或放入纸袋（图 182）。

（5）在不损坏标本的情况下，将成丛植物分开，并小心除去根上的土壤。

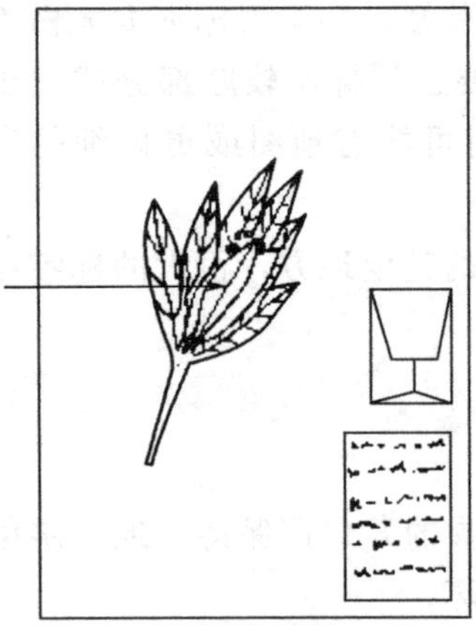

图 180　剪去重叠部分
（黛安·布里得森和
伦纳·福门，1998）

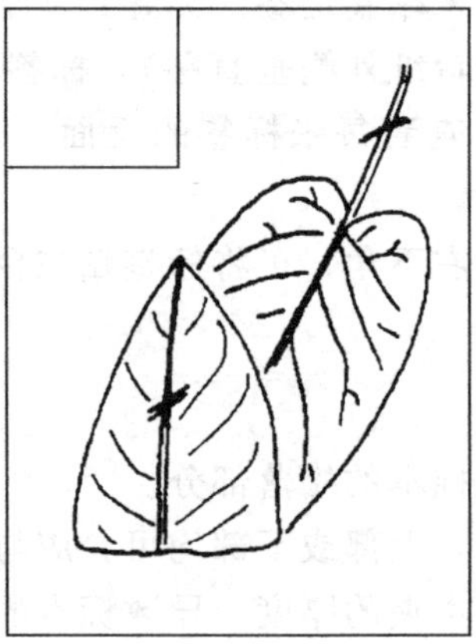

图 181　叶子半折

图 182　叶子小片切翻
（黛安·布里得森和
伦纳·福门，1998）

（6）如果在台纸上装订一株以上的植物，则保持全部向上，并将最大、最重的部分，如根部放在底部，以防移动时台纸弯曲。

（7）微小植物，如小型蕨类数量较多，在台纸上放少许，大多数要放在纸袋里；如果仅有少许，则可以全部放入纸袋保存（图 183）。

（8）避免将硕大的或精致易碎的标本部分放置在台纸的左边，否则会被属夹压坏。

（9）许多较大的标本最好是按对角线放置。这样与纵向放置相比可放得更长、更宽，并可避免部分标本被标签遮住（图 184）。

（10）如果标本只有一朵大花，且该花不能粘贴，则需在其上放一用透明蜡纸做的“窗口”加以保护（图 185）。该窗口仅在边沿粘住，中间空着，以便能将其掀开对花标本进行检查。

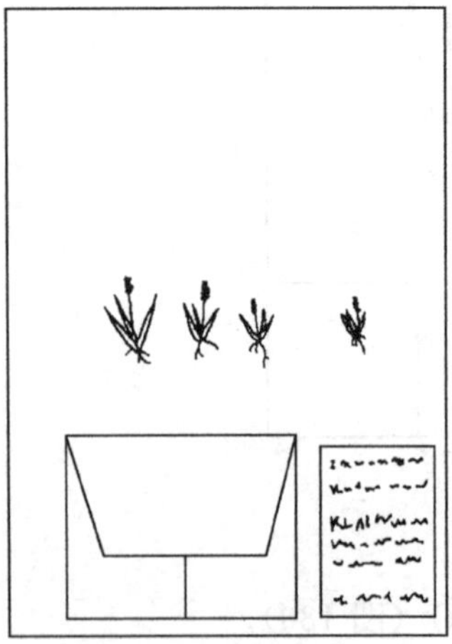

图 183　小型植物装订方法
（黛安·布里得森和
伦纳·福门，1998）

图 184　对角线排列
（黛安·布里得森和
伦纳·福门，1998）

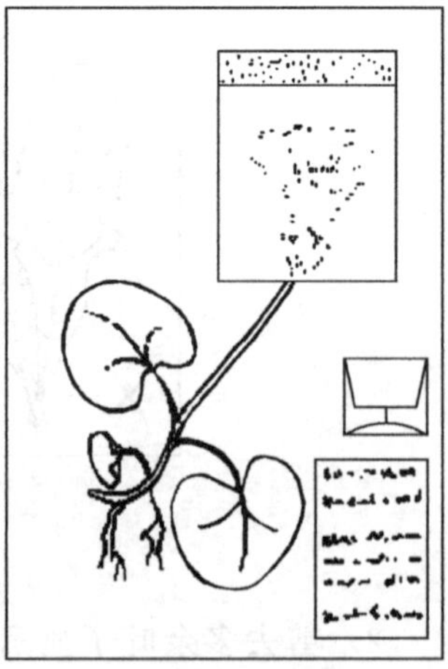

图 185　花朵盖膜
（黛安·布里得森和
伦纳·福门，1998）

(11) 具有易于破碎花序的标本（如禾本科）需将整份标本放在未封口透明封袋中加以保护。

3) 装订方法

标本装订的一般程序为上台纸－粘胶－干燥－订线，根据不同方法又略有差异。

纸条固定法

将韧性较强的纸条跨在植物标本需固定的部位，然后再将纸条固定在台纸上，以达到固定标本的目的。操作时将台纸置于软木板上，取标本放于台纸中央的合适位置，然后在标本的中部沿主枝的两侧，分别用刀划透台纸成为宽3～4毫米的小口（口的大小与纸条的宽窄一致，以纸条刚能穿过为度）。然后用小尖头镊子分别夹住纸条的两端，让其穿过小口。再用右手压住标本穿纸的位置，左手将标本连同台纸一起反转背面朝上，轻轻地拉紧纸条的两端，这时纸条就把标本紧捆在台纸上了。然后分别把各端纸条向相对的方向用胶液牢牢横粘在台纸的背面，在标本主干或果实上可以如此反复用纸条固定。对一些小枝和某些叶背涂以少量胶液，让它们粘贴在台纸上即可。至于每份标本上需要穿多少纸条，视标本的具体情况而定，目的是要使标本牢固地粘贴在台纸上。

这种方法对于固定草本植物和木本植物的小枝尤为适用。需要注意：一是所用的纸条应为韧性较大的，且与台纸颜色相同；二是纸条应固定于标本的合适位置处，否则标本就会上下滑动；三是切口不能离标本太远或过近，否则纸就压不牢标本；四是操作时动作要轻，防止折断小枝、叶或花果。

目前，有人以透明胶带代替纸条使用，它的特点是透明，不用涂胶，有很强的韧性等优点，但时间长后胶带容易老化失去黏性而开胶脱落。

线订法

这是用线代替纸条而将标本缚在台纸上的一种装订方法。其操作方法是用缝针把线将标本各主枝、小枝处分别缚在台纸上，每一针打一结。结要求牢而小，勿多针串线，因为线条和线结过多不仅不美观，且很容易挂坏标本。

对于有些较大的叶片，如芭蕉叶、棕榈叶等，可以在中脉两侧用小刀切口后，用纸条将其固定于台纸上。

这种装订方法较方便，装订的标本也很牢固，特别适用于装订具有粗壮枝条的木本植物和比较粗壮高大的草本植物。

胶黏法

操作法1：把配好的胶液用软刷或软毛笔涂于平滑而又略大于标本的硬板（如玻璃板）上，将标本以背面放于涂有胶液的板上，轻轻压一压各部，使其着胶。接着小心地拿下标本，平铺于台纸合适的地方（注意按上述要求留出左上角和右下角位置，以备粘贴标签）。然后将贴好的标本（连同台纸一起）放入两张干净的吸水纸或旧报纸之间，轻轻加压，使标本牢固地粘在台纸上，干后取出即可。

这种办法是让标本全部粘胶，另外一种办法是像挤牙膏一样把胶管中的胶液间断地涂抹在叶片及枝条的表面，再把标本粘在台纸上，这种办法称阿彻法（Arher method）。

操作法2：对于像水生植物和凤仙花那样的肉质草本植物，制成干标本后精致易碎，用上述办法胶粘时比较困难，需采用下列步骤。

(1) 在装订台纸上仔细排列好标本。

(2) 盖上一张蜡纸。

(3) 在不挪动标本的情况下，将台纸＋标本＋蜡纸翻转，以使蜡纸在底部。

(4) 移开装订台纸，在标本上涂胶。

(5) 将装订台纸按照原先位置扣在涂胶的标本上。

(6) 将台纸＋标本＋蜡纸一起翻转（蜡纸在顶部）。

(7) 在蜡纸上压铅块或沙袋以保证标本与胶接触。必要时先小心移去蜡纸，给某些部位额外涂胶。

装订好的标本可以和蜡纸、报纸及沙袋间隔堆在一起，以压平标本，待胶干透后再取出。

对于容易脱落不易装订的粗壮枝条、高大的草本和硕大的果实，可用线订法在标本中部或其他关键地方将标本缝牢，固定于台纸上。对于在压制或消毒时所脱落的枝、叶、花、果或种子，可将其装入用白纸或硫酸纸叠成的小袋中，粘贴于台纸的右上方，也可用软刷或毛笔直接将胶液涂于标本碎片的背部，将其粘贴在标本的原来位置。

在操作过程中，要掌握好涂胶量，胶液过多标本不美观，若太少，标本又粘不牢，以上还需操作者逐步摸索，灵活掌握。

胶粘法速度快，适用于大批量装订标本，但其材料大多被粘死粘牢而不便观察，建议标本装订量少的单位不采用胶粘法。

现在的做法常常是几种方法配合起来使用，以满足不同对象的装订需求，达到最好的装订效果，如对枝条用胶粘，对叶用纸条，对果实和根状茎则用线缝。

4. 标本的保存

1) 标本夹

(1) 用结实的无酸纸折叠而成，用于保护模式标本的称为模式夹。模式夹在折叠后比装订的台纸稍大一些，上、下边有 3 厘米的重叠部分，右边有 10 厘米的重叠部分通常为红色或是上、下边缘有红色带，并印有“模式”的字样和标本馆的名称。

(2) 用韧性好的无酸纸折叠而成，用于归类和保护同一种的标本称为种夹。种夹在折叠后比装订的台纸稍大一些。

(3) 用无酸的薄纸板和厚纸板折叠而成，用于归类和保护同一属的标本称为属夹。属夹在折叠后比装订的台纸稍大一些，并在左侧有 2 厘米高的侧脊。

2) 标本的存放

装订好的蜡叶标本应放入夹（最好用属夹和种夹两种）内加以保存。所有模式标本必须放入模式夹。

模式夹应标明该模式所依附的标本的名称；属夹应标明科名、属名；种夹应标明国家（地区）、拉丁学名、种下分类单元。

种夹和属夹内不能放过多的标本。有突出部分的标本应放在夹的顶部，必要时可加衬垫。易碎的标本应用单独的标本夹或透明套加以保护。

6.1.2　风干标本的制作

风干标本是将新鲜的植物、藻类、菌物等材料置于空气流通的地方，让其风吹日晒，自然干燥而成的标本。对于质地坚硬的球果及果实和那些不易压制的标本（树皮、根茎、块茎、花序和具节的珊瑚藻等），一般都制成风干标本。

风干标本要求干燥越快越好，遇上连日阴雨或湿度大的天气，则应用 35～45 摄氏度烘箱烘干，或挂在炉旁烘干，以防腐烂变黑。对干燥缓慢的大型藻类标本及具节珊瑚藻和壳状藻类在干燥过程中可以采用在标本上涂刷 4%福尔马林的方法来防止菌物感染。

标本风干后一般都会干瘪收缩，失去原来形状，颜色也有所改变，因此风干前后应作好详细记录。制成的风干标本要及时保存在标本瓶或标本盒内，并贴上标签，按分类系统或其他次序排列于标本柜里。大的植株可用塑料薄膜套住，密封保存。雨季因空气潮湿，要经常检查，以免霉烂。

种子标本大都是自然风干而成，如果用高温烘干，易使种子表面变色，产生皱缩或裂隙。含水量高的种子易生霉变污。通常被采集到的干性果实如果已经干燥，注明采集信息后可直接保存；如果在采集时果实为半干状态，一般可放置一段时间或置于通风纸袋中使其自然风干；如果果实含有较多的水分，需要进一步进行干燥处理，如除去果皮（锦葵科、豆科、十字花科等干果类），或洗去果肉（蔷薇科、茄科、葫芦科、芸香科、百合科等肉果类），再将获得的种子置阳光下晒干，使其充分干燥。

另外，还需要清除种子标本中的异类种子、碎皮、虫尸和尘土等杂质。但清理过程中注意不要损坏具有重要分类价值的附属物，如翅、刺、毛以及禾本科小花的稃片、小穗的颖片等。

种子标本可分别装入适当大小的标本瓶、广口瓶、种子瓶、聚乙烯塑料袋或标本盒中保存。入瓶前需进行杀虫处理，用微波炉处理（76 摄氏度，70 秒），对黑皮蠹、花斑皮蠹、烟草甲、裸蛛甲、日本蛛甲和豌豆象等常见害虫有良好的杀灭效果，或用溴化甲烷熏蒸。

装入种子瓶或标本瓶的标本瓶应贴上或放入标签，标本标签应注明名称、编号、科名、来源等信息。如果条件允许，应将种子瓶或标本瓶放入抽屉后，再将抽屉放入标本柜内。可按分类系统排列，科内各属、种再按拉丁学名字母顺序排列。长期保存的种子标本应存有蜡叶标本作凭证或由具有丰富经验的专家鉴定名称。

6.1.3　砂干标本的制作

砂干标本主要是利用细砂使标本干燥而成的标本。它是使标本中的水分通过细砂间隙蒸发。砂干标本可以制成立体的，也可以制成压制标本。

立体砂干标本制作通常是将采集来的新鲜标本，固定在小板上，后将它移到加套里。加套是上下敞开的盛放砂粒的容器，其形状不拘，无底的玻璃瓶、空铁罐、纸盒等都可以。标本移入后，再把晒干或烘干的微热的细砂从容器口慢慢泻入。直到把标本全部埋没为止。然后将标本移至日光下曝晒，或置于 45 摄氏度烘箱内使之快速干燥。待标本完全干燥后（一般标本在45摄氏度烘箱烘6小时左右），从容器下口放出砂粒，再用毛笔轻轻拂去标本上的砂粒，就可将它装入标本瓶或标本盒内，贴上标签后予以保存。这类标本在制作过程中常因细砂把枝叶压弯后没有得到及时调整，干燥后又难于整形，而不能获得较理想的标本形态。因此，要边泻细砂，边用玻棒细心扶正枝叶。另外，也可以采用硅胶细颗粒代替细砂，置于37～45摄氏度恒温箱烘干。

6.1.4 叶脉标本的制作

双子叶植物或单子叶植物的不同类型的叶片，都可干制成叶脉标本。这种标本可用来观察各种叶脉的分布情况，也可用颜料染色后制作成书签。展示叶脉的标本在除去叶肉后，经过压平、晾干即可。如果需要制作成叶脉的书签标本，则需在去除叶肉漂洗后，再进行漂白、染色和压干而成。

1. 清除叶肉的方法

1）*腐蚀法*

腐蚀剂的配制：碳酸钠5克、氢氧化钠7克，加入200毫升水混合而成。将叶片浸在腐蚀液中，加热5分钟左右（加热的时间长短视不同的植物叶片而异），在加热的过程中用镊子将叶片轻轻摇动，使叶片能均匀受热并充分接触药液。待叶肉腐烂后即放入清水中，用软毛刷洗刷叶片，直至仅剩下叶脉为止。

2）*腐烂法*

将新鲜叶片浸入水中，利用细菌作用使其腐烂，一般需半个月左右。浸的时间与气温、叶片质地等有密切关系。气温高，叶片薄，需时一周左右；气温低，叶片厚，需时则长些。叶肉腐烂后在水中轻轻刷去，仅剩叶脉。浸渍时要注意更换清水。

2. 漂白方法

用漂白粉8克溶于40毫升水中配成甲液；用碳酸钾5～8克，溶于30毫升热水中配成乙液，然后再将两液混合搅匀，待冷却后，加水100毫升，滤去杂质，制成漂白液备用。漂白时将叶脉标本浸入漂白液片刻，再取出用清水漂洗干净。

3. 染色方法

将染布用的染料用温水调和加热，然后将已漂白的叶脉标本放入，煮3～4分钟取出，再用清水漂洗后压平晾干，就可获得色彩鲜艳的叶脉标本。

制作书签的叶脉标本，应选择较坚硬的革质叶、网脉比较明显的叶片，如桉树叶、樟树叶等效果较好。

6.1.5 其他植物、菌物标本的装订及室内整理

1. 裸子植物

裸子植物标本可以装订在台纸上，对于球果的苞鳞、种鳞易脱落的类群（如冷杉、雪松、金钱松等），宜采用线网套、塑料网套或金属网套（其网眼要大）将球果缝制套起来（图186）。但有时候较大的球果装在台纸上会影响标本在种夹中的放置，可以将其与蜡叶标本分开单放。例如，放在纸盒或木头盒中成为果实标本，球果上面系上号牌

标明采集人和采集号，并在其台纸标本上注明球果另外放置，除此以外，还可以做成液浸标本。有时也可考虑将整份标本直接制成盒装标本保存（图 187）。

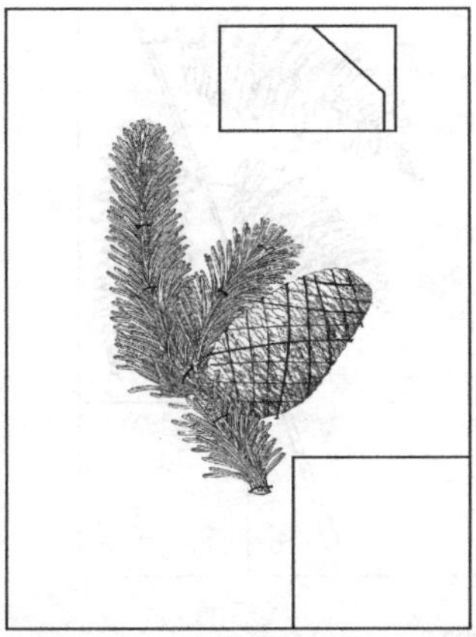

图 186　球果的装订（线缝）

图 187　球果标本（盒装标本）

2. 蕨类植物

蕨类植物标本装订技术与一般种子植物基本相同，主要不同点有两个方面。

(1) 对于小型蕨类来说，每份台纸上需要粘贴或线缝数个植株以充满整张台纸(图 188)。

(2) 要把叶片腹面生孢子囊群的一面朝上或扭转几片羽片显示背面的特征(图 189)。

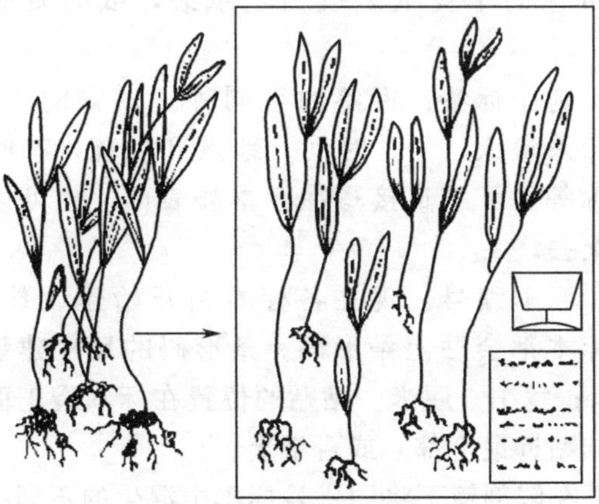

图 188　小型蕨类标本装订法

（黛安·布里得森和伦纳·福门，1998）

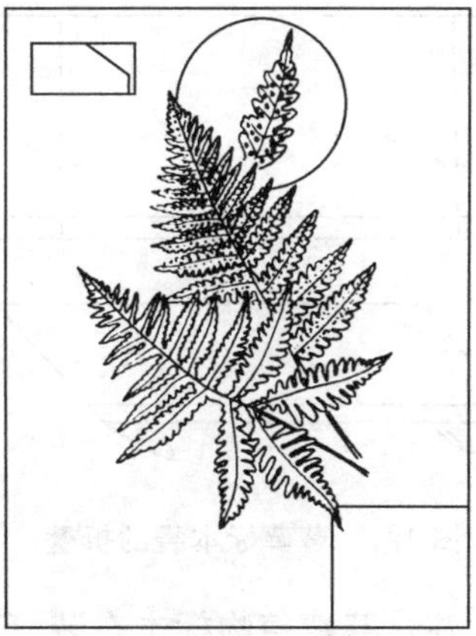

图 189　展示孢子囊的一面

对于桫椤和苏铁一类的大型叶子，注意把采集中准备的同份标本分别装订在不同的台纸上（图 190），并在标签上予以注明，整理标本时也要注意这几份标本需一同保留在同一个标本馆中，不可当成复份分送不同标本馆。

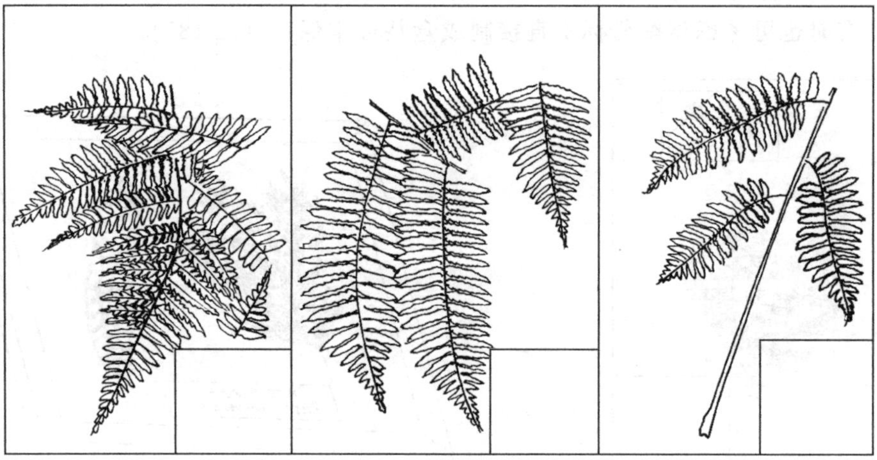

图 190　同号标本分装法（大型蕨类）

3. 苔藓标本

苔藓标本的室内整理及装订比较特殊。

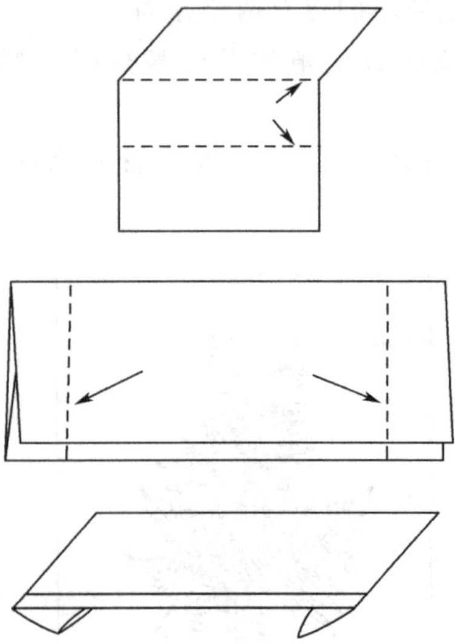

图 191　苔藓标本袋的折叠

（1）把标本从野外使用的包装袋中更换到标本馆统一的标本袋中。苔藓标本袋（图 191）一般为长方形。目前在世界范围内标本袋尚无统一的尺寸及颜色，但是，同一标本室应该采用一致的颜色。例如，中国科学院植物研究所的标本袋式样长 14.5 厘米，宽 10 厘米，为黄色的牛皮纸袋或白色纸袋，纸的质地约为 80 克。

（2）制作标签：标签内容同种子植物的主标签，主要包括采集人、号、时间、地点和生境，有时还有植物名称等。可以直接写在标本袋表面，也可以打印标签贴上去。

（3）标本编号：现在各标本馆开始建设数据库，输录的标本都会贴上条形码。条形码的尺寸建议：长 2.5 厘米；宽 1.0 厘米。粘贴的位置在标本袋正面上方的中间（贴近最上部）或台纸上。

注：苔藓植物标本在装订准备时，要在解剖镜下将同一号标本中混生的不同种类分开，并在原来号码后面加 a、b、c 等，如 100a，100b；叶附生苔类不能将其从寄主上刮下；标本在装入标本袋之后要尽量使标本均匀散开使袋子扁平，这样既美观，又可避免凸状的标本容易使标本纸袋受损。

苔藓植物标本大多是装入纸袋后再排放在抽屉里，而不是装订在台纸上。

4. 菌物（包括地衣）**标本**

对那些产生大型子实体的菌物，包括伞菌（如蘑菇、牛肝菌等）和多孔菌等担子菌标本、盘菌类和核菌类等子囊菌标本以及地衣标本，都可以制成干制标本保存。

菌物标本的压制和干燥详见菌物标本的采集和处理。

干制的菌物标本特别容易受昆虫的侵害，在放入标本馆前最好冷冻 72 小时消毒处理，也可用化学熏蒸的方法消毒。地衣标本虽然不易受昆虫的侵害，但入馆前也需要冷冻消毒处理，应避免使用化学熏蒸的方法。

1）标本的装放

将菌物标本按采集号及标本个体大小；分别装入大、中、小不同规格的正式标本袋或标本盒内。用于装放菌物标本的标本袋通常为白色或黄色的牛皮纸袋，最好是用坚韧的无酸布纹纸制作，可以制成12厘米×9 厘米、15 厘米×11.5 厘米和 18 厘米×12.5 厘米三种规格。一种标本袋的折叠方法与苔藓标本袋一样，用于装放一般标本。另一种标本袋是顶部开口的封袋或纸袋（图 192），可用于保存叶寄生菌物（如锈菌和黑粉菌等）。

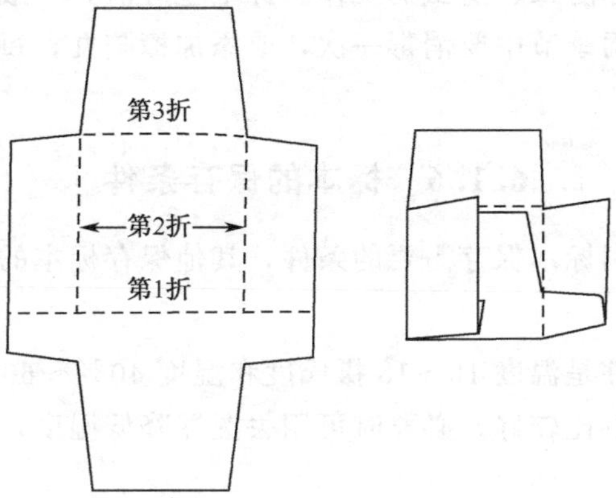

图 192　上开口标本袋的折叠（黛安·布里得森和伦纳·福门，1998）

那些易碎的且易于压坏的菌物标本不适宜放在标本袋中，而应使用不同规格的标本盒装放保存。例如，小型伞菌则应先放入小型的纸盒内，然后再将小盒子放入袋里。黏菌标本质脆，必须放入浅盒中并用胶水粘贴固定在标本盒的底部。又如，在装放壳状地衣标本时，将岩生地衣、树皮生地衣按其体积大小分别装入硬纸标本盒或正式标本袋内。土生地衣，尤其是沙土生地衣在标本制作时，需要小心地用胶水或软纸将标本固定在防压的标本盒内。生长在树皮或岩石表面微型的粉果型地衣需要装入防压的标本盒内。

资料标签和所有的鉴定标签（模式标本用红色的标签）应装订在袋上或贴在盒上。如果标签资料大或有新鲜子实体的照片等可放入标本袋或标本盒内。

装有标本的标本袋应疏松地放在抽屉中或箱子里。大部分菌物标本和地衣应像索引卡片一样垂直放置，这样既能保护标本又易于管理。黏菌标本由于质脆必须平放。

2）标本的排列

如果标本是垂直或水平放置的，则每个抽屉都必须清楚地标明科和属，并在抽屉内适当位置插入具有标签的间隔物。

如果标本保存在台纸上，模式标本和特别有价值的标本则应放入模式夹内。台纸应放入标有种名的种夹中。

同科的标本可按属种的字母顺序保存。

另外，具有寄主专一的寄主菌物（如锈菌、黑粉菌、粉霉菌和烟菌）的标本也可以按寄主的科来排列。

5. 藻类干制标本

藻类标本的压制和干燥详见藻类标本的采集和处理。藻类压制好的标本、纸袋和标签可按通常的方法装订在台纸上。由于有些藻类标本纤弱或易碎，上台纸装订时应注意保护。如果标本不能自然贴附在台纸上，可以用缝贴或胶粘的方法来加以固定。小型标本应放到纸袋中，大型标本上面应加盖一层薄的硫酸纸或护膜，便于观察和保存。硫酸纸或护膜应只粘贴在台纸的两个边（标本的底边和左边）上，以便容易翻开。干制标本在保存的过程中，应做好防霉、防虫的工作。标本包好后，一般不要经常打开，存放干标本的标本柜每年在梅雨季节中要消毒一次，或添加樟脑丸，每隔一定的时间更换新的防霉剂。

6.1.6 标本的保存条件

以下是针对植物干制标本保存需要的条件，其他保存标本的条件详见第 8 章。

1. 保存环境

保藏纸张的理想条件是温度 16～18 摄氏度和湿度 40%～60%，而干制植物标本则保藏在更为干燥的条件下比较好。必要时可用去湿器降低湿度，以减少菌物和害虫侵入标本馆。

标本馆应有适当的通风设施。为防止昆虫的进入，窗户和外面的门应该安装既通风又阻挡虫子的装置，如防虫纱网（24～30 目）。

2. 标本柜

标本柜可采用木制和金属材料。金属柜的防虫效果优于木柜。标本柜最好要有比标本馆台纸长 2 厘米和稍宽一些的层架，每层约 15 厘米高，以放置 20～30 份标本为宜。橱门应很紧密，并粘贴有防尘条，如橡胶或棉绒（或天鹅绒），但不用毛毡，因其会受到蠹虫或地毯虫的侵袭。关上门时也应能扣得很紧，这样对排除虫害是很重要的。有些标本柜在橱门内侧设计安放一个槽缝来放置除虫剂或杀虫物质。

6.1.7 标本保存的技术处理

1. 防潮处理和防霉处理

每隔一段时间，对柜内的标本进行抽样检查，若发现异常，就应及时处理。如将标本重新晾晒或烘干，再次消毒；在天气晴朗的中午，将标本室的门窗、标本柜门打开，让阳光照射，清除虫卵和霉斑等。

真菌的危害在极度潮湿的热带地区或高海拔多雾的地方是一个问题。在热带潮湿的条件下，标本馆应设在上边的楼层，并且备有除湿设备。在寒冷多雾的地带，应尽量保持标本库房门的密闭良好，有条件者再提供一个热源。在封闭的库房内使用萘、对二氯苯（PDB）和月桂酸五氯苯酯（LPCP）等化学品，可具有一定的杀菌作用。

2. 防虫处理和杀虫消毒处理

1）植物标本馆常见害虫的种类（图 193）

植物标本最严重的威胁来自昆虫，虫害的防治是植物标本日常保存中的头等大事。

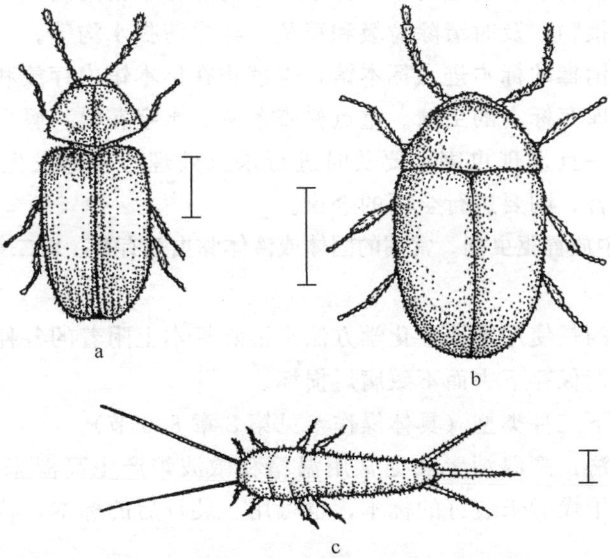

图 193　植物标本馆常见的害虫种类（黛安·布里得森和伦纳·福门，1998）

a. 药材窃蠹；b. 烟草窃蠹；c. 西洋衣鱼；所有的标尺为 1 毫米

危害植物标本的害虫主要有鞘翅目的花斑皮蠹、红圆皮蠹、白腹皮蠹、黑皮蠹、谷蠹、竹蠹、粉蠹、烟草窃蠹、药材窃蠹、裸珠甲、湿薪甲，鳞翅目的米黑虫，膜翅目的白蚁等。其中，蠹虫和烟草甲数量最多，危害最大。当然，不同地区的标本害虫会有所不同。

2）标本馆常见害虫的特点

植物标本害虫的共同特点是怕见光，躯体小，杂食，繁殖力强，耐饥，耐干旱，对温度变化的适应能力强。这些害虫都是以幼虫危害为主，成虫的危害较小，蛹和卵阶段只存在潜在性的危害。

标本害虫发生的最适温度是 24～30 摄氏度，同时湿度在 70%以上也有利于虫害发生。当温度在 12～15 摄氏度时，害虫发育缓慢，当温度低于 12 摄氏度时，几乎没有虫害现象。一年中的 3～10 月都能发生虫害，而以夏季（6～8 月）最为严重。植物标本的杀虫消毒工作最好选在虫害大发生的初期或者幼虫期进行。

3）防虫处理

（1）对标本馆的环境进行控制：温度保持在 20～23 摄氏度，湿度为 40%～60%；安放好家具，避免形成不易清扫的死角；保持家具内部干净，不积累灰尘；不带食物进入标本馆工作区；保持取暖和空调管道的干净。

(2) 给敞开的窗户和外面的门安装极细的纱网和良好的通风、排虫装置。

(3) 保证所有标本馆橱柜的门能紧紧关闭上，或安装防止通气的封条。如果门、窗、柜门不严，可将标本放置在特制的塑料袋中（塑料袋可以做成长 50 厘米、宽 35 厘米、高 20 厘米，袋口采用叠压封口式），然后再入柜。为了防虫，还可以在塑料袋内或者标本柜中撒放少许卫生球或者精萘粉。

(4) 不把盆栽植物或新鲜植物带入标本馆，清除标本馆附近容易栖息和庇护害虫的场所，如移走某些植物，及时清除垃圾和草丛，经常清扫水沟等。

(5) 不带未经消毒的标本进入标本馆，也禁止在标本馆内存放和食用食品。

(6) 经常抽检库存标本的虫情。重点检查菊科、十字花科、唇形科、旋花科等富含花蜜的植物标本。一旦发现虫害，要及时进行杀虫处理。局部发生虫害，则作局部杀虫；大范围发生虫害，则要进行全面的杀虫。

(7) 在标本柜中放置驱虫剂。常用的固体或液体驱虫剂有萘、对二氯苯、熏衣草油等。

4) 杀虫消毒

杀虫消毒的目的是使用物理、化学方法来清除标本上附着的各种微生物、虫卵、幼虫等，使标本能长期保存下去而不致腐烂损坏。

消毒方法有以下三种类型（具体操作参见第 8 章 8.6 节）。

(1) 高温消毒法：高温消毒法通常用温箱和微波炉产生高温来进行标本的杀虫消毒，既可用于压制干燥后未装订的标本，也可用于装订后的标本，特别适用于少量保存的标本。

(2) 低温冷冻消毒法：低温冷冻消毒法通常用冷冻设备产生低温来进行标本的杀虫消毒，是目前大部分标本馆中最好的标本消毒方法。

(3) 化学消毒法：化学消毒法通常用化学试剂来进行标本的杀虫消毒，其特点是消毒较彻底，处理后的标本可长期保存。目前，我国大多数标本室均采用此法，但其操作过程较长，工作量大，且某些化学试剂是不易购买的毒品，使用时需特别注意安全。

注意事项：不论采用哪种方法消毒，凡消毒后的标本均要在标本台纸上注明“消毒”字样，以防止与未消毒标本混淆，并提醒使用者查阅时注意安全。

3. 除尘处理

应定期处理和清扫标本上的灰尘。在进行标本除尘处理时，应首先用软毛刷（粗的水彩画笔或驼毛刷）扫去标本台纸上的浮尘，如果标本的茎干和叶片粗壮，亦可用同样方法处理，精致易碎的结构应小心清扫以避免损坏。残留在标本台纸上的灰尘可用轻的黏性物质，如油灰橡皮（橡皮泥）或特殊的档案用品帮助除去，而不能用普通橡皮进行标本清洁。使用黏性物质清扫灰尘时，必须避开标本轻轻地拍（而不是擦）在有灰尘的台纸上，可将黏性物质卷成小点以便粘去紧靠标本的灰尘。用这种方法清洁标签，不会擦去铅笔字迹。

由液体杀虫剂或不防水墨水造成的标本馆台纸上的污点不会降低标本的科学使用价值，可以不进行处理。

6.1.8　破损标本的修复

1. 疏松部分

由于年代久远，部分标本会产生疏松、脱落现象，应及时处理。如果该部分已完全脱落，可将其放入纸袋，然后贴在台纸上。如果该部分仅一端松开或脱落，可用小刀或硬纸条在其下重新加胶，进行适当的重订或重缝。

2. 变脆或褪色的标签

变脆或褪色的标签可用新标签更换，但原来的标签应保存在纸袋中，并订在台纸上，在外面注明“原始数据标签”。

3. 台纸上的小裂缝

通常可用切成合适大小的无酸纸条修补小裂口或裂缝，在纸条上涂上标本馆用胶，贴在台纸裂口的反面，也可用优质胶带（约 2 厘米宽）修补。有时台纸有许多小裂口，说明纸质差或纸张变质，则可按照整张台纸的处理方法进行。台纸的撕裂有以下三种类型。

（1）边缘损坏：通常，许多台纸边缘上的小裂口不超过 1 厘米。沿损坏的边缘贴上纸条或胶带以使边缘稍为突出，压紧台纸的边缘，并用具有脊的文件夹或其他扁平、平滑用具平整台纸的边缘；胶干后用解剖刀和钢尺切去胶带。若损坏的台纸比标准台纸大，在不损坏笔迹或标本的情况下，则考虑可切去损坏的边缘。

（2）短裂口：台纸边缘上的裂口不超过 7 厘米。在台纸下面沿裂口纵向贴上纸条。从上面将台纸压平，胶干后在边缘切去纸条。

（3）穿洞：往往是由于种夹内下面标本的向上突出部分所引起。剪一张比洞稍大的纸，在边缘涂上胶，贴在台纸破洞处的背后，然后从背面用钝而平滑的用具（如铅笔头）将洞的边缘压平。

4. 处理整张台纸

如果原来装订标本的台纸太脆且太薄不足以支持标本，或已严重损坏，可将原标本放入保护套或重新装订。

（1）保护套：用以保护禾本科标本的透明套袋较理想，但非常精致易碎的标本在从套中取出进行研究时容易损坏。若无这种透明套袋，可以用模式夹当保护套，但要注明“非模式材料”。

（2）重新加固台纸：将整张旧台纸装订在一张新台纸上。标签可留在原来位置，如需要可重贴，但如果标本已变脆，则见 6.1.8 节中“变脆或褪色的标签”部分。

（3）重新装订：极少情况下需要更换原来装订的台纸。例如，台纸受酸性物质侵蚀，纸张变脆或脱色。这时，应检查台纸的两面是否有字迹，如有则复印，但在复印件上不清楚的铅笔字迹或有色的橡皮章印记显示不出来，在这种情况下字迹和印章必须切下保存。如果标签已变脆，则见 6.1.8 节中“变脆或褪色的标签”部分。

首先，用铅笔在旧的台纸上画出一个轮廓，然后尽可能沿标本轮廓将旧台纸切下。然后用装订胶将标本连同台纸贴到一张新的台纸上，盖上蜡纸，放在沙袋下干燥。

用水溶性胶装订的标本在浸水后（必要时可加热）可以脱离台纸。此时，将标本放在一叠湿的吸水纸或布上几个小时，标本就将会脱离台纸。如果在标签上有不防水的字迹，应先切下标签，否则字迹可能会被浸掉。

捆扎或线缝的标本很容易从台纸上移下，可用镊子松开涂胶的纸条，或用小的尖头剪刀或解剖刀将线切断。操作时，应先移去固定标本的纤细或精致易碎部分的纸条，然后再移去固定粗壮部分的纸条，否则，标本较重的部分会弹起而损坏标本。标签应按上述方法处理。

6.1.9 混合标本的分割

是否要将混杂标本（一张台纸上装订有两种或以上植物）分开是个争议的问题，这类事情需由植物学家作决定。

1. 不分开的混杂标本

（1）混杂标本是相互缠绕在一起的混合采集物，分开会损坏标本。

（2）混杂标本和标本所附的野外标签、定名签和纸袋的附属关系不能完全确定，分开会导致错误。

（3）混杂标本分开会丢失分类处理的历史记录。如一张有两个采集物的标本有一个植物学家的一个定名签和一个较晚植物学家的指明两个不同分类群的两个定名签。可以推断第一个植物学家认为两份标本属于同一份类群，若分开，这一证据会丢失。

2. 分开的混杂标本

当混杂标本很有必要且易于分开时，应注意以下几点。

（1）将整张标本复印（每份标本作一份复印件）。检查台纸背后的字迹，如需要时则复印。将复印件折好，放入大纸袋或信封，在外面标明“原始混杂标本的复印件，在某日分开”。

（2）若台纸不能复印，作一个交互参考标签，在标签上注明“从……（采集人姓名和号码、种名或国名分出，在某日分开”。

（3）仅在绝对肯定的情况下，才可将独立的物品和某一标本联系起来；通常不能肯定独立的物品到底属于哪一标本。来源有疑问的物品必须和一张有纸袋的台纸装订在一起，清楚地标明袋中的东西来源于一张混杂标本，其他台纸也需有交互参考信息。

另外，也可以用下列方法来处理混杂标本：将混杂标本归放在一个独立的种夹中，标上“混杂标本”，放在“spp.”夹前；或单独归放在一个“混杂标本”的属夹里。

3. 混杂标本分开后的处理步骤

（1）用上文所述的同样程序将标本从台纸上剪下并尽可能保留原来的台纸；若可能，将标签保留在原来的位置上。

（2）将每份标本尽量放在新台纸的中央。新标签最好放在台纸的右下角，纸袋放在所需的位置。

（3）将标本、标签和纸袋贴在恰当的位置，盖上蜡纸，压上沙袋至干燥。

（4）若原来的胶已变质，可在标本的疏松部分下导入新胶或重新装订。如要重新装订，要保证原台纸上的文字和印章信息随标本一起装订。

（5）若标本是用捆扎方法装订的，则需要重新捆扎或重粘。

（6）在新装订的台纸上，厚或重的部位需要用线缝加固。

6.2　液浸标本的制作与保存

植物液浸标本是指将植物整体或部分（器官）用适当的化学药液浸制而成的标本。无论高等植物（如苔藓、蕨类和种子植物）或低等植物（菌物、藻类等）都能制作成液浸标本。

对于一些经压制后会严重变形，不宜制作干制标本的植物及其器官，如兰科植物、小型水生植物及部分花、果、块根、鳞茎、球茎等器官，可将其浸制在酒精保存液中，制成液浸标本保存。非肉质植物的代表性花和柔软的果也可考虑保存在酒精中。例如，菊科的花序在压制时变形而成扇状，且总苞的排列方式也会丢失；蝶形花科植物的花瓣压制后精确位置变得模糊，但把它们制成液浸标本就能较好地解决这些问题。

保存在化学药液里的标本可保留其生活时的外形，植物学研究人员在室内可观察到植物的原形，绘图人员也可凭借液浸材料进行精确的绘图工作。此外，用液浸材料（特别是较肉质的器官）进行度量也比用已发生皱褶的材料度量更精确。因此，液浸标本是蜡叶标本的有效补充，具有蜡叶标本不可替代的优点。

液浸标本的优点是防腐好，能基本保存原来形态，具有真实感、立体感，弥补了蜡叶标本失去植物真实形态的缺点，能为材料观察及分类学研究提供三维性状；缺点是不易保色，且需要容器、药剂等设备条件，比制作蜡叶标本复杂，耗时较多，保存也比较麻烦。但作为蜡叶标本的有效补充，液浸标本仍是教学、陈列与科研用标本的一种不可或缺的类型。

6.2.1　器械和药品

1. 器械

标本瓶：浸泡植物标本所用的容器，一般都采用玻璃瓶。野外可用塑料瓶，但要先进行防漏检查。必要时带上一些密封剂（如石蜡）。也有必要带上一系列不同大小的瓶子，包括广口瓶和指形管。

量筒和量杯：主要用来量取药液用。规格应有 10～1000 毫升等多种。

天平：备 100 克和 1000 克天平各一台，供称量药品用。

搪瓷盘：制作过程盛放标本用。尺寸依标本大小而定。

竹钳：夹取液浸标本用。

石蜡锅：封口时加热粘贴剂用。

标签、铅笔或防酒精墨水笔和记录本：标本制好后，在标签上写明编号、植物名称和凭证标本采集号，贴在标本瓶的适当位置。记录本除记录采集的有关信息外，还应标明制作有液浸标本及液浸标本号数。

预先打好孔的小塑料袋或平纹袋：用于包裹单个标本。

棉线、亚麻线或细绳：用于捆紧包好的塑料袋或平纹布袋。

剪刀、枝剪和小刀：用于剪切材料。

护目镜、胶皮手套和口罩（若使用福尔马林，这些东西很重要）。

箱子和包装材料。

2. 药品

液浸标本所用的药品要求：能防腐杀菌，有助于保存标本，无色透明，清晰度好。常用的化学药品有以下几种。

（1）福尔马林：即40％的甲醛溶液，是一种无色有刺激性气味的液体。

（2）酒精：70％～75％酒精是常用的效能很好的消毒剂和防腐剂。

（3）冰醋酸：36％的冰醋酸是防腐效能较好的防腐剂。

（4）甘油：即丙三醇，具有防腐作用。

（5）石蜡和蜂蜡：用来密封瓶口。

6.2.2　溶液配制方法（表19）

表19　几种常用化学固定液和保存液的成分及特性

溶液(以及互用名)	分子式和(或)配方	性质特征	附注
AA(冰醋酸乙醇液)	1∶18的冰醋酸和70％乙醇	易燃、易挥发、有毒	一般比FAA更受欢迎，因为不含对健康有害的福尔马林。固定后2～3天转入70％乙醇中保存。代用品：FPA
FAA(福尔马林-冰醋酸-乙醇)	1∶1∶18的40％甲醛、冰醋酸和70％乙醇混合液	具腐蚀性、易燃、易挥发、有毒；储存在带有塑料瓶盖或瓶塞的瓶子里	在FAA中固定2～3天，或大量粗大的材料到7天后，可转入到70％乙醇中保存
FPA(福尔马林-冰丙酸-乙醇)	1∶1∶18的40％甲醛、冰丙酸和70％乙醇的混合物	如FAA，对材料的硬化轻于FAA	代用品：FAA。传统的固定液用于组织学(组织结构)而不用于细胞学(细胞结构)；冰丙酸为实验室化学品，可能比冰醋酸难得到且更贵些
冰醋酸(冰醋酸)	CH_3COOH	有腐蚀性，有毒；置于玻璃瓶或塑料瓶中，加塑料盖或塞子；－16℃时结冰	用于AA、FAA、卡诺固定液和6∶3∶1混合液的配方中
卡诺固定液	“96％酒精”和冰醋酸的混合液(3∶1)	需用时才混合，置于冰箱中长期储存，但材料可在室温下保存2～3周，在固定前才将冰醋酸加入	代用品：细胞学固定用6∶3∶1混合液；在固定24～48小时后，可换以70％乙醇固定

续表

溶液(以及互用名)	分子式和(或)配方	性质特征	附注
6∶3∶1 混合液	6∶3∶1 的氯仿、95%乙醇和冰醋酸混合液	易挥发、易燃	代用品:卡诺固定液。固定 24～48 小时后换上 70%乙醇
Kew 混合液	10∶1∶1∶8 的工业用甲基化乙醇、福尔马林、丙三醇和水的混合液	有毒、易挥发	代用品:FAA,FPA 或 50%～70%酒精也可以使用,但不同时固定材料
哥本哈根混合液	13∶5∶0.5 的工业用甲醛乙醇、甘油(丙三醇)和水的混合液	易挥发	保存液,丙三醇有助于保持材料柔软

目前，国内制作液浸标本所选用的药液通常是 FAA 固定液/保存液，该溶液容易配制，但标本保存效果并非最好。野外工作中没有准备固定液时，可用 50%～70%酒精（酒精或工业用甲醛化酒精），甚至食用高度酒来代替固定液，但其效果稍差。需永久保存的材料，经固定后最好转入哥本哈根混合液中做长期保存。

注意事项：

固定液/保存液中许多化学物质对人类健康有害，如酒精易挥发、易燃，福尔马林有毒且可能致癌，应尽量避免使用。

实验室条件下使用含甲醇的酒精、氯仿、福尔马林等药品，必须在通风橱或通风良好的地方操作，应穿防护衣（至少应有眼罩和外科手套）。酒精是高度易燃品，使用时需特别小心。

野外配制或使用保存液和固定液时，应用手套和护目镜，并避免吸入挥发性气体。需注意乘坐飞机和火车时，一般不允许携带浓度高于 70%酒精和带有异味的冰醋酸及福尔马林。

6.2.3　液浸标本的制作

液浸标本最好是在野外考察时随采随浸（详见植物标本采集部分）。标本（部位）采下后，把标本直接放入药液中，而且必须同时采集一份蜡叶标本作为凭证标本保存在标本馆中，两者在采集标签上要作交互标注。如果没有凭证标本，则在标本柜内插入一张替代卡，标明存有液浸标本。

1. 固定和保存

标本在放入保存液前，必须选用适当的固定液进行充分固定，固定液的作用在于快速杀死组织并减少变形，因此固定液应没过标本。固定后的材料再转移到含甘油等防止材料变脆的标本保存液中保存，尤其适用于兰科植物的保存。

藻类材料也需要经过固定和防腐处理，可使用 4%中性福尔马林（1 份 40%甲醛溶于 9 份水中，海藻要用海水，淡水藻类要用淡水）防腐处理。为了减少福尔马林形成的甲酸对标本的损害，甲醛溶液可用硼砂或碳酸钙中和，还可加一些甘油来防止标本变干，藻类标本通常可以用配方为福尔马林 4 毫升、甘油 10 毫升、水 86 毫升的保存液保存。用这种方法保存的标本应装到密封的玻璃广口瓶里，放在黑暗且通气良好的地方储存。轮藻亦可保存在4%的福尔马林或70%的酒精中。液浸保存的标本要比干标本更有利于鉴定。但不宜使用FAA溶液，因为其中的醋酸会腐蚀石灰质的外壳，而外壳是一些种类很重要的鉴定特征。

2. 贴标签

第一份标签用防酒精的永久墨水（或用打字机）记录学名、采集地、采集人、采集号、采集日期和浸泡日期，然后将标签放入存放标本的玻璃瓶内；第二份标签可贴在瓶外，并涂上清漆加以保护，亦可贴在瓶颈上。要注明凭证（蜡叶）标本的号码。

在每个瓶的盖上写上瓶号。可用油性记号笔书写，但必须在号码上涂上清漆加以保护，或者可用细毛笔蘸油性油漆（用作样品的小听装最好）书写。

3. 封口

刚制成的浸制标本，由于植物体内可能有色素或杂质析出，而使保存液混浊。所以，7～15天后要更换保存液，待颜色稳定后再封口。封口的目的是防止保存液挥发，以及标本发霉变质。

常用的封口方法有以下几种（更多的封口方法可参见第4章4.1节）。

（1）石蜡法：将瓶口擦净，盖严瓶盖，用碎石蜡填满缝隙，用烧热的小刀将石蜡熔化、涂匀，或把石蜡切碎、放入烧杯中隔水加热，熔化成液态，趁热用毛笔蘸取涂在瓶口和瓶盖间的缝隙处即可。但石蜡固化后较脆，易脱落。

（2）蜂蜡、石蜡、松香混合法：将石蜡（1份）、蜂蜡（4份）、松香（1份）混合(也可不用松香)，隔水加热熔化，趁热用毛笔蘸取涂在瓶口和瓶盖间的缝隙处。此混合物固化后，软硬适度，不易脱落

（3）透明胶带纸法：这种方法常用于方形标本瓶的封口，即用透明胶带纸将玻璃板与瓶口之间的缝隙封严、粘牢。

（4）乳胶法：用毛笔蘸取乳胶涂在瓶口和瓶盖间的缝隙处。但要注意，所用胶液不可过稀，以免乳胶流入瓶中污染保存液。

（5）玻璃胶法（室温硫化硅铜密封剂）：此胶的特点是粘接能力强，气密性好，耐受温度范围大（−65～260摄氏度），而且开盖容易，用针或刀片沿瓶盖切割即可打开。有实验表明，此胶在室外放置10年不老化。因此作为长期封瓶剂效果很好。

6.2.4 液浸标本的保藏、维护和使用

1. 入库记录和建档

同蜡叶标本入库一样，液浸标本也应有一套记录档案，包括学名、采集地、采集人、采集号和采集日期、浸泡日期，并注明凭证（蜡叶）标本的号码。该档案可以是卡片式的，但最好是建立成计算机数据库，并作交互索引，即在蜡叶标本台纸上注明有液浸标本及其号码，在液浸标本瓶的标签上则注明相应的蜡叶标本号。如果标本仅是“只有液浸材料”，则放一张有数据的空白台纸在标本馆作交互索引。

2. 标本存放及维护

1）*存放*

建议有条件的标本馆设立一个独立的房间存放液浸标本，理想的存放房间应有空调

设备（至少应通风良好）。为了减少保存液蒸发，室温要低，推荐温度为 12～15 摄氏度。还可考虑在室内安装监测蒸发（乙醇和甲醛）程度的仪器。为了安全起见，在加固定液和保存液时，必须开启通风橱设备。如无独立液浸标本室，则可将液浸标本放在靠近标本馆的标本柜里。

液浸材料要保存在玻璃瓶中。玻璃瓶应是广口瓶，要准备许多不同的规格，如30～300 毫升。有磨口塞的广口瓶更好，磨口玻璃的表面必须轻轻地涂上凡士林以防粘合，并加以密封。一种带聚乙烯塑料盖的瓶亦可使用，但盖不能永久使用。由于保存液多具有腐蚀性，应避免使用金属盖。

同种规格的瓶子最好放在一起，然后将同一规格的瓶子按连续号码顺序排列。新标本则在适当规格的瓶子中给予一个可用号码，而不要进行系统排列。但是，对于兰科这类有大量液浸标本的科也可考虑分开存放。瓶子可存放在金属厨的架上；如瓶子不太大，亦可存放在内宽约为 22 厘米的带有抽屉的金属储藏柜中。

2）维护

液浸材料必须定期检查有否蒸发，需要时添加保存液。若保存液的蒸发超过 10%，则必须完全更换。如果标签褪色了，也要及时更换。

3. 使用及外借

管理员取液浸材料瓶作研究时必须在日志本上作详细记录（如植物名、瓶号、取走日期和归还日期）。

如果材料是储存在固定液中，在检查前必须用稀酒精（50%）冲洗以除去材料上所残留的福尔马林。放置在哥本哈根混合液中的材料，应在瓶上贴一个有颜色的自黏性圆纸作为标记，在放回藏处前需要用 Kew 混合液替换。

液浸标本量少，制作成本高，外借的概率比蜡叶标本少得多。若标本必须外借送出，则需谨慎操作。每瓶的部分或全部材料应转移到防漏塑料瓶中运输，外借记录需写入日志。气泡会损坏植物材料，应将容器装满保存液。

4. 搬运

大多数盛装液浸标本的容器都易碎，必须小心搬运。此外，旧的玻璃标本瓶非常易碎，如果突然破损，应戴上防护手套后再处理。

6.3　玻片标本的制作与保存

借助显微镜技术，人类可以更加深入观察不同植物体的微观特征。植物玻片标本是选取植物体的某一部分或整体，经过一定处理，封存在盖玻片与载玻片之间的永久保存标本，可以在显微镜下观察植物体的有丝分裂、花粉细胞、营养和繁殖器官、菌物的产孢结构及孢子等难以用肉眼观察的微观结构。由于植物的种类繁多，固定和染色的方法也多种多样，本文仅就常用的植物玻片标本制作方法加以叙述。

6.3.1 制作玻片标本的常用工具及药剂

1. 工具

冰冻切片机、低速离心机、体视显微镜、双面刀片、单面刀片、解剖刀、解剖针、毛笔或小毛刷、镊子、剪刀、培养皿、载玻片、盖玻片、滴管、吸水纸、酒精灯、玻璃小指形管、试管夹、试管架、玻璃小吸管、切片盒、标签纸。

2. 药剂

浮载剂：蒸馏水、氢氧化钾溶液、氢氧化钠溶液（大型真菌的研究主要用氢氧化钾）；

浓硝酸、浓硫酸、重铬酸钾饱和溶液（用蒸馏水配制）、二甲苯、95%酒精；

Melzer 试剂或其他碘液；

各种固定剂，如 FAA 等；

乳酚棉蓝及其他染色剂；

阿拉伯树胶、加拿大树胶等封固剂。

6.3.2 制作玻片标本的材料和方法

植物种类繁多，外观形态与微观结构各不相同，为了阐述不同植物和植物在不同营养生长时期和繁殖阶段的形态特征，进行显微观察是必不可少的，而植物玻片标本是用于显微观察的材料。

植物的显微制片法一般包括切片法和压片法两类。

（1）压片法又可称为整体装片：将天然的、易于分散的组织或经过处理后易于分散的组织，如丝状藻类、蕨类的子囊群、菌丝体、孢子或子实体等放在载玻片上，再加盖玻片，用力压碎组织，使细胞或细胞内的结构铺展成一层的制片方法。

（2）切片法：光学显微镜观察所需的切片厚度为2～25微米，一般植物材料的切片以厚10微米左右为宜。切片法根据包埋剂的不同而异。常用的是石蜡切片法和冰冻切片法。

6.3.3 玻片标本的常用制作方法

1. 压片法（整体装片）

植物标本及其培养物的显微镜检查，主要是观察菌丝体和其他营养体的形态和结构，孢子的形态和着生方式、子实体的形态结构和产生部位等。压片法对花粉粒菌物的菌丝或其他营养体、孢子以及子实体进行一系列处理，制成永久切片以供显微镜镜检。压片法简单而实用。

1）*压片法（整体装片）的材料*

适合于用压片法制作玻片标本的材料有以下几大类。

高等植物：具有气孔叶的表皮、小型的花、花粉粒等。

苔藓类：细小的苔类与藓类，以及苔类的原丝体。

蕨类：蕨类的原叶体、子囊群等。

藻类：丝状藻类、叶状藻类、单细胞或小型群体藻类。

菌物：菌物的有性孢子和无性孢子、基物上形成的各种子实体（如子囊壳、子囊盘等）、基物上形成的无性繁殖结构（如分生孢子器、分生孢子梗等）、休眠体（菌核、休眠孢子等）、菌丝及由其形成的菌丝组织等。

2）压片法制作植物玻片标本的程序

（1）通常是用解剖针挑取少许合适的材料，如菌丝体、孢子或子实体；花粉粒、小型的花；蕨类的子囊群、原叶体；丝状藻类、单细胞或小型群体藻类等。

（2）在载玻片中央滴上一滴浮载剂，浮载剂可以是蒸馏水、乳酚油或其他溶剂，浮载剂的作用是防止干燥和光线扩散，有些浮载剂还有封固作用（方中达，1977）。

（3）将选好的材料放入载玻片上的浮载剂中，静置几分钟。

（4）根据观察对象的不同，选用不同类的染色剂（方中达，1977；王灶安，1992）。

（5）盖上盖玻片。

（6）用铅笔上的橡皮头轻敲盖玻片，使其下的材料均匀散开，便于观察。

（7）用加拿大树胶或其他封固剂封住盖玻片四周。

3）压片法制作实例

淡水硅藻玻片标本的制作

硅藻的种类鉴定主要依据硅藻壳面的形态及壳面的纹饰，鉴定前必须将标本处理，将壳体内含物（主要是有机质）除去。淡水硅藻液浸标本最简便、最佳的处理方法之一是用酸处理。处理前必须准备的药品有浓硝酸、浓硫酸、重铬酸钾饱和溶液（用蒸馏水配制）、二甲苯、95％工业酒精、封片胶（如加拿大树胶等），另备冲洗用的蒸馏水；必备的用具有耐火玻璃小指形管、试管夹、试管架、玻璃小吸管、低速离心机、酒精灯、载玻片、盖玻片、标签纸、切片盒等。

制片的基本操作如下：

（1）用玻璃小吸管吸取采回来已固定的液浸标本少许，放入玻璃小指形管中。

（2）加入与标本等量的浓硫酸，同时轻轻摇动指形管，使酸与标本充分接触。

（3）吸取与标本等量的浓硝酸，沿着玻璃小指形管的侧壁慢慢滴入（此时可见有褐色气体）。

（4）将小指形管侧壁在酒精灯上烤热离开，再烤热再离开，直至标本变白，液体变成无色透明或略呈淡黄色透明为止。

（5）待标本冷却后用低速离心机沉淀（以手摇离心机以 60 转/分匀速转动 100 转为宜）。

（6）吸出上清液，加入与标本等量的重铬酸钾饱和溶液，最好待 24 小时后吸去上清液。

（7）用蒸馏水重复洗 3 或 4 次，每次水洗后需离心再吸去上清液。

（8）加入几滴 95％酒精待封片。

（9）吸取已制好的标本少许，均匀滴在干净的盖玻片上，待风干后再在酒精灯上烤干。

（10）在烤干后的盖玻片上加一滴二甲苯，随即加一滴封片用的胶，然后将有胶的一面盖在载玻片正中。

（11）在载玻片上贴上标签（上记采集号及制片日期）。

（12）待胶风干后依编号序次排列放入切片盒待鉴定（朱惠忠和陈嘉佑，2000）。

如果在做成的标本材料中发现稀有种类或藻体上特别的部分，应记下移动载物台坐标位置，使以后观察对比较容易找到此材料。

甘油封片制片技术（以鞘藻目为例）

鞘藻的长久保存用甘油封片。基本操作如下：

（1）将固定的鞘藻标本置于放大50～100倍解剖镜下选取各个鞘藻目种类。

（2）选出的标本摆放在清洁干燥的载玻片上，滴上适量的固定剂或10%的甘油，放在干燥无尘的容器中天然浓缩至纯甘油，或置于60瓦灯泡或放在铜板上用酒精灯缓缓加热促其浓缩。

（3）加上适量的纯甘油（以标本盖上盖玻片后，甘油刚好不溢出为准），盖上盖玻片。

（4）用毛笔调取精制的或一般较纯洁的沥青溶剂（70%沥青和30%二甲苯，略加温促使沥青溶解，并调匀）涂在盖玻片四周，使盖玻片固定在载玻片上；如需长久保存，所涂沥青宜稍厚些。

在制片工作中，挑选标本是非常重要的一环，不但关系到种类鉴定所需要的特征是否完全，也关系到标本中存在的各种类。另外，摆放在载玻片上的标本宜多，在去掉其他混杂种类的同时，绝不可去掉此类藻类的断片（因为这些断片很可能是具有更成熟的生殖细胞或雌雄异株，具大型种类的雄株）。

2. 石蜡切片法

许多植物的内部结构不能用大而厚的组织块置于显微镜下观察，必须制成切片才能供显微镜下观察，更清楚地显示植物的组织构造和细胞结构。石蜡切片法是典型的切片标本制作方法，是用石蜡作为包埋剂的一种显微制片方法，是显微技术中最重要、最常用的方法之一。它的优点是能够切出薄而均匀的连续切片，石蜡切片法多用手摇回转切片机切片。对于较硬的材料，如某些多孔菌，也可以使用滑走切片机。在菌物学研究中，石蜡切片法尤其适用于观察研究被菌物侵染的植物材料。

石蜡切片法的操作程序包括：取材、固定、脱水、透明、浸蜡、包埋、修块、切片、粘片、染色和封片。具体操作如下。

（1）取材：选取有代表性的目标材料，材料的大小不超过0.5～1立方厘米。

（2）固定：固定是用化学试剂迅速杀死细胞的过程，目的是使细胞中的各个组分保持原有结构。将选取的材料放入固定液中，固定液的体积大约是材料的20倍。常用的固定剂有FAA固定液、卡诺固定液和纳瓦兴固定液。前两种固定液的固定时间是2～24小时，后者是12～48小时。

（3）脱水：固定好的材料经各级酒精脱水至无水酒精。各级酒精的浓度为：30%、

50%、70%、85%、95%和 100%。

(4) 透明：无水酒精中的材料用 1/2 无水酒精和 1/2 二甲苯混合液处理 2～3 小时，转入纯二甲苯中，处理两次。透明是石蜡制片过程中的基础工作，材料经各级酒精脱水以后，经过有机溶剂（氯仿、二甲苯等）透明后，便于包埋剂及封藏剂进入和融合。石蜡溶于二甲苯而不溶于酒精，因此二甲苯除了可以使材料变得透明，还可将材料中的酒精除去。

(5) 浸蜡：以石蜡透入细胞组织内的全过程称为浸蜡。一般将透明好的材料加入新的二甲苯中，加入等体积的碎蜡置于恒温箱中，温度控制在 38～40 摄氏度。边溶解边不断加入碎蜡，至石蜡饱和为止。时间为 1～2 天。

(6) 包埋：浸蜡后，在恒温箱中不同的温度下使用各级石蜡处理材料的时间分别为：50%石蜡（石蜡：二甲苯＝1：1）40～42 摄氏度，0.5～3 小时；75%石蜡（石蜡：二甲苯＝3：1）48～50 摄氏度，0.5～3 小时；100%石蜡 56～58 摄氏度；0.3～1 小时，重复两次。将加热至液态的纯石蜡倒入小纸盒中，然后倒入浸蜡完毕后的材料，用加热的镊子迅速把材料按需要的切面和一定的间隔排列整齐，再将小纸盒平放于冷水中，使其很快凝固。

(7) 修块：将包埋好的材料切割成小块，每个小块包含一个材料。然后按需要的切面将蜡块切成梯形，切面在梯形的上部，注意上部矩形的对边平行。梯形的底部用烧热的蜡铲将其固定在木块上。

(8) 切片：用手摇回转切片机将蜡块切成连续的蜡带。切片时，把切片刀夹在刀架上，再把木块夹在固定装置上，调整固着位置，使材料的切面与刀口平行。调整切片厚度，转动切片机切片。

(9) 粘片和展片：粘片和展片是将切好的蜡片用粘片剂（甘油蛋清或明胶甘油）粘在载玻片上。在洁净的载玻片上，加少许粘片剂并涂匀。然后加几滴 4%福尔马林或蒸馏水，用解剖针或镊子轻轻将蜡片放在液面上。再将带有蜡片的载玻片放在温台上，温台的温度在 45 摄氏度左右，蜡片受热后慢慢伸直。用滤纸吸去多余液体，表面烤干后，转入 30 摄氏度温箱放置一昼夜。

(10) 脱蜡：将待脱蜡的载玻片有蜡片的一面朝向标签方向，一张张小心插入脱蜡缸齿槽中，约半小时，当蜡片中材料周围的蜡溶去后，转移至透明缸 5～10 分钟取出。

(11) 染色和封片：切片干燥后，可以选用不同的染色法染色。

(12) 封片：将完成制片全过程的材料用封藏剂封固以便长期保存。封藏剂通常选用适合在光学显微镜下观察并有较高折射率的。

采用石蜡切片法得到的玻片标本通常具有较高的质量，形态特征清晰，而且可以保存较长时间，反复使用。

3. 冰冻切片法

冰冻切片法具有制片速度快并能完整保存细胞结构的优点，常用于植物组织和细胞结构的快速制片。

1) 材料的选择与分割

材料的选择与切割厚度应视研究目的而定，应注意以下几个条件。

（1）选取有代表性的材料。

（2）先作徒手切片，镜检，决定适宜的材料。

（3）注意选取植物不同发育阶段，不同部位的材料。

（4）材料大小应适当，如被寄生性真菌侵染的植物组织，多切成 2～5 毫米的小块，厚度为 3～5 毫米。切取材料必须使用新的刀片，刀口和材料面垂直迅速切割下来。

2）冰冻切片机的选择与使用注意事项

冰冻切片机的选择

冰冻切片机是用于切片的主要工具，常见的冰冻切片机类型有两种，箱式冰冻切片机和传统的回转切片机加快速制冷电源构成（图 194）。一般而言，后者价格较低，也能够满足多数显微切片观察的要求。本规程介绍冰冻切片机的使用。各标本馆可根据需求灵活选用不同厂家的不同型号产品。

箱式冰冻切片机

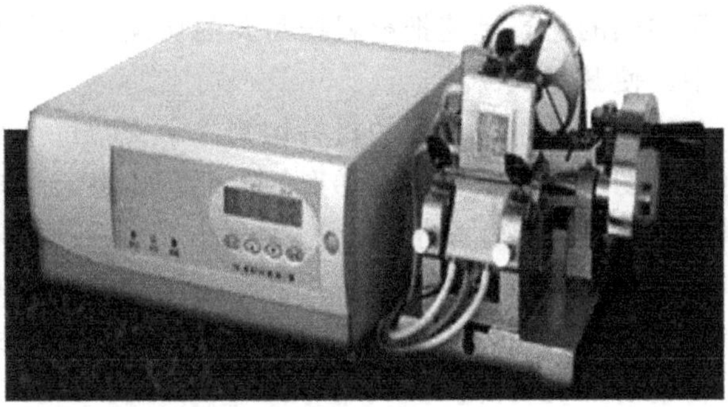

回转切片机与制冷电源

图 194　冰冻切片机

使用注意事项

切片机各部分都应保持洁净，灌入适量润滑油，保持机械部分正常运转；避免受到尘埃、药物的污损；每次使用完毕，执行正确的关机程序，首先关闭制冷机，然后才能关闭水流；每次使用完毕，需以软毛笔刷去碎冰并用干的软布或纸巾将切片机拭干，最后盖上切片机保护盖。在搬运仪器时不允许抓手轮、刀架、标本夹或切片厚度调节旋钮。每次操作切片刀和标本或在工作间隙，一定要先锁定手轮，在快速冷冻切片时，不可以用手直接接触超低温的冷刀。

切片刀的选择与准备

切片机一般随机附有 1 或 2 把切片刀；如果需要更多，可自行向仪器公司订购。不要将切片刀随处乱放，绝不能使切片刀刀刃朝上放置，不用的切片刀应保存在刀盒内。切片刀刀刃质量的好坏对切片质量有着最直接的影响。刀片在使用之前，应当在低倍显微镜下检查刀刃是否有缺口，若呈一条直线即可使用，如果有大的缺口或呈锯齿状，则切片刀需要磨刀后方可使用（王灶安，1992）。

3） *冰冻切片法的步骤*

（1）选取合适的植物材料，并将其切割成合适的体积。

（2）安装并固定冷台，调节至合适的角度与距离。

（3）安装好切片刀，倾角为 15 度左右时，扭紧螺旋，固定。

（4）打开水流，确定水循环正常后，开启快速制冷电源，并确定所需温度。

（5）用滴管吸取一小滴蒸馏水或稀释的树胶滴在冰冻切片机的冷台上，在液体完全凝结成冰之前，将选好的材料粘在液滴上。

（6）在原有液滴上小心地滴加蒸馏水或树胶，使其完全覆盖植物材料，静待数分钟直至包埋植物材料的液滴完全凝结成冰。

（7）松开刀架固定钮移动刀架，同时从侧面观察，当切片刀刀刃与冷台上的冰冻包埋面平行且接近时进行固定，最后检查其他固定螺旋是否紧固。

（8）调整切片厚度控制盘的刻度，一般切片的厚度为 8～12 微米。

（9）开启切片机总开关，顺时针方向摇动切片机手轮，左手持软毛笔，连续摇动手轮，刀刃上会出现薄薄的冰片，用毛笔粘住，转移至载玻片上的浮载剂液滴中。

（10）盖上盖玻片，染色，镜检，选择效果较好的加拿大树胶封片，制成永久切片。

（11）切片机使用完毕后，锁紧切片机总开关，先关闭制冷机，最后断开水流。

6.3.4　玻片标本的保存

1. 玻片标本的标签

永久切片完成后，在载玻片两端分别贴上标签和条码签，完成玻片标本的最后制作，标签和条码签的形式与内容见图 195。将玻片标本按条码号（标本馆给予每份玻片标本的唯一流水号）顺序放入玻片盒中，同时详细填写玻片盒内的编号索引。

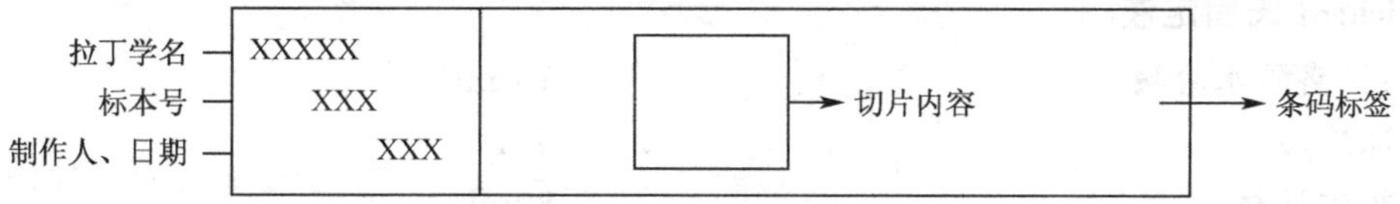

图 195　玻片标本的标签

2. 玻片标本的存放方式和注意事项

玻片标本具有易碎的特点，通常放置于专用的玻片盒中，玻片盒可以是木制品或塑料制品，通常分 25 片装、50 片装和 100 片装。玻片盒可以存放在标本密集柜抽屉中，也可以置于开放的立柜中。玻片盒表面应贴有标签，注明玻片盒内的玻片数目和玻片标本条码号的起止顺序，便于日后查找。玻片盒严禁倒置，使用时注意轻拿轻放，避免因剧烈碰撞而造成盒内玻片标本次序发生混乱，甚至损毁。

3. 玻片标本的存放环境和保存技术标准

玻片标本可以和干制标本放置于同一库房中，对于库房内温度、湿度和光线的要求与干制标本相同，详细的保存环境指标和保存技术标准可参见干制标本制作与保存相关内容。

4. 玻片标本的数字信息

同菌物干制标本一样，菌物玻片标本的信息也应当被转换成数字化信息，存入数据库中，便于日后的查询与检索。不同标本馆可以根据自身条件选用不同的数据库开发系统，但为了便于交流和数据共享，对玻片标本数据的描述应当包括相同的字段，各字段的结构见表 20。

表 20 玻片标本数据的共享描述字段

字段内容	字段名	数据类型	长度	说明
玻片标本流水号	Bp_number	Char	8	该编号是标本馆给予每份玻片标本的唯一编号，也是条形码标签号
标本编号	Bh	Char	8	制作玻片标本所用的标本来源
制作人	Bp_producer	Char	8	玻片标本的制作人
制作日期	Bp_date	日期型		
备注	Bp_Notes	Char	1024	关于该份玻片标本的补充信息

附录 A 常用固定剂的配制

1. 福尔马林醋酸酒精液（FAA）

福尔马林	5 ml
冰醋酸	5 ml
70%酒精	90 ml

固定植物组织多采用此液。

2. Lichent 氏固定液

1%铬酸水溶液	15 ml
冰醋酸	5 ml
福尔马林	80ml

此液适于藻类及菌物标本的固定。

附录 B 几种常用染料的配制

1. 乳酸棉蓝染色液的配制

苯酚	20.0 g
乳酸	20 ml
甘油	40 ml
棉蓝（苯胺蓝（水溶））（cotton blue）	0.05 g
蒸馏水	20 ml

将酚、乳酸、甘油混合，徐徐加热溶解后，加入棉蓝混匀溶解。

2. 番红（safranin O）溶液的配置

1）番红水溶液

番红	1.0 g
蒸馏水	100 ml

2）番红酒精溶液

番红	1.0 g
50%（或 95%）酒精	100 ml

3）苯胺番红染色液

番红	5.0 g
95%酒精	50 ml
蒸馏水	450 ml
苯胺	20 ml

配后摇匀，用前先过滤。

附录C 封 藏 剂

用合适的封藏剂封固玻片标本，以便长期保存，供以后分析、研究及显微照相之用。

常用的封藏剂有加拿大树胶、达马树胶和甘油胶冻等，加拿大树胶是其中常用的一种。树胶通常以专用树胶瓶盛装。水溶性的阿拉伯树胶封藏剂封固未经脱水的材料效果较好。

封藏时，用玻棒蘸取封藏剂均匀滴在盖玻片四周，静置，待树胶干燥后即可；若有多余的树胶，用刀片刮去。使用阿拉伯树胶封藏剂可不封边。

6.4 特殊用途标本的制作

6.4.1 菌物标本集的制作

标本集是由研究者制作的一系列成套标本。不同标本馆之间通常以互换标本集的方式进行标本交换。标本集分别保存在世界各地不同的标本馆内，不仅可以使双方标本馆同时受益，也可以使世界各地的研究人员能从最近的标本馆中得到研究材料；更重要的是，可以避免标本因某些意外而受到毁坏。

1. 基本原则

菌物标本集的采集制作是标本馆的一项重要工作。标本集包括了大量认真挑选的标本，并用标本集的名称发表，如中国科学院菌物标本馆标本集。标本集要有名称和序列号。标本集以交换、赠送或出售的方式被存入世界上其他重要的标本馆，成为标本馆的重要收藏。

制作成套标本集需要在同一地点采集同一号同一种的大量标本，以确保标本的数量足以制作成套标本集。

标本集中每一份标本要有号码，列出学名（包括属名、种加词和定名人）、基物或寄主，采集地点包括国家、省、县、村、经纬度、海拔等，还有采集时间、采集人、采集号、鉴定人等。

标本集的内容可以为各类菌物，如地衣、锈菌、黑粉菌、白粉菌、无性型真菌等。标本集的标签如图 196 所示。

Fungi Exsiccati

No., Name of fungus:

Matrix:

Loc. & Date:

Coll. & No.:

Det.:

图 196　标本集标本标签

2. 不同类群菌物标本采集与标本集的制作

成套标本集的收集制作对于促进菌物分类学的研究发挥着重要作用。不同类群菌物标本的采集和标本集的制作各有不同，下面列举某些真菌的制作方法。

1）黑粉菌标本集的制作

在自然界，黑粉菌并不随处可见，大部分种类仅局限寄生在某种寄主植物和某些地区。有些种类会在野外大量发现，这样便于标本集的采集和制作。具体制作时，可视不同种标本而确定黑粉菌的量。通过放大镜测定孢子堆的直径，观察孢子团的颜色、质地。在实验室内观察黑粉孢子。将乳酚油滴在玻片上，挑取黑粉孢子放入其中，用酒精灯将放入了黑粉孢子的乳酚油煮至沸点，冷却后，通过光学显微镜可以观察黑粉孢子的形状、大小、颜色和表面纹饰。通过扫描电镜可以准确地观察黑粉孢子表面的刺、疣和网纹等纹饰特征。通过上述步骤鉴定黑粉菌种类之后，即可着手制作黑粉菌标本集。在同一采集地点、同种寄主植物、同种黑粉菌的标本需编为同一个采集号。制作标本集的过程中，需保证同号的每份标本所包含的寄主植物及其上的孢子堆数量足以作为一份研究标本。例如，若要制作 50 份黑粉菌标本集，一般采集同种黑粉菌的 100 个材料，这 100 个材料使用同一个采集号，每份标本一般放 2 个材料。具体制作时可视不同种的标本而确定黑粉菌的量。

2）锈菌标本集的制作

此类真菌较常见，寄主广泛，种类繁多，容易制作成标本集。

3）大型真菌标本集的制作

大型真菌包括伞菌和多孔菌等，在野外容易发现。对于伞菌，用小铲挖出不同发育时期的标本，不要用手拔，否则容易损坏伞菌基部。野外采集回到驻地后，要当天测量子实体的大小，观察不同部位的颜色、特征等，并割去菌柄制作孢子印。准确描述颜色对于伞菌很重要。对于肉质标本要当天烘干。为制作标本集，可以将伞菌从顶端切开，便于干燥和制作。

对于多孔菌标本的采集，采集时要观察腐生植物的种类，在不了解寄主种类时，至少要标明针叶树还是阔叶树，便于对标本的鉴定。为了制作成套标本集，可以将多孔菌切成片。

4）白粉菌标本集的制作

此类真菌的子囊果一般着生于叶片表面，野外容易发现和采集。白粉菌的子囊果一般在晚秋时节成熟，成熟的子囊果对于鉴定白粉菌很重要。标本的采集与制作和其他植物寄生真菌相同。制作标本集时，同号的每份标本必须包含一定数量的子囊果可供研究者多次研究。

5）无性型真菌标本集的制作

采集这一类真菌应仔细观察植物的枝干、树皮和叶片。某些植物寄生性无性型真菌，使叶子形成形状和颜色各异的斑点。标本的采集与制作和其他植物寄生真菌相同。

3. 标本集标本的标签

菌物标本集标本的标签通常使用英文或者拉丁文，格式如图 196 所示。

6.4.2　根系、芽、茎、年轮展示标本的制作

1. 植物根系标本

植物的根系有两种，即直根系和须根系。直根系大多数是双子叶植物的根系，如大豆、棉花、白菜等。这种根系的特点：由胚根形成的主根较发达，粗且长，很容易与侧根、不定根区别开来。须根系的主根不发达，在植物的生长初期就停止了发育，在茎的基部长出许多不定根，如谷子、小麦、玉米、高粱、水稻等的根系。

制作根系标本前应根据需求设计制作方案，一般每种根系可各选 1 或 2 种或多种放在一起作比较，根系标本常用干制法保存。

直根系标本制作时先把选好的作物从茎下端距离根部 3～5 厘米处将茎剪断，然后用锹挖掘。由于主根比较长，侧根伸展面也比较宽，在下锹时必须考虑整个根系伸展范围，以免距主根太近，切伤侧根。最好选择质地松软、含水量适中的土壤中的植株，容易获取较完整的根系。将挖出的根连同附着的泥土一起放入水中充分浸泡，当泥土基本上脱离根部后取出，用清水反复清洗，直至洗净为止。具有根瘤的根（如大豆），各操作环节均应注意，以避免根瘤脱落。最后，把洗净的根移至吸水纸上，放在通风处将水分晾干，并理顺侧根。然后用粗线或细绳绑在茎上，把根悬吊起来使其自然干燥，干燥后，从所留下的一段茎上或主根上部将根系标本固定在标本盒内。

根系材料也可用浸制法处理。方法是将根洗净后，先放在 5%～7%福尔马林中固定 3～5 天，然后移入 5%福尔马林标本瓶中保存。如果主根过长，标本瓶盛装不下，可将茎上部剪掉一段，同时还可把主根末端适当弯曲或去掉一部分。

2. 植物芽、茎标本

1）芽标本

植物的芽因着生部位不同分为不同类型的芽，着生在顶端的芽为顶芽，着生于叶腋

处的芽为腋芽，在根、老茎和叶上可产生不定芽。从构造上来看，可分为鳞芽、裸芽；从发育后所形成的器官来看，分为花芽、叶芽和混合芽。

芽大都可在春季萌发前采集，这时芽已生长膨大，有利于观察。

各种芽都适于用浸制法保存。将采集带芽的枝进行适当的修剪，修剪时需从标本瓶的大小及保留足够的芽数等多方面考虑。修剪后的芽标本放入5％福尔马林中固定2～3天，再移至新的5％的福尔马林（加少许甘油）保存。

采集时若芽已变绿，可以直接用95％以上的甘油（加少量麝香草酚）保存或用其他绿色保存法处理。

2）不同类型的茎和分枝标本

茎的类型标本

根据茎的生长方向和形态特征，分为直立茎、缠绕茎、攀缘茎和匍匐茎。大多数植物的茎为直立茎，它是直立向上生长的。缠绕茎是自身不能直立于空间，而是缠绕在其他物体或植物上向上生长，如牵牛、紫藤等。攀缘茎是指其茎本身必须依靠其他物体的支持，并且用各种适应器官攀缘其他物体向上生长，如丝瓜、葡萄靠卷须来攀缘其他物体；地锦借卷须上的吸盘去附着于直立物体上（墙壁等）向上生长，有的是借茎上的钩刺攀缘其他物体向上生长的。匍匐茎平伏于地面上，如草莓的茎。

制作不同类型茎的标本，应取不同类型的茎各1或2种，最后做成一套标本。有3种基本制作方法。

（1）剪取一部分茎（不包括支持物体）用压制方法制成蜡叶标本保存。

（2）整株或一部分植株体经过风干处理后干燥保存，此方法可连带支持物一并保存。

（3）浸制保存，先用5％福尔马林固定3～5天，再移在加有少量甘油的5％福尔马林中保存。

无论用上述哪一种方法，材料都必须带有一定量的叶，特别是攀缘器官也应完整无损。

茎的分枝标本

茎的分枝有4种类型：二叉分枝型，多见于苔藓植物和蕨类植物；单轴分枝型，如冷杉、云杉、落叶松等；合轴分枝型，如苹果、柳树、葡萄、番茄及许多落叶乔木和灌木。假二叉分枝型，如丁香等。假二叉分枝型本质上也是合轴分枝型的一种。

茎的分枝标本应选择每一种类型的1或2种，制成一套标本保存。制作时应根据所选植物枝型的大小和特点采用不同方法，通常分为三种处理方法：一是压制法，最后制作成蜡叶标本保存；二是用5％～7％福尔马林固定3～5天，再移至新的加有少量甘油的5％福尔马林中保存；三是用干燥法处理、保存。茎的分枝标本，材料不一定要求带有叶片，但有的种类，如苔藓植物和蕨类植物（卷柏等），应连同叶一起处理、保存。

分枝标本材料的选择，需根据具体情况而定，或选整株（如苔藓植物和蕨类植物），或剪取部分枝条，无论哪种都应选择具有典型特点的标本，选定后需进一步修剪，去掉干枯、变形的部分，修剪后大小要适宜，以便于压制或装瓶保存。

3）年轮标本

制作年轮的标本，首先要选好材料，一般要求有下列几点。

（1）树龄越大越好。

（2）树干圆形、整齐、直立。

（3）树皮整齐无损，干燥后不脱落。

（4）木质部干燥后不易开裂。

制作时，将树干（干材湿材均可）锯成 30～60 厘米高的木墩，然后用刨子把断面刨平，断面朝上放在专用支架上干燥保存。

第四篇　生物标本的包装、运输、储存和管理

第7章 生物标本的包装和运输

7.1 标本的包装

标本包装是要保障标本在运输、邮寄等过程中完好无损。运输或邮寄前应根据各类标本的特点进行必要的包装。以下结合主要生物类群的特点举例说明运输或邮寄前的包装过程。

7.1.1 干制标本的包装

1. 鸟类标本的包装

鸟类假剥制标本在包装前应先将每号标本的体羽理顺，放在阴凉处晾干，以免包装后身体羽毛弄乱而影响标本的质量。

中小型鸟类标本可用脱脂棉把标本包好。大型鸟类标本，如鹤类、鹳类、大型猛禽、天鹅等，可用报纸包裹，用大头针或回形针将包装纸别好。大型涉禽（如鹭类、鹤类等）的颈长，可先将长颈弯向鸟体背面，再用报纸包装好。

应先在转运标本的木箱或硬纸箱内铺上塑料布或防雨布，以防有水渗漏。然后将包装好的标本整齐码放在标本箱中。有条件时，可将标本按大小分别放在大小不同的纸盒内，再分别装入大箱；若没有纸盒，则应把较大体型的标本放在下面，小型鸟类标本放在上面。放置标本时，要防止挤压，避免标本变形；还要避免标本在箱内摆放太松，造成标本晃动而致羽毛受损。标本箱内还应加入适量的驱虫防霉剂，以防标本的霉变或虫蛀。

鸟巢标本应放置于相应大小的硬纸盒中转运。为防止搬运或邮寄过程中鸟巢标本受到过度震动而损害，应将盒中的鸟巢标本周围用脱脂棉或废纸塞紧。

鸟卵标本以每窝卵为单位放置在相应大小的硬纸盒中，卵与卵之间应用脱脂棉、软布或软纸等塞紧，以防转运过程中受到震动而破损。盒与盒之间若有缝隙，应用填充物塞紧，避免盒与盒之间过松而受到震动。

2. 昆虫针插标本的包装

昆虫针插标本寄运前首先要很坚固地插在装有软木板或其他代用品的盒内，如有体型较大的标本，则需再用昆虫针在标本周围交叉固定，以免在寄运途中受震动而脱落，或将其他标本碰坏。

寄运装入标本盒内的昆虫标本时，应把标本盒装入稍大一些的木箱内，盒子四周充填软纸或聚乙烯填充物，松紧适度，以保持盒子与木箱之间有一定缓冲。

3. 植物标本的包装

标本完全干燥后，可以将它们连同草纸或报纸从瓦楞纸板间抽出，用报纸包好，捆紧，外面写明标本份数、采集地和所属标本馆字样，然后装进结实的塑料袋中，袋子口应用结实的绳子扎紧，以防标本再次和空气中水分接触而受潮。如果标本要存放一段时间，可在袋子中加 1 或 2 颗樟脑丸以驱赶蟑螂或其他害虫。采集记录本和标本应分开包装和单独保存。

4. 地衣标本的包装

将枝状、叶状和叶生地衣压制成蜡叶标本装袋，树枝、沙土及岩石上的壳状地衣装盒；之后，可将袋装或盒装标本按顺序装箱。装箱时要保持标本平整、充实，以防邮寄或运输过程中因颠簸晃动而损坏标本。

7.1.2 液浸标本的包装

(1) 确认标本已做好防腐固定，将在同一时间、同一地点采集或收集的标本做好记录，分别单独包装。

(2) 用浸泡过福尔马林或酒精固定液的棉布（医用纱布、普通白棉布、棉纱布等）将固定后的标本包裹好；体表棘刺较发达的标本可先用潮湿的普通棉花或医用脱脂棉包裹，以避免棘刺刺破标本包装袋。在保证标本不变形的情况下，应尽量将标本裹紧。

(3) 记录标本采集信息（时间、地点、经纬度等）的标签应随标本一并打包。

(4) 将包裹好的标本装入塑料袋，通常使用塑料封口机或绳子、橡皮筋等封口。不宜使用金属丝封口，以免刺破密封塑料包装袋而达不到密封效果。自封式塑料袋野外运输过程中常会开封，应尽量避免使用。

(5) 将装有标本的密封包装袋放入洁净干燥的塑料瓶或桶中，加密封盖。准备邮寄的标本可根据邮政部门相关规定，将装有标本的密封塑料瓶或桶放入规定的纸箱或木箱中邮寄。

(6) 将小型的浸泡标本装入指形管中，指形管内液体应该装满，或用棉花填充，以免途中由于液体在瓶内的冲击震荡将标本碰坏，也可减少长途运输中标本保存液的挥发。为防止液体外溢，要使用合适的瓶塞并塞紧瓶口，再用蜡或封口胶封闭。凡装有同一种龄期幼虫、蛹、成虫的瓶子要捆绑在一起。先用纸或棉花将瓶子分别包裹好，然后装入坚固的塑料盒或木箱内，用棉花、废纸或聚乙烯的填充物塞紧，使其不会碰撞。

(7) 标本包装后应满足如下几点要求：①不损坏标本；②不泄漏气味；③没有福尔马林、酒精、水等液体外漏；④不影响标本固定时的姿态；⑤符合国家有关安全规定。

7.2 生物标本运输或邮寄

7.2.1 生物标本的运输或邮寄程序

将包装好的标本/标本盒放入抗压的各种容器或其他坚固的包装盒（箱）内，同时在外包装上写明邮编、收件人姓名、地址等，经铁路、公路、水运、航空等承运部门代为运输；标本需邮寄时，应在送给邮局前仔细包装好，以免在运输过程中被弄散。将包装好的标本/标本盒放入能抗压的邮政专用包装箱内，交付邮局邮寄。如果标本在运输或邮寄过程中存在因震动而受损的风险，应在外包装盒（箱）明显位置贴上防震标识；此外，可注明“科学标本，无商业价值”字样。

生物标本运输或邮寄过程中的几点注意事项：

(1) 依邮局现行规定，动物及其制品（包括标本）不允许邮寄，邮寄生物标本往往会遭到邮局的拒绝。邮寄标本时，应与邮政部门具体协商，如标本包装能达到邮政部门的相关规定，通常可以解决问题。

(2) 制作好的动物干制标本在运输或邮寄过程中，要注意防止鼠类或其他动物咬食而造成损坏。

(3) 标本从国外寄往国内时，应注意向当地海关声明和遵照当地动植物出口条例。最好的办法是和当地标本馆协商这方面的事情，交由当地标本馆邮寄。许多国家当地标本馆会有一些特别标本出关路径，可以避免出入境时产生的问题。

7.2.2 野外工作期间的标本运输

(1) 将包装好的标本盒或标本瓶按包装或标本的大小摆放在运输工具内。

(2) 用防震材料将标本盒或标本瓶与运输工具（如调查用车）或其他物品接触部位分割开，确认标本在运输过程中不会损坏。

(3) 运输过程中注意随时检查被运输的标本，发现问题及时处理。

标本野外运输过程中注意事项：

(1) 标本盒或标本瓶不能破碎。

(2) 固定液不能渗漏外泄。

(3) 标本不被损坏，不变形。

(4) 无固定液气味外漏。

(5) 标签或其他与标本采集有关的记录应与标本一起运输，并指定专人负责标本的运输监护和管理。

第 8 章　生物标本的储存和管理

8.1　生物标本馆的建筑特点和工艺要求

生物标本来之不易，它们的储藏更是百年大计。针对改建和新建的生物标本馆，提出生物标本馆的建筑特点和工艺要求。

8.1.1　生物标本馆建筑地点的选择

选择生物标本馆建筑地点时应分析周边环境，生物标本馆不应建在人们社会活动的中心区域，避免紧靠主干道路、车站、铁路、机场、重工业区等。因为，这些地区会产生较多的灰尘、有毒有害气体、噪声、震动等，特别是持续的巨大噪声、震动、有毒有害气体等可对保存的标本产生直接的不利影响。

气候是影响标本馆选址的重要因素之一，应充分参考当地的气候特点。例如，生物标本馆应建在当地河道的水平面以上；在潮湿的沿海地区，标本馆应建在高于海平面以上位置建最好，在产生雨影效应的地方，这样既能避免很高的相对湿度，也能尽量避免特大洪水的袭击。

标本馆选址应避免在地震带或地震频发的地区，另外，还要考虑其他地质因素。坚固的地基是任何一个建筑物的基础，应判断地面是否能承受拟建标本馆的重量，以避免可能发生的地面沉降或滑坡事故，为安全考虑也可以选择建筑旧址等。选择一个好的建筑地点能够帮助控制标本馆内的相对湿度和排水问题，建筑方向和排水系统的设计也能节省标本馆内控制相对湿度时的能源支出并降低受洪水袭击的风险。

建立专门的植物标本馆时，可以考虑尽量靠近或直接建在植物物种多样性较高的区域，如建在植物园里，还便于与活植物联系在一起进行研究。同时，也要考虑生物害虫的防治问题，应防止一定范围内的生物害虫可能威胁到生物标本。

8.1.2　生物标本馆外部建筑的工艺要求

生物标本馆需特殊的设计和建筑，标本馆建筑物的功能具有唯一性和不可替代性，建立标本馆必须要有明确目标和慎重规划，最重要的是坚固的构造。一个理想的标本馆应该具有自身抵御外来危险的能力，标本馆建筑应具有很好的防火性和防水性；在地震、热带风暴活动较为频繁的地区，能有效防止自然灾害带来的影响。尽量减少外墙、最小化墙和窗户在季节性和日常温度变化时的热胀冷缩作用，这样做既能增强安全性，又可以提高能源利用效率；在热带地区，还应尽量避免使用易受白蚁侵袭的木材。

标本馆建筑的屋顶建议采用斜屋顶，这样的建筑结构排水快，不易漏水，少有鸟类筑巢等。还可通过建造悬垂式屋檐，以帮助降低温度和光照。在可能受降雪影响的地区，屋顶要能承受当地降雪的重量，不建议使用容易破裂的玻璃屋顶和天窗结构。

较理想的标本馆建筑应不设窗户，或在不妨碍内部工作人员健康、安全、防火等条件下，尽量减少门窗，以加强安全和环境控制，建议给窗户装上结实的钢化玻璃，并装上细纱窗以阻止小型脊椎动物、昆虫等进入。如设窗户，不应全部封闭，应保留一些能打开的窗户用于通风。需特别注意的是能打开的窗户应向上向外开，以防雨水漏入。另外，窗户还应尽量安装在高处并深陷墙体，以达到最小化热量的获得或丢失，还有助于减少眩光。

8.1.3　生物标本馆内部格局

（1）标本储藏区与标本研究人员活动区域分离。

（2）标本储藏区与标本管理员活动区域分离，二者之间应包括 2 个隔离门和相应的隔离空间。

（3）干制标本和浸制标本分离。

（4）数字化管理标本、在研标本、定名标本分离。

8.1.4　生物标本馆的内部设计

1. 地面

标本馆的地面应易于清扫和保持清洁，但不能过于光滑；要能承受巨大的重荷，不能有裂缝，裂缝和其他间隙有可能引发蚁类或其他小虫的侵害。建议使用较大且不容易分解和腐烂的惰性材料地板；避免安放松弛的楼板覆盖物，如地毯和漆布等，因为害虫可能会在其底下生存繁殖。不应使用可能吸引蠹虫和地毯虫的毛质地毯以及产生污染气体的聚氯乙烯类楼面涂料。建议使用易于清扫的、防滑的地表覆盖物，如瓷砖等。

2. 工作台面

工作场所要适当靠近标本储藏部，且应考虑到工作人员工作舒适高度；工作台面可适当大一些，以便选拣标本时有足够的空间，工作台面通常与底下的柜子结合在一起。还应在标本馆内或分隔开的房间里设置一些供来访人员使用的工作台。

3. 储藏区

通常标本馆内的储藏空间有限，应得到充分利用。可将标本柜（架）制作成可移动的，一批标本柜（架）安放在一套滑行装置上，标本柜（架）可以紧密地贴在一起，移动式标本柜（架）可以使标本馆的面积得到比较充分地利用。移动式标本柜（架）建设时要考虑留有一定空间，以便使用时工作人员可以比较容易的取放标本。移动式标本柜（架）可以通过手动或机动移行，但后者容易出现故障或振动较大。移动式标本柜（架）的缺点是工作时一组标本柜（架）通常只能打开一个间隙，只能容一列工作。

标本柜（架）的层高和每层的面积应根据需求进行设计，如植物蜡叶标本柜层高要与固定标本的台纸面积相匹配。

如为橱柜式标本柜，柜门应尽量密闭，可加装密封或防尘条。密封或防尘条的材料可选择橡胶或棉绒，但不宜用毛毡，因其会受蠹虫或地毯虫的侵袭。有些标本柜在柜门内侧设计有槽缝，放置驱虫剂或杀虫物质。

新建标本馆时，应充分考虑标本馆未来的扩展，预留一定的空间。标本馆建筑的层高可以相对低一点，较标本柜架的高度略高即可。标本装订室应与液浸标本室隔离。

标本馆内各连接通道或走廊的宽度需保持在 1.25 米以上，以保证标本、设备、人员等的进出。标本馆门也不能太小，楼梯不能太过狭窄和陡峭，过道处的吊顶不能安装过低，以免影响通行。

4. 基本配套设施

考虑到标本馆安全、标本管理等的方便，标本馆建设时，除应建设保藏标本的空间以外，还应建有面积足够大的标本管理人员办公室、标本整理间、消毒杀虫间、防腐剂和常用药品保存间、杂物间等。

另外下述设备也应与标本储藏区分隔开来。

1）标本接收与净化设备

正式入馆保存的标本需先交给标本馆人员，并将待入馆标本暂放至标本整理间。标本整理间除要接受待入馆标本以外，还有接收、处理其他进出馆标本的功能。标本整理间应独立于标本储藏间，以免待入馆或待重新入馆的标本可能携带害虫，对正式馆藏造成危害。标本整理间的基本要求与标本保藏室基本一致，但要增设上下水、通风设备等。

2）消毒间

除了净化以外，标本也还可能要进行消毒处理，以防止有害生物的侵害。这道工序要在分隔的房间内进行，消毒间要能单独与外部直接通风。室内要安装通风橱和水槽。

3）干燥设备

干燥器可以是特别设计的电烘箱（或干燥橱），或只是放在一个安全热源上（如电灯泡）的简单盒式结构，原理与野外干燥器一样。电干燥箱应由合格的电工（或是熟悉楼内布线的工程师）安装，并配有恒温控制器，最好保持在 50 摄氏度左右。安装循环和抽风电扇，并设有使潮湿空气流向楼外的通道（或烟囱）。干燥箱内的隔层应由金属网制成，并能变换位置。压制和干燥植物标本的设备通常也很需要，最好有一独立的房间安放干燥器和工作台面来准备标本和调换压板，以及放置干纸张的架子等。

8.1.5　生物标本馆内的主要环境条件

生物标本的长时间保存关键在于维持标本馆长期使用时很低且经济的能源消耗以及标本馆内稳定适宜的环境条件。

1. 相对湿度

相对湿度是指空气中实际所含水蒸气密度和同温度下饱和水蒸气密度的百分比，相对湿度处于相对动态平衡的环境条件更有利于生物标本的保存。不同的相对湿度对生物标本有着不同的影响，相对湿度较高会导致标本从空气中吸收水分过多而膨胀，还能增强细菌等微生物的生物学活性，加速化学反应的时间和生物腐蚀作用的进程，增强特异化学反应（如固定昆虫标本时常用的大头针等），使标本受到损坏；相对湿度较低会使标本内的水分迅速挥发到空气中，导致标本极度干燥和收缩，甚至变脆，在接触标本的时候变的易碎，特别是当相对湿度经常或激烈地波动时更加速了标本的膨胀和收缩，在移动标本时标本的腿或触角可能会脱落，而标本柜连接处的黏合剂在低湿度下变干燥后同样会变脆出现空隙，使标本易受灰尘和有害物的侵袭。

相对湿度控制在 40%～50%最佳，这对提高工作人员的效率也很理想，低湿还可以减少菌物侵染和害虫侵入的危险。在潮湿的热带地区，可以安装去湿机来减少湿度，另外把标本馆设在较高的楼层也有助于降低湿度。

2. 温度

温度虽不像相对湿度那样很明显的影响标本的储藏，但温度和相对湿度是紧密联系在一起的，很难判断哪个单独起作用。总的来说，温度越高，标本的生物学活性和化学反应的速率越快。温度是影响相对湿度的重要因素，对于容积相对固定的生物标本馆来说，降低温度会限制标本保存水的能力，相对湿度将升高。升高温度会增强空气储存水分的能力，相对湿度将降低，这就需要标本保存在一个较为封闭的适温区，避免温度出现较大范围的波动。标本馆一般都控制在一定的温度范围，有工作人员在内的标本馆的温度范围应控制在 18～20 摄氏度，但较低的温度更有利于标本的储藏，没有工作人员在内工作的标本馆温度应控制在 13～15 摄氏度，可以选择安装中央空调设备进行温度控制。总的来说，高温和低相对湿度环境条件下标本遭受的损害最大。

3. 空气质量

生物标本馆内的空气污染物是最难以有效控制的。污染物的种类可分为气体污染物和微粒污染物。气体污染物主要是二氧化硫、一氧化氮、二氧化氮、硝酸等标本馆空气中经常存在的酸性污染气体，它们可以改变标本的化学成分，导致骨骼表面弱化，对生物标本有着较大的损害作用。臭氧是一种强氧化剂，能损伤许多器官结构，降解纤维素，氧化色素，削弱胶原质等。通常情况下，标本馆内不应放置有可能释放臭氧的仪器，如影印机、静电吸尘器等。

空气中的尘埃是生物标本馆内的主要微粒污染物，它们聚集形成尘垢，吸收湿气，能催化降解反应，损害标本的表面，也能作为培养基促进霉菌和细菌的生长。另外，抽烟除易引发火灾外，还是很主要的污染源，在标本馆内应绝对禁止抽烟。

标本馆内应配备必要的通风设施，以保证空气的充分流动，适当的通风还能阻止潮气的发生，但要避免防治害虫的药剂大量流失，进入标本馆内的空气应经过限制和过滤以防止湿气与灰尘进入标本馆。良好的通风能使工作人员感觉舒适，而空气缺乏流通则有害健康。在标本馆空气含有高浓度杀虫、杀菌或驱虫气体的情况下，工作人员应在隔开的房屋里工作。如工作人员需较长时间接触易挥发的液浸标本，最好能安装通风橱。

4. 光线

标本馆内应保证有充足的光线，以自然光最好，但要避免阳光直射，在适当位置安装一些附加的荧光灯，可最大限度地减少馆内阴影的地方。尽量使用非石英的卤素白炽灯或带紫外滤光器的荧光灯，可以使用滤光器、低功率灯泡或调光器等，使光的强度控制在不超过 200 勒克斯或 20 坎德拉/平方米（foot candela）。光线强弱还可通过安装的百叶窗和使用紫外线吸收剂来控制，墙和天花板采用含钛氧化物的涂料，能吸收周围环境或人造光源发射的紫外线。过量的可见光和破坏性很强且又不被人眼发觉的紫外线能损害标本内部结构，特别是影响标本制作和保存过程中的色素，使其改变表色甚至褪色，或损坏标本的纤维素和蛋白质结构。标本在强能量的紫外线下暴露比在可见光下所受到的损害更大，因此，要尽可能的消除标本馆内的紫外线。

8.1.6 减少标本馆内潜在危害

1. 防火

世界上已经有好几个重要的标本馆被火灾摧毁，丧失了许多很有价值的科学资料，而那些都是许多研究人员多年工作的成果。因此，在标本馆内必须加强严密的防火措施。这些措施通常包括：

（1）所有房间、走廊、楼梯间等，都必须采用适当的防火门隔开。

（2）采用抗火和耐火的建筑材料，如木材外框和天花板应用石膏墙板以降低火灾蔓延速度。

（3）必须安装防火警报系统。

2. 防止生物害虫

生物害虫是生物标本馆内标本的主要威胁源，为了防止害虫的侵入，标本馆的窗户和通向外部的门口应安装防虫纱窗和纱门。安装固定家具时应避免在其中形成害虫可能生存的“死角”，要紧贴地面、天花板和角落安装，以防止害虫滋生。在标本馆外部设置一些物理障碍，确保没有树枝悬垂在标本馆上。在热带环境条件下，蚂蚁和白蚁危害的防治是一个很严重的问题，可以考虑在标本馆周围建立水槽，作为防范蚂蚁侵害的外部设施。

8.2 标本馆建设的基本条件

1. 材料

标本馆的装饰应选择阻燃兼具防虫、防潮、防霉等特性的材料。地面建筑装饰材料应当平整，容易清扫，避免过于光滑。标本馆内的办公家具推荐使用金属材料。

2. 门窗

标本馆的门窗应做到密闭，特别是那些放置易被虫蛀的标本（如毛皮、干制昆虫标本等）的库房，以防止虫害损害标本。

3. 温度

标本馆内的温度应控制在一定范围（参照 8.1 节温度），除消毒间外，不宜低于 13 摄氏度或高于 23 摄氏度。馆内应安装温度计，随时了解馆内的温度变化。可根据实际情况安装空调设备，以便对馆内温度进行控制。

4. 湿度

标本馆内湿度应控制在 40％～50％。安装湿度计，随时了解标本库房内湿度的变化。可根据实际需要配备去湿设备，对标本库房的湿度进行控制。

5. 通风

根据标本馆面积配备通风设备，保持空气新鲜。

6. 光线

标本馆的门窗应安装避光帘。

标本和标本柜的摆放应避开光线，特别是阳光直射。

标本馆内以自然光为主，配荧光灯照明。

7. 电器

标本馆内应使用符合国家安全标准的电器设备，严禁电器设备超负荷运转。定期检查维修电器设备包括开关、电闸等，发现故障及时排除。

8. 防尘

定期打扫库房卫生，保持标本馆内的整洁。

标本放入标本柜前，要做到标本及标本盒干净整洁。

应注意放置办公家具的位置，在其底部、上方和角落处留有清扫和检查的空间，以便保洁。

9. 防火

（1）标本库内设置禁烟标志，严禁吸烟。

（2）标本馆内严禁使用明火。

（3）严禁违规存放汽油、酒精及其他易燃易爆物品。

（4）标本馆内应安装烟火感应器等火灾报警系统；或根据需要，在各部分间设置防火门。

（5）配备灭火器，灭火器安放在馆内适当的位置，定期检查、更换。

（6）标本管理员应接受相应的消防培训，熟悉消防器材位置和使用方法。

10. 防盗

安装防盗门窗及电子监控系统。

进出标本馆的人员要严格办理登记手续。

模式标本等重要标本应采取必要的措施进行重点保护。

11. 其他

用于保存和制作标本所备用的酒精、汽油等易燃物及具有其他危险的材料（如有毒、有害的化学药品）应存放在标本库以外的其他地方。

8.3　标本保存设备及基本器具

1. 标本保存柜（架）

标本保存柜（架）可用木质、铁皮、塑钢等多种材料制成。推荐使用金属材料制作。干制标本保存柜应具有良好的密封性，以防止有害昆虫的侵袭。

柜内层板应可以调节，以便可以依据标本的大小调整层板或抽屉的高度，方便标本的存放并使空间得到充分利用。

2. 标本展示柜

姿态标本是模拟动物在野生状态下不同的行为姿态做成的标本。姿态标本保存时需要的空间较大，通常用透明材料（如玻璃、有机玻璃等）制成的展示柜放置。标本展示柜除要求有较好的透明度外，还应有较好的密封性，以便防尘和防有害昆虫损害标本。

3. 标本盒

标本盒常用于放置昆虫标本、生物玻片标本、骨骼标本和干制标本等，是一种定制的具密封盖的纸制或木制盒，具有良好的密封性，可依需要制作成不同规格。标本盒的盒盖也可采用玻璃制成，从外面可以直接观察到里面的标本。

4. 标本瓶

标本瓶是一种定制的具密封盖的瓶子，采用玻璃、塑料、有机玻璃等材料制成，具有良好的密封性和透明度，可制作成多种规格，用于放置生物液浸标本。

5. 大型液浸标本保存池

为一些需要浸泡的大型动物（如大个体鱼类、两栖爬行类等）准备。可用水泥、大型加厚玻璃等材料制成。

6. 上下水设备

保存液浸标本的标本馆（如鱼类、两栖爬行类、无脊椎动物等标本馆）需要有相应的上下水设备，以便整理制作标本时使用。

7. 标本整理制作间

各标本馆均需有专门独立的标本制作或整理间，以供标本正式入馆保存前的整理和制作之用。

8.4 标本的管理与日常维护

生物标本进入标本馆有以下几种来源：从野外直接采集，经专业处理、制作、研究或鉴定之后入库的标本，与其他标本馆交换得到的标本，捐赠、购买或从其他标本馆借用的标本等。不管以何种方式获得，标本入库后便进入管理和使用阶段，需要进行规范化管理。随着计算机数据库技术的推广应用，建立标本信息管理系统并将标本信息数字化管理，已成为生物标本馆现代化管理的手段和趋势。

任何未经专业处理的标本不得进入标本馆，未经鉴定的标本可在标本馆内按地区或类群单独放置，经鉴定入馆的标本应按照分类系统顺序排列存放。

生物标本馆的日常管理与维护的基本工作，包括标本的接收登记、消毒处理、标本制作、拴插粘贴标签、馆藏登记、相关信息的数据库录入、入柜储藏、日常维护、查询或借用管理、重新归位等。

8.4.1 标本的入库与建档

（1）标本管理人员接收送交标本时，应根据清单当面核对标本的种类及数目。登记的内容随单位不同而有所不同，通常应注明标本数量、产地（国家或省、直辖市、自治区）、送交人与接收日期，以及标本所隶属的分类阶元（经过鉴定的标本），还包括标本性质（赠送、交换、购买、采集）等。其他需要特别说明的内容，如赠送单位名称等都可登记在案。

（2）标本管理人员接收送交的标本时，需检查标本本身质量和有无采集标签、鉴定标签以及标签记录项目是否齐全和正确，以保证标本质量，对标本实物应逐个检视，观察标本有无损毁、霉变、虫蛀等情况，并加以记录。

（3）对新接收的标本或归还的标本，进行必要的消毒处理。消毒方法详见本章 8.5 节。新接收的标本根据实际需要进行相应的制作或处理。各类生物标本的制作方法详见其他有关章节。

（4）若新接收的标本清单为手写，应根据标本采集记录和鉴定标签，将相关数据输入计算机，并打印详细的标本清单，反馈给送交标本者，供其核查数据的准确性，在确认无误后签字。

（5）根据本单位的管理模式给予每个标本相应的馆藏标本号，该馆藏标本号可以为入库标本的顺序编号或其他方式的编号，但馆藏标本号必须是唯一的。推荐使用激光打印机打印标签。在登记信息或写标签时，若需要手工书写，推荐使用中性签字笔或黑色碳素墨水，书写应当字迹工整、清晰，书写拉丁学名时推荐使用印刷体。

（6）将带有馆藏标本号的标本标签与标本连在一起。如植物标本的标签通常贴在标本台纸或标本袋上，菌物标本的标签通常贴在标本袋或标本盒上，动物标本的标签通常拴系在标本适当的位置上或用针插等方式与标本联系在一起。玻片标本、骨骼标本、贝壳标本等的馆藏标本号可直接书写在标本上。

（7）将馆藏标本号、标本的拉丁学名、野外号、采集地（包括经纬度）、采集时间、采集人等有关信息录入标本信息管理系统，或将其登录在馆藏标本登记（帐）簿上，并可根据需要建立标本档案卡片。

（8）根据需要将标本放入相应的保存器具中，并加入适量保存药品。

（9）根据标本的采集、鉴定信息和馆藏标本号打印标本瓶（盒）外的标签，将打印好的标签贴在标本瓶（盒、台纸等）的正面，粘贴的标签应平整、牢固。

（10）标本在标本馆中的排列有两种方式：按字母顺序或按分类系统排列。应有相对固定的位置和规律，一旦确定，则要在相当长的时间内保持稳定，以便于查找和管理。建议采用现行的分类系统顺序放置标本，同科的标本按属种字母顺序排列摆放，并在各纲、目、科、属之间留有可扩充增量标本的空间。

（11）尚未研究定名的标本以及尚未办理正式馆藏入库手续的标本，应暂时存放在标本缓冲间（区），并进行详细登记。标本缓冲间（区）的标本通常需经研究鉴定后，才能正式办理馆藏入库手续。

（12）在未能实现计算机管理标本信息的标本馆，为了便于检索库存标本，每号标本入库时可制作三种查询卡片：种卡、字母卡或地理分布卡，分别以分类系统、字母或采集地顺序进行排序，以便适应使用者查询标本的不同要求。

（13）实现计算机管理标本信息的标本馆，可将馆藏标本号制作成条形码形式，当标本入库时，赋予每号标本一个条形码，并拴系或粘贴在标本上，以此标明该标本及其附带的信息。

（14）标本信息管理系统的数据结构参见本节附录。

（15）接收归还标本时，标本管理人员应仔细核查标本，如发现标本有遗失或损坏等，应按相应规定处理，并做好相关记录。

8.4.2　标本其他相关资料的管理

1. 野外记录及文献资料的管理

野外采集本、原始文献（指发表新分类阶元或新纪录的文献）等均是极为重要的科学资料，标本馆应统一妥善保存管理。

2. 传统照片的管理

存档的照片及其资料说明放入专用的相册内，与标本分开保存。根据种名或标本号对每张照片做标记和归档，作一索引卡标明主要内容，同时输入数据库，以方便查找使用。条件许可，还可将每一张照片扫描成数码照片存储于计算机中。

3. 数码照片、录像、录音资料的管理

（1）拍摄植物标本的数码照片通常包括整株或局部（如根、茎、花、叶等）或花蕊等一些细部特征；拍摄菌物标本的数码照片，通常大型菌物包括正面和腹面特征，小型菌物包括微观特征等；拍摄动物标本的数码照片通常包括背面、腹面和侧面及其分类特征等一些细部特征。

（2）物种或标本的数码照片、录像、录音等音像资料，应根据物种或标本分别做出标记，并按照一定规律存入计算机保存，以方便查找使用。

（3）拍摄的数码照片、录像、录音等要及时转出并刻录在光盘上，应做出相应的备份并异地保存。

（4）以数字信号（光盘等）或模拟信号（传统的录像带、录音带等）保存的资料应放置在远离热源、避光、防潮的地方。

4. 标本信息数字化管理

有条件和库存丰富的标本馆，应建立馆藏标本信息管理系统，并通过网络实现共享。标本信息包括所有与标本相关的信息，主要内容参照表 21 进行数据整理和录入数据库，也可依据本单位工作的需求构成数据项。为保证数据安全，建议分别设立内网及外网两台服务器，内网服务器为数据录入和保存的主服务器，不实行网络共享；外网服务器定期从内网服务器进行数据拷贝，实行网络共享。标本信息数据应定期做出备份并采取异地存放的方式进行保存。

表 21　动物标本信息数据构成表

字段	字段名	字段说明	鸟	兽	鱼	两栖爬行	昆虫	无脊椎
1	中文名	标本的中文名称	√	√	√	√	√	√
2	拉丁学名	标本的拉丁名称	√	√	√	√	√	√
3	ID	标本数据库编号	√	√	√	√	√	√
4	标本号	馆藏标本登录号	√	√	√	√	√	√
5	玻片号	馆藏玻片标本号					√	√
6	采集号	标本在野外时的编号	√	√	√	√	√	√

续表

字段	字段名	字段说明	鸟	兽	鱼	两栖爬行	昆虫	无脊椎
7	性别	动物的性别(雌、雄)	√	√	√	√	√	√
8	产地 1	采集地点所属的省区	√	√	√	√	√	√
9	产地 2	采集地点所属的县(市)	√	√	√	√	√	√
10	产地 3	采集地点的名称	√	√	√	√	√	√
11	河湖名称	河湖名称	√	√	√	√		√
12	纬度	采集地点的纬度	√	√	√	√	√	√
13	经度	采集地点的经度	√	√	√	√	√	√
14	海拔	采集地点的海拔	√	√	√	√	√	√
15	水深	采集标本的水深			√	√		√
16	日期	采集标本的日期	√	√	√	√	√	√
17	采集人	标本的采集人	√	√	√	√	√	√
18	生境	采集地点的生态环境	√	√	√	√	√	√
19	寄主	标本的寄主					√	√
20	科名	标本所隶属的科名	√	√	√	√	√	√
21	保藏地点	标本的保存地点	√	√	√	√	√	√
22	保藏状况	标本的现状	√	√	√	√	√	√
23	保藏方式	标本的保藏方式	√	√	√	√	√	√
24	采集方式	以何种方式获取标本	√	√	√	√	√	√
25	标本属性	标本的性质(普通)	√	√	√	√	√	√
26	标本馆	标本的保存单位	√	√	√	√	√	√
27	鉴定人	标本的鉴定人	√	√	√	√	√	√
28	鉴定日期	标本的鉴定日期	√	√	√	√	√	√
29	个体数量	标本的个数			√	√	√	√
30	体重/克	新鲜标本所称的重量	√	√	√	√		
31	体长		√	√	√	√	√	√
32	年龄虫态	标本的年龄或虫态	年龄	年龄	年龄	年龄	虫态	虫态
33	图像	照片、特征图等	√	√	√	√	√	√
34	M1	新鲜标本所测的数据	翅长	颅全长	全长	全长	前翅长	
35	M2	新鲜标本所测的数据	尾长	尾长	体高	体高		
36	M3	新鲜标本所测的数据	嘴峰	前臂长		头长		
37	M4	新鲜标本所测的数据		后足长		吻长		
38	M5	新鲜标本所测的数据	跗趾长	耳长				
39	M6	新鲜标本所测的数据		肩高		尾长		
40	M7	新鲜标本所测的数据		臀高		吻肛长		
41	录入人	标本信息的录入人	√	√	√	√	√	√
42	借用信息	标本的借用信息	√	√	√	√	√	√
43	备注	其他重要事项	√	√	√	√	√	√

8.4.3　标本的日常维护

1. 检查内容

定期对馆藏标本进行保存质量安全检查，如液浸标本保存液是否充足，蜡叶标本、剥制标本、干制标本等有无虫蛀、霉变，存放标本的抽屉里有无活虫或虫卵等。由于许多昆虫具有趋光性，应重点检查窗台等位置。虫情监测除日常观察外还可以在标本库房中固定位置安放诱捕器，以此作为库房内监测害虫的补充手段。

2. 检查与加药

通常普查和加注药品的时间为每年春、秋季各一次。各地标本馆可以根据自身所处的环境决定检查时间，普查与抽查相结合。对保存的模式标本要特别关注，随时检查。

3. 检查记录

应在专用笔记本上详细记录检查结果及处理方法；补足标本保存液或防虫药品后，应注明补充加注药品的日期、加注药品的范围及负责人等。

4. 受损标本的处理

（1）发现需要修补或部分部位松散、脱落的标本，应及时做相应的修补处理。

（2）一旦发现害虫或可能是刚被虫蛀受损的标本，应立即上报主管人员并及时进行熏蒸或冷冻处理。

（3）发现因霉变而受损的标本，应立即上报主管人员并做相应的处理。

（4）受损标本的处理应执行《中华人民共和国固体废物污染环境防治法》，在主管人员批准后，按照实验室固体废物收集处理方法做相应的处理。

5. 标本更名

标本拉丁学名变更时，原始的（旧的）鉴定标签应随标本永久保留。新的鉴定标签需注明鉴定日期和鉴定人全称。

6. 变换标本储存位置

替换标本储存位置时，应注意标本移动时的安全问题并采取必要措施，移动时要详细记录，并使用标签或卡片指出标本移动目的及被移到的位置。

8.5 标本的借阅

8.5.1 标本查阅使用规则

标本馆的标本是重要的、具有保存价值的永久性研究材料。标本查阅者有责任和义务保证标本本身及其附有的标签、批注等资料信息完整。

一般情况下，来访者不得自行进入标本库，需在办完登记手续和注明所查阅标本的范围后，由管理人员提取标本供查阅，阅毕标本后应交标本馆管理人员验收、整理和归位。国内外同行专家在获得馆长批准后方可入库自由查阅标本，阅毕按原来的次序及位置归位。

1. 模式标本的使用

模式标本使用者必须严格遵守使用标本的有关管理规定，并应按规定进行登记。使用者不得将模式标本私自带离标本馆。

2. 普通标本的使用

查看标本或测量标本应在专供研究用的房间里进行，不得随意将标本带出标本馆。若研究需要应办理相关手续。

3. 使用标本注意事项

（1）使用各类标本时应按照相应的要求和方式取用，并做到轻拿轻放，查看标本或测量标本时，要小心谨慎。

（2）标本上的原标签不得涂改或撕毁，发现有误时应及时通知标本馆管理人员。研究人员若需订正标本学名，应用签字笔在新标签上书写，书写时应字迹工整、清晰。

（3）查看标本或测量标本过程中发现标本部分地方脱落时不得随便丢弃，应妥善保管并及时通知标本馆管理人员。

（4）若发现有蛀虫、受潮、脱落或残缺的标本，请立即通知管理人员处理。

（5）学生或初学者应该在专业人员的指导下，或掌握使用标本的要领后再独自查看标本。

8.5.2　标本对外借检规则

鉴于分类学工作者在进行系统进化研究、分类修订、标本鉴定等工作时的需要，借阅标本已成为国内外正规标本馆间一项重要业务。标本通过借阅，可以大大提高其学术价值，但在借用过程中如果管理不善，则有可能使标本损坏或遗失，造成无法挽回的损失。因此，标本馆馆藏标本的外借仅限于科学研究和公益性展出。

1. 模式标本外借原则

（1）模式标本包括正模标本、副模标本、配模标本、地模标本，以及曾经作为新种发表后来又被证实为同物异名的模式标本等。

（2）模式标本借用只限于国有的科研教育单位，国外单位借用模式标本需经标本持有单位的主管审核批准。

（3）正模标本一般不外借；副模标本、地模标本等其他模式标本，通常可以酌情借用。

（4）借用的模式标本不得解剖、分离或从中提取组织块。

2. 珍稀标本和历史标本外借原则

（1）珍稀标本包括国家Ⅰ级、Ⅱ级保护动、植物标本和标本馆馆藏数量低于 10 号（每个个体为 1 号）的标本。历史标本是指标本馆收藏的 1949 年 10 月 1 日前采集的标本。

（2）珍稀标本和历史标本一般不外借。国家Ⅱ级保护动植物标本，如馆藏标本数量多于 10 号时，按普通科研标本的要求借用。但借用人应首先办理相关手续（如运输通行证）。

（3）借用的珍稀标本，如确因研究所需而要进行解剖、分离或从标本中提取组织块的，按 8.7 节“标本的解剖、分离和取样”所述的要求执行。

3. 普通科研标本外借原则

（1）外借普通科研的无脊椎动物和昆虫标本，通常每次不超过 50 号；鱼类、两栖类和爬行类标本每次不超过 20 号；鸟类和兽类标本每次不超过 10 号；植物标本每次不超过 20 份。

(2) 借用的普通科研标本，如确因研究所需要进行解剖、分离或从标本中提取组织块的，按 8.7 节“标本的解剖、分离和取样”所述的要求执行。

8.5.3　标本外借流程

(1) 借用人首先要提交单位介绍信和借用人书面申请。借用人书面申请中应写明需借何类（科、属、种）标本及其学名及中文名、借用目的（供谁研究）、借期长短、保管措施、归还日期等内容。

(2) 标本馆在收到合理的借用请求后，应尽可能按要求送出标本，或收到借用单位承诺遵守被借用单位管理规定的担保信（图 197）后再送出标本。如果不能借予，应回信予以说明。

标 本 借 据

借出字　　号

兹借到中国科学院华南植物研究所标本馆下列标本：

____

____

共计　　　　份(另附详细名单)

注意：1.收到标本后，请将此据填好并签章寄回，标本用毕及早归还。
2.借用人须保证在借用期间负责保护标本，勿使损害和遗失。
3.不得随意摘取标本上的花、果。如需解剖时，用毕的材料或绘图——解剖图，务必附在原标本上。
4.标本上如有脱落部分，查明关系，附在原标本上。
5.借用期不超过　个月，至期归还。贵馆需用时，见索即还，此据。

借用人　　　　名章
机　关　　　　印鉴
年　月　日

图 197　中文借据式样

(3) 经有关类群负责专家、标本馆馆长或主管负责人在书面申请上签署同意后，由标本管理人员协助，根据借用者开具的标本名单和用途酌情抽取标本，填写借用清单并办理借用手续。

(4) 在送出借用标本前，标本管理人员必须对标本状况进行全面检查，必要时要对标本进行清洁和修补。

(5) 标本借出后，有关外借标本的详细资料在标本馆内予以妥善放置，并在存放标本的相应位置标明标本已被借出及借用单位的信息。这样可避免在标本柜内对标本的盲目查寻，并可作为在此不要放入其他馆藏标本的提示。

(6) 外借标本需邮寄的，要妥善包装和挂号邮寄，以免途中损坏或遗失。

(7) 外借标本逾期未还时，标本管理人员将向借用人催还标本。

(8) 外借归还的标本需经相关专家检视核定、签名后方可入馆保存（但这些标本必须在入馆前进行再次严格消毒，确保无虫害）。

8.5.4　外借标本的选择

当借用请求经负责人批准后，从标本馆抽取出标本时应遵循有关政策和限制。通常借者如果是用于做世界性的专科专属研究，则可根据其需求来抽取标本；如果借者是做某地区性的分类学研究，则只抽取该地区的标本，同采集地标本或者同采集号标本，每种只抽一份即可；模式标本则按模式标本外借原则酌情处理，如果有的模式标本已被一些分类学专家研究多次，并且确认种类或标本已经有老化、脆化现象或出现松散、脱落时，这些标本则不宜借出，可将标本拍照，将照片寄送给对方，并欢迎对方来标本馆查阅。

当植物标本仅有一部分材料可以借出时，则应选择每个分类群的整个变异幅度的材料，包括叶、花（如为单性花植物，则包括雄花和雌花）和果实。

8.5.5　与外借标本相关的规定

（1）标本借用人不得私自将借用的标本转借他人。

（2）标本借用者有责任与义务保证标本不丢失，尽最大努力确保借进标本的安全。把标本放置在适当的条件下保存，防虫蛀、霉变等损坏。若标本在借用过程中受到损害或丢失，标本借阅者对借出标本的标本馆给予相应的赔偿或补偿。

（3）标本借阅者应在规定期限内归还标本。如有特殊情况不能按期归还的，应提前办理续借手续；若未获准，应按期归还标本。

（4）标本借用人为学生或为非固定工作人员时，需有担保人担保方可借用标本。

（5）标本借用单位有责任督促标本借用人按期归还标本。在该单位有人借用标本逾期不还时，被借用标本的单位有权在该单位还清所借标本后再办理其他标本借用。

（6）借用标本长时间逾期不还时，被借用标本的单位有权采取法律或行政手段解决。

（7）标本借阅者利用标本馆标本所得到的任何研究结果，均应向借出标本的标本馆提供相关研究成果（如论文、报告或其他形式出版物的复印本或电子版）。在公开出版物中，应当注明所引证标本的来源并对提供标本的标本馆予以致谢。

无论基于何种目的，标本借阅者若对借出标本的标本馆提供的标本进行任何形式的商业化开发，必须先征得借出标本馆的书面同意方可进行。

8.6　标本的杀虫灭菌处理

危害各类生物标本的主要是昆虫，其危害的方式是直接取食标本材料，或舔食纸张和黏胶，可以造成标本的严重损毁。除液浸标本、贝壳标本等少量标本外，其他易被感染的标本在入库之前必须做消毒处理，以预防为主。建立长期的虫情监控机制，局部发生虫害时，则作局部杀虫，如就地把该部分标本柜密封，充入毒气杀虫或将被感染的标本搬离标本柜做冷冻消毒；大范围发生虫害时，则需要进行全面杀虫，如把整个房间或建筑密封作熏蒸处理。

以下为常用的几种标本杀虫灭菌处理方法。

8.6.1 低温冷冻杀虫灭菌法

低温冷冻杀虫灭菌法是采用冷冻设备产生低温来进行标本的杀虫灭菌，使寄生虫、虫卵、霉菌等被冷冻杀灭。低温冷冻法不受气温季节限制，不污染环境，对人体无害，是目前标本馆中最好的标本杀虫灭菌方法。

1. 冷冻设备

在选择用于标本杀虫灭菌的冷冻设备时应考虑以下几点：

（1）应该使用上面开口的卧式冷冻机，以方便放置和取出标本。

（2）应尽量选择能达到－30 摄氏度的专业冷冻设备，冷冻菌物标本应选择能达到－40 摄氏度的专业冷冻设备。使用家用电冰柜时应保证温度至少达到－18 摄氏度。

（3）冷冻柜的大小应考虑到较大型的标本亦能放入。

2. 操作方法

通常将标本放入塑料袋中（植物标本需先用绳子捆扎好），紧密包裹，将袋口密封后放入冰柜中，冷冻温度达到－30 摄氏度时，一般标本冷冻杀虫时间至少 3 天以上，以一周为宜。动物皮毛标本冷冻时间以两周为宜。菌物标本需置于－40 摄氏度冰箱中，冷冻两周。体积较大的标本应根据实际情况适当延长冷冻时间。如果冷冻机不能达到－30摄氏度的低温，可以采取冷冻两次的办法（第一次冷冻结束后，间隔几天再进行第二次冷冻），以此达到彻底杀灭成虫、虫卵、霉菌等的目的。

3. 注意事项

（1）冷冻处理标本时用塑料袋密封可以保证标本从冰箱中取出后不会立即吸潮。如果遇到意外停电，塑料袋也能阻止标本对融化水分的吸收。

（2）在标本冷冻消毒期间应避免开启冰柜盖，以免影响冷冻效果。

（3）盒装的标本应整盒放入冰柜中，在冷冻期间不得将标本盒盖打开，以免水分进入盒内损害标本。

（4）从冰柜中取出标本后，由于温差，标本表面可能会挂霜或凝结水汽。应将标本置于通风处或用电风扇吹风，以使标本上的水汽尽快蒸发。标本盒表面的水汽可用干布擦拭掉。

（5）如果植物标本是潮湿的，在用深度冷冻消毒之前应该先将其干燥处理，否则，标本经冰冻后会变黑。

8.6.2 高温消毒法（适用于植物）

高温消毒法通常用温箱和微波炉产生的高温来进行标本的杀虫消毒，既可用于压制干燥后未装订的标本，也可用于装订后的标本，特别适用于少量保存的标本。

1. 温箱杀虫

把要消毒的标本放在吸水草纸或旧报纸上，置于温箱内，加温至 60 摄氏度，恒温 6 小时即可。这样的温度足以杀死附于标本上的各种幼虫、虫卵。但使用中要注意三点：①置于温箱内的标本一定只是压制干燥的，否则标本就会因失水迅速而强烈收缩变形；②温箱内的温度应自低缓缓升高，不可直接把标本置于 60 摄氏度温箱中，以免标本骤然失水收缩；③消毒后，从温箱中取出标本时动作要轻，应用手托住，防止标本折断，标本经 6 小时的高温后，极度干枯，非常脆，受力不均，就会折断，最好是待自然冷却恢复原样后再取出。

2. 微波杀虫

微波杀虫属电介质加热杀虫法中的一种。经过微波处理时，标本和标本害虫都可成为电介质。由于植物标本和标本害虫水分含量不同，因此它们吸收微波能量也不一样，在极短的时间内，害虫因水分含量高升温很快，达到致死温度而死亡。微波杀虫升温快、杀虫效率高，在极短时间内能杀死各种虫期的害虫，因此国外已在粮食、食品、木材等的储存中，广泛应用微波杀虫。温度（58～60 摄氏度）对大部分害虫的各个发育时期都是致命的。一般在全功率下的处理时间为：标本捆厚度为 5 厘米时处理 1 分钟，厚度为 5～10 厘米时处理 1.5 分钟，厚度为 10～15 厘米时处理 2 分钟。应该注意的是，用微波消毒时，标本必须完全干燥，还必须去除金属回形夹和大头针，否则，会烧焦纸张和标本。

8.6.3　化学杀虫灭菌法

化学杀虫灭菌法通常用化学试剂对标本进行杀虫灭菌，其特点是杀灭较彻底，处理后的标本可长期保存。目前，我国大多数标本室仍采用此法，但其操作过程较长，工作量大，且使用的多数化学试剂属于不易购买的剧毒物质，使用时需特别注意安全。目前，防治标本害虫选择使用的化学药剂的原则是：杀虫效力大，对环境污染小，对标本不产生污染、腐蚀、损毁等不良影响。二硫化碳、四氯化碳、氰化物、硫酰氟等毒性太大的化学药剂不宜使用。

常用化学杀虫灭菌法有熏蒸法、固体消毒法和喷涂法等。

1. 熏蒸法

熏蒸法是通过熏蒸药剂释放出的毒气进行杀虫灭菌的方法，灭虫的效果取决于熏蒸药剂释放毒气的浓度及维持时间是否符合要求。

1）*熏蒸药剂*

熏蒸药剂应选择不易燃、不易爆的药品。

常用的熏蒸剂有以下几种。

（1）硫酰氟（别名：氟化磺酰、氟氧化硫、熏灭净）：分子式为 F_2O_2S、O_2SF_2，硫酰氟具有扩散渗透性强、广谱杀虫、用药量省、残留量低、杀虫速度快、散气时间短、低温使用方便、毒性较低等特点，采用硫酰氟作为标本消毒的熏蒸剂，使用方式为真空熏蒸或整个标本库房密闭熏蒸，效果较好。该药施用剂量为每立方米施药 30～35 克，硫酰氟属于低至中等毒性的熏蒸药剂，成为溴甲烷的重要替代品之一。

（2）溴甲烷（别名：甲基溴）：分子式为 CH_3Br，溴甲烷是普遍采用的一种熏蒸剂。溴甲烷渗透性强，吸附性小，能杀死各种虫期的害虫，且中毒后不易恢复。各大标本馆曾普遍采用溴甲烷杀虫。1992 年在哥本哈根签署了哥本哈根协定，将溴甲烷（MB）列为消耗臭氧的物质之一，目前标本馆熏蒸已逐步削减使用溴甲烷，以减轻溴甲烷给环境带来严重危害。标本灭虫的施用剂量为每立方米施药 30～35 克。宜在气温高于 6 摄氏度时使用。

(3) 磷化铝：分子式为 ALP，磷化铝与空气中的水分发生化学反应后，能释放出磷化氢气体。在标本收藏中用磷化铝药片熏蒸杀虫，不仅具有良好的杀虫效能，还能抑制或杀灭微生物，是使标本安全储藏行之有效的方法之一。磷化铝的使用剂量为每立方米 10 克。

由于使用磷化铝熏蒸时，产生有毒的磷化氢 (PH_3) 气体，经呼吸道吸入可引起中毒。应严格按照说明书使用。另外，虽然磷化铝作为熏蒸剂杀虫效果不错，但对金属的腐蚀性较强，常会引起库房内门锁、开关、灯头、风扇等的金属部位腐蚀损坏，所以现在一般都慎用此药。磷化氢类的熏蒸剂除磷化铝以外还有磷化钙和磷化锌等。

(4) 二氯乙烷（别名：邻二氯乙烷）：分子式为 $C_2H_4Cl_2$，二氯乙烷对活的有机体有麻醉作用，可使昆虫窒息或损坏其神经系统，引起死亡。18 摄氏度以下二氯乙烷以液态形式存在，在高温时则易蒸发。二氯乙烷的毒气能够渗透到很厚的兽皮内及一些难以处理到的皱褶处，并且不会改变毛发和羽毛的颜色及皮板的性质。但如果经常或长时间使用二氯乙烷熏蒸的标本，其羽毛和毛发上会出现一层油脂层，故在展品进行预防性除虫熏蒸时，不建议使用此药。标本馆和博物馆可 3～5 年熏蒸一次。

熏蒸处理时标本不宜摆放过密，以免毒气渗透不充分而影响灭虫效果。标本灭虫的施用剂量为每立方米施药 300～800 克。温度达到 20 摄氏度时需要持续熏蒸 3～5 个昼夜，25 摄氏度时需要熏蒸 2～3 个昼夜。在密闭的情况下，温度达到 20 摄氏度时施用剂量可为每立方米施药 150 克，熏蒸 1 个昼夜。完成熏蒸后，必须通风 1～2 天。

(5) 福尔马林-过锰酸钾：将过锰酸钾与福尔马林按 3∶5 的比例混合，每立方米施药 70 克左右。此方法兼具防霉的作用。

2) 熏蒸设施

在有条件的大型标本馆，可以安装循环熏蒸装置，使库房灭虫施药放毒和排毒自动化，以提高工效和保障安全。另外，库房的门窗可以做成铝合金材料的双层推拉式结构，门窗的接合缝口处装上橡胶密封皮垫，使灭虫熏蒸时库房内毒气不致泄露。

对于一些标本数量不多的小型动物标本室，或大型标本馆少量标本发生虫害时，可将标本取出，放置于特制的熏蒸罐（箱）内或者熏蒸袋内进行熏蒸杀虫。

3) 操作方法

熏蒸药品均有毒，有的还有剧毒，使用时应特别小心谨慎，以免发生危险。熏蒸消毒时要求标本馆管理人员要熟悉所使用药品的理化性质和施用剂量，做到合理施用，没有经过培训的人员绝不能使用熏蒸药品。例如，在施用磷化铝药片时应适当摊开，放在阻燃衬垫物上（如培养皿），防止堆放产热自燃。同时还要严防沾水等。

应根据需熏蒸范围大小和标本数量的多少选择熏蒸方法。需要熏蒸的标本较少时，可将标本置于熏蒸罐（箱）内或者熏蒸袋内进行熏蒸杀虫灭菌；需要熏蒸的标本较多时，将需要灭虫灭菌的标本送入熏蒸室，分层放置柜中，将门窗缝隙严密封闭后进行熏蒸。必要时可将整个标本库房密封进行熏蒸。

熏蒸时不得使毒气外泄。在全封闭的状况下，熏蒸 5～7 天。熏蒸后，工作人员应戴上防护面具，打开门窗和室内排风系统排放毒气。数日后可将标本取出。在标本熏蒸过程中，需要特别注意人身安全。

4）注意事项

采用熏蒸杀虫灭菌时，应严格按照规程操作，以确保工作人员安全。以下几点应予以特别注意：

（1）熏蒸现场必须密闭，尽可能远离居住地或办公地。熏蒸准备和药剂作用期间要悬挂明显的警戒标志，严禁非操作人员进入工作区，应严禁烟火。

（2）参加作业的人员应在 2 人以上，分工明确，相互关照。患有肺病、肝病、心脏病、皮肤病及体质差的人员不宜参加作业。

（3）作业人员应加强自身防护，穿戴长袖防护衣裤、手套、头罩、防毒面具等。施药后应迅速离开现场。

（4）熏蒸过程完成后，需严格按照有关说明处理残渣。经数日散毒，检测确定无残留毒气后，方可进出熏蒸室作业。

（5）参加作业的人员中毒时，应立即采取急救措施。如将中毒人员立刻抬到空气流通的地方，必要时施行人工呼吸，立即送往医院，保持安静，吸氧，温水浴，换干净衣服；眼睛接触药物要尽快洗眼。

2. 喷涂法

喷涂法是直接将灭虫药剂通过小型喷雾器具喷在标本上或直接涂在标本上，以达到杀虫效果。

1）喷雾、喷洒法

常用的喷雾或喷洒药剂及使用。

（1）溴氰菊酯：用 2.5％原液，稀释于 250 倍的水中，用喷雾器对标本室、标本柜进行全面喷药。

（2）敌百虫：50％可湿性粉剂或乳剂加水 100～200 倍喷洒。

（3）二甲苯：将二甲苯加水稀释至 100～1000 倍，完全溶解后可用于喷涂杀虫，该药剂对标本害虫主要是胃毒和接触性毒杀作用，在非碱性环境下可以长期有效。

（4）锌硫磷：50％乳剂加水稀释至 0.5％浓度进行喷洒，消毒最好在光线较暗时进行。

（5）各类家用喷雾杀虫剂：主要成分为拟除虫菊酯，毒性较小，对害虫直接喷射有杀灭作用。用药剂进行喷洒时，应在喷药一段时间后，待药剂及水分干燥后再将标本封闭保存。

（6）“灵丹”或称“林灵”：为六六六的提纯物，但不含六六六的致癌物质，对人体有中等毒害作用。

注意：使用小型的喷雾器或喷洒消毒液消毒植物标本时，应注意喷洒时不可喷淋到台纸上，否则易引起台纸的皱缩。

2）涂刷法（适用于植物标本）

常用消毒液

氯化汞消毒液：常用浓度为 3％～5％的氯化汞酒精溶液。配制方法是把 75％酒精按消毒量的多少配成3%～5%的氯化汞酒精溶液，然后按5%的浓度慢慢加入石炭酸，再按每1000毫升溶液加入10～20克樟脑粉或磨碎的樟脑丸（块）的粉末。配制好后用玻棒轻轻搅动，待石炭酸、氯化汞、樟脑粉全部溶解，再将配好的溶液装入玻璃瓶中备用，加盖封好，在瓶上标明溶液名称，并写上“毒品”字样，应严加注意、单独保存。

常用器具

（1）搪瓷盘：面积要稍大于标本，深5～10厘米，也可用类似的容器代用，主要是盛消毒液供消毒之用。

（2）竹夹：供消毒时从消毒液中取放标本用，避免操作者直接接触消毒液，使用完毕应立即用酒精洗净备用。

（3）草纸（手纸）：未使用过的吸水纸或经消毒后的吸水纸或旧报纸均可，用于压放经消毒后的标本。

（4）防护用品：口罩，供消毒操作者操作时佩戴，以防止吸入挥发的有毒气体。有条件时可以备医用橡皮手套供操作者使用。

（5）毛笔、大号排刷，或自制毛刷。

（6）玻璃瓶：用于盛装消毒液，瓶盖应能密封。

常规操作方法

消毒前，应在工作桌上或台上摆好用具和标本，即在操作台上放置搪瓷盘，盘中倒入消毒液（以标本放入消毒液内能被浸没为准），搪瓷盘旁放置竹夹，然后在瓷盘的左边放置要消毒的干燥标本，右边放置干燥的吸水纸和标本夹。

操作者站于工作台中间，戴好口罩和橡皮手套，消毒时从左边的标本夹中取出要消毒的标本，置入搪瓷盘的消毒液内。草本植物消毒时浸泡半分钟即可，体积较大的草本和木本植物浸1～2分钟，特大的果实或植株可适当延长时间，但不超过10分钟，然后用竹夹取出标本，待消毒液从植物体上控干后，再放在右边垫有吸水纸的标本夹上，上面加盖一张干燥的吸水纸，如此反复。一般500毫升消毒液可消毒140份标本。

工作完毕，把消毒后的标本置于阴凉通风处，可以不紧压。切勿将标本放在强光下曝晒，以免酒精快速挥发而使叶面皱缩。未用完的消毒液应即刻倒回玻璃瓶中，置于阴凉处，可再次使用。氯化汞剧毒，难分解，容易造成污染，引起人畜中毒，不得将余下的消毒液或废液注入下水道中，需倒入废物桶中按有毒有害物品处理。搪瓷盘和竹夹用酒精清洗。由于氯化汞会随酒精一同挥发，工作时应将室内的门窗打开，使空气流通。

也可用毛笔或排刷浸蘸消毒液，涂于标本的各部，从上至下依次进行，涂毕待酒精挥发后即可将标本储藏。操作时动作要轻，此法虽可消毒，但不够彻底，且费工，操作也不便，所以仅供少量标本消毒时选用。另外，氯化汞消毒液也可用于小型的喷雾器消毒标本。

注意：凡消毒后的标本，均要注明“消毒”字样，以防止与未消毒标本混淆，并提醒使用者查阅时注意安全。

8.6.4　真空熏蒸法

真空熏蒸法是一种化学和物理相结合的杀虫灭菌方法。该方法是利用药品在真空状态下扩散快、穿透力强等特点，更有效地发挥熏蒸药剂的毒性。该法比单纯熏蒸法省时、省药、安全、杀虫效果更好。真空熏蒸法只需 2～4 小时即可达到理想的效果，并可实现按程序自动控制，对于少量标本的杀虫灭菌是理想的手段之一。

目前市场上常见的程序控制真空熏蒸机有内径为 1000 毫米的 CKZX-1500 型等型号，严格按照说明书操作即可。

8.6.5　固体杀虫灭菌法

固体杀虫灭菌法适用于少量且保存时间不太长的标本。将待杀虫灭菌的标本储藏于干燥、通风的箱柜（如樟木箱、铝制箱等）中，放入适量的精萘粉或樟脑九。这些药品能在储藏期间自然挥发，可起到驱虫、杀虫的效果；也可在标本间每隔一定的距离放置适量的樟脑丸驱虫、杀虫。由于此消毒方法杀虫灭菌不够彻底，仍需定期检查标本的虫情。

8.6.6　放射杀虫灭菌法

照射源为钴-60，辐度 30 万居里①，照射时间 30 小时。可用于标本入库前的处理、标本库定期或不定期的杀虫处理等。因射线对人体伤害很大，慎用。

8.7　标本的解剖、分离及组织样品的提取

馆藏的模式标本和珍稀标本（标本量少于 10 号标本）以及有重要历史意义的标本不得解剖、分离及提取样品。确系研究需要对普通标本进行解剖、分离或提取样品的，应事先征求标本馆负责人或上一级主管领导的许可，并由标本馆负责人或上一级主管领导签发含义明确的书面意见。任何人必须遵守有关的规章制度和程序，未经许可不得从标本上取材。

对标本进行解剖、分离时的处理原则，应是尽量不影响标本的整体保藏价值。如解剖、分离植物标本时，可优先从碎片包中取材，观察结束后，把解剖碎片（成分）包好，放入小信封附在标本台纸上，而不要带走材料，更不能随意抛弃。如果能保留花的解剖记录和草图（显示花各部分形状及排列方式）则更好。

标本的取样指直接从标本中提取各种内外组织。随着分子生物学研究的日益发展以及该项工作必要性和重要价值的突显，标本馆收到索取此类材料的请求越来越多。因分子生物学研究所需要的标本组织块（如动物的皮张、毛发等）在提取后的不可恢复性，对此类取样应严格加以控制。标本馆在有适当的馆藏标本情况下，应给予支持，提供部分材料作研究。

注：①—3.7×10^{10} 贝可。

1. 提供样品的基本条件

向标本馆申请提取组织样品的项目应是具有重要科研价值和国家级项目或国际合作项目，对与以往的研究雷同的重复性项目不提供样品；要求取样的标本应不属于模式标本、稀有标本和有重要历史价值的标本。标本馆在所需标本有一定数量馆藏的前提下，可提供提取组织样品的标本。

2. 提取样品的基本原则

如研究确实需要从馆藏标本上提取组织块的，申请者需填写提取样品申请表（物种、所需组织或部位、数量等）并经相关专家或负责人审核或批准，办理相关手续后取样。取样应遵守的基本原则如下：

（1）取样材料的种类、部位和数量是已获准的，所取标本量应尽量少，取样量也应尽可能小。不得随意扩大取样范围，造成不必要的损坏。

（2）取样必须严格按照实验程序要求进行。选作取样的标本应有适当数据记录，取样的部位应尽量选取隐蔽的位置，以不破坏标本外观为宜。

（3）同一号标本应尽量避免重复取样。被取样的标本应在登记簿上有详细记录，包括标本的种名或亚种名、标本号、取样日期、部位、样品内容、取样者姓名和单位以及研究目的、方法等；相关信息存入计算机，与标本其他信息一起管理，以便将来收到索取类似样品的请求时，可以向申请者提供有关信息，或直接向以往采样的人借阅玻片或索取相关数据。

（4）样品使用者在相关研究结果发表时需注明样本的来源。研究结果发表后，应向标本保存单位提交引证了标本馆材料的出版物；如有光镜或扫描电镜照片或其他数据的，应向标本保存单位提交备份，以供后人参考使用。

（5）利用标本取样后制成的其他形式的标本（玻片标本等），研究后该标本或复份应提交提供样品的标本馆收藏。

（6）如为外借标本，在未得到借出单位许可前，不能从该标本上提取样品。

3. 实验样品的提取（以在植物标本上解剖和采取试验材料为例）

1）选取花粉样品

首先，检查有关的种是否雌雄异株（两性在不同的植株上），如是，则只选取雄性的标本。对于雌雄同株（两性在同一植株上）的种，如为单性花，则必须找到雄花。要从成熟的花芽上取花粉，最好是未开放的，以免混杂外来花粉；如果标本上仅有非常少的花或花芽，则最好不要取样以免降低蜡叶标本的整体科学价值。

花粉样品采集方法：取一个花芽，无花芽则用小镊子取几个未开裂的花药（用手持放大镜检查）。如果标本上有苞片隐藏着可能的花芽，则应先取下苞片，检查是否有花芽存在；如有，则取出一些花芽，并将苞片放入纸袋保存。如苞片是复合排列（如柔荑花序），应确认蜡叶标本的价值是否会因为损坏唯一的柔荑花序而降低；材料充足时，则弄碎部分柔荑花序，取走所需的芽，把剩下的部分放入纸袋。

2）选取解剖样品

叶：若为小叶则取一片叶子；若为大叶，则在叶的中部从边缘到中脉（包括中脉）

切一条 5 厘米长的样品（图 198）。对单子叶植物，最好取叶尖和叶基，不要选取最幼、最小或最大的叶，以免影响实验结果。用于研究叶表面（如毛和角质层）的样品则必须选择无胶的部分，避免选用被酒精破坏了角质层的蜡及损坏结构的标本。

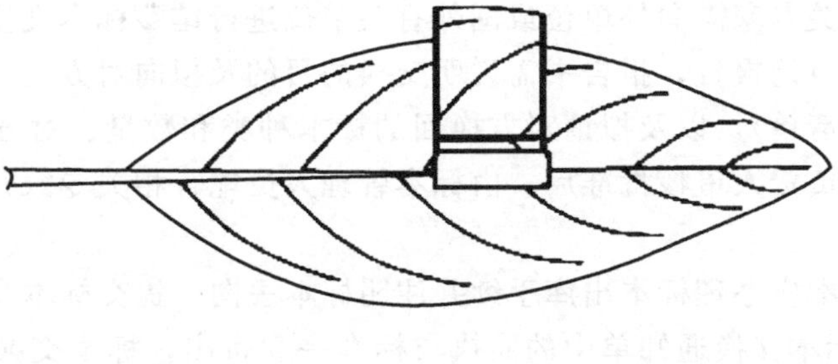

图 198　取解剖样品的大叶，示取样位置

（黛安·布里得森和伦纳·福门，1998）

茎：用作木材解剖，则选择最老的枝条，枝条的直径最好在 1.5 厘米以上，用锋利的解剖刀或单面刀片小心切下 2～3 厘米（至少 1 厘米）长的一段。对于较粗的茎，则取一部分即可。对于非木质的茎，则应根据研究工作的需要选取节或节间材料。

花：解剖花的主要原因是研究其结构，花的结构特征在物种鉴定和分类上非常重要。

除非标本有很多花，否则解剖过的花必须小心排列好放于纸袋内保存，纸袋用别针附在台纸上，以供后人研究使用。必须保存花的所有部分，即使在解剖过程中有些材料已经损坏也应保存。在保存的解剖过的花中有些材料可能会丢失，对花的解剖作记录是重要的，可能的话应画一份草图。

种子：选择完全成熟且形态良好的种子。如果标本上仅有一个大的完整的果，应小心打开，索取少量种子。

3）选取 DNA 样品

1～5 克叶材料的样品可用于分子生物学研究（DNA 提取）。最好选用幼叶，避免用史氏 Schweinfurth 方法采集的或被氯化亚汞毒化过的材料。

4）注意事项

（1）在碎片纸袋中取用合适的松散材料，尽量避免从固定标本上取样。

（2）在标本上贴上小标签标明取走样品的类型（如叶、茎、芽、雄蕊等）、取样人姓名、工作单位、取样时间等。

8.8　标本的交换与受赠

8.8.1　标本交换

国内外开展标本交换是互通有无的双赢工作。标本交换的目的性很明确，即要求交换的一方通常将自己馆藏数量较多的或是对方所缺的标本，交换对方数量较多又是自己所缺的标本。这类交换符合对等互利的原则。

国内外馆际间的标本交换是学术交流的重要体现，应积极鼓励标本馆间开展此项工作。但模式标本及珍稀标本（动物雌雄分别不足10号标本）不应用作“交换标本”。

1. 馆藏标本交换

研究人员或相关专家需向外单位或国外有关单位进行馆藏标本交换时，应事先向本标本馆负责人提交申请报告，报告书需说明交换的目的及拟向对方交换的标本种类和数量（提交交换标本清单），以及拟请对方换回的标本种类和数量、对方国籍和单位全称等。经所在标本馆负责人审核批准后，由标本管理人员配合相关专家开展标本交换的有关事宜。

交换出库的标本应办理标本出库手续并注明标本去向，提交标本交换通知单和保留单（本节附录）。标本交换通知单中的回执与标本一起寄出，标本交换者收到所需标本后凭借此单核对标本种类、数量、质量等；核对无误后，签名并将此单回寄交换标本的标本馆。保留单一式两份，一份留在标本馆内，另一份随标本寄出，保留在标本交换者处。

交换来的标本需先由标本交换者进行鉴定，之后在标签上注明种类、交换单位、交换日期等。这些标本和标签经标本管理员核实，并由管理员签名后，按标本入库程序入库。交换来的标本入馆保存前应严格消毒。

通常交换来的标本应使用黄色标签以区别于其他馆藏标本，与相关种类的标本一起保存。其信息应录入到标本信息管理系统或记录在有关标本交换的专门记录本上，以供长期保存和日后查询之用。

2. 植物复份标本交换

馆际间交换复份标本是为了扩大标本馆的收藏数量，获得本地区没有的、具有代表性的其他地区的植物标本。复份标本的交换还能实现标本的异地保存，以保证在某个标本馆发生灾害（如火灾、水灾）时还有别处的同号标本可供研究。

交换的标本通常是标本馆中已经保存有的具有花、果或孢子囊的复份标本，且没有装订台纸。已经入库的标本通常不做交换。

一般说来，各个标本馆之间的复份标本交换是通过协议而进行的。双方交换时，一般是等量交换，每一份标本均附有野外采集记录签和定名标签，以便于对方使用。欧美国家的标本馆一般要求采集记录标签用英文写成，或中英双语。有的单位或者个人需要某一类专题标本进行交换，此时对标本有一定的要求，可直接向对方提出，或者要求作不等量的交换。所有进出的交换标本，都要进行登记，建立档案。

1）复份交换的原则

在西方大标本馆里，时常是在定名前把复份标本分送交换出去，尤其是将某些植物类群送给专门研究该科属的专家鉴定。这样可以根据收到的定名与自己鉴定的结果作对比，也得到权威准确的植物名称和名录。国内标本馆一般很难做到这一点，也就是说，国内标本馆通常是在标本定名后才对外分送复份标本，而且很少发生返回修订名称的情况。

复份标本的交换要有明确的目标和计划，才能避免盲目交换造成不必要的重复和浪费。交换的基本原则是同时考虑送出标本馆的需要和接受标本馆的意愿。首先是本馆要有交换的需求，其次要了解对方标本馆是否备有你需要的复份标本和其他交换条件。例如，中国科学院植物研究所标本馆，在与外单位交换标本时，遵循的轻重次序定为：首先是国内未被采集的空白或薄弱地区，其次是周边国家，最后是其他各大洲的代表性标本。

一般选择复份标本作为交换对象时要遵循以下原则：

（1）首先考虑有交换协议的标本馆。例如，我国大型的标本馆，通常备有一份交换单位名单，上面列出接受复份标本的单位排序，以及相互间每笔往来标本的记录。这些名单必须定期（如每 5 或 10 年）按照情况变化修订。

（2）如果明确知道某一单位某位专家对某一科属或地区有特殊兴趣或有深入研究或已有约定，应送一套复份给他（她），并索取他鉴定过的名称。

（3）优先与各大洲，尤其是欧洲及美国的国际性标本馆交换复份标本。大型标本馆的来访人员和借阅标本的数量远比小型标本馆大，使得更多的研究人员能接触到所交换出去的标本。另外这些大型标本馆多数地处温带，有较好的保藏条件。

（4）地方性或专业性标本馆往往只需要与其研究领域（地区或类群）有关的标本。例如，一般说来，云南省内的某个标本馆常常把云南植物作为其收藏重点，并兼顾周边的广西、贵州、四川、西藏甚至东喜马拉雅地区和东南亚北部地区，但对前苏联远东地区的标本不会有兴趣收藏，除非该标本馆有世界性的专家。

（5）国家级标本馆常倾向于从邻近的或植物地理相似的地区交换得到已经鉴定的标本，以丰富馆藏，推进其分类学研究。

（6）到国外去采集时，按惯例应该送一套完整的复份标本给该国的国家标本馆，在某些情况下这是强制性要求。此外，这种做法也有利于标本保藏及学术研究和单位间建立友好合作关系。

（7）供交换标本的标签上要注明标本由哪个标本馆送出，以便对方标本馆识别及将来联系之用。

2）复份标本分送的记录

标本馆必须按顺序登记或用电子文档记录送出的复份标本，填写派送工作单，以通知对方和保持标本交换数量的平衡，便于统计和追溯一定时期内送出的复份标本。它同时也是标本馆间标本往来的重要凭证。

3. 菌物标本的交换

为了能够交换标本，鼓励在采集标本时适当多采集同一号标本，并制成成套标本集以备交换之用。标本的交换与赠送需符合以下条例：

（1）接收者不得将这些材料以及由这些材料而得到培养物或衍生物进行商业化开发。

（2）无论基于何种目的，接收者若想对所提供的材料或其培养物、衍生物进行商业化开发，必须征得原标本馆的同意方可进行。任何商业行为必须与原标本馆签署单独的协议，所得到的商业利益在双方协商的基础上按比例分配。

（3）不得自行将这些材料以及这些材料的培养物或衍生物提供给其他机构。

8.8.2 受赠标本

受赠标本主要指所获得的标本来源于植物园、动物园、个人捐赠（私人收藏的标本或笼养、拣拾、救助等动物）、海关或行政查没及馆际惠赠等。

受赠标本均需经过鉴定，并注明种类、惠赠单位、日期、联系人等。对于惠赠标本的单位或个人应给予书面致谢证明，以资鼓励。

附录　标本交换通知单

A.1　回执

标本馆全称与地址（中英文）

通知单

NOTIFICATION

寄：
To

通知单号：
Notification No.
日期：
Date
签名：
Signature

包裹数目：
Number of package (s)
下列标本按以下方法寄出：
The specimen (s) listed below is (are) transmitted as

________借出	________交换	________回赠	________奉赠	________其他
Loan	Exchange	Return	Gift	Others

借期：
Loan period:
标本名单及标本号数：
List of specimen (s) and herbarium No.

请收到包裹后立即将本通知单寄回
Please return this notification immediately on receipt of the package (s)

收到标本状况：　________良好　________其他
Condition of specimen (s) received　Good　Others

收到日期：　签名：
Date of receipt　Signature

A.2 保留单

标本馆全称与地址（中英文）

通知单

NOTIFICATION

寄：	通知单号：
To	Notification No.
	日期：
	Date
	签名：
	Signature

包裹数目：

Number of package（s）

下列标本按以下方法寄出：

The specimen（s）listed below is（are）transmitted as

______借出	______交换	______回赠	______奉赠	______其他
Loan	Exchange	Return	Gift	Others

借期：

Loan period：

标本名单及标本号数：

List of specimen（s）and herbarium No.

保留此单作记录

Retain this copy for your records.

8.9　标本管理人员守则

(1) 掌握馆内仪器设备的使用方法，标本馆内应保持肃静和环境整洁。

(2) 热情接待来访人员，讲解标本馆的相关规则，告知查阅标本人员应该注意的事项并提供标本查阅服务。

(3) 严禁携带未经消毒的标本、活体动物、危险品（各类易燃易爆物品）及不相干的杂物进入标本馆。

(4) 做好标本的除虫、防霉、防腐等维护工作，定期对馆藏标本进行保存质量的安全检查，详细记录检查日期、结果和处理方法备案。

(5) 标本馆内严禁吸烟，严禁使用明火，不得违章用电。

(6) 熟知标本馆辖区内各方位消防器材的位置，熟悉消防警报系统和消防器材的使用，掌握发生火灾后的救助办法并及时报警。对危害标本馆安全的行为进行监督、制止。

(7) 及时制止查阅标本人员违反标本馆规章制度的行为，对严重违反并不听劝阻者，管理人员有权取消其查阅资格，并及时上报标本馆负责人。

(8) 在接收、借出标本时，应严格按相关操作程序进行，监控借出标本，及时催还过期未还标本，并在标本馆日志上作详细记载。

(9) 管理人员每天应在标本馆日志上详细记录当天标本馆的工作内容，包括：①标本馆的重大事件；②标本馆来访人员；③标本调阅记录；④标本的借出、交换与赠送情况；⑤标本接收情况；⑥标本的检查记录，仪器设备运行状态、标本保存状态等。

8.10　来访人员守则

(1) 外单位人员来访时应提前通知标本馆负责人或其他管理人员，持单位介绍信和有关证件，获得同意后方可入馆。

(2) 入馆时在接待簿上签名并注明查阅标本的时间、来访目的、使用标本的范围等，办理登记手续后，可进入标本馆查阅标本。

(3) 来访人员查阅标本和卡片资料应在馆内进行，工作中应保持标本完好无损；非专业研究人员查阅标本时应在管理人员的协助指导下进行。

(4) 非正式馆藏标本原则上不得随来访人员带入标本馆内。来访人员如携带标本需要比较研究时，应将相应的馆藏标本取出进行核对；特殊情况下，需经标本馆管理人员同意，并根据需要对携带的标本进行熏蒸或低温冷冻等处理后方可带入。

(5) 严禁来访人员私自取走标本或标本碎片。标本馆内馆藏标本不得自行带出；如因特殊需要，如绘图或展示等，应经标本馆负责人同意并办理相关手续后才能带出，并保证不损害标本和及时归还标本。

(6) 来访人员在标本馆内严禁吸烟，严禁携带易燃、易爆物品入内。

(7) 来访人员应爱护标本以及标本馆内的各种资料（如文献、照片、记录本等）、仪器设备等，用毕放归原处。

(8) 凡是查阅标本的研究者，在以后的相关研究报告或学术论著中引证馆藏标本时，应注明标本馆代号，并将相应的出版物送给标本馆作为资料收藏。

8.11　标本馆突发事件的处理

为防止收藏着众多标本的标本馆发生意外事故，如失火、被盗窃、建筑物倒塌、突发自然灾害等，标本馆应对突发事件及各种潜在危险因素制定相关应急预案，包括制订应对突发事件的岗位职责，标本管理人员应掌握处置突发事件的一系列措施和程序。应适时对应急预案进行演练，以有效应对可能出现的灾难，保证标本馆正常运行及其所储藏标本的安全。

参考文献

巴尼科夫 А Г，米赫耶夫 А В. 1960. 脊椎动物学夏季实习. 孙晓耕译. 北京：人民教育出版社
北京农业大学. 1980. 昆虫学通论（上、下册）. 北京：中国农业出版社
贝霍夫斯卡娅-巴甫洛夫斯卡娅. 1955. 鱼类寄生虫研究法. 中国科学院水生生物研究所菱湖鱼病工作站译. 北京：科学出版社
毕列爵等. 1994. 做个业余植物采集家. 台北度假出版社
陈邦杰. 1963，1978. 中国藓类植物属志（上、下册）. 北京：科学出版社
黛安·布里得森，伦纳·福门. 1998. 标本馆手册. 第3版. 姚一建等译. 英国：皇家植物园出版社
邓红，魏江春. 2007. 地衣标本的采集、制作与保存. 菌物研究，5（1）：55～58
邓址. 1989. 啮齿动物的生态与防治. 北京：北京师范大学出版社
堵南山. 1960. 无脊椎动物玻片标本制作法. 上海：上海科学技术出版社
杜彬. 2008. 哺乳动物标本制作. 哈尔滨：东北林业大学出版社
鄂永昌. 1980. 生物技术. 辽宁：辽宁人民出版社
方中达. 1977. 植病研究方法. 北京：中国农业出版社
费梁，叶昌媛，黄永昭. 1990. 中国两栖动物检索. 重庆：科学技术文献出版社重庆分社
冯钟琪. 1959. 白洋淀的渔具. 北京：农业出版社
谷颐. 2007. 我校生物标本馆对提高大学生综合素质的作用. 长春大学学报，17（3）：95～97
顾福康. 1991. 原生动物学概论. 北京：高等教育出版社
郭林. 2000. 中国真菌志 黑粉菌科. 北京：科学出版社
胡金林. 1983. 中国农林蜘蛛. 天津：天津科学技术出版社
黄大卫. 1997. 昆虫标本馆建设与昆虫系统学的未来. 动物分类学报，22（4）：337～343
黄锡昌. 1984. 实用拖网渔具渔法. 北京：中国农业出版社
江西大学生物系. 1963. 生物标本制作法. 南昌：江西教育出版社
李朝源. 2008. 生物宏观标本维护方法的改进. 生物学通报，43（5）：52
李大建，江智华. 2007. 中型兽类头部标本的剥制技术. 动物学杂志，42（4）：75～80
李士豪，顾若. 1998. 中国渔业史. 北京：商务印书馆
李振营. 1989. 狩猎知识手册. 北京：中国林业出版社
李正理. 1978. 植物制片技术. 北京：科学出版社
林浩然，刘晓春. 2006. 鱼类生理学实验技术和方法. 广东：广东高等教育出版社
林萌珍. 1992. 昆虫标本制作. 上海：上海科学出版社
林祁. 1995. 高等植物标本采集制作与管理. 中国科学院实验技术人员岗位培训系列教材. 长沙：湖南科学技术出版社
林祁，张春光，覃海宁. 2002. 全国生物标本馆技术研讨会论文集. 北京：中国科学技术出版社
刘承钊，胡淑琴. 1961. 中国无尾两栖类. 北京：科学出版社
刘凌云，郑光美. 1997. 普通动物学. 北京：高等教育出版社
刘锡琎，郭英兰. 1998. 中国真菌志 尾孢菌目. 北京：科学出版社
刘月英，张文珍，王耀先. 1993. 医学贝类学. 北京：海洋出版社
罗玮，胡征宇，赵先富，刘国祥. 2002. 淡水藻类标本采集制作技术. 见：林祁等. 全国生物标本馆技术研讨会论文集. 北京：中国科学技术出版社
马绣同. 1982. 我国的海产贝类及其采集. 北京：海洋出版社
茅绍廉. 1985. 鱼类行动与捕鱼技术. 北京：海洋出版社
孟庆闻，苏锦祥，缪学祖. 1995. 鱼类分类学. 北京：中国农业出版社
倪芝瑜，王祥生. 1984. 植物标本制作. 福州：福建科学技术出版社
裴祖南. 1998. 中国动物志腔肠动物门海葵目、角海葵目、群体海葵目. 北京：科学出版社

彭镜毅. 1998. 植物标本制作与标本馆系统之利用. 见：林俊义，范明仁，邱辉龙. 作物种原野外采集训练专刊. 台湾省农业试验所特刊 第70号
祁乃成. 1962. 生物标本采集制作法. 北京：人民教育出版社
秦仁昌，1978. 蕨类植物分类系统及历史渊源. 植物分类学报，16（3）：1～19；16（4）：16～37
青木淳一. 1973. 土壤动物学. 东京：北隆馆
饶钦止. 1979. 中国鞘藻目专志. 北京：科学教育出版社
饶钦止等. 1956. 湖泊调查基本知识. 北京：科学出版社
山东大学生物系动物教研组. 1955. 无脊椎动物教学实习指导. 山东：山东大学生物系
上海水产学院. 1962. 渔具理论与捕鱼技术. 北京：中国农业出版社
沈锡祺. 1990. 原生动物生物化学. 上海：华东师范大学出版社
沈韫芬. 1999. 原生动物学. 北京：科学出版社
盛和林，王岐山. 1982. 脊椎动物学野外实习指导. 北京：高等教育出版社
盛和林，徐宏发. 1992. 哺乳动物野外研究方法. 北京：中国林业出版社
盛开运. 1958. 生物技术学. 北京：高等教育出版社
四川省生物研究所. 1977. 中国两栖动物系统检索. 北京：科学出版社
宋大祥. 1987. 中国农区蜘蛛. 北京：中国农业出版社
孙满昌. 1984. 渔具渔法选择性. 北京：中国农业出版社
唐杰波. 2004. 高等农业院校建立动植物标本馆的意义. 农业图书情报学刊，16（10）：151～153
唐子英，唐子明，唐庆瑜. 1985. 脊椎动物标本制作. 上海：复旦大学出版社
田共杰. 1998. 生物标本制作. 北京：中国人事出版社
田婉淑，江耀明. 1986. 中国两栖爬行动物鉴定手册. 北京：科学出版社
王德兴等. 1991. 动物学野外实习指导. 陕西：陕西师范大学出版社
王林瑶，张广学. 1955. 昆虫的采集饲养和标本制作. 北京：科学出版社
王林瑶，张广学. 1983. 昆虫标本技术. 北京：科学出版社
王应祥. 2003 中国哺乳动物物种和亚种分类名录与分布大全. 北京：中国林业出版社
王灶安. 1992. 植物显微技术. 北京：中国农业出版社
魏江春. 1998. 地衣. 见：裘维蕃. 菌物学大全. 第六编，第三章. 北京：科学出版社. 445～548
魏江春. 2006. 菌物科学产学研结合模式初探. 菌物研究，4（1）：I～IV
厦门水产学院，东海水产研究所. 1979. 英汉水产词汇. 北京：科学出版社
肖方. 1999. 野生动植物标本制作. 北京：科学出版社
谢决明，刘春田. 2001. 鸟兽毛皮标本制作技术. 台湾：国立凤凰谷鸟园
忻介六. 1984. 蜱螨学纲要. 北京：高等教育出版社
杨集昆. 1958. 昆虫的采集. 上海：上海科学技术出版社
尹文英等. 1992. 中国亚热带土壤动物. 北京：科学出版社
俞仰青. 1982. 生物宏观标本制作. 上海：上海教育出版社
曾飞燕，叶华谷，陈海山. 2003. 植物标本馆防虫方法. 热带亚热带植物学报，11（3）：271～274
曾晴贤. 1986. 台湾的淡水鱼类. 台湾：台湾省政府教育厅
张孟闻，宗愉，马积藩. 1998. 中国动物志：爬行纲第一卷——总论、龟鳖目、鳄形目. 北京：科学出版社
张瑞清. 1988. 无脊椎动物的采集、培养与玻片制作手册. 北京：北京大学出版社
赵尔宓，黄美华，宗愉. 1998. 中国动物志：爬行纲第三卷——有鳞目、蛇亚目. 北京：科学出版社
赵尔宓，鹰岩. 1993. 中国两栖爬行动物学（英文）. Oxford，Ohio，U. S. A.：蛇蛙研究会与中国蛇蛙研究会
赵尔宓，赵肯堂，周开亚. 1999. 中国动物志：爬行纲第二卷——有鳞目、蜥蜴亚目. 北京：科学出版社
郑光美. 1995. 鸟类学. 北京：北京师范大学出版社
郑儒永，余永年. 1987. 中国真菌志 白粉菌目. 北京：科学出版社
郑万钧，傅立国. 1978. 裸子植物 中国植物志 第八卷. 北京：科学出版社

郑作新，钱燕文. 1959. 鸟类野外工作手册. 北京：科学出版社

周炳鑫. 1957. 海洋资源. 上海：新知识出版社

周文豪. 1989. 自然科学博物馆之收藏经营与管理. 台北：印刷人出版社

朱浩然. 1960. 植物制片技术学（上册）. 北京：人民教育出版社

朱浩然. 1982. 蓝藻类的标本采集、保存及微物制片法. 南京大学学报，6：209～225

朱弘复等. 中国科学院动物研究所. 1981～1983. 中国蛾类图鉴Ⅰ－Ⅳ. 北京：科学出版社

朱惠忠，陈嘉佑. 2000. 中国西藏硅藻. 北京：科学教育出版社

庄剑云，魏淑霞，王云章. 1998. 中国真菌志 锈菌目（一）. 北京：科学出版社

庄剑云，魏淑霞，王云章. 2003. 中国真菌志 锈菌目（二）. 北京：科学出版社

庄剑云，魏淑霞，王云章. 2005. 中国真菌志 锈菌目（三）. 北京：科学出版社

O. D. Dhingya, J. B. Sinclair 1988. 植物病理研究法. 刘岫恩译. 台北：茂昌图书有限公司

A'Hara S, Harling R, McKinlay R G et al. 1998. RAPD profiling of spider (Araneae) DNA. Journal of Arachnology, 26: 397～400

Alexopoulos C J, Blackwell M, Mins C W. 2002. 菌物学概论. 第4版. 姚一建，李玉主译. 北京：中国农业出版社

Alexopoulos C J, Mims C W, Blackwell M. 1996. Introduction to mycology. New York: John Wiley & Sons.

Altig R. 1970. A key to the tadpoles of the continental United States and Canada. Herpetologica, 26 (2): 180～207

Austin A D, Dillon N. 1997. Extraction and PCR of DNA from parasitoid wasps that have been chemically dried. Australian Journal of Entomology, 36: 241～244

Balgooy, M M J. 1987. A plant geographical analysis of Sulawesi. Biogeographical evolution of the Malay Archipelago: 94～102

Banerjee L K. 2001. Collection and preservation of Mangrove plant specimens. *In*: Qin HaiNing. Preserving Botanical Collections for the 21st Century. Proceedings of the Third International Conference on the Preservation of Botanical Collections. September 23～26, Beijing. Beijing: China Science and Technology Press. 60～64

Bertin W. A., Robert D. O., 1977. Rodent Bait Additive Which Repels Insects. Journal of Mammalogy, 58 (2): 242

BioQuip Products. 1978～1979. Field, laboratory and storage equipment for the entomological sciences. USA

BRIDSON, D. & FORMAN L. 1992. The herbarium handbook. Revised edition. Royal Botanic Gardens, Kew

Carter, D. and A. Walker. 1998. Care and Conservation of Natural History Collections. Oxford: Butterworth and Heinemann

Carter D J, Walker A K. 1999. Collection environment. *In*: Carter D, Walker A K. Care and Conservation of Natural History Collections. Oxford: Butterworth Heinemann. 139～145

Cassar M. 1997. Environmental monitoring. Museum Practice, (4): 75～77

Coad B W, 1998. Fishes: Expedition field techniques. London: RGS－IBG Expedition Advisory Centre

Conant R. 1975. A Field Guide to Reptiles and Amphibians. Boston, Massachusetts: Houghton Mifflin Company

Conard, H. S., S. Flower, P. M. Patterson, R. E. Wynne. 1945. The bryophyte herbarium. A moss collection: preparation and care. Bryologist 48: 198～202

DE Wilson, FR Cole, JD Nichols, R Rudran, MS Foster (eds), Measuring and Monitoring Biological Diversity - Standard Methods for Mammals, Smithsonian Institution Press, Washington

Dillon N, Austin A D, Bartowsky E. 1996. Comparison of preservation techniques for DNA extraction from hymenopterous insects. Insect Molecular Biology, 5: 21～24

Duellman W E, Trueb L. 1986. Biology of Amphibia. New York: McGraw－Hill Book Co

Engler A, Prantl E. 《植物自然科志》(《Die Naturlichen Pflanzenfamilien》), 1887～1915. ed. 1. Leipzig; 1925－present. ed. 2. Leipzig and Berlin, Germany

Etheridge R E. 1996. Methods for preserving amphibians and reptiles for scientific study. www. ummz. lsa. umich.

edu/herps/herpinstr. html

Fosberg F R, Marie-Héléne S. 1965. Manual for Tropical Herbaria. Utrecht: International Bureau for Plant Taxonomy and Nomenclature. 132

Frahm, J. -P. and Gradstein, S. R. (1986). An apparatus for drying bryophytes in the field. Bryological Times 38: 5

Genoways H H, Jones C, Rossolima O L. 1987. Mammal Collection Management. Lubbock, Texas: Texas Tech university Press

Geoff S, John M, Gordon R. 1994. Manual of natural history curatorship. HMSO

Getz L L, Prather M L, 1975. A method to prevent removal of trap bait by insects. Journal of Mammalogy, 56: 955

Gosner K L. 1960. A simplified table for staging anuran embryos and larvae with notes on identification. Herpetologica, 16: 183～190

Gurdebeke S, Maelfait J P. 2002. Pitfall trapping in population genetics studies: finding the right "solution". The Journal of Arachnology, 30: 255～261

Harrison R G. 1969. Harrison stage and description of the normal development of the spotted salamander, *Amblystoma punctatum* (Linn.). *In*: Harrison R G. Organization and Development of the Embryo. New Haven: Yale Univ Press. 44～66

Henty, E. E. 1976. Note on the collection of Ferns. In: Womersley, J. S (ed.). Paraformaldehyde as asource of formaldehyde for use in botanical collecting. Rhodora 59: 299～303

Hilberry J D. 1995. The building design and construction process. *In*: Rose C L, Hawks C A, Genoways H H. Storage of Natural History Collections: a Preventive Conservation Approach. York: York Graphics. (I): 43～50

Honacki, J. H., Kinman K. T., Koeppl J. W., 1982. Mammal species of the world: a taxonomic and geographic reference. Allen Press and The Association of Systematic Collections, Lawrence, Kansas, USA

Hungate R E. 1978. The rumen protozoa. *In*: Kreier J P. Parasitic Protozoa. Ⅱ Academic Press. 655～695

Jacobs J F, Heyer W R. 1994. Collecting tissue for biochemical analysis. *In*: Heyer W R et al. Measuring and Monitoring Biological Diversity Standard Methods for Amphibians. Washington and London: Smithsonian Institution Press. 299～301

Jain S K, Rao R R. 1977. A Handbook of Field and Herbarium Methods. New Delhi: Today & Tomorrow's Printers and Publishers. 153

Kalko E K V, Handley C O Jr. 1992. Comparative studies of small mammal populations with transects of snap traps and pitfall arrays in southwest Virginia. Virginia Journal of Science, 44: 3～18

Kirkland G L Jr, Sheppard P K. 1994. Proposed standard protocol for sampling of small mammal communities. *In*: Merritt J R, Kirkland G L Jr, Rose R K. Advances in the Biology of Shrews. Special Publication of the Carnegie Museum of Natural History 18, Pittsburgh, Pennsylvania. 277～283

Kirk P M, Cannon P F, David J C et al. 2001. Ainsworth and Bisby's Dictionary of the Fungi. 9th ed CAB International, United Kingdom

Kirk P M, Cannon P F, David J C et al. 2001. Dictionary of the Fungi. 9th ed. Wallingford: CABI Publishing

Kunz T H, Kurta A. 1988. Capture methods and holding devices. *In*: Kunz T H. Ecological and Behavioral Methods for the Study of Bats. Washington, D C: Smithsonian Institution Press. 1～30

Lindzey E G, Thomson S K, Hodges J I. 1977. Scent station index of black bear abundance. J Wildlife Management, 40: 408～415

MacFarlane, R B. 1985. Collecting and Preserving Plant. New York: Dover Publications, Inc. 184

MacFarlane R B. 1986. Collecting and Preserving Plant. New York: Dover Publications, Inc. 184

Maly M S, Cranford J A. 1985. Relative capture efficiency of large and small Sherman live traps. Acta Theriologica, 30: 165～167

Martin J E. 1978. Collecting, Preparing and Preserving Insects, Mites, and Spiders. Ottawa, Canada: Agriculture

Canada

Martin R. E., Pine R. H., DeBlase A. F., 2001. A Manual of Mammalogy with keys to families of the world, 3rd editon. New York: McGraw—Hill Higher Education

Mathias J. 1994. Housing and maintenance of collections. *In*: Stansfield G, Mathias J, Reid G. Manual of Natural History Curatorship. London: HMSO. 98～108

MCDIARMID, R. W. 1994. Preparing amphibians as scientific specimens, 289～297. *In*: W. R. Heyer, M. A. Donnelly, R. W. McDiarmid, L. C. Hayek and M. S. Foster (eds.). Measuring and monitoring biological diversity: standard methods for amphibians. Smithsonian Institute Press, Washington, D. C. 364

Mengak M T, Guynn D G Jr. 1987. Pitfalls and snap traps for sampling small mammals and herpetofauna. American Midland Naturalist, 118: 284～288

O'Farrell M J, Clark W A, Emmerson F H et al. 1994. Use of a mesh live trap for small mammals: are results from Sherman live traps deceptive? Journal of Mammalogy, 75: 692～699

Olson D. H., Leonard W. P., Bury R. B. 1997. Sampling amphibians in lentic habitats: methods and approaches for the Pacific Northwest. Olympia, Washington: Society for Northwestern Vertebrate Biology

O'Shea, B. J. 1989. A guide to collecting bryophytes in the tropics. British Bryological Society Special Volume No. 3

Page, C. N. 1979. The herbarium preservation of conifer specimens. Taxon 28: 375～379

Pinniger D B, Harmon J D. 1999. Pest management, prevention and control. *In*: Carter D, Walker A K. Care and Conservation of Natural History Collections. Oxford: Butterworth Heinemann. 160～166

Post R J, Flook P K, Millest A L. 1993. Methods for the preservation of insects for DNA studies. Biochemical Systematics and Ecology, 21: 85～92

Riess R A, Schwert D P, Ashworth A C. 1995. Field preservation of Coleoptera for molecular genetic analyses. Environmental Entomology, 24: 716～719

ROSE, C. L., HAWKS C. A. and GENOWAYS H. H., 1995. Storage of natural history collections: a preventive conservation approach. Iowa City, Iowa: Society for the Preservation of Natural History Collections

Rubink W L, Murray K D, Baum K A et al. 2003. Long term preservation of DNA from honey bees (*Apis mellifera*) collected in aerial pitfall traps. The Texas Journal of Science, 55 (2): 159～168

Schemnitz Z K, 1980. Wildlife Management Techniques Manual. 4th ed. Washington, D C: The Wildlife Society

Schofield, W. B., 1985. Introduction to Bryology. Macmillan Publishing Company. New York

SETZER H. W., 1963. Directions for preserving mammals for museum study. Washington, DC: Smithsonian Institution

Shepherd R C H, Nolan I F, Edmonds J W. 1978. A review of methods to capture live wild rabbits in Victoria. Journal of Wildlife Management, 42: 179～184

Simmons J E. 1993. Collecting and preserving amphibians and reptiles. *In*: Zhao E M, Adler K. Herpetology of China. Oxford, Ohio, USA: Society for the Study of Amphibians and Reptiles in Cooperation with Chinese Society for the Study of Amphibians and Reptiles. 451～465

Simmons J E. 1995. Storage in fluid preservatives. *In*: Rose C. L. Hawks, C. A., Genouays H. H., editors. Storage of Natural History Collections: Apreventive Conservation Approach. Ioua city: Society for the preservation of Natural History collections. 161～186

Sleigh M. 1975. The Biology of Protozoa. London: Edward Arnold, 56～239

Somer H G, Anderson S. 1974. Cleaning skeletons with dermestid beetles—two refinements in the method. Curator, 17: 290～298

Stolze, R. G. 1973. Inadequacies in herbarium specimens of large ferns. Amer. Fern J. 63: 25～27

Tomlinson P. B., 1965. Collecting botanical material in fluid preservatives, with special reference to the tropics: 117～119 in Fosberg and Sachet (eds) Manual for Tropical Herbaria. Regnum Vegetabile 39, Utrecht

WARING P. , TOWNSEND M. & LEWINGTON R. 2003: Field Guide to the Moths of Great Britain and Ireland. British Wildlife Publishing, Dorset, 432

Wei J C. 1993. Current progress of systematics of lichenized fungi. Proceedings of the first Korea—China Joint Seminar for mycology. Seoul, Lorea. 5～12

Wilson D E, Reeder D M. 1993. Mammal Species of the World: a Taxonomic and Geographic Reference. 2nd. ed Washington and London: Smithsonian Institution Press

Wilson D E, Reeder D M, 2005. Mammal Species of the World: a Taxonomic and Geographic Reference . 3rd ed. Baltimore: The Johns Hopkins University Press

Womersley J S. 1981. Plant Collecting and Herbarium Development. Rome: Food and Agriculture Orgnization of the United Nations. 137

Yamamoto, Y. , Kinoshita, Y. & Yoshimura, I. 2001. Culture of thallus fragments and redifferentiation of lichens. *In*: Kranner, I. , Becknett, R. & Varma, A. (eds.) Methods in Lichenology: 34～46. Springer-Verlag, Heiderberg

Yoshimura I, Kurokawa T, Kanda H. 1990. Tissue culture of some Antarktic lichens preserved in the refrigerator. Proc NIPR Symp Polar Biol, 3: 224～228

Yoshimura I, Yamamoto Y, Nakano T, Zinnie J, 2002. Isolation and culture of lichen photobionts and mycobionts. *In*: Kranner I, Beckett R. P. , Varma A. K, (eds), Protocols in Lichenology. Springer, Berlin, 3～33

Zuckerman A. , Lainson R. 1977. Leishmania. *In*: Kreier J. P. Parastic Protozoa 1. New York: Academic Press, 57～133

